Am Schlusse dieses Bandes befindet sich ein

Nachweis wichtiger Gesetzesausgaben,

in dem die meisten Bände der jetzt über **240 Nummern** umfassenden

Guttentagschen Sammlung Deutscher Reichs- und Preußischer Gesetze

sowie größere und kleinere Kommentare, Lehrbücher, Sammelwerke, Entscheidungssammlungen und Zeitschriften verzeichnet sind.

Guttentagsche Sammlung
Nr. 19. Deutscher Reichsgesetze. Nr. 19.
Kommentare und erläuterte Textausgaben.

Das öffentliche Seerecht

Erläutert

von

Dr. Julius Sebba
Rechtsanwalt am Oberlandesgericht
Dozent an der Handelshochschule in Königsberg i. Pr.

Berlin und Leipzig 1932.

Walter de Gruyter & Co.

vormals G. J. Göschen'sche Verlagshandlung — J. Guttentag, Verlagsbuchhandlung — Georg Reimer — Karl J. Trübner — Veit & Comp.

Archiv-Nr. 21 1 019

Druck von Walter de Gruyter & Co., Berlin W 10

Vorwort.

Für den Juristen, der nicht ständig mit seerechtlichen Angelegenheiten befaßt ist, besteht erfahrungsgemäß die Schwierigkeit, das zerstreute seerechtliche Material zu finden und auf seine Geltung zu untersuchen. Ganz besonders gilt dies für die Gesetze öffentlich-rechtlichen Inhalts, weil sie häufig abgeändert oder durch neue Vorschriften ersetzt werden. So ist denn auch die von Knitschky-Rudorff zuletzt im Jahre 1913 herausgegebene Seegesetzgebung (Guttentagsche Sammlung Deutscher Reichsgesetze Nr. 19) schon lange veraltet. Zwar ist in dem großen Kommentar von Schaps-Mittelstein-Sebba (1921 und 1929) auch das öffentliche Seerecht behandelt und zum Teil eingehend erläutert worden. Doch befindet sich natürlich nicht jeder Praktiker im Besitze dieses Werkes und es hat sich herausgestellt, daß es an einer Zusammenstellung der öffentlich-rechtlichen Seegesetze fehlt, welche in knapper Form zur ersten Orientierung dient, daneben aber auch eine solche Kommentierung der wichtigsten Gesetze enthält, die sich nicht auf einige kurze Anmerkungen beschränkt.

Die vorliegende Sammlung dient aber auch zur Ergänzung des großen Kommentars, soweit dieser durch die Gesetzgebung der letzten Zeit überholt ist. Das gilt z. B. von dem Gesetz betreffend die Besetzung der Kauffahrteischiffe mit Kapitänen und Schiffsoffizieren, für die neue Hamburger Hafenordnung, das internationale Gesundheitsabkommen und die Seefrachtordnung, endlich auch für die auf Grund internationaler Vereinbarungen erfolgten Abänderungen der Seemannsordnung.

In der vorliegenden Sammlung ist ferner das Gesetz, betreffend die Untersuchung von Seeunfällen kommentiert worden, da sich die Erwartung (vgl. Schaps Seerecht II S. 441), daß das Seeunfallgesetz durch ein neues ersetzt werden würde, nicht erfüllt hat.

Die Auswahl der aufzunehmenden Gesetze und Verordnungen war umso schwieriger, als der Umfang des Buches von vornherein einer gewissen Beschränkung unterlag, andererseits aber die eingehende Kommentierung der wichtigeren Gesetze erheblichen Raum beanspruchte. Aus diesem Grunde mußte ein großer Teil der im Kommentar von Schaps abgedruckten Verordnungen (insbesondere Hafenordnungen und Handelsverträge) fortgelassen werden, jedoch ist wenigstens eine Zusammenstellung der Verordnungen gegeben. Ein Teil der Gesetze und Verordnungen ist nur auszugsweise abgedruckt, z. B. die Unfallverhütungsvorschriften der Seeberufsgenossenschaft, bei denen die wesentlich technischen Teile, welche für die Praxis des Juristen von untergeordneter Bedeutung sind, fortgelassen wurden.

Die landesgesetzlichen Vorschriften sind, soweit möglich, wenigstens in den Anmerkungen erwähnt. In vollem Umfange abgedruckt aber sind mit Rücksicht auf ihre Wichtigkeit das Hamburgische Hafengesetz und die dazu gehörigen Hafenordnungen in ihrer heutigen Gestalt.

Die Kommentierung der wichtigeren Gesetze (Seemannsordnung, Strandungsordnung, Flaggengesetz, Seestraßenordnung, Betriebsordnung für den Kaiser-Wilhelm-Kanal) ist zum großen Teil dem Kommentar von Schaps unter möglichster Konzentration entnommen, jedoch durch Benutzung der neuesten Rechtsprechung ergänzt. Bei der Seewasserstraßenordnung habe ich aus Gründen der Raumersparnis auf meinen Kommentar (Guttentagsche Sammlung Deutscher Reichsgesetze Nr. 171) Bezug nehmen müssen.

Bücher der vorliegenden Art stellen stets ein Kompromiß dar zwischen der erwünschten Fülle des Inhalts und der unerwünschten Fülle des Umfangs. Darum wird ein solches Buch auch selten allen Bedürfnissen der Praxis gerecht werden können. Trotzdem möchte ich die Hoffnung aussprechen, daß es mir gelungen ist, dem Praktiker ein Mittel zur Orientierung über den Bestand des öffentlichen Seerechts und ein kleines Handbuch für den täglichen Gebrauch zu schaffen.

Königsberg, den 1. Oktober 1931.

Dr. **Sebba.**

Inhaltsverzeichnis.

(Die in kleinem Druck aufgeführten Gesetze und Verordnungen sind in dieser Sammlung nicht abgedruckt).

A. Gesetze allgemeinen Inhalts.

Seite

1. **Aus der Verfassung des Deutschen Reiches vom 11. 8. 1919** 1
2. **Verordnung über die Zuständigkeit der Reichsbehörden zur Ausführung des Reichsbeamtengesetzes vom 10. 8. 1928** (Auszug) 3
3. **Gesetz betreffend die Organisation der Bundeskonsulate, sowie die Amtsrechte und Pflichten der Bundeskonsuln v. 8. 11. 1867** (Auszug) 4
4. Allgemeine Dienstinstruktion für die Konsuln vom 6. 6. 1871 5
5. **Gesetz betreffend die Schiffsmeldungen bei den Konsulaten des Deutschen Reichs vom 18. 6. 1911** 6
6. **Aus dem Reichsstrafgesetzbuch vom 15. 5. 1871** 7
7. **Gesetz über das internationale Abkommen zur einheitlichen Feststellung von Regeln über die Immunitäten der Staatsschiffe vom 9. 7. 1927** 10
8. Bestimmungen über die Zulassung und Behandlung fremder Kriegsschiffe in den Häfen und Gewässern der deutschen Küste vom 1. 8. 1925 15
9. **Gesetz über die Naturalleistungen für die bewaffnete Macht im Frieden vom 6. 4. 1925** (Auszug) 16
10. **Ausführungsverordnung zu dem Gesetz über die Naturalleistungen für die bewaffnete Macht im Frieden vom 25. 9. 1925** (Auszug) 17
11. **Gesetz betreffend das Flaggenrecht der Kauffahrteischiffe vom 22. 6. 1899** 17
12. Bekanntmachung betreffend Ausführungsbestimmungen zu § 25 des Flaggengesetzes vom 10. 11. 1899 33
13. **Verordnung des Reichspräsidenten über die deutschen Flaggen vom 11. 4. 1921** 33
14. **Aus dem Recht des Schiffbaues** 38
15. Verordnung über die Ausführung von Anstreicherarbeiten in Schiffsräumen vom 2. 2. 1921 40

16. Vorschriften aus dem Recht der Schiffsdampfkessel 40
17. Das Recht der Schiffsvermessung 43
18. Gesetz über die Besteuerung des Personen- und Güterverkehrs vom 8. 4. 1917 45
19. **Verordnung über Befreiung von der Umsatzsteuer für Leistungen in Seehäfen vom 17. 3. 1928** 45
20. Vereinszollgesetz vom 1. 7. 1869 47
21. Ausführungsvorschriften zum Vereinszollgesetz 47
22. Handelsverträge 50

B. Güter- und Personenbeförderung.

1. **Gesetz betreffend Küstenfrachtfahrt vom 22. 5. 1881** 51
2. **Erlaß und Polizeiverordnung betreffend Beförderung gefährlicher Gegenstände mit Kauffahrteischiffen (Seefrachtordnung) vom 18. 9. 1930 nebst Vorschriften über die bedingungsweise zur Beförderung mit Kauffahrteischiffen zugelassenen Gegenstände** 52
3. **Gesetz über das in Helsingfors geschlossene Abkommen zur Bekämpfung des Alkoholschmuggels vom 14. 4. 1926** 64
4. Bekanntmachung über das in Washington unterzeichnete deutsch-amerikanische Abkommen zur Verhinderung des Schmuggels mit alkoholischen Getränken 68
5. **Gesetz über die Verfrachtung alkoholischer Waren vom 14. 4. 1926** 68
6. **Gesetz über die Statistik des Warenverkehrs mit dem Ausland vom 27. 3. 1928** 72
7. Verordnung zur Ausführung des Gesetzes über die Statistik des Warenverkehrs mit dem Ausland vom 9. 8. 1928 77
8. Hamburgisches Gesetz betreffend die Anmeldungen für die Hamburgische Handels- und Schiffahrtsstatistik vom 16. 2. 1906 77
9. Bekanntmachung zur Ausführung des Gesetzes betreffend die Anmeldung für die Hamburgische Handels- und Schiffahrtsstatistik vom 16. 2. 1906 77
10. Gesetz über das Auswanderungswesen vom 9. 6. 1897 77
11. Verordnung gegen Mißstände im Auswanderungswesen vom 14. 2. 1924 78

12. Erläuterungen zur Verordnung wegen Mißstände im Auswanderungswesen vom 14. 2. 1924 79
13. Bekanntmachung betreffend Bestimmungen über den Geschäftsbetrieb der Auswanderungsunternehmer und Agenten vom 14. 3. 1898 79
14. Bekanntmachung betreffend Vorschriften über Auswanderungsschiffe vom 14. 3. 1898 79
15. **Abkommen über die Behandlung der feindlichen Kauffahrteischiffe beim Ausbruch der Feindseligkeiten vom 18. 10. 1907** 80

C. Schiffsbesatzung.

1. **Seemannsordnung vom 2. 6. 1902** 82
2. Bekanntmachung betreffend die Untersuchung von Schiffsleuten auf Tauglichkeit zum Schiffsdienste vom 1. 7. 1905 165
3. Bekanntmachung betreffend Logis-, Wasch- und Baderäume, sowie die Aborte für die Schiffsmannschaft auf Kauffahrteischiffen vom 2. 7. 1905 165
4. **Verordnung über die Untersuchung der Seeleute auf Hör-, Seh- und Farbenunterscheidungsvermögen vom 9. 4. 1929** 165
5. **Bekanntmachung betreffend das Strafverfahren vor den Seemannsämtern vom 13. 3. 1903** 167
6. Dienstanweisung betreffend das Strafverfahren vor den Kaiserlichen Konsulaten als Seemannsämtern vom 30. 5. 1903 171
7. **Gesetz betreffend die Verpflichtung der Kauffahrteischiffe zur Mitnahme heimzuschaffender Seeleute vom 2. 6. 1902** 172
8. **Übereinkommen wegen gegenseitiger Unterstützung hilfsbedürftiger Seeleute vom 12. 7. 1890** 176
9. **Verordnung über seemännische Heuerstellen vom 8. 11. 1924** 177
10. Gesetz betreffend das Genueser Übereinkommen über die Stellenvermittelung für Seeleute vom 25. 5. 1928 183
11. Paßwesen 183
12. Verordnung über Reichswahlen und -abstimmungen (Reichsstimmordnung) vom 14. 3. 1924 183
13. Gesetz betreffend die internationalen Übereinkommen über das Mindestalter für die Zulassung von Kindern zur Arbeit auf See, über das Mindestalter für die

Zulassung von Jugendlichen zur Beschäftigung als Kohlenzieher (Trimmer) oder Heizer und über die pflichtmäßig ärztliche Untersuchung der in der Seeschifffahrt beschäftigten Kinder und Jugendlichen vom 30. 5. 1929 183
14. **Aus der Reichs-Gewerbeordnung** 184
15. **Verordnung über die Besetzung der Kauffahrteischiffe mit Kapitänen und Schiffsoffizieren (Schiffsbesetzungsordnung) vom 29. 6. 1931** 185
16. **Führung des Tagebuchs** 212
17. **Verklarung** 218

D. Vorschriften über Navigation.

1. **§ 145 des Reichsstrafgesetzbuchs** 225
2. **Seestraßenordnung vom 5. 2. 1906** 226
3. Verordnung über die Abblendung der Seitenlichter und die Einrichtung der Positionslaternen auf Seeschiffen vom 16. 10. 1900 295
4. Bekanntmachung betreffend die Einrichtung der Positionslaternen auf Seeschiffen vom 8. 12. 1900 ... 296
5. **Verordnung betreffend Lotsensignalordnung vom 7. 2. 1907** 296
6. **Verordnung über das Verhalten der Schiffer nach einem Zusammenstoß von Schiffen auf See vom 15. 8. 1876** 297
7. **Verordnung betreffend das Ruderkommando vom 18. 10. 1903** 299
8. Bekanntmachung betreffend die Bezeichnung der Fahrwasser und Untiefen in den deutschen Küstengewässern vom 13. 5. 1912 301
9. **Verzeichnis der Lotsenordnungen** 301

E. Schiffsunfälle und deren Verhütung.

1. **Gesetz betreffend die Untersuchung von Seeunfällen vom 27. 7. 1877** 303
2. **Verordnung betreffend Zeugenvernehmungen der Konsuln bei Seeunfällen vom 23. 11. 1877** 322
3. Gesetz über das internationale Übereinkommen zum Schutze des menschlichen Lebens auf See vom 10. 4. 1931 324
4. Unfallverhütungsvorschriften der Seeberufsgenossenschaft 324

a) **Unfallverhütungsvorschriften für Dampf- und Motorschiffe** (Auszug) 324
b) Anlage 1 (wasserdichte Schotte für Passagierdampfer) 352
c) Anlage 2 (Freibord) 352
d) Ausführungsbestimmungen zu den Vorschriften über den Freibord 352
e) Anlage 3 (Vorkehrungen im Maschinen- und Kesselraum) 352
f) Anlage 4 (Fahrstuhlanlagen) 353
g) Anlage 5 (Feuerlöscheinrichtungen) 353
h) **Unfallverhütungsvorschriften für die außerhalb der kleinen Küstenschiffahrt verkehrenden Segelschiffe** (Auszug) 353
i) Anlage 1 (Freibord) 363
k) **Unfallverhütungsvorschriften der Seeberufsgenossenschaft für die in der kleinen Küstenfahrt und Wattfahrt verkehrenden Segelschiffe** (Auszug) 363
l) Unfallverhütungsvorschriften der Seeberufsgenossenschaft für Fischereifahrzeuge 369

5. **Gesetz betreffend die deutsche Seewarte** (Auszug) **vom 9. 1. 1875** 370
6. **Verordnung betreffend den Geschäftskreis, die Einrichtung und die Verwaltung der deutschen Seewarte** (Auszug) 370
7. **Strandungsordnung vom 17. 5. 1874** 372
8. **Instruktion zur Strandungsordnung vom 24. 11. 1875** 417

F. Wasserstraßen und Häfen.

1. **Gesetz betreffend das Übereinkommen und Statut über die internationale Rechtsordnung der Seehäfen** (Auszug) **vom 20. 2. 1928** 420
2. **Zeichnungsprotokoll zum Übereinkommen über die internationale Rechtsordnung der Seehäfen** 428
3. Seewasserstraßenordnung (Polizeiverordnung zur Regelung des Verkehrs auf den deutschen Seewasserstraßen) v. 31. 3. 1927 429
4. **Vorschriften für den Kaiser-Wilhelm-Kanal** 430

a) **Betriebsordnung für den Kaiser-Wilhelm-Kanal vom 15. 7. 1926** 430

b) Polizeiverordnung betreffend den Lotsendienst auf dem Kaiser-Wilhelm-Kanal ... 469
c) Bestimmungen über den Schleppbetrieb der Kanalverwaltung[1] ... 469
d) Polizeiverordnung für die Brunsbüttelkooger Kanalreede ... 469
e) Polizeiverordnung für die Holtenauer Reede ... 469
f) Kanalpolizeiverordnung für die öffentlichen Häfen und die öffentlichen Lösch- und Ladeplätze am Kaiser-Wilhelm-Kanal ... 469
g) Kanalpolizeiverordnung über das Betreten der Kanalböschungen, Böschungsränder, sowie der Kanaldeiche ... 470
h) Polizeiverordnung betreffend die Ausübung der Tätigkeit als Kanalsteuerer ... 470
i) Kanalpolizeiverordnung betreffend An- und Vonbordgabe von Treib- und Heizölen im Kaiser-Wilhelm-Kanal ... 470

5. Polizeiverordnung betreffend Betriebsordnung für den Königsberger Seekanal vom 24. 3. 1904 ... 470
6. **Hafenordnungen** ... 470
   a) **Vorbemerkung** ... 470
   b) **Verzeichnis der nichtabgedruckten Hafenordnungen** ... 472
7. **Hamburgisches Hafengesetz vom 2. 6. 1897** ... 476
8. **Hamburgische Hafenordnung vom 30. 6. 1897** ... 488
9. **Hafenordnung für den Hafen Hamburg vom 14. 3. 1930** ... 498
10. Strom- und Schiffahrtspolizeiverordnung über die an Flöße auf der Elbe zu stellenden Anforderungen ... 532
11. Strom- und Schiffahrtspolizeiverordnung über die Sicherheitsanforderungen, denen See- und Binnenschiffe auf der Elbe genügen müssen ... 532
12. Verordnung über die Beförderung von brennbaren Flüssigkeiten in Tankfahrzeugen auf der Elbe v. 6. 12. 1929 ... 532
13. Strom- und Schiffahrtspolizeiverordnung für die Binnenschiffahrt und Flößerei auf der Unterweser vom 7. 12. 1927 ... 532

G. Gesundheitswesen.

1. **Vorschriften über die gesundheitliche Behandlung der Seeschiffe in den deutschen Häfen vom 21. 12. 1931** ... 533

2. **Strafbestimmungen** 554
3. **Verordnung betreffend Krankenfürsorge auf Kauffahrteischiffen vom 4. 1. 1929** 556
4. Verordnung über die Versorgung der Kauffahrteischiffe mit Betäubungsmitteln vom 13. 11. 1925 564
5. Runderlaß über die Ausstellung von Gesundheitspässen vom 1. 8. 1898 564
6. Vorschriften über die Beförderung von Leichen auf dem Seewege 564
7. Sanitätsabkommen zwischen Deutschland und Lettland 564
8. Bremische Verordnung betreffend gesundheitspolizeiliche Kontrolle der Schiffe vom 21. 8. 1900 564
9. Oldenburgische Bekanntmachung betreffend die gesundheitliche Überwachung der Schiffe vom 14. 2. 1901 564
10. Bekanntmachung betreffend das preußisch-oldenburgisch-bremische Quarantäneamt in Bremerhaven vom 17. 5. 1896 564
11. Gesundheits- und veterinärpolizeiliche Bestimmungen für den Kaiser-Wilhelm-Kanal vom 12. 11. 1928 564
12. Verordnung betreffend die gesundheitliche Überwachung der im Lübecker Hafengebiet verkehrenden Schiffe vom 13. 10. 1927 565
13. **Internationales Sanitätsabkommen vom 21. 6. 1926** (Auszug) 565

H. Nachrichtenwesen auf See.

1. **Internationaler Funkentelegraphenvertrag vom 5. 7. 1912** (Auszug) 575
2. Internationale Telegraphenkonvention (Washington) vom 25. 11. 1927 (kurze Inhaltsangabe) 578
3. **Gesetz über das Telegraphenwesen des deutschen Reichs vom 6. 4. 1892** (Auszug) 580
4. **Bekanntmachung betreffend die Schiffstelegraphie vom 16. 7. 1908** 583
5. Bestimmungen über den Betrieb von Telegraphenanlagen auf fremden Schiffen in deutschen Hoheitsgewässern vom 12. 12. 1909 583
6. Bekanntmachung des Wortlauts des Gesetzes über Fernmeldeanlagen vom 14. 1. 1928 584

7. Anweisung für den Funkentelegraphendienst vom 15. 6. 1913 584
8. **Internationaler Vertrag zum Schutze der unterseeischen Telegraphenkabel vom 14. 3. 1884** 584
9. **Erklärung Deutschlands vom 1. 12. 1886** 590

Sachregister 592

Verzeichnis der Abkürzungen.

Amtsbl. = Amtsblatt.

ArchZivPr. = Archiv für zivilistische Praxis.

BBl. = Beiblatt der Hanseatischen Gerichtszeitung.

Borchard-Fulst = Borchard-Fulst, Seeverkehrsrecht.

Boyens = Boyens, Deutsches Seerecht.

DJZ. = Deutsche Juristenzeitung.

FGG. = Ges. betr. die Angelegenheiten der freiwilligen Gerichtsbarkeit.

EisenbE. = Eisenbahn- und verkehrsrechtliche Entscheidungen und Abhandlungen.

FlG. = Gesetz betr. das Flaggenrecht der Kauffahrteischiffe.

GBl. = Gesetzblatt.

GuVBl. = Gesetz- und Verordnungsblatt.

GewO. = Gewerbeordnung.

GoltdArch. = Goltdammers Archiv.

GZ. = Goldschmidts Zeitschrift für Handelsrecht.

HMBl. = Handelsministerialblatt.

HandwdRechtsw. = Handwörterbuch der Rechtswissenschaft.

Hansa = Deutsche Nautische Zeitschrift „Hansa".

HansRGZ. = Hanseatische Rechts- und Gerichts-Zeitschrift.

HansRZ. = Hanseatische Rechtszeitschrift.

HansOLG. = Hanseatisches Oberlandesgericht.

Hbl. oder HansGZ. = Hanseatische Gerichtszeitung (Hauptblatt).

HambFrBl. = Hamburger Fremdenblatt.

JW. = Juristische Wochenschrift.

JMBl. = Justizministerialblatt.

LZ. = Leipziger Zeitschrift für deutsches Recht.

MBliV. = Ministerialblatt für die innere Verwaltung.

OSA. = Entsch. des Oberseeamts und der Seeämter.

OVG. = Oberverwaltungsgericht (Preußen).
Pappenheim = Pappenheim, Seerecht.
PStG. = Personenstandsgesetz.
Recht = Das Recht, Rundschau für den deutschen Juristenstand.
Rspr. = Rechtsprechung der Oberlandesgerichte.
RGSt. = Entsch. des Reichsgerichts in Strafsachen.
RG. = Entsch. des Reichsgerichts in Zivilsachen.
RVBl. = Reichsverordnungsblatt.
RGBl. = Reichsgesetzblatt.
ROHG. = Reichsoberhandelsgericht.
RVO. = Reichsversicherungsordnung.
Schaps = Schaps-Mittelstein-Sebba, Das deutsche Seerecht.
SchlHolstAnz. = Schleswig-Holsteinischer Anzeiger.
SA. oder See-A. = Seeamt.
SO. = Seemanns-Ordnung.
SSchG. oder SeeschG. = Deutsches Seeschiedsgericht.
SStrO. = Seestraßenordnung.
SWO. = Seewasserstraßenordnung.
SeuffArch. = Seufferts Archiv für Entsch. der obersten Gerichte.
StrO. = Strandungsordnung.
Stenglein = Stenglein, Strafrechtliche Nebengesetze.
TVV. = Tagebuchverordnung.
UnfVV. = Unfallverhütungsvorschriften der Seeberufsgenossenschaft.
VZG. = Vereinszollgesetz.
VerkR. = Verkehrsrechtliche Rundschau.
WarnRspr. = Warneyers Jahrbuch der Entscheidungen.
Wagner = Wagner, Deutsches Seerecht.
Wüstendörfer = Wüstendörfer, Seerecht (Ehrenbergs Handbuch).
ZBl. oder RZBl. = Zentralblatt für das Deutsche Reich.

A. Gesetze allgemeinen Inhalts.

1. Aus der Verfassung des Deutschen Reichs.

Vom 11. August 1919 (RGBl. S. 1383).

Erster Abschnitt. Reich und Länder.

Art. 3. Die Reichsfarben sind schwarz-rot-gold. Die Handelsflagge ist schwarz-weiß-rot mit den Reichsfarben in der oberen inneren Ecke.

Art. 7. Das Reich hat die Gesetzgebung über:
18. die Seeschiffahrt, die Hochsee- und die Küstenfischerei;

Sechster Abschnitt. Die Reichsverwaltung[1]).

[1]) Vgl. Erl. betr. Reichsaufsicht über das Seewesen v. 14. Okt. 1919 (ZBl. S. 1287). — Gemäß Erl. v. 26. Mai 1926 (RAnz. Nr. 124) sind gleichzeitig mit den Seeschiffahrtsangelegenheiten die bis dahin dem Reichswirtschaftsministerium unterstellten Dienststellen der Seeschiffahrt auf das Reichsverkehrsministerium übergegangen. Außer diesen (Deutsche Seewarte, Reichskanalamt, Reichsoberseeamt, Reichskommissare bei den Seeämtern, Reichskommissariat für die Seeschiffsvermessung, Reichsprüfungsinspektoren, Technische Kommission für Seeschiffahrt und Fachausschüsse für das seemännische Fachschulwesen) untersteht dem Reichsverkehrsministerium das Reichskanalamt in Kiel; näheres bei Borchard-Fulst S. 26.

Art. 81. Alle deutschen Kauffahrteischiffe bilden eine einheitliche Handelsflotte.

Art. 97. Aufgabe des Reichs ist es, die dem allgemeinen Verkehre dienenden Wasserstraßen in sein Eigentum und seine Verwaltung zu übernehmen[1]).

Nach der Übernahme können dem allgemeinen Verkehre dienende Wasserstraßen nur noch vom Reiche oder mit seiner Zustimmung angelegt oder ausgebaut werden.

Bei der Verwaltung, dem Ausbau oder dem Neubau von Wasserstraßen sind die Bedürfnisse der Landeskultur und der Wasserwirtschaft im Einvernehmen mit den Ländern zu wahren. Auch ist auf deren Förderung Rücksicht zu nehmen.

Jede Wasserstraßenverwaltung hat sich den Anschluß anderer Binnenwasserstraßen auf Kosten der Unternehmer gefallen zu lassen. Die gleiche Verpflichtung besteht für die Herstellung einer Verbindung zwischen Binnenwasserstraßen und Eisenbahnen.

Mit dem Übergang der Wasserstraßen erhält das Reich die Enteignungsbefugnis, die Tarifhoheit[2]) sowie die Strom- und Schiffahrtspolizei.

Die Aufgaben der Strombauverbände in bezug auf den Ausbau natürlicher Wasserstraßen im Rhein-, Weser- und Elbgebiet sind auf das Reich zu übernehmen.

[1]) Staatsvertrag betr. Übergang der Wasserstraßen auf das Reich (RGBl. 1921 S. 961). Über Haftung von Staat und Reich für die Beamten der Wasserstraßenverwaltung vgl. Schneider VerkR. 29, 538 und Zschucke EisenbE. 1931, 344; HansRGZ. 1929 B 822; 1930 B 499; RG. 128, 353.

[2]) Vgl. § 11 des Staatsvertrages betr. d. Übergang der Wasserstraßen von den Ländern auf das Reich v. 29. 7. 21 (RGBl. 961).

Art. 98. Zur Mitwirkung in Angelegenheiten der Wasserstraßen werden bei den Reichswasserstraßen nach näherer Anordnung der Reichsregierung unter Zustimmung des Reichsrats Beiräte gebildet[1]).

[1]) Vgl. die Verordn. v. 26. Jan. 1925 (RGBl. II 5).

Art. 101[1]). Aufgabe des Reichs ist es, alle Seezeichen, insbesondere Leuchtfeuer, Feuerschiffe, Bojen, Tonnen und Baken in sein Eigentum und seine Verwaltung zu übernehmen. Nach der Übernahme können Seezeichen nur noch vom Reiche oder mit seiner Zustimmung hergestellt werden.

[1]) Vgl. dazu Schaps I, 854; II 84 (Allg. Grundsätze für die Betonnung und Befeuerung der deutschen Küstengewässer); Borchard-Fulst S. 199ff. (Die Seeschiffahrtszeichen.)

2. Verordnung über die Zuständigkeit der Reichsbehörden zur Ausführung des Reichsbeamtengesetzes.

Vom 10. August 1928 (RGBl. 1928 I S. 369) (Auszug).

B. Geschäftsbereich des Reichsministers des Innern.

8. Der Direktor der Reichsstelle für das Auswanderungswesen.

D. Geschäftsbereich des Reichswirtschaftsministers.

1. Der Präsident des Statistischen Reichsamts,
4. der Reichskommissar für Aus- und Einfuhrbewilligung, Abwicklungsstelle.

E. Geschäftsbereich des Reichsarbeitsministers.

1. Der Präsident des Reichsversicherungsamts.

J. Geschäftsbereich des Reichsverkehrsministers.

1. Der Leiter des Reichskanalamts,
2. der Präsident der deutschen Seewarte,
4. der Leiter des Reichswasserschutzes,
5. der Leiter des Reichskommissariats für Seeschiffsvermessung,
6. der Vorsitzende des Reichsoberseeamts,

7. der Oberpräsident (Seezeichenverwaltung) in Stettin und der Regierungspräsident (Seezeichenverwaltung) in Schleswig für den ihnen unterstellten Bereich der Seezeichenverwaltung,
8. die Reichsinspektoren für die Seeschiffer-, Seesteuermanns-, Schiffsingenieur- und Maschinistenprüfungen.

3. Gesetz, betr. die Organisation der Bundeskonsulate, sowie die Amtsrechte und Pflichten der Bundeskonsuln[1]).

Vom 8. November 1867 (BGBl. S. 137). (Auszug).

[1]) Vgl. Busch, Die Stellung des deutschen Konsuls im Schiffahrtsverkehr (Erl. Diss. 1913). — Über Mitwirkung der Konsulate bei der Untersuchung von Seeunfällen vgl. Erl. v. 22. Nov. 1877 (ZBl. S. 634); Tätigkeit der Konsuln als Seemannsamt: § 5 SO.

I. Organisation der Bundeskonsulate.

§ 1. Die Bundeskonsuln sind berufen, das Interesse des Bundes, namentlich in bezug auf Handel, Verkehr und Schiffahrt tunlichst zu schützen und zu fördern.

§ 30. Die Bundeskonsuln haben die Innehaltung der wegen Führung der Bundesflagge bestehenden Vorschriften zu überwachen.

§ 31. Sie haben die Meldung der Schiffsführer entgegenzunehmen und an den Bundeskanzler über Unterlassung dieser Meldung zu berichten.

§ 32. Sie bilden für die Schiffe der Bundes-Handelsmarine im Hafen ihrer Residenz die Musterungsbehörde.

§ 33. Sie sind befugt, über diese Schiffe die Polizeigewalt auszuüben.

§ 34. Wenn Mannschaften von solchen Schiffen desertieren, so haben die Bundeskonsuln auf Antrag des Schiffers bei den Orts- oder Landesbehörden die zur

Wiederhabhaftwerdung derselben erforderlichen Schritte zu tun.

§ 35. Die Bundeskonsuln sind befugt, an Stelle eines gestorbenen, erkrankten oder sonst zur Führung des Schiffes untauglich gewordenen Schiffers auf den Antrag der Beteiligten einen neuen Schiffsführer einzusetzen.

§ 36. Sie sind befugt, die Verklarungen aufzunehmen[1]), und bei Unfällen, von welchen die Schiffe betroffen werden, die erforderlichen Bergungs- und Rettungsmaßregeln einzuleiten und zu überwachen, sowie in Fällen der großen Haverei auf Antrag des Schiffsführers die Dispache aufzumachen.

[1]) Sie müssen für möglichste Vollständigkeit derselben sorgen. OSA. 13, 89.

§ 37. In betreff der Befugnis der Konsuln zur Mitwirkung bei dem Verkaufe eines Schiffes durch den Schiffer und bei Eingehung von Bodmereigeschäften, sowie in betreff der einstweiligen Entscheidung von Streitigkeiten zwischen Schiffer und Mannschaft sind die Vorschriften Art. 499, 537, 547, 686 des Allgemeinen Deutschen Handelsgesetzbuches[1]) maßgebend; in betreff ihrer Befugnis zur Erteilung von interimistischen Schiffszertifikaten bewendet es bei den Vorschriften des Bundesgesetzes, betreffend die Nationalität der Kauffahrteischiffe und ihre Befugnis zur Führung der Bundesflagge, vom 25. Oktober 1867[2]).

[1]) HGB. §§ 530, 679, 685; SeemO. § 5.
[2]) Vgl. Schaps I, 24.

4. Allgemeine Dienstinstruktion für die Konsuln.

Vom 6. Juni 1871/22. Februar 1873[1]).

[1]) Abgedruckt bei Schaps II 579.

5. Gesetz, betr. die Schiffsmeldungen bei den Konsulaten des Deutschen Reichs.

Vom 18. Juni 1911 (RGBl. S. 253).

§ 1. Der Führer eines deutschen Kauffahrteischiffs (§§ 1, 26 Abs. 1 des Gesetzes, betreffend das Flaggenrecht der Kauffahrteischiffe, vom 22. Juni 1899, RGBl. 1899 S. 319 und 1901 S. 184)[1]) ist verpflichtet, sobald das Schiff einen zum Amtsbezirk eines Konsulats (Generalkonsulats, Konsulats, Vizekonsulats) des Deutschen Reichs gehörigen Hafen anläuft, dies dem Konsulat unverzüglich schriftlich oder mündlich zu melden.

§ 2. Bei der Meldung sind anzuzeigen

1. die Gattung, der Name, das Unterscheidungssignal, der Nettoraumgehalt und der Heimatshafen des Schiffes,
2. der Name und der Wohnort des Reeders,
3. der Tag und die Stunde der Ankunft,
4. die Zahl der Schiffsoffiziere und Schiffsleute,
5. die Zahl der abzusetzenden Passagiere,
6. die Art der zu löschenden und einzunehmenden Ladung,
7. der Hafen, den das Schiff zuletzt angelaufen hat,
8. die voraussichtliche Dauer des Aufenthalts,
9. der Hafen, wohin das Schiff weitergehen wird, und
10. die Adresse desjenigen, welcher die Klarierungsgeschäfte des Schiffes am Orte besorgt.

§ 3. Hat das Konsulat seinen Amtssitz in dem Hafen, den das Schiff anläuft, so hat der Schiffsführer außerdem, sobald der Aufenthalt des Schiffes daselbst die Dauer von 48 Stunden überschreitet, dies dem Konsulat unverzüglich schriftlich oder mündlich zu melden.

Sofern es ohne Verzögerung der Abreise des Schiffes geschehen kann, hat er dabei die Musterrolle vorzulegen.

Muß der Schiffsführer von vornherein mit einem mehr als 48 stündigen Aufenthalte rechnen, so hat er die Musterrolle zugleich mit der gemäß § 1 zu erstattenden Meldung vorzulegen. Einer weiteren Meldung bedarf es alsdann nicht.

Die Musterrolle wird in jedem Falle von dem Konsulate tunlichst bis zur Abfahrt aufbewahrt.

Der Reichskanzler ist befugt, Ausnahmen von den in Abs. 2, 3 gegebenen Vorschriften zuzulassen.

§ 4. Die Vorschriften des § 3 finden keine Anwendung auf Schiffe, welche den Hafen nur in Ballast anlaufen und wieder verlassen oder welche den Hafen wegen Sturm, Haverei, Kriegsgefahr usw. als Nothafen anlaufen und nur als solchen benutzen.

§ 5. Entspricht die Meldung nicht den Bestimmungen des § 2 oder ist die Vorlegung der Musterrolle entgegen den Bestimmungen des § 3 unterblieben, so hat der Schiffsführer auf Erfordern des Konsulats unverzüglich die Meldung zu vervollständigen oder die Musterrolle nachzureichen.

§ 6. Der Schiffsführer, welcher den Vorschriften in § 1, § 3 Abs. 1 und § 5 dieses Gesetzes zuwiderhandelt, wird mit Geldstrafe bis zu zweihundert Mark bestraft.

6. Auszug aus dem Strafgesetzbuch für das Deutsche Reich.

§ 243. Auf Zuchthaus bis zu zehn Jahren ist zu erkennen, wenn

— — — — — — — — — — — — — — — —

7. der Diebstahl zur Nachtzeit in einem bewohnten Gebäude, in welches sich der Täter in diebischer Absicht eingeschlichen, oder in welchem er sich in gleicher Absicht verborgen hatte, begangen wird, auch wenn zur Zeit des Diebstahls Bewohner in dem Gebäude nicht anwesend sind. Einem bewohnten Gebäude werden

— — — Schiffe, welche bewohnt werden, gleichgeachtet.

Sind mildernde Umstände vorhanden, so tritt Gefängnisstrafe nicht unter drei Monaten ein.

§ 265. Wer in betrügerischer Absicht eine gegen Feuersgefahr versicherte Sache in Brand setzt, oder ein Schiff, welches als solches oder in seiner Ladung oder in seinem Frachtlohn versichert ist, sinken oder stranden macht, wird mit Zuchthaus bis zu zehn Jahren und zugleich mit Geldstrafe von einhundertfünfzig bis zu sechstausend Mark bestraft.

Sind mildernde Umstände vorhanden, so tritt Gefängnisstrafe nicht unter sechs Monaten ein, neben welcher auf Geldstrafe bis zu dreitausend Mark erkannt werden kann.

§ 297. Ein Reisender oder Schiffsmann, welcher ohne Vorwissen des Schiffers, ingleichen ein Schiffer, welcher ohne Vorwissen des Reeders Gegenstände an Bord nimmt, welche das Schiff oder die Ladung gefährden, indem sie die Beschlagnahme oder Einziehung des Schiffes oder der Ladung veranlassen können[1]), wird mit Geldstrafe bis zu eintausendfünfhundert Mark oder mit Gefängnis bis zu zwei Jahren bestraft.

[1]) Vgl. HansRGZ. 1930 A 429; Niemeyer ibid. 1931 A 543.

§ 298. Ein Schiffsmann, welcher mit der Heuer entläuft, oder sich verborgen hält, um sich dem übernommenen Dienste zu entziehen, wird, ohne Unterschied, ob das Vergehen im Inlande oder im Auslande begangen worden ist, mit Gefängnis bis zu einem Jahre bestraft.

§ 305. Wer vorsätzlich und rechtswidrig ..... ein Schiff — — — welche fremdes Eigentum sind, ganz oder teilweise zerstört, wird mit Gefängnis nicht unter einem Monat bestraft.

Der Versuch ist strafbar.

§ 306. Wegen Brandstiftung wird mit Zuchthaus bestraft, wer vorsätzlich in Brand setzt:

— —

2. ein Gebäude, ein Schiff oder eine Hütte, welche zur Wohnung von Menschen dienen, oder
3. eine Räumlichkeit, welche zeitweise zum Aufenthalt von Menschen dient, und zwar zu einer Zeit, während welcher Menschen in derselben sich aufzuhalten pflegen.

§ 308. Wegen Brandstiftung wird mit Zuchthaus bis zu zehn Jahren bestraft, wer vorsätzlich .... Schiffe — — in Brand setzt, wenn diese Gegenstände entweder fremdes Eigentum sind, oder zwar dem Brandstifter eigentümlich gehören, jedoch ihrer Beschaffenheit und Lage nach geeignet sind, das Feuer einer der im § 306 Nr. 1 bis 3 bezeichneten Räumlichkeiten oder einem der vorstehend bezeichneten fremden Gegenstände mitzuteilen.

Sind mildernde Umstände vorhanden, so tritt Gefängnisstrafe nicht unter sechs Monaten ein.

§ 309. Wer durch Fahrlässigkeit einen Brand der in den §§ 306 und 308 bezeichneten Art herbeiführt, wird mit Gefängnis bis zu einem Jahre oder mit Geldstrafe bis zu neunhundert Mark und, wenn durch den Brand der Tod eines Menschen verursacht worden ist, mit Gefängnis von einem Monat bis zu drei Jahren bestraft.

§ 322. Wer vorsätzlich ein zur Sicherung der Schiffahrt bestimmtes Feuerzeichen oder ein anderes zu diesem Zwecke aufgestelltes Zeichen zerstört, wegschafft oder unbrauchbar macht, oder ein solches Feuerzeichen auslöscht oder seiner Dienstpflicht zuwider nicht aufstellt oder ein falsches Zeichen, welches geeignet ist, die Schiffahrt unsicher zu machen, aufstellt, insbesondere zur Nachtzeit auf der Strandhöhe Feuer anzündet, welches die Schiffahrt zu gefährden geeignet ist, wird mit Zuchthaus bis zu zehn Jahren bestraft.

Ist durch die Handlung die Strandung eines Schiffes verursacht worden, so tritt Zuchthausstrafe nicht unter fünf Jahren und, wenn der Tod eines Menschen verursacht worden ist, Zuchthausstrafe nicht unter zehn Jahren oder lebenslängliche Zuchthausstrafe ein.

§ 323. Wer vorsätzlich die Strandung oder das Sinken eines Schiffes bewirkt und dadurch Gefahr für das Leben eines anderen herbeiführt, wird mit Zuchthaus nicht unter fünf Jahren und, wenn durch die Handlung der Tod eines Menschen verursacht worden ist, mit Zuchthaus nicht unter zehn Jahren oder mit lebenslänglichem Zuchthaus bestraft.

§ 326. Ist eine der in den §§ 321 bis 324 bezeichneten Handlungen aus Fahrlässigkeit begangen worden, so ist, wenn durch die Handlung ein Schaden verursacht worden ist, auf Gefängnis bis zu einem Jahre und, wenn der Tod eines Menschen verursacht worden ist, auf Gefängnis von einem Monat bis zu drei Jahren zu erkennen.

§ 327. Wer die Absperrungs- oder Aufsichtsmaßregeln oder Einfuhrverbote, welche von der zuständigen Behörde zur Verhütung des Einführens oder Verbreitens einer ansteckenden Krankheit angeordnet worden sind, wissentlich verletzt, wird mit Gefängnis bis zu zwei Jahren oder mit Geldstrafe bestraft.

Ist infolge dieser Verletzung ein Mensch von der ansteckenden Krankheit ergriffen worden, so tritt Gefängnisstrafe von drei Monaten bis zu drei Jahren ein.

7. Gesetz über das Internationale Abkommen zur einheitlichen Feststellung von Regeln über die Immunitäten der Staatsschiffe[1]).

Vom 9. Juli 1927 (RGBl. II S. 483).

Art. 1. Dem in Brüssel am 10. April 1926 unterzeichneten Internationalen Abkommen[2]) zur einheitlichen Feststellung von Regeln über die Immunitäten der Staatsschiffe wird zugestimmt.

Das Abkommen wird nachstehend veröffentlicht.

[1]) Böckler, VerkR. 1922, S. 277; Farsleben, Hansa 1927, S. 1119; Feine, HansRZ. 1922, S. 247; Feine, Die völkerrechtliche Stellung der Staatsschiffe (1921); Kollhoff, HansRGZ. 1929 A 1; Vanselow, Weltseeverkehrsrecht, HandwRechtsw.; Böger, Die Immunität der Staatsschiffe (Kiel 1928); Krückmann, LZ. 1923, S. 1; Niemeyer, Intern. Verwrecht III 169ff.

[2]) Geschlossen zwischen Deutschland, Belgien, Brasilien, Dänemark, Spanien, Estland, Frankreich, Groß-Britannien, Ungarn, Italien, Japan, Lettland, Mexiko, Norwegen, Niederlande, Polen, Portugal, Rumänien, Serbien und Schweden.

Art. 2. Dieses Gesetz tritt mit dem auf die Verkündung folgenden Tage in Kraft. Der Tag, an dem das Abkommen gemäß Art. 12 in Kraft tritt, ist im Reichsgesetzblatt bekanntzumachen.

Wortlaut des Abkommens.

Art. 1. Die einem Staate gehörigen oder von ihm verwendeten[1]) Seeschiffe, die einem Staate gehörigen Ladungen sowie die auf Staatsschiffen beförderten Ladungen und Reisenden unterliegen ebenso wie die Staaten, denen diese Schiffe gehören oder die sie verwenden oder denen diese Ladungen gehören, in Ansehung der die Verwendung der Schiffe oder die Beförderung der Ladungen betreffenden Ansprüche den gleichen Regeln über die Verantwortlichkeit und den gleichen Verbindlichkeiten[2]) wie private Schiffe, Ladungen und Schiffahrtsunternehmungen.

[1]) Außer dem Eigentum kommt also die Ausrüsterstellung und die des Charterers (insbesondere auch des Zeitcharterers) in Frage.

[2]) Die Frage der örtlichen und sachlichen Zuständigkeit sowie des anzuwendenden Rechts bestimmt sich nach den Grundsätzen des internationalen Rechts.

Art. 2. Für diese Verantwortlichkeiten[1]) und Verbindlichkeiten gelten die gleichen Regeln über die Zuständigkeit der Gerichte, die gerichtliche Geltendmachung und das Verfahren wie für die einer Privatperson gehörigen Handelsschiffe oder für private Ladungen oder deren Eigentümer[2]).

[1]) Insbesondere die Haftung des Reeders (vgl. §§ 485, 486 — Schaps I, 97ff.).

[2]) RG. v. 10. Dez. 1921, HansGZ. 22, 26, HansRZ. 22, 70. Vgl. dazu RG. 62, 167; RGHansGZ. 22, 33, HansRZ. 22, 64. Über einen Fall freiwilliger Unterwerfung eines Staates unter die Gerichtsbarkeit eines anderen, vgl. van Wessem, HansRZ. 22, 804; ferner HansRZ. 22, 63.

Art. 3. § 1. Die Bestimmungen der beiden vorstehenden Artikel finden keine Anwendung auf Kriegsschiffe, Staatsjachten, Schiffe des Überwachungsdienstes[1]), Hospitalschiffe, Hilfsschiffe, Proviantschiffe und andere Fahrzeuge, die einem Staate gehören oder von ihm verwendet werden und die zur Zeit des Entstehens der Forderung ausschließlich für einen staatlichen Dienst und nicht für Handelszwecke bestimmt sind oder verwendet werden; diese Schiffe werden nicht zum Gegenstand einer Beschlagnahme, Arrestierung oder Zurückbehaltung durch irgendeine gerichtliche[2]) Maßnahme gemacht und unterliegen keinem gerichtlichen Verfahren „in rem"[3]).

Jedoch können die Beteiligten ihre nachbenannten Ansprüche bei den zuständigen Gerichten des Staates, dem das Schiff gehört oder der es verwendet, geltend machen, ohne daß dieser Staat sich auf seine Immunität berufen könnte:

1. Ansprüche aus Anlaß von Schiffszusammenstößen[4]) oder anderen Schiffahrtsunfällen[5]),
2. Ansprüche aus Anlaß von Hilfeleistung und Bergung in Seenot oder großer Haverei,
3. Ansprüche aus Anlaß von Ausbesserungen[6]), Liefe-

rungen[7]) oder anderen das Schiff betreffenden Verträgen[8]).

§ 2. Die gleichen Regeln finden Anwendung auf die Ladungen, die einem Staate gehören und an Bord der vorgenannten Schiffe befördert werden.

§ 3. Die Ladungen, die einem Staate gehören und an Bord von Privatschiffen für staatliche und nicht für Handelszwecke befördert werden, sind nicht Gegenstand einer Beschlagnahme, Arrestierung oder Zurückbehaltung durch irgendeine gerichtliche Maßnahme und unterliegen keinem gerichtlichen Verfahren „in rem".

Jedoch können die Klagen aus Anlaß von Schiffszusammenstößen und nautischen Unfällen, Hilfeleistung und Bergung in Seenot und großer Haverei, wie auch die Klagen aus den auf diese Ladungen bezüglichen Verträgen vor dem gemäß Art. 2 zuständigen Gericht erhoben werden.

[1]) Zoll-Polizei-Fischereiaufsichts- und Eisüberwachungsschiffe.

[2]) Verwaltungsmaßnahmen sind nicht ausgeschlossen: Verbot des Auslaufens wegen Nichtbezahlung von Hafengeldern usw. (vgl. die Bestimmungen vieler Hafenordnungen) oder wegen Nichteinhaltung der Tiefladelinie usw.

[3]) Verfahren zur Durchsetzung und Realisierung der rein dinglichen Haftung (§§ 754, 761 HGB.).

[4]) Vgl. §§ 734ff. (Schaps I, 678ff.). Auch § 738 gehört hierher.

[5]) Z. B. Zusammenstoß mit Uferbauten, Brücken, Bollwerken, Dückdalben usw. (Schaps I, 680). Kentern, Stranden, Sinken und ähnliche Vorfälle. Vgl. auch § 3 Abs. 2: „nautische Unfälle".

[6]) Vgl. wegen des Zurückbehaltungsrechts der Reparaturwerft: Schaps I, 1004.

[7]) Vgl. § 754 Nr. 8 (Schaps I, 985).

[8]) Insbesondere Berge- und Hilfslohnverträge (soweit sie nicht unter Nr. 2 fallen), Schleppverträge, Schiffsreinigungs-, Desinfizierungs-, Dockungsverträge (zwecks Untersuchung, nicht zwecks Reparatur), Bewachungs- und Versicherungsverträge.

Art. 4. Die Staaten können alle Mittel der Verteidigung, der Verjährung und Haftungsbeschränkung geltend machen, deren sich die privaten Schiffe und ihre Eigentümer bedienen können.

Wenn es notwendig ist, die Bestimmungen, die sich auf diese Verteidigungsmittel, die Verjährung und die Haftungsbeschränkung beziehen, anzupassen oder abzuändern, um sie auf die im Art. 3 genannten Kriegsschiffe oder Staatsschiffe anwendbar zu machen[1]), so soll zu diesem Zwecke ein besonderes Abkommen geschlossen werden. Inzwischen können die nötigen Maßnahmen durch die Landesgesetze in Übereinstimmung mit dem Geiste und den Grundsätzen des gegenwärtigen Abkommens getroffen wevden.

[1]) Vgl. z. B. den Ausschluß der dinglichen Haftung solcher Schiffe in der deutschen Judikatur: Schaps I 981.

Art. 5. Wenn im Falle des Art. 3 nach Ansicht des befaßten Gerichts ein Zweifel[1]) über den staatlichen und nicht gewerblichen Charakter des Schiffes oder der Ladung besteht, so erbringt eine von dem diplomatichen Vertreter des Vertragsstaats, dem das Schiff oder die Ladung gehört, unterzeichnete und durch Vermittlung des Staates, vor dessen Gerichten der Rechtsstreit schwebt, vorgelegte Bescheinigung den Beweis, daß das Schiff oder die Ladung unter die Bestimmungen des Art. 3 fällt, jedoch nur, soweit es sich darum handelt, die Aufhebung einer gerichtlich angeordneten Beschlagnahme, Arrestierung oder Zurückbehaltung zu erlangen[2]).

[1]) Voraussetzung ist, daß zwischen den Parteien über diesen Punkt Streit herrscht.

[2]) In sonstigen Fällen ist eine derartige Bescheinigung lediglich als Beweismittel im Wege des Urkundenbeweises zu werten und demgemäß ist auch die Führung des Gegenbeweises zulässig.

Art. 6. Die Bestimmungen des gegenwärtigen Abkommens finden in jedem Vertragsstaat Anwendung unbe schadet des Rechts, es Nichtvertragsstaaten und deren Angehörigen nicht zugute kommen zu lassen oder seine Anwendbarkeit an die Bedingung der Gegenseitigkeit zu knüpfen.

Andererseits hindert nichts einen Vertragsstaat, die Rechte, die er seinen Staatsangehörigen vor seinen Gerichten gewähren will, durch seine eigenen Gesetze zu regeln.

Art. 7. Für Kriegszeiten behält sich jeder vertragschließende Staat das Recht vor, durch eine den anderen Vertragsstaaten notifizierte Erklärung die Anwendung des gegenwärtigen Abkommens auszusetzen in dem Sinne, daß in diesem Falle weder die ihm gehörenden oder von ihm verwendeten Schiffe noch die ihm gehörenden Ladungen Gegenstand einer Arrestierung, Beschlagnahme oder Zurückbehaltung durch einen ausländischen Gerichtshof sein können[1]).

Der Gläubiger hat jedoch das Recht, seine Klage vor dem gemäß Art. 2 u. 3 zuständigen Gericht anzustrengen.

[1]) Es handelt sich also um Außerkraftsetzung der Art. 1 u. 2, jedoch nur im Hinblick auf Arreste, Beschlagnahme und Zurückhaltung. Unerheblich ist es für die Berechtigung aus Art. 7, ob der die Aussetzung erklärende Staat in den Krieg verwickelt ist oder nicht.

Art. 8. Das gegenwärtige Abkommen berührt nicht die Rechte der Vertragsstaaten, diejenigen Maßnahmen zu ergreifen, die durch die Rechte und Pflichten der Neutralität geboten sein können.

Art. 10—14 betreffen Ratifikation, Beitritt, Kündigung.

8. Bestimmungen über die Zulassung und Behandlung fremder Kriegsschiffe[1]) in den Häfern und Gewässern der deutschen Küste.

Vom 1. August 1925 (RMBl. I S. 987)[1]).

[1]) Vgl. Schaps II, 104

9. Bekanntmachung der neuen Fassung des Gesetzes über die Naturalleistungen für die bewaffnete Macht im Frieden[1]).

Vom 6. April 1925 (RGBl. I S. 44).

II. Besondere Verpflichtungen der Besitzer von Schiffen und Fahrzeugen.

§ 10. Zur Stellung von Schiffsfahrzeugen für die Reichsmarine sind alle Besitzer solcher Fahrzeuge verpflichtet. Dieselbe kann nur gefordert werden für Truppentransporte an und von Bord außerhalb der Kriegshäfen sowie für Ausrüstungen von Schiffen mit Proviant, Inventar, Kohlen und sonstigem Material aller Art an den Orten, wo die Reichsmarine keine etablierten Proviant-, Inventarien- und Kohlendepots besitzt, und nur insoweit die eigenen Fahrzeuge der Reichsmarine für die gedachten Zwecke nicht ausreichen und die nötigen Fahrzeuge nicht gegen angemessene Vergütung im Wege des Vertrags sichergestellt werden können.

Befreit von der Verpflichtung sind die Inhaber öffentlicher Fähren und anderer öffentlicher Transportanstalten hinsichtlich derjenigen Fahrzeuge, welche nach Anordnung der zuständigen Behörden oder auf Grund abgeschlossener Verträge von ihnen für die öffentliche Benutzung gehalten werden müssen.

Für die Stellung der Fahrzeuge ist die Vermittelung der zuständigen Hafenpolizeibehörde in Anspruch zu nehmen.

Dem Eigentümer ist voller Ersatz für Verlust, Beschädigung und außergewöhnliche Abnutzung am Fahrzeug nebst Zubehör zu gewähren, welche infolge oder gelegentlich der geforderten Leistung ohne Verschulden des Besitzers oder des von ihm gestellten Schiffers entstanden sind.

Die Festsetzung der Vergütung geschieht nach Maßgabe des § 14.

[1]) Das Kriegsleistungsgesetz ist durch G. v. 19. März 1924 (RGBl. I S. 285) aufgehoben worden. Vgl. auch Erl. v. 18. Sept. 1924 (MBl. S. 863). Über Requisition von Schiffen vgl. Hager HansRZ. 1919, 62.

10. Verordnung des Reichspräsidenten zur Ausführung des Gesetzes über die Naturalleistungen für die bewaffnete Macht im Frieden.

Vom 28. September 1925 (RGBl. I S. 365).

Zu § 10. Schiffe werden schriftlich durch Vermittlung der zuständigen Hafenpolizeibehörde oder, wo eine solche nicht vorhanden ist, durch Vermittlung der Ortspolizeibehörde angefordert.

Sie sind mit Bemannung (Schiffsführern, Matrosen, Heizern usw.) zu stellen.

Die Bemannung ist von dem Schiffseigentümer zu verpflegen.

Die für die Benutzung der Schiffe und Fahrzeuge, für die Verpflegung der Bemannung sowie für Verluste, Beschädigungen und außergewöhnliche Abnutzung an Schiffen, Fahrzeugen und an Zubehör (§ 10 Abs. 4 des Gesetzes) zu gewährende Vergütung wird auf dem nachfolgend zu § 14 bezeichneten Wege festgestellt.

11. Gesetz, betr. das Flaggenrecht der Kauffahrteischiffe.

Vom 22. Juni 1899 (RGBl. S. 319 ff.)
und 29. Mai 1901 (RGBl. S. 184)[1]).

§ 1. Die zum Erwerbe durch die Seefahrt bestimmten Schiffe (Kauffahrteischiffe)[2]) mit Einschluß der Lotsen-, Hochseefischerei-, Bergungs- und Schleppfahrzeuge haben als Nationalflagge ausschließlich die Reichsflagge (Art. 55 der Reichsverfassung) zu führen[3]).

Die Form der Reichsflagge und die Art ihrer Führung wird durch Kaiserliche Verordnung bestimmt.

[1]) Vgl. Schaps I, 18; Müller, Z. f. Völkerrecht 1925 S. 233 u. 273.

[2]) Vgl. §§ 26, 26a. — Unter das Gesetz fallen Schiffe, welche staatlichen Zwecken dienen, dann, wenn der Staat sie zum Erwerb durch die Seefahrt bestimmt hat, wie Lotsenschiffe, Schleppfahrzeuge (RG. Hbl. 1894 Nr. 88 [SeuffA. 50 Nr. 109]).

[3]) Nach Art. 3 der neuen RV. sind die Reichsfarben schwarz-rot-gold. Jedoch ist eine besondere Handelsflagge: schwarz-weiß-rot mit den Reichsfarben in der oberen inneren Ecke, bestimmt. Diese Handelsflagge ist die Nationalflagge i. S. des Flaggengesetzes. Vgl. auch S. 33.

[4]) Die Führung von Landesflaggen als Nationalflagge soll ausgeschlossen sein. Dagegen ist, wie auch § 9 zeigt, nicht beabsichtigt, eine Verpflichtung zur Führung der Reichsflagge den dazu berechtigten Schiffen aufzunötigen.

§ 2. Zur Führung der Reichsflagge sind die Kauffahrteischiffe nur dann berechtigt[1]), wenn sie im ausschließlichen Eigentume von Reichsangehörigen stehen.

Den Reichsangehörigen werden gleichgeachtet offene Handelsgesellschaften und Kommanditgesellschaften, wenn die persönlich haftenden Gesellschafter sämtlich Reichsangehörige sind; andere Handelsgesellschaften, eingetragene Genossenschaften und juristische Personen, wenn sie im Inland ihren Sitz haben, Kommanditgesellschaften auf Aktien jedoch nur dann, wenn die persönlich haftenden Gesellschafter sämtlich Reichsangehörige sind.

[1]) Das Recht zur Führung der Reichsflagge setzt ausschließlich nationales Eigentum voraus: physische Personen, welche Eigentümer oder Miteigentümer eines Kauffahrteischiffs sind, das die Reichsflagge führen will, müssen sämtlich Reichsangehörige sein, während ihr Sitz gleichgültig ist, juristische Personen dagegen müssen ihren Sitz im Inland haben. Dieser Grundsatz erleidet (abgesehen vom Falle des § 28) zwei Ausnahmen: Bei der Kommanditgesellschaft kommt es auf die Reichsangehörigkeit des Kom-

manditisten nicht an, und bei der Kommanditgesellschaft auf Aktien muß zum inländischen Sitz die Reichsangehörigkeit der sämtlichen persönlich haftenden Gesellschafter hinzutreten. Verträge, durch welche die zwingenden Vorschriften des § 2 umgangen werden sollen, sind nichtig (RG. DJZ. 1905, 815). Von dem Recht zur Führung der Reichsflagge ist zu scheiden dessen Ausübung: § 11 Abs. 2.

§ 3[1]). Verliert der Eigentümer einer Schiffspart[2]) die Reichsangehörigkeit oder geht eine im Eigentum eines Reichsangehörigen stehende Schiffspart in anderer Weise als durch Veräußerung (Handelsgesetzbuch § 503) auf einen Ausländer über, so behält das Schiff noch bis zum Ablauf eines Jahres das Recht zur Führung der Reichsflagge.

Sind seit dem im Abs. 1 bezeichneten Ereignisse sechs Monate verstrichen, so hat das Registergericht die übrigen Mitreeder auf ihren Antrag zu ermächtigen, die Schiffspart für Rechnung des Eigentümers öffentlich versteigern zu lassen; über die Stellung des Antrags beschließen die übrigen Mitreeder nach Stimmenmehrheit; die Stimmen werden nach der Größe der Schiffsparten berechnet[3]). Bei der Versteigerung der Schiffspart können die Antragsteller mitbieten. Der Zuschlag darf nur einem Inländer erteilt werden.

Diese Vorschriften kommen nur zur Anwendung, wenn die Schiffsparten der übrigen Mitreeder wenigstens zwei Dritteile des Schiffes umfassen.

[1]) § 3 bezieht sich nur auf den Fall, daß das Schiff einer Reederei gehört (§ 489). Gehört es einer offenen Handelsgesellschaft oder einer Kommanditgesellschaft oder in allgemeiner Gütergemeinschaft stehenden Ehegatten, so geht das Recht zur Führung der Reichsflagge verloren, sobald das Schiff aufhört, ausschließlich nationales Eigentum zu sein. Der Verlust tritt aber auch, wenn es einer Reederei gehört, ein, sobald eine Schiffspart durch Veräußerung (unter Lebenden) auf einen Nichtreichsangehörigen übergeht. Für andere Fälle gilt § 3.

2) Siehe § 489 HGB.

3) Die ausländisches Eigentum gewordene Schiffspart kommt nicht in Betracht (Perels 8). Die Partenmehrheit braucht nicht, wie nach HGB. § 491 Abs. 1, zugleich die Hälfte sämtlicher vorhandenen Parten darzustellen.

§ 4. Für die zur Führung der Reichsflagge befugten Kauffahrteischiffe sind in den an der See oder an Seeschiffahrtsstraßen belegenen Gebieten Schiffsregister zu führen[1]).

Die Schiffsregister werden von den Amtsgerichten geführt[2]). Durch Anordnung der Landesjustizverwaltung kann die Führung des Registers für mehrere Amtsgerichtsbezirke einem Amtsgericht übertragen werden.

1) Über die Führung des Schiffsregisters siehe für Preußen AG.FGG. Art. 29 und Allg. V. v. 11. Dez. 1899 (JMBl. 753ff.); 12. 5. 31 (JMBl. 184) für Oldenburg AG. FGG. §§ 9, 13 und V. v. 7. Dez. 1899 (GBl. 689ff.), für Mecklenburg-Schwerin V. v. 18. Nov. 1899 (RegBl. S. 802, 822) mit Abänderung v. 29. Mai 1903 (RegBl. 145ff.), für Bremen AG.FGG. § 8 und GKG. §§ 28ff. Für Hamburg gilt eine von der Deputation für Handel und Schiffahrt erlassene Anweisung v. 28. Dez. 1899, für Lübeck AG.FGG. § 18 und eine Anweisung des Senats v. 16. Febr. 1901. — Über Schiffsregister zur Eintragung des Pfandrechts an im Bau befindlichen Schiffen vgl. Schaps II, 116.

§ 5. Das Schiffsregister ist öffentlich, die Einsicht desselben ist jedem gestattet. Von den Eintragungen können gegen Erlegung der Kosten Abschriften gefordert werden, die auf Verlangen zu beglaubigen sind.

§ 6[1]). Ein Schiff kann nur[2]) in das Schiffsregister des Hafens eingetragen werden, von welchem aus, als dem Heimatshafen, die Seefahrt mit dem Schiffe betrieben werden soll.

Soll die Seefahrt von einem ausländischen Hafen oder von einem Hafen eines Schutzgebiets oder eines Konsulargerichtsbezirkes aus betrieben werden oder fehlt es an einem bestimmten Heimatshafen[3]), so steht dem

Reeder die Wahl des inländischen Registers frei. Hat der Reeder weder seinen Wohnsitz noch seine gewerbliche Niederlassung im Bezirke des Registergerichts, so ist er verpflichtet, einen im Bezirke des Registergerichts wohnhaften Vertreter zu bestellen, welcher die nach diesem Gesetze für den Reeder begründeten Rechte und Pflichten gegenüber dem Registergerichte wahrzunehmen hat.

Die Verpflichtung zur Bestellung eines Vertreters fällt weg, wenn das Registergericht seinen Sitz und der Reeder seinen Wohnsitz oder seine gewerbliche Niederlassung im Reichsgebiete hat.

[1]) Die Gesetzgebung unterscheidet zwischen Heimatshafen und Registerhafen. Den Begriff des Heimatshafens bestimmt das HGB., den des Registerhafens das FlG. Nach HGB. § 480 gilt als Heimatshafen der Hafen, von welchem aus die Seefahrt mit dem Schiffe betrieben wird. Das FlG. will grundsätzlich Identität von Heimatshafen und Registerhafen (Abs. 1). Fehlt es aber an einem im Reichsgebiet belegenen Heimatshafen — so steht dem Reeder die Wahl des inländischen Registers frei (Abs. 2).

[2]) Ausschließlichkeit der Registrierung. Daher unzulässig die Eintragung in die Register mehrerer Häfen.

§ 7. Die Eintragung in das Schiffsregister hat zu enthalten[1]):

1. den Namen[2]) und die Gattung des Schiffes sowie das Unterscheidungssignal[3]);
2. die Ergebnisse der amtlichen Vermessung[4]);
3. die Zeit und den Ort der Erbauung, soweit sie festzustellen sind;
4. den Heimatshafen;
5. den Namen und die nähere Bezeichnung des Reeders[5]);

   bei einer Reederei den Namen und die nähere Bezeichnung sämtlicher Mitreeder und des Korrespondentreeders sowie die Größe der den einzelnen Mitreedern gehörenden Schiffsparten;

bei Handelsgesellschaften, eingetragenen Genossenschaften und juristischen Personen die Firma oder den Namen und den Ort, an welchem sie ihren Sitz haben, bei offenen Handelsgesellschaften außerdem den Namen und die nähere Bezeichnung sämtlicher Gesellschafter, bei Kommanditgesellschaften und Kommanditgesellschaften auf Aktien den Namen und die nähere Bezeichnung sämtlicher persönlich haftenden Gesellschafter;

6. die Angabe, daß in Ansehung der Reichsangehörigkeit der Beteiligten die gesetzlichen Anforderungen erfüllt sind;
7. den Rechtsgrund, auf welchen die Erwerbung des Schiffes oder der einzelnen Schiffsparten beruht;
8. den Tag der Eintragung;
9. die Ordnungsnummer, unter der das Schiff eingetragen ist.

[1]) Weiter sind nach BGB. §§ 1260ff. die am Schiff zu bestellenden Pfandrechte einzutragen — der Anordnung fernerer Eintragungen durch die Landesgesetze steht, wie bisher, nichts entgegen.

[2]) Die Wahl des Namens steht dem Reeder frei (Platen DJZ. 1907, 391), auch ist es gleichgültig, ob andere Schiffe bereits denselben Namen führen (anders Perels 10). Doch sind offenbar unzüchtige oder sonst den guten Sitten widersprechende Namen zur Eintragung nicht geeignet. Vgl. Pappenheim Schiff. Jahrb. 1926, 224. — Namensänderung: § 13 Abs. 1 Satz 3. — Anbringung des Namens: §§ 17, 25 Nr. 4, 21 und § 6 der V. v. 10. Nov. 1899. Ferner die UnfVerhVorschr.

[3]) Eine Zusammenstellung von vier Buchstaben, die dem Schiff von der Registerbehörde aus der Zahl der der letzteren überwiesenen Buchstabengruppen zu dem Zwecke erteilt ist, dasselbe von allen anderen Schiffen derselben Flagge zu unterscheiden; die vier Buchstaben werden durch die entsprechenden

Flaggen des „Internationalen Signalbuchs" dargestellt. Näheres preuß. Allg. V. v. 21. Okt. 1901 (JMBl. 255).

[4]) Dieselbe erfolgt in Gemäßheit der SchVO. (vgl. S. 43).

[5]) Reeder im Sinne des FlG. ist der Eigentümer eines Kauffahrteischiffs, gleichviel ob es ihm oder einer anderen Person zum Erwerb durch die Seefahrt dient.

§ 8. Die Eintragung in das Schiffsregister darf erst geschehen, nachdem das Recht des Schiffes zur Führung der Reichsflagge sowie alle im § 7 bezeichneten Tatsachen und Rechtsverhältnisse glaubhaft gemacht sind[1])[2]). Solange die amtliche Vermessung im Inlande noch nicht hat stattfinden können, dürfen die Ergebnisse der Vermessung auf Grund der Vermessungsurkunde einer ausländischen Behörde oder eines sonstigen glaubhaften Nachweises eingetragen werden.

[1]) Zur Glaubhaftmachung dienen in erster Linie öffentliche und private Urkunden; auch Zeugenaussagen und Versicherungen an Eides Statt (FGG. § 15 Abs. 2) kommen in Frage.

[2]) Von der Neueintragung hat die Schiffsregisterbehörde dem Vorstand der See-Berufsgenossenschaft unverzüglich Mitteilung zu machen (RVO. § 1132).

§ 9. Ist der Reeder zugleich Angehöriger eines fremden Staates, so hat er auf Verlangen des Registergerichts glaubhaft zu machen, daß das Schiff nicht in ein Schiffsregister dieses Staates eingetragen ist[1]). Wird festgestellt, daß eine solche Eintragung besteht, so darf das Schiff nicht in ein inländisches Schiffsregister eingetragen werden.

[1]) Stellt sich, nachdem die Eintragung in das deutsche Register erfolgt ist, heraus, daß das Schiff auch in ein fremdes Schiffsregister eingetragen ist (gleichviel ob vor oder nach der deutschen Eintragung), so ist es im Schiffsregister zu löschen und das Schiffszertifikat unbrauchbar zu machen (§ 13 Abs. 2 Satz 2). Vgl. jedoch KGRspr. 42 S. 191.

§ 10. Über die Eintragung des Schiffes in das Schiffsregister wird von dem Registergericht eine mit dem Inhalte der Eintragung übereinstimmende Urkunde (Schiffszertifikat) ausgestellt.

Das Schiffszertifikat hat außerdem zu bezeugen, daß die nach § 8 erforderlichen Nachweise geführt sind und daß das Schiff zur Führung der Reichsflagge befugt ist.

§ 11. Durch das Schiffszertifikat wird das Recht des Schiffes zur Führung der Reichsflagge nachgewiesen[1]).

Das Recht zur Führung der Reichsflagge darf vor der Erteilung des Schiffszertifikats nicht ausgeübt werden[2]).

Das Schiffszertifikat oder ein von dem Registergerichte beglaubigter Auszug aus dem Zertifikat ist während der Reise stets am Bord des Schiffes mitzuführen [3]).

[1]) Die Beweiskraft des Schiffszertifikats ist insofern eine selbständige, vom Inhalt des Schiffsregisters unabhängige. Unselbständig ist dagegen seine Beweiskraft hinsichtlich der darin bekundeten Privatrechte; sie ist nur vorhanden, solange nicht nachgewiesen wird, daß der Inhalt des Zertifikats dem des Schiffsregisters nicht mehr entspricht. Mangels dieses Nachweises aber beweist das Schiffszertifikat, ebenso wie das Schiffsregister: 1. die Tatsache des Eigentums der als Eigentümer Bezeichneten kraft Rechtsvermutung, 2. die Tatsache der Pfandrechtseintragung mit Vermutung der Rechtsgültigkeit und des Bestandes des Pfandrechts, beides vorbehaltlich Gegenbeweises.

[2]) Daher: indirekter Registrierungszwang (ungenau BGB. § 171 Abs. 1): Ausnahmen: §§ 12, 16. — Strafvorschrift: § 19.

[3]) Dafür hat der Schiffer zu sorgen: HGB. § 513. — Strafvorschrift: § 21.

§ 12. Erlangt ein im Auslande befindliches Schiff dadurch, daß es in das Eigentum eines Reichsangehörigen gelangt, das Recht zur Führung der Reichsflagge, so kann das Schiffszertifikat durch eine Bescheinigung ersetzt werden, die der Konsul, in dessen Bezirke das Schiff sich zur Zeit des Eigentumsüberganges befindet, über das Recht zur Führung der Reichsflagge erteilt (Flaggenzeugnis). Das Flaggenzeugnis hat nur für die Dauer eines Jahres seit dem Tage der Ausstellung, darüber hinaus nur für die Dauer einer durch höhere Gewalt verlängerten Reise Gültigkeit.

Ein Flaggenzeugnis kann auch behufs der ersten Überführung eines neuen Schiffes in einen anderen Hafen von dem Registergerichte des deutschen Erbauungshafens ausgestellt werden. Dieses Zeugnis hat nur für die Dauer der Überführung Gültigkeit.

Von der Ausstellung des Flaggenzeugnisses hat die ausstellende Behörde, wenn ein deutscher Hafen zum Heimatshafen des Schiffes bestimmt ist, dem Registergerichte dieses Hafens Anzeige zu machen.

§ 13. Treten in den eingetragenen Tatsachen oder Rechtsverhältnissen[1]) Veränderungen ein, so sind sie in das Schiffsregister einzutragen[2]). Jede Eintragung ist baldtunlichst auf dem Schiffszertifikate zu vermerken[3]). Die Änderung des Namens des Schiffes bedarf der Genehmigung[4]) des Reichskanzlers.

Geht das Schiff unter[5]) oder wird es als reparaturunfähig kondemniert[6]) oder verliert es das Recht zur Führung der Reichsflagge[7]), so ist es in dem Schiffsregister zu löschen[8]) und das Schiffszertifikat von dem Registergericht unbrauchbar zu machen. Das gleiche gilt, wenn der Reeder zugleich Angehöriger eines fremden Staates ist, und sich ergibt, daß das Schiff in ein Schiffsregister dieses Staates eingetragen ist[9]).

Im Falle der Verlegung des Heimatshafens aus dem Registerbezirke hat das Registergericht nach Vollziehung der Eintragung das Schiffszertifikat mit einer beglaubigten Abschrift des Registerinhalts dem neuen Registergerichte zur Bewirkung der Eintragung zu übersenden[10]).

[1]) Auch Änderungen in der „näheren Bezeichnung" der ins Schiffsregister eingetragenen Personen (RGSt. 7, 65ff.). Die Vorschrift bezieht sich aber nur auf die flaggenrechtlich erforderlichen Eintragungen, nicht etwa auch auf die Pfandrechte.

[2]) Auf Anzeige der in § 14 genannten Personen, evtl. von Amts wegen, nachdem die Behörde von den Veränderungen Kenntnis erlangt und sich die erforderlichen Nachweise ver-

schafft hat. Sie hat alle Veränderungen und Löschungen im Schiffsregister dem Vorstand der See-Berufsgenossenschaft mitzuteilen (RVO. § 1135).

[3]) Auch Eintragungen, welche Pfandrechte betreffen: FGG. § 120 Abs. 1.

[4]) Anträge sind an die Registerbehörde zu richten: § 6 Abs. 2 der V. v. 10. Nov. 1899 (Anm. 67). Die Genehmigung des Reichskanzlers ist nicht erforderlich für nicht registrierte Schiffe; auch nicht für Schiffe, die aus ausländischem Besitz in das Eigentum von Deutschen übergehen, obschon auf diesem Wege Umgehungen der Vorschrift ermöglicht werden (Boyens 1, 117).

[5]) Hierher gehört jeder Totalverlust (vgl. HGB. § 854; Perels Handb. 56; auch Verschollenheit (Boyens 1, 125).

[6]) HGB. § 530.

[7]) Wegfall der Voraussetzungen des § 2. Vgl. auch § 3. Gehört auch Einstellung des Seefahrtsbetriebs hierher? Streitig. Wird ein eingetragenes Schiff seiner Bestimmung dauernd entzogen, ohne einer anderen Bestimmung, die gleichfalls die Eintragung zuläßt, zugeführt zu werden, so ist eine Voraussetzung des Rechts zur Führung der Reichsflagge und damit der Eintragung weggefallen, wodurch ein Vorgehen nach Abs. 2 gerechtfertigt wird (Schaps BankA. 14, 84). So bei der Abwrackung des Schiffes, seiner dauernden Verwendung zur Binnenschiffahrt, seinem Verkauf an die Marine oder eine sonstige Behörde; nicht wenn das Schiff zeitweilig seiner Bestimmung entzogen wird, z. B. durch Vermietung an die Marine; zeitweilige Umwandelung in ein Kriegsschiff (Art. 6 des Haager Abk. vom 18. Okt. 1907, RGBl. 1910, 207ff.) (Schaps BankA. 14, 83 und JW. 1916, 896; Schlegelberger GruchotsBeitr. 59, 206; Josef HoldheimsMSchr. 1916, 146; anders RG. JW. 1916, 515). Während das Schiff die Kriegsflagge führt, ruht das Recht zur Führung der Handelsflagge (Schaps BankA. 14, 84).

[8]) Noch bestehende Schiffspfandrechte gehen durch die Löschung des Schiffes im Schiffsregister nicht unter: Näheres Pappenheim 1, 189ff.; Schaps BankA. 14, 84ff.

[9]) Note 1 zu § 9. Diese Vorschrift ist analog anzuwenden auf den Fall, daß der Reeder, ohne zugleich Angehöriger eines fremden Staates zu sein, das Schiff in ein Schiffsregister eines Staates hat eintragen lassen, der kein nationales Eigentum verlangt.

[10]) Abs. 3 kann sich nicht auf die Fälle des § 6 Abs. 2

sondern nur auf die des § 6 Abs. 1 beziehen. Findet eine Verlegung des Heimatshafens innerhalb des Registerbezirkes statt, so ist dies ins bisherige Schiffsregister einzutragen und auf dem Schiffszertifikat zu vermerken. Anders bei Verlegung des Heimathafens aus dem Registerbezirke: hier ist das Schiff im bisherigen Register zu löschen und im übrigen nach Abs. 3 zu verfahren; die neue Registerbehörde hat die Eintragung von Amts wegen zu bewirken. Vgl. § 24 der Allg. V. des preuß. Justizministers vom 11. Dez. 1899 (JMBl. 753ff.).

§ 14. Die Tatsachen und Rechtsverhältnisse, welche gemäß § 13 eine Eintragung oder die Löschung im Schiffsregister erforderlich machen, sind dem Registergericht anzuzeigen[1]) und glaubhaft zu machen.

Verpflichtet hierzu[2]) sind:

alle Personen, deren Namen nach § 7 Nr. 5 in das Schiffsregister einzutragen sind,

bei juristischen Personen, eingetragenen Genossenschaften und solchen Handelsgesellschaften, welche keine persönlich haftenden Gesellschafter haben, die gesetzlichen Vertreter,

in dem Falle des § 6 Abs. 2 Satz 2 statt des Reeders dessen Vertreter,

in dem Falle eines Eigentumswechsels, durch den das Recht des Schiffes zur Führung der Reichsflagge nicht berührt wird, auch der neue Erwerber des Schiffes oder der Schiffspart.

Die Anzeige ist von dem Verpflichteten binnen sechs Wochen nach dem Ablaufe des Tages zu bewirken, an welchem er von der einzutragenden Tatsache Kenntnis erlangt hat[3]). Sind mehrere Verpflichtete vorhanden, so genügt die Anzeige durch einen von ihnen[4])

[1]) Anzeige, nicht Antrag: die Registerbehörde handelt von Amts wegen. Vgl. Wüstendörfer GZ. 81, 14—15, auch Josef, Holdh. 1919 S. 17, 52, 83.

[2]) Strafvorschrift: § 20. — Nach RVO. § 1137 haftet für den Fall des Unterbleibens der Anzeige der in das Betriebs-

verzeichnis (RVO. § 1133) eingetragene Reeder oder Mitreeder für die auf die Mitglieder umzulegenden Beiträge; seine Haftung umfaßt noch das Geschäftsjahr, in welchem die Anzeige erstattet wird. Der neue Reeder wird dadurch von der Haftung nicht befreit.

[3]) Hieraus folgt nicht, daß die unerfüllte Verpflichtung nach Ablauf der sechs Wochen zu bestehen aufhöre; denn ihre Erfüllung kann selbst nach ergangenem Strafurteil durch erhöhte Strafe erzwungen werden (§ 20 Abs. 2).

[4]) Wo die Verpflichtung mehrere Personen trifft, ist sie eine solidarische: wenn einer der Mitverpflichteten ihr genügt, werden die übrigen frei. Auf ihre etwa schon entstandene Strafbarkeit hat dies indessen keinen Einfluß. — Da die Frist mit der Kenntniserlangung beginnt, kann sie für mehrere Verpflichtete verschieden laufen.

§ 15. Ist eine Eintragung oder eine Löschung im Schiffsregister erforderlich, so ist das Schiffszertifikat, und wenn der Inhalt eines von dem Registergericht erteilten Auszugs aus dem Schiffszertifikate berührt wird, auch dieser dem Gericht einzureichen. Zur Einreichung verpflichtet ist außer den im § 14 bezeichneten Personen auch der Schiffer, sobald sich das Schiff in dem Hafen befindet, in dessen Register es eingetragen ist.

Das Gericht hat die Beteiligten zur Einreichung der Urkunden durch Ordnungsstrafen anzuhalten. Auf das Verfahren finden die Vorschriften der §§ 132 bis 139 des Gesetzes über die Angelegenheiten der freiwilligen Gerichtsbarkeit (RGBl. 1898 S. 771) entsprechende Anwendung.

Befindet sich das Schiff im Auslande, so hat auf Antrag das Registergericht ein neues Schiffszertifikat auszustellen und es dem Schiffer gegen Rückgabe der nach Abs. 1 einzureichenden Urkunden durch Vermittelung einer deutschen Behörde aushändigen zu lassen.

§ 16. Schiffe von nicht mehr als 50 Kubikmeter Brutto-Raumgehalt sind auch ohne Eintragung in das Schiffsregister[1]) und Erteilung des Schiffszertifikats befugt, das Recht zur Führung der Reichsflagge auszuüben[2]).

[1]) Lassen sie sich aber eintragen, so unterliegen sie allen Verpflichtungen eingetragener Schiffe. Daher auch Strafbarkeit des Schiffers nach § 19.

[2]) Statt des Flaggenzeugnisses ist unter gleichen Voraussetzungen den Eigentümern von Schiffen, welche gemäß § 16 eines Zertifikats nicht bedürfen, auf Antrag nach stattgehabter Beweisaufnahme eine konsularische Bescheinigung darüber zu erteilen, daß der Antragsteller seine Reichsangehörigkeit und sein ausschließliches Eigentum an dem — näher zu beschreibenden — Schiffe dargetan habe, und daß letzteres ohne ein förmliches Schiffszertifikat zur Führung der Reichsflagge befugt sei.

§ 17. Ein in das Schiffsregister eingetragenes Schiff muß seinen Namen an jeder Seite des Bugs und seinen Namen sowie den Namen des Heimatshafens[1]) am Heck in gut sichtbaren und fest angebrachten Schriftzeichen führen[2]).

[1]) Für den Fall des § 6 Abs. 2 ist offenbar der Registerhafen gemeint.

[2]) Die Art der Anbringung bestimmt der Bundesrat (§ 25 Nr. 4). Vgl. § 6 der V. vom 10. Nov. 1899. Strafvorschrift: § 21.

§ 18[1]). Führt ein Schiff die Reichsflagge, ohne hierzu nach den Vorschriften der §§ 2, 3 berechtigt zu sein, so wird der Schiffer mit Geldstrafe bis zu fünfzehnhundert Mark oder mit Gefängnis bis zu sechs Monaten bestraft. Auch kann auf Einziehung des Schiffes erkannt werden, ohne Unterschied, ob es dem Verurteilten gehört oder nicht; der § 42 des Strafgesetzbuchs findet entsprechende Anwendung.

[1]) Der objektive Tatbestand liegt vor, wenn ein Schiff, welches nicht zur Führung der Reichsflagge berechtigt ist, die Reichsflagge führt, d. h. sich derselben zur Kennzeichnung seiner Nationalität bedient. Täter ist der Schiffer, worunter aber nicht nur der Schiffskapitän zu verstehen ist, sondern überhaupt derjenige, der zur Zeit der Tat den Dienst des Schiffers versieht, also im Falle der Behinderung des Schiffers

sein Stellvertreter, ferner der die Probefahrt leitende Ingenieur, nicht dagegen der Lotse, der nur nautisch tätig ist. Anlangend den subjektiven Tatbestand, so wird nach § 29 Verschulden vermutet. Fahrlässigkeit liegt insbesondere vor, wenn der Schiffsführer die Mannschaft über die ihm bekannte Tatsache des Verlusts des Flaggenführungsrechts zu unterrichten unterläßt, oder wenn seine Unkenntnis dieser Tatsache durch Fahrlässigkeit verschuldet ist (StGB. § 59 Abs. 2). Versuch ist nicht strafbar.

§ 19[1]**.** Führt ein Schiff den Vorschriften der §§ 11, 12 zuwider die Reichsflagge, so wird der Schiffer mit Geldstrafe bis zu dreihundert Mark oder mit Haft bestraft.

[1]) Ausübung des Rechts zur Führung der Reichsflagge ohne Erfüllung der gesetzlichen Vorbedingungen.

Schiffe von nicht mehr als 50 Kubikmeter Bruttoraumgehalt fallen unter die Vorschrift, wenn sie sich haben eintragen lassen.

§ 20. Wer die ihm nach § 14 obliegende Verpflichtung nicht erfüllt, wird mit Geldstrafe bis zu dreihundert Mark oder mit Haft bestraft[1]).

Wer gemäß Abs. 1 verurteilt ist und seiner Verpflichtung nicht binnen sechs Wochen nach dem Eintritte der Rechtskraft des Urteils genügt, wird mit Geldstrafe bis zu sechshundert Mark oder mit Gefängnis bis zu zwei Monaten bestraft. Die gleiche Strafe tritt ein, wenn im Falle einer weiteren Verurteilung die Verpflichtung nicht binnen der bezeichneten Frist erfüllt wird.

[1]) Nicht unter die Strafbestimmungen fällt die Nichteinlieferung des Schiffszertifikats, welche nach § 15 Abs. 2 durch Ordnungsstrafen erzwungen wird. Subjektiver Tatbestand: Schuldvermutung des § 23. Tatort: Registerhafen, da es sich um dort zu erfüllende Verpflichtungen handelt. Wegfall der Anzeigepflicht durch Anzeige eines Mitverpflichteten.

§ 21. Befindet sich der Vorschrift des § 11 Abs. 3 zuwider weder das Schiffszertifikat noch ein beglaubigter Auszug aus dem Zertifikat an Bord des Schiffes oder ist das Schiff nicht gemäß § 17 bezeichnet, so wird der Schiffer mit Geldstrafe bis zu einhundertundfünfzig Mark oder mit Haft bestraft[1]).

[1]) Nicht strafbar ist die Nichtinnehaltung der Ausführungsbestimmungen des Bundesrats (§ 25 Nr. 4), da sich die Strafandrohung des Gesetzes nicht ohne weiteres auf sie bezieht. Täter ist der Schiffer (Note 1 zu § 18); tritt, ehe der vorgeschriebene Zustand hergestellt ist, ein Wechsel in der Führerschaft ein, so können mehrere Schiffsführer nebeneinander strafbar sein. Subjektiver Tatbestand: Schuldvermutung nach § 23.

§ 22. Werden die von dem Kaiser erlassenen Bestimmungen über die Verpflichtung der Kauffahrteischiffe, die Flagge vor Kriegsschiffen und Küstenbefestigungen oder bei dem Einlaufen in deutsche Häfen zu zeigen, nicht beobachtet, so wird der Schiffer mit Geldstrafe bis zu einhundertfünfzig Mark oder mit Haft bestraft.

§ 23. Straflos bleibt in den Fällen der §§ 18 bis 22 derjenige, bezüglich dessen festgestellt wird, daß die Handlung oder Unterlassung ohne sein Verschulden erfolgt ist[1]).

[1]) Die Vorschrift bedeutet, daß Verschulden des Angeklagten zu vermuten ist: es genügt nicht zu seiner Freisprechung, daß ihm kein Verschulden nachgewiesen ist, sondern es muß seine Schuldlosigkeit festgestellt sein.

§ 24[1]). Die in den §§ 18, 19, 21 bezeichneten Handlungen sind auch dann strafbar, wenn sie im Ausland oder auf offener See begangen werden.

Das gleiche gilt von Zuwiderhandlungen gegen die im § 22 vorgesehenen Bestimmungen, sofern die Zuwiderhandlung auf einem deutschen Kauffahrteischiff erfolgt.

[1]) Die Vorschrift bildet eine Erweiterung von StGB. §§ 4, 6. Im Falle des § 22 sollen aber Zuwiderhandlungen, die auf einem ausländischen Kauffahrteischiff im Ausland oder auf hoher See erfolgen, nicht strafbar sein.

§ 25[1]). Der Bundesrat bestimmt:

1. die Grenzen der Seefahrt im Sinne dieses Gesetzes (§ 1),

2. den Umfang, in welchem die Ergebnisse der amtlichen Vermessung in das Schiffsregister einzutragen sind (§ 7 Nr. 2),
3. die Einrichtung des Schiffszertifikats (§ 10), des beglaubigten Auszugs aus dem Schiffszertifikat (§ 11) und der Flaggenzeugnisse (§ 12),
4. die Art, wie die Anbringung der Namen am Schiffe auszuführen ist (§ 17).

[1]) Hierzu ist die V. vom 10. Nov. 1899 erlassen worden.

§ 26. Die Vorschriften dieses Gesetzes[1]) finden auch Anwendung auf seegehende Lustjachten, auf ausschließlich zur Ausbildung von Seeleuten bestimmte Seefahrzeuge (Schulschiffe) sowie auf solche Seefahrzeuge, welche für Rechnung von auswärtigen Staaten oder deren Angehörigen im Inland erbaut sind. Machen solche Fahrzeuge von dem Rechte zur Führung der Reichsflagge Gebrauch, so unterliegen sie den für Kauffahrteischiffe geltenden Vorschriften[2]).

Durch Kaiserliche Verordnung mit Zustimmung des Bundesrats kann die Geltung der im Abs. 1 bezeichneten Vorschriften auch auf andere nicht zum Erwerbe durch die Seefahrt bestimmte Seefahrzeuge erstreckt werden[3]).

[1]) Also auch dessen § 1, welcher die Verwendung von Landesflaggen als Nationalflagge ausschließt. Trotzdem sind diese Schiffe nicht verpflichtet zur Führung der Reichsflagge.

[2]) Das sind nicht bloß die Bestimmungen des Flaggenrechts — sonst wäre Abs. 1 Satz 2 überflüssig — oder die für Kauffahrteischiffe geltenden öffentlichrechtlichen Vorschriften (Loewe 314; Schaps JLBl. 20, 164), sondern auch alle für Kauffahrteischiffe geltenden Privatrechtssätze! (Pappenheim 2, 14ff.: OLG. Kiel SchlHolstAnz.)

[3]) Gebrauch gemacht ist hiervon nur durch die dem Reichskanzler in der V. vom 5. Juli 1903 erteilte Ermächtigung.

§ 26 a. Durch Kaiserliche Verordnung mit Zustimmung des Bundesrats kann bestimmt werden, daß die

Vorschriften dieses Gesetzes auch auf Binnenschiffe, die ausschließlich auf ausländischen Gewässern verkehren, Anwendung finden. Die Schiffsregister für solche Schiffe werden bei den durch den Reichskanzler bestimmten deutschen Konsulaten geführt.

§ 27. Unberührt bleiben die landesgesetzlichen Vorschriften, nach welchen die Schiffsregister von anderen Behörden als den Gerichten geführt werden.

§ 28. Unberührt bleiben die Vorschriften des § 10 des Schutzgebietsgesetzes (RGBl. 1900 S. 813).

§ 29. Soweit in anderen Gesetzen auf Vorschriften des Gesetzes, betreffend die Nationalität der Kauffahrteischiffe und ihre Befugnis zur Führung der Bundesflagge, vom 25. Oktober 1867 verwiesen ist, treten die entsprechenden Vorschriften dieses Gesetzes an deren Stelle.

Der § 74 Nr. 2 des Gerichtsverfassungsgesetzes (RGBl. 1898 S. 371) wird aufgehoben.

12. Bekanntmachung, betr. Ausführungsbestimmungen zum § 25 des Flaggengesetzes vom 22. Juni 1899.

Vom 10. November 1899 (ZBl. S. 380 ff.)[1].

[1]) Abgedruckt bei Schaps I 33.

13. Verordnung des Reichspräsidenten über die deutschen Flaggen[1]).

Vom 11. April 1921 (RGBl. S. 483) in der Fassung der Verordnung vom 5. Mai 1926 (RGBl. I S. 217).

[1]) Kaisenberg, Die verfassungsrechtliche Seite der Flaggenverordnung, DJZ. 26, 705. Stier-Somlo, Handelsflagge. HandwbRechtsw. 3, 113/4. — Ehrenbezeigungen.

I.

Auf Vorschlag der Reichsregierung bestimme ich, daß folgende Flaggen nach den Mustern der vorgelegten Flaggentafel zu führen sind:

1. Die Nationalflagge besteht aus drei gleichbreiten Querstreifen, oben schwarz, in der Mitte rot, unten gold-gelb.
2. Die Handelsflagge besteht aus drei gleich breiten Querstreifen, oben schwarz, in der Mitte weiß, unten rot; in dem schwarzen Querstreifen an der Stange ein Obereck mit den Reichsfarben wie in der Nationalflagge, an der äußeren Kante von dem schwarzen Querstreifen durch einen zwei Zentimeter breiten, senkrechten, weißen Streifen abgeteilt. Länge des Oberecks einschließlich dieses weißen Streifens gleich der Höhe des schwarzen Querstreifens. Verhältnis der Höhe zur Gesamtlänge des Oberecks wie 2 zu 3. Verhältnis der Höhe zur Länge des ganzen Flaggentuchs gleichfalls wie 2 zu 3.
3. Die Handelsflagge mit dem Eisernen Kreuze wie die Handelsflagge, das obere Eck mit den Reichsfarben belegt mit einem schwarzen, weißgeränderten Kreuze von der Form des Eisernen Kreuzes, in den schwarzen und den goldgelben Querstreifen je bis zur Hälfte übergreifend.
4. Die Reichskriegsflagge wie die Handelsflagge, in der Mitte der Flagge ein schwarzes, weißgerändertes Kreuz von der Form des Eisernen Kreuzes, in den schwarzen und den roten Querstreifen je bis zu einem Drittel übergreifend. Verhältnis der Höhe zur Länge des Flaggentuchs wie 3 zu 5.
5. Die Gösch besteht aus drei gleich breiten Querstreifen, oben schwarz, in der Mitte weiß, unten rot, darauf, in den schwarzen und den roten Querstreifen

je bis zur Hälfte übergreifend, ein schwarzes, weißgerändertes Kreuz von der Form des Eisernen Kreuzes; auf dem inneren Drittel des schwarzen Querstreifens die Reichsfarben wie in der Nationalflagge. Verhältnis der Höhe zur Länge wie 2 zu 3.

6. Die Standarte des Reichspräsidenten ist ein gleichseitiges, rotgerändertes, goldgelbes Rechteck, darin der Reichsadler, schwebend, nach der Stange gewendet. Verhältnis der Breite der roten Randes zur Höhe der Standarte wie 1 zu 12.

7. Die Flagge des Reichswehrministers hat die gleichen Querstreifen wie die Nationalflagge, darauf ein schwarzes, weißgerändertes Kreuz von der Form des Eisernen Kreuzes, in den schwarzen und den goldgelben Querstreifen je bis zur Hälfte übergreifend. Verhältnis der Höhe zur Länge des Flaggentuchs wie 2 zu 3.

8. Die Reichspostflagge hat die Querstreifen wie die Nationalflagge, in der Mitte des um ein Fünftel der Randstreifen breiteren roten Querstreifens ein goldgelbes Posthorn mit goldgelber Schnur und zwei goldgelben Quasten, das Mundstück nach der Stange gewendet. Verhältnis der Höhe zur Länge des Flaggentuchs wie 2 zu 3.

9. Die Dienstflagge der übrigen Reichsbehörden zu Lande hat die gleichen Querstreifen wie die Nationalflagge, darauf, etwas nach der Stange hin verschoben, in den schwarzen und den goldgelben Streifen je bis zu einem Fünftel übergreifend, der Reichsschild, den Adler nach der Stange gewendet. Verhältnis der Höhe zur Länge des Flaggentuchs wie 2 und 3.

10. Die Dienstflagge der übrigen Reichsbehörden zur See wie die Handelsflagge, darauf,

etwas nach der Stange hin verschoben, in den schwarzen und roten Streifen je bis zu einem Fünftel übergreifend, der Reichsschild, den Adler nach der Stange gewendet. Verhältnis der Höhe zur Länge des Flaggentuchs wie 2 zu 3.

Die bisherigen Flaggen dürfen nur noch bis zum 1. Januar 1922 geführt werden.

II.

Auf Grund des § 1 Abs. 2 und des § 22 des Gesetzes, betreffend das Flaggenrecht der Kauffahrteischiffe, vom 22. Juni 1899 (RGBl. S. 319) verordne ich:

§ 1. Die Handelsflagge wird von den Kauffahrteischiffen[1]) am Heck oder am hinteren Mast, und zwar in der Regel an der Gaffel dieses Mastes, in Ermangelung einer solchen aber am Top oder im Want geführt.

[1]) Analoge Anwendung auf ausländische Kauffahrteischiffe. Diese müssen ihre Nationalflagge zeigen. Vgl. Borchard-Fulst S. 63, Note 6.

§ 2. Besondere Abzeichen dürfen in der Handelsflagge nicht geführt werden, soweit nichts anderes bestimmt ist.

§ 3. Deutsche Kauffahrteischiffe[1]) haben die Handelsflagge zu zeigen:

a) beim Begegnen mit einem Schiffe der Reichsmarine, das die Reichskriegsflagge gesetzt hat[2]),

b) beim Vorbeifahren an einer deutschen Küstenbefestigung, auf der die Reichskriegsflagge weht, wenn das Vorbeifahren innerhalb dreier Seemeilen — beim nächsten[3]) Ebbestande vom Strande ab gerechnet — erfolgt,

c) beim Einlaufen in einen deutschen Hafen.

[1]) Über die Führung von Sonderflaggen durch gewisse privilegierte Yacht- und Segelklubs vgl. Borchard-Fulst S. 65, Note 10 und Erl. v. 23. Nov. 1923 (MVBl. 1923, 449) über Ehrenbezeigung durch Heeresfahrzeuge. Erl. v. 13. 3. 31 (HVBl. 62).

[4]) Einschreiten der Kriegsschiffe bei Verletzung dieser Vorschriften. Gegenüber ausländischen Schiffen jedoch nur, wenn die Übertretung innerhalb der deutschen Hoheitsgrenze erfolgt. Vgl. MVBl. 1921 S. 309 und Borchard-Fulst S. 163.

[5]) „nächsten" im RGBl. ist offenbarer Druckfehler. Es muß heißen: „tiefsten". Eine BerichtigungsVO. habe ich nicht gefunden!

§ 4. Fremde Kauffahrteischiffe haben in den Fällen des § 3b und c ihre Nationalflaggen zu zeigen, desgleichen beim Begegnen mit einem Schiffe der Reichsmarine, das die Reichskriegsflagge gesetzt hat, wenn die Begegnung innerhalb der im § 3b bezeichneten Grenzen erfolgt.

§ 5. Die Kommandanten der Kriegsschiffe haben die Befolgung der Vorschriften über die Flaggenführung durch die Kauffahrteischiffe zu überwachen. Sie sind daher berechtigt

a) in den Fällen der §§ 3 und 4 das Zeigen der Flagge erforderlichenfalls zu erzwingen,

b) den Kauffahrteischiffen als Handelsflagge geführte Flaggen, die den bestehenden Vorschriften nicht entsprechen und von ihnen geführte Wimpel, die dem Wimpel der Kriegsmarine ähnlich sind, wegzunehmen, auch die unbefugte Führung der Handelsflagge zu verhindern.

§ 6. Die Verpflichtung der Hafenpolizeibehörden zum Einschreiten bei Nichtbefolgung der in den §§ 3 und 4 gegebenen Vorschriften wird durch die Bestimmung des § 5 nicht berührt.

§ 7. Die Vorschriften über die Führung und das Zeigen der Handelsflagge gelten auch für die Handelsflagge mit dem Eisernen Kreuze. Letztere darf in Schiffsbooten nicht geführt werden.

III.

Deutsche Schiffe, die im Auftrag der Reichspostverwaltung die Post befördern, ohne im Eigentume des

Reichs zu stehen, führen, solange sie die Post an Bord haben, neben der Handelsflagge die Reichspostflagge im Großtop. Für die gleiche Zeit sind die Schiffe berechtigt, die Reichspostflagge als Gösch auf dem Bugspriet zu führen.

IV.

Alle Stellen, Behörden und Beamten des Reichs, ausgenommen der Reichspräsident, der Reichswehrminister und die zur Führung der Reichskriegsflagge oder Reichspostflagge Berechtigten, führen die Reichsdienstflaggen zu Lande und zur See.

Reichsdienstgebäude können mit der Nationalflagge oder mit der Reichsdienstflagge beflaggt werden. Die gesandtschaftlichen und konsularischen Behörden des Reichs an außereuropäischen Plätzen und an solchen europäischen Plätzen, die von Seehandelsschiffen angelaufen werden, führen außerdem die Handelsflagge.

V.

Führern deutscher Seehandelsschiffe, die früher als Seeoffiziere der Marine angehört haben und mit der Erlaubnis zum Tragen der Uniform verabschiedet sind oder die Offiziere des Beurlaubtenstandes der Marine gewesen sind, kann durch den Reichswehrminister die Berechtigung zur Führung der Handelsflagge mit dem Eisernen Kreuze verliehen werden. Die Ausführungsbestimmungen hierzu hat der Reichswehrminister zu erlassen.

14. Schiffbau.

1. Erl. betr. Grundsätze für Ausbesserungsarbeiten auf Schiffen mit Mineralöltanks vom 15. Dezember 1926 (HMBl. 1927, 4).

2. Schiffbau-Zollordnung vgl. ZBl. 1906, 241, 265, 581; 1907, 617, 640; 1910, 137, 172; RMBl. 1925, 1356; 1927, 608.

3. Aus der Reichs-Gewerbeordnung (RGBl. 1900, 871).

§ 16. Zur Errichtung von Anlagen, welche durch die örtliche Lage oder die Beschaffenheit der Betriebsstätte für die Besitzer oder Bewohner der benachbarten Grundstücke oder für das Publikum überhaupt erhebliche Nachteile, Gefahren oder Belästigungen herbeiführen können, ist die Genehmigung der nach den Landesgesetzen zuständigen Behörde erforderlich[1]). Es gehören dahin: die Anlagen zur Erbauung eiserner Schiffe[2]).

[1]) In Preußen Kreisausschuß (Stadtausschuß, Magistrat), V. v. 13. Aug. 1884 (GS. S. 323).

[2]) Vgl. auch § 537 Nr. 2 RVO. (versicherungspflichtiger Betrieb).

§ 105 b. Im Betriebe von Werften dürfen Arbeiter an Sonn- und Festtagen nicht beschäftigt werden. Die den Arbeitern zu gewährende Ruhe hat mindestens für jeden Sonn- und Festtag vierundzwanzig, für zwei aufeinanderfolgende Sonn- und Festtage sechsunddreißig, für das Weihnachts-, Oster- und Pfingstfest achtundvierzig Stunden zu dauern. Die Ruhezeit ist von zwölf Uhr Nachts zu rechnen und muß bei zwei aufeinanderfolgenden Sonn- und Festtagen bis sechs Uhr abends des zweiten Tages dauern. In Betrieben mit regelmäßiger Tag- und Nachtschicht kann die Ruhezeit frühestens um sechs Uhr abends des vorhergehenden Werktags, spätestens um sechs Uhr Morgens des Sonn- oder Festtags beginnen, wenn für die auf den Beginn der Ruhezeit folgenden vierundzwanzig Stunden der Betrieb ruht.

Auf Grund des **§ 131** GewO. ist durch Erlaß vom 2. Dezember 1919 (HMBl. S. 341) den Prüfungszeugnissen, die den auf den Reichswerften Danzig, Wilhelmshaven, Kiel und dem Reichswerk Friedrichsort beschäftigten Handwerkslehrlingen ausgestellt werden, die Wirkung über das Bestehen der Gesellenprüfung beigelegt, und zwar für das Gewerbe der Büchsenmacher, Dreher, Former, Kesselschmiede, Kupferschmiede, Maschinenbauer, Maurer, Mechaniker, Elektromonteure, Schiffsbau- und Schiffszimmerleute, Schlosser, Schmiede und Winkelschmiede, Tischler, Modelltischler und Zimmerleute. Das gleiche ist geschehen hinsichtlich der Reichswerft Saatsee bei Rendsburg für das Maschinenbauer-, Schlosser- und Schmiedehandwerk durch Erlaß vom 14. September 1920 (HMBl. S. 270); hinsichtlich des Marinearsenals Kiel für das Schlosser- und Maschinenbauerhandwerk durch Erlaß vom 26. April 1922 (HMBl. S. 83).

§ 154 Abs. 2 GewO.: Die Bestimmung der §§ 133g, 135 bis 139b finden auf Arbeitgeber und Arbeiter in Werften auch dann entsprechende Anwendung, wenn in ihnen in der Regel weniger als zehn Arbeiter beschäftigt werden.

15. Verordnung über die Ausführung von Anstreicherarbeiten in Schiffsräumen.

Vom 2. Februar 1921 (RGBl. S. 142)[1]).

[1]) Abgedruckt bei Schaps II 152.

16. Schiffsdampfkessel[1]).

a) Gewerbeordnung für das Deutsche Reich in der Fassung vom 26. Juli 1900 (RGBl. 1900, 871). § 24, 25, 49, 120a, 147[2]).

b) Bekanntmachung, betr. allgemeine polizeiliche Bestimmungen über die Anlegung von Schiffsdampfkesseln.

Vom 17. Dezember 1908 (RGBl. 1909, 51) mit Nachträgen v. 15. Aug. 1914 (RGBl. S. 373), v. 25. April 1922 (RGBl. I S. 469), v. 14. Dez. 1923 (RGBl. I S. 1129), v. 22. Dez. 1928 (RGBl. 1929 I S. 2).

c) Vereinbarung der verbündeten Regierungen vom 17. Dezember 1908 — Nr. 84 der Drucksachen — (§ 988 der Protokolle), betr. „Bestimmungen über die Genehmigung, Untersuchung, und Revision der Dampfkessel[3]).

d) Bremische Vorschriften[4]).

Bremisches Gesetz, den Betrieb der Dampfkessel betreffend vom 3. Oktober 1891.

Bremische Verordnung, betr. die Verpflichtung der Schiffsführer zur Vorlegung der Kesselrevisionsbücher vom 11. Dezember 1913.

Bremische Verordung vom 18. August 1909, betr. die Untersuchung der Dampfkessel (GBl. S. 285) nebst Ergänzungsverordnung vom 11. Dezember 1913.

Bremische Bekanntmachung, betr. Grundsätze für den Bau, die Ausrüstung und den Betrieb von Dampfüberhitzeranlagen auf Seeschiffen[5]) vom 8. Januar 1913.

Bremische Bekanntmachung, betr. Erleichterungen bei der Anlegung von Schiffsdampfkesseln (Evaporatoren) vom 6. August 1909.

Bremische Verordnung, betr. die Untersuchung der Dampfkessel vom 18. August 1909.

Bremische Ausführungsbestimmungen zu § 24 der GewO. und zu den Bekanntmachungen des Reichskanzlers vom 17. Dezember 1908, betr. allgemeine polizeiliche Bestimmungen über die Anlegung von Landdampfkesseln und Schiffsdampfkesseln vom 18. August 1909.

Bremische Bekanntmachung, betr. die allgemeinen Grundsätze für die Genehmigung, den Bau, die Ausrüstung und den Betrieb von Ölfeuerungsanlagen der Dampfkessel auf Seeschiffen vom 3. März 1925[5]).

e) Hamburgische Vorschriften[6]).

Hamburgisches Gesetz betr. Prüfung und Revision der Dampfkessel[7]) vom 7. Juli 1882.

Hamburgische Vorschriften über den Betrieb und die Revision der Dampfkessel vom 23. April 1880. (Auszug).

Hamburgische Bekanntmachung betr. Prüfung und Revision von Seeschiffskesseln vom 6. Oktober 1913.

Bestimmungen über Prüfung der Maschinisten auf Flußdampfschiffen und Dampfbarkassen vom 1. Juli 1899.

Hamburgische polizeiliche Vorschriften über den Betrieb von Dampfkesseln auf Tankschiffen im Petroleumhafen.

f) Preußische Vorschriften.[8])

Preußisches Gesetz, den Betrieb der Dampfkessel betreffend[9]) vom 3. Mai 1872 (GS. S. 515).

[1]) Vgl. auch Bek. betr. allgemeine polizeiliche Bestimmungen über die Anlegung von Land- und Schiffsdampfkesseln, v. 17. Dez. 1908 (RGBl. 1909 S. 3, 51) abg. durch Bek. v. 14. Dez. 1913 (RGBl. S. 781), v. 15. Aug. 1914 (RGBl. S. 373), v. 25. April 1922 (RGBl. I S. 469), v. 27. April u. 14. Dez. 1923 (RGBl. I S. 263, 1229), v. 22. 12. 28 (RGBl. 29 I 2). Durch die Prüfung der Genehmigungsgesuche dürfen dem Kesselbesitzer Kosten nicht entstehen; Erl. v. 21. Aug. 1902 (HMBl. S. 344). Anw., betr. die Genehmigung und Untersuchung der Dampfkessel, v. 16. Dez. 1909 (HMBl. S. 555), erg. durch Bek. v. 7. Mai 1913 (HMBl. S. 377), v. 30. Jan. u. 9. Febr. 1914 (HMBl. S. 75, 54), v. 10. Juli 1919 (HMBl. S. 199), v. 19. Okt. 1922 (HMBl. S. 220) u. betr. Dampfkesselbetriebskontrolleure v. 3. Febr. 1925 (HMBl. S. 23) nebst Erl. v. 16. Dez. 1909 (HMBl. S. 547), Erl. nebst Geschäftsanw. für die Dampfkesselüberwachungsvereine v. 12. März 1900 (HMBl. 1906 S. 177) nebst Erl. v. 13. Juni 1916 (HMBl. S. 188) und Erl. v. 12. März 1900 (MBl. S. 181), Erl. betr. Gemeinschaftsarbeit bei der Dampfkesselüberwachung v. 20. Nov. 1924 (HMBl. S. 283), abg. durch Erl. v. 3. Febr. u. 29. Juni 1925 (HMBl. S. 154). Sachverständige: Erl. 19. 7. 30 (HMBl. 180).

Vgl. auch Erl. betr. allg. Grundsätze für Bau, Ausrüstung und Betrieb von Ölfeuerungsanlagen auf Seeschiffen (HMBl. 1925, 60; 30, 50 und 360) und Erl. betr. Rohrleitungen im Dampfkesselbetrieb v. 25. Mai 1925 (HMBl. S. 132).

[2]) Abgedruckt bei Schaps II 156.

[3]) Für Bremen in Kraft gesetzt durch V. vom 4. April 1909; für Hamburg durch Bek. v. 8. März 1909. Vgl. auch Erl. d. Min. f. Handel v. 4. Sept. 1923 (HMBl. S. 323) über die Gemeinschaftsarbeit bei der Dampfkesselüberwachung und v. 9. Febr. 1924 (HMBl. S. 61).

Dazu Erlaß v. 5. April 1913 (HMBl. 294).

[4]) Abgedruckt bei Schaps II 168ff.

[5]) Gleichlautend für Hamburg. V. v. 27. April 1925. Die Grundsätze sind entnommen dem Erlaß des Min. f. Handel u. Gewerbe v. 21. Jan. 1922 (HMBl. 1923, 8).

[6]) Vgl. Schaps II 171.

[7]) Hartmann, Gesetzl. Bestimmungen über den Bau und die Anlegung von Schiffskesseln. Hamburg 1927. — Hartmann, Die gesetzlichen Bestimmungen über die Genehmigung und Untersuchung von Schiffsdampfkesseln mit Werkstoff- und Bauvorschriften nebst erläut. Bemerkungen. Hamburg 1927.

[8]) Abgedruckt bei Schaps II 173.

[9]) Vgl. dazu Erl. v. 1. Dez. 1909 (HMBl. S. 526); v. 10. Dez. 1909 (HMBl. S. 547; v. 16. Dez. 1909 (HMBl. S. 547) betr. Genehmigung und Untersuchung der Dampfkessel; v. 7. Mai 1913 (HMBl. S. 362) und 30. Dez. 1913 (HMBl. S. 5) betr. Befreiung einzelner Reedereien von der Pflicht zur Vorlegung der Kesselrevisionsbücher beim Anlaufen eines deutschen Hafens.

17. Schiffsvermessung.

a) Schiffsvermessungsordnung[1])[2]).
Bekanntmachung betr. den Wortlaut der Schiffsvermessungsordnung[3])[4]) vom 1. März 1895 (RGBl. S. 161).

b) Instruktion zur Schiffsvermessung.
Vom 26. März 1895[5]).

c) Vorschriften über die Vermessung der Schiffe für die Fahrt durch den Suezkanal.
Vom 30. März 1895 (ZBl. S. 96)[6]).

d) Bekanntmachung betr. die Vermessung der Schiffe für die Fahrt durch den Panamakanal[1]). Vom 15. Dezember 1920 (ZBl. S. 1703).

1) Abgedruckt Schaps II 122. Vgl. dazu Stahn bei Borchardt-Fuist S. 115ff.; Wüstendörfer S. 186; Neumeyer, Intern. VerwRecht III 85ff.

2) Die dem Schiffsvermessungsamt obliegenden Aufgaben sind v. 1. April 1926 ab auf das Reichskommissariat für Seeschiffsvermessung übergegangen. Vgl. V. v. 26. Juni 1926 (RMBl. S. 725). Ihm unterstehen die Schiffsvermessungsbehörden in Elbing, Stettin, Harburg, Kiel, Wesermünde, Emden, Hamburg, Wismar, Rostock, Brake, Bremerhaven und Lübeck.

In Preußen sind die Schiffsvermessungsbehörden auf Grund einer KO. v. 19. Juni 1918 den Wasserbauämtern angegliedert.

3) Die Vorschriften über die Vermessung der Seeschiffe sind seit 1895 auf Grund folgender Beschlüsse und Erlasse abgeändert worden: 22. Mai 1899, RGBl. S. 310, 7. Mai 1906, RZBl. S. 564, 12. April 1908, RZBl. S. 156, 12. April 1908, RGBl. S. 149 und 26. März 1901 III 1247, 10. Juni 1905 III A 2351, 18. Dezember 1907 III A 7287 2. Angabe. 11. Dez. 1913, RGBl. S. 780. 15. Dez. 1920, RZBl. S. 1727.

4) Vereinbarungen über gegenseitige Anerkennung der Schiffsmeßbriefe ohne Nachvermessung, hat Deutschland abgeschlossen mit: Dänemark RZBl. 1895, 385, Österreich-Ungarn, 1896, 173 u. 571, Schweden, 1896, 228, Großbritannien, 1896, 415, Frankreich, 1896, 457, Spanien, 1896, 483, Norwegen, 1896, 583, Belgien, 1896, 624 u. 1898, 479, Griechenland, 1897, 61, Vereinigte Staaten von Amerika, 1897, 62, Italien, 1897, 284, Japan, 1900, 414, Niederlande, 1900, 619, Rußland, 1902, 74, Frankreich, 1905, 152, Spanien, 1905, 364 und 1912, 538, Italien, 1909, 190, Schweden, 1912, 28.

Im Verhältnis zu den alliierten und assoziierten Mächten aufgehoben durch Art. 282 des Vertrages von Versailles; s. jedoch Art. 273.

Wiederanerkennung mit Frankreich ZBlDR. 1920, 875, mit Griechenland 1920, 1362; mit Belgien RGBl. 1920, 1397 Nr. 10; mit Estland RMinBl. 1923, 148; mit Portugal RMinBl. 1927, 61; Japan RMinBl. 1929, 317.

Die tatsächliche Handhabung geht dahin, daß die Aufhebung durch Art. 282 des Vertrages von Versailles nicht beachtet wird.

⁵) Abgedruckt bei Schaps II 134.
⁶) Abgedruckt bei Schaps II 146.
⁷) Abgedruckt bei Schaps II 150.

18. Gesetz über die Besteuerung des Personen- und Güterverkehrs[1]).

Vom 8. April 1917 (RGBl. S. 329).

[1]) Auf Grund des Gesetzes v. 5. März 1921 (RGBl. S. 225) wird die Erhebung der Verkehrssteuer im See- und Küstenschiffsverkehre vorläufig ausgesetzt nach der Verordnung v. 7. Jan. 1922 (RGBl. I S. 43).

[2]) Über Absetzung für Schiffsbenutzung bei Berechnung der Körperschaftssteuer vgl. RFH. HansRGZ. 1931 B 115.

19. Verordnung über Befreiung von der Umsatzsteuer für Leistungen in Seehäfen.

Vom 17. März 1928 (RGBl. I S. 69).

§ 1. Von der Umsatzsteuer sind ausgenommen[1]):

1. Beförderungen von Gegenständen aller Art zu Wasser innerhalb der nach § 7 Abs. 1 Nr. 2a und c der Durchführungsbestimmungen zum Umsatzsteuergesetze bevorrechtigten Gebiete zwischen einem Seeschiff[2]) einerseits und einem anderen Seeschiff oder einem anderen Fahrzeug, einem Kai (Kaje)[3]) oder einem Lager andererseits;
2. Leistungen zum Beladen oder Entladen der Schiffe, einschließlich der Stauerei und des Bunkerns, bei Beförderungen im Sinne von Nr. 1;
3. handelsübliche Leistungen im Sinne von Nr. 1 oder beim Beladen oder Entladen im Sinne von Nr. 2 (Besichtigung, Verwiegen, Sortieren, Markieren, Probeziehen, Ausbessern der Verpackung, Gewichtskontrolle, Gestellung von Winden, Lagerung von beschränkter Dauer u. a.) sowie Hilfsleistungen bei

Beförderungen im Sinne von Nr. 1 und bei der Beförderung der Seeschiffe selbst (Schlepphilfe)[4]);

4. Einlagerungen von aus dem Ausland in das Inland eingeführten oder verbrachten Massengütern in den in Nr. 1 genannten bevorrechtigten Gebieten, wenn sich die Einlagerung unmittelbar an die Einfuhr oder an das Verbringen aus dem staatsrechtlichen Ausland anschließt. Der Reichsminister der Finanzen bestimmt die Gegenstände, die als Massengüter im Sinne von Satz 1 gelten[5]);

5. Einlagerungen von für die Ausfuhr oder für das Verbringen in das Ausland bestimmten Gegenständen in Zollausschlüssen oder Freibezirken.

(2) Als Seeschiffe im Sinne von Abs. 1 Nr. 1 bis 3 gelten alle Schiffe, deren Beladen oder Entladen anläßlich einer Seereise erfolgt, auf der nicht ausschließlich deutsche Seehafenplätze oder auf der neben anderen deutschen Seehafenplätzen auch ein oder mehrere ostpreußische Seehafenplätze berührt werden. Den Seeschiffen stehen andere Schiffe (z. B. Leichter) dann gleich, wenn sie zwischen zwei bevorrechtigten Gebieten (Abs. 1 Nr. 1) Güter befördern, die mit Seeschiffen in einem dieser Gebiete angekommen sind oder abgehen sollen.

[1]) Daneben bleiben bisher bestehende Befreiungsgründe wirksam, insbesondere § 2 Nr. 5 UmsStG., § 20 Nr. 1 und 3 DurchfBest. zum UmsStG.

[2]) Voraussetzung ist, daß es von einer Auslandsreise kommt oder nach dem Auslande abgeht. (Vgl. dazu Abs. 2), selbst wenn auch auf der Reise deutsche Häfen angelaufen.

[3]) Steuerfrei ist z. B. eine Beförderung, die erforderlich wird, weil die Ware an einer anderen Stelle des Kais liegt als das Schiff oder die die Ware zum Schiff bringende Schute. Nicht begünstigt ist aber der Transport auf dem Kai von einem Speicher zum anderen oder zum Bahnhof oder andere Landtransporte im Hafenplatz.

[4]) Steuerpflichtig bleibt das Schleppen von Binnenschiffen

und die Schlepphilfe beim Verholen eines Seeschiffes innerhalb des Hafens oder ins Dock.

[5]) Durch die Ausführungsverordnung v. 17. März 1928 (RMBl. Nr. 13 v. 30. März 1928) sind folgende Einfuhrwaren als begünstigt bezeichnet worden:

„Getreide, Reis, Hülsenfrüchte, Ölfrüchte und Ölsaaten, Futtermittel, pflanzliche und tierische Spinn- und Faserstoffe, Rohtabak, Steinnüsse, Südfrüchte, Kaffee, Kakao, Gewürze, Holz, Gerbstoffe und Gerbstoffauszüge, Gummi (einschl. Gummiabfälle und Altgummi), pflanzliche und tierische Öle und Fette, Haare, Borsten, Felle und Häute, Mehl, Rohzucker, Erden und Steine, Erze, Schwefelkies, Kohlen, Mineralöle, Düngemittel (einschl. Rohphosphat), Metalle, Eisen und Stahlwaren."

§ 2. Der Anspruch auf Steuerfreiheit nach § 1 ist nur gegeben, wenn der Unternehmer durch seine Buchführung den Nachweis erbringt, daß die Voraussetzungen der Steuerfreiheit vorliegen.

20. Vereinszollgesetz[1]).

Vom 1. Juli 1869 (RGBl. 317)[2]).

[1]) Vgl. Schaps II 870. — Intern. Abk. z. Vereinfachung der Zollförmlichkeiten v. 3. 11. 23 (RGBl. 25 II 672). — Zollabfertigungsordnung v. 5. 9. 09 (PrZollBl. 151). — Ges. über Änderung des Gebiets der Zollausschlüsse in Seehäfen v. 27. 1. 25 (RGBl. I 9). — Beschl. d. Reichsrats über Zulassung privater und industrieller Betriebe in d. Zollausschlußgebieten v. 7. 1. 25 (RMBl. 14). — Borchard-Fulst S. 297. — Zollbehandlung Strandgut: VO. v. 7. 5. 03 (ZBl. 172). Vgl. auch StrO.

[2]) Neufassung der §§ 134—164: RGBl. 1931 I 5.

21. Zur Ausführung der Vorschriften des Vereinszollgesetzes sind erlassen:

a) auf Grund der §§ 90 und 167 Abs. 2 VZG.: Die Normativbestimmungen für die Hafenregulative vom 12. Juli 1888 (ZBl. S. 761) und die V. zur Änderung der Hafenzollordnungen (RMBl. 1928, 157 und 1927, 440).

b) Folgende Zollordnungen:

für den Zollausschuß Flensburg vom 1. August 1919 (ZBl. S. 1155); vom 16. Februar 1928 (RMBl. S. 65),

für das Zollausschlußgebiet Bremerhaven vom 30. April 1928 (RMBl. S. 273 und 1927, 576; 1930, 561),

für das Bremer Freihafengebiet: vom 30. September 1885 (RGBl. S. 79); 15. Mai 1902 (ZBl. S. 111); 2. Juni 1924 (RGBl. I S. 193); 7. August 1930 (RMBl. 504), dazu RG. 118 Anh. Nr. 3,

für das Zollausschlußgebiet Cuxhaven vom 31. Oktober 1928 (RMBl. S. 594 und 1924, 88) und 13. Februar 1924 (RGBl. I S. 71),

für das Frische Haff vom 19. März 1891 (Amtsbl. Königsberg 1909, 226; 1914, 789; RMBl. 1928, 524),

Leer, Weener, Papenburg vom 19. März 1891, (Amtsbl. Aurich Nr. 17 Beil. 1),

Emden vom 19. März 1891 (Amtsbl. Aurich Nr. 17 Beil. 2); 28. Januar 1904 (ZBl. S. 27); 5. Juli 1927 (RMBl. S. 209), 1. Juli 1929 (RZollBl. 109).

Nordenham vom 18. Oktober 1901 (Amtsbl. Aurich S. 362),

Norderney vom 24. Juli 1897 (Amtsbl. Aurich Nr. 33 Beil.),

Unterweser[1]) vom 28. Juli 1888 (ZBl. S. 861),

Unterelbe vom 28. Juli 1888 (ZBl. S. 435; RMBl. 1923 S. 931, 932; 1921, 686; 1930, 708),

Hamburger Zollregulativ[2]) vom 7. September 1888 (Ges.-S. 1888 Abt. III S. 322; RMBl. 1923, 932); 16. Febr. 1882 (RGBl. S. 39); 13. Febr. 1924 (RGBl. I S. 71); 22. August 1922 (ZBl. S. 475); 21. September 1927 (RMBl. S. 518); 25. November 1930 (RMBl. 650),

Kaiser-Wilhelm-Kanal vom 24. Februar 1903 (ZBl. S. 73),

Helgoland: vom 15. Dezember 1890 (RGBl. S. 207),
Schleswig-Holsteinische Häfen (mit Ausnahme von Altona) vom 19. März 1891 (Amtsbl. Schleswig Nr. 22; dazu RMBl. 1926, 725 und 1923, 932),
Trave vom 15. Mai 1909 (Lübeck. Ges. u. V. Nr. 54); Zollregulativ abgeändert 5. Dezember 1928 (RMBl. 1928 S. 685); Zollordnung Lübeck 9. Dezember 1930 (RMBl. 680),
Wismar vom 28. September 1889 (Amtsbl. d. Mecklenb. Steuer- und Zolldirektion S. 267); abgeändert 5. Dezember 1928 (RMBl. S. 685),
Warnemünde und Rostock vom 28. September 1889 (Amtsbl. d. Mecklenb. Steuer- und Zolldirektion S. 217),
Stettin vom 27. Oktober 1899 (ZBl. S. 156),
Stralsund, Barth und Lauterbach vom 19. März 1891 (Amtsbl. Stralsund Nr. 20 Beil.),
Zollausschluß Kiel-Wik vom 25. Juni 1926 (RMBl. S. 620; vgl. RGBl. 1922 I S. 671),
Saßnitz vom 4. April 1897 (Amtsbl. Stralsund Nr. 17 Beil.),
Odermündungen vom 15. Dezember 1913 (Amtsbl. Stettin Nr. 51 Beil.),
Rügenwaldermünde und Rügen vom 19. März 1891 (Amtsbl. Köslin Nr. 19 Beil.),
Stolpmünde und Leba vom 19. März 1891 (Amtsbl. Köslin Nr. 20 Beil.),
Altona Regulativ vom 2. Oktober 1888 und RMBl. 1923 S. 392. Vgl. auch Elbschiffahrtsakte Art. 16—21.
Harburg RMBl. 1923, 933,
Rheinuferstaaten (Zollverkehr): VO. vom 3. Mai 1900 (ZBl. S. 300); 29. Febr. 1912 (ZBl. S. 246),
Seefischerei-Zollordnung vom 17. Februar 1906 (ZBl. S. 257),
Schiffbau-Zollordnung vgl. oben S. 39.

Mineralölzollordnung vom 17. Februar 1906 (ZBl. 1906, 394 und 491, 1912 577; RMBl. 1924, 8).

[1]) Vgl. auch Zollverschlußordnung für Weserschiffe v. 10. Mai 1928 (RMBl. S. 282); ferner betr. Zollausschluß Wesermünde v. 4. Febr. 1929 (RMBl. S. 38).

[2]) Vgl. dazu B. v. 4. Febr. 1929 betr. Hamburg-Waltershof (RMBl. S. 39); v. 4. Febr. 1929 betr. Hamburg-Freihafen (RMBl. S. 39). Ferner Zollsicherungsordnungen v. 20. Juli 1927 (Amtl. Anz. Nr. 175 v. 26. Juli 1927, 839 u. 843). Bekanntmachung, betr. Abänderung der Zollsicherungsordnungen v. 2. Nov. 1927 (Amtl. Anz. Nr. 267 v. 4. Nov. 1927, 1277). Bekanntmachung, betr. Abänderung der Zollsicherungsordnungen v. 25. Mai 1928 (Amtl. Anz. Nr. 134 v. 31. Mai 1928, 707).

22. Handelsverträge.

In den zahlreichen Handels- und Schiffahrtsverträgen finden sich vielfach Bestimmungen seerechtlicher Art, insbesondere über die Freiheit von Handel und Schiffahrt, Meistbegünstigung, Gleichheit aller Schiffe in bezug auf Abgaben und Tarife, Anweisung von Liegeplätzen, über Küstenschiffahrt, Behandlung von Schiffen, welche einen Hafen als Nothafen anlaufen oder im Hoheitsgebiet eines fremden Staates stranden, über die Befugnisse der Konsuln, über Anerkennung deutscher Ausweise und Urkunden betreffend Ausrüstung und Einrichtung von Schiffen, Anmusterung von Seeleuten, Tätigkeit von Havariekommissaren, Behandlung von Reisenden und Auswanderern usw.

[1]) Vgl. die Handelsverträge bei Schaps II S. 305ff.

B. Güter- und Personenbeförderung.

1. Gesetz betreffend die Küstenfrachtfahrt.

Vom 22. Mai 1881 (RGBl. S. 97).

§ 1. Das Recht, Güter in einem deutschen Seehafen zu laden und nach einem anderen deutschen Seehafen zu befördern[1]), um sie daselbst auszuladen (Küstenfrachtfahrt), steht ausschließlich deutschen Schiffen zu.

[1]) Gleichgültig, ob auf Grund eines Frachtvertrages oder für eigene Rechnung. Gewerbsmäßigkeit ist nicht erfordert. Vgl. Pappenheim II S. 80 Note 3; Wüstendörfer S. 108; Kuhl S. 153. Der Frachtvertrag bleibt trotz der Unerlaubtheit der Beförderung rechtswirksam. Wüstendörfer S. 108.

§ 2. Ausländischen Schiffen kann dieses Recht durch Staatsvertrag oder durch Kaiserliche Verordnung mit Zustimmung des Bundesrats eingeräumt werden[1]).

[1]) Die Erlaubnis wird nicht dem einzelnen Schiff verliehen, sondern den Schiffen eines bestimmten Staates. Sie ist daher unabhängig von einem Wechsel in der Person des Reeders oder Schiffers. Tritt das Schiff allerdings in das Eigentum eines Reeders, der einem andern Staat angehört, so unterliegt es den für diesen Staat geltenden Staatsverträgen oder Begünstigungen. Mangels solcher erlischt das Recht. Die fernere Ausübung der Küstenschiffahrt ist dann unbefugt im Sinne des § 3.

§ 3. Der Führer eines ausländischen Schiffes, welcher unbefugt Küstenfrachtfahrt betreibt, wird mit Geldstrafe bis zu dreitausend Mark bestraft[1]).

Neben der Geldstrafe kann auf Einziehung des Schiffes und der unbefugt beförderten Güter erkannt werden, ohne Unterschied, ob sie dem Verurteilten gehören oder nicht[2]).

Der § 42 des Strafgesetzbuchs findet entsprechende Anwendung.

[1]) Der Reeder kann als Anstifter oder Gehilfe strafbar sein. Vgl. Kuhl S. 153. Das Vergehen ist mit der Ankunft in einem deutschen Hafen vollendet.

[2]) Im Strafverfahren gemäß §§ 42, 430—432 StGB.

§ 4. Bestehende vertragsmäßige Bestimmungen[1]) über die Küstenfrachtfahrt werden durch dieses Gesetz nicht berührt.

[1]) Es handelt sich dabei natürlich nicht um privatrechtliche, sondern nur um die in § 2 erwähnten Staatsverträge. Vgl. über diese Schaps II 283 84.

2. Erlaß, betr. Beförderung gefährlicher Gegenstände mit Kauffahrteischiffen (Seefrachtordnung).

Vom 18. September 1930 (HMBl. S. 239).

Die Regierungen der Küstenländer des Reiches, der Freistaaten Preußen, Hamburg, Mecklenburg-Schwerin, Oldenburg, Bremen und Lübeck sind übereingekommen, die Beförderung gefährlicher Gegenstände mit Kauffahrteischiffen innerhalb ihrer Zuständigkeit gleichmäßig neu zu regeln. .... Um in dieser Hinsicht in Zukunft eine Vereinfachung herbeizuführen, ... wird der Stoff der Verordnung durch die Neuregelung anders als bisher geordnet. Die eigentliche Verordnung (Seefrachtordnung), die als Rahmenverordnung zu betrachten ist, enthält nur diejenigen allgemeinen Bestimmungen, welche kaum Änderungen unterliegen; alle übrigen Vorschriften sind in die Anlagen 1 und 2 zur Seefrachtordnung aufgenommen worden. Die bisherigen durch Polizeiverordnung vom 22. August 1929 (HMBl. S. 245) zum 1. September 1929 in Kraft gesetzten Anlagen 1 und 2 zur Seefrachtordnung bleiben mit den durch die Neuregelung erforderlichen Änderungen weiter gültig. Der Aufbau der Anlagen ändert sich insofern, als die Anlage 1 nunmehr aus zwei Teilen I und II besteht. Die aus der Polizeiverordnung herausgenommenen Vorschriften sind als I. Teil „Allgemeine Bestimmungen" der bisherigen Anlage 1 vorausgestellt worden, und die bisherige Anlage 1 ist „II. Teil Einzelbestimmungen" der Anlage 1 geworden.

Für die Weiterbildung der Bestimmungen der Anlagen 1 und 2 wird ein Ausschuß errichtet[1]), der seine Beschlüsse nach Zustimmung der beteiligten Regierungen durch Veröffentlichung im Deutschen Reichs- und Preußischen Staatsanzeiger in Kraft setzt, ohne daß in Zukunft Abänderungen der Polizeiverordnung erforderlich werden.

Polizeiverordnung, betreffend die Beförderung gefährlicher Gegenstände mit Kauffahrteischiffen (Seefrachtordnung)[2]).

Vom 18. September 1930 (HMBl. S. 240).

§ 1. Zulassung zur Beförderung.

1. Von der Beförderung mit Kauffahrteischiffen als gefährliches Frachtgut sind ausgeschlossen, soweit nicht im Absatz 2 Ausnahmen zugelassen sind:

I. explosionsgefährliche Gegenstände[3]), das sind alle Gegenstände, die explosionsfähige Stoffe enthalten, nämlich

a) Sprengstoffe[4]), insbesondere Spreng- und Schießmittel; Stoffe, die nicht zum Schießen oder Sprengen geeignet sind, durch Flammenzündung nicht zur Explosion gebracht werden können und gegen Stoß oder Reibung nicht empfindlicher sind als Dinitrobenzol, gelten nicht als Sprengstoffe;

b) Munition;

c) Zündwaren, Feuerwerkskörper und dergl.;

d) verdichtete oder verflüssigte Gase;

e) Stoffe, die in Berührung mit Wasser entzündliche oder die Verbrennung unterstützende Gase entwickeln;

II. selbstentzündliche Stoffe.

2. Bedingungsweise sind zur Beförderung zugelassen bei Erfüllung der nach § 2 vorgeschriebenen Bedingungen und der nach den §§ 3 und 5 erlassenen Vorschriften:

a) explosionsgefährliche Gegenstände und selbstentzündliche Stoffe (Absatz 1),

b) die in den im § 2 erwähnten Vorschriften[5]) besonders aufgeführten brennbaren Flüssigkeiten und festen leicht entzündbaren Stoffe (III), giftigen Stoffe (IV), ätzenden Stoffe (V) und sonstigen gefährlichen Güter (VI).

[1]) Vgl. die Vereinbarung HMBl. 1930 S. 242.

[2]) Gleichlautend erlassen von Hamburg, Bremen, Lübeck, Mecklenburg-Schwerin, Oldenburg. — Die Verordnung ist nicht anwendbar auf die Binnenschiffahrt, für welche lediglich das Sprengstoffgesetz nebst den örtlichen Sonderverordnungen über Beförderung gefährlicher Güter gelten.

Vgl. vor allem Barback bei Borchard-Fulst S. 191; Schmaltz, Gefährliche Güter als Seefracht 1925; Alphabetisches Verzeichnis zur Seefrachtverordn. (Verladungs-Vorschr.) mit Ratgeber f. d. Behandlung sonstiger Schiffsgüter. Hrsg. v. Verein Hamb. Reeder, Hamburg 1928; Neumeyer, Intern. VerwRecht III 116ff.

[3]) Zu den explosionsgefährlichen Gegenständen im Sinne dieses Paragraphen gehören alle explosionsfähigen Substanzen (vgl. jedoch Anmerkung 4).

[4]) Explosionsfähige Substanzen, die nicht Schieß- oder Sprengzwecken dienen, durch Flammenzündung nicht zur Explosion gebracht werden können und gegen Stoß und Schlag nicht empfindlicher sind als Dinitrobenzol, gehören nicht zu den Sprengstoffen im Sinne dieses Paragraphen.

[5]) Die Anlagen sind hier nicht mit abgedruckt. Sie sind abgeändert durch V. v. 8. März 1922 (HMBl. S. 48) und 28. Nov. 1922 (HMBl. 1923, 14).

Bei Sendungen von Gegenständen aus Abschnitt I der Anlage, welche nachweislich unmittelbar von der Heeres- oder Marineverwaltung ausgehen oder von diesen Verwaltungen abgenommen sind, sind die dort gebräuchlichen Packungen zuzulassen.

§ 2. Beförderungsbestimmungen. Die bedingungsweise zur Beförderung zugelassenen gefährlichen Gegenstände (§ 1) dürfen mit Kauffahrteischiffen nur unter Beachtung der Vorschriften der Anlagen 1 und 2 befördert werden. Diese Vorschriften werden von dem durch Vereinbarung der Küstenländer eingesetzten „Ausschuß für die Seefrachtordnung" fortgebildet. Die Festsetzungen des Ausschusses bedürfen der Zustimmung des Ministers für Handel und Gewerbe. Der Ausschuß veröffentlicht die von ihm festgesetzten Vorschriften im Deutschen Reichs- und Preußischen Staatsanzeiger.

§ 3. Geltungsbereich. Die Polizeiverordnung findet im vollen Umfange Anwendung bei der Beladung deutscher und ausländischer Kauffahrteischiffe mit gefährlichen Gegenständen im Bereiche des Preußischen Staates.

Schiffe, die mit einer Ladung gefährlicher Gegenstände das Preußische Staatsgebiet nur zum Aufenthalt oder zum Entlöschen anlaufen, unterliegen nur den §§ 5 und 6 der Polizeiverordnung und den Vorschriften, die im I. Teil der Anlage 1 in den §§ 6, 7 Satz 1, 8, 9 Abs. 1 und 3, 10, 11 und 12 aufgeführt sind, jedoch können Gegenstände, die nach den §§ 1 und 2 der Polizeiverordnung zur Beförderung mit Kauffahrteischiffen nicht zugelassen sind, von der Entlöschung ausgeschlossen werden.

Den zuständigen Polizeibehörden bleibt vorbehalten, für das Löschen und Laden gefährlicher Gegenstände sowie für das Verhalten der betreffenden Schiffe in Häfen, auf Revieren und Flüssen weitere Vorschriften zu erlassen.

§ 4. Aufsicht. Die Aufsicht über die Durchführung der Polizeiverordnung wird von den Regierungspräsidenten ausgeübt.

§ 5. Abweichungen. Unter besonderen Umständen kann der Regierungspräsident in einzelnen Fällen Ausnahmen von den Vorschriften des § 2 und der Anlagen zulassen; hierüber ist dem Ausschuß (§ 2) unverzüglich Mitteilung zu machen.

§ 6. Strafen. Zuwiderhandlungen gegen diese Verordnung werden mit Geldstrafe bis zu 150 RM. oder mit entsprechender Haft bestraft, sofern nicht nach den Strafgesetzen, insbesondere nach dem Reichsgesetz gegen den verbrecherischen und gemeingefährlichen Gebrauch von Sprengstoffen vom 9. Juni 1884 schwerere Strafen eintreten.

§ 7. Inkrafttreten. Diese Verordnung tritt am 1. Oktober 1930 in Kraft. Mit dem gleichen Zeitpunkt verliert die Polizeiverordnung vom 30. März 1912 (HMBl. S. 183), betreffend die Beförderung gefährlicher Gegenstände mit Kauffahrteischiffen, mit Ausnahme ihrer Anlagen ihre Gültigkeit. Die Anlagen 1 und 2 der Polizeiverordnung vom 30. März 1912 (HMBl. S. 183) in der Fassung der Polizeiverordnung vom 22. August 1929 (HMBl. S. 245) mit Abänderungen vom 3. April 1930 (HMBl. S. 81) und vom 21. August 1930 (HMBl. S. 196) bleiben mit anliegenden Änderungen in Kraft und gelten als Anlagen 1 und 2 dieser Polizeiverordnung.

Vorschriften über die bedingungsweise zur Beförderung mit Kauffahrteischiffen zugelassenen Gegenstände.

I. Teil. Allgemeine Bestimmungen.[1])

§ 1. Begriffsbestimmungen.

1. Verladeschein ist der Schiffszettel, nicht das Konnossement.
2. Personenschiff ist ein Schiff, das bei Reisen in der Nahfahrt, der Küstenfahrt und der kleinen Fahrt

mehr als 12, bei weiteren Reisen mehr als 24 Fahrgäste an Bord hat, soweit nicht in den Verladungsvorschriften des II. Teils andere Bestimmungen getroffen werden.

3. Auswandererschiff ist ein nach außereuropäischen Häfen bestimmtes Seeschiff, mit dem, abgesehen von den Kajütsreisenden, mindestens 25 Fahrgäste befördert werden sollen.

Personen, die infolge höherer Gewalt oder infolge der Verpflichtung des Kapitäns, Schiffbrüchige oder andere Personen aufzunehmen, an Bord sind, zählen nicht als Fahrgäste.

[1]) Die (hier nicht abgedruckten) Anlagen erleiden folgende Änderungen:

a) Vor die bisherige Anlage 1 ist der beiliegende I. Teil vorzuschalten.

b) In der bisherigen Anlage 1 ist auf Seite 1 zu streichen: „Anlage 1 (Seefrachtordnung)" und die Überschrift „Vorschriften über bedingungsweise zur Beförderung mit Kauffahrteischiffen zugelassene Gegenstände", und an Stelle der Überschrift zu setzen:

II. Teil. Einzelbestimmungen.

c) In den Verladungsvorschriften des nunmehrigen II. Teils der Anlage 1 ist bei den Klassen Ia, Ib, Ic, Id, Ie, II, IIIa, IIIb, IV, V und VI unter A Ziffer 1 je das Fußnotenzeichen hinter dem Wort „Verladeschein" sowie die dazugehörige Fußnote zu streichen.

d) In der Überschrift der Anlage 2 ist in der Klammer statt „der Verordnung" zu setzen: „des I. Teils der Anlage 1".

§ 2. Zusammenpacken und Zusammenladen. Die bedingungsweise zur Beförderung zugelassenen Gegenstände dürfen miteinander oder mit anderen Gegenständen in einem Versandstück nur zusammengepackt werden, soweit es in der Anlage 2 der Seefrachtordnung ausdrücklich gestattet ist. Sie dürfen miteinander und mit anderen Gegenständen in demselben Raum zusammengeladen werden, wenn dieses nicht in den Verladungsvorschriften des II. Teils verboten ist.

§ 3. Bescheinigungen.

(1) Bei Verschiffung der bedingungsweise zugelassenen Gegenstände und Stoffe der Güterklassen I bis VI a des II. Teils hat der Ablader auf dem Verladeschein unter vollgültiger Firmenzeichnung folgende verantwortliche Erklärungen abzugeben:

a) bei allen Gütern, die nicht mit anderen in einem Versandstück zusammengepackt sind, die Erklärung, daß die Verpackung den Vorschriften der Anlage 1 der Seefrachtordnung entspricht, bei allen Gütern, die mit anderen in einem Versandstück zusammengepackt sind, die Erklärung, daß die in der Anlage 2 zur Seefrachtordnung gestatteten Gewichtsgrenzen innegehalten sind, und daß sich die Güter in der dort vorgeschriebenen Sonderverpackung befinden;

b) weiter bei Sendungen aus den Gruppen I a, b, c die Erklärung, daß die Beschaffenheit der Stoffe oder Gegenstände den Zulassungsbedingungen genügt, die im Güterverzeichnis der Anlage 1, II. Teil, der Seefrachtordnung gestellt werden;

c) endlich die besonderen Erklärungen, die für verschiedene Güter in den Verladungsvorschriften des II. Teils dieser Anlage gefordert werden.

(2) Diese Erklärungen können bei Sendungen von Sprengstoffen (I a), Munition (I b) und Gasen (I d) aus den Beständen der Verwaltung der Wehrmacht ohne weiteres abgegeben werden.

(3) Bei anderen als den im Absatz (2) bezeichneten bedingungsweise zugelassenen Sendungen der Klassen I bis VI a darf der Ablader die Erklärungen nur abgeben auf Grund entsprechender Bescheinigungen seines Auftraggebers. Bei der Erteilung eines Verladeauftrags

für bedingungsweise zur Beförderung zugelassene Gegenstände hat der Auftraggeber des Abladers diesem für jedes Gut die Güterklasse und die Ziffer der Seefrachtordnung sowie die Eigenschaft des Gutes (z. B. „feuergefährlich") anzugeben.

(4) Bescheinigungen des Auftraggebers über Sprengstoffe und Munition müssen durch vereidete Sachverständige oder von der Eisenbahnverwaltung anerkannte Chemiker bestätigt sein unter ausdrücklicher Beziehung auf die nach den Prüfungsbestimmungen des Reichsverkehrsministeriums gemäß Anlage C I der Eisenbahnverkehrsordnung vorgenommenen Prüfungen.

(5) Alle Bescheinigungen müssen für den Einzelfall ausgestellt sein.

§ 4. Ausländische Durchfuhrgüter. Sollen aus dem Auslande kommende bedingungsweise zur Beförderung zugelassene Gegenstände im Geltungsbereich dieser Bestimmungen in Kauffahrteischiffe weiterverladen werden, so gelten nachstehende Vorschriften:

1. Die Verladung explosionsgefährlicher Gegenstände, für die eine gültige, nach den Bestimmungen der Anlage C zur Eisenbahnverkehrsordnung vorgenommene inländische Prüfung nicht nachgewiesen werden kann, und selbstentzündlicher Stoffe (§ 1 Ziffer 1, I und II, der Seefrachtordnung, sowie Klassen I und II des II. Teils dieser Anlage) bedarf der besonderen Genehmigung des Regierungspräsidenten.

   Sie ist davon abhängig zu machen, daß die Gegenstände oder Stoffe ihrer Beschaffenheit nach nicht gefährlicher sind als die in den Klassen I und II des II. Teils dieser Anlage aufgeführten.
2. Die Verpackung muß mindestens gleiche Sicherheit gewähren wie die in den Klassen I bis VI a des

II. Teils und in der Anlage 2 der Seefrachtordnung für die Gegenstände gleicher Gattung vorgeschriebene.

Von der Übereinstimmung der Bezeichnung der Behälter mit den Vorschriften des II. Teils dieser Anlage und der Anlage 2 der Seefrachtordnung kann abgesehen werden, wenn die besondere Übergabe der Sendungen an den Verfrachter oder seinen Stellvertreter unter Angabe der behördlich auferlegten Verladungsvorschriften (s. 4) sichergestellt wird.

3. Die Genehmigung zur Verladung kann nach dem Ermessen der Behörde einem Unternehmer für Gegenstände derselben Art und Herkunft von Fall zu Fall, auf Zeit oder bis auf Widerruf erteilt werden.

4. In der schriftlich zu erteilenden Genehmigung ist zugleich festzusetzen, welche Verladungsvorschriften des II. Teils dieser Anlage anzuwenden sind. Der Ablader hat die Urschrift oder eine von ihm bestätigte Abschrift den Verladescheinen an Stelle der im § 3 vorgeschriebenen Erklärung beizufügen.

§ 5. Verladungs-Anmeldung.

(1) Der Ablader hat die Verladescheine über bedingungsweise zur Beförderung zugelassene Gegenstände oder Stoffe dieser Anlage dem Verfrachter oder seinem Vertreter so rechtzeitig zu übergeben, daß die Anordnungen für die den Vorschriften entsprechende Verladung, auch unter Berücksichtigung etwa schon eingenommener Teilladungen, getroffen werden können.

(2) Bestehen Zweifel darüber, ob dies auf Grund der Verladescheine selbst noch möglich sein wird, so ist eine besondere Anmeldung vorauszuschicken. Diese Anmeldung muß Art, Umfang und Eigenschaft der Sendung sowie

deren Gattungsziffer oder sonstige Bezeichnung nach dem II. Teil enthalten.

§ 6. Feuerverhütungsmaßnahmen für die Laderäume und andere Schiffsräume. Die Räume, in denen sich Sprengstoffe und andere explosionsfähige Stoffe, Munition und Feuerwerkskörper (I a, b, c Ziffer 3 des II. Teils der Anlage 1) sowie leicht brennbare Ladungen jeder Art befinden, dürfen nur mit elektrischen oder gut verschlossenen Kerzen- oder Pflanzenöllampen betreten werden. Für Räume, in denen entzündliche verdichtete oder verflüssigte Gase (I d), Stoffe, die in Berührung mit Wasser entzündliche oder die Verbrennung unterstützende Gase entwickeln (I e), brennbare Flüssigkeiten (III a), oder feste, leicht entzündbare Stoffe (III b) verstaut sind, oder in die Gase der genannten Ladungen eingedrungen sein können, sind ausschließlich tragbare elektrische Lampen ohne Kabelleitung, für Räume mit Kohlen und solche, die Kohlengasen zugänglich sind, nur sogenannte Sicherheits- (Gruben-) Lampen zu verwenden. In allen diesen Räumen ist es untersagt, Feuer oder glühende Körper außer den angeführten Leuchtmitteln in irgendeiner Form zu gebrauchen oder damit zu hantieren, insbesondere auch zu rauchen.

§ 7. Sicherheitslampen.

(1) Die Sicherheits-(Gruben-)Lampen müssen vor Antritt längerer Reisen, sonst zweimal jährlich auf Explosionssicherheit geprüft und an Bord in gutem Zustand gehalten werden. Über jede Prüfung ist ein Vermerk in das Schiffstagebuch einzutragen.

(2) Im übrigen sind die bezüglichen Unfallverhütungsvorschriften der See-Berufsgenossenschaft und die „Grundsätze für die Einrichtung, Aufbewahrung und Instandhaltung der Sicherheitslampen an Bord deutscher Schiffe“

(Anlage 3 der im Auftrage des Reichswirtschaftsministeriums herausgegebenen Druckschrift „Steinkohlenladungen in Kauffahrteischiffen") zu beachten.

§ 8. Laden und Löschen.

(1) Während des Ladens und Löschens der im § 6 bezeichneten Güter mit Ausnahme von Steinkohlen darf auch in der Nähe der Ladeluken und Transportwege nicht geraucht werden.

(2) Wird während des Ladens oder Löschens von Sprengstoffen und anderen explosionsfähigen Stoffen (I a), von Munition (I b) sowie von größeren Mengen selbstentzündlicher Stoffe (II), brennbarer Flüssigkeiten (III a) und fester leicht entzündbarer Stoffe (III b) Feuer auf dem Schiffe unterhalten, so sind geeignete Vorkehrungen zur Verhütung des Funkenflugs zu treffen; z. B. sind die Schornsteine der Schiffskombüsen, Öfen und Hilfskessel, sofern sie nicht in den Hauptschornstein eingeführt sind, im Umkreis von 30 m von den Luken und Transportwegen mit Funkenfängern zu versehen.

(3) Wenn das Laden oder Löschen bei Dunkelheit stattfindet, müssen die Verladungsplätze durch hochangebrachte feste Laternen beleuchtet werden, die nicht durch leicht entzündliche Öle, wie Petroleum, gespeist sein dürfen.

§ 9. Behandlung der Versandstücke.

(1) Bei der Beförderung von Behältern mit bedingungsweise zugelassenen Gegenständen ist mit besonderer Sorgfalt zu verfahren, insbesondere sind die Verpackungen vor Beschädigungen, explosionsgefährliche Gegenstände auch schon vor Erschütterungen durch Stöße, Herabfallen, Umkanten oder Rollen zu bewahren. Fässer mit organischen Nitrokörpern der 1. Gruppe (Abschnitt 1 a, A, 1. Gruppe, b) dürfen gerollt werden.

(2) Packgefäße, die eine die sichere Beförderung ge-

fährdende Beschädigung erlitten haben, dürfen nicht verladen werden. Das gilt insbesondere von allen Packgefäßen, bei denen die vorgeschriebene Dichtheit nicht mehr vorhanden ist, also z. B. auch von Kalziumkarbidbehältern, bei denen sich Azetylengeruch bemerkbar macht. In Zweifelsfällen ist die Verladung davon abhängig zu machen, daß ein Sachverständiger sie nach sorgfältiger Prüfung der Behälter für zulässig erklärt.

(3) Während der Beförderung bemerkte Gefährdung der Ladung durch beschädigte Versandstücke hat der Schiffsführer unverzüglich durch geeignete Maßnahmen zu beseitigen.

§ 10. Sprengstofferlaubnisschein. Der Führer eines Kauffahrteischiffes, auf dem sich Sprengstoffe befinden, die dem § 1 Absatz 1 des Reichsgesetzes gegen den verbrecherischen und gemeingefährlichen Gebrauch von Sprengstoffen vom 9. Juni 1884 (RGBl. S. 61) unterliegen, muß während des Aufenthalts seines Schiffes im Reichsgebiete den vorgeschriebenen Erlaubnisschein zum Besitze von Sprengstoffen oder dessen beglaubigte Abschrift an Bord haben und auf Verlangen vorzeigen.

§ 11. Abzeichen für Schiffe mit Sprengstoffladungen. Auf deutschen Seewasserstraßen und Binnengewässern müssen Kauffahrteischiffe, die mehr als 35 kg (Rohgewicht) Sprengstoffe (I a) oder Munition (I b mit Ausnahme der Ziffern 1, 3 und 4) geladen haben, bei Nacht im Vortopp ein grünes Licht (bei Dampfschiffen mindestens zwei Meter höher als das Dampferlicht), bei Tage eine weit erkennbare, stets ausgespannt zu haltende schwarze Flagge mit weißem P führen[1]).

[1]) Vgl. § 17 der Seewasserstraßenordnung.

§ 12. Auswandererschiffe. Die für Auswandererschiffe erlassenen besonderen Beschränkungen für die Beförderung gefährlicher Gegenstände werden von diesen Vorschriften nicht berührt.

3. Gesetz über das auf der Konferenz in Helsingfors geschlossene Abkommen zur Bekämpfung des Alkoholschmuggels.

Vom 14. April 1926 (RGBl. II S. 220)[1][2].

Art. 1. In dem vorliegenden Abkommen ist unter „alkoholischen Waren" zu verstehen: der Alkohol und die alkoholhaltigen Flüssigkeiten, die zum Genuß oder zur Herstellung von Getränken geeignet sind, und die Weine oder Schaumweine, deren Alkoholgehalt über achtzehn Raumhundertteile hinausgeht. Bier und ähnliche Getränke mit einem Alkoholgehalt von weniger als zwölf Hundertteilen gelten nicht als alkoholische Waren.

Die Bestimmungen dieses Abkommens sind nicht anwendbar auf die alkoholischen Waren, die einen Teil des Schiffsproviants des sie befördernden Schiffes bilden oder Personen gehören, die an Bord des Schiffes reisen oder angestellt sind, vorausgesetzt, daß diese Getränke die für die Reise benötigte Menge nicht überschreiten und nach den Zollverordnungen des betreffenden Staates[3]) angegeben werden.

[1]) Ratifiziert (vgl. RGBl. 1927 II S. 878) von Deutschland, Finnland, Norwegen, Schweden, Polen, Dänemark, Estland, Lettland, Danzig. Vgl. Ewald, HansRZ. 1926, 796, über intern. Abkommen zur Bekämpfung des Alkoholschmuggels.

[2]) Vgl. dazu das Ges. über die Verfrachtung alkoholischer Waren v. 14. 4. 1926 (abgedr. S. 68); das Schlußprotokoll ist abgedruckt bei Schaps II 297.

[3]) Vgl. Schlußprotokoll zu Art. I (Schaps II 297).

Art. 2. Jeder der vertragschließenden Teile verpflichtet sich, den Schiffen von weniger als einhundert Registertons Nettoraumgehalt die Ausfuhr alkoholischer Waren aus seinem Gebiet einschließlich der Zollausschlüsse (Freihäfen) und Freibezirke ins Ausland zu untersagen.

Diese Bestimmung gilt nicht für mechanisch angetriebene Schiffe in regelmäßiger Linienfahrt.

Art. 3. Jeder der vertragschließenden Teile verpflichtet sich, Schiffen, die einem der vertragschließenden Staaten angehören und weniger als fünfhundert Registertons Nettoraumgehalt haben, die Ausfuhr alkoholischer Waren ins Ausland aus seinem Gebiet — einschließlich Zollausschlüsse (Freihäfen) und Freibezirke — nur auf eine amtliche Genehmigung hin zu gestatten, die dem Schiffe von den zuständigen Behörden seines Ursprungslandes erteilt ist.

Diese Genehmigung kann nur erteilt werden, wenn die Ehrenhaftigkeit und Vertrauenswürdigkeit des Reeders durch die Bescheinigung einer in Sachen des Handels und der Schiffahrt zuständigen öffentlichen oder privaten Stelle erwiesen ist.

Die erwähnte Genehmigung wird für die Zeit von drei Jahren erteilt. Sie erlischt, wenn das Schiff den Reeder wechselt.

Im Falle eines Mißbrauchs wird nach Prüfung durch die betreffenden Behörden die Genehmigung zurückgezogen.

Art. 4. Die Ausreise der im Art. 3 bezeichneten Schiffe ins Ausland kann nur erfolgen[1]):

a) wenn offensichtlich kein Schmuggelhandel vorliegt;

b) wenn der Kapitän des Schiffes oder der Ablader der alkoholischen Waren schriftlich erklärt hat, daß die an Bord des Schiffes verladenen alkoholischen Waren rechtmäßig ausgeführt und tatsächlich am Bestimmungsorte nach den dort gültigen Bestimmungen eingeführt werden sollen;

c) wenn der Kapitän des Schiffes nach den Bestimmungen des Art. 5 bewiesen hat, daß die auf dem Schiffe vorher beförderten alkoholischen Waren am Bestimmungsort abgeliefert worden sind, es sei denn, daß der Kapitän nachweist, daß er durch

Havarien oder stichhaltige Gründe verhindert war, einen solchen Beweis zu liefern.

[1]) Andernfalls haben die Zoll- bzw. Hafenbehörden die Ausfahrt zu untersagen.

Art. 5. Die Menge, Art und Bestimmung der alkoholischen Waren, die auf den im Art. 3 erwähnten Schiffen ins Ausland ausgeführt werden sollen, müssen in einer Anlage angegeben sein, die mit der im Art. 3 vorgesehenen amtlichen Genehmigung verbunden und vom Kapitän unterzeichnet ist. Diese Angaben werden im Ausgangshafen mit dem Stempel der zuständigen Behörden bescheinigt.

Auf dieselbe Weise bescheinigen die zuständigen Behörden des Bestimmungshafens in dieser Anlage, daß die Waren ordnungsmäßig gelöscht worden sind. Falls in einem Lande, das nicht zu den vertragschließenden Teilen gehört, eine solche Bescheinigung der zuständigen Behörden nicht zu erhalten ist, wird ein anderer ausreichender Beweis angenommen.

Art. 6. Den vertragschließenden Teilen liegt es ob, die zur Anwendung der Bestimmungen in den Art. 2—4 nötigen Strafen vorzusehen.

Art. 7. Die vertragschließenden Teile werden, so sehr wie nur möglich, darüber wachen, daß die nach einem Hafen ihres Landes[1]) bestimmten alkoholischen Waren nicht ins Ausland geleitet werden.

[1]) Vgl. Schlußprotokoll zu Art. 7 (Schaps II 297).

Art. 8. Die vertragschließenden Teile verpflichten sich, alle nur möglichen Maßregeln zu ergreifen, um in den vertragschließenden Staaten den Alkoholschmuggel auf Schiffen jeder Art und Größe zu bekämpfen.

Art. 9. Die vertragschließenden Teile verpflichten sich, keine Einwendungen dagegen zu erheben, daß in einer Zone bis zu zwölf Seemeilen von der Küste oder der äußeren Grenze der Inselketten jeder von ihnen gegen

Schiffe, die offenbar dem Schmuggel dienen, seine Gesetze anwendet.

Wenn ein Schiff, das verdächtig ist, Schmuggel zu treiben, in der obengenannten erweiterten Zone angetroffen wird, und aus dieser Zone entkommt, so können die Behörden des Landes, zu dem diese Zone gehört, es auch über die Zone hinaus ins offene Meer verfolgen und dieselben Rechte gegen es anwenden, als wenn es innerhalb der Zone ergriffen worden wäre.

Diese Bestimmungen werden angenommen unbeschadet des Standpunkts eines jeden der vertragschließenden Teile zu den juristischen Grundsätzen, die die Hoheitsgewässer und die Zollzonen regeln.

Art. 10. Die vertragschließenden Teile sollen den Grundsatz festhalten, daß die Strafbestimmungen für Schmuggel mit alkoholischen Waren nur die Täter treffen dürfen. In jedem Falle können die Schiffe nicht unmittelbar oder mittelbar für Strafgelder oder andere ähnliche Gebühren haftbar gemacht werden[1]), wenn die alkoholischen Waren, die eine an Bord angestellte Person unrechtmäßig eingeführt hat, den Umständen nach nur eine unbedeutende Menge ausmachen und wenn die von mehreren Mitgliedern der Besatzung des Schiffes eingeführten alkoholischen Waren den Umständen nach nicht als beträchtliche Menge anzusehen sind, aber alles das nur unter der Bedingung, daß der Reeder oder der Kapitän nicht selbst der unrechtmäßigen Einfuhr beschuldigt wird und außerdem, daß man ihnen mit Rücksicht auf die Menge der Waren oder die anderen Umstände nicht vorwerfen kann, daß sie es an der in dieser Sache notwendigen Aufsicht hätten fehlen lassen.

Wenn festgestellt wird, daß sich ein Schiff, gleichviel welcher Größe, das alkoholische Waren führt, infolge Seenot gezwungen sah, in einem Hafen Zuflucht zu suchen, um das Schiff, die Ladung und die an Bord befindlichen Personen aus Gefahr zu retten, so soll es wegen seiner Ladung mit Ausnahme der etwa nötigen Überwachungsgebühren keinerlei Abgaben zu zahlen haben und nicht belästigt werden.

[1]) D. h. es entsteht weder eine persönliche, noch eine dingliche bzw. beschränkt-persönliche Haftung nach §§ 754ff. HGB.

Art. 11. Die Zollbehörden der vertragschließenden Staaten werden sich gegenseitig so gut wie möglich über den Stand des Schmuggels und die Personen, die sich damit befassen, unterrichten und einander Auskunft über die besonderen Umstände erteilen, die dazu beitragen könnten, die Bekämpfung des Schmuggels zu erleichtern.

Art. 12—15 betreffen Abänderung, Kündigung und Ratifizierung.

4. Bekanntmachung über das am 19. Mai 1924 in Washington unterzeichnete deutsch-amerikanische Abkommen zur Verhinderung des Schmuggels mit alkoholischen Getränken.

Vom 21. April 1926 (RGBl. II S. 233). Vgl. Schaps II 299.

5. Gesetz über die Verfrachtung alkoholischer Waren[1]).

Vom 14. April 1926 (RGBl. II S. 230).

§ 1[2]). Alkoholische Waren im Sinne dieses Gesetzes sind Alkohol (Weingeist) und alkoholhaltige Flüssigkeiten, die zum Genuß oder zur Herstellung von Getränken geeignet sind. Alkoholische Waren sind auch Weine, weinähnliche und weinhaltige Getränke, Arzneiweine, Schaumweine und schaumweinähnliche Getränke, wenn ihr Alkoholgehalt 180 g in einem Liter oder 22 Raumhundertteile überschreitet. Bier und ähnliche Getränke mit einem Alkoholgehalt von weniger als 12 Raumhundertteilen, auch wirksam (vollständig) vergällter Spiritus und Lacke gelten nicht als alkoholische Waren.

Die Vorschriften dieses Gesetzes sind nicht anwendbar auf alkoholische Waren, die einen Teil des Schiffsproviants des sie befördernden Schiffes bilden oder Fahrgästen oder Personen der Schiffsbesatzung gehören, wenn diese Waren die für die Reise erforderliche Menge nicht überschreiten und bei der Einreise in einen der im § 3 genannten Staaten nach dessen Zollvorschriften angemeldet werden.

[1]) Dazu Preuß. Ausf.-Verordn. v. 24. August 1927 (GS. S. 173) mit Abänderung v. 17. Okt. 1928 (GS. S. 199).

[2]) § 1 Abs. 1 Satz 1 weicht von Art. 1 Abs. 1 Satz 1 des Abkommens nicht unwesentlich ab. Vgl. das Schlußprotokoll zu Art. 9 (Schaps II 297).

§ 2. Schiffen von weniger als 100 Registertons Nettoraumgehalt ist die Beförderung alkoholischer Waren, insbesondere die Ausfuhr aus deutschem Gebiet ins Ausland, verboten[1]). Als deutsches Gebiet gelten auch Zollausschlüsse (Freihäfen) und Freibezirke.

Diese Vorschrift gilt nicht für mechanisch angetriebene Schiffe in regelmäßiger Linienfahrt und für die Beförderung auf Binnengewässern.

[1]) Über die Rechtsgültigkeit von Spritschmuggelverträgen vgl. Görtz, HansRGZ. 1931 A 427; Heuer, VerkR. 1927, 8.

§ 3. Schiffe von geringerem als 500 Registertons Nettoraumgehalt, die einem Staate angehören, der dem auf der Konferenz in Helsingfors vom 19. August 1925 abgeschlossenen Abkommen zur Bekämpfung des Alkoholschmuggels beigetreten ist, dürfen alkoholische Waren aus deutschem Gebiet, auch aus deutschen Zollausschlüssen (Freihäfen) und Freibezirken, ins Ausland nur ausführen, wenn sie im Besitz einer schriftlichen amtlichen Genehmigung der zuständigen Behörde des Flaggenlandes sind.

§ 4[1]. Die im § 3 genannten Genehmigungen erteilt in Deutschland die Hafenbehörde des Heimathafens.

Deutschen Schiffen darf diese Genehmigung nur erteilt werden, wenn die Ehrenhaftigkeit und Vertrauenswürdigkeit des Reeders[2]) durch das Zeugnis einer in Sachen des Handels und der Schiffahrt zuständigen öffentlichen oder privaten Stelle erwiesen wird.

Die Genehmigung wird für die Dauer von 3 Jahren von dem Tage der Ausstellung ab erteilt; sie erlischt, wenn das Schiff den Reeder wechselt[3]).

[1]) Bzw. des Ausrüstens (§ 510). Dagegen dürfte die Vorschrift nicht auf den Zeitcharterer zu erweitern sein.

[2]) Oder auf einen anderen Ausrüster übergeht.

[3]) § 5 beruht auf Art. 4 des Abkommens. Die Abweichung des § 5 Nr. 3 von Art. 4c des Abkommens ist durch § 6 Abs. 4 im wesentlichen ausgeglichen.

§ 5. Die Ausreise der im § 3 bezeichneten Schiffe ins Ausland darf nur erfolgen:

1. wenn offensichtlich kein Schmuggelhandel vorliegt,
2. wenn der Kapitän des Schiffes oder der Ablader der alkoholischen Waren schriftlich erklärt hat, daß die an Bord des Schiffes verladenen alkoholischen Waren rechtmäßig ausgeführt und tatsächlich am Bestimmungsorte nach den dort gültigen Bestimmungen eingeführt werden sollen und
3. wenn die im § 6 vorgeschriebenen Nachweise über die frühere Ausfuhr von alkoholischen Waren geführt sind.

§ 6. Mit der in den §§ 3 und 4 genannten schriftlichen amtlichen Genehmigung ist ein Anhang durchnumerierter freier Blätter fest zu verbinden und darin die jedesmalige Menge, Art und Bestimmung der alkoholischen Waren, die auf den im § 3 erwähnten Schiffen ins Ausland ausgeführt werden sollen, zu verzeichnen. Dies Verzeichnis hat der Kapitän zu unterschreiben und die Hafenbehörde des Ausgangshafens abzustempeln.

Der Kapitän hat dafür zu sorgen, daß die zuständigen Behörden im Bestimmungshafen ebenfalls auf dem Anhang unter Beidruck eines Stempels bescheinigen, daß die Waren ordnungsmäßig gelöscht worden sind.

Wenn in einem Löschhafen diese Bescheinigung der zuständigen Behörden nicht zu erhalten ist, darf der im Abs. 2 geforderte Nachweis in anderer ausreichender Weise geführt werden.

Kann der Kapitän infolge von Havarien oder aus anderen stichhaltigen Gründen den ordnungsmäßigen Nachweis nicht führen, so hat er diese Hinderungsgründe nachzuweisen.

§ 7. Die zur Durchführung der §§ 2 bis 6 erforderlichen Maßnahmen sind von den Regierungen der Küstenländer zu treffen. Die Reichszollverwaltung ist in dem durch die jeweiligen Verhältnisse gebotenen Umfang zu beteiligen.

§ 8. Wenn ein Kapitän gegen das Verbot im § 2 alkoholische Waren befördert oder ins Ausland ausführt, wird er mit Gefängnis bis zu 6 Monaten oder mit Geldstrafe bestraft.

Ein Kapitän, der ohne die im § 3 vorgeschriebene schriftliche Genehmigung oder ohne die im § 5 vorgeschriebene Erklärung alkoholische Waren ins Ausland ausführt, wird mit Gefängnis bis zu 3 Monaten oder mit Geldstrafe bestraft.

Der Versuch ist strafbar. Alkoholische Waren, die Gegenstand der strafbaren Handlung sind, können eingezogen werden, auch wenn sie nicht dem Verurteilten gehören.

§ 9. Im Falle nachgewiesenen Mißbrauchs kann die im § 3 erwähnte Genehmigung deutschen Schiffen durch die Hafenbehörde, die sie erteilt hat, wieder entzogen werden.

6. Gesetz über die Statistik des Warenverkehrs mit dem Ausland.

Vom 27. März 1928[1]) (RGBl. I S. 111, 1931 I S. 382).

Abschnitt I. Das Erhebungsverfahren.

§ 1. Gegenstand der Statistik. 1. Die Waren, die über die Grenze des deutschen Wirtschaftsgebiets ein- und ausgehen, sind für die Statistik der Ein-, Aus- und Durchfuhr anzumelden.

2. Das deutsche Wirtschaftsgebiet im Sinne dieses Gesetzes umfaßt das Reichsgebiet ohne die badischen Zollausschlüsse und ohne die Insel Helgoland. Ferner gehören zum deutschen Wirtschaftsgebiete die österreichischen Gemeinden Jungholz und Mittelberg.

3. Solange das Saargebiet der deutschen Zollhoheit entzogen ist, gilt es für die Statistik des Warenverkehrs als außerhalb des deutschen Wirtschaftsgebiets liegend.

[1]) Vgl. die V. im ZBl. 1907 S. 371; 1912 S. 547; 1922 S. 415; v. 19. Okt. 1928 (RMBl. S. 585) v. 13. Nov. 1928 (RMBl. S. 641).

§ 2. Fälle der Anmeldung. 1. Die Anmeldung hat stattzufinden:

a) bei der Einfuhr unmittelbar aus dem Ausland einschließlich derjenigen auf Niederlagen,
b) bei der Einfuhr aus Niederlagen,
c) bei der Ausfuhr,
d) bei der Durchfuhr,
e) Bei der Beförderung von Waren aus dem deutschen Wirtschaftsgebiete durch das Ausland nach dem deutschen Wirtschaftsgebiete (Zwischenauslandsverkehr).

2. Niederlagen im Sinne dieses Gesetzes sind die Zolläger, Zollkonten sowie die Läger der Freibezirke und der innerhalb des deutschen Wirtschaftsgebiets gelegenen Zollausschlüsse.

3. Ausland im Sinne dieses Gesetzes ist das Gebiet außerhalb des deutschen Wirtschaftsgebiets.

§ 3. Form der Anmeldung. Die Anmeldung ist durch Übergabe eines Anmeldescheins durch den Anmeldepflichtigen (§ 5) an die Anmeldestelle (§ 7) zu bewirken.

§ 4. Inhalt der Anmeldung. 1. Die Anmeldung hat sich nach näherer Vorschrift der Reichsregierung auf folgende Angaben zu erstrecken:

a) Benennung der Ware,
b) Verpackungsart,
c) Menge,
d) Wert,
e) Herstellungs- und Bestimmungsland.

2. Die Reichsregierung kann mit Zustimmung des Reichsrats weitere Angaben vorschreiben.

§ 5. Die Anmeldepflichtigen. 1. Die Anmeldung liegt ob:

a) beim Eingang in das deutsche Wirtschaftsgebiet dem Empfangsberechtigten, falls dieser den Antrag auf Zollabfertigung stellt; stellt den Antrag im Auftrag des Empfangsberechtigten ein Frachtführer (Verfrachter) oder ein Spediteur, so liegt diesem die Anmeldung ob;
b) beim Ausgang mit der Post dem Absender;
c) in anderen Fällen dem Frachtführer (Verfrachter) oder, wenn kein Frachtgeschäft vorliegt, demjenigen, der aus einem anderen Rechtsverhältnisse zu der Zeit, zu der die Anmeldung stattzufinden hat, der Besitzer der Waren ist.

2. Die Reichsregierung kann abweichend hiervon für besondere Fälle andere Anmeldepflichtige bestimmen.

§ 6. Aussteller des Anmeldescheins. Die Reichsregierung bestimmt, wer zur Ausstellung und wer zur Ergänzung des Anmeldescheins verpflichtet ist; sie bestimmt, in welcher Form diese Verpflichtung zu erfüllen ist.

§ 7. Anmeldestellen. 1. Anmeldestellen sind:

a) beim Eingang in das deutsche Wirtschaftsgebiet die Zollstellen,

b) beim Ausgang aus dem deutschen Wirtschaftsgebiete die Grenzzollstellen, die Zollstellen der Flughäfen, in denen die Waren zur Beförderung ins Ausland aufgegeben werden, und die Aufgabepostanstalten.

2. Für den Verkehr des Freihafens Hamburg kann die oberste Landesbehörde in Hamburg im Einvernehmen mit der Reichsregierung besondere Anmeldestellen errichten.

3. Die Landesfinanzämter können nach Bedürfnis weitere Anmeldestellen errichten. Diese sind öffentlich bekanntzumachen.

§ 8. Zeitpunkt der Anmeldung. 1. Die Anmeldung hat zu erfolgen:

a) im Falle des Einganges in das deutsche Wirtschaftsgebiet, sowie im Falle der Einfuhr aus Niederlagen, sofern eine Zollabfertigung stattfindet, gleichzeitig mit dem Antrag auf Zollabfertigung;

b) im Falle des Ausganges aus dem deutschen Wirtschaftsgebiete mit Ausnahme des seewärtigen Ausganges aus den Zollausschlüssen ohne Verzug, nachdem die Sendung am Sitze der Anmeldestelle eingetroffen oder dort zur Beförderung nach dem Ausland aufgegeben worden ist.

2. Wann die Anmeldung in anderen Fällen zu erfolgen hat, bestimmt die Reichsregierung.

§ 9. Erleichterung bei der Anmeldung. Die Reichsregierung kann Erleichterungen in der Anmeldungsweise und Befreiungen von der Anmeldung eintreten lassen.

§ 10. Sicherung der Anmeldung. 1. Die Frachtführer (Verfrachter) dürfen nach dem Ausland gerichtete Sendungen nur dann befördern, oder, falls ihnen die Bestimmung der Waren nach dem Ausland erst während der Beförderung bekannt wird, weiterbefördern, nachdem sie die erforderlichen Anmeldescheine erhalten und festgestellt haben, daß diese sowohl der Form nach den Vorschriften entsprechen, als auch dem Inhalt nach mit den Angaben der Begleitpapiere (Frachtbriefe, Ladescheine, Konnossemente) nicht im Widerspruche stehen.

2. Die Frachtführer (Verfrachter) haben bei der Übergabe der Anmeldescheine an die Anmeldestelle schriftlich zu erklären, daß die Scheine alle der Anmeldepflicht unterliegenden Frachtstücke umfassen.

3. Für jedes von See eingehende sowie für jedes see- oder flußwärts ausgehende Schiff ist nach näherer Bestimmung der Reichsregierung von dem Verfrachter (Frachtführer) oder, wenn kein Frachtgeschäft vorliegt, von dem Besitzer der Ladung bei der Anmeldestelle ein mit seiner Unterschrift versehenes Ladungsverzeichnis einzureichen, das alle geladenen Güter umfassen und mit den Konnossementen oder sonstigen Ladungspapieren übereinstimmen muß.

4. Die Reichsregierung kann Ausnahmen von der Vorschrift des Abs. 1 und 2 zulassen.

§ 11. Prüfungsbefugnis der Anmeldestellen. Die Anmeldestellen sind befugt, durch Beschau festzustellen, ob die Sendungen den Angaben in den Anmeldescheinen entsprechen.

§ 12. Auskunftserteilung, Gewährung von Bucheinsicht. Die zur Anmeldung sowie die zur Ausstellung und Ergänzung von Anmeldescheinen verpflichteten Personen haben der Zollverwaltung, den besonderen Anmeldestellen in Hamburg (§ 7 (2)) und dem Statistischen Reichsamt die für die Zwecke der Statistik des

Warenverkehrs verlangte Auskunft über Angaben in den Anmeldescheinen zu geben. Sie haben den Oberbeamten der Zollverwaltung, den besonderen Anmeldestellen in Hamburg und dem Statistischen Reichsamt auf Verlangen Einsicht in Aufzeichnungen, Bücher, Geschäftspapiere und Urkunden, die für eine Nachprüfung der Richtigkeit und Vollständigkeit der Anmeldung von Belang sind, zu gestatten.

§ 13. Zwangsmittel. Die Erfüllung der Verpflichtungen zur Ausstellung, Berichtigung, Ergänzung und Abgabe von Anmeldescheinen, Duldung der Beschau, Auskunftserteilung und Gewährung von Bucheinsicht kann von den Hauptzollämtern, für den Verkehr im Gebiete des Freihafens Hamburg von den auf Grund des § 7 (2) von der obersten Landesbehörde in Hamburg errichteten Anmeldestellen, erzwungen werden. § 202 der Reichsabgabenordnung findet entsprechende Anwendung.

§ 14. Strafvorschriften. 1. Wer, abgesehen von den Fällen der Steuerhinterziehung, Steuergefährdung oder Steuerhehlerei (§ 15 Abs. 4), den Vorschriften des Abschnitts I dieses Gesetzes oder zu den diesem Abschnitt erlassenen öffentlich oder den Beteiligten besonders bekanntgemachten Ausführungsbestimmungen durch Handlungen oder Unterlassungen zuwiderhandelt, wird mit einer Ordnungsstrafe bis zu 1000 Reichsmark bestraft.

2. Für die Ordnungsstrafe gelten die Bestimmungen des dritten Teiles der Reichsabgabenordnung über Strafrecht und Strafverfahren entsprechend.

Abschnitt II. Statistische Abgabe.

Abschnitt III. Schlußbestimmungen.

§ 18. Die Reichsregierung kann mit Zustimmung des Reichsrats die ihr nach diesem Gesetze zustehenden Befugnisse auf das Statistische Reichsamt oder andere Dienststellen übertragen.

§ 19. Die Anmeldungen sowie die Ergebnisse der Auskünfte und Ermittlungen gemäß § 12 dürfen nur für die Zwecke der amtlichen Statistik benutzt werden.

§ 20. Mit fremden Staaten getroffene Abkommen, die von den Vorschriften dieses Gesetzes und der Ausführungsbestimmungen abweichen, bleiben unberührt.

7. Verordnung zur Ausführung des Gesetzes über die Statistik des Warenverkehrs mit dem Ausland.

Vom 9. August 1928 (RGBl. I S. 293)[1].

[1]) Abgedruckt bei Schaps II 375.

8. Hamburgisches Gesetz, betr. die Anmeldungen für die hamburgische Handels- und Schiffahrtsstatistik.

Vom 16. Februar 1906[1]).

[1]) Abgedruckt bei Schaps II 395.

9. Bekanntmachung, betr. die Ausführung des Gesetzes, betr. die Anmeldung für die hamburgische Handels- und Schiffahrtsstatistik.

Vom 16. Februar 1906[1]).

[1]) Auszugsweise abgedruckt bei Schaps II 397.

10. Gesetz über das Auswanderungswesen.

Vom 9. Juni 1897 (RGBl. S. 463)[1]), [2]).

[1]) Es untersteht dem Reichsmin. d. Innern. Ihm sind eine Reichsstelle für das Auswanderungswesen und drei Reichskommissare (je einer für das Unterweser-, das Unterelbe und Unteroder-Gebiet) beigegeben. Vgl. Borchard-Fulst S. 21. — Vgl. auch Neumeyer, Intern. Verw.-Recht III 268ff.

Abgedruckt bei Schaps II 451. Vgl. hierzu Art. 7 der Internationalen Übereinkunft zur Unterdrückung des Frauen- und Kinderhandels v. 30. Sept. 1921 (RGBl. 1924, II S. 202): „Die Vertragsteilnehmer verpflichten sich, im Ein- und Auswanderungsdienst Verwaltungs- und gesetzliche Maßnahmen zur Bekämpfung des Frauen- und Kinderhandels zu treffen. Insbesondere werden die Bestimmungen erlassen, um die auf Auswandererschiffen reisenden Frauen und Kinder nicht nur bei der Abfahrt und Ankunft, sondern auch während der Überfahrt zu schützen; ferner werden sie dafür sorgen, daß auf den Bahnhöfen und in den Häfen Bekanntmachungen angebracht werden, die Frauen und Kinder vor den Gefahren des Frauen- und Kinderhandels warnen und zugleich die Stellen angeben wo sie Unterkunft, Hilfe und Beistand finden können."

[2]) Vgl. ferner Bekanntmachung, betr. die Errichtung einer Reichsstelle für deutsche Rückwanderung und Auswanderung (Reichsanzeiger Nr. 215 v. 30. Mai 1918). Dazu VO. über die Zuständigkeit des Reichswanderungsamts v. 7. Mai 1919 (RGBl. S. 451). VO. über Anwerbung und Vermittlung von Arbeitnehmern nach dem Ausland v. 4. Okt. 1923 (RGBl. I 960)/23. Juli 1924 (RGBl. I 675)/20. Sept. 1927 (RGBl. I 302); hierzu: Erl. über den Schutz deutscher Minderjähriger bei Beschäftigung im Auslande v. 30. Okt. 1926 (MBliV. 985)/ 4. April 1927 (MBliV. 457). Vgl. endlich RVerf. Art. 6 Nr. 3 und Art. 112.

Von preußischen Verordnungen sind zu erwähnen: Aufsichtsbehörden MV. v. 11. Febr. 1898 (MBliV. 35), den Ortspolizeibehörden zu machende Mitteilungen MV. v. 2. April 1898 (MBliV. 73), Hinterlegungsstellen MV. v. 16. Juli 1900 (MBliV. 231), Verkehr außerdeutscher Auswanderer über die preuß. Grenze MV. v. 16. März 1905 (MBliV. 49), Überwachungsstellen MV. v. 19. April 1907 (MBliV. 149). Vgl endlich Art. 322 Vers. Vertrag und § 144 StGB. (Auswandererbetrug).

11. Verordnung gegen Mißstände im Auswanderungswesen[1])[2]).

Vom 14. Februar 1924 (RGBl. I S. 107)[3]).

[1]) Dazu die amtliche Erläuterung v. 1. März 1924 (abgedr. bei Schaps II 408).

[2]) Ausführungsbestimmungen: ZBl. 1898, 388; 1905, 389;

1909, 904; Beratung: Erl. v. 17. Jan. 1921 (RMinBl. S. 60); 18. Dez. 1924 (RMinBl. S. 1221; Aufklärung Minderjähriger: Vfg. v. 23. Sept. 1920 (JMinBl. S. 506); Paß- und Sichtvermerk: Vfg. v. 17. Jan. 1921 (RMinBl. S. 60).

³) Reichsregierung nach Anhörung eines Ausschusses des Reichsrats und des Reichstags auf Grund des Ermächtigungsgesetzes v. 8. Dez. 1923 (RGBl. I S. 1179).

12. Erläuterungen zur Verordnung gegen Mißstände im Auswanderungswesen vom 14. Febr. 1924 (RGBl. I S. 107).

Vom 1. März 1924 (RMBl. S. 97)

¹) Abgedruckt bei Schaps II 410. Vgl. dazu Erl. v. 27. 8. 1924 (HMBl. 76).

13. Bekanntmachung betr. Bestimmungen über den Geschäftsbetrieb der Auswanderungsunternehmer und Agenten.¹)

Vom 14. März 1898 (RGBl. S. 39), 23. August 1903 (RGBl. S. 274)²).

¹) Strafbestimmung: § 10 Nr. 1.

²) Abgedruckt bei Schaps II 416. Vgl. Vers.Vertr. Art. 322 und Bek. v. 20. 8. 1923 (MBl. 915).

¹) Mitwirkung bei Beobachtung der Auswanderungsbewegung: § 14.

14. Bekanntmachung betr. Vorschriften über Auswanderungsschiffe¹)

Vom 14. März 1898 (RGBl. S. 57), 18. Februar 1903 (RGBl. S. 37), 26. Februar 1904 (RGBl. S. 136), 20. Dezember 1905 (RGBl. S. 779), 3. August 1909 (RGBl. S. 904), 31. Juli 1913 (RGBl. S. 620), 31. Juli 1922 (RGBl. S. 690).

¹) Abgedruckt bei Schaps II 426. Vgl. auch Bek. betr. Ausnahmen von den Vorschriften über Auswandererschiffe für die zur Beförderung nach einem großbritannischen Hafen bestimmten

Schiffe v. 22. Juni 1898 (ZBl. S. 338) nebst Bek. v. 20. Dez. 1905 (ZBl. S. 389), welche den § 32 der erstgenannten Bek. abändert. Vgl. auch die Bekanntmachung betreffend die Vorschriften über die gesundheitliche Behandlung der Seeschiffe in den deutschen Häfen nebst Desinfektionsanweisung v. 29. Aug. 1907 (RGBl. S. 563).

15. Abkommen über die Behandlung der feindlichen Kauffahrteischiffe beim Ausbruche der Feindseligkeiten.

Vom 18. Oktober 1907 (RGBl. 1910 S. 181).

Art. 1. Befindet sich ein Kauffahrteischiff einer der kriegführenden Mächte beim Ausbruch der Feindseligkeiten in einem feindlichen Hafen, so ist es erwünscht, daß ihm gestattet wird, unverzüglich oder binnen einer ihm zu vergönnenden ausreichenden Frist frei auszulaufen und, mit einem Passierscheine versehen, unmittelbar seinen Bestimmungshafen oder einen sonstigen, ihm bezeichneten Hafen aufzusuchen.

Das gleiche gilt für ein Schiff, das seinen letzten Abfahrtshafen vor dem Beginne des Krieges verlassen hat und ohne Kenntnis der Feindseligkeiten einen feindlichen Hafen anläuft.

[1]) Von England gekündigt. Vgl. RGBl. 1926 II S. 128.

Art. 2. Ein Kauffahrteischiff, das infolge höherer Gewalt den feindlichen Hafen nicht binnen der im vorstehenden Artikel erwähnten Frist hat verlassen können oder dem das Auslaufen nicht gestattet worden ist, darf nicht eingezogen werden.

Der Kriegführende darf es nur entweder unter der Verpflichtung, es nach dem Kriege ohne Entschädigung zurückzugeben, mit Beschlag belegen oder gegen Entschädigung für sich anfordern.

Art. 3. Die feindlichen Kauffahrteischiffe, die ihren letzten Abfahrtshafen vor dem Beginne des Krieges verlassen haben und in Unkenntnis der Feindseligkeiten auf See betroffen werden, dürfen nicht eingezogen werden. Sie unterliegen nur entweder der Beschlagnahme unter der Verpflichtung, daß sie nach dem Kriege ohne Entschädigung zurückgegeben werden, oder der Anforderung oder selbst Zerstörung gegen Entschädigung und unter der Verpflichtung, daß für die Sicherheit der Personen und die Erhaltung der Schiffspapiere gesorgt wird.

Sobald diese Schiffe einen Hafen ihres Landes oder einen neutralen Hafen berührt haben, sind sie den Gesetzen und Gebräuchen des Seekriegs unterworfen.

Art. 4. Die feindlichen Waren, die sich an Bord der in den Art. 1, 2 bezeichneten Schiffe befinden, unterliegen ebenfalls, zusammen mit dem Schiffe oder allein, entweder der Beschlagnahme, wobei sie nach dem Kriege ohne Entschädigung zurückzugeben sind, oder der Anforderung gegen Entschädigung.

Das gleiche gilt für Waren, die sich an Bord der im Art. 3 bezeichneten Schiffe befinden.

Art. 5. Dieses Abkommen erstreckt sich nicht auf solche Kauffahrteischiffe, deren Bau ersehen läßt, daß sie zur Umwandlung in Kriegsschiffe bestimmt sind.

Art. 6. Die Bestimmungen dieses Abkommens finden nur zwischen den Vertragsmächten Anwendung und nur dann, wenn die Kriegführenden sämtlich Vertragsparteien sind.

Art. 7 — 11 betreffen Ratifikation, Inkrafttreten und Kündigung des Abkommens.

C. Schiffsbesatzung.

1. Seemannsordnung[1])[2])[3]).

Vom 2. Juni 1902 (RGBl. S. 175), 23. März 1903 (RGBl. S. 57), 12. Mai 1904 (RGBl. S. 167), 16. Dezbr. 1927 (RGBl. I 337), 30. Mai 1929 (RGBl. II 383), 24. Dezbr. 1929 (RGBl. II 759), 24. Juli 1930 (RGBl. II 987).

Erster Abschnitt: Einleitende Vorschriften.

§ 1. Die Vorschriften dieses Gesetzes finden auf alle Kauffahrteischiffe (Gesetz vom 22. Juni 1899 § 1, RGBl. 1899, 319, RGBl. 1901, 184) Anwendung, welche das Recht, die Reichsflagge zu führen, ausüben dürfen[4]).

Sie sind der Abänderung durch Vertrag entzogen, soweit nicht eine anderweitige Vereinbarung ausdrücklich zugelassen ist[5]).

Durch Kaiserliche Verordnung mit Zustimmung des Bundesrats kann bestimmt werden, inwieweit die Vorschriften dieses Gesetzes auf Binnenschiffe Anwendung finden, welche das Recht, die Reichsflagge zu führen, ausüben dürfen (Gesetz vom 22. Juni 1899 § 26 a).

[1]) Das gesamte Arbeitsrecht, das zum großen Teil auch auf die Schiffsmannschaft Anwendung findet, ist hier nicht berücksichtigt. Vgl. aber zu § 27. — Nicht Anwendung findet das Betriebsrätegesetz v. 4. Febr. 1920. Der § 5 dieses Gesetzes lautet:

Die Einrichtungen von Arbeitnehmervertretungen für die Betriebe der Seeschiffahrt und der Binnenschiffahrt wird durch besonderes Gesetz geregelt.

Ein solches Gesetz ist bis jetzt noch nicht ergangen.

[2]) Literatur: vgl. Schaps II 175 u. Neumeyer, Intern. Verw.-Recht III 116.

[3]) Ausführungsverordnungen hat erlassen Oldenburg am

20. März 1903 (GBl. S. 626ff.), Hamburg am 23. März 1903 (GS. I 99), Bremen am 22. März 1903 (GBl. S. 15ff.), Lübeck am 28. März 1903 (GS. S. 149). Vgl. auch Hermann, Die Ausf.-Best. zur SO. (1905).

[4]) S. FlaggenG. (Schaps I 18) §§ 1, 2, 11 Abs. 2. — Auf die daselbst § 26 Abs. 1 Satz 1 genannten Schiffe findet nach Satz 2, wenn sie von dem Rechte zur Führung der Reichsflagge Gebrauch machen, auch die SO. Anwendung. — Vgl. weiter §§ 134, 133. — Auch auf Bagger ist die SeemO. anwendbar, wenn sie (insbesondere wegen eigener Antriebskraft) als Schiffe anzusehen sind. HansOLG., SeuffArch. 63 Nr. 187.

[5]) Solche ist zugelassen in §§ 3 (Rechtsstellung der Schiffsoffiziere), 14 Abs. 2 (Eintragung besonderer Abreden in die Musterrolle), 18 (abmusterndes Seemannsamt), 27 Abs. 2 (Kündigungsfristen usw.), 28 Abs. 2, 66, 67 (Ende des Dienstverhältnisses), 29 (Höhe der Heuer), 31 (Dienstverhältnis bei Heuerung nach Anfertigung der Musterrolle), 32 Abs. 1 (Zeitpunkt des Dienstantritts), 40 (Vergütung bei Überstundenarbeit für Schiffsoffiziere), 45 (Fälligkeit der Heuer), 47 (Vorschüsse, Handgelder), 54 (Kostgeld), 56 (Beköstigung), 60 (Rückbeförderung). — Vgl. übrigens § 134. — Eine spätere vergleichsweise Auseinandersetzung ist nur hinsichtlich der damals bekannten Ansprüche wirksam. HansOLG. 1911 Bbl. Nr. 161.

§ 2. Kapitän[1]) im Sinne dieses Gesetzes ist der Führer des Schiffes (Schiffer), in dessen Ermangelung oder Verhinderung sein Stellvertreter[2]).

Schiffsoffiziere[3]) im Sinne dieses Gesetzes sind diejenigen zur Unterstützung des Kapitäns in der Führung des Schiffes bestimmten Angestellten, welche zur Ausübung ihres Dienstes eines staatlichen Befähigungsnachweises bedürfen[4]). Außerdem gelten[5]) als Schiffsoffiziere die Ärzte[6]), Proviant- und Zahlmeister[7]).

Schiffsmann im Sinne dieses Gesetzes ist jede sonstige zum Dienste auf dem Schiffe während der Fahrt für Rechnung des Reeders angestellte Person, ohne Unterschied, ob die Anmusterung (§ 13) erfolgt ist oder nicht[8]). Auch die weibliche Angestellte hat die Rechte und Pflichten des Schiffsmanns[9]). Der Lootse gilt nicht als Schiffsmann[10]). Die Gesamtheit der Schiffsleute bildet die Schiffsmannschaft.

[1]) Literatur: vgl. Schaps II 176.

[2]) Vgl. § 516; § 517 HGB.

[3]) Vgl. Pappenheim S. 193ff.; Wüstendörfer S. 689.

[4]) Vgl. unten S. 185. Über Funkoffiziere vgl. Wüstendörfer S. 689.

[5]) Pappenheim S. 194; Perels S. 4.

[6]) Vgl. Unfallverhütungsvorschriften für Dampfer § 9, für Segelschiffe § 7 (S. 324). Ferner § 13 der V., betr. Krankenfürsorge auf Kauffahrteischiffen, v. 3. Juli 1905. — Über die Pflichten des Schiffsarztes s. RG. bei Seuffert 43, Nr. 51.

[7]) Vgl. über deren Dienstverhältnis HG. und OG. Hamburg im Hbl. 1876, Nr. 204, 1877, Nr. 21.

[8]) Beispiele (Perels S. 4): Schiffsjungen, Leichtmatrosen, Vollmatrosen, Halbmänner, Jungmänner, Bestleute, Bootsleute, Quartermeister, Maschinistenassistenten, Zahlmeistergehilfen, Arztgehilfen, Trimmer, Kohlenzieher, Barbiere, Heizer, Köche, Stewards (auch Oberheizer, Oberköche, Oberstewards), Musiker (HansOLG. im Hbl. 1903 Nr. 93), Segelmacher, Schiffszimmerleute. — Dagegen nicht im Hafen für Reparaturen usw. angenommene Techniker und Handwerker, Dockarbeiter, Anstreicher, Schauerleute usw. (Begr. S. 38; OSA. 6. Nr. 82; RG. Straff. 25 S. 440).

[9]) Beispiele: Stewardessen, Wäscherinnen, Abwaschmädchen. — Nach dem Sinne des Gesetzes sollen die weiblichen Schiffsangestellten überhaupt den für die Schiffsmannschaft geltenden Vorschriften unterstehen (Perels S. 4).

[10]) Nur im Sinne dieses Gesetzes. Vgl. Schaps § 481 Anm. 8 (I 91); § 737 Anh. Anm. 3 (I 777).

§ 3. Der Kapitän ist der Dienstvorgesetzte[1]) der Schiffsoffiziere und Schiffsleute. Seine Stellvertretung liegt, soweit nicht vom Reeder oder vom Kapitän hinsichtlich der Vertretung in einzelnen Dienstzweigen anderweitige Anordnung getroffen ist, dem Steuermann, in Ermangelung eines solchen dem Bestmann ob[2]).

Die Schiffsoffiziere sind Vorgesetzte sämtlicher Schiffsleute[3]). Auf die Schiffsoffiziere finden die für die Schiffsmannschaft oder den Schiffsmann geltenden Vorschriften, soweit nicht ausdrücklich ein anderes festgesetzt ist[4]), Anwendung.

Das dienstliche Verhältnis der Schiffsoffiziere untereinander, insbesondere das Verhältnis zwischen Offizieren verschiedener Dienstzweige, bestimmt sich nach den vom Reeder oder vom Kapitän getroffenen besonderen Festsetzungen. Auf Dampfschiffen ist jedoch während der Ausübung des Wachtdienstes der wachthabende Maschinist dem wachthabenden Steuermann insofern untergeordnet, als er die von diesem nach der Maschine gegebenen Befehle auszuführen hat.

Die außer den Schiffsoffizieren in den einzelnen Dienstzweigen als Vorgesetzte geltenden Schiffsleute werden vom Kapitän bestimmt und sind der Schiffsmannschaft durch Aushang bekanntzugeben[5]).

[1]) Vgl. §§ 34, 85 Abs. 2, 96 Nr. 2, 3, 100—106. — Begr. S. 39ff. — Vgl. auch Weber, Die Schiffsgewalt des Kapitäns und ihre geschichtlichen Grundlagen. (Abh. a. d. Staats- u. Völkerrecht III, 3. — 1907). Die Unterordnung des Seemanns beginnt erst mit Antritt des Dienstes. Perels, GZ. 57/58. S. 98.

[2]) Über die gesetzliche und die im Verkehr übliche rechtsgeschäftliche Vertretungsmacht der Schiffsoffiziere vgl. Wüstendörfer S. 687. — Über die Vertretung in der Disziplinargewalt: § 84 Satz 2.

[3]) Vgl. RGStraff. 34 S. 109.

[4]) Gesetzlich — §§ 3, 5 Abs. 3, 14 Abs. 2, 34, 35 Abs. 2, 40, 43 Abs. 1, 58 Abs. 2, 63, 65 Abs. 2, 74 Nr. 5, 78 Abs. 1, 84, 85 Abs. 2, 96 Abs. 3, 100—106, 111, 116, 126 — oder vertraglich nach Maßgabe von § 1 Abs. 2.

[5]) Strafvorschrift: § 114 Nr. 1.

§ 4. Der Bundesrat erläßt Bestimmungen über Zahl und Art der Schiffsoffiziere, mit welchen die Schiffe zu besetzen sind, sowie über den Grad des Befähigungszeugnisses, das der Kapitän und die Schiffsoffiziere besitzen müssen[1]). Die Bestimmungen sind dem Reichstage bei seinem nächsten Zusammentritte zur Kenntnisnahme vorzulegen[2]).

[1]) Siehe die Anmerkung zu § 56 Abs. 2 und S. 185. Vgl. auch § 31 GewO. — Strafvorschrift in § 117 — RGStraf. 44 S. 386.

²) Vgl. Bekanntmachung betreffend die Untersuchung von Schiffsleuten auf Tauglichkeit im Schiffsdienste v. 1. Juli 1905 (RGBl. S. 561), abgedruckt unten.

§ 5. Seemannsämter mit den durch dieses Gesetz ihnen zugewiesenen Befugnissen und Obliegenheiten sind im Reichsgebiete die landesrechtlich, in den Schutzgebieten die vom Reichskanzler bestellten Behörden, im Auslande die Konsulate des Reichs für Hafenplätze¹).

Die Einrichtung der Seemannsämter im Reichsgebiete steht den Landesregierungen nach Maßgabe der Landesgesetze zu. Ihre Geschäftsführung unterliegt der Oberaufsicht des Reichs. Bei der Entscheidung in den im § 122 bezeichneten Fällen müssen die Seemannsämter innerhalb des Reichsgebiets mit einem Vorsitzenden und zwei schiffahrtskundigen Beisitzern besetzt sein.

Ist ein Konsul Mitinhaber oder Agent der Reederei des Schiffes, so ist er von der Wahrnehmung der im § 58 bezeichneten Geschäfte eines Seemannsamts in bezug auf dieses Schiff ausgeschlossen, wenn von dem beschwerdeführenden Schiffsoffizier oder der Mehrzahl der beschwerdeführenden Schiffsleute gegen seine Mitwirkung Widerspruch erhoben wird.

¹) Vgl. Konsulatsges. v. 8. Nov. 1867 § 32 und Allg. Dienst-Instruktion zu §§ 11 und 12 (S. 5).

§ 6. Die Schutzgebiete gelten im Sinne dieses Gesetzes als Inland.

Deutsche Häfen im Sinne dieses Gesetzes sind nur die Häfen des Reichsgebiets.

Zweiter Abschnitt.

Seefahrtsbücher und Musterung¹)²).

§ 7. Niemand darf im Reichsgebiet als Schiffsmann in Dienst treten, bevor er sich über Namen, Geburtsort und Alter vor einem Seemannsamt ausgewiesen und von demselben ein Seefahrtsbuch³) ausgefertigt erhalten hat.

Personen, die das vierzehnte Lebensjahr noch nicht vollendet haben, dürfen im Schiffsdienst nicht beschäftigt werden. Minderjährige über vierzehn Jahre dürfen nur beschäftigt werden, wenn die Ermächtigung des gesetzlichen Vertreters vorliegt. Der Genehmigung des Vormundschaftsgerichts bedarf es nicht [4]).

Mit dem Seefahrtsbuch ist dem Schiffsmanne zugleich ein Abdruck der Seemannsordnung, des Gesetzes, betreffend die Verpflichtung der Kauffahrteischiffe zur Mitnahme heimzuschaffender Seeleute, des Gesetzes, betreffend die Stellenvermittelung für Schiffsleute [5]), und einer amtlichen Zusammenstellung der Bestimmungen über die Militärverhältnisse der seemännischen und halbseemännischen Bevölkerung auszuhändigen [6]).

Der Bundesrat bestimmt, inwieweit als Schiffsleute nur solche Personen angemustert werden dürfen, welche nach Untersuchung ihres körperlichen Zustandes für den zu übernehmenden Dienst geeignet sind [7]).

[1]) Vgl. dazu Wüstendörfer S. 657; Tollsdorff, Die Errichtung eines Zentralmeldeamts für deutsche Seeleute. Hansa 1927, 1376. Über die Einrichtung des Seefahrtsbuches vgl. V. v. 23. Juni 1925 (RMBl. S. 355) und 6. Aug. 1928 (RMBl. S. 529). Ferner HMBl. 1922, 183 u. 248; ZBl. 1903, 120. Angaben über die Tarifheuer dürfen nicht mehr aufgenommen werden. Vgl. RBO. v. 18. 2. 1931 (RA. Nr. 42)

[2]) Bödeker, Die rechtliche Natur der Musterung nach dem öffentlichen Seerechte des Deutschen Reiches usw. (Greifswalder Diss. 1901).

[3]) Vgl. dazu Wüstendörfer S. 659ff.

[4]) Durch § 55 des Ges. über Arbeitsvermittlung und Arbeitslosenversicherung v. 16. Juli 1927 (RGBl. I S. 187) ist die gewerbsmäßige Stellenvermittlung v. 1. Jan. 1931 ab verboten.

[5]) Das Seefahrtsbuch befreit vom Paß und Sichtvermerkszwang (§ 114 der Bek. z. Ausf. der Paßverordnung.) Vgl. S. 183.

[6]) Strafvorschriften: § 107 Nr. 1, § 114 Nr. 4.

[7]) Zur „seemännischen Bevölkerung" des Reiches sind

zu rechnen: a) Seeleute von Beruf, d. h. Leute, welche mindestens 1 Jahr auf deutschen See-, Küsten- oder Haff-Fahrzeugen gefahren sind: b) See-, Küsten- und Haff-Fischer, welche die Fischerei mindestens ein Jahr gewerbsmäßig betrieben haben; c) Schiffszimmerleute, welche zur See gefahren sind; d) Maschinisten, Maschinistenassistenten und Heizer von See- und Flußdampfern. (Wehr-Ordn. § 21.)

Zur „halbseemännischen Bevölkerung" gehören: a) Seeleute, welche als solche auf deutschen oder außerdeutschen Fahrzeugen mindestens 12 Wochen gefahren sind; b) See-, Küsten- und Haff-Fischer, welche die Fischerei zwar weniger als ein Jahr, aber gewerbsmäßig betrieben haben.

[7]) V., betr. die Untersuchung von Schiffsleuten auf Tauglichkeit zum Schiffsdienste, v. 1. Juli 1905 (RGBl. S. 561ff.), ferner die V., betr. die Untersuchung der Seeleute auf Seh-, Hör- und Farbenunterscheidungsvermögen, v. 9. April 1929 (RGBl. II 387).

§ 8. Die für einen einzelnen Fall erteilte Ermächtigung des gesetzlichen Vertreters (§ 7) gilt im Zweifel als ein für allemal erteilt.

Kraft derselben ist der Minderjährige für solche Rechtsgeschäfte unbeschränkt geschäftsfähig, welche die Eingehung oder Aufhebung von Heuerverträgen oder die Erfüllung der sich aus einem solchen Vertrag ergebenden Verpflichtungen betreffen.

§ 9. Wer bereits ein Seefahrtsbuch ausgefertigt erhalten hat, muß behufs Erlangung eines neuen Seefahrtsbuchs das ältere vorlegen oder dessen Verlust glaubhaft machen. Daß dies geschehen, wird von dem Seemannsamt in dem neuen Seefahrtsbuche vermerkt.

Wird der Verlust glaubhaft gemacht, so ist diesem Vermerke zugleich eine Bescheinigung des Seemannsamts über die früheren Rang- und Dienstverhältnisse sowie über die Dauer der Dienstzeit und über die dem Schiffsmann anzurechnenden Beitragswochen für die Invalidenversicherung[1]), soweit derselbe sich hierüber genügend ausweist, beizufügen.

[1]) Jetzt RVO. Vgl. Wüstendörfer S. 58.

§ 10. Wer nach Inhalt seines Seefahrtsbuchs angemustert ist, darf nicht von neuem angemustert werden, bevor er sich über die Beendigung des früheren Dienstverhältnisses durch den in das Seefahrtsbuch einzutragenden Vermerk (§§ 22, 25) ausgewiesen hat. Kann nach dem Ermessen des Seemannsamts ein solcher Vermerk nicht beigebracht werden, so dient statt desselben, sobald die Beendigung des Dienstverhältnisses auf andere Art glaubhaft gemacht ist, ein vom Seemannsamte hierüber einzutragender Vermerk im Seefahrtsbuche.

§ 11. Einrichtung und Preis des Seefahrtsbuchs bestimmt der Bundesrat[1]). Die Ausfertigung erfolgt kosten- und stempelfrei.

Das Seefahrtsbuch muß über die Militärverhältnisse und die Invalidenversicherung des Inhabers Auskunft geben.

[1]) V. betr. die Einrichtung des Seefahrtsbuchs und der Musterrolle v. 20. März 1903 (ZBl. S. 120ff.). Dazu V. betr. die Einrichtung und den Preis des Seefahrtsbuchs v 23. Juni 1925 (RMBl. 1925, 355): Seefahrtsbücher müssen zu ihrer Gültigkeit auf der Rückseite des Titelblattes mit einem durch Metallschlagstempel befestigten Lichtbild des Inhabers versehen sein. Die Gültigkeit des Lichtbildes erlischt nach Ablauf von zehn Jahren nach der Ausstellung. Der Preis für ein Ersatzseefahrtsbuch wird auf fünf Reichsmark festgesetzt, es sei denn, daß ein unverschuldeter Verlust durch Schiffbruch, Feuer oder ein ähnliches Ereignis nachgewiesen wird, oder daß es sich um Ersatz eines unbrauchbar gewordenen alten Seefahrtsbuchs handelt. In diesem Falle ist nur der gewöhnliche Preis eines Seefahrtsbuchs zu bezahlen. Über Fahrtenbücher auf der Elbe vgl. Schaps II 635.

§ 12. Der Kapitän hat die Musterung (Anmusterung, Abmusterung) der Schiffsmannschaft nach Maßgabe der folgenden Bestimmungen (§§ 13 bis 26) zu veranlassen[1]).

Der Kapitän oder ein zum Abschlusse von Heuerverträgen bevollmächtigter Vertreter der Reederei und der Schiffsmann müssen bei der Musterung zugegen sein[2]); gewerbsmäßige Stellenvermittler für Schiffsleute[3]) dürfen als Vertreter nicht bestellt werden.

[1]) Strafvorschrift: § 114 Nr. 3.

[2]) Strafvorschrift: § 107 Nr. 2.

[3]) Gewerbsmäßige Stellenvermittler sind nicht die von den Reedern eingerichteten Heuerbureaus, da hier ein selbständiger Gewerbebetrieb nicht vorliegt.

§ 13. Die Anmusterung besteht in der Verlautbarung des mit dem Schiffsmanne geschlossenen Heuervertrags vor einem Seemannsamte[1]). Sie muß vor Antritt oder Fortsetzung der Reise, wenn dies aber ohne Verzögerung der Reise unausführbar ist, sobald ein Seemannsamt angegangen werden kann, erfolgen; die Gründe für die Verzögerung oder Unterlassung der Anmusterung sind in das Schiffstagebuch einzutragen[2]). Geschieht die Anmusterung innerhalb des Reichsgebiets, so ist dabei das Seefahrtsbuch vorzulegen.

[1]) Sie setzt also den Abschluß des Heuervertrages voraus (vgl. ROHG. 18, Nr. 105; Obertribunal in GoltdArch. 26 S. 225). Dieser ist nicht formbedürftig. Vgl. Wüstendörfer S. 660. Ebenda über den „Heuerschein". — Die Anmusterung kann auch an Bord des Schiffs erfolgen, wenn sich der zuständige Beamte des Seemannsamts dorthin begibt: Begr. S. 45. Vgl. auch Wüstendörfer S. 661, Pappenheim II S. 442. — Dienstanw. für d. preuß. Musterungsbehörden v. 21. März 1902 (HMBl. S. 95), geändert 31. Mai 1905 (HMBl. S. 136).

[2]) Strafvorschrift: § 114 Nr. 3.

§ 14. Die Anmusterungsverhandlung wird vom Seemannsamt als Musterrolle[1]) ausgefertigt. Wenn die gesamte Schiffsmannschaft nicht gleichzeitig mittels einer Verhandlung angemustert wird, so erfolgt die Ausfertigung auf Grund der ersten Verhandlung.

Die Musterrolle muß enthalten: Namen und Nationalität des Schiffes, Namen und Wohnort des Kapitäns, Namen, Wohnort und dienstliche Stellung jedes Schiffsmanns, den Hafen der Ausreise, die Bestimmungen des Heuervertrags, namentlich auch den Überstundenlohnsatz

(§ 35 Abs. 3, § 37 Abs. 3) und etwaige besondere Verabredungen. Insbesondere muß aus der Musterrolle erhellen, was dem Schiffsmanne für den Tag an Speise und Trank gebührt. Bei besonderen Verabredungen mit Schiffsoffizieren kann die Eintragung auf die Wiedergabe des wesentlichen Inhalts beschränkt werden. Abreden, welche nach § 1 Abs. 2 unzulässig sind, dürfen nicht aufgenommen werden.

Im übrigen wird die Einrichtung der Musterrolle vom Bundesrate bestimmt[2]).

Die Musterrolle muß sich während der Reise an Bord befinden[3]); auf Erfordern ist sie dem Seemannsamte vorzulegen.

[1]) Über die Musterrolle s. insbesondere Ritter, Die öffentlich-rechtlichen Pflichten des Schiffers vor Antritt der Reise, S. 83ff.; Wüstendörfer S. 196.

[2]) B. betr. die Einrichtung des Seefahrtsbuchs und der Musterrolle, v. 20. März 1903 (ZBl. S. 120ff.). Vgl. auch zu § 7.

[3]) S. HGB. § 513. — Strafvorschrift: § 114 Nr. 3.

§ 15. Wird ein Schiffsmann erst nach Ausfertigung der Musterrolle angemustert, so hat das Seemannsamt eine solche Musterung in die Musterrolle einzutragen[1]).

[1]) „Nachmusterung". Vgl. § 31.

§ 16. Bei jeder innerhalb des Reichsgebiets erfolgenden Anmusterung wird vom Seemannsamte hierüber und über die Zeit des Dienstantritts in das Seefahrtsbuch jedes Schiffsmanns ein Vermerk eingetragen, welcher zugleich als Ausgangs- oder Seepaß dient. Außerhalb des Reichsgebiets erfolgt eine solche Eintragung nur, wenn das Seefahrtsbuch zu diesem Zwecke vorgelegt wird.

Das Seefahrtsbuch ist demnächst vom Kapitän für die Dauer des Dienstverhältnisses in Verwahrung zu nehmen[1]).

[1]) Strafvorschrift: § 114 Nr. 10, obwohl daselbst nur § 17 zitiert ist.

§ 17. Wird ein angemusterter Schiffsmann durch ein unabwendbares Hindernis außerstande gesetzt, den Dienst anzutreten, so hat er sich hierüber so bald wie möglich gegen den Kapitän und das Seemannsamt, vor welchem die Annusterung erfolgt ist, auszuweisen[1]). Der Kapitän hat das Seefahrtsbuch dem Schiffsmann oder dem Seemannsamte, vor welchem die Annusterung erfolgt ist, sobald als tunlich zu übersenden[2]).

[1]) Strafvorschrift: § 107 Nr. 3. — Vgl. § 33.

[2]) Strafvorschrift: § 114 Nr. 10.

§ 18. Die Abmusterung besteht in der Verlautbarung der Beendigung des Dienstverhältnisses[1]) seitens des Kapitäns und der aus diesem Verhältnis ausscheidenden Mannschaft vor einem Seemannsamte[2]). Sie muß, sobald das Dienstverhältnis beendigt ist, erfolgen, und zwar, wenn nicht ein anderes vereinbart wird, vor dem Seemannsamte desjenigen Hafens, wo das Schiff liegt, und nach Verlust des Schiffes vor demjenigen Seemannsamte, welches zuerst angegangen werden kann[3]).

[1]) Sie setzt also diese Beendigung voraus: ROHG. 18 Nr. 105; HansOLG. im Hbl. 1901 Nr. 20 (Seuffert 56 Nr. 159).

[2]) Abmusterung im Auslande: § 136.

[3]) Strafvorschrift: § 114 Nr. 3.

§ 19. Vor der Abmusterung hat der Kapitän dem abzumusternden Schiffsmann im Seefahrtsbuche die bisherigen Rang- und Dienstverhältnisse und die Dauer der Dienstzeit zu bescheinigen[1]), auf Verlangen auch ein Führungszeugnis zu erteilen. Das Zeugnis darf in das Seefahrtsbuch nicht eingetragen werden. Dasselbe ist kosten- und stempelfrei.

[1]) Unterlassung macht schadensersatzpflichtig gemäß § 823 II BGB., HansGZ. 1905 Nr. 134. — Der Schiffsmann hat einen Anspruch auf Löschung unzulässiger Eintragungen: Knitschky-Rudorff zu § 19. Insbesondere dürfen gerichtliche Strafen nicht in das Seefahrtsbuch eingetragen werden. Korn S. 81.

§ 20. Die Unterschriften des Kapitäns unter der Bescheinigung und dem Zeugnisse (§ 19) werden vor dem Seemannsamte, vor welchem die Abmusterung stattfindet, kosten- und stempelfrei beglaubigt.

§ 21. Verweigert der Kapitän die Ausstellung des Zeugnisses (§ 19), oder enthält dieses oder die Bescheinigung im Seefahrtsbuche (§ 19) Angaben, deren Richtigkeit der Schiffsmann bestreitet, so hat auf dessen Antrag das Seemannsamt den Sachverhalt zu untersuchen und das Ergebnis der Untersuchung dem Schiffsmanne zu bescheinigen[1]).

[1]) Das Seemannsamt kann den Schiffer zur Ausstellung des Führungszeugnisses anhalten (Begründung S. 46, anders Loewe S. 26). Außerdem kann der Schiffsmann sein Recht im Klagewege verfolgen (s. aber § 129).

§ 22. Die erfolgte Abmusterung wird vom Seemannsamt in dem Seefahrtsbuche des abgemusterten Schiffsmanns und in der Musterrolle vermerkt.

§ 23. Sind seit der Ausfertigung der Musterrolle mindestens zwei Jahre verflossen, so ist auf Antrag des Kapitäns diesem vom Seemannsamt ein dem gegenwärtigen Bestande der Schiffsmannschaft entsprechender beglaubigter Auszug aus der Musterrolle zu erteilen, welcher fernerhin als Musterrolle zu benutzen ist.

§ 24. Die Musterrolle sowie der etwa nach § 23 erteilte Auszug sind nach Beendigung derjenigen Reise oder derjenigen Zeit, auf welche die als Musterrolle ausgefertigte Anmusterungsverhandlung (§ 14) sich bezieht, dem Seemannsamte, vor welchem abgemustert wird, zu überliefern.

Letzteres übersendet die Schriftstücke dem Seemannsamte des Heimatshafens und in Ermangelung eines solchen dem Seemannsamte des Registerhafens.

§ 25[1]). Erfährt der Bestand der Mannschaft Änderungen, bei welchen eine Musterung (§ 12) nach Maßgabe vorstehender Bestimmungen ohne Verzögerung der

Reise unausführbar ist, so hat der Kapitän, sobald ein Seemannsamt angegangen werden kann, bei demselben unter Darlegung der Hinderungsgründe die Musterung nachzuholen[2]) oder, sofern auch diese nachträgliche Musterung nicht mehr möglich ist, den Sachverhalt anzuzeigen. Ein Vermerk über die Anzeige ist vom Seemannsamt in die Musterrolle und in die Seefahrtsbücher der beteiligten Schiffsleute einzutragen.

[1]) Strafvorschrift: § 114 Nr. 3.

[2]) „Nachträgliche Musterung", zu unterscheiden von der „Nachmusterung" des § 15, wenn auch beides zusammenfallen kann. Sie kann An- oder Abmusterung sein.

§ 26. Die Kosten der Musterungsverhandlungen, einschließlich der Ausfertigung der Musterrolle, fallen dem Reeder zur Last.

Die Bestimmungen über die in gleicher Höhe für alle Seemannsämter innerhalb des Reichsgebiets festzustellenden Kosten erfolgen durch den Bundesrat[1]).

[1]) Vgl. Verordnung über den Gebührentarif für die Musterungsverhandlungen der Seemannsämter v. 12. Dez. 1922 (ZBl. S. 1148). — Für Konsulate s. Nr. 23 des Tarifs v. 1. Juli 1872 (RGBl. S. 245ff.).

Dritter Abschnitt.

Vertragsverhältnis[1])[2]).

§ 27. Der Vertrag, durch den sich ein Schiffsmann zur Leistung von Schiffsdiensten verpflichtet (Heuervertrag)[3]), ist schriftlich oder mündlich abzuschließen[4]).

Ist der Vertrag mündlich abgeschlossen, so hat der Reeder oder der Kapitän dem Schiffsmann eine von ihm selber oder seinem Vertreter unterschriebene Bescheinigung über den Vertragsabschluß (Heuerschein)[5]) auszuhändigen[6]). Die Vertragsurkunde oder der Heuerschein müssen angeben:

den Vor- und Nachnamen des Schiffsmanns,

den Tag der Geburt oder das Alter und den Geburtsort,
die Dienststellung des Schiffsmanns,
den Namen des Schiffes,
den Betrag der Heuer[7]),
das Ziel der Reise,
die Dauer der Vertrags,
falls der Vertrag für eine Reise geschlossen ist,
die Frist, mit deren Ablauf nach Ankunft im Bestimmungshafen der Heuervertrag endigt,
den Ort und den Tag der Anheuerung,
den Ort und die Zeit der Anmusterung,
den Ort und die Zeit des Dienstantritts, wenn diese Angabe möglich ist.

Aufkündigungsfristen und sonstige die Lösung des Heuervertrags betreffende Zeitbestimmungen sollen für beide vertragschließende Teile gleich sein. Bei entgegenstehender Vereinbarung kann der Schiffsmann die dem anderen Teile zugestandene Frist oder Zeitbestimmung für sich in Anspruch nehmen[8]).

[1]) Neufassung der §§ 27, 28 gemäß Ges. v. 24. 7. 30 (RGBl. II 987). Vgl. Loewe S. 29ff.; ferner Haerle, Der Heuervertrag der Schiffsmannschaft und der Schiffsoffiziere (1905). Bauer, Das Dienstverhältnis der Schiffsmannschaft nach der SO. (Leipz. Diss. 1908). Die beste Darstellung gibt Wüstendörfer S. 649ff. mit vollständiger Literatur. Vgl. auch Ges. betr. das Internationale Übereinkommen über den Heuervertrag der Schiffsleute v. 24. 7. 1930 (RGBl. II 987).

[7]) Das Arbeitsrecht ist hier nicht berücksichtigt. Wüstendörfer, Streikverbot und Tarifrecht der Seeleute RZ.ArbR. 25, 29. Jaerisch, Hafenarbeitsrecht für Hamburg, Altona, Harburg und Unterelbe. 1927. — Vgl. auch die Nachweise JW. 1928, 1704 und 2946.

[8]) Vgl. Intern. Übereinkommen über den Heuervertrag der Seeleute (RGBl. 1930 II 988). Der Heuervertrag ist ein Dienstvertrag, auf welchen, soweit nicht die SO. besondere Vorschriften enthält, die Bestimmungen BGB. §§ 611ff. Anwendung finden. HansGZ. 1888 BBl. 169 Nr. 56. Er folgt dem Recht der Flagge

RG. Schlesw.-Holst. Anz. 1927, 28. — Auf seiten des Reeders ist er ein Handelsgeschäft (GZ. 8 S. 630). Einzelne nichtige Bestandteile brauchen nach BGB. § 139 nicht den ganzen Vertrag nichtig zu machen (Beispiel: nach § 48 Satz 3 ungesetzliche Zahlungsbedingungen: HansOLG. im Hbl. 1904 Nr. 29 [Seuffert 60 Nr. 240]). Eine Vertragsabrede, nach der etwaige auf Grund von Schmuggel eines Schiffsmanns gegen das Schiff erwachsene Zollstrafen auf die gesamte Mannschaft, einschließlich der Unschuldigen, verteilt werden soll, verstößt nicht gegen die guten Sitten (HansOLG. BBl. 1902 Nr. 12 [Seuffert 57 Nr. 56]). Die Eintragung eines Seemanns in die Einstellungsliste einer Reederei begründet kein Vertragsverhältnis, aber evtl. Haftung für culpa in contrahendo. HansRGZ. 1931 B 158.

Bevollmächtigt zum Abschluß namens des Reeders ist der Schiffer, und zwar auch im Heimatshafen (§ 527, Anm. 3 zu § 526), nicht ohne weiteres der Schiffsmakler, der aber unter die „zum Abschluß von Heuerverträgen bevollmächtigten Vertreter der Reederei" (§ 12 Abs. 2) fallen kann.

Die Vergütung, die dem Schiffsmann zugesagt wird, kann entweder in festen Summen, sei es für die Reise oder nach der Zeit, bestehen — dann heißt sie Heuer (vgl. GoltdArch. 26 S. 224) — oder in einem Anteil an der Fracht oder am Gewinne — dann wird sie nach § 81 „als Heuer im Sinne des Gesetzes nicht angesehen", aber immerhin als Dienstlohn (Schröder, GZ. 32 S. 245). Trotzdem liegt auch in diesem Fall ein „Heuervertrag" vor (Perels S. 15, Haerle S. 18).

Über die Haftung des Reeders für die Forderungen der Schiffsmannschaft aus Dienst- und Heuerverträgen s. HGB §§ 487, 754 Nr. 3, 758, 767 Abs. 3, 768 Nr. 2, 901 Nr. 1, 902, 903 Nr. 1; über die Behandlung der Heuer in Havariegrossefällen vgl. § 723 (I 657). — über Vertragsbruch des Schiffsmanns s. §§ 32, 33, 93, 94, 95, 97. StGB. § 398. — Nicht geregelt ist in der SeemO. der Heuervertrag mit dem Kapitän (vgl. jedoch Wüstendörfer S. 534 Note 6). — Über Tarifverträge vgl. Wüstendörfer S. 653.

[4]) Die allg. Voraussetzungen der Wirksamkeit eines Vertrages müssen auch beim Heuervertrag vorliegen. Etwaige Lücken sind nach der Verkehrsauffassung auszufüllen. (Vgl. auch § 29.) Nichtig sind nach § 138 BGB. insbesondere Heuerverträge, die sich auf eine „Spritfahrt" beziehen, also eine Fahrt, die bezweckt, Alkohol nach Ländern zu bringen, in denen ein Alkoholverbot besteht. RG. JW. 25, 482; HansOLG. HansRZ. 1925, 162. HansGZ. 1925, 12. VerkRdsch. 1925, 54.

[5]) Erlaß, betr. Heuerscheine, Heuerbücher und Abrechnungsbücher, v. 27. März 1903 (HMBl. 1903 S. 124ff.), B. des Oldenburgischen Staatsmin. v. 20. Juni 1903, betr. die Formulare zum Heuerschein, Heuerbuch und Abrechnungsbuch.

[6]) Unterlassung hat nicht Unwirksamkeit des Vertrags zur Folge (Loewe S. 32), aber Strafbarkeit (§§ 114 Nr. 2, 119, 120). Ausstellung des Heuerscheins in einer fremden Sprache kann der Schiffsmann nicht verlangen (Perels S. 16).

[7]) Evtl. auch der Überstundenlohnsatz, Haerle S. 22.

[8]) Staub Anm. 7, 8 zu § 67; Perels S. 17. Entgegenstehende Vereinbarungen sind nichtig, sofern der Schiffsmann auf Gleichheit der Kündigungsfristen verzichtet hatte. Haerle S. 84.

§ 28. Der Heuervertrag kann für eine Reise[1]) oder auf Zeit[2]) abgeschlossen werden.

Ist bei der Anheuerung für eine Reise deren Endziel nicht angegeben, so läuft in Ermangelung anderweitiger Vereinbarung, unbeschadet der Vorschrift des § 69, der Heuervertrag bis zur Rückkehr in den Hafen der Ausreise (§ 14).

Bei Anheuerung auf unbestimmte Zeit soll im Heuervertrag eine Kündigungsfrist angegeben oder in anderer Weise über die Beendigung des Dienstverhältnisses Bestimmung getroffen werden. Ist dies nicht geschehen, so kann jeder Teil in jedem Hafen, welchen das Schiff zum Löschen oder Laden anläuft[3]), vom Vertrag unter Einhaltung einer Kündigungsfrist von mindestens vierundzwanzig Stunden zurücktreten[4]).

Die Kündigung hat schriftlich zu erfolgen.

Der Schiffsmann kann die Kündigung zu Protokoll des Kapitäns oder des von diesem zur Entgegennahme von Kündigungen bestimmten Stellvertreters erklären. Bei der Kündigung durch den Kapitän ist der Schriftform genügt, wenn die schriftliche Erklärung des Kapitäns dem Schiffsmann zur Eintragung der Empfangsbescheinigung vorgelegt wird.

[1]) „Heuerreise": Anm. 1 zu § 547; vgl. §§ 758, 767

Abs. 3. Über Abschluß für ein bestimmtes Schiff s. Haerle a. a. O. S. 15.

[2]) Bestimmte oder unbestimmte Zeit. Für letzteren Fall s. §§ 28 Abs. 3, 75 Nr. 1.

[3]) Also nicht auch im Nothafen, der nur zwecks Reparatur angelaufen wird oder im Orderhafen. Das Ankern auf einer Reede oder vor einer Barre zwecks Löschen und Laden (westafrikanische Häfen) muß als Anlaufen angesehen werden. Proviant- und Wassereinnahme gilt nicht als Laden. Wohl aber das Anlaufen eines Hafens in der Absicht, Ladung zu suchen (Trampdampfer).

[4]) Eine Pflicht zur vorherigen Bekanntgabe des beabsichtigten Rücktritts besteht nicht. Hansa 1912, 36. Die Vorschrift gilt auch für Schiffsoffiziere. Wüstendörfer S. 689. Jedoch Abänderung durch Tarifvertrag.

§ 29. Ist bei dem Abschlusse des Heuervertrags die Vereinbarung über den Betrag der Heuer nicht durch ausdrückliche Erklärung getroffen worden, so wird im Zweifel die Heuer als vereinbart angesehen, die das Seemannsamt des Hafens, in welchem der Schiffsmann angemustert wird, für die daselbst zur Zeit der Anmusterung übliche erklärt[1]).

[1]) Die Unterlassung der Festsetzung einer Heuer macht den Vertrag also nicht nichtig.

§ 30. Hat ein Schiffsmann sich durch mehrere Verträge für ein und dieselbe Zeit verheuert, so geht, falls auf Grund eines der Verträge eine Anmusterung stattgefunden hat[1]), dieser, sonst der zuerst abgeschlossene Vertrag vor[2]).

[1]) Bei Kenntnis der Sachlage darf das Seemannsamt nur auf den älteren Vertrag anmustern. Wüstendörfer S. 662 Note 15.

[2]) Dies schließt Schadensersatzansprüche der Kontrahenten der übrigen Verträge nicht aus (Perels S. 188). Die zwangsweise Anbordnahme durch einen hiernach nicht berechtigten Schiffer ist rechtswidrig und u. U. als Freiheitsberaubung strafbar. Auch ein behördlicher Zwang ist unzulässig (§ 33). Bei doppelter Anmusterung geht die frühere vor. Wüstendörfer S. 662 Note 15.

§ 31. Wird ein Schiffsmann erst nach Anfertigung der Musterrolle geheuert, so gelten für ihn in Ermangelung anderer Vertragsbestimmungen die nach Inhalt der Musterrolle mit der übrigen Schiffsmannschaft getroffenen Abreden[1]).

[1]) Insbesondere über die Heuer. Vgl. auch § 29.

§ 32. Die Verpflichtung des Schiffsmanns, sich mit seinen Sachen an Bord einzufinden und Schiffsdienste zu leisten, beginnt, wenn nicht ein anderes bedungen ist, mit der Anmusterung. Der Zeitpunkt, zu welchem der Dienstantritt erfolgen soll, ist dem Schiffsmanne bei der Anheuerung, der Liegeplatz oder ein Meldeort ist ihm bei der Anmusterung anzugeben.

Wenn der Schiffsmann den Dienstantritt länger als vierundzwanzig Stunden verzögert, ist der Kapitän oder der Reeder zum Rücktritte von dem Heuervertrage befugt[1]). Die Ansprüche wegen etwaiger Mehrausgaben für einen Ersatzmann und wegen sonstiger aus der Verzögerung erwachsener Schäden werden hierdurch nicht berührt[2]).

[1]) Den Ausführungen von Loewe S. 35 (anders Perels S. 18), daß der Rücktritt dem Schiffsmann gegenüber erklärt sein muß, ist beizustimmen. Dagegen Brodmann GZ. 58 S. 632 ff.; Pappenheim II 453. — Richtig Haerle S. 28 ff.; Loewe § 32 Anm. 2.

[2]) Kommt der Dienstberechtigte in Verzug, so gilt BGB. § 615.

§ 33. Der Schiffsmann, welcher nach der Anmusterung ohne einen genügenden Entschuldigungsgrund dem Antritt oder der Fortsetzung des Dienstes sich entzieht[1]), kann auf Antrag des Kapitäns vom Seemannsamte, wo aber ein solches nicht vorhanden ist, von der Ortspolizeibehörde zwangsweise zur Erfüllung seiner Pflicht angehalten werden[2]).

Die daraus erwachsenden Kosten hat der Schiffsmann zu ersetzen.

[1]) Über den Begriff des Entziehens vgl. Wüstendörfer S. 667.

²) Vgl. ROHG. 4 S. 293 und Wagner S. 353 Anm. 6. — Beide Teile können die Entscheidung des Seemannsamts anrufen (§§ 130, 129 Abs. 2). — Strafvorschrift: § 93.

§ 34[1][2]. Der Schiffsmann ist verpflichtet, in Ansehung des Schiffsdienstes den Anordnungen des Kapitäns, der Schiffsoffiziere und seiner sonstigen Dienstvorgesetzten unweigerlich Gehorsam[3] zu leisten und zu jeder Zeit alle für Schiff und Ladung ihm übertragene Arbeiten zu verrichten[4][5].

Er hat diese Verpflichtung zu erfüllen, sowohl an Bord des Schiffes und in dessen Booten, als auch in den Leichterfahrzeugen und auf dem Lande, sowohl unter gewöhnlichen Umständen, als auch unter Havarie[6].

Ohne Erlaubnis des Kapitäns oder eines Schiffsoffiziers darf er das Schiff bis zur Abmusterung nicht verlassen[7], doch darf ihm in einem Hafen das Reichsgebiets in seiner dienstfreien Zeit, wenn nicht triftige Gründe vorliegen, die Erlaubnis nicht verweigert werden[8]. Ist ihm eine solche Erlaubnis erteilt, so muß er zur festgesetzten Zeit zurückkehren[9].

¹) Vgl. Matthäi, Gehorsamspflicht und Arbeitszeit der Schiffsmannschaft. GZ. 56, S. 435; Engel, Die Ausführung nicht dringlicher Schiffsarbeiten auf See. HansGZ. Hbl. 1905, 129; Engel, Die Extraarbeiten des Schiffmanns auf hoher See. HansGZ. 1905, 289.

²) Vgl. auch Brodmann GZ. 58 S. 632ff.; Bauer, Die rechtl. Grenzen der Gehorsamspflicht und der Verantwortlichkeit für auf Befehl begangene unerlaubte Handlungen. Ann. d. Deutsch. Reichs 1902, 886. — Die dienstliche Unterordnung beginnt erst mit Antritt des Dienstes (§ 32). Perels GZ. 57 S. 98.

³) Vgl. Dietz, Fahrlässiger Ungehorsam. ArchfMilR. 1 S. 191; Rissom, Dasselbe ebenda 2 S. 7; Wüstendörfer S. 663.

⁴) Auch wenn diese Übertragung entgegen den Vorschriften der §§ 35ff. erfolgt? Verneinend Matthäi, GZ. 56 S. 435ff. (entgegen dem zu § 85 zitierten Urteil des HansOLG. (LZ. 1914, 1870. HansOLG. Hansa 1915, 287 und RG. JW. 1909, 341. Vgl. zu § 37.) — § 34 gilt auch für Arbeiten, für welche der Schiffsmann nicht angemustert worden ist. Er

kann jedoch in diesem Falle angemessene Vergütung verlangen. (Haerle S. 14; HansOLG. Hbl. 1903 Nr. 93.) Das RG. (Hansa 1915, 287) verlangt Gehorsam selbst dann, wenn im Heuervertrag ausdrücklich Sonntagsarbeit ausgeschlossen wurde.

[5]) Ausnahme für Krankenwärter auf Auswandererschiffen in § 31 Abs. 2 der Vorschr. f. Auswandererschiffe v. 14. März 1898. Über Ladungsfürsorge vgl. Wüstendörfer S. 664.

[6]) Wegen solcher Betriebsgefahren, die bei Eingehung des Dienstverhältnisses erkennbar waren, darf der Schiffsmann die Arbeit nicht verweigern. RG. DJZ. 1915, 108.

[7]) Über Landgangsausweise für Besatzungsmitglieder vgl. § 116 Bek. z. Ausf. der Paßverordnung S. 183.

[8]) Strafvorschrift: § 114 Nr. 5. — Eintragung der Urlaubsverweigerung ins Schiffstagebuch ist nicht unbedingt erforderlich (näheres Perels S. 19).

[9]) Strafvorschrift: § 96 Nr. 4.

§ 35[1]). Liegt das Schiff im Hafen oder auf der Reede, so ist der Schiffsmann nur in dringenden Fällen[2]) schuldig, länger als zehn Stunden täglich zu arbeiten. In den Tropen wird diese Zeit, soweit es sich nicht ausschließlich um Aufsichtsdienst, oder Arbeiten zur Verpflegung und Bedienung der an Bord befindlichen Personen handelt, auf acht Stunden beschränkt. Bei Berechnung dieser Arbeitsdauer ist der Wachtdienst in Rechnung zu bringen.

Die Vorschriften des Abs. 1 finden auf Schiffsoffiziere keine Anwendung. Den Schiffsoffizieren ist im Hafen oder auf der Reede eine Ruhezeit von mindestens acht Stunden innerhalb jeder vierundzwanzig Stunden zu gewähren.

Arbeit, welche über die im Abs. 1 bestimmte Dauer von zehn oder acht Stunden geleistet wird[3]), ist als Überstundenarbeit zu vergüten, soweit sie nicht zur Verpflegung und Bedienung der an Bord befindlichen Personen oder zur Sicherung des Schiffes in dringender Gefahr erforderlich ist[4]).

[1]) Die §§ 35—38 finden nach § 135 keine Anwendung auf Seeschlepper und Bergungsfahrzeuge in Tätigkeit; § 36,

§ 37 Abs. 2 und § 38 Abs. 1 finden, soweit die Mannschaft am Gewinn beteiligt ist, auf Hochseefischereifahrzeuge keine Anwendung. (Vgl. auch die Anw. zu § 134.) — Abweichend geregelt wird die Arbeitszeit durch die Tarifverträge.

[3]) Gleichviel ob freiwillig oder auf Befehl geleistet (Perels S. 20).

[4]) Auf Schiffsoffiziere nicht anwendbar; § 40. Aber Änderung durch Tarifvertrag: vgl. Wüstendörfer S. 688.

§ 36[1]). Auf See geht die Mannschaft des Decks- und Maschinendienstes Wache um Wache[2]). Die abgelöste Wache darf nur in dringenden Fällen[3]) zu Schiffsdiensten verwendet werden. Auf Dampfschiffen ist die ablösende Maschinenwache verpflichtet, das vor der Ablösung erforderliche Aschehieven zu besorgen. Diese Vorschriften gelten nicht für Fahrten von nicht mehr als zehnstündiger Dauer[4]).

Auf Dampfschiffen in transatlantischer Fahrt[5]) wird für das Maschinenpersonal der Dienst in drei Wachen eingeteilt.

Unter welchen Umständen im übrigen eine Mannschaft in mehr als zwei Wachen zu gehen hat, bestimmt der Bundesrat[6]).

[1]) Über den Wachtdienst s. Perels S. 20ff. und die dort zitierten Entscheidungen der Seeämter. — Vgl. §§ 135 u. 134.

[2]) „Zweiwachensystem". Im Gegensatz dazu „Dreiwachensystem" nach Abs. 2 und 3. Vgl. über den Wachtdienst: Wüstendörfer S. 665.

[3]) Nichtdringliche Arbeiten dürfen ihr nicht übertragen werden. Verträge, durch die der Schiffsmann solche Arbeiten für die wachefreie Zeit gegen Vergütung übernommen hat, sind nach § 1 Abs. 2 nichtig, die zugesagte Vergütung nicht einklagbar: Engel im Hbl. 1905 Nr. 129; LG. Hamburg im Hbl. 1905 Nr. 61. Auch nach achtstündiger Hafenarbeit kann der Seemann zur Arbeit auf See herangezogen werden. LGHamb. ibid.

[4]) Hier wird der Dienst durch freie Anordnung des Kapitäns festgesetzt.

[5]) Hierzu Perels S. 21.

[6]) Vgl. Vorschriften betreffend die Dreiteilung des Wacht-

dienstes auf Kauffahrteischiffen v. 16. Juni 1903 (RGBl. S. 251). Dazu Wüstendörfer S. 666.

§ 37[1]). An Sonn- und Festtagen dürfen, solange das Schiff im Hafen oder auf der Reede liegt, Arbeiten, einschließlich des Wachtdienstes, nur gefordert werden, soweit sie unumgänglich oder unaufschieblich oder durch den Personenverkehr bedingt sind[2]).

Mit Löschen und Laden dürfen, solange das Schiff innerhalb des Reichsgebiets im Hafen oder auf der Reede liegt, die zur Schiffsmannschaft gehörigen Personen an Sonn- und Festtagen nicht beschäftigt werden[3]). Diese Vorschrift gilt nicht für die Ladung derjenigen Dampfschiffe, welche in regelmäßigem Fahrplane die Kaiserlich deutsche Post befördern, und für die zum Löschen und Laden dieser Dampfschiffe dienenden Fahrzeuge sowie für das Gepäck der Reisenden und für leicht verderbende Güter. Außerdem können von einer durch die Zentralbehörde des Bundesstaats zu bestimmenden Behörde in Notfällen Ausnahmen von dieser Vorschrift auf jedesmaligen Antrag gestattet werden[4]).

Sonn- und Festtagsarbeit (Abs. 1, 2) ist als Überstundenarbeit zu vergüten, soweit sie nicht zur Verpflegung und Bedienung der an Bord befindlichen Personen oder zur Sicherung des Schiffes in dringender Gefahr erforderlich ist.

Soweit nicht dringende Gründe entgegenstehen, ist an Sonn- und Festtagen im Hafen und auf der Reede der Schiffsmannschaft Gelegenheit zur Teilnahme am Gottesdienst ihrer Konfession zu geben und der hierzu erforderliche Urlaub zu erteilen.

[1]) § 37 ist nur eine Anweisung an den Kapitän. Der Seemann darf eine Aufforderung zur Sonntagsarbeit nicht unbeachtet lassen, auch wenn nach seiner Meinung die Voraussetzungen ihrer Zulässigkeit nicht vorliegen. Für ihn gilt stets § 34 (RG. JW. 1909, 341). Vgl. Engel HansGZ. 1905 Hbl. 129.

[2]) Vgl. § 135. — Strafvorschrift: § 114 Nr. 6.

[3]) Gilt nur für die Schiffsmannschaft: daher Möglichkeit des Engagements von Hafenarbeitern: Perels S. 22.

[4]) V. des Preußischen Handelsministers v. 14. April 1903 (bei Herrmann, Ausführungsbestimmungen zur SO. S. 94), ferner die Ausf.-Verordn. von Bremen, § 4, Lübeck, § 1. Hamburg, § 2 (dazu V. der Hamb. Polizeibehörde v. 15. Mai 1903, GS. II 63).

§ 38[1]). Auf See darf an Sonn- und Festtagen über das hinaus, was zur Sicherheit und zur Fahrt des Schiffes, zur Bedienung der Maschine, zum Segeltrocknen, Bootsdienst und zur Verpflegung und Bedienung der an Bord befindlichen Personen unbedingt erforderlich ist, der Schiffsmannschaft Arbeit nur in dringenden Fällen auferlegt werden[2]).

Die Vorschrift des § 37 Abs. 4 findet auf See entsprechende Anwendung. Auch ist dem Schiffsmanne, der es verlangt, die Teilnahme an gemeinschaftlichen Andachten seiner Konfession zu gestatten.

[1]) Vgl. § 135. — Strafvorschrift: § 114 Nr. 6. Vgl. auch die Anm. zu § 34.

[2]) Kein Anspruch auf Überstundenlohn!

§ 39. Als Festtage im Sinne der §§ 37, 38 gelten im Inlande die von der Landesregierung des Liegeorts bestimmten Tage[1]), im Ausland und auf See die Festtage des inländischen Heimatshafens; in Ermangelung eines solchen werden die Festtage durch Anordnung des Reichskanzlers bestimmt. Im Sinne des § 37 Abs. 4 gelten als Festtage im Ausland auch die kirchlich gebotenen Festtage des Liegeorts.

[1]) S. z. B. die Ausf.-Verordn. von Bremen, § 5 Lübeck, § 2, Hamburg, § 3.

§ 40. Die Vorschriften des § 35 Abs. 3 und des § 37 Abs. 3 finden auf Schiffsoffiziere keine Anwendung, sofern nicht ein anderes vereinbart ist.

§ 41. Bei Seegefahr, besonders bei drohendem Schiffbruche, sowie bei Gewalt und Angriff gegen Schiff oder

Ladung hat der Schiffsmann alle befohlene Hilfe zur Erhaltung von Schiff und Ladung unweigerlich zu leisten[1]) und darf ohne Einwilligung des Kapitäns, solange dieser selbst an Bord bleibt[2]), das Schiff nicht verlassen.

Er bleibt verbunden, bei Schiffbruch für Rettung der Personen und ihrer Sachen sowie für Sicherung der Schiffsteile, der Gerätschaften und der Ladung, den Anordnungen des Kapitäns gemäß, nach besten Kräften zu sorgen und bei der Bergung gegen Fortbezug der Heuer und der Verpflegung Hilfe zu leisten[3]).

[1]) Auch dann, wenn nach § 69 Nr. 1 der Heuervertrag beendet ist.

[2]) Vgl. HGB. § 517 Abs. 3.

[3]) Vgl. HGB. § 742 Abs. 2 (Schaps I, 876) und Anm. 22 zu § 740 (I, 863). Wird aber die Hilfe einem anderen Schiffe des Reeders geleistet, so hat der Schiffsmann Anspruch auf Entlohnung (Hbl. 1872 Nr. 132). Vgl. auch § 743 HGB.

§ 42. Der Schiffsmann ist, auch wenn der Heuervertrag infolge eines Verlustes des Schiffes beendigt ist (§ 69), verpflichtet, auf Verlangen bei der Verklarung[1]) mitzuwirken und seine Aussage eidlich zu bestärken.

Dieser Verpflichtung hat er gegen Zahlung der etwa erwachsenden Versäumnis-, Reise- und Verpflegungskosten[2]), deren Höhe im Streitfalle die Verklarungsbehörde, im Auslande der Konsul, festzusetzen hat, nachzukommen. Auf Verlangen des Schiffsmanns ist ihm für die Versäumnis-, Reise- und Verpflegungskosten ein angemessener Vorschuß zu zahlen.

[1]) HGB. §§ 522ff.; vgl. Brodmann GZ. 58 S. 633.

[2]) Näheres bei Loewe S. 43; Brodmann GZ. 58 S. 632ff. (unbeschränkte Haftung des Reeders). Über das Schiffsgläubigerrecht in diesem Falle vgl. Wüstendörfer S. 683.

§ 43[1]). Stellt sich nach Antritt der Reise heraus, daß der Schiffsmann zu dem Dienste, zu welchem er sich verheuert hat, untauglich ist[2]), so ist der Kapitän befugt, ihn im Range herabzusetzen und seine Heuer verhältnismäßig zu verringern[3]). Diese Befugnis besteht nicht gegenüber Schiffsoffizieren[4]).

Wird von dieser Befugnis Gebrauch gemacht, so hat der Kapitän die getroffene Anordnung und die die Anordnung begründenden Tatsachen, sobald tunlich, in das Schiffstagebuch einzutragen[5]), die Eintragung dem Schiffsmanne vorzulesen und in dem Tagebuche zu vermerken, daß und wann dies geschehen ist. Vor der Eröffnung und Eintragung tritt die Verringerung der Heuer nicht in Wirksamkeit.

Dem Schiffsmann ist auf Verlangen eine vom Kapitän unterzeichnete Abschrift der Eintragung auszuhändigen.

Gegen die getroffene Anordnung kann der Schiffsmann die Entscheidung des Seemannsamts anrufen, welches zuerst angegangen werden kann. Erst nach Entscheidung des Seemannsamts, falls aber ein solches nicht angerufen ist, bei der Abmusterung, dürfen Eintragungen über den Sachverhalt in das Seefahrtsbuch, und zwar nur durch das Seemannsamt, vorgenommen werden.

[1]) Vgl. §§ 134 u. 70 Nr. 1.

[2]) Vgl. OSA. 12 S. 570.

[3]) Nicht aber ihn zu entlassen: HansOLG. im Hbl. 1882 Nr. 76. Vgl. auch Korn S. 61.

[4]) Der Kapitän kann aber und muß unter Umständen untaugliche Schiffsoffiziere ihres Dienstes entheben: Perels S. 24; vgl. auch Pappenheim II S. 496 Note 2.

[5]) Hierdurch soll nicht (in Abweichung von § 519 Abs. 2 HGB.) eine persönliche Eintragungspflicht des Kapitäns geschaffen werden, sondern nur die Verantwortlichkeit des Kapitäns für die Eintragung. (Brodmann GZ. 55 S. 203ff.; anders Perels S. 24; Loewe S. 44.) Vgl. auch GZ. 45 S. 203ff.

§ 44. Die Heuer ist vom Tage der Anmusterung, falls diese dem Dienstantritte vorangeht, sonst vom Tage des Dienstantritts an zu zahlen[1]).

Als Dienstzeit gilt auch die zur Erreichung des Meldeorts (§ 32) erforderliche Reisezeit.

[1]) Vgl. § 134. Die Heuer hat, wo sich der Dienstantritt der Anmusterung nicht unmittelbar anschließt, nicht die Natur einer Gegenleistung, sondern die des Ersatzes für entgehenden Verdienst (Lotmar, Der Arbeitsvertrag S. 148).

[2]) Vgl. LG. Hamburg, HansRZ. 22, 225. Zuständigkeit des Tarifschiedsgerichts für die Seeschiffahrt für Heuerforderungen.

§ 45. Die Heuer hat der Schiffsmann, sofern keine andere Vereinbarung getroffen ist, erst nach Beendigung der Reise oder des Dienstverhältnisses zu beanspruchen[1])[2]).

Der Schiffsmann kann jedoch in einem Hafen, in welchem das Schiff ganz oder zum größeren Teil entlöscht wird, die Auszahlung der Hälfte der bis dahin verdienten Heuer (§ 80) verlangen, sofern bereits drei Monate seit der Anmusterung verflossen sind[3]). In gleicher Weise ist der Schiffsmann bei Ablauf je weiterer drei Monate nach der früheren Auszahlung wiederum die Auszahlung der Hälfte der seit der letzten Auszahlung verdienten Heuer zu fordern berechtigt[4]).

Ist die Anheuerung auf Zeit erfolgt (§ 28), so kann der Schiffsmann bei Rückkehr in den Hafen der Ausreise die bis dahin verdiente Heuer beanspruchen.

[1]) Erfolgt die Abmusterung der Mannschaft an einem andern Ort, als dort, wo die Reise beendet worden ist, so ist dennoch Erfüllungsort für die Heuerforderung der Ort, wo die Reise beendet wurde. (OLG. Hamb. SeuffArch. 56, 284.) — Verjährung fälliger Heueransprüche in einem Jahre, evtl. in 2 Jahren (§§ 901 Nr. 1, 902 mit § 754 Nr. 3 HGB.).

[2]) Über die (durch § 780 HGB. ausgeschlossene) Versicherung der Heuer und ähnlicher Ansprüche vgl. Wüstendörfer S. 673f. — Übersteigen die erhaltenen Vorschuß- und Abschlagszahlungen die verdiente Heuer, so muß der Seemann den Überschuß zurückzahlen. Pappenheim II S. 574, Wüstendörfer S. 684.

[3]) Abweichende Vereinbarungen über Abschlagszahlungen sind zulässig. Ebenso Wüstendörfer S. 670 (dagegen Pappenheim II S. 504). Vielfach Regelung durch Tarifverträge. Über den „Ziehschein" vgl. Wüstendörfer S. 670.

[4]) Der Beginn der Verjährung verschiebt sich dadurch nicht (HGB. § 903 Nr. 1 a. E.).

§ 46[1]). Die Auszahlung[2]) des dem Schiffsmanne bei der Beendigung des Dienstverhältnisses zustehenden Heuerguthabens muß[3]) an ihn persönlich und, soweit nicht im Auslande die dortigen Gesetze eine andere Behörde bestimmen, vor dem abmusternden Seemannsamt oder durch dessen Vermittelung geschehen und von diesem in der Abmusterungsverhandlung bescheinigt werden. Bei Verhinderung des Schiffsmanns ist mit dessen Zustimmung die Auszahlung an ein Familienmitglied zulässig. In einer Gast- oder Schankwirtschaft darf die Auszahlung nicht vorgenommen werden.

Von der Mitwirkung des Seemannsamts darf abgesehen werden, wenn sie ohne Verzögerung der Reise nicht herbeigeführt werden kann.

Das Seemannsamt ist verpflichtet, bei der Abmusterung die dem Schiffsmann auszuzahlende Heuer auf dessen Antrag ganz oder teilweise in Empfang zu nehmen[4]) und nach Angabe des Schiffsmanns an auswärts wohnende Angehörige desselben oder an Sparkassen oder sonstige Verwahrungsstellen gebührenfrei zu übermitteln. Die durch die Übermittelung entstehenden baren Auslagen werden, sofern der Schiffsmann ein Deutscher ist, von dem Reeder getragen.

[1]) Strafvorschrift: § 114 Nr. 7. — GewO. § 117 gilt nicht für Seeleute. RG. 80 S. 324; wohl aber das Lohnbeschlagnahmegesetz.

[2]) Die Vereinbarung zwischen Reeder (Schiffer) und Schiffsmann, daß ein gewisser Prozentsatz der Heuer für Pensions- und Unterstützungskassen einbehalten werden soll, ist zulässig. RG. 80 S. 324. JW. 1913 S. 148. DJZ. 1913, 166.

[3]) Eine dem zuwider erfolgte Zahlung ist nichtig: Perels S. 25; anders Loewe S. 46.

[4]) Durch Zahlung der Heuer an das Seemannsamt oder den Konsul wird die Reederei dem Schiffsmann gegenüber befreit (HansOLG. Hbl. 1905, 301). Vgl. auch HansOLG. HansRZ. 21, 706, HansGZ. 21 Hbl. 213.

§ 47. Inwieweit vor dem Antritte der Reise Vorschußzahlungen auf die Heuer zu leisten oder Handgelder[1]) zu zahlen sind, bestimmt in Ermangelung einer Vereinbarung der Ortsgebrauch des Hafens, in welchem der Schiffsmann angemustert wird.

[1]) Ob Handgeld auf die Heuer anzurechnen ist, richtet sich nach dem Ortsgebrauch des Anmusterungshafens (Loewe S. 46): BGB. §§ 336 Abs. 2, 337 Abs. 1 gelten nur „im Zweifel". Vgl. aber § 72.

§ 48[1]). Alle Zahlungen an Schiffsleute müssen nach Wahl derselben, Vorschußzahlungen jedoch nach Wahl des Kapitäns, entweder in bar[2]) oder mittels einer auf den Reeder ausgestellten Anweisung[3]) geleistet werden. Die Zahlbarkeit der Anweisungen darf bei Vorschußzahlungen an die Bedingung geknüpft werden, daß der Schiffsmann sich bei der Abfahrt des Schiffes an Bord befindet. Im übrigen muß die Anweisung unbedingt[4]) und auf Sicht[5]) gestellt sein.

[1]) Strafvorschrift: § 114 Nr. 7. Vgl. auch Bauer, Zahlungen an die Schiffsmannschaft nach § 48 SO. (Leipz. Diss. 1908).

[2]) Über Vorschußzahlungen vgl. auch Wüstendörfer S. 656. Ein gesetzlicher Anspruch auf Vorschuß besteht nicht. Wüstendörfer S. 669. Erfüllungssurrogate sind ausgeschlossen. Pappenheim II S. 512.

[3]) „Heuernote" oder „Advence-Note". Vgl. Wittich, Die Heuernota Gruch. 45 S. 592 ff. Der Merchant Shipping Act von 1894 hat die Heuernota für nichtig erklärt.

[4]) Dem zuwider eingefügte Bedingungen, z. B. daß der Seemann sich noch bei Fälligkeit der Heuer oder Verlassen des letzten europäischen Hafens an Bord befinden muß (HansOLG. Hbl. 1904, 59 und 1906, 141), sind nichtig. Sie brauchen aber nach § 139 BGB. nicht den ganzen Heuervertrag nichtig zu machen (HansOLG. im Hbl. 1904 Nr. 29), anders HansOLG. Hbl. 1906 Nr. 64. Eine andere Frage ist, ob die Einfügung solcher Bedingungen die Nichtigkeit der Heuernote herbeiführt, falls deren Begebung sich als selbständiges Rechtsgeschäft darstellt (Wittich S. 601 ff.). — Über die Haftung des Reeders gegenüber dem gutgläubigen Erwerber der nichtigen Heuernote s. Wittich S. 602 ff. HansOLG. Hbl. 1906 Nr. 64 ver-

neint diese Haftung, weil die Vorschrift lediglich den Schutz der Schiffsleute bezweckt, ferner auch § 793 nicht anwendbar sei.

[5]) Also nicht etwa auf Schiffsabgang. Vgl. HansOLG. Hbl. 1904, 59; SeuffArch. 1905 Nr. 240.

§ 49[1]). Vor Antritt der Reise ist ein Abrechnungsbuch[2]) anzulegen, in welchem die verdiente Heuer und der verdiente Überstundenlohn in regelmäßigen Zeitabschnitten zu berechnen sowie alle auf die Heuer geleisteten Vorschuß- und Abschlagszahlungen und die etwa gegebenen Handgelder, bei Zahlung in fremder Währung auch der zugrunde gelegte Kurs, einzutragen sind. In dem Abrechnungsbuch ist von dem Schiffsmann über den Empfang jeder Zahlung zu quittieren. Die Zahl der geleisteten Überstunden sowie der danach verdiente Überstundenlohn ist wöchentlich und spätestens am Tage nach dem jedesmaligen Verlassen eines Hafens in dem Abrechnungsbuche zu vermerken; sodann ist dieser Vermerk dem Schiffsmanne zur unterschriftlichen Anerkennung vorzulegen. Verweigert er die Anerkennung, so ist auch dies und der hierfür angegebene Grund im Abrechnungsbuche zu vermerken.

Ferner ist jedem Schiffsmanne, der es verlangt, noch ein besonderes Heuerbuch zu übergeben und darin ebenfalls die verdiente Heuer, der verdiente Überstundenlohn sowie jede auf die Heuer des Inhabers geleistete Zahlung, bei Zahlung in fremder Währung auch der zugrunde gelegte Kurs, einzutragen. Vor der Abmusterung ist dem Schiffsmann in diesem Heuerbuche sein Gesamtguthaben zu berechnen.

[1]) Strafvorschrift: § 114 Nr. 8. — Ferner § 134.

[2]) Über das Abrechnungsbuch vgl. § 27. Ferner Brodmann GZ. 55 S. 203. — Ungehörig ist die Verbuchung von Geschäften, die der Kapitän mit dem Schiffsmann abschließt, im Abrechnungsbuche (Hbl. 1903 Nr. 101). Vgl. ebenda über den Ersatzanspruch des Kapitäns gegen den Reeder im Falle des Verkaufs von Gebrauchsgegenständen an die Mannschaft.

§ 50[1]). Wenn die Zahl der Mannschaft des Decks- oder Maschinendienstes sich während der Reise vermindert[2]) und der weitere Verlauf der Reise eine Verminderung der Arbeitsanforderungen nicht in Aussicht stellt, so muß der Kapitän die Mannschaft ergänzen, soweit die Umstände es gestatten. Solange eine Ergänzung nicht erfolgt, sind die während der Fahrt ersparten Heuergelder[3]) unter diejenigen Schiffsleute desselben Dienstzweigs[4]), welchen dadurch eine Mehrarbeit erwachsen ist[5]), nach Verhältnis dieser und der Heuer zu verteilen. Ein Anspruch auf die Verteilung findet jedoch nicht statt, wenn die Verminderung der Mannschaft durch Entweichung herbeigeführt ist und die Sachen des entwichenen Schiffsmanns[6]) nicht an Bord zurückgeblieben sind.

[1]) § 50 findet keine Anwendung, wenn von vornherein die Besatzung unzureichend war. HansOLG. Rspr. 13 S. 48.

[2]) Auszugehen ist von der bei der ursprünglichen Anmusterung vorhandenen Zahl; doch rechnen auch nachgemusterte Schiffsleute mit, falls sie zur Ergänzung der unzureichenden ursprünglichen Mannschaft angenommen worden sind (HG. und OG. Hamburg im Hbl. 1874 Nr. 201; 1875 Nr. 170, 257). § 50 findet keine Anwendung, wenn eine Verminderung während der Reise gar nicht eingetreten ist, es kann also, falls von vornherein Mannschaft in unzureichender Zahl engagiert ist, diese Mannschaft nicht noch die Heuer verlangen, welche durch Nicht-Anmusterung weiterer Mannschaft erspart worden ist (HansOLG. im Hbl. 1905 Nr. 127). Der Verminderung an Zahl muß die Verminderung an Qualität (Arbeitsunfähigkeit infolge Krankheit oder Verletzung) gleichgestellt werden (angedeutet HansOLG. ibid.).

[3]) Nicht auch die schon verdiente Heuer des Entwichenen (OG. Hamburg im Hbl. 1875 Nr. 257).

[4]) Steuerleute gelten i. S. dieser Vorschrift als dem gleichen Dienstzweige angehörend, wie Seeleute; nicht auch Koch und Schiffsjunge. Hansa 1911, 133. — Über analoge Anwendung auf gegenseitig für einander eintretende Schiffsoffiziere (bejahend) und für das Verhältnis zwischen Offizieren und Seeleuten (verneinend) vgl. Wüstendörfer S. 672 Note 54.

[5]) Entsprechend schon HansOLG. im Hbl. 1896 Nr. 53.

[6]) Ob der Entwichene einen unerheblichen Teil seiner Habe mitgenommen hat, ist gleichgültig: HG. Hamburg im Hbl. 1875 Nr. 170.

§ 51. Wird ein Schiffsmann bei Abfahrt des Schiffes vermißt, so hat der Kapitän demjenigen Seemannsamt, in dessen Bezirke zuerst diese Wahrnehmung gemacht wird, behufs Ermittelung sobald als tunlich Anzeige zu erstatten und das Seefahrtsbuch des Vermißten zu übermitteln.

§ 52[1]). In allen Fällen, in welchen ein Schiff mehr als zwei Jahre auswärts[2]) verweilt[3]), tritt für den seit zwei Jahren im Dienste befindlichen Schiffsmann eine Erhöhung der Heuer ein[4]), wenn diese nach Zeit bedungen ist[5]).

Diese Erhöhung wird, wie folgt, bestimmt:

1. der Schiffsjunge tritt mit Beginn des dritten Jahres in die in der Musterrolle bestimmte oder aus derselben als Durchschnittsbetrag sich ergebende Heuer der Leichtmatrosen[6]) und mit Beginn des vierten Jahres in die in der Musterrolle bestimmte Heuer der Vollmatrosen ein;
2. der Leichtmatrose erhält mit Beginn des dritten[7]) Jahres die in der Musterrolle bestimmte Heuer der Vollmatrosen und mit Beginn des vierten Jahres ein Fünftel derselben mehr an Heuer;
3. für die übrige Schiffsmannschaft steigt die in der Musterrolle angegebene Heuer mit Beginn des dritten Jahres um ein Fünftel und mit Beginn des vierten Jahres um ein ferneres Fünftel ihres ursprünglichen Betrags.

In den Fällen des Abs. 2 Nr. 1, 2 tritt der Schiffsmann mit der Erhöhung der Heuer zugleich in die entsprechende Rangklasse ein.

[1]) § 52 ist auch anwendbar, wenn der Heuervertrag nicht für eine bestimmte Reise abgeschlossen ist und ausschließlich

außerhalb des Heimathafens oder im Auslande erfüllt werden soll. (Vgl. HansOLG. SeuffArch. 62 Nr. 44.)

[2]) Die Materialien haben anscheinend unter „auswärts" das Ausland verstanden. Ebenso AG. Hamb. Hansa 1918, 652. Tatsächlich will das Gesetz aber darunter wohl jeden Hafen außer dem Heimathafen verstanden wissen und gilt auch dann, wenn der Schiffsmann erst im Auslande angeheuert oder auf Dauervertrag angenommen wurde. Unerheblich ist es auch, wenn die Heuer schon einen für die Tropen berechneten Zuschlag enthielt. Das Gesetz will Ausnahmen nicht zulassen. So HansOLG. Hbl. 1905 Nr. 127.

[3]) § 52 gilt in allen Fällen, in denen ein Schiffer den Schiffsmann für länger als 2 Jahre anwirbt, also nicht nur, wenn der Schiffsmann mit dem Schiff vom Heimathafen aus die Reise angetreten hat, oder der Heuervertrag für eine oder mehrere bestimmte Reisen abgeschlossen ist, sondern auch bei dem auf bestimmte oder unbestimmte Zeit oder im Auslande abgeschlossenen Heuervertrag. (HansOLG. Rspr. 13, 48.)

[4]) GZ. 22, 277; RG. Hbl. 1922, 277. Vgl. auch Hamburg, HansGZ. 22, 423 und 965. Ferner HansOLG. HansGZ. 1922, 210.

[5]) Gleichviel ob die 2 Jahre vor der Herrschaft des gegenwärtigen Gesetzes zu laufen begonnen haben (LG. Hamburg im Hbl. 1905, ob der Heuervertrag auf bestimmte oder auf unbestimmte Zeit geschlossen worden ist, ob die Anheuerung im Heimatshafen oder bereits „auswärts" erfolgt ist (HansOLG. im Hbl. 1905 Nr. 127). — Soweit eine den Vorschriften des Abs. 2 entsprechende Erhöhung der Heuer bereits im Heuervertrage vorgesehen ist, tritt die gesetzliche Erhöhung nicht ein.

[6]) Vgl. hierzu Perels S. 28.

[7]) In der Fassung des Gesetzes v. 23. März 1903 (RGBl. S. 57).

§ 53. Die aus den Dienst- und Heuerverträgen herrührenden Forderungen des Kapitäns und der zur Schiffsmannschaft gehörigen Personen, welche auf einem nach den §§ 862, 863 des Handelsgesetzbuchs als verschollen anzusehenden Schiffe sich befunden haben, werden fällig mit Ablauf der Verschollenheitsfrist. Das Dienstverhältnis gilt sodann einen halben Monat nach dem Tage für beendet, bis zu welchem die letzte Nachricht über das Schiff reicht.

Der Betrag der Forderungen ist dem Seemannsamte des Heimatshafens und in Ermangelung eines solchen dem Seemannsamte des Registerhafens zu übergeben. Das Seemannsamt hat die Aushändigung an die Empfangsberechtigten zu vermitteln.

§ 54. Dem Schiffsmanne gebührt Beköstigung[1]) für Rechnung des Schiffes[2]) von dem Zeitpunkte des Dienstantritts an bis zur Abmusterung, jedoch wenn diese ohne Verzögerung der Reise unausführbar ist, bis zur Beendigung des Dienstverhältnisses[3]). Er darf die verabreichten Speisen und Getränke nur zu seinem eigenen Bedarfe verwenden und nichts davon veräußern, vergeuden oder sonst beiseite bringen[4]). Anstatt der Beköstigung kann auf Grund besonderer Abrede eine entsprechende Geldentschädigung gewährt werden.

[1]) Erl. betr. Reinigung von Eß- und Trinkgeschirr auf Fluß- und Seefahrzeugen v. 31. März 1926 (BMBl. S. 408).

[2]) Der Kommissionsbericht, S. 40, will hierunter nur die Haftung mit dem Schiffsvermögen verstehen. Aber der Reeder haftet außerdem persönlich (§ 487 HGB.).

[3]) Strafvorschrift: § 113 Nr. 3.

[4]) Strafvorschrift: § 96 Nr. 8.

§ 55. Die Schiffsmannschaft hat an Bord des Schiffes vom Zeitpunkte des Dienstantritts an bis zur Abmusterung, jedoch wenn diese ohne Verzögerung der Reise unausführbar ist, bis zur Beendigung des Dienstverhältnisses Anspruch auf einen, ihrer Zahl und der Größe des Schiffes entsprechenden, nur für sie und ihre Sachen bestimmten wohlverwahrten und genügend zu lüftenden Logisraum[1]).

Kann dem Schiffsmann infolge eines Unfalls oder aus anderen Gründen zeitweilig ein Unterkommen auf dem Schiffe nicht gewährt werden, so ist ihm ein anderweitiges angemessenes Unterkommen zu verschaffen[2]).

[1]) Vgl. § 56 Abs. 2. Dieser Logisraum darf nicht zur Unterbringung von Ware auf Grund eines Charter- oder Stückgutvertrages benutzt werden. Vgl. Pappenheim III S. 199.

[2]) Über die Anwendung des § 618 BGB. (Schadensersatz wegen ungeeigneten Arbeitsraums) vgl. RG. Rp. III 64/07.

§ 56. Die dem Schiffsmanne für den Tag mindestens zu verabreichenden Speisen und Getränke (§ 54) bestimmen sich, soweit nicht ein anderes vereinbart ist, nach dem örtlichen Rechte des Heimatshafens und in Ermangelung eines solchen nach dem örtlichen Rechte des Registerhafens. Der Erlaß näherer Bestimmungen steht den Landesregierungen im Verordnungswege[1]) und, sofern es an einem inländischen Heimatshafen oder Registerhafen fehlt, dem Reichskanzler zu.

Über Größe und Einrichtung des Logisraums (§ 55), über die Einrichtung von Wasch- und Baderäumen und Aborten an Bord der Schiffe und die mindestens mitzunehmenden Heilmittel beschließt der Bundesrat[2]). Die Beschlüsse des Bundesrats sind dem Reichstage bei seinem nächsten Zusammentritte zur Kenntnisnahme vorzulegen[3]).

[1]) Vgl. die Speiserolle im Anhang der Verordnung v. 4. Jan. 1929 Kuhl S. 92.

[2]) Vgl. die Verordnung S. 556.

[3]) Vgl. Bekanntmachung, betreffend die Logis-, Wasch- und Baderäume sowie die Aborte für die Schiffsmannschaft auf Kauffahrteischiffen v. 2. Juli 1905 (RGBl. S. 563), Bekanntmachung, betreffend Krankenfürsorge auf Kauffahrteischiffen v. 4. Jan. 1929.

§ 57. Der Kapitän ist berechtigt, bei ungewöhnlich langer Dauer der Reise oder wegen eingetretener Unfälle, eine Kürzung der Rationen oder eine Änderung hinsichtlich der Wahl der Speisen und Getränke eintreten zu lassen.

Er hat im Schiffstagebuch zu vermerken, wann, aus welchem Grunde und in welcher Weise eine Kürzung oder Änderung eingetreten ist.

Dem Schiffsmanne gebührt eine den erlittenen Entbehrungen entsprechende Vergütung. Über diesen Anspruch entscheidet unter Vorbehalt des Rechtswegs das Seemannsamt, vor welchem abgemustert wird.

§ 58[1]). Wenn ein Schiffsoffizier oder nicht weniger als drei Schiffsleute bei einem Seemannsamte Beschwerde[2]) darüber erheben, daß das Schiff, für welches sie angemustert sind, nicht seetüchtig ist, oder daß die Vorräte, welche das Schiff für den Bedarf der Mannschaft an Speisen und Getränken mit sich führt, ungenügend oder verdorben sind, so hat das Seemannsamt[3]) mit möglichster Beschleunigung unter Hinzuziehung von erreichbaren Sachverständigen und der ortsanwesenden Beschwerdeführer eine Untersuchung des Schiffes oder der Vorräte zu veranlassen und das Ergebnis in das Schiffstagebuch einzutragen. Auch hat das Seemannsamt, falls die Beschwerde sich als begründet erweist, für die geeignete Abhilfe Sorge zu tragen.

Kommt der Kapitän den zu diesem Behufe getroffenen Anordnungen nicht nach, so kann jeder Schiffsoffizier und jeder Schiffsmann seine Entlassung mit der für den Fall des § 74 Nr. 1 vorgesehenen Wirkung (§ 76) fordern.

[1]) Vgl. Wagner S. 443ff.; Brodmann GZ. 58, 634; Ritter, Die öffentlich-rechtlichen Pflichten des Schiffers vor Antritt der Reise. S. 91ff. — Strafvorschriften §§ 108, 112. Über den Fall, daß nur ein oder zwei Seeleute angemustert sind, vgl. Haerle S. 64. — Eingehend Korn S. 66ff.

[2]) Über die Natur dieser Beschwerde zutreffend Löwe S. 55 gegen Wagner S. 445. Vgl. auch Haerle S. 64ff.

[3]) Evtl. der Konsul. Vgl. § 5 und Allg. Instruktion zum Konf.-Ges. § 37 Nr. 3 Abs. 3.

§ 59[1]). Wenn der Schiffsmann nach Antritt des Dienstes oder nach der Anmusterung wegen einer Krankheit oder Verletzung der Heilbehandlung bedarf oder arbeitsunfähig wird, so ist der Reeder verpflichtet, die Kosten der Verpflegung und Heilbehandlung (Krankenfürsorge) zu tragen[2]), solange der Schiffsmann sich an Bord des Schiffes oder auf einer durch den Dienst veranlaßten

Reise befindet[3]). Die Verpflichtung der Reeders tritt nicht ein, wenn der Schiffsmann im Ausland in den Dienst getreten oder angemustert ist, die Krankheit oder Verletzung schon vor dem Eintritt in das Dienstverhältnis bestand und der Schiffsmann wegen der Krankheit oder Verletzung die Reise nicht angetreten hat.

Die Krankenfürsorge umfaßt die Verpflegung des Kranken und die Heilbehandlung; zur Heilbehandlung gehört die ärztliche Behandlung sowie die Versorgung mit Arznei und den gebräuchlichen Heilmitteln, die an Bord des Schiffes vorhanden sein müssen oder während des Aufenthalts in einem Hafen zu beschaffen sind.

Liegt das Schiff in einem inländischen Hafen, so hat der Schiffsmann, solange er im Dienste bleibt, die Wahl zwischen der Heilbehandlung auf Kosten des Reeders und der Krankenpflege des Trägers der Krankenversicherung. Der Reeder kann jedoch den Schiffsmann an den Träger der Krankenversicherung überweisen, wenn ein Schiffsarzt oder ein Vertragsarzt des Reeders nicht zur Verfügung steht oder wenn die Krankheit oder das Verhalten des Kranken das Verbleiben im Dienste nicht zulassen oder den Erfolg der Behandlung gefährden.

Der Reeder ist berechtigt, dem Schiffsmann im Ausland die Verpflegung und Heilbehandlung in einer Krankenanstalt zu gewähren[4]). Hat der Schiffsmann an dem Orte, wo er das Schiff verläßt oder in eine Krankenanstalt aufgenommen werden soll, einen eigenen Haushalt oder Familienangehörige, mit denen er in häuslicher Gemeinschaft lebt, so kann die Aufnahme in die Krankenanstalt ohne seine Zustimmung nur unter den Voraussetzungen des § 184 Abs. 3 der Reichsversicherungsordnung erfolgen. In den Fällen des § 184 Abs. 3 Nr. 1, 2, 4 der Reichsversicherungsordnung[5]) soll der Reeder möglichst Krankenanstaltspflege gewähren.

Ein Schiffsmann, der wegen Krankheit oder Verletzung im Ausland zurückgeblieben ist, kann mit seiner Einwilligung und der des behandelnden Arztes oder des Seemannsamts nach einem deutschen Hafen überführt werden. Ist der Schiffsmann außerstande, die Zustimmung zu erteilen, oder verweigert er sie ohne berechtigten Grund, so kann sie nach Anhörung eines Arztes durch das Seemannsamt des Aufenthaltsorts ersetzt werden.

Der Schiffsmann, der sich ohne berechtigten Grund weigert, die angebotene Heilbehandlung oder Krankenanstaltspflege anzunehmen, verwirkt, solange er sich weigert, den Anspruch auf kostenfreie Krankenfürsorge; diese Zeitdauer wird in den für die Krankenfürsorge bestimmten Zeitraum eingerechnet.

Die Krankenfürsorge endet, sobald der Schiffsmann in einem inländischen Hafen das Schiff verläßt; sie ist jedoch, wenn mit der Unterbrechung Gefahr verbunden ist, fortzusetzen, bis der zuständige Träger der Krankenversicherung anzeigt, daß er die Leistungen der Krankenversicherung übernimmt.

Im Ausland hat der Reeder die Krankenfürsorge auch für die Zeit nach dem Verlassen des Schiffes zu gewähren, wenn der Schiffsmann wegen der Krankheit oder Verletzung das Schiff hat verlassen müssen. Die Krankenfürsorge endet mit dem Ablauf der sechsundzwanzigsten Woche nach dem Verlassen des Schiffes; sie endet schon vor Ablauf dieser Frist, wenn der Schiffsmann vorher in das Inland zurückbefördert ist oder zurückkehrt.

Ist der Schiffsmann nicht gegen Krankheit nach der Reichsversicherungsordnung versichert, so endet die Krankenfürsorge, wenn er die Reise nicht angetreten hat, mit dem Ablauf der sechsundzwanzigsten Woche seit der Erkrankung oder Verletzung, anderenfalls mit dem Ablauf der sechsundzwanzigsten Woche seit dem Verlassen des Schiffes.

Bei Verletzung infolge eines Betriebsunfalls hört dem Verletzten gegenüber die Fürsorge auf, sobald der zuständige Träger der Unfallversicherung dem Reeder anzeigt, daß er mit seinen Leistungen beginnt.

Bei Streit zwischen dem Schiffsmann und seinem Reeder über die Krankenfürsorge entscheidet vorläufig das Seemannsamt, das zuerst angerufen wird.

[1]) In der Fassung d. Ges. v. 16. Dez. 1927 (RGBl. I S. 337).

[2]) „Heilbehandlung" umfaßt sowohl die ärztliche Behandlung als die Lieferung von Hilfsmitteln zur Krankenpflege (Begründung, S. 67). Kein Anspruch auf Naturalleistung, sondern nur auf Kostenersatz. HansOLG. Bbl. 1911 Nr. 161. Wohl aber kann der Reeder verlangen, daß der Seemann sich der Krankenhausbehandlung unterwirft. Weigert sich der Schiffsmann, so ist der Reeder befreit. Der Beweis, daß der Reeder bei anderweitiger Heilung nicht schlechter dasteht, kann nicht zugelassen werden. HansOLG. ibid.

[3]) Hat der Reeder Krankenhausbehandlung verlangt (vgl. vorige Anm.) und bricht die Krankheit nach Abschluß derselben wieder aus, so muß sich der Schiffsmann wieder mit dem Reeder in Verbindung setzen und evtl. dessen Einverständnis zu privater Behandlung einholen. HansOLG. Bbl. 1911 Nr. 161. Der Anspruch des Seemanns ist grundsätzlich unabhängig davon, ob und inwieweit die Krankheit seine Erwerbsfähigkeit herabsetzt. Er braucht sich einen anderweiten Verdienst nicht auf die Verpflegungskosten anrechnen zu lassen. Die Fürsorgepflicht des Reeders entfällt, wenn die Berufsgenossenschaft eintritt oder ein neuer Reeder oder Dienstherr die Verpflegung usw. übernimmt. LG. Bremen Bbl. 1911 Nr. 29.

[4]) Das Recht des nach Antritt der Reise erkrankten Seemannes auf Heilbehandlung für 26 Wochen gegen die Reederei wird durch Verstöße gegen die Krankenhausdisziplin nicht beeinträchtigt, wenn dadurch seine Heilung nicht wesentlich erschwert wird. HansOLG. HansRZ. 1926 S. 741. Blütmann, Der Anspruch auf Sterbegeld beim Tode unbestattet gebliebener oder ohne Kostenaufwand bestatteter Versicherter (Krankenversicherung der Seeleute). Hansa 1928, 689. Lehmann, HansRGZ. 28 A, 715: Die Behandlung geschlechtskranker Seeleute an Bord.

Vgl. Ges. v. 16. Dez. 1927 über die Krankenversicherung der

Seeleute (RGBl. 1927 I S. 337). Die auf Grund dises Gesetzes gegründete See-Krankenkasse hat ihren Sitz in Hamburg. Der Inhalt des Gesetzes ist kurz folgender:

Kraft Gesetzes sind bei der See-Krankenkasse versichert: die Seeleute, die zugleich bei der See-Berufsgenossenschaft gegen Unfall versichert sind, ferner Seeleute von Beruf, die nicht für eine Fahrt angemustert sind, für die Zeit, während der sie vorübergehend auf einem deutschen Seefahrzeug in einem deutschen Hafen mit Dienst an Bord für Rechnung des Reeders beschäftigt sind. Als Seeleute im Sinne der Reichsversicherungsordnung und der Satzung gelten die Mitglieder der Besatzung deutscher Seefahrzeuge, insbesondere der Kapitän (Schiffer), die Schiffsoffiziere und die sonstigen zum Dienst auf dem Schiff während der Fahrt für Rechnung des Reeders geheuerten Personen, ohne Unterschied, ob die Anmusterung erfolgt ist oder nicht, mit Ausnahme der Lotsen.

Versicherungsfrei sind Kapitäne, deren Jahresarbeitsverdienst (wirkliches Arbeitseinkommen zuzüglich des Wertes der an Bord gewährten Beköstigung) die Grenze von 8400 RM. überschreitet. Kapitäne von Fischereifahrzeugen sind ohne Rücksicht auf die Höhe ihres Jahresarbeitsverdienstes versichernugspflichtig.

Neben der gesetzlichen Versicherungspflicht ist freiwillige Versicherung vorgesehen.

Für die Mitgliedschaft zur See-Krankenkasse ist für jeden Versicherungsfall ein Nachweis zu erbringen, und zwar: für den Versicherten selbst durch das Seefahrtsbuch oder eine Bescheinigung des Seemannsamtes oder des Reeders bzw. des Kapitäns, ferner auch durch eine Bescheinigung der See-Krankenkasse, für die Angehörigen des Versicherten durch eine Bescheinigung des Reeders oder des Kapitäns, ferner auch durch eine Bescheinigung des Seemannsamtes oder der See-Krankenkasse. Zum Nachweis der Familienangehörigkeit bedarf es außerdem für den Fall der Inanspruchnahme der Kasse einer amtlichen Bescheinigung über den Personenstand.

Seeleute, die nicht in Betrieben beschäftigt sind, die zur See-Berufsgenossenschaft gehören, insbesondere also solche, die bei der Zweiganstalt der See-Berufsgenossenschaft (Kleinschiffer und Küstenschiffer) versichert sind, sind nach dem Gesetz über die Krankenversicherung der Seeleute bei den zuständigen allgemeinen Orts- (Land-) Krankenkassen versicherungspflichtig.

Die Leistungen der See-Krankenkasse sind im allgemeinen dieselben, die die Ortskrankenkasse Hamburg ihren Mitgliedern und deren Familienangehörigen gewährt. Die See-Krankenkasse gewährt den Mitgliedern für ihre Person Krankenhilfe, Wochenhilfe und Sterbegeld, für ihre Familienmitglieder Familienhilfe. Die Krankenhilfe ruht insbesondere, solange der Seemann sich an Bord des Schiffes auf der Reise oder im Auslande befindet (Reederfürsorge), aber nur für den Seemann selbst, nicht auch für seine Familienangehörigen. Der Versicherte und seine Familienangehörigen erhalten im Regelfall im Auftrage und für Rechnung der See-Krankenkasse die in ihrer Satzung aufgeführten Leistungen von der Allgemeinen Ortskrankenkasse bzw. Landkrankenkasse des Beschäftigungs-, Wohn- oder Aufenthaltsorts oder der Betriebskrankenkasse seiner Reederei. Zwischen diesen Kassen hat der Versicherte die Wahl. Als Beitrag werden zweieinhalb Hundertteile des Grundlohnes erhoben, von denen der Reeder zwei Fünftel und der Versicherte drei Fünftel zu tragen haben. Die freiwillig Versicherten haben die Beiträge voll zu bezahlen.

Vgl. Müller, Die Krankenversicherung der Seeleute. Hansa 1927, 1893 u. 2041.

[5]) § 184 Abs. 3 RVO. lautet: Der Zustimmung bedarf es nicht, wenn 1. die Art der Krankheit eine Behandlung oder Pflege verlangt, die in der Familie des Erkrankten nicht möglich ist, 2. die Krankheit ansteckend ist, 3. der Erkrankte wiederholt der Krankenordnung (§ 347) oder den Anordnungen des behandelnden Arztes zuwidergehandelt hat, 4. sein Zustand oder Verhalten seine fortgesetzte Beobachtung erfordert.

§ 60[1]). Dem Schiffsmann gebührt, wenn er nicht mit dem Schiffe nach dem Hafen der Ausreise (§ 14) zurückkehrt, freie Zurückbeförderung (§§ 78, 79) nach diesem Hafen oder nach Wahl des Kapitäns eine entsprechende, im Streitfall vom Seemannsamte vorläufig festzusetzende Vergütung.

Liegt der Hafen der Ausreise außerhalb des Reichsgebiets[2]), so kann der in einem deutschen Hafen geheuerte Schiffsmann in den Fällen des § 59 Abs. 1, des § 66 Abs. 3 und der §§ 69, 71, 72, 79 die Rückbeförderung auch nach dem Hafen, wo er geheuert ist, verlangen. Im übrigen kann vereinbart werden, daß für die dem Schiffsmann in den vorbezeichneten Fällen zustehenden Rückbeförderungsansprüche an Stelle des Hafens der Ausreise ein anderer Hafen, insbesondere derjenige, wo die Heuerung oder die Anmusterung stattgefunden hat, treten soll.

Unterläßt es der Reeder oder sein Vertreter, dem Anspruche des Schiffsmanns auf freie Zurückbeförderung innerhalb einer vom Seemannsamte gestellten Frist zu genügen, oder befindet sich der Reeder oder sein Vertreter wegen Abwesenheit nicht in der Lage, entsprechende Vorkehrungen zu treffen, so kann das Seemannsamt, sofern dadurch dem Reeder keine höheren Kosten erwachsen, auf Antrag des Schiffsmanns anordnen, daß an die Stelle des gesetzlich oder vertragsmäßig bestimmten Rückbeförderungshafens ein anderer, vom Seemannsamte zu bezeichnender Hafen tritt.

[1]) Abs. 1 ist eingefügt durch Ges. v. 16. Dez. 1927 (RGBl. I S. 337); Abs. 2 hat die Fassung des Gesetzes v. 12. Mai 1904 (RGBl. S. 167) behalten. (Mit kleinen redaktionellen Änderungen.)

[2]) Vgl. § 134.

§ 61[1]). Die Heuer bezieht der erkrankte oder verletzte Schiffsmann[2]):

1. wenn er die Reise nicht antritt, bis zur Einstellung des Dienstes;
2. wenn er die Reise angetreten hat, bis zu dem Tage, an welchem er das Schiff verläßt.

Hat der kranke oder verletzte Schiffsmann, der das Schiff verlassen hat, Angehörige, die er bisher ganz oder überwiegend aus seinem Arbeitsverdienst unterhalten hat[3]), so ist für die Dauer der Arbeitsunfähigkeit oder des Aufenthalts in einer Krankenanstalt ein Drittel der Heuer zu zahlen, solange er sich im Ausland befindet und Anspruch auf kostenfreie Krankenfürsorge gegen den Reeder hat. Die Zahlung kann unmittelbar an die Angehörigen erfolgen.

Ist der Schiffsmann bei der Verteidigung des Schiffes zu Schaden gekommen, so hat er auf eine angemessene, im Streitfalle vom Seemannsamte vorläufig festzusetzende Belohnung Anspruch[4]).

[1]) Abs. 2. In der Fassung des Ges. v. 16. Dez. 1927 (RGBl. I S. 337).

[2]) Vgl. §§ 134 und 62, ferner § 80 und HGB. § 553 a.

[3]) Hierzu Loewe S. 60, Haerle S. 75.

[4]) S. §§ 128 ff.

§ 62[1]). Auf den Schiffsmann, welcher die Krankheit oder Verletzung durch eine strafbare Handlung[2]) sich zugezogen oder den Dienst ohne einen ihn nach § 74 dazu berechtigenden Grund verlassen hat, finden die §§ 59 bis 61 keine Anwendung.

Ob die Voraussetzungen des Abs. 1 vorliegen, entscheidet vorläufig das Seemannsamt.

[1]) S. § 134. Vgl. HGB. § 553 b.

[2]) Jede mit Strafe bedrohte Handlung kommt in Betracht, auch Übertretungen wie die des § 96 (anders für Verfehlungen gegen die Disziplin Brodmann, zu § 62). Die Krankheit oder Verletzung braucht nicht die unmittelbare Folge der strafbaren Handlung zu sein (Beispiele bei Loewe S. 61).

§ 63[1]). Muß der Schiffsmann wegen Erkrankung oder Verletzung am Lande zurückgelassen werden, so hat, soweit der Schiffsmann nicht ein anderes bestimmt, der Kapitän die Sachen und das Heuerguthaben des Schiffsmanns behufs Fürsorge für deren Aufbewahrung dem am Orte der Zurücklassung befindlichen Seemannsamte zu überliefern. Mit Genehmigung dieses Seemannsamts kann die Überlieferung an eine andere geeignete Stelle, insbesondere an die Verwaltung der Krankenanstalt, in welche der Schiffsmann aufgenommen ist, erfolgen. Das gleiche gilt, wenn sich am Orte der Zurücklassung kein Seemannsamt befindet. In diesem Falle hat der Kapitän dem Seemannsamt, in dessen Bezirke die Zurücklassung erfolgt, von dem Sachverhalt Anzeige zu machen.

Der Kapitän hat bei Überlieferung der Sachen eine von ihm und einem Schiffsoffizier, in Ermangelung eines solchen von einem Schiffsmanne, zu unterschreibende Aufzeichnung der Sachen und des Betrags des Heuerguthabens beizufügen und ein zweites Exemplar der Aufzeichnung unter Vermerk der Aufbewahrungsstelle dem Schiffsmanne zu übergeben.

Bei Erkrankung oder Verletzung des Kapitäns hat der Stellvertreter mit den Sachen des Kapitäns nach den Vorschriften der Abs. 1, 2 zu verfahren.

[1]) S. § 134. — Strafvorschrift: § 114 Nr. 10.

§ 64[1]). Stirbt der Schiffsmann nach Antritt des Dienstes, so hat der Reeder die bis zum Todestage verdiente Heuer (§ 80) zu zahlen und, sofern der Tod innerhalb der Zeit der Fürsorgepflicht des Reeders (§ 59) erfolgt, die Bestattungskosten zu tragen[2]).

Ist anzunehmen, daß das Schiff innerhalb vierundzwanzig Stunden einen Hafen erreicht, so ist, falls nicht gesundheitliche Bedenken entgegenstehen, die Leiche mitzunehmen und für deren Bestattung am Lande Sorge zu tragen.

Die Art der Bestattung auf See muß den Seegebräuchen entsprechen.

Wird der Schiffsmann bei Verteidigung des Schiffes getötet, so hat der Reeder eine angemessene, erforderlichenfalls von dem Richter zu bestimmende Belohnung zu entrichten.

[1]) S. § 134. — Strafvorschrift: § 114 Nr. 11. — Vgl. HGB. § 554 u. SeeUVG. § 21.

[2]) Gegen denjenigen, der den Tod des Seemanns schuldhaft herbeigeführt hat, hat der Reeder Regreß nach BGB. § 844.

§ 65[1]). Der auf dem Schiffe während der Reise eintretende Tod des Kapitäns oder eines Schiffsmanns ist gemäß §§ 61 bis 64 des Gesetzes über die Beurkundung des Personenstandes und die Eheschließung vom 6. Februar 1875 (RGBl. S. 23) bei Vermeidung der im § 68 daselbst angedrohten Strafe zu beurkunden[2]).

Soweit der Nachlaß eines verstorbenen Schiffsmanns sich an Bord befindet, hat der Kapitän für die Aufzeichnung und sorgfältige Aufbewahrung sowie erforderlichenfalls für den Verkauf des Nachlasses im Wege der Versteigerung[3]) Sorge zu tragen. Die Aufzeichnung ist unter Zuziehung von zwei Schiffsoffizieren oder anderen glaubhaften Personen vorzunehmen[4]).

Die Nachlaßgegenstände selbst, der etwaige Erlös aus denselben sowie das etwaige Heuerguthaben sind nebst der erwähnten Aufzeichnung und dem Nachweis über den Todesfall demjenigen Seemannsamte, bei dem es zuerst geschehen kann, oder mit dessen Genehmigung dem Seemannsamte des Ausreise- oder des Heimatshafens zu übergeben[5]).

Für den Nachlaß des während der Reise verstorbenen Kapitäns hat der Stellvertreter nach Maßgabe der Vorschriften der Abs. 2, 3 Sorge zu tragen.

[1]) Strafvorschrift: § 114 Nr. 10.

[2]) Vgl. Schaps I 212.

[3]) Dieselbe braucht nicht öffentlich zu sein, kann also erforderlichenfalls im Kreise der Schiffsmannschaft stattfinden (Perels S. 35).

[4]) Auch Schiffsleute können zugezogen werden. Korn S. 59.

[5]) Vgl. PrV. über Auslieferung der Seemannsnachlässe (HMBl. 1907 S. 217).

§ 66. Der für eine Reise[1]) geheuerte Schiffsmann ist verpflichtet, während der ganzen Reise, einschließlich etwaiger Zwischenreisen, bis zur Beendigung der Rückreise im Dienste zu verbleiben, wenn in dem Heuervertrage nicht ein anderes bestimmt ist.

Unter Rückreise im Sinne des Abs. 1 ist die Reise nach dem Hafen zu verstehen, von welchem das Schiff seine Ausreise angetreten hat. Wenn jedoch das Schiff von einem nichteuropäischen Hafen (§ 82) kommt und seine

Ausreise von einem deutschen Hafen angetreten hat, so gilt auch jede Reise nach einem Hafen Großbritanniens, des Kanals, der Nordsee, des Kattegats, des Sundes oder der Ostsee als Rückreise, falls die Reise tatsächlich in dem betreffenden Hafen endet, und dies der Schiffsmannschaft spätestens alsbald nach der Ankunft vom Kapitän erklärt wird.

Endet die Rückreise nicht in dem Hafen der Ausreise, so hat der Schiffsmann Anspruch auf freie Zurückbeförderung (§§ 78, 79) nach diesem Hafen oder nach Wahl des Kapitäns auf eine entsprechende, im Streitfalle vom Seemannsamte vorläufig festzusetzende[2]) Vergütung; außerdem gebührt ihm neben der verdienten Heuer die Heuer für die Dauer der Zurückbeförderung (§ 73).

[1]) Note 5 zu § 28. Die Reise endet mit der Rückkehr in den Ausreisehafen, mag dieselbe auch früher erfolgen, als bei Eingehung des Heuervertrages angenommen wurde (HG. Hamburg im Hbl. 1875, Nr. 269, S. 386).

[2]) §§ 128ff.

§ 67[1]). Der für eine bestimmte Zeit geheuerte Schiffsmann ist, sofern keine andere Vereinbarung getroffen ist, verpflichtet, bis zum Ablaufe dieser Zeit im Dienste zu verbleiben.

Läuft die Dienstzeit während einer Reise ab, so kann in Ermangelung einer anderen Vereinbarung der Schiffsmann seine Entlassung erst im nächsten Hafen, welchen das Schiff zum Löschen oder Laden[2]) anläuft, verlangen. Ist es nach Bescheinigung des Seemannsamts oder in Ermangelung eines solchen der örtlichen Behörde, dem Kapitän nicht möglich, in dem Hafen einen Ersatzmann anzuheuern, so ist der Schiffsmann verpflichtet, gegen eine Erhöhung der Heuer um ein Viertel, den Dienst bis zu einem Hafen, in welchem der Ersatz möglich ist, längstens aber noch drei Monate hindurch fortzusetzen. Ist der Schiffsmann in einem deutschen Hafen geheuert, so muß auf sein Verlangen das Dienstverhältnis unter den bisherigen Bedingungen bis zur Rückkehr nach einem deutschen Hafen, längstens aber noch drei Monate hindurch fortgesetzt werden.

[1]) Wittich, SZ. 57, S. 139ff.; Haerle S. 81ff.

[2]) Nicht bloß zur Empfangnahme der Order oder zum Aus- und Einschiffen von Passagieren (Begründung S. 71); Wüstendörfer S. 679. Auch nicht im Nothafen.

§ 68. Nach beendigter Reise kann der Schiffsmann seine Entlassung nicht früher verlangen, als bis die Ladung gelöscht, das Schiff gereinigt[1]) und im Hafen oder an einem anderen Orte festgemacht, auch die etwa erforderliche Verklarung[2]) abgelegt ist.

[1]) Die Löschung der Ladung und die Reinigung des Schiffs im Endhafen pflegt im Großschiffahrtsbetrieb nicht durch die Schiffsmannschaft, sondern durch Schauerleute besorgt zu werden (Begründung S. 71). — Der Schiffsmann hat Anspruch auf besondere Vergütung (Fortgewährung der Heuer) Pappenheim II S. 549; Wüstendörfer S. 679.

[2]) § 42.

§ 69. Der Heuervertrag endet, wenn das Schiff durch einen Zufall dem Reeder verlorengeht[1]), insbesondere

1. wenn es verunglückt;
2. wenn es als reparaturunfähig oder reparaturunwürdig kondemniert (§ 479 des Handelsgesetzbuchs) und in dem letzteren Falle ohne Verzug öffentlich verkauft wird;
3. wenn es geraubt wird;
4. wenn es aufgebracht oder angehalten und für gute Prise erklärt wird.

Der Schiffsmann hat in diesen Fällen Anspruch auf freie Zurückbeförderung[2]) (§§ 78, 79) nach dem Hafen der Ausreise[3]) oder nach Wahl des Kapitäns auf eine entsprechende, im Streitfall von dem Seemannsamte vorläufig festzusetzende[4]) Vergütung[5]). Außer der verdienten

Heuer erhält er im Falle der Ziffer 1 für jeden Tag der infolge des Schiffbruchs eingetretenen Arbeitslosigkeit eine Entschädigung in Höhe des Tagesbetrags seiner Heuer, jedoch höchstens bis zum Gesamtbetrage von zwei Monatsheuern und, wenn als Dauer der Zurückbeförderung nach § 73 ein längerer Zeitraum als zwei Monate anzunehmen ist, für die darüber hinausgehende Zeit den Betrag der halben Heuer. In den Fällen der Ziffern 2 bis 4 ist ihm außer der freien Zurückbeförderung oder der entsprechenden Vergütung der Betrag der halben Heuer für die nach § 73 anzunehmende Dauer der Zurückbeförderung zu gewähren.

[1]) Für den Kapitän vgl. § 555 HGB. — Im Falle nicht freiwilliger Veräußerung stehen dem Schiffsmann nur die Ansprüche des § 69 SO. zu. HansOLG. HansRZ. 1920 S. 554. Bei Linienreedereien oder Reedereien mit größerem Schiffsbestand tritt an Stelle des individuellen Schiffs eine Mehrzahl gleichartiger Schiffe. § 69 tritt dann hinter § 279 BGB. zurück. Vgl. dazu Wüstendörfer S. 683. Über den Begriff des „Verlorengehens" vgl. Pappenheim III S. 565.

[2]) Vgl. § 547 HGB. (I. 283). — Unter Zurückbeförderung fällt nicht nur die eigentliche Rückfahrt, sondern auch der Aufenthalt im Auslande bis zur Fahrgelegenheit und eine unverschuldete Unterbrechung der Reise. Danach ist auch die „entsprechende Vergütung", die statt der Beförderung zu gewähren ist, zu bemessen. § 73 hat hiermit nichts zu schaffen, sondern gibt nur die Pauschalentschädigung für entgangenen Verdienst. RG. 103 S. 397; HansRZ. 1922, 278. Vgl. ferner: Hamburg, HansGZ. 23, 6. Der Anspruch auf freie Zurückbeförderung nach dem Hafen der Ausreise hat zur Voraussetzung, daß der Schiffsmann die erste ordnungsmäßige Reisegelegenheit, die sich ihm nach Beendigung des Heuervertrags bietet, benutzt. (Vgl. RG. HansGZ. 22, 124.) Tritt der Seemann seine Heimreise nach längerer Zeit an, ohne sich vorher mit dem Reeder in Verbindung gesetzt zu haben, so liegt ein Verzicht auf die Rechte der §§ 69, 78, 79 vor. HansOLG. Hbl. 1923, 6. Der Reeder genügt seiner Pflicht, wenn er dem Schiffsmann das Geld für die Überfahrt erstattet oder für ihn einen Platz auf einem Schiff kostenfrei belegt. Für die Beförderung selbst, die Seetüchtigkeit des Schiffes usw. haftet der Reeder

nicht. LG. Hamb. Hansa 1908, 38; HansOLG. Hbl. 1908 Nr. 2. über privatrechtliche Vereinbarungen zwischen Reeder und Polizeibehörde HansOLG. HansRGZ. 1931, B 579.

3) S. § 60. — HGZ. Hbl. 1907 Nr. 121 (SeuffArch. 63 Nr. 67): Nicht maßgebend ist der Hafen der Anheuerung oder Anmusterung. Abweichende vertragliche Regelung ist zulässig.

4) §§ 128ff.

5) Vgl. auch das Genueser Übereink. über die Gewährung einer Entschädigung für Arbeitslosigkeit infolge von Schiffbruch. (RGBl. 1929 II 759).

§ 70. Der Kapitän kann den Schiffsmann vor Ablauf der Dienstzeit entlassen[1]):

1. solange die Reise noch nicht angetreten ist, wenn der Schiffsmann zu dem Dienste, zu welchem er sich verheuert hat, untauglich ist[2]);
2. wenn der Schiffsmann eines groben Dienstvergehens[3]), insbesondere wiederholten Ungehorsams[4]), fortgesetzter Widerspenstigkeit, wiederholter Trunkenheit im Dienste oder der Schmuggelei sich schuldig macht;
3. wenn der Schiffsmann des Vergehens des Diebstahls, Betrugs, der Untreue, Unterschlagung, Hehlerei oder Urkundenfälschung oder einer mit Todesstrafe oder mit Zuchthaus bedrohten Handlung sich schuldig macht;
4. wenn der Schiffsmann durch eine strafbare Handlung eine Krankheit oder Verletzung sich zuzieht, welche ihn arbeitsunfähig macht;
5. wenn der Schiffsmann mit einer geschlechtlichen Krankheit behaftet ist, die den übrigen an Bord befindlichen Personen Gefahr bringen kann. Ob dies der Fall ist, bestimmt sich, sofern ein Arzt zu erlangen ist, nach dessen Gutachten;
6. wenn die Reise, für welche der Schiffsmann geheuert war, wegen Krieg, Embargo oder Blockade, wegen eines Ausfuhr- oder Einfuhrverbots oder

wegen eines anderen, Schiff oder Ladung betreffenden Zufalls nicht angetreten oder fortgesetzt werden kann[5]).

Der Kapitän muß die Entlassung sowie deren Grund, sobald es geschehen kann, dem Schiffsmanne mitteilen und in den Fällen des Abs. 1 Nr. 2 bis 5 spätestens bevor dieser das Schiff verläßt, in das Schiffstagebuch eintragen[6]). Dem Schiffsmann ist auf Verlangen eine vom Kapitän unterzeichnete Abschrift der Eintragung auszuhändigen[7]).

[1]) Die in § 70 aufgezählten Entlassungsgründe sind nicht erschöpfend. Es kommen z. B. noch in Frage: Blockade, 28, Änderung des Dienstes im Widerspruch zum Heuervertrag, Änderung des Charakters der Reise (Fischerei- statt Frachtfahrt) HansOLG. 1905 Nr. 134. Vgl. auch Pappenheim, Entlassung von Personen der Schiffsbesatzung wegen Krieges. LZ. 1915, 1617. Daneben gilt BGB. § 626. Im Prozeß kann eventuell auf andere, bei der Entlassung nicht erwähnte Gründe zurückgegriffen werden (HansOLG. u. RG. Hbl. 1896 Nr. 57; 1897, Nr. 19).

[2]) Auch wenn er nicht die nötige Erfahrung und Sachkenntnis besitzt. Haerle S. 92.

[3]) Hierzu Perels S. 38; LG. Hamburg u. HansOLG. Hbl. 1882 Nr. 76, auch HG. Hamburg Hbl. 1876 Nr. 186. — Ein „grobes Dienstvergehen" liegt nicht ohne weiteres vor, wenn ein Fall des § 96 gegeben ist.

[4]) HansOLG. im Hbl. 1905 Nr. 120; Hansa 1905, 544ff.

[5]) Diese für den Fall der Reiseheuerung gegebene Vorschrift muß analog auch bei Zeitheuerung gelten, wenn der Betrieb der Reederei durch höhere Gewalt völlig stillgelegt wird. Ebenso Pappenheim LZ. 1915, 1617; Wüstendörfer S. 682 Note 89.

[6]) S. 814 Note 1. — Strafvorschrift: § 114 Nr. 12. — Vgl. auch Haerle S. 94ff.

[7]) Außerhalb des Reichsgebiets zurücklassen darf der Kapitän den Schiffsmann nur nach Maßgabe von § 83.

§ 71[1]). Dem Schiffsmanne gebührt in den Fällen des § 70 Nr. 1 bis 4 nicht mehr als die verdiente Heuer (§ 80)[2]).

Im Falle der Nr. 5 bestimmen sich die Ansprüche des Schiffsmanns nach den Vorschriften der §§ 59 bis 61[3]). Dies gilt für Angehörige eines auswärtigen Staates nur insoweit, als nach einer im Reichs-Gesetzblatt enthaltenen Bekanntmachung Deutschen, die zum Dienste auf einem Schiffe dieses Staates angestellt sind, durch die dortige Gesetzgebung oder durch Staatsvertrag eine entsprechende Fürsorge gewährleistet ist[4]).

In den Fällen der Nr. 6 stehen dem Schiffsmanne, wenn die Entlassung nach Antritt der Reise erfolgt, die im § 69 Abs. 2 bezeichneten Ansprüche zu.

[1]) Vgl. für den Kapitän HGB. § 547.

[2]) Aber auch nicht weniger (HG. Hamburg im Hbl. 1878. Note 1).

[3]) Es muß heißen: §§ 59—62. Vgl. Pappenheim II 572 Note 1.

[4]) Vgl. die kritischen Bemerkungen bei Pappenheim II S. 572. — Erweiterung der Vorschrift durch Tarifvertrag: vgl. Wüstendörfer S. 686.

§ 72. Der für eine Reise geheuerte Schiffsmann[1]), welcher aus anderen als aus den im § 70 erwähnten Gründen vor Ablauf des Heuervertrags entlassen wird[2]), erhält als Entschädigung[3]) die Heuer für einen Monat unter Anrechnung der etwa empfangenen Hand- und Vorschußgelder.

Ist die Entlassung erst nach Antritt der Reise erfolgt, so hat er außerdem Anspruch auf freie Zurückbeförderung (§§ 78, 79) nach dem Hafen der Ausreise[4]) oder nach Wahl des Kapitäns auf eine entsprechende, im Streitfalle von dem Seemannsamte vorläufig festzusetzende[5]) Vergütung. Auch erhält er außer der im Abs. 1 vorgesehenen und der verdienten Heuer (§ 80) die Heuer für die nach § 73 zu berechnende voraussichtliche Dauer seiner Reise nach dem Rückbeförderungshafen.

[1]) Vgl. für den Kapitän HGB. § 548. — § 72 gilt auch, wenn der Schiffsmann für unbestimmte Zeit angeheuert, aber zu einer Reise beordert ist (Haerle S. 96).

[2]) Auch im Falle der Unterlassung der Reise: Loewe, S. 69. — Bei vereinbarter Entlassung gilt § 72 nicht (AppG. Kiel, Schleswig-Holst. Anzeiger 1879 S. 100).

[3]) Die Entschädigung beschränkt sich auf diesen Betrag und ist nicht an den Nachweis irgend welchen Schadens gebunden; sie fällt auch nicht fort, wenn der Schiffsmann sofort anderweitigen Erwerb findet: Loewe S. 69. Dem Anspruch kann nicht eine Einrede aus § 43 entgegengehalten werden (LG. Hamburg u. HansOLG. im Hbl. 1882 Nr. 76). — Ist der Schiffsmann für bestimmte Zeit angeheuert, so gilt im Falle ungerechtfertigter Entlassung BGB. § 615. Ein Rückbeförderungsanspruch ist nicht gegeben (ebenso Haerle S. 96, anders AppG. Kiel, Schleswig-Holst. Anzeiger 1879 S. 100).

[4]) Nicht nach dem Anmusterungshafen. Doch ist anderweite Vereinbarung zulässig. HansOLG. Hbl. 1908 Nr. 102. Vgl. auch § 69.

[5]) §§ 128ff.

§ 73. Ist der Rückbeförderungshafen ein deutscher[1]), so wird in Fällen vorzeitiger Entlassung nach Antritt der Reise (§ 72 Abs. 2) behufs Ermittelung der dem Schiffsmanne für die Rückreise gebührenden Heuer die Dauer der Reise unter Zugrundelegung von Dampfschiffsbeförderung, wie folgt, gerechnet:

bei Entlassung:	zu:
a) in einem Hafen der Nordsee oder des Englischen Kanals, der Ostsee oder der an diese angrenzenden Gewässer	1/2 Monat,
b) in einem sonstigen europäischen Hafen (§ 82)	1 „
c) in einem außereuropäischen Hafen, mit Ausnahme der unter d genannten...	1 1/2 „
d) in einem Hafen des Großen Ozeans oder Australiens	2 „

Muß die Rückbeförderung ganz oder teilweise mittels Segelschiffs stattfinden, so ist für die mittels Segelschiffs zurückzulegende Strecke das Doppelte der Dauer der Dampfschiffsbeförderung zu rechnen.

Erfolgt in den Fällen a und b des Abs. 1 die Rückbeförderung unter ausschließlicher Benutzung der Eisenbahn, so wird die Dauer der Reise nicht in Ansatz gebracht.

Die Dauer der Rückreise wird nach Maßgabe des vorstehenden, bei Rückbeförderung nach einem außerdeutschen Hafen unter angemessener Berücksichtigung der Sätze a bis d, im Streitfalle vom Seemannsamte vorläufig festgesetzt[2]).

[1]) Stillschweigende Unterwerfung unter die Grundsätze des Zentralvereins Deutscher Reeder v. 17. Juli 1919. Die Heuer ist auch für die Zeit der Heimreise nach einem deutschen Hafen zu zahlen, wenn auch der Ausreisehafen im Auslande lag. Auch die Kosten des Transports vom Internierungslager nach dem Ausreisehafen trägt die Reederei. HansOLG. Hbl. 1923 S. 45. Vgl. auch HansRZ. 1922, 423 u. 726 und 1923, 24.

[2]) Vgl. §§ 128ff.

§ 74[1]). Der Schiffsmann kann seine Entlassung fordern:[2])

1. wenn sich der Kapitän einer schweren Verletzung seiner Pflichten gegen den Schiffsmann, insbesondere durch Mißhandlung oder durch Duldung solcher seitens anderer Personen der Schiffsbesatzung, durch grundlose Vorenthaltung von Speise und Trank oder durch Verabreichung verdorbenen Proviants schuldig macht[3]);
2. wenn das Schiff die Flagge wechselt[1]);
3. wenn nach Beendigung der Ausreise eine Zwischenreise beschlossen, oder wenn eine Zwischenreise beendigt ist, sofern seit dem Dienstantritt ein oder ein und ein halbes Jahr, je nachdem das Schiff in einem europäischen (§ 82) oder in einem nichteuropäischen Hafen sich befindet, verflossen ist[4]);
4. wenn das Schiff nach einem Hafen bestimmt ist, oder einen Hafen anlaufen soll, der schon zur Zeit der Anmusterung durch Pest, Cholera oder Gelbfieber verseucht war, sofern nicht dem Schiffsmanne bei der Anmusterung dieser Hafen und die Verseuchung mitgeteilt worden ist[5]). Als verseucht im Sinne dieser Vorschrift gilt ein Hafen, in dem ein

Pest-, Cholera- oder Gelbfieberherd vorhanden ist. Der Anspruch auf Entlassung fällt fort, sobald die Verseuchung aufgehört hat;

5. wenn der Schiffsmann beabsichtigt, sich auf eine Schiffer-, Steuermann-, Schiffsingenieur- oder Seemaschinistenprüfung vorzubereiten, oder wenn er nachweist, daß er eine höhere Stellung im Schiffsdienst erhalten kann oder daß nach seiner Anheuerung ein wichtiger Grund für die vorzeitige Beendigung des Heuervertrags eingetreten ist, vorausgesetzt, daß er ohne besondere Kosten für den Reeder einen geeigneten Ersatzmann stellt und durch den Wechsel dem Schiffe kein Aufenthalt entsteht[6]). Ob der vorgeschlagene Ersatzmann geeignet ist, entscheidet im Streitfalle das nächste Seemannsamt.

Der Wechsel des Reeders oder Kapitäns gibt dem Schiffsmanne kein Recht, die Entlassung zu fordern.

[1]) Vgl. § 77.

[2]) Die in § 74 aufgezählten Gründe sind nicht erschöpfend (HansOLG. im Hbl. 1905 Nr. 134): daneben gilt BGB. § 626 (anders die herrschende Meinung. Vgl. Wüstendörfer S. 681f. und die dort zitierte Literatur.) Ein „wichtiger Grund", die Entlassung zu fordern ist insbesondere eine nach dem Vertragsabschluß eintretende Kriegsgefahr (so ROHG. 8 Nr. 81; HansOLG. Hbl. 1906 Nr. 95; 1905 Nr. 134; Lewis 1 S. 215; S. 609; anders OG. Hamburg GZ. 18 S. 573ff.; Entsch. des Obertribunals 66 Nr. 48; Boyens 1 S. 457; Perels S. 41; Loewe S. 72; Haerle S. 10); die Verschweigung des Umstandes, daß das Schiff Kriegskontrebande führt oder gar zur Unterstützung der Flotte eines der Kriegführenden bestimmt ist, aber nur sofern dadurch der Dienst des Schiffsmanns erschwert oder seine Person gefährdet wird (HansOLG. Hbl. 1905, 134); bei Verheuerung für eine bestimmte Reise die Aufgabe dieser und die Inangriffnahme einer anderen Reise (Prot. 2007), aber nur wenn die letztere für den Schiffsmann eine Verschlechterung seiner Vertragslage darstellt; endlich dann, wenn der Schiffsmann durch Verbleiben im Dienst sich einer strafbaren Handlung schuldig machen würde (Kleinfeller S. 609).

S. ferner § 58. — übt der Schiffsmann sein Rücktrittsrecht nicht aus, so besteht der Vertrag fort; von dem stillschweigenden Abschluß eines identischen neuen Vertrages ist keine Rede (RG. 20 S. 187). Die Mannschaft kann auch nicht erhöhte Löhnung verlangen, wenn sie Entlassung nicht fordert. Ein gegenteiliger Handelsgebrauch besteht für Hamburg nicht. (OLG. Hamburg HbL 1906 Nr. 95.)

[3]) Verteilung der Rationen nach englischem, statt nach deutschem Gewicht ist Vorenthaltung. HansOLG. Hansa 1913, 777.

[4]) Vgl. §§ 76 Abs. 1, 77.

[5]) Vgl. §§ 75, 76.

[6]) Begründung S. 74ff.

[7]) Vgl. § 76 Abs. 2.

§ 75. Im Falle des § 74 Nr. 3 kann die Entlassung nicht gefordert werden:

1. wenn der Schiffsmann für eine längere als die daselbst angegebene Zeit sich verheuert hat. Die Verheuerung auf unbestimmte Zeit oder mit der allgemeinen Bestimmung, daß nach Beendigung der Ausreise der Dienst für alle Reisen, welche noch beschlossen werden möchten, fortzusetzen sei, wird als Verheuerung auf solche Zeit nicht angesehen;
2. sobald die Rückkehr angeordnet ist.

§ 76. Der Schiffsmann hat in den Fällen des § 74 Nr. 1, 2 dieselben Ansprüche, welche für den Fall des § 72 bestimmt sind.

In den Fällen des § 74 Nr. 3 bis 5 gebührt ihm nicht mehr als die verdiente Heuer. Jedoch hat er im Falle der Nr. 4 die im § 72 bestimmten Ansprüche, sofern bei der Anmusterung im Heimatshafen der Reeder, sein Vertreter (§ 12 Abs. 2) oder der Kapitän, bei der Anmusterung in einem anderen Hafen der Kapitän von der Verseuchung Kenntnis hatte[1]).

[1]) Bei Rücktritt aus sonstigen wichtigen Gründen (BGB. § 626: Note 2 zu § 70) regeln sich die Ansprüche des Schiffsmanns nach BGB. § 628.

§ 77[1]). Im Auslande darf der Schiffsmann, welcher

seine Entlassung fordert, außer in dem Falle eines Flaggenwechsels gegen den Willen des Kapitäns erst auf Grund einer vorläufigen Entscheidung des Seemannsamts (§ 129) den Dienst verlassen[1]).

[1]) Strafvorschrift: § 95.

[2]) Das gilt auch dann, wenn der Schiffsmann nach Ablauf der vertragsmäßigen Dienstzeit entlassen sein will. RG. Recht 1907 Nr. 585.

§ 78. Ist nach den Bestimmungen dieses Gesetzes ein Anspruch auf freie Zurückbeförderung begründet, so umfaßt er auch den Unterhalt während der Reise sowie die Beförderung der Sachen des Schiffsmanns[1]). Den Schiffsoffizieren ist die Zurückbeförderung und der Unterhalt in der Kajüte zu gewähren.

Im Streitfall entscheidet über die Art der Zurückbeförderung vorläufig das abmusternde Seemannsamt[2]).

[1]) Vgl. für den Kapitän HGB. § 547 Abs. 3. — Ferner RG. HansRZ. 1922, 278; Wüstendörfer S. 684.

[2]) §§ 128ff.

§ 79. Dem Anspruch auf freie Zurückbeförderung und auf Fortbezug von Heuer für die Dauer der Zurückbeförderung wird genügt, wenn dem Schiffsmanne[1]), welcher arbeitsfähig ist, mit Genehmigung des Seemannsamts ein seiner früheren Stellung entsprechender und durch angemessene Heuer zu vergütender Dienst auf einem deutschen Kauffahrteischiffe nachgewiesen wird[2]), welches nach dem Rückbeförderungshafen oder einem demselben nahe belegenen Hafen geht, im letzteren Falle gebührt dem Schiffsmann eine entsprechende Vergütung für die weitere freie Zurückbeförderung (§ 78) bis zu dem zuerst bezeichneten Hafen.

Ist der Schiffsmann kein Deutscher, so wird ein Schiff seiner Nationalität einem deutschen Schiffe gleichgeachtet.

[1]) Dasselbe gilt für Schiffsoffiziere: Perels S. 42; Wüstendörfer S. 689.

[2]) Hierzu LG. Hamburg im Hbl. 1882 Nr. 76.

§ 80[1]). In den Fällen der §§ 45, 53, 61, 64, 69, 71, 72, 76 wird die verdiente Heuer, sofern die Heuer nicht zeitweise, sondern in Bausch und Bogen für die ganze Reise bedungen ist, mit Rücksicht auf den vollen Heuerbetrag nach Verhältnis der geleisteten Dienste sowie des etwa zurückgelegten Teiles der Reise bestimmt. Zur Ermittelung der in den §§ 72, 73 erwähnten Heuer für einzelne Monate wird die durchschnittliche Dauer der Reise, einschließlich der Ladungs- und Löschungszeit, unter Berücksichtigung der Beschaffenheit des Schiffes in Ansatz gebracht und danach die Heuer für die einzelnen Monate berechnet. Bei Berechnung der Heuer für einzelne Tage wird der Monat zu dreißig Tagen gerechnet.

[1]) Vgl. für den Kapitän HGB. § 548.

§ 81. Der dem Schiffsmann als Lohn zugestandene Anteil an der Fracht oder am Gewinne wird als Heuer im Sinne dieses Gesetzes nicht angesehen[1]).

[1]) Schröder GZ. 32 S. 245.

§ 82[1]). In den Fällen der §§ 66, 73, 74 sind die nichteuropäischen Häfen des Mittelländischen und des Schwarzen Meeres den europäischen Häfen gleichzustellen.

[1]) Vgl. HGB. § 483.

§ 83[1])[2]). Der Kapitän darf einen Schiffsmann außerhalb des Reichsgebiets nicht ohne Genehmigung des Seemannsamts[3]) zurücklassen[4]). Wenn für den Fall der Zurücklassung eine Hilfsbedürftigkeit des Schiffsmanns zu besorgen ist, so kann die Erteilung der Genehmigung davon abhängig gemacht werden, daß der Kapitän gegen den Eintritt der Hilfsbedürftigkeit für einen Zeitraum bis zu drei Monaten Sicherstellung leistet[5]).

Ist der Schiffsmann mit der Zurücklassung einverstanden und befindet sich kein Seemannsamt am Platze und läßt sich auch die Genehmigung eines anderen Seemannsamts ohne Verzögerung der Reise nicht einholen, so ist der Kapitän befugt, den Schiffsmann ohne Genehmigung zurückzulassen. Der Reeder bleibt in diesem Falle für die aus einer etwaigen Hilfsbedürftigkeit des Schiffsmanns während der nächsten drei Monate erwachsenden Kosten haftbar.

Die Bestimmungen des § 127 werden hierdurch nicht berührt.

[1]) Vgl. auch Gesetz betr. die Verpflichtung der Kauffahrteischiffe zur Mitnahme heimzuschaffender Seeleute und Übereinkommen wegen gegenseitiger Unterstützung hilfsbedürftiger Seeleute, unten S. 172ff.

[2]) Strafvorschrift: § 113 Nr. 4.

[3]) HansOLG. 18. Jan. 1928, HansRGZ. 28 B, 227. Haftung der Reederei, wenn ein Schiffsmann im Auslande an Land gesetzt ist. Selbst wenn der Verdacht einer strafbaren Handlung vorliegt, darf der Seemann nicht einer fremdländischen Behörde ausgeliefert und zurückgelassen werden.

[4]) Auch wenn der Seemann einverstanden ist oder der Kapitän berechtigt ist, ihn zu entlassen: „Hansa" 1879 S. 139ff. Vgl. auch Korn S. 63ff.

[5]) Für die Rückerstattung dieser Sicherheit kommt es nicht darauf an, ob der Reeder verpflichtet ist, die für die Verpflegung, Heilung usw. des Schiffsmanns aufgewendeten Kosten zu bezahlen (Entsch. Obertribunal 82 S. 98ff.).

Vierter Abschnitt.

Disziplinarvorschriften.

§ 84. Der Schiffsmann ist der Disziplinargewalt des Kapitäns[1]) unterworfen. Die Ausübung der Disziplinargewalt des Kapitäns kann nur auf den ersten Offizier des Decksdienstes und den ersten Offizier des Maschinendienstes innerhalb ihres Dienstbereichs übertragen werden[2]). Dieselben haben jeden Fall der Ausübung der Disziplinargewalt binnen vierundzwanzig Stunden dem Kapitän anzuzeigen[3]).

[1]) Über dieselbe Loewe S. 78ff. Bernstein, Die Schiffsgewalt (Göttinger Diss. 1904); Weber, Die Schiffsgewalt des Kapitäns (Tübinger Diss. 1907). — Korn S. 41ff.; Perels GZ. 59 S. 104. — Schaps II 176. Mißbrauch: § 111. — Die

Schiffsoffiziere haben dem Kapitän bei der Aufrechterhaltung der Disziplin behilflich zu sein (EOS. 11 S. 471).

[2]) Vgl. dazu Wüstendörfer S. 541.

[3]) Strafvorschrift: § 116.

§ 85.[1]) Der Schiffsmann ist verpflichtet, sich stets nüchtern zu halten und gegen jedermann ein angemessenes und friedfertiges Betragen zu beobachten.

Dem Kapitän, den Schiffsoffizieren und seinen sonstigen Vorgesetzten hat er mit Achtung zu begegnen und ihren dienstlichen Befehlen unweigerlich Folge zu leisten[2]).

[1]) Strafvorschriften: §§ 96, 100—109. Vgl. aber Matthäi, GZ. 56 S. 438.

[2]) Ohne Nachprüfungsrecht: Perels S. 44, vgl. auch zu § 34; HansOLG. v. 30. Sept. 1904 in der Strafsache c/a. Schulze (Rev. II 80/04). HansOLG. Hansa 1915 S. 287.

§ 86. Der Schiffsmann hat dem Kapitän auf Verlangen wahrheitsgemäß und vollständig mitzuteilen, was ihm über die den Schiffsdienst betreffenden Angelegenheiten bekannt ist[1]).

[1]) Die Pflicht dauert, abgesehen von § 68 (Verklarung), nur bis zur Beendigung des Dienstverhältnisses. Das RG. bei Seuffert 43 Nr. 51, will für den Schiffsarzt zeitlich weitergehende Verpflichtungen statuieren. Dagegen Perels S. 44ff.

§ 87[1]). Der Schiffsmann darf ohne Erlaubnis des Kapitäns keine Güter an Bord bringen oder bringen lassen[2]). Für die gegen dieses Verbot beförderten eigenen oder fremden Güter muß er die höchste am Abladungsorte zur Abladungszeit für solche Reisen und Güter bedungene Fracht erstatten, unbeschadet der Verpflichtung zum Ersatz eines erweislich höheren Schadens.

Der Kapitän ist auch befugt, solche Güter über Bord zu werfen, wenn ihr Verbleib an Bord Schiff oder Ladung oder die Gesundheit der an Bord befindlichen Personen gefährden[3]) oder das Einschreiten einer Behörde zur Folge haben kann.

[1]) Vgl. HGB. §§ 544, 563, 564. — Strafvorschrift: § 96 Nr. 5; RGStraff. 42, 120.

[2]) Verträge Dritter mit dem Schiffsmann über die unbefugte Anbordbringung solcher Güter sind nicht ohne weiteres nichtig: HansOLG. im Bbl. 1893 Nr. 155.

[3]) Vgl. auch § 297 StGB. (S. 8).

Mit dem Anbordbringen ist das Vergehen vollendet: RG.-Straff. 42, 294. — Beihilfe ist möglich durch Lieferung von Waren: RGStraff. 41, 70. — Erforderlich ist in allen Fällen das Bewußtsein der Gefährdung RGStraff. 43, 384. Vgl. auch Korn S. 45ff.

§ 88. Die Vorschriften des § 87 finden auch Anwendung, wenn der Schiffsmann ohne Erlaubnis des Kapitäns Waffen oder Munition, Branntwein oder andere geistige Getränke oder mehr an Tabak und Tabakswaren, als er zu seinem Gebrauch auf der beabsichtigten Reise bedarf, an Bord bringt oder bringen läßt. Die gegen dieses Verbot mitgenommenen Gegenstände verfallen dem Schiffe[1]).

[1]) D. h. dem Reeder bzw. Ausrüster.

§ 89[1]). Der Kapitän hat die auf Grund der Vorschriften der §§ 87, 88 getroffenen Anordnungen, sobald es geschehen kann, in das Schiffstagebuch einzutragen.

[1]) Strafvorschrift: § 114 Nr. 12.

§ 90. Liegt das Schiff im Hafen oder auf der Reede, so ist der Kapitän befugt, wenn nach den Umständen eine Entweichung zu befürchten ist, die Sachen der Schiffsleute bis zur Abreise des Schiffes in Verwahrung zu nehmen.

§ 91[1]). Zur Aufrechterhaltung der Ordnung und zur Sicherung der Regelmäßigkeit des Dienstes ist der Kapitän befugt, die geeigneten Maßregeln zu ergreifen. Geldbußen, Kostschmälerung von mehr als dreitägiger Dauer, Einsperrung und körperliche Züchtigung darf er jedoch zu diesem Zwecke weder als Strafe verhängen, noch als Zwangsmittel anwenden.

Bei einer Widersetzlichkeit[2]) oder bei beharrlichem Ungehorsam[3]) ist der Kapitän zur Anwendung aller

Mittel befugt, welche erforderlich sind, um seinen Befehlen Gehorsam zu verschaffen. Zu diesem Zwecke ist ihm auch die Anwendung von körperlicher Gewalt in dem durch die Umstände gebotenen Maße gestattet[4]). Er darf ferner gegen die Beteiligten die geeigneten Sicherungsmaßregeln ergreifen und sie nötigenfalls während der Reise fesseln.

Jeder Schiffsmann muß dem Kapitän auf Erfordern Beistand zur Aufrechterhaltung der Ordnung sowie zur Abwendung oder Unterdrückung einer Widersetzlichkeit leisten[5]).

Im Auslande kann der Kapitän in dringenden Fällen die Kommandanten der ihm zugänglichen Schiffe der Kriegsmarine des Reichs um Beistand zur Aufrechterhaltung der Disziplin angehen.

[1]) Mißbrauch: § 111. — Vgl. über das Verhältnis der Disziplinarbestrafung zu einer späteren gerichtlichen Bestrafung § 110; ferner Korn S. 50ff.

[2]) Ungehörige Antworten, unbotmäßiges Benehmen beim Wortwechsel und dreiste Antworten sind noch nicht als Widersetzlichkeit anzusehen. Wendet daher in solchen Fällen der Kapitän die Mittel des § 91 Abs. 2 an, so ist er nach § 111 strafbar. RG. JW. 1912, 956.

[3]) Wagner S. 360. — Beharrlicher Ungehorsam liegt auch dann vor, wenn der Seemann in mehreren verschiedenen Fällen nicht gehorcht, ohne daß es im Einzelfalle zu mehreren Befehlen gekommen ist. HansOLG. Recht 1906, 50.

[4]) Vgl. hierzu Obertribunal in GoltdArch. 25 S. 338.

[5]) Vgl. den Fall OSA. 11 Nr. 74.

§ 92[1]). Der Kapitän hat jede in Gemäßheit der Vorschriften des § 91 getroffene Maßregel mit Angabe der Veranlassung, sobald es geschehen kann, in das Schiffstagebuch einzutragen[2]).

[1]) Strafvorschrift: § 114 Nr. 12.

[2]) Vgl. HGB. § 520 Abs. 3.

Fünfter Abschnitt.

Strafvorschriften[1])[2]).

§ 93. Ein Schiffsmann, welcher nach Abschluß des Heuervertrags[3]) sich verborgen hält, um sich dem Antritte des Dienstes zu entziehen, wird mit Geldstrafe bis zu sechzig Mark bestraft.

Wenn ein Schiffsmann, um sich der Fortsetzung des Dienstes zu entziehen[4]), entweicht[5]) oder sich verborgen hält, so tritt Geldstrafe bis zu dreihundert Mark oder Gefängnisstrafe bis zu drei Monaten ein.

Ein Schiffsmann, welcher mit der Heuer[6]) entweicht oder sich verborgen hält, um sich dem übernommenen Dienste zu entziehen, wird mit der im § 298 des Strafgesetzbuchs[7]) angedrohten Gefängnisstrafe bis zu einem Jahre belegt. Sind mildernde Umstände vorhanden, so kann auf Geldstrafe bis zu dreihundert Mark erkannt werden.

In den Fällen der Abs. 1, 2 tritt die Verfolgung nur auf Antrag des Kapitäns ein[8]). Die Zurücknahme des Antrags ist zulässig[9]).

[1]) Vgl. hierzu Bekanntmachung betr. das Strafverfahren vor den Seemannsämtern v. 13. März 1903 (RGBl. S. 42), unten S. 167.

[2]) Außer der zur Überschrift des Gesetzes zitierten Literatur: Katz, Die strafrechtlichen Bestimmungen des Handelsgesetzbuchs und das Seehandelsstrafrecht (2. Aufl. 1902) S. 79ff.; Beyer, Die Delikte der Schiffsleute (1904). — Heise, Die Delikte des Schiffsführers auf deutschen Kauffahrteischiffen in der Strafgesetzgebung. (Göttinger Diss. 1910); Friedländer, Die Schiffsgewalt (strafrechtl. Breslauer Diss. 1916); Beyer, Die Delikte der Schiffsleute (Leipz. Diss. 1904).

[3]) Die Bestimmung setzt einen gültigen Heuervertrag voraus, dagegen nicht die Anmusterung. Über das Verhältnis des § 93 zum § 107 Nr. 2 s. Meves S. 36ff.; zustimmend Perels S. 47. — § 298 StGB. gilt unmittelbar nur für Schiffsleute außerdeutscher Kauffahrteischiffe, da für deutsche Kauffahrteischiffe der § 93 SO. an seine Stelle tritt. Ob auch die im

Ausland auf außerdeutschen Schiffen begangene Tat strafbar ist, ist nach völkerrechtlichen Grundsätzen zu beurteilen.

[4]) HansOLG. 8. März 1928, HansRGZ. 28 A, 516. Der Vorsatz muß darauf gerichtet sein, sich der Fortsetzung des Dienstes zu entziehen und das Bewußtsein umfassen, daß das Dienstverhältnis noch fortdauert. Die Überzeugung des Schiffsmanns, daß das Dienstverhältnis durch Kündigung sein Ende erreicht habe, schließt die Strafbarkeit aus.

[5]) Die Tat ist als auf dem Schiff vollendet anzusehen, so daß für die Zuständigkeit des Gerichts § 10 StPO. maßgebend wird: RG. Straff. 2 Nr. 134.

[6]) D. h. bevor der ihm gezahlte Heuervorschuß abverdient ist (so mit Recht Erk, Zeitschr. für Verw. und Rechtspfl. in Oldenburg 21 S. 204ff.; Perels S. 47ff.; Katz S. 82; Loewe S. 82; Stenglein S. 567; anders Meves S. 38ff.; Kleinfeller S. 6, 8; Olshausen Anm. 2 zu StGB. § 298, welche jedes Entweichen nach Empfang von Heuer für strafbar halten).

[7]) Vgl. S. 8. über das Verhältnis von StGB. § 298 zu SO. § 93 Abs. 3 f. Stenglein und Perels S. 48.

[8]) Der Reeder ist nicht antragsberechtigt.

[9]) StGB. § 64.

§ 94. In den Fällen des § 93 Abs. 2, 3 verliert der Schiffsmann, wenn er vor Abgang des Schiffes weder zur Fortsetzung des Dienstes freiwillig zurückkehrt, noch zwangsweise zurückgebracht wird, den Anspruch auf die bis dahin verdiente Heuer[1]). Die Heuer und, sofern diese nicht ausreicht, auch die an Bord zurückgelassenen Sachen des Schiffsmanns können von dem Reeder zur Deckung seiner Schadensansprüche aus dem Heuer- oder Dienstvertrag in Anspruch genommen werden; soweit die Heuer hierzu nicht erforderlich ist, wird mit ihr nach Maßgabe des § 132 verfahren[2]). Dem Seemannsamte, bei welchem die Meldung von der Entweichung erfolgt (§ 25), ist, sobald es geschehen kann, eine Aufstellung über den Betrag der Schadensansprüche und des Heuerguthabens einzureichen, widrigenfalls die vorgedachte Befugnis erlischt[3]).

[1]) Soweit sie noch aussteht oder rückständig ist (Perels

S. 49). Abverdiente Heuer, die dem Schiffsmann bereits ausgezahlt war, kann nicht zurückgefordert werden.

[2]) Vgl. auch § 50.

[3]) Aber nicht die Schadensersatzansprüche selbst: Begründung S. 80.

§ 95. Hat der Schiffsmann sich im Auslande dem Dienste in einem der Fälle des § 74 Nr. 1, 3, 4, 5 der Vorschrift des § 77 entgegen entzogen, so tritt Geldstrafe bis zum Betrage einer Monatsheuer ein[1]).

[1]) Straflos ist somit Dienstentziehung im Falle des § 74 Nr. 2, weiter aber auch in den übrigen Fällen, soweit sie im Inlande erfolgt. Da die Tat nur vorsätzlich begangen werden kann, ist sie straflos, wenn das Bewußtsein der Rechtswidrigkeit fehlt. Die Entscheidung des Seemannsamts oder des Konsuls über das Vorliegen einer Verfehlung im ausländischen Hafen ist für das Gericht nicht bindend. HansOLG. Hansa 1913, 777; SeuffArch. 69 Nr. 14.

§ 96. Mit Geldstrafe bis zum Betrag einer Monatsheuer wird ein Schiffsmann bestraft, welcher sich einer groblichen[1]) Verletzung seiner Dienstpflichten schuldig macht.

Als Verletzung der Dienstpflicht, die, wenn sie in gröblicher Weise erfolgt, nach Abs. 1 strafbar ist, wird insbesondere angesehen:

1. Nachlässigkeit im Wachtdienste;
2. Ungehorsam gegen den Dienstbefehl[2]) eines Vorgesetzten;
3. Ungebührliches Betragen gegen Vorgesetzte, gegen andere Mitglieder der Schiffsmannschaft[3]), oder gegen Reisende;
4. Verlassen des Schiffes ohne Erlaubnis[4]) oder Ausbleiben über die festgesetzte Zeit;
5. Wegbringen eigener oder fremder Sachen von Bord des Schiffes und Anbordbringen oder Anbordbringenlassen von Gütern oder sonstigen Gegenständen ohne Erlaubnis[5]);
6. eigenmächtige Zulassung fremder Personen an Bord

und Gestattung des Anlegens von Fahrzeugen an das Schiff;

7. Trunkenheit im Schiffsdienste;
8. Vergeudung, unbefugte Veräußerung oder Beiseitebringen von Proviant[6]).

Gegen Schiffsoffiziere kann die Strafe bis auf den Betrag einer zweimonatlichen Heuer erhöht werden.

Die Verfolgung tritt nur auf Antrag des Kapitäns oder eines verletzten Schiffsmanns ein[7]). Der Antrag kann bis zur Abmusterung gestellt werden[8]). Die Zurücknahme ist bis zur rechtskräftigen Entscheidung zulässig[9]).

[1]) „Gröblich" ist ein Verstoß, der das Maß des Gewöhnlichen überschreitet. RG. GoltdArch. 59, 347.

[2]) Der Befehl muß dienstliche Angelegenheiten betreffen, braucht aber nicht unter allen Umständen im Dienst erteilt zu sein; strafbar kann somit auch sein der Ungehorsam gegen einen Befehl, den der Kapitän am Lande dem Schiffsmann in einer dienstlichen Angelegenheit, z. B. in betreff des Schiffsdienstes für den folgenden Tag, gibt. Nicht „gröblich" ist ein Ungehorsam, der mit großer Müdigkeit und körperlicher Leistungsunfähigkeit begründet wird. RG. GoltdArch. 59, 347.

[3]) Also auch gegen Untergebene.

[4]) Auch wenn der Urlaub zu Unrecht verweigert worden ist. Perels S. 50; die §§ 96 Ziff. 4, 100, 101 SO. sind nicht als mit Art. 159 RV. unvereinbar aufgehoben, weil die in Art. 159 gewährleistete Vereinigungsfreiheit keineswegs das Recht zum Kontraktbruch einschließt. HansOLG. Hbl. 1925 S. 241. Vgl. auch zu § 103.

[5]) Bestrafung wegen Betruges ist daneben möglich. RG. Strafs. 42, 121.

[6]) Vgl. hierzu einerseits Meves S. 47, Perels S. 50 und Loewe S. 85, andererseits Kleinfeller S. 612.

[7]) Reisende haben im Falle Nr. 3 kein Antragsrecht, sind vielmehr darauf angewiesen, den Kapitän zur Eintragung ins Schiffstagebuch (§ 98) und Stellung des Strafantrages zu veranlassen.

[8]) Nicht bis zum Tage der Abmusterung: Binding, Handbuch des Strafrechts 1 S. 642 Note 10. — Über die Streitfrage betreffs der Verjährung der strafbaren Handlungen des § 96 s. Perels S. 51. — Die allgemeine Antragsfrist des § 61

StGB. ist durch die Vorschrift einerseits verlängert, andererseits durch die Abmusterung begrenzt worden. HansOLG. HansRZ. 1926, 828.

[2]) Abweichung von StGB. § 64.

§ 97. In den Fällen der §§ 95, 96 wird, wenn die Heuer nicht monatsweise bedungen ist, bei der Festsetzung der Geldstrafe der einer Monatsheuer entsprechende Geldbetrag nach dem Ermessen des Seemannsamts berechnet.

§ 98. Der Kapitän hat, sobald es geschehen kann, jede gröbliche Verletzung der Dienstpflicht (§ 96) mit genauer Angabe des Sachverhalts in das Schiffstagebuch einzutragen und dem Schiffsmanne von dem Inhalte der Eintragung unter ausdrücklicher Hinweisung auf die Strafandrohung des § 96 Mitteilung zu machen, auch demselben auf Verlangen eine Abschrift der Eintragung auszuhändigen.

Unterbleibt die Mitteilung, so sind die Gründe der Unterlassung im Tagebuch anzugeben[1]). Ist die Eintragung versäumt, so tritt keine Verfolgung ein, soweit nicht im Falle des § 96 Abs. 2 Nr. 3 der verletzte Schiffsmann darauf anträgt[2]).

[1]) Die Mitteilung oder die Angabe der Gründe ihrer Unterlassung sind keine Vorbedingungen der Strafverfolgung (Stenglein S. 569; Perels S. 51; anders Binding, Handb., S. 599 ff.; Kleinfeller S. 613).

[2]) § 96 Abs. 4.

§ 99[1]). Beschwert sich ein Schiffsmann über ungebührliches Betragen der Vorgesetzten oder anderer Mitglieder der Schiffsmannschaft oder darüber, daß das Schiff, für welches er angemustert ist, nicht seetüchtig ist, oder daß die Vorräte, welche das Schiff für den Bedarf der Mannschaft an Speisen und Getränken mit sich führt, ungenügend oder verdorben sind, so hat der Kapitän die Beschwerde mit genauer Angabe des Sachverhalts in das Schiffstagebuch einzutragen[2]) und dem Beschwerdeführer auf Verlangen eine Abschrift der Eintragung auszuhändigen.

[1]) S. §§ 107 Nr. 4, 108.

[2]) Strafvorschrift: § 114 Nr. 12.

§ 100. Ein Schiffsmann, welcher den wiederholten Befehlen des Kapitäns, eines Schiffsoffiziers oder eines anderen Vorgesetzten den schuldigen Gehorsam verweigert[1]), wird mit Gefängnis bis zu drei Monaten oder mit Geldstrafe bis zu dreihundert Mark bestraft.

[1]) Ausdrücklich oder stillschweigend. Zum Begriff der Weigerung gehört Vorsatz. Nur dienstliche Befehle (vgl. § 96) kommen in Betracht. Entscheidend ist die Gleichheit der Befehle, nicht die, der den Befehl erteilenden Vorgesetzten. RGStrafs. 48 S. 424. Vgl. auch zu § 34.

§ 101. Wenn zwei oder mehrere zur Schiffsmannschaft gehörige Personen dem Kapitän, einem Schiffsoffizier oder einem anderen Vorgesetzten den schuldigen Gehorsam auf Verabredung gemeinschaftlich verweigern[1]), so tritt gegen jeden Beteiligten Gefängnisstrafe bis zu einem Jahre ein. Der Rädelsführer[2]) wird mit Gefängnis bis zu drei Jahren bestraft.

Sind mildernde Umstände vorhanden, so kann auf Geldstrafe bis zu sechshundert Mark erkannt werden. Der Rädelsführer wird in diesem Falle mit Gefängnis bis zu einem Jahre bestraft.

[1]) „Meuterei". — An der voraufgegangenen Verabredung braucht der Schiffsmann nicht persönlich teilgenommen zu haben. Es genügt, daß er die Verabredung nachträglich gut heißt und ihr Folge leistet. RGStrafs. 41 S. 418. Vgl. auch RGZW. 1901, 821.

[2]) Er muß selbst Schiffsmann sein (Stenglein S. 570), während dies für einen Anstifter (StGB. § 48) nicht vorausgesetzt wird.

§ 102. Ein Schiffsmann, welcher zwei oder mehrere zur Schiffsmannschaft gehörige Personen zur Begehung einer nach den §§ 101, 105 strafbaren Handlung auffordert, ist gleich dem Anstifter zu bestrafen, wenn die Aufforderung die strafbare Handlung oder einen strafbaren Versuch derselben zur Folge gehabt hat[1]).

Ist die Aufforderung ohne Erfolg geblieben, so tritt im Falle des § 101 Geldstrafe bis zu dreihundert Mark, im Falle des § 105 Geldstrafe bis zu sechshundert Mark oder Gefängnisstrafe bis zu einem Jahre ein.

[1]) Die Bestimmung geht also weiter als StGB. §§ 48 und 49a.

§ 103. Ein Schiffsmann, welcher den Kapitän, einen Schiffsoffizier oder einen anderen Vorgesetzten durch Gewalt oder durch Bedrohung mit Gewalt oder durch Verweigerung der Dienste zur Vornahme oder zur Unterlassung einer dienstlichen Verrichtung nötigt, wird mit Gefängnis bis zu zwei Jahren bestraft. Sind mildernde Umstände vorhanden, so kann auf Geldstrafe bis zu sechshundert Mark erkannt werden. Der Versuch ist strafbar.

§ 104. Dieselben Strafvorschriften (§ 103) finden auf den Schiffsmann Anwendung, welcher dem Kapitän, einem Schiffsoffizier oder einem anderen Vorgesetzten in Ausübung seiner Dienstbefugnisse[1]) durch Gewalt oder durch Bedrohung mit Gewalt Widerstand leistet, oder den Kapitän, einen Schiffsoffizier oder einen anderen Vorgesetzten tätlich angreift[2]).

[1]) Nicht notwendig an Bord: Kommiss. Bericht S. 73.

[2]) Hier kommt es nicht darauf an, ob der Vorgesetzte sich in Ausübung seiner Dienstbefugnisse befindet. RGStrafs. 37 S. 43; JW. 1904, 247.

§ 105. Wird eine der in den §§ 103, 104 bezeichneten Handlungen von mehreren Schiffsleuten auf Verabredung[1]) gemeinschaftlich begangen, so kann die Strafe bis auf das Doppelte des angedrohten Höchstbetrags erhöht werden.

Der Rädelsführer sowie diejenigen, welche gegen den Kapitän, einen Schiffsoffizier oder einen anderen Vorgesetzten Gewalttätigkeiten verüben, werden mit Zuchthaus bis zu fünf Jahren oder mit Gefängnis von gleicher Dauer bestraft; auch kann neben der Zuchthausstrafe auf Zulässigkeit von Polizeiaufsicht erkannt werden. Sind mildernde Umstände vorhanden, so tritt Gefängnisstrafe nicht unter drei Monaten ein.

[1]) Erfordert wird tatsächliche Mittäterschaft auf Grund einer (nicht notwendig wörtlichen) Verabredung. RGJW. 1901, 821.

§ 106. Ein Schiffsmann, welcher solchen Befehlen des Kapitäns, eines Schiffsoffiziers oder eines anderen Vorgesetzten den Gehorsam verweigert, welche sich auf die Abwehr oder auf die Unterdrückung der in den §§ 103, 104[1]) bezeichneten Handlungen beziehen, wird mit Gefängnis bis zu sechs Monaten oder mit Geldstrafe bis zu dreihundert Mark bestraft.

§ 107. Mit Geldstrafe bis zu sechzig Mark oder mit Haft bis zu vierzehn Tagen wird bestraft ein Schiffsmann, welcher

1. bei Verhandlungen, die sich auf die Erteilung eines Seefahrtsbuchs, auf eine Eintragung in dasselbe oder auf eine Musterung beziehen, wahre Tatsachen entstellt oder unterdrückt oder falsche vorspiegelt, um ein Seemannsamt zu täuschen;
2. es unterläßt, sich gemäß § 12 zur Musterung zu stellen;
3. im Falle eines dem Dienstantritt entgegenstehenden Hindernisses es unterläßt, sich hierüber gemäß § 17 gegen das Seemannsamt auszuweisen[1]);
4. wider besseres Wissen eine auf unwahre Behauptungen gestützte Beschwerde gemäß § 99 bei dem Kapitän vorbringt;
5. der vorläufigen Entscheidung des Seemannsamts (§ 129 Abs. 3) zuwiderhandelt.

Durch die Bestimmung des Abs. 1 Nr. 1 wird die Vorschrift des § 271 des Strafgesetzbuchs nicht berührt[2]).

[1]) Ebenso natürlich § 105.

[2]) Die §§ 103, 105 SO. sind durch die RV. Art. 159, 178 Abs. 2 nicht außer Kraft getreten. Die gewährleistete Ver-

einigungsfreiheit schließt nicht das sog. Streikrecht in sich. Ob die Schiffsmannschaft auf den verlangten Zuschlag einen Anspruch hatte oder zu haben vermeinte, ist für die Schuldfrage nach §§ 103, 105 SO. ohne Belang. Selbst bei vertraglich berechtigten Ansprüchen ist es widerrechtlich und dem Schiffsmann bei Strafe verboten, auch nur zu versuchen, sie dem Kapitän, einem Schiffsoffizier oder einem sonstigen Vorgesetzten gegenüber durch Gewalt, durch Bedrohung mit Gewalt oder durch Verweigerung der Dienste zu erzwingen (Rechtswidrigkeit des verwendeten Mittels). Ein verbotenes Mittel ist die Drohung, ohne die verlangte Zusage werde man „nicht fahren", die (weitere) „Reise nicht antreten" und sogar „die Feuer ausgehen lassen". RG. JW. 1925, 482. Zustimmend Leo, JW. 25, 482.

§ 108[1]**).** Wer wider besseres Wissen eine auf unwahre Behauptungen gestützte Beschwerde über Seeuntüchtigkeit des Schiffes oder Mangelhaftigkeit des Proviants bei einem Seemannsamte vorbringt (§ 58)[2]) und hierdurch eine Untersuchung veranlaßt, wird mit Gefängnis bis zu drei Monaten oder mit Geldstrafe bis zu dreihundert Mark bestraft.

Wer leichtfertig[3]) eine auf unwahre Behauptung gestützte Beschwerde über Seeuntüchtigkeit des Schiffes oder Mangelhaftigkeit des Proviants bei einem Seemannsamte vorbringt und hierdurch eine Untersuchung veranlaßt, wird mit Geldstrafe bis zu einhundert Mark bestraft.

[1]) § 108 ist ein Schutzgesetz i. S. des § 823 II BGB. (OLG. Kiel, Schlesw.-Holst. Anz. 1910, 193). Schadensersatzpflicht nach § 823 Abs. 2 BGB.

[2]) Idealkonkurrenz mit § 164 StGB. (wissentlich falsche Anschuldigung) braucht nicht vorzuliegen. Perels S. 55.

[3]) „Leichtfertig" ist mehr als „fahrlässig": Kommissionsbericht S. 74ff.

§ 109[1]**).** Ein Schiffsmann, welcher vorsätzlich und rechtswidrig[2]) Teile des Schiffskörpers, der Maschine, der Takelung oder Ausrüstungsgegenstände oder Vorrichtungen, welche zur Rettung von Menschenleben dienen, zerstört oder beschädigt, wird mit Geldstrafe bis zu eintausend Mark oder Gefängnis bis zu zwei Jahren bestraft.

Der Versuch ist strafbar.

Die Verfolgung tritt nur auf Antrag ein[3]).

[1]) Über das Verhältnis des § 109 zu StGB. §§ 303, 305, 323, 325, 326 s. Perels S. 55ff.

[2]) Also nicht in erlaubter Selbsthilfe, in Notstand (BGB. §§ 228, 904), Notwehr oder in irrtümlicher Annahme eines dieser Tatbestände, oder auf Geheiß des Kapitäns (HGB. § 700).

[3]) Antragsberechtigt ist nicht nur der Kapitän (Schaps Anm. 8 zu HGB. § 527 und Voigt, Entsch. des Hans. OLG. in Strafs. S. 3) und der Eigentümer der beschädigten oder zerstörten Gegenstände, sondern auch jeder, der dingliche oder obligatorische Rechte an ihnen hat, wie der Ausrüster, Charterer, Mieter, Entleiher des Schiffs.

§ 110. Die Verhängung einer in diesem Abschnitt oder durch sonstige strafgesetzliche Vorschriften angedrohten Strafe wird dadurch nicht ausgeschlossen, daß der Schuldige aus Anlaß der ihm zur Last gelegten Tat bereits disziplinarisch bestraft worden ist. Jedoch muß eine Disziplinarstrafe, sowohl in dem Strafbescheide des Seemannsamts (§ 123), wie in dem gerichtlichen Strafurteile bei Abmessung der Strafe berücksichtigt werden.

§ 111. Der Kapitän, Schiffsoffizier oder sonstige Vorgesetzte[1]), welcher einem Schiffsmanne gegenüber seine Disziplinargewalt[2]) mißbraucht, wird mit Geldstrafe bis zu eintausend Mark oder mit Gefängnis bis zu einem Jahre bestraft.

[1]) Vgl. RGStrafs. 35 S. 33ff.

[2]) Über die Grenzen derselben s. § 91 und Obertribunal GoltdArch. 25 S. 338ff. RGJW. 1912 956. Mäßige Züchtigung ist u. U. zulässig.

§ 112. Der Kapitän, welcher die gehörige Verproviantierung des Schiffes vor Antritt oder während der Reise[1]) vorsätzlich unterläßt, wird mit Gefängnis bestraft, neben welchem auf Geldstrafe bis zu eintausendfünfhundert Mark sowie auf Verlust der bürgerlichen Ehrenrechte erkannt werden kann.

Ist die Unterlassung aus Fahrlässigkeit geschehen[2]), so tritt, wenn infolgedessen der Schiffsmannschaft die gebührende Kost nicht gewährt werden kann, Geldstrafe bis zu fünfhundert Mark oder Gefängnis bis zu einem Jahre ein.

[1]) Vgl. RGStrafS. 30 S. 345ff.

[2]) Dazu Loewe S. 94.

§ 113. Mit Geldstrafe bis zu dreihundert Mark, mit Haft oder mit Gefängnis bis zu drei Monaten wird bestraft ein Kapitän, welcher

1. den Verpflichtungen zuwiderhandelt, welche ihm durch die gemäß § 56 Abs. 2 vom Bundesrat erlassenen Vorschriften[1]) auferlegt werden[2]);
2. den Verpflichtungen zuwiderhandelt, welche ihm durch die gemäß § 4 vom Bundesrat erlassenen Vorschriften über die Besetzung der Schiffe mit Schiffsoffizieren auferlegt werden;
3. einem Schiffsmanne grundlos Speise und Trank vorenthält oder ohne Not verdorbenen Proviant verabreicht;
4. einen Schiffsmann, abgesehen von dem Falle des § 83 Abs. 2 [3]), im Ausland ohne Genehmigung des Seemannsamts zurückläßt.

[1]) Diese Vorschriften sind Bestandteile des § 113, also Strafgesetze (OLG. Kiel, Schlesw.-Holst. Anz. 1913, 92).

[2]) Der Kapitän muß vom Reeder Erfüllung dieser Verpflichtungen verlangen und, wenn der Reeder denselben nicht nachkommt, die Ausreise verweigern, um sich nicht strafbar zu machen (Loewe S. 95). Vgl. auch § 117 und RGStrafS. 45 S. 381 und 386.

[3]) Weitere Ausnahmen können, wie Perels S. 58 hervorhebt, begründet sein in § 127 Abs. 4, ferner, auch wenn ein Seemannsamt nicht sofort angegangen werden kann, bei Lebensgefahr des Schiffsmanns oder bei Ansteckungsgefahr für die übrigen auf dem Schiffe befindlichen Personen.

§ 114. Mit Geldstrafe bis zu einhundertundfünfzig Mark oder mit Haft wird bestraft ein Kapitän, welcher

1. es unterläßt, für die Bekanntgabe der Vorgesetzten durch Aushang (§ 3 Abs. 4) Sorge zu tragen;
2. es unterläßt, bei der Anheuerung dem Schiffsmanne den vorgeschriebenen Heuerschein (§ 27) einzuhändigen[1]);
3. den ihm in Ansehung der Musterung obliegenden Verpflichtungen nicht genügt, oder unterläßt, dafür zu sorgen, daß die Musterrolle sich während der Reise an Bord befindet;
4. bei Verhandlungen, welche sich auf eine Musterung oder eine Eintragung in ein Seefahrtsbuch beziehen, wahre Tatsachen entstellt oder unterdrückt oder falsche vorspiegelt, um ein Seemannsamt zu täuschen;
5. der Vorschrift des § 34 Abs. 3 zuwider dem Schiffsmann ohne triftigen Grund die Erlaubnis zum Verlassen des Schiffes verweigert; die Bestrafung tritt nur ein, wenn der Schiffsmann sie binnen drei Tagen nach der Verweigerung des Urlaubs beim Seemannsamte beantragt;
6. den Vorschriften des § 37 Abs. 2, 4 und des § 38 zuwiderhandelt;
7. den Vorschriften der §§ 46, 48, betreffend die Auszahlung der Heuer und der Vorschüsse, zuwiderhandelt;
8. es unterläßt, für die Erfüllung der im § 49 vorgesehenen Obliegenheiten Sorge zu tragen;
9. den Vorschriften des § 50 zuwider die Mannschaft nicht ergänzt;
10. die ihm obliegende Fürsorge für das Seefahrtsbuch (§ 17), für die Sachen und für das Heuerguthaben des erkrankten oder für den Nachlaß des verstorbenen Schiffsmanns verabsäumt (§§ 63, 65);

11. den Vorschriften des § 64 Abs. 2, 3 zuwiderhandelt;
12. eine der in den §§ 70, 89, 92, 99 vorgeschriebenen Eintragungen in das Schiffstagebuch unterläßt;
13. den ihm bei Vergehen und Verbrechen nach den §§ 126, 127 obliegenden Verpflichtungen nicht genügt;
14. dem Schiffsmann ohne dringenden Grund die Gelegenheit versagt, die Entscheidung des Seemannsamts nachzusuchen (§§ 129, 130);
15. der Anordnung eines Seemannsamts wegen Vollstreckung eines Strafbescheids (§ 125 Abs. 2) nicht Folge leistet oder der vorläufigen Entscheidung eines Seemannsamts (§ 129 Abs. 3) zuwiderhandelt;
16. es unterläßt, dafür Sorge zu tragen, daß die im § 133 vorgeschriebenen Abdrücke und Schriftstücke im Volkslogis zugänglich sind.

Durch die Vorschrift des Abs. 1 Nr. 4 wird die Vorschrift des § 271 des Strafgesetzbuchs nicht berührt.

[1]) Dem steht gleich die Aushändigung eines Heuerscheins, der nicht den Vorschriften des § 27 entspricht (Haerle S. 21).

§ 115. Mit Geldstrafe bis zu zehn Mark oder mit einem Tage Haft wird bestraft ein Kapitän oder ein Schiffsmann, der sich vor dem Seemannsamt ungebührlich benimmt.

§ 116. Ein Schiffsoffizier, welcher es unterläßt, gemäß § 84 von der Ausübung der Disziplinargewalt binnen vierundzwanzig Stunden dem Kapitän Mitteilung zu machen, wird mit Geldstrafe bis zu einhundertundfünfzig Mark oder mit Haft bestraft.

§ 117[1]). Wer als Reeder[2]) oder als Vertreter eines Reeders[3]) vorsätzlich den gemäß § 56 Abs. 2 vom Bundesrat erlassenen Vorschriften zuwiderhandelt oder den Kapitän außerstand setzt, für die genügende Verproviantierung des Schiffes oder die Mitnahme der vorschriftsmäßigen Heilmittel zu sorgen, wird, sofern nicht in den letzteren Fällen nach anderen Vorschriften eine schwerere Strafe verwirkt ist, mit Geldstrafe bis zu eintausend Mark oder mit Gefängnis bis zu einem Jahre bestraft.

Gleiche Strafe verwirkt, wer in der im Abs. 1 bezeichneten Eigenschaft vorsätzlich[4]) den gemäß § 4 vom Bundesrat erlassenen Vorschriften über die Besetzung der Schiffe mit Kapitänen und Schiffsoffizieren zuwiderhandelt.

[1]) Vgl. RGStrafs. 45 S. 381 und 386.

[2]) Reeder ist auch der Gesellschafter einer offenen Handels- oder Kommanditgesellschaft, welche Reederei betreibt (Schaps Anm. 4 zu § 489). Ist der Kapitän zugleich Alleinreeder, Mitreeder mit Partenmajorität oder Korrespondentreeder, so ist er regelmäßig nach § 117, nicht nach §§ 112, 113 zu bestrafen (Perels S. 59).

[3]) In Betracht kommt hier nicht der Schiffer, sondern der Korrespondentreeder einer Reederei, der nach Handelsrecht oder bürgerlichem Recht von dem Reeder (Einzelreeder, Handelsgesellschaft usw.) mit Vollmacht versehene Betriebsleiter. Vgl. § 120.

[4]) Unkenntnis der maßgebenden gesetzlichen Vorschriften ist Irrtum über ein Strafgesetz. Zur Bestrafung genügt es, daß der Reeder wissentlich ein Schiff ohne vorschriftsmäßige Besatzung die Fahrt antreten läßt. RGStrafs. 45, 386. Vgl. auch § 113 Nr. 2.

§ 118. Wer als Reeder[1]) oder als Vertreter eines Reeders durch seine Anordnung den Vorschriften des § 37 Abs. 2, 4 und des § 38 über die Sonntagsruhe zuwiderhandelt, wird mit Geldstrafe bis zu dreihundert Mark oder mit Haft bestraft.

[1]) Vgl. zu § 117: gegenüberzustellen ist dem § 118 der § 114 Nr. 6.

§ 119. Wer als Reeder oder als Vertreter eines Reeders es unterläßt, bei der Anheuerung dem Schiffsmanne den vorgeschriebenen Heuerschein (§ 27) einzuhändigen, wird mit Geldstrafe bis zu einhundertundfünfzig Mark oder mit Haft bestraft.

§ 120. Als Reeder im Sinne der §§ 117 bis 119

gelten auch die Vorstandsmitglieder von Aktiengesellschaften oder sonstigen durch einen Vorstand vertretenen Handelsgesellschaften[1]), eingetragenen Genossenschaften und juristischen Personen, welche Reederei betreiben.

[1]) Über den Gesellschafter einer offenen Handelsgesellschaft oder Kommanditgesellschaft s. zu § 117; anders Perels S. 61; Loewe S. 99.

§ 121. Die Verfolgung wegen der in den §§ 93 bis 119 bezeichneten strafbaren Handlungen findet auch dann statt, wenn die strafbaren Handlungen außerhalb des Reichsgebiets begangen sind.

Die Verjährung der Strafverfolgung[1]) beginnt in diesem Falle erst mit dem Tage, an welchem das Schiff, dem der Täter zur Zeit der Begehung angehörte, zuerst ein Seemannsamt erreicht.

Die Verfolgung wird nicht dadurch ausgeschlossen, daß der Täter ein Ausländer ist.

[1]) Über Unterbrechung und Ruhen der Verjährung s. §§ 123, 124.

§ 122. In den Fällen des § 93 Abs. 1, 2 und der §§ 95, 96, 107, 114 bis 116, 118, 119 erfolgt die Untersuchung und Entscheidung durch das Seemannsamt[1]), im Falle des § 93 Abs. 2 jedoch nur, wenn dieses seinen Sitz außerhalb des Reichsgebiets hat, und in den Fällen der §§ 118, 119 nur, wenn es seinen Sitz im Inlande hat.

[1]) Abgesehen vom Falle des § 116 und den aus § 122 ersichtlichen Einschränkungen für die Fälle der §§ 93 Abs. 2, 118, 119 ist jedes Seemannsamt zuständig, welches angegangen wird (Loewe S. 101; Stenglein S. 581ff.). Durch § 122 wird die Befugnis zur ersten Entscheidung nicht ausschließlich dem Seemannsamt übertragen und die Zuständigkeit der ordentlichen Gerichte nicht auf das durch § 124 vorgesehene Verfahren beschränkt (RGStrafs. 39, 129, JW. 1906, 797).

§ 123. Das Seemannsamt hat den Angeschuldigten verantwortlich zu vernehmen und den Tatbestand mit möglichster Beschleunigung festzustellen. Eine Vereidigung von Zeugen findet nicht statt. Nach Abschluß der Untersuchung ist ein mit Gründen versehener Bescheid[1]) zu erteilen, welcher zu verkünden und dem Angeschuldigten im Falle seiner Abwesenheit in Ausfertigung zuzustellen ist. Wird eine Strafe festgesetzt, so ist die Dauer der für den Fall des Unvermögens an Stelle der Geldstrafe tretenden Freiheitsstrafe zu bestimmen. Der Bescheid wirkt in betreff der Unterbrechung der Verjährung wie eine richterliche Handlung.

Das Verfahren vor dem Seemannsamt ist gebührenfrei.

Im Inlande finden auf dasselbe die Vorschriften der §§ 170, 173 bis 176 des Gerichtsverfassungsgesetzes über die Öffentlichkeit[2]) entsprechende Anwendung.

Im übrigen wird das Verfahren vor dem Seemannsamte durch Verordnung des Bundesrats geregelt. Die Verordnung ist dem Reichstage bei seinem nächsten Zusammentritte zur Kenntnisnahme vorzulegen.

[1]) Durch einen unanfechtbar gewordenen Strafbescheid des Seemannsamts ist eine gerichtliche Strafverfolgung nach dem Grundsatz ne bis in idem ausgeschlossen, wenn das Seemannsamt zuständig war. Vgl. dazu RGStraff. 22 S. 232; RGLZ. 1913 S. 607.

[2]) Jetzt §§ 169, 172 bis 175 GVG. in der Fassung v. 28. August 1924 (RGBl. I S. 299).

§ 124. Gegen den Bescheid des Seemannsamts kann der Beschuldigte innerhalb einer zehntägigen Frist von der Verkündigung oder der Zustellung ab auf gerichtliche Entscheidung antragen[1]). Der Antrag ist bei dem Seemannsamte zu Protokoll oder schriftlich[2]) anzubringen. Dasselbe hat dem Antragsteller auf Verlangen eine Bescheinigung über den Antrag zu erteilen.

Verläßt das Schiff vor Ablauf der Frist den Hafen, so kann der Schiffsmann auch bei dem Kapitän zu Protokoll oder schriftlich innerhalb der Frist Einspruch einlegen. Dem Schiffsmann ist auf Verlangen eine Bescheinigung über den erhobenen Einspruch einzuhändigen. Der Kapitän hat, sobald es geschehen kann, den Einspruch in das Schiffstagebuch einzutragen[3]) und den Antrag dem Seemannsamte zu übersenden. Die Verjährung ruht von der Einlegung des Einspruchs bis zum Eingange des Antrags beim Seemannsamte.

Hat das Seemannsamt seinen Sitz im Inlande, so ist für das weitere Verfahren dasjenige Gericht örtlich zuständig, in dessen Bezirke dieser Sitz belegen ist. Hat es seinen Sitz im Auslande, so ist dasjenige Gericht örtlich zuständig, in dessen Bezirke sich der inländische Heimatshafen oder in Ermangelung eines solchen der Registerhafen des Schiffes befindet[4]); fehlt es an einem hiernach zuständigen deutschen Gerichte[5]), so wird das Gericht von dem Reichsgerichte bestimmt.

[1]) Vgl. Bekanntmachung betreffend das Strafverfahren vor den Seemannsämtern v. 13. März 1903 (RGBl. S. 42), S. 167.

[2]) Es finden alsdann auf das weitere Verfahren die §§ 455—458 der StPO. entsprechende Anwendung (EG. zur StPO., § 5 Abs. 2).

[3]) Auch telegraphisch: Perels S. 64.

[4]) Ausschließliche Zuständigkeit.

[5]) Konsulargerichte sind also nicht „deutsche Gerichte" im Sinne des § 124 (Loewe S. 104).

§ 125. Der Bescheid des Seemannsamts ist in betreff der Beitreibung der Geldstrafe vorläufig vollstreckbar.

Die Vollstreckung der Strafbescheide der inländischen Seemannsämter erfolgt durch die landesgesetzlich hierzu bestimmten Behörden[1]). Die Vollstreckung der von einem Seemannsamt im Ausland erlassenen Strafbescheide erfolgt gebührenfrei durch dieses selbst, wobei der Kapitän den auf Beitreibung der Geldstrafe gerichteten Anordnungen des Seemannsamts Folge zu leisten hat[2]); die Vorschriften der §§ 811, 850 der Zivilprozeßordnung über die Unpfändbarkeit von Sachen und Ansprüchen finden entsprechende Anwendung.

Die im Abs. 2 bezeichneten inländischen Vollstreckungsbehörden haben auf Ersuchen auch die von einem Seemannsamt außerhalb ihres Amtsbereichs erlassenen Strafbescheide gegen die innerhalb ihres Amtsbereichs befindlichen Personen zu vollstrecken. Auf die Erledigung des Ersuchens finden die Vorschriften des Gesetzes über den Beistand bei Einziehung von Abgaben und Vollstreckung von Vermögensstrafen vom 9. Juni 1895 (RGBl. S. 256) entsprechende Anwendung[3]).

1) Vgl. die Mecklenb. V., betr. die Vollstreckung von Strafbescheiden der Seemannsämter, v. 3. April 1897 (Reg.Bl. S. 101ff., vgl. 214).

2) Strafvorschrift: § 114 Nr. 15.

3) Also auch für die Vollstreckung von Freiheitsstrafen.

§ 126[1]). Begeht ein Schiffsmann, während das Schiff sich auf der See oder im Auslande befindet, ein Vergehen oder Verbrechen, so hat der Kapitän unter Zuziehung von Schiffsoffizieren und anderen glaubhaften Personen alles dasjenige genau aufzuzeichnen, was auf den Beweis der Tat und auf deren Bestrafung Einfluß haben kann[2]). Insbesondere ist in den Fällen der Tötung oder schweren Körperverletzung die Beschaffenheit der Wunden genau zu beschreiben, auch zu vermerken, wie lange der Verletzte etwa noch gelebt hat, ob und welche Heilmittel angewendet sind und welche Nahrung der Verletzte zu sich genommen hat.

1) Strafvorschrift: § 114 Nr. 13.

2) Und zwar auch dann, wenn eine zum Einschreiten bereite Ortsbehörde da ist (anders nur Meves S. 95).

§ 127[1]). Der Kapitän ist ermächtigt, jederzeit die Sachen der Schiffsleute, welche der Beteiligung an einer strafbaren Handlung verdächtig sind, zu durchsuchen[2]).

Der Kapitän ist ferner ermächtigt, denjenigen Schiffsmann[3]), der sich einer der im § 70 Nr. 3 und im § 93 Abs. 2, 3 bezeichneten strafbaren Handlungen schuldig macht, festzunehmen. In den Fällen des § 70 Nr. 3 ist er hierzu verpflichtet, wenn das Entweichen des Täters zu besorgen steht. In den Fällen des § 93 Abs. 2, 3 ist von einer Einsperrung abzusehen, sofern sich das Schiff auf hoher See befindet.

Der Täter ist unter Mitteilung der aufgenommenen Verhandlungen an dasjenige Seemannsamt, bei welchem es zuerst geschehen kann, abzuliefern. Wenn im Auslande das Seemannsamt aus besonderen Gründen die Übernahme ablehnt, so hat der Kapitän die Ablieferung bei demjenigen Seemannsamte zu bewirken, bei welchem es anderweit zuerst geschehen kann[4]).

In dringenden Fällen ist der Kapitän, wenn im Ausland ein Seemannsamt nicht rechtzeitig angegangen werden kann, ermächtigt, den Täter der fremden Behörde behufs dessen Übermittelung an eine zuständige deutsche Behörde zu übergeben[5]). Hiervon hat er bei demjenigen Seemannsamte, bei welchem es zuerst geschehen kann, Anzeige zu machen.

1) Strafvorschrift: § 114 Nr. 13.

2) StPO. §§ 102ff. finden keine Anwendung (vgl. §§ 3, 5 des EG. zur StPO.).

3) Bei strafbaren Handlungen von Reisenden gilt nur StPO. § 127.

4) Vgl. hierzu Heimschaffungsgesetz § 1 (S. 172).

5) Vgl. aber StGB. § 9.

Sechster Abschnitt.

Allgemeine Vorschriften[1]).

§ 128. Jedes Seemannsamt ist verpflichtet, die gütliche Ausgleichung der zu seiner Kenntnis gebrachten, zwischen dem Kapitän und dem Schiffsmanne[2]) bestehenden Streitigkeiten zu versuchen. Insbesondere hat das Seemannsamt, vor welchem die Abmusterung des Schiffsmanns erfolgt, hinsichtlich solcher Streitigkeiten einen Güteversuch zu veranstalten.

[1]) Im Verfahren vor dem Seemannsamt ist der Schiffer aktiv und passiv als Vertreter des Reeders legitimiert und zwar auch im Heimathafen. Perels RZ. 58 S. 11. Vgl. auch Mannhardt, Die polizeilichen Aufgaben des Seemannsamts (Greifsw. Diss. 1913).

[2]) Nicht auch zwischen Schiffsleuten. HansOLG. 3. Mai 1928, HansRGZ. 28 A 522. Für Streitigkeiten eines Schiffsmanns gegen einen andern sind die Arbeitsgerichte und nicht die ordentlichen Gerichte zuständig.

§ 129. Der Schiffsmann[1]) darf den Kapitän vor einem ausländischen Gerichte weder strafrechtlich noch zivilrechtlich belangen, sofern gegen ihn ein Gerichtsstand im Inlande begründet ist. Handelt er dieser Bestimmung zuwider, so ist er nicht allein für den daraus entstehenden Schaden verantwortlich, sondern er wird außerdem der bis dahin verdienten Heuer[2]) verlustig.

Er kann in den Fällen, die keinen Aufschub leiden, die vorläufige Entscheidung des Seemannsamts[3]) nachsuchen. Die Gelegenheit hierzu darf der Kapitän ohne dringenden Grund nicht versagen[4]). Auch dem Kapitän steht unter denselben Voraussetzungen, wie dem Schiffsmanne, die Befugnis zu, die Entscheidung des Seemannsamts nachzusuchen.

Jeder Teil hat die Entscheidung des Seemannsamts einstweilen zu befolgen[5]), vorbehaltlich der Befugnis, seine Rechte vor der zuständigen Behörde geltend zu machen.

Im Falle eines Zwangsverkaufs des Schiffes[6]) finden die Vorschriften des Abs. 1 auf die Geltendmachung der Forderungen des Schiffsmanns aus dem Heuervertrage keine Anwendung[7]).

[1]) Das gilt auch für denjenigen Schiffsmann, der auf der Reise entlassen ist (Prot. 1978).

[2]) Soweit sie ihm noch nicht ausgezahlt ist; vgl. Note 1 zu § 94.

[3]) Zuständig ist, abgesehen vom Fall des § 130, jedes Seemannsamt, das angegangen wird.

4) Strafvorschrift: § 114 Nr. 14.

5) Strafvorschriften: §§ 107 Nr. 5, 114 Nr. 15.

6) Die Ausnahme beruht auf der Erwägung, daß es dem Schiffsmann sonst nicht möglich wäre, an der Verteilung des Versteigerungserlöses beteiligt zu werden. Diese Erwägung fällt im Falle des Notverkaufs (HGB. § 530) weg (abw. Loewe S. 112).

7) Vgl. dazu Korn S. 57.

§ 130[1]). Im Inlande[2]) wird der Streit zwischen dem Kapitän und dem Schiffsmanne, welcher nach der Anmusterung über den Antritt oder die Fortsetzung des Dienstes entsteht, von dem Seemannsamt, in dessen Bezirke das Schiff liegt, unter Vorbehalt des Rechtswegs entschieden.

1) Strafvorschrift: § 114 Nr. 14.

2) Vgl. für eine im Auslande entstandene Streitigkeit LG. Hamburg im Hbl. 1882 Nr. 76.

§ 131. Die nach den §§ 129, 130 getroffene Entscheidung des Seemannsamts steht einem für vorläufig vollstreckbar erklärten Urteile gleich. Der Erteilung der Vollstreckungsklausel bedarf es nicht. Ist die zuständige Behörde[1]) angerufen oder der Rechtsweg beschritten[2]), so findet § 707 der Zivilprozeßordnung entsprechende Anwendung.

1) S. Note 10 zu § 5. Die „zuständige", d. h. die dem Seemannsamt vorgesetzte Behörde hat insofern die gleichen Befugnisse wie das Gericht (Loewe S. 113).

2) Zu klagen ist auf Aufhebung der Entscheidung des Seemannsamts. An eine Frist ist die Beschreitung des Rechtsweges nicht gebunden. — Wenn die Sache vor eine Kammer für Handelssachen kommt, so kann die Entscheidung durch den Vorsitzenden allein erfolgen (GVG. § 109 Abs. 3).

§ 132. Die nach den Vorschriften des fünften Abschnitts festgesetzten oder erkannten Geldstrafen fließen der Seemannskasse und in Ermangelung einer solchen der Ortsarmenkasse des inländischen Heimatshafens des Schiffes, welchem der Täter zur Zeit der Begehung der strafbaren Handlung angehörte, zu, insofern sie nicht im

Wege der Landesgesetzgebung zu anderen ähnlichen Zwecken bestimmt werden. In Ermangelung eines inländischen Heimatshafens tritt an dessen Stelle der inländische Registerhafen; fehlt es auch hieran, so erfolgt die Bestimmung durch den Reichskanzler.

§ 133[1]). Ein Abdruck dieses Gesetzes, der für das Schiff über Kost und Logis geltenden Vorschriften (§ 56) und einer amtlichen Zusammenstellung der Bestimmungen über die Militärverhältnisse der seemännischen und halbseemännischen Bevölkerung (§ 7) sowie eine Abschrift der in der Musterrolle enthaltenen Bestimmungen des Heuervertrags einschließlich aller Nebenbestimmungen müssen im Volkslogis zur jederzeitigen Einsicht der Schiffsleute vorhanden sein.

[1]) Strafvorschrift: § 114 Nr. 16; vgl. § 134. Vgl. auch Korn S. 62ff.

§ 134. Die Anwendung des § 1 Abs. 2, des zweiten Abschnitts, der §§ 36, 43, 44, des § 49, der §§ 59 bis 64, des § 65 Abs. 2, 3 und des § 133 auf kleinere Fahrzeuge (Küstenfahrer usw.) kann durch Verordnung des Bundesrats[1]) ganz oder teilweise ausgeschlossen werden[2]). Die Verordnung ist dem Reichstage bei seinem nächsten Zusammentritte zur Kenntnisnahme vorzulegen.

[1]) V., betr. die Nichtanwendung von Bestimmungen der Seemannsordnung auf kleinere Fahrzeuge, v. 16. Juni 1903 (RGBl. S. 252):

„§ 1. Auf Fahrzeuge von weniger als 300 Kubikmeter Bruttoraumgehalt, welche in der Küstenfahrt (§ 1b der Bekanntmachung v. 16. Juni 1903, betreffend die Besetzung der Kauffahrteischiffe mit Kapitänen und Schiffsoffizieren) beschäftigt sind, und auf Lustjachten findet § 1 Abs. 2 der Seemannsordnung v. 2. Juni 1902 (RGBl. S. 175) bezüglich der Vorschriften des § 35 Abs. 1, des § 36 Abs. 1 und des § 44 der Seemannsordnung keine Anwendung.

Dasselbe gilt für Hochseefischereifahrzeuge von weniger als 300 Kubikmeter Bruttoraumgehalt bezüglich der Vorschriften des § 35 Abs. 1 und des § 44 der Seemannsordnung, soweit nicht die Anwendung des § 1 Abs. 2 schon nach § 135 Nr. 3 der Seemannsordnung ausgeschlossen ist.

§ 2. Auf die im § 1 bezeichneten Fahrzeuge finden ferner die Vorschriften des § 12 Abs. 2 und des § 49 der Seemannsordnung keine Anwendung.

Dieselben Fahrzeuge sind von der Vorschrift des § 133 der Seemannsordnung insoweit befreit, als darnach eine Abschrift der in der Musterrolle enthaltenen Bestimmungen des Heuervertrags einschließlich aller Nebenbestimmungen im Volkslogis zur jederzeitigen Einsicht der Schiffsleute vorhanden sein muß."

[2]) Soweit dieselbe Anwendung findet, entfallen auch die bezüglichen Strafvorschriften.

§ 135. Keine Anwendung finden:

1. auf Schlepper der § 1 Abs. 2 und die §§ 35 bis 38;
2. auf Bergungsfahrzeuge der § 1 Abs. 2 und, soweit diese Fahrzeuge in Tätigkeit sind, die §§ 35 bis 38;
3. auf Hochseefischereifahrzeuge der § 36, der § 37 Abs. 2 und der § 38 Abs. 1 und, soweit die Mannschaft vertragsmäßig am Gewinne beteiligt ist, der § 1 Abs. 2[1]).

[1]) Vgl. dazu Wüstendörfer S. 674.

§ 136. Soweit im Auslande nach den dortigen Gesetzen eine Verlautbarung des Dienstvertrags oder der Beendigung des Dienstverhältnisses für die Mannschaft deutscher Schiffe vor der ausländischen Behörde erfolgen muß, kann der Reichskanzler bestimmen, daß die An- und Abmusterung vor dem Seemannsamte (§§ 13, 18) durch einen von diesem in die Musterrolle einzutragenden Hinweis auf die Verlautbarung vor der ausländischen Behörde ersetzt werden darf.

§ 137. Dieses Gesetz tritt am 1. April 1903 in Kraft. Die Seemannsordnung vom 27. Dez. 1872 tritt mit demselben Tage außer Kraft.

§ 138. Wenn in anderen Gesetzen auf Vorschriften verwiesen wird, welche durch dieses Gesetz außer Kraft gesetzt sind, so treten die entsprechenden Vorschriften dieses Gesetzes an deren Stelle.

2. Bekanntmachung betr. die Untersuchung von Schiffsleuten auf Tauglichkeit zum Schiffsdienste.

Vom 1. Juli 1905 in der Fassung der Verordnung vom 8. Mai 1929 (RGBl. 1905 S. 561; 1929 II S. 387)

abgedruckt bei Schaps II 215.

3. Bekanntmachung betr. die Logis-, Wasch- und Baderäume sowie die Aborte für die Schiffsmannschaft auf Kauffahrteischiffen.

Vom 2. Juli 1905 (RGBl. S. 563)

abgedruckt bei Schaps II 220.

4. Verordnung über die Untersuchung der Seeleute auf Hör-[1]), Seh- und Farbenunterscheidungsvermögen.

Vom 9. April 1929 (RMinBl. S. 293).

A. Allgemeines.

§ 1. Die erste Untersuchung auf Hör-, Seh- und Farbenunterscheidungsvermögen ist durch einen Vertrauensarzt der See-Berufsgenossenschaft oder den zuständigen Medizinalbeamten vorzunehmen. An Orten mit Seefahrtschulen kann sie auch durch einen von der zuständigen Landesregierung für diese Zwecke bezeichneten Arzt vorgenommen werden.

Die ersten Untersuchungen können zusammen oder getrennt vorgenommen werden.

§ 2. Ein Seemann, der bei einer der ersten Untersuchungen den Anforderungen nicht genügt, kann eine zweite Untersuchung verlangen.

---

[1]) Die Prüfung auf Hörvermögen ist eine Neuerung. Die früher geltende VO. v. 9. Mai 1904 kannte nur die Untersuchung auf Seh- und Farbenunterscheidungsvermögen.

Die zweite Untersuchung wird durch den Untersuchungsausschuß vorgenommen.

Die Untersuchungsausschüsse werden von den Landesregierungen eingesetzt. Sie bestehen je aus einem Arzte, der mit der Untersuchung und Behandlung des zu untersuchenden Sinnesorgans vertraut sein muß, und zwei Sachverständigen aus Seeschiffahrtskreisen.

Die von der See-Berufsgenossenschaft zu gleichen Zwecken eingesetzten und in gleicher Weise zusammengesetzten Untersuchungsausschüsse sind zur Vornahme der zweiten Untersuchung ebenfalls berechtigt.

§ 3. Hat der Seemann bei der zweiten Untersuchung den Anforderungen nicht genügt, so kann er nach Ablauf von zwei Monaten eine Wiederholung der zweiten Untersuchung vor demselben oder einem andern Ausschuß verlangen. Das Ergebnis der wiederholten Untersuchung ist endgültig.

§ 4. Über den Ausfall jeder Untersuchung erhält der untersuchte Seemann eine Bescheinigung. Diese Bescheinigung muß den Vor- und Zunamen des Seemanns, Geburtsort und Geburtsdatum, Ort, Tag und Ergebnis der Untersuchung sowie die Angabe enthalten, daß die Untersuchung nach den Vorschriften dieser Verordnung vorgenommen und mit welchem Erfolge jedes Ohr oder jedes Auge einzeln geprüft worden ist. Hat die Untersuchung auf Farbenunterscheidungsvermögen unvollständige Farbenblindheit (§ 17) ergeben, so ist der Teil der Untersuchung, dessen Ausfall nicht genügte, in der Bescheinigung anzugeben. Die Bescheinigung ist von dem Untersuchenden oder dem Untersuchungsausschusse zu vollziehen und in dessen Gegenwart von dem Untersuchten mit seiner Unterschrift zu versehen.

Eine zweite Ausfertigung der erteilten Bescheinigungen ist der See-Berufsgenossenschaft in Hamburg zuzuleiten.

Bei jeder späteren Untersuchung soll die Bescheinigung über die zuletzt vorangegangene Untersuchung von dem Seemann vorgelegt und von der untersuchenden Stelle zurückbehalten werden. In dringenden Fällen kann die Untersuchung ohne Vorlegung dieser Bescheinigung vorgenommen werden; jedoch ist dann ein entsprechender Vermerk auf die zweite, an die See-Berufsgenossenschaft zu sendende Ausfertigung der erteilten Bescheinigung zu setzen.

B. Verfahren bei der Untersuchung auf Hörvermögen.

C. Verfahren bei der Untersuchung auf Sehvermögen.

D. Verfahren bei der Untersuchung auf Farbenunterscheidungsvermögen.

5. Bekanntmachung, betr. das Strafverfahren vor den Seemannsämtern.

Vom 13. März 1903 (RGBl. S. 42).

§ 1. Die Einleitung des Strafverfahrens auf Grund des § 122 der Seemannsordnung erfolgt umbeschadet der Vorschriften der §§ 5, 12 dieser Verordnung durch Beschluß des Seemannsamts.

§ 2. In den Fällen, in welchen die Entscheidung unter Zuziehung von Beisitzern ergeht (§ 5 Abs. 2 der SeemO.), steht die Beschlußfassung über die Einleitung des Strafverfahrens dem Vorsitzenden zu. Der Vorsitzende hat auch die Obliegenheiten wahrzunehmen, welche in den §§ 3, 4, 6, 7, 15, 16 dieser Verordnung dem Seemannsamte zugewiesen sind.

§ 3. Der Beschluß über die Einleitung des Strafverfahrens (§ 1) ist zu den Akten des Seemannsamts zu bringen. Er soll die Bezeichnung des Angeschuldigten, des Schiffes und des Heimatshafens, in Ermangelung eines solchen des Registerhafens, der strafbaren Handlung, der verletzten Strafvorschrift, der etwaigen Beweismittel sowie gegebenenfalls des Antragstellers enthalten.

§ 4. Der Einleitungsbeschluß ist dem Angeschuldigten zuzustellen (§ 16). Der Angeschuldigte ist zur mündlichen Verhandlung vor dem Seemannsamte schriftlich mit der Aufforderung zu laden, die zu seiner Verteidigung dienenden Beweismittel mit zur Stelle zu bringen oder dem Seemannsamte so zeitig anzuzeigen, daß sie zum Termine für die mündliche Verhandlung herbeigeschafft werden können. Die Ladung muß ferner die Eröffnung enthalten, daß im Falle des Ausbleibens des Angeschnldigten in seiner Abwesenheit gegen ihn verhandelt werden könne (§ 11).

Ist der Angeschuldigte auf dem Seemannsamt anwesend, so kann die Ladung durch mündliche Bestellung ersetzt werden.

§ 5. Ist der Angeschuldigte auf dem Seemannsamt anwesend und stehen der mündlichen Verhandlung Hindernisse nicht entgegen, so kann sofort ohne vorgängigen Einleitungsbeschluß (§ 1) in die Verhandlung eingetreten werden.

§ 6. Der Angeschuldigte kann sich in jeder Lage des Verfahrens des Beistandes eines Verteidigers bedienen. Das Seemannsamt kann Personen, die nicht Rechtsanwälte sind, als Verteidiger zurückweisen. Hat das Seemannsamt seinen Sitz außerhalb des Reichsgebiets, so ist die Zulassung eines Verteidigers von dem Ermessen des Seemannsamts abhängig.

§ 7. Der Termin zur mündlichen Verhandlung ist möglichst nahe anzusetzen. Das Seemannsamt hat die erforderlichen Beweismittel herbeizuschaffen.

§ 8. Die zur Entscheidung zugezogenen Beisitzer des Seemannsamts sind, falls dies nicht bereits bei ihrer Bestellung ein für allemal geschehen ist, von dem Vorsitzenden auf die Erfüllung der Obliegenheiten ihres Amtes eidlich zu verpflichten.

§ 9. Die Leitung der mündlichen Verhandlung, die Vernehmung des Angeschuldigten sowie die Aufnahme des Beweises erfolgt, wenn unter Zuziehung von Beisitzern verhandelt wird, durch den Vorsitzenden. Der Vorsitzende hat den Beisitzern auf Verlangen zu gestatten, an die zur Vernehmung erschienenen Personen Fragen zu stellen. Ungeeignete oder nicht zur Sache gehörige Fragen kann der Vorsitzende zurückweisen.

§ 10. In der mündlichen Verhandlung ist der Angeschuldigte über die ihm zur Last gelegte strafbare Handlung zu vernehmen. Soweit erforderlich, ist der Tatbestand durch Beweisaufnahme festzustellen. Nach deren Abschluß ist dem Angeschuldigten das Wort zu seinen Ausführungen und Anträgen zu erteilen.

§ 11. Ist der Angeschuldigte gehöriger Ladung ungeachtet nicht erschienen, so kann in seiner Abwesenheit gegen ihn verhandelt werden. Das Seemannsamt kann jedoch das persönliche Erscheinen des Angeschuldigten anordnen und ihn im Wege polizeilichen Zwangs vorführen lassen.

§ 12. Macht sich in der mündlichen Verhandlung ein Kapitän oder Schiffsmann einer Zuwiderhandlung gegen § 115 der Seemannsordnung schuldig, so kann die Festsetzung einer Strafe wegen dieser Zuwiderhandlung ohne Einleitung eines besonderen Verfahrens (§ 1) erfolgen. Der Zuwiderhandelnde ist jedoch zuvor auf das Strafbare seines Verhaltens hinzuweisen; auch ist ihm zur Erklärung darüber Gelegenheit zu geben.

§ 13. Die mündliche Verhandlung schließt mit dem Erlasse des Bescheids. Wird unter Zuziehung von Beisitzern verhandelt, so wird der Bescheid mit Stimmenmehrheit festgestellt.

Der Bescheid muß auf Festsetzung einer Strafe, Freisprechung oder Einstellung des Verfahrens lauten. Die Einstellung des Verfahrens ist zu beschließen, wenn sich herausstellt, daß es an dem erforderlichen Strafantrage fehlt oder wenn der Strafantrag zurückgenommen wird.

Dem Angeschuldigten, gegen welchen eine Strafe festgesetzt wird, sind die baren Auslagen des Verfahrens aufzuerlegen.

Der Zeitpunkt der Verkündung und der Zustellung des Bescheids ist zu den Akten zu vermerken.

§ 14. Über die mündliche Verhandlung vor dem Seemannsamt ist ein Protokoll aufzunehmen, welches die Namen der an der Verhandlung Beteiligten enthalten, den Gang und die Ergebnisse der Verhandlung, insbesondere auch der Vernehmungen, im wesentlichen wiedergeben und die Entscheidung im Wortlaut anführen muß. Die Protokollführung ist, sofern sie nicht durch den leitenden Beamten erfolgt, einem vereidigten Protokollführer oder einem Beisitzer des Seemannsamts zu übertragen. Das Protokoll ist von dem leitenden Beamten und, sofern es von einem anderen geführt wird, auch von diesem zu unterzeichnen.

§ 15. Trägt der Angeschuldigte gegen den Bescheid auf gerichtliche Entscheidung an, so hat das Seemannsamt den Zeitpunkt des Einganges des Antrags zu vermerken und ohne Rücksicht darauf, ob die Frist gewahrt ist, die Akten der Staatsanwaltschaft bei dem für die weitere Verhandlung zuständigen Gerichte vorzulegen.

§ 16. Die Zustellungen im Verfahren vor dem Seemannsamt erfolgen, wenn dieses seinen Sitz im Reichsgebiete hat, nach den Vorschriften der Zivilprozeßordnung über die Zustellungen von Amts wegen (§§ 208 bis 212 der ZPO.)[1]) mit der Maßgabe, daß die Obliegenheiten des Vorsitzenden des Prozeßgerichts und des Gerichtsschreibers von dem Seemannsamte wahrgenommen werden, und daß die Zustellung auch durch einen Beamten des Seemannsamts vollzogen werden kann.

Hat das Seemannsamt seinen Sitz in einem Schutzgebiete, so erfolgen die Zustellungen nach den in dem Schutzgebiete für Zustellungen in bürgerlichen Rechtsstreitigkeiten geltenden Vorschriften mit der Maßgabe, daß die Obliegenheiten der bei der Zustellung mitwirkenden Beamten von dem Seemannsamte wahrgenommen werden.

Hat das Seemannsamt seinen Sitz im Auslande, so erfolgen die Zustellungen an Personen im Auslande nach den für Zustellungen durch die Konsuln geltenden Vorschriften mit der Maßgabe, daß das Seemannsamt bei Zustellungen außerhalb seines Bezirkes die erforderlichen Ersuchungsschreiben erläßt. Zustellungen an Personen im Reichsgebiet erfolgen durch die Gerichtsvollzieher; der § 162 des Gerichtsverfassungsgesetzes[2]) findet entsprechende Anwendung. Zustellungen an Personen in den Schutzgebieten erfolgen durch Ersuchen der zur Ausübung der Gerichtsbarkeit ermächtigten Beamten.

Die Zustellung kann auch durch Aushändigung des Schriftstücks gegen einen Empfangsschein derjenigen Person erfolgen, für welche das Schriftstück bestimmt ist.

[1]) Siehe jetzt auch § 212a ZPO. in der Fassung v. 13. Mai 1924 (RGBl. I S. 437).

[2]) Jetzt § 161 GVG. in der Fassung v. 28. März 1924 (RGBl. I S. 299).

6. Dienstanweisung, betr. das Strafverfahren vor den Kaiserlichen Konsulaten als Seemannsämtern.

Vom 30. Mai 1903 (ZBl. S. 604). Vgl. Schaps II 224.

7. Gesetz, betr. die Verpflichtung der Kauffahrteischiffe zur Mitnahme heimzuschaffender Seeleute.

Vom 2. Juni 1902 (RGBl. S. 212)[1][2]).

§ 1. Jedes[3]) deutsche Kauffahrteischiff[4]), welches von einem außerdeutschen Hafen nach einem deutschen Hafen oder nach einem Hafen des Kanals, Großbritanniens, des Sundes oder des Kattegats oder nach einem außerdeutschen Hafen der Nordsee oder von der Ostsee bestimmt ist[5]), ist verpflichtet, deutsche Seeleute[6]), welche außerhalb des Reichsgebiets sich in hilfsbedürftigem Zustande[7]) befinden[8]) oder wegen einer nach den Reichsgesetzen strafbaren Handlung an die heimischen Behörden abgeliefert werden sollen, behufs ihrer Zurückbeförderung nach Deutschland auf schriftliche Anweisung des Seemannsamts[9]) gegen eine Entschädigung (§ 5) nach seinem Bestimmungshafen mitzunehmen[10]). Das gleiche gilt, wenn das Schiff nach einem anderen außerdeutschen Hafen bestimmt ist, von welchem aus die Weiterbeförderung nach einem der vorbezeichneten Häfen erfolgen kann. Deutsche Häfen im Sinne dieses Absatzes sind nur die Häfen des Reichsgebiets.

In Ansehung ausländischer Seeleute, welche unmittelbar nach einem Dienste auf einem deutschen Kauffahrteischiff außerhalb des Reichsgebiets sich in einem hilfsbedürftigen Zustande befinden, liegt den nach deren Heimatslande bestimmten deutschen Kauffahrteischiffen eine gleiche Verpflichtung ob.

Zur Erfüllung dieser Verpflichtungen kann der Kapitän vom Seemannsamte zwangsweise angehalten werden.

[1]) Siehe auch Übereinkommen wegen gegenseitiger Unterstützung hilfsbedürftiger Seeleute, abgedruckt unten S. 176. Ferner das Genfer Übereink. über die Heimschaffung der Schiffsleute v. 14. 1. 1930 (RGBl. II 12). Vgl. auch die Rechtslage der Seeschiffe und ihrer Mannschaft in fremden Häfen in Friedenszeiten (Tagung des Instituts für internationales Recht) JW. 28, 3095.

[2]) Übereinkommen mit Großbritannien, Frankreich, Schweden und Norwegen, Dänemark, Österreich-Ungarn: ZBl. 1890 S. 263ff.

[3]) Also auch ein solches, das das Recht, die Reichsflagge zu führen, nicht ausüben darf (Flaggengesetz — § 11 Abs. 2).

[4]) Vgl. Flaggenrechtsgesetz § 26 Abs. 1.

[5]) Zu den Häfen, nach denen ein Schiff im Sinne des Abs. 1 „bestimmt" ist, gehören auch die Anlaufhäfen, insbesondere Orderhäfen: Begründung S. 163.

[6]) Kapitäne, Schiffsoffiziere, Schiffsleute.

[7]) Ein Seemann, der sich die zur Heimreise erforderlichen Mittel, wenn auch nur leihweise und auf Kredit seiner Reederei, verschafft hat, ist nicht „hilfsbedürftig" im Sinne dieses Gesetzes: HansOLG. im Hbl. 1897 Nr. 12 (Seuffert 52 Nr. 177; DJZ. 1897 S. 168). Andererseits ist es gleichgültig, ob ein solventer Reeder für den betreffenden Seemann zu sorgen hat (RG. 41 Nr. 13). Nur auf die Tatsache der Hilfsbedürftigkeit, nicht auf ihre Veranlassung kommt es an (Meves S. 109).

[8]) Unerheblich ist, ob sie in deutschen oder fremden Diensten gestanden haben (Wagner S. 420), ob bei der Handels- oder bei der Kriegsmarine (Meves S. 109).

[9]) Das Seemannsamt hat die Voraussetzungen der Heimschaffungspflicht zu prüfen. Der Kapitän kann zwar Vorstellungen erheben, muß sich aber fügen (Stenglein S. 586). Jedenfalls genügt für die Feststellung, daß die Heimschaffung auf Grund des Gesetzes ausgeführt worden ist, daß der Kapitän sie infolge der Anweisung des Seemannsamts bewirkt hat (HansOLG. im Hbl. 1897 Nr. 120).

[10]) Die Verpflichtung ist eine öffentlich-rechtliche: es hat nicht etwa ein Reeder ein Privatrecht darauf, daß ein hilfsbedürftiger Seemann von einem Schiffe heimgeschafft werde: s. die oben zit. Urteile.

§ 2. Bieten mehrere Schiffe Gelegenheit zur Mitnahme, so sind die zu befördernden Seeleute durch das Seemannsamt nach Verhältnis der Größe der Schiffe und der Zahl ihrer Mannschaften auf die einzelnen Schiffe zu verteilen.

§ 3. Die Mitnahme kann verweigert werden[1]):

1. wenn und soweit an Bord kein angemessener Platz für die Mitzunehmenden vorhanden ist;

2. wenn der Mitzunehmende bettlägerig krank oder mit einer die Gesundheit oder Sicherheit der an Bord befindlichen Personen gefährdenden geschlechtlichen oder sonstigen Krankheit behaftet ist;
3. wenn und soweit die Zahl der Mitzunehmenden bei Hilfsbedürftigen ein Viertel, bei Straffälligen ein Sechstel der Schiffsmannschaft übersteigt, oder mehr als ein Straffälliger mitgenommen werden soll;
4. wenn die Mitnahme nicht mindestens zwei Tage vor dem Zeitpunkte verlangt wird, an welchem das Schiff zum Abgehen fertig ist;
5. wenn der Hafen von einer deutschen Dampferlinie, die zur Mitnahme vertragsmäßig verpflichtet ist[2]), auf der Heimreise nach Deutschland in regelmäßiger Fahrt angelaufen wird.

Die Entscheidung über den Grund der Weigerung steht dem Seemannsamte zu[3]).

[1]) Die Aufzählung der Weigerungsgründe ist erschöpfend: Perels S. 75.

[2]) S. ZBl. 1890 S. 122ff.; 1898 S. 453ff.; 1900 S. 84ff.

[3]) Beschwerde (ohne aufschiebende Wirkung) ist zulässig: Perels S. 75.

§ 4. Während der Reise erhält der wegen Hilfsbedürftigkeit Mitgenommene seiner Stellung entsprechend (§ 5) Kost und Logis von seiten des Schiffes.

Der wegen einer strafbaren Handlung Mitgenommene ist nach den vom Seemannsamte zu erteilenden Weisungen[1]) zu behandeln. Die Bewachung liegt dem Kapitän ob, sofern nicht ein besonderer Begleiter mitgegeben wird.

Der Mitgenommene ist der Disziplinargewalt des Kapitäns unterworfen.

[1]) Auch Strafvollstreckung während des Transports ist möglich: Kommissionsbericht S. 3.

§ 5. Als Entschädigung (§ 1) ist, in Ermangelung einer anderweitigen Vereinbarung, zu zahlen[1])

a) bei Mitnahme Hilfsbedürftiger für jeden Tag des Aufenthalts an Bord:
   1. für einen Kapitän oder einen Schiffsoffizier 3 Mark auf Segelschiffen und 6 Mark auf Dampfschiffen;
   2. für jeden anderen Seemann 1,50 Mark auf Segelschiffen und 3 Mark auf Dampfschiffen;

b) bei Mitnahme Straffälliger der gewöhnliche Überfahrtspreis oder, falls ein solcher nicht zu ermitteln ist, das Doppelte der für die Mitnahme Hilfsbedürftiger aufgestellten Sätze und außerdem, wenn ein besonderer Begleiter nicht mitgegeben wird, eine angemessene, von dem anweisenden Seemannsamte (§ 1) vorläufig festzusetzende Vergütung für die Bewachung. Für die Bemessung dieser Vergütung kann der Bundesrat bestimmte Sätze aufstellen.

[1]) Diese Sätze sind aber nur maßgebend, wenn die Heimschaffung auf Grund der Anweisung des Seemannsamts (§ 1) erfolgt ist, also nicht, wenn, obwohl alle Voraussetzungen vorlagen, das Seemannsamt mit der Sache gar nicht befaßt worden ist (HG. Hamburg im Hbl. 1877 Nr. 10).

§ 6. Die Entschädigung wird im Bestimmungshafen durch das Seemannsamt gegen Auslieferung der wegen der Mitnahme erteilten Anweisung (§ 1) für Rechnung des Reichs ausgezahlt.

§ 7. Der wegen Hilfsbedürftigkeit Mitgenommene haftet für die durch die Zurückbeförderung verursachten Aufwendungen.

Die Vorschriften, welche den Reeder oder andere Personen zur Erstattung solcher Aufwendungen verpflichten, werden durch dieses Gesetz nicht berührt.

Bei Mitnahme eines Straffälligen bleibt dem Reiche der Rückgriff an den Bundesstaat vorbehalten, dessen Behörden der Mitgenommene zur Strafverfolgung oder Strafvollstreckung zugeführt wird.

§ 8. Wer sich der Erfüllung einer ihm nach § 1 obliegenden Verpflichtung entzieht[1]), wird mit Geldstrafe bis zu einhundertundfünfzig Mark oder mit Haft bestraft. Für die Festsetzung der Strafe und für das weitere Verfahren kommen die in den §§ 5, 122 bis 125 der Seemannsordnung enthaltenen Vorschriften zur Anwendung.

[1]) Der Fall liegt vor, wenn der Verpflichtete die Anweisung des Seemannsamts gemäß § 1 bzw. die Entscheidung gemäß § 3 nicht befolgt, so daß der Erfolg eintritt, daß der Heimzuschaffende nicht mitgenommen wird, oder wenn er während der Reise durch Aussetzung des Heimzuschaffenden seiner Verpflichtung sich entzieht. Die Tat kann nur vorsätzlich und nur im Ausland begangen werden.

§ 9. Dieses Gesetz tritt am 1. April 1903 in Kraft. An demselben Tage tritt das Gesetz, betreffend die Verpflichtung deutscher Kauffahrteischiffe zur Mitnahme hilfsbedürftiger Seeleute, vom 27. Dezember 1872 (RGBl. S. 432) außer Kraft.

§ 10. Soweit in anderen Gesetzen auf Vorschriften des Gesetzes, betreffend die Verpflichtung deutscher Kauffahrteischiffe zur Mitnahme hilfsbedürftiger Seeleute, vom 27. Dezember 1872, verwiesen ist, treten die entsprechenden Vorschriften dieses Gesetzes an deren Stelle.

8. Übereinkommen wegen gegenseitiger Unterstützung hilfsbedürftiger Seeleute.

Vom 12. Juli 1890 (ZBl. S. 263)[2]).

1. Großbritannien.

(Übereinkommen vom 27. Mai 1879, in Kraft getreten am 1. Juli 1879).

Wenn ein Seemann eines der kontrahierenden Staaten, nachdem er auf einem Schiffe des anderen der kontrahierenden Staaten gedient hat, in einem dritten Staate, beziehentlich in dessen Kolonien, oder in den Kolonien desjenigen Staats, dessen Flagge das Schiff führt, infolge von Schiffbruch oder aus anderen Gründen in hilfsbedürftigem Zustande zurückbleibt, so soll die Regierung desjenigen Staats, dessen Flagge das Schiff führt, zur Unterstützung dieses Seemanns verpflichtet sein, bis derselbe wieder einen Schiffsdienst oder anderweitige Beschäftigung findet oder bis er in seinen Heimatsstaat, beziehentlich in dessen Kolonien zurückkehrt oder mit Tode abgeht.

Es wird dabei vorausgesetzt, daß der Seemann die erste sich ihm darbietende Gelegenheit zu benutzen hat, um vor dem zuständigen Beamten desjenigen Staats, dessen Unterstützung erbeten werden soll, über seine Hilfsbedürftigkeit und deren Ursachen sich auszuweisen, sowie daß die Hilfsbedürftigkeit als die naturgemäße Folge der Beendigung des Dienstverhältnisses an Bord des Schiffs sich ergibt, widrigenfalls diese Unterstützungspflicht wegfällt.

Ausgeschlossen ist diese letztere auch dann, wenn der Seemann desertiert oder wegen einer strafbaren Handlung vom Schiffe entfernt worden ist, oder wenn er dasselbe wegen Dienstuntauglichkeit infolge selbstverschuldeter Krankheit oder Verwundung verlassen hat.

Die Unterstützung umfaßt den Unterhalt, die Bekleidung, ärztliche Pflege, Arznei und Reisekosten; für den Fall eintretenden Todes sind auch die Begräbniskosten zu zahlen.

2. Gleichlautend mit Frankreich, Schweden und Norwegen, Dänemark, Österreich-Ungarn.

9. Verordnung über seemännische Heuerstellen.

Vom 8. November 1924 (RGBl. I S. 739) u. 20. September 1927 (RGBl. I S. 303)[1].

§ 1. Für die nichtgewerbsmäßige[2]) Arbeitsvermittlung[3]) der Seeleute sind seemännische Heuerstellen durch die wirtschaftlichen Vereinigungen der Reeder und der Seeleute einzurichten und zu unterhalten. An welchen Orten solche Heuerstellen zu errichten sind, bestimmt der seemännische Verwaltungsrat (§ 5).

Soweit nicht nach den von diesem getroffenen Bestimmungen (§ 6 Abs. 1) die Arbeitsvermittlung seemännischen Heuerstellen obliegt oder soweit solche mangels Einigung der wirtschaftlichen Vereinigungen nicht errichtet werden oder soweit Heuerstellen ihre Vermittlungstätigkeit aufgeben, erfolgt die Arbeitsvermittlung durch die Arbeitsämter. Das gleiche gilt für den Fall, daß der seemännische Verwaltungsrat nicht gebildet oder aufgelöst wird.

Seeleute im Sinne dieser Bestimmungen sind mit Ausnahme der Schiffsoffiziere alle Personen, die an Bord eines bei der Seeschiffahrt verwendeten Schiffes beschäftigt sind.

1) Reichsarbeitsminister auf Grund des § 17 der Verordnung über die Fürsorge für erwerbslose Seeleute v. 30. Okt. 1924, (aufgehoben) vgl. Note 3.

Reichsarbeitsminister nach Anhörung des Verwaltungsrats des Reichsamts für Arbeitsvermittlung und mit Zustimmung des Reichsrats auf Grund der §§ 47, 59 des Arbeitsnachweisgesetzes v. 22. Juli 1922 (RGBl. I S. 657). Vgl. auch zu § 7 SO.

2) Entsch. des HansOLG. in Strafs. 1904 S. 15ff. Der gewerbsmäßige Stellenvermittler für Schiffsleute wird in den Häfen vielfach Heuerbaas genannt. Zu den gewerbsmäßigen Stellenvermittlern gehören nicht die Vertreter der von den Reedern organisierten Heuerbüros, denn hier fehlt das Merkmal des selbständigen Gewerbebetriebs. Ebenso bei solchen Anstalten, die den Arbeitsnachweis überhaupt nicht zum Erwerbe betreiben (Begründung, S. 173), wie Seemannsheime, Seemannsvereinigungen (Loewe S. 125). Die V. enthält zwingendes Recht. Entgegenstehende Vereinbarungen sind unwirksam. Vgl. RG. JW. 1919 S. 118 (für das früher geltende StellenvermittlGes.). Vgl. zum Heuerwesen auch Wüstendörfer S. 654.

3) Vgl. jetzt das Ges. über Arbeitsvermittelung und Arbeitslosenversicherung v. 16. Juli 1927 (RGBl. I S. 187) abgeändert durch Ges. v. 16. Dez. 1927 (RGBl. I S. 337). Durch

§ 220 Nr. 4 dieses Gesetzes ist außer Kraft gesetzt: die Verordnung über die Fürsorge für erwerbslose Seeleute v. 30. Okt. 1924 (RGBl. I S. 722) mit den Änderungen v. 27. März 1925 (RGBl. I S. 31) und v. 21. Febr. 1927 (RGBl. I S. 65) Beschäftigung im Auslande: RGBl. 1929 I 244 u. RABl. 1930 I 69. Hafenarbeiter: RABl. 1930 I 228. Ferner sind in diesem Zusammenhange noch folgende Vorschriften dieses Gesetzes zu erwähnen:

§ 253. Wer eine nichtgewerbsmäßige Einrichtung zur Arbeitsvermittlung widerrechtlich unterhält, leitet oder Arbeitsvermittlung ausübt, wird mit Geldstrafe bis zu 150 Reichsmark bestraft.

§ 254. Wer vorsätzlich oder fahrlässig widerrechtlich gewerbsmäßig Stellenvermittlung oder Berufsberatung ausübt oder als Angestellter in einem solchen Betriebe Stellenvermittlung oder Berufsberatung ausübt, wird mit Geldstrafe oder Gefängnis bis zu drei Monaten bestraft.

§ 262. Reeder, die dem § 145 zuwider keine oder zu geringe Beiträge für die bei ihnen beschäftigten Seeleute entrichten, können von dem Vorstand der Seekasse mit Ordnungsstrafe in Geld bestraft werden. Auf Beschwerde entscheidet das Oberversicherungsamt (Beschlußkammer) endgültig.

§ 264. (1) Für die Abführung der Beträge, die nach den §§ 261 bis 263 zu zahlen sind, gilt § 145.

(2) Soweit ihre Zahlung von einer Krankenkasse oder dem Vorstand der Seekasse auferlegt ist, werden sie wie Gemeindeabgaben beigetrieben.

§ 2. Die wirtschaftlichen Vereinigungen der Reeder tragen die Kosten der Heuerstellen und des Seemännischen Verwaltungsrats. Ausgenommen davon sind die Kosten der Entschädigung (Reisekosten, Tagegelder und dergleichen) der Mitglieder des Verwaltungsrats; diese sind für jedes Mitglied von den wirtschaftlichen Vereinigungen zu tragen, die es vertritt.

§ 3. Für jede seemännische Heuerstelle ist ein Verwaltungsausschuß zu bilden. Dieser besteht aus Vertretern der Reeder und der Seeleute als Beisitzern und einem unparteiischen Vorsitzenden. Die Zahl der Vertreter der Reeder und der Seeleute muß gleich sein.

Die Vertreter der Arbeitgeber werden durch die wirtschaftlichen Vereinigungen der Reeder, die Vertreter der Arbeitnehmer durch die wirtschaftlichen Vereinigungen der Seeleute bestellt. Der Vorsitzende muß mit den seemännischen Arbeitsfragen vertraut sein. Er wird durch die Beisitzer des Verwaltungsausschusses gewählt. Kommt eine Wahl nicht zustande, so wird der Vorsitzende durch den seemännischen Verwaltungsrat (§ 5) bestellt.

Der Verwaltungsausschuß hat die Arbeitsvermittlung der Heuerstelle zu regeln und zu überwachen sowie über Beschwerden, welche sich gegen diese Arbeitsvermittlung richten, zu entscheiden.

§ 4. Falls die Leiter der Heuerstellen neu bestellt werden, werden sie auf Vorschlag der wirtschaftlichen Vereinigungen der Reeder von den Verwaltungsausschüssen gewählt. Verständigen sich Verwaltungsausschüsse und wirtschaftliche Vereinigungen der Reeder nicht, so erfolgt die Wahl durch den seemännischen Verwaltungsrat. Leiter bereits vorhandener Heuerstellen, die beim Inkrafttreten der Verordnung in diesen beschäftigt waren, sind auf die entsprechenden neuen Heuerstellen zu übernehmen. Die Verwaltungsausschüsse können der Übernahme aus wichtigen Gründen widersprechen; über den Widerspruch entscheidet der seemännische Verwaltungsrat.

Die Arbeitsvermittler werden von den Leitern der Heuerstellen ernannt. Die Ernennung bedarf der Bestätigung durch die Verwaltungsausschüsse.

§ 5. Für alle nichtgewerbsmäßigen seemännischen Heuerstellen und ihre Verwaltungsausschüsse wird von den wirtschaftlichen Vereinigungen der Reeder und der Seeleute ein seemännischer Verwaltungsrat mit dem Sitze in Hamburg gebildet. Dieser besteht aus Vertretern der Reeder und der Seeleute als Beisitzern und einem unparteiischen Vorsitzenden. Die Zahl der Vertreter der Reeder und der Seeleute muß gleich sein.

Die Vertreter der Arbeitgeber werden durch die wirtschaftlichen Vereinigungen der Reeder, die Vertreter der Arbeitnehmer durch die wirtschaftlichen Vereinigungen der Seeleute bestellt. Der Vorsitzende muß mit den seemännischen Arbeitsfragen vertraut sein. Er wird durch die Beisitzer des seemännischen Verwaltungsrats gewählt. Kommt eine Wahl nicht zustande, so wird der Vorsitzende durch die Reichsanstalt für Arbeitsvermittlung und Arbeitslosenversicherung (Hauptstelle) bestellt.

§ 6. Der seemännische Verwaltungsrat erläßt Grundsätze für die Verfassung, Verwaltung und Geschäftsführung der seemännischen Heuerstellen. Die Grundsätze bedürfen der Zustimmung der Reichsanstalt für Arbeitsvermittlung und Arbeitslosenversicherung (Hauptstelle).

Der seemännische Verwaltungsrat ist Aufsichts- und Beschwerdestelle für die seemännischen Heuerstellen. Die Aufsicht der Reichsanstalt für Arbeitsvermittlung und Arbeitslosenversicherung (Hauptstelle) gemäß § 47 Abs. 2 des Arbeitsnachweisgesetzes wird hierdurch nicht berührt; sie erstreckt sich auch auf die Tätigkeit des seemännischen Verwaltungsrats. Die Reichsanstalt für Arbeitsvermittlung und Arbeitslosenversicherung (Hauptstelle[1]) ist befugt, an den Sitzungen des Verwaltungsrats teilzunehmen.

[1]) Fassung d. V. v. 20. Sept. 1927 (RGBl. I S. 303).

§ 7. Die Arbeitsvermittlung der seemännischen Heuerstellen ist für die Seeleute gebührenfrei. Sie hat ohne Rücksicht auf die Zugehörigkeit zu einer Vereinigung zu erfolgen; die Frage nach der Zugehörigkeit zu einer solchen ist untersagt.

§ 8. Nichtgewerbsmäßige seemännische Heuerstellen, die beim Inkrafttreten dieser Verordnung bestehen, sind innerhalb einer Frist von 6 Monaten so einzurichten, daß sie den nach dieser Verordnung für die seemännischen Heuerstellen geltenden Bestimmungen entsprechen. Die Frist kann in besonderen Fällen durch den seemännischen Verwaltungsrat bis zur Dauer weiterer 6 Monate verlängert werden.

§ 9. Auf Antrag der beteiligten wirtschaftlichen Vereinigungen kann bestimmt werden, daß auf nicht gewerbsmäßige Heuerstellen, die von wirtschaftlichen Vereinigungen der Küstenschiffahrt bei Inkrafttreten dieser Verordnung betrieben werden, die Bestimmungen dieser Verordnung nicht anzuwenden sind. Für solche Heuerstellen gelten dann die Vorschriften des Arbeitsnachweisgesetzes[1]) über nichtgewerbsmäßige Arbeitsnachweise, die keine Arbeitsnachweisämter sind.

Die Entscheidung über den Antrag trifft der seemännische Verwaltungsrat; sie bedarf der Zustimmung der Reichsanstalt für Arbeitsvermittlung und Arbeitslosenversicherung (Hauptstelle), wenn dem Antrag stattgegeben werden soll.

Die zugelassenen Ausnahmen können vom seemännischen Verwaltungsrate jederzeit widerrufen werden.

[1]) Jetzt: das Ges. über Arbeitsvermittelung und Arbeitslosenversicherung v. 16. Juli 1927 (RGBl. I S. 187). Vgl. V. v. 20. Sept. 1927 (RGBl. I S. 303.

§ 10. Von den Anzeigen, die Reeder und wirtschaftliche Vereinigungen gemäß § 42 des Arbeitsnachweisgesetzes erstatten, haben die Arbeitsämter[1]) den beteiligten Heuerstellen unverzüglich Kenntnis zu geben.

[1]) Fassung d. V. v. 20. Sept. 1927 (RGBl. I S. 303).

§ 11. Soweit sich nicht aus den vorstehenden Bestimmungen anderes ergibt, finden auf die seemännischen Heuerstellen die Vorschriften des Arbeitsnachweisgesetzes und die dazu erlassenen Ausführungsbestimmungen in der gleichen Weise Anwendung wie auf die anderen nichtgewerbsmäßigen Einrichtungen zur Arbeitsvermittlung außerhalb der Reichsanstalt[1]).

[1]) §§ 49—54 des Ges. v. 16. Juli 1927 (RGBl. I S. 187).

§ 12. Diese Bestimmungen treten am 1. Nov. 1924 in Kraft.

10. Gesetz, betr. das Genueser Übereinkommen über die Stellenvermittlung für Seeleute[1])[2]).

Vom 25. Mai 1928 (RGBl. II S. 166; 1929 II S. 12).

[1]) Das Übereinkommen (abgedr. bei Schaps II 234) haben ferner ratifiziert Schweden, Norwegen, Finnland, Japan (außer Korea, Formosa, Karafuto, des Pachtgebiet Kwantung und Mandatsinseln), Estland, Bulgarien, Polen, Italien und Belgien. Der Australische Bund (jedoch nicht für Papua, die Norfolk-Insel und die Mandatsgebiete Nauru und Neu-Guinea), Griechenland, Lettland, Frankreich, Luxemburg, Kuba.

[2]) Vgl. RGBl. 1925 II S. 162 und 737.

11. Paßwesen.

Auf Grund der Paß-Verordnung v. 10. Juni 1919 (RGBl. S. 516) ist erlassen worden die Bek. zur Ausführung der Paßordnung v. 4. Juni 1924 (RGBl. I S. 613)[1]).

[1]) Abgedr. bei Schaps II 241.

12. Verordnung über Reichswahlen- und abstimmungen (Reichsstimmordnung)[1]).

Vom 14. März 1924 (RGBl. I S. 173).

[1]) Abgedr. bei Schaps II 244. Vgl. dazu V. v. 3. 11. 1924 (RGBl. I 726); 7. 11. 1924 (RGBl. I 734); 26. 7. 1930 (RGBl. I 420).

13. Gesetz, betr. die Internationalen Übereinkommen über das Mindestalter für die Zulassung von Kindern zur Arbeit auf See, über das Mindestalter

für die Zulassung von Jugendlichen zur Beschäftigung als Kohlenzieher (Trimmer) oder Heizer und über die pflichtmäßig ärztliche Untersuchung der in der Seeschiffahrt beschäftigten Kinder und Jugendlichen.

Vom 30. Mai 1929 (RGBl. II S. 383) [1]).

[1]) Abgedr. bei Schaps II 237.

14. Aus der Reichsgewerbeordnung.

GewO. § 31. Seeschiffer, Seesteuerleute, Maschinisten der Seedampfschiffe und Lotsen müssen sich über den Besitz der erforderlichen Kenntnisse durch ein Befähigungszeugnis der zuständigen Verwaltungsbehörde [1]) ausweisen [2]).

Der Bundesrat erläßt die Vorschriften über den Nachweis der Befähigung [3]). Die auf Grund dieses Nachweises erteilten Zeugnisse gelten für das ganze Reich, bei Lotsen für das im Zeugnis angeführte Fahrwasser [4]).

Soweit in betreff der Schiffer und Lotsen auf Strömen infolge von Staatsverträgen besondere Anordnungen getroffen sind, behält es dabei sein Bewenden [5]) [6]).

[1]) Regierungspräsident; AusfAnw. Ziffer 38. Nach § 40 Abs. 1 dürfen die Befähigungszeugnisse nicht auf Zeit erteilt werden. § 40 Abs. 2 findet keine Anwendung.

[2]) Beschluß des Bundesrats v. 26. Juni 1889 betr. ausnahmsweise Zulassung ungeprüfter Steuerleute und Maschinisten (nicht veröffentlicht). Abgedruckt Schaps II 245.

[3]) Vgl. hierzu

a) AusfAnw. v. 9. Sept. 1925 (HMBl. S. 210) u. Erl. v. 4. Dez. 1925 (HMBl. S. 308) und die bis auf weiteres geltende Ausnahmebestimmung v. 30. Aug. 1926 (HMBl. S. 278). Ordnung für die Prüfungskommissionen für Seeschiffer v. 4. Sept. 1919 (HMBl. S. 241), abg. durch Erl. v. 13. Febr. 1924 (HMBl. S. 60) und V. über Gebühren für seemännische Prüfungen v. 14. Juni 1924 (RGBl. 1924 II S. 131). S. a. Erl. betr. Ordnungen für Seefahrtschulen und besondere Prüfungsausschüsse für Schiffer auf Küstenfahrt außerhalb der

Seefahrtsschulen und Anw. über die von Seefahrtschuldirektoren zu erstattenden Jahresberichte v. 28. Sept. 1926 (HMBl. 287). Dienstanw. für die Direktoren und Lehrer der Seefahrtschulen v. 11. Okt. 1918 (HMBl. S. 263). Anw. über die Einstellung und den Dienst der Seefahrtsschullehranwärter v. 28. Dez. 1918 (HMBl. 1919 S. 15). Über die Prüfung der Kapitäne und Steuerleute auf Fischdampfern und Fischloggern in der ersten Hilfeleistung bei Unglücksfällen s. Erl. v. 21. Mai 1910 (HMBl. S. 179) und über die Anmusterung von zweiten Bestleuten Erl. v. 23. Mai 1918 (HMBl. S. 214).

b) betr. den Befähigungsnachweis der Schiffsingenieure und Seemaschinisten auf deutschen Kauffahrteischiffen. S. unten. Für Lotsen sind Vorschriften noch nicht erlassen.

[4]) Über die Entziehung der Befähigung als Schiffer oder Steuermann oder Seedampfschiffsmaschinist s. AusfAnw. Ziffer 39. Wegen der Lotsen s. § 53 GewO., welcher jedoch die gemäß § 31 erteilten Befähigungszeugnisse nicht erwähnt.

[5]) Der Begriff der Küstenfahrt ist hier selbständig umgrenzt. Er hat mit der Küstenfrachtfahrt (Ges. v. 22. Mai 1881 — oben S. 51) nichts zu schaffen. Wüstendörfer S. 107.

[6]) Über die in Betracht kommenden Vorschriften s. AusfAnw. Ziffern 41, 42.

15. Verordnung über die Besetzung der Kauffahrteischiffe mit Kapitänen und Schiffsoffizieren (Schiffsbesetzungsordnung).

Vom 29. Juni 1931 (RGBl. II S. 517).

I. Einleitende Bestimmungen[1])[2]).

§ 1. Geltungsbereich. Diese Verordnung findet Anwendung auf Schiffe, die nach dem Gesetz, betreffend das Flaggenrecht der Kauffahrteischiffe, vom 22. Juni 1899 (RGBl. S. 319) zur Führung der deutschen Handelsflagge berechtigt sind.

Auf Luftfahrzeuge findet sie keine Anwendung[3]).

[1]) In Preußen werden diese Angelegenheiten vom Handelsministerium bearbeitet. Vgl. ferner Fulst bei Borchard-Fulst (S. 96). Ferner UnfVV. für Dampfer § 9. Die sonstigen UnfVV. beziehen sich lediglich auf die zu § 2 SO. ergangenen Ausführungsvorschriften. — Auf staatliche und andere im öffent-

lichen Dienst stehende Schiffe ist die Verordnung nicht anwendbar, wird aber in der Praxis von den maßgebenden Behörden gewöhnlich befolgt. (Borchard-Fulst S. 97.) — Strafvorschrift in § 113 und § 117 SO.

²) Nach § 1 Z. 7 des Versicherungsgesetzes für Angestellte sind aus der Schiffsbesatzung deutscher Seefahrzeuge versicherungspflichtig: Schiffsführer, Offiziere des Deck- und Maschinendienstes, Verwalter und Verwaltungsassistenten, sowie die in einer ähnlich gehobenen oder höheren Stellung befindlichen Angestellten ohne Rücksicht auf ihre Vorbildung. Das Gesetz über die Fristen für die Kündigung von Angestellten vom 9. Juli 1926 (RGBl. I S. 399) findet daher auf diese Personen Anwendung.

³) Die Vorschriften über die Besetzung von Ruder-, Segel- und Motorbooten, die in den Sommermonaten im lokalen Verkehr der Seebäder und auf kurzen Vergnügungsfahrten gewerbsmäßig zur Beförderung von Personen verwendet werden, sind durch eine Ausnahmebestimmung des RVerkM. erleichtert worden. Über Befähigung zur Führung von Motorkähnen vgl. HansRGZ. 29 A 758.

§ 2. Begriffsbestimmungen. Im Sinne dieser Verordnung bedeuten:

Seeschiffer oder Kapitän: der verantwortliche Führer des Schiffes;

Seesteuermann: der Schiffsoffizier, der zur Unterstützung des Kapitäns in der Führung des Schiffes bestimmt ist;

Seemaschinist: der im Maschinendienst tätige Schiffsoffizier; Leitender Seemaschinist oder Leiter der Maschinenanlage: der für die Leitung der Maschinenanlage verantwortliche Schiffsoffizier, Wachmaschinist: der Schiffsoffizier, der zur Unterstützung des leitenden Seemaschinisten oder des Leiters der Maschinenanlage bestimmt ist;

Fahrgastschiff: ein Schiff, das mehr als zwölf Fahrgäste befördert. Nicht eingerechnet werden in diese Zahl Personen, die infolge höherer Gewalt oder infolge der Verpflichtung des Kapitäns, Schiffbrüchige oder andere Personen aufzunehmen, an Bord sind;

Seeleichter: ein Schiff, das keine eigene Antriebsvorrichtung besitzt;

Schulschiff: ein Schiff, das eine das übliche Maß überschreitende Anzahl von Schiffsjungen zur Ausbildung gegen Entgelt an Bord hat.

Unter der in Pferdestärken (PS) angegebenen Maschinenleistung ist die Wellenleistung zu verstehen.

§ 3. Arten der Befähigungszeugnisse. Die Befähigung, als Seeschiffer (Kapitän), Seesteuermann oder Seemaschinist (leitender Seemaschinist, Leiter der Maschinenanlage, Wachmaschinist) zu fahren, wird durch die folgenden Zeugnisse nachgewiesen:

A. Befähigungszeugnisse als Seeschiffer und Seesteuermann außerhalb der Hochseefischerei

Befähigungszeugnis A 1 als Seeschiffer auf Küstenfahrt,

Befähigungszeugnis A 2 als Seesteuermann auf kleiner Fahrt,

Befähigungszeugnis A 3 als Kapitän auf kleiner Fahrt II,

Befähigungszeugnis A 4 als Kapitän auf kleiner Fahrt I,

Befähigungszeugnis A 5 als Seesteuermann auf großer Fahrt,

Befähigungszeugnis A 6 als Kapitän auf großer Fahrt.

B. Befähigungszeugnisse als Seeschiffer und Seesteuermann in der Hochseefischerei.

Befähigungszeugnis B 1 als Seeschiffer in kleiner Hochseefischerei,

Befähigungszeugnis B 2 als Seesteuermann in kleiner Hochseefischerei,
Befähigungszeugnis B 3 als Kapitän in kleiner Hochseefischerei,
Befähigungszeugnis B 4 als Seesteuermann in großer Hochseefischerei,
Befähigungszeugnis B 5 als Kapitän in großer Hochseefischerei.

C. Befähigungszeugnisse als Seemaschinist.

Befähigungszeugnis	C 1	als	Seemotorführer,
„	C 2	„	Kleinmaschinist,
„	C 3	„	Seemaschinist II,
„	C 4	„	Seemaschinist I,
„	C 5	„	Schiffsingenieur II,
„	C 6	„	Schiffsingenieur I.

Bei dem Befähigungszeugnis C 2 werden Befähigungszeugnisse für Dampfschiffe, die nur für Dampfschiffe gelten, und Befähigungszeugnisse für Motorschiffe, die nur für Motorschiffe gelten, unterschieden.

§ 4. Gültigkeit höherer Befähigungszeugnisse. Innerhalb der Gruppen A, B und C schließt das Befähigungszeugnis der höheren Ziffer die Befugnisse des Befähigungszeugnisses der niederen Ziffer ein, jedoch ein Befähigungszeugnis als Seesteuermann nicht die Befugnisse als Seeschiffer.

§ 5. Trennung von Decks- und Maschinendienst. Der Kapitän und die Seesteuerleute dürfen nicht gleichzeitig Dienst als Seemaschinist tun. Den Dienst als Seemotorführer dürfen sie gleichzeitig wahrnehmen, wenn sie ein Befähigungszeugnis C 1 besitzen und wenn die Umsteuerung des Motors vom Steuerstand aus betätigt werden kann.

II. Besetzung der Schiffe mit Ausschluß der in der Seefischerei beschäftigten Fahrzeuge.

§ 6. Fahrtgrenzen. Im Sinne dieser Verordnung ist

1. Küstenfahrt:[1]) die Fahrt
zwischen allen Plätzen des Festlandes vom Kap Grisnez bis zum Aggerkanal mit Einschluß der vorgelagerten Inseln und der Insel Helgoland sowie
in den Gewässern zwischen der Linie Skagen-Lysekil und dem Breitenparallel von 57° 30′ Nord in der Ostsee;
2. Kleine Fahrt: die Fahrt
in der Ostsee, in der Nordsee bis zu 61° nördlicher Breite, im Englischen Kanal, im Bristol-Kanal, im St. Georgs-Kanal und in der Irischen See mit Einschluß der Clyde-Häfen,
soweit diese Fahrt die Grenzen der Küstenfahrt überschreitet;
3. Mittlere Fahrt: die Fahrt
zwischen europäischen Häfen, nichteuropäischen Häfen des Mittelmeeres und des Schwarzen Meeres, Häfen der westafrikanischen Küste nördlich von 12° nördlicher Breite sowie Häfen auf den Kapverdischen und Kanarischen Inseln und auf Madeira,
soweit diese Fahrt die Grenzen der kleinen Fahrt überschreitet;
4. Große Fahrt: die Fahrt,
die die Grenzen der mittleren Fahrt überschreitet.

[1]) Vgl. I 33 und RGSt. 44 S. 381 und 386.

§ 7. Besetzung der Schiffe in der Küstenfahrt

a) Kapitän und Seesteuerleute: In der Küstenfahrt muß der Kapitän besitzen:

1. auf Seeleichtern jeder Größe ein Befähigungszeugnis A 1;
2. auf Schiffen von nicht mehr als 600 cbm Bruttoraumgehalt ein Befähigungszeugnis A 1, auf Fahrgastschiffen derselben Größe ein Befähigungszeugnis A 4;
3. auf Schiffen von mehr als 600, aber nicht mehr als 1500 cbm Bruttoraumgehalt ein Befähigungszeugnis A 4, auf Fahrgastschiffen derselben Größe ein Befähigungszeugnis A 6;
4. auf allen Schiffen von mehr als 1500 cbm Bruttoraumgehalt ein Befähigungszeugnis A 6.

Neben dem Kapitän sind Fahrgastschiffe und Schiffe wie zu 3 und 4 mit einem Seesteuermann zu besetzen.

b) Leitender Seemaschinist und Wachmaschinisten: In der Küstenfahrt muß auf Dampf- und Motorschiffen der Leitende Seemaschinist besitzen:
1. auf Schiffen mit Motoren von nicht mehr als 150 PS ein Befähigungszeugnis C 1;
2. auf Schiffen mit Motoren von mehr als 150 aber nicht mehr als 300 PS sowie auf Schiffen mit Dampfmaschinen von nicht mehr als 300 PS ein Befähigungszeugnis C 2;
3. auf Schiffen mit Maschinen von mehr als 300, aber nicht mehr als 1000 PS ein Befähigungszeugnis C 3;
4. auf Schiffen mit Maschinen von mehr als 1000 PS ein Befähigungszeugnis C 4.

Neben dem Leitenden Seemaschinisten sind, sofern die Fahrt ohne Unterbrechung länger als 12 Stunden dauert, zu besetzen:

Schiffe wie zu 2 und 3 mit einem Wachmaschinisten, der ein Befähigungszeugnis C 2 besitzt;

Schiffe wie zu 4 mit einem Wachmaschinisten, der ein Befähigungszeugnis C 3 besitzt.

Auf Segelschiffen mit Maschinenhilfsantrieb muß der Leitende Seemaschinist besitzen:

1. auf Segelschiffen mit Hilfsmotoren von nicht mehr als 150 PS ein Befähigungszeugnis C 1;
2. auf Segelschiffen mit Hilfsmotoren von mehr als 150 PS sowie auf Segelschiffen mit Hilfsdampfmaschinen ein Befähigungszeugnis C 2.

Die Landesbehörden können für Fahrten auf Watten, Bodden und Flußmündungen sowie für Fahrten in See auf eine Gesamtentfernung von nicht mehr als fünfzig Seemeilen die Anforderungen an die Besetzung der Schiffe erhöhen, insoweit es die Beschaffenheit der zu befahrenden Gewässer und die Art der Fahrten geboten erscheinen lassen, oder die Anforderungen herabsetzen, wenn dadurch die Sicherheit des Schiffes nicht beeinträchtigt wird.

§ 8. **Besetzung der Schiffe in der kleinen Fahrt**

a) **Kapitän und Seesteuerleute:** In der kleinen Fahrt muß der Kapitän besitzen:

1. auf Seeleichtern jeder Größe ein Befähigungszeugnis A 3;
2. auf Schiffen von nicht mehr als 600 cbm Bruttoraumgehalt ein Befähigungszeugnis A 3, auf Fahrgastschiffen derselben Größe ein Befähigungszeugnis A 6;
3. auf Schiffen von mehr als 600, aber nicht mehr als 1500 cbm Bruttoraumgehalt ein Befähigungszeugnis A 4, auf Fahrgastschiffen derselben Größe ein Befähigungszeugnis A 6;

4. auf Schiffen von mehr als 1500 cbm Bruttoraumgehalt ein Befähigungszeugnis A 6.

Neben dem Kapitän sind Fahrgastschiffe und Schiffe von mehr als 400 cbm Bruttoraumgehalt mit Ausschluß der Seeleichter mit einem Seesteuermann zu besetzen.

b) Leitender Seemaschinist und Wachmaschinisten: In der kleinen Fahrt muß auf Dampf- und Motorschiffen der Leitende Seemaschinist besitzen:

1. auf Schiffen mit Motoren von nicht mehr als 150 PS ein Befähigungszeugnis C 1;
2. auf Schiffen mit Motoren von mehr als 150, aber nicht mehr als 1000 PS sowie auf Schiffen mit Dampfmaschinen von nicht mehr als 1000 PS ein Befähigungszeugnis C 3;
3. auf Schiffen mit Maschinen von mehr als 1000 PS ein Befähigungszeugnis C 4.

Neben dem Leitenden Seemaschinisten sind Schiffe wie zu 2 und 3 mit einem Wachmaschinisten zu besetzen, der ein Befähigungszeugnis C 3 besitzt.

Auf Segelschiffen mit Maschinenhilfsantrieb muß der Leitende Seemaschinist besitzen:

1. auf Segelschiffen mit Hilfsmotoren von nicht mehr als 150 PS ein Befähigungszeugnis C 1;
2. auf Segelschiffen mit Hilfsmotoren von mehr als 150 PS sowie auf Segelschiffen mit Hilfsdampfmaschinen ein Befähigungszeugnis C 3.

§ 9. Besetzung der Schiffe in der mittleren Fahrt

a) Kapitän und Seesteuerleute: In der mittleren Fahrt muß der Kapitän ein Befähigungszeugnis A 6 besitzen.

Neben dem Kapitän sind Schiffe von nicht

mehr als 3000 cbm Bruttoraumgehalt mit einem, Schiffe von mehr als 3000 cbm Bruttoraumgehalt sowie Fahrgastschiffe jeder Größe mit zwei Seesteuerleuten zu besetzen.

b) Leiter der Maschinenanlage und Wachmaschinisten: In der mittleren Fahrt muß auf Dampf- und Motorschiffen der Leiter der Maschinenanlage besitzen:
   1. auf Schiffen mit Maschinen von nicht mehr als 2000 PS ein Befähigungszeugnis C 4;
   2. auf Schiffen mit Maschinen von mehr als 2000 PS ein Befähigungszeugnis C 5.

Neben dem Leiter der Maschinenanlage sind zu besetzen:

Schiffe wie zu 1 mit einem Wachmaschinisten, der ein Befähigungszeugnis C 3 besitzt;

Schiffe wie zu 2 mit zwei Wachmaschinisten, von denen der eine ein Befähigungszeugnis C 4, der andere ein Befähigungszeugnis C 3 besitzt.

Auf Segelschiffen mit Maschinenhilfsantrieb muß der Leitende Seemaschinist ein Befähigungszeugnis C 3 besitzen.

§ 10. Besetzung der Schiffe in der großen Fahrt

a) Kapitän und Seesteuerleute: In der großen Fahrt muß der Kapitän ein Befähigungszeugnis A 6 besitzen.

   Neben dem Kapitän sind Schiffe von nicht mehr als 2000 cbm Bruttoraumgehalt mit einem, Schiffe von mehr als 2000 cbm Bruttoraumgehalt sowie Fahrgastschiffe jeder Größe mit zwei Seesteuerleuten zu besetzen.

b) Leiter der Maschinenanlage und Wachmaschinisten: In der großen Fahrt muß auf

Dampf- und Motorschiffen der Leiter der Maschinenanlage besitzen:

1. auf Schiffen mit Maschinen von nicht mehr als 6000 PS ein Befähigungszeugnis C 5;
2. auf Schiffen mit Maschinen von mehr als 6000 PS ein Befähigungszeugnis C 6.

Neben dem Leiter der Maschinenanlage sind zu besetzen:

Schiffe wie zu 1 mit zwei Wachmaschinisten, die ein Befähigungszeugnis C 4 besitzen;

Schiffe wie zu 2 mit drei Wachmaschinisten, von denen zwei ein Befähigungszeugnis C 5 und einer ein Befähigungszeugnis C 4 besitzen.

Auf Segelschiffen mit Maschinenhilfsantrieb muß der Leiter der Maschinenanlage ein Befähigungszeugnis C 4 besitzen.

Neben dem Leiter der Maschinenanlage sind diese Schiffe mit einem Wachmaschinisten zu besetzen, der ein Befähigungszeugnis C 3 besitzt.

§ 11. Befähigungszeugnisse der Seesteuerleute. Auf Schiffen, auf denen für den Kapitän ein Befähigungszeugnis A 6 vorgeschrieben ist, müssen die Seesteuerleute ein Befähigungszeugnis A 5 besitzen.

Auf Schiffen, auf denen für den Kapitän ein Befähigungszeugnis A 3 oder A 4 vorgeschrieben ist, müssen die Seesteuerleute ein Befähigungszeugnis A 2 besitzen.

§ 12. Schulschiffe. Schulschiffe sind ohne Rücksicht auf Größe und Fahrtbereich wie Schiffe von mehr als 2000 cbm Bruttoraumgehalt in großer Fahrt zu besetzen.

§ 13. Überzählige Schiffsoffiziere. Werden Schiffe mit mehr Schiffsoffizieren besetzt, als in dieser Verordnung bestimmt ist, so müssen die überzähligen Schiffsoffiziere die Befähigungszeugnisse besitzen, die für die verordnungsmäßigen Schiffsoffiziere vorgeschrieben sind, doch brauchen überzählige Seemaschinisten kein höheres Befähigungszeugnis als das Befähigungszeugnis C 3 zu besitzen, wenn auf jeder Wache mindestens ein Wachmaschinist vorhanden ist, der das vorgeschriebene Befähigungszeugnis besitzt.

III. Besetzung der in der Seefischerei beschäftigten Fahrzeuge.

§ 14. **Fischereigrenzen.** Im Sinne dieser Verordnung ist

1. **Küstenfischerei**[1]: die Fischerei,
   die von der deutschen Küste aus mit offenen Fahrzeugen jeder Größe oder mit ganz oder teilweise gedeckten Segelfahrzeugen von nicht mehr als 10 m Länge über alles ohne oder mit Maschinenhilfsantrieb betrieben wird;
2. **Kleine Hochseefischerei**: die Fischerei,
   die in der Ostsee, in der Nordsee bis zu 61° nördlicher Breite, im Englischen Kanal, im Bristol-Kanal, im St.-Georgs-Kanal und in der Irischen See betrieben wird,
   soweit sie nicht zur Küstenfischerei gehört;
3. **Große Hochseefischerei**: die Fischerei
   in allen Meeren, soweit sie nicht unter eine der unter 1 und 2 genannten Klassen fällt.

[1] Vgl. dazu Schaps II 250.

§ 15. **Besetzung der Fahrzeuge in der Küstenfischerei.** Der Befähigungsnachweis der Führer von Fahrzeugen in der Küstenfischerei wird durch die Landesbehörden geregelt.

Auf Fahrzeugen mit Hilfsmotoren muß der Führer der Maschinenanlage ein Befähigungszeugnis C 1 besitzen.

§ 16. **Besetzung der Fahrzeuge in der kleinen Hochseefischerei.**

a) Kapitän und Seesteuerleute: In der kleinen Hochseefischerei muß der Kapitän besitzen:
1. auf Fahrzeugen von nicht mehr als 75 cbm Bruttoraumgehalt ein Befähigungszeugnis B 1;
2. auf Fahrzeugen von mehr als 75 cbm Bruttoraumgehalt ein Befähigungszeugnis B 3.

Neben dem Kapitän sind Fahrzeuge von mehr als 200 cbm Bruttoraumgehalt mit einem Seesteuermann zu besetzen, der ein Befähigungszeugnis B 2 besitzt.

b) Leitender Seemaschinist und Wachmaschinisten: In der kleinen Hochseefischerei muß der Leitende Seemaschinist auf Dampf- und Motorfahrzeugen besitzen:
1. auf Fahrzeugen mit Motoren von nicht mehr als 150 PS ein Befähigungszeugnis C 1;
2. auf Fahrzeugen mit Motoren von mehr als 150 PS, aber nicht mehr als 300 PS sowie auf Fahrzeugen mit Dampfmaschinen von nicht mehr als 300 PS ein Befähigungszeugnis C 2;
3. auf Fahrzeugen mit Maschinen von mehr als 300 PS ein Befähigungszeugnis C 3.

Neben dem Leitenden Seemaschinisten sind zu besetzen:

Fahrzeuge wie zu 2 mit einem Wachmaschinisten, der ein Befähigungszeugnis C 2 besitzt;
Fahrzeuge wie zu 3 mit einem Wachmaschinisten, der ein Befähigungszeugnis C 3 besitzt.

Auf Segelfahrzeugen mit Maschinenhilfsantrieb muß der Leitende Seemaschinist besitzen:
1. auf Fahrzeugen mit Hilfsmotoren von nicht mehr als 150 PS ein Befähigungszeugnis C 1;

2. auf Fahrzeugen mit Hilfsmotoren von mehr als 150 PS sowie auf Fahrzeugen mit Hilfsdampfmaschinen ein Befähigungszeugnis C 2.

§ 17. **Besetzung der Fahrzeuge in der großen Hochseefischerei**

a) **Kapitän und Seesteuerleute:** In der großen Hochseefischerei muß der Kapitän ein Befähigungszeugnis B 5 besitzen.

Neben dem Kapitän sind die Fahrzeuge mit zwei Seesteuerleuten zu besetzen, die ein Befähigungszeugnis B 4 besitzen.

b) **Leitender Seemaschinist und Wachmaschinisten:** In der großen Hochseefischerei muß der Leitende Seemaschinist besitzen:

1. auf Fahrzeugen mit Maschinen von nicht mehr als 1000 PS ein Befähigungszeugnis C 3;
2. auf Fahrzeugen mit Maschinen von mehr als 1000 PS ein Befähigungszeugnis C 4.

Neben dem Leitenden Seemaschinisten sind zu besetzen:

Fahrzeuge wie zu 1 mit einem Wachmaschinisten, der ein Befähigungszeugnis C 3 besitzt;

Fahrzeuge wie zu 2 mit zwei Wachmaschinisten, die ein Befähigungszeugnis C 3 besitzen.

§ 18. **Fischbeförderungsfahrzeuge.** Hochseefischereifahrzeuge, die zur Beförderung von Fischen verwendet werden, unterliegen hinsichtlich der Besetzung mit Kapitänen und Schiffsoffizieren denselben Vorschriften wie die in der Hochseefischerei beschäftigten; jedoch ist auch eine Besetzung nach den Vorschriften für die nicht in der Hochseefischerei beschäftigten Fahrzeuge statthaft.

§ 19. **Überzählige Schiffsoffiziere.** Werden Hochseefischereifahrzeuge mit mehr Schiffsoffizieren besetzt als in der Verordnung bestimmt ist, so müssen die überzähligen Schiffsoffiziere die Befähigungszeugnisse besitzen, die für die verordnungsmäßigen Schiffsoffiziere vorgeschrieben sind.

IV. Der Befähigungsnachweis.

§ 20. Bedingungen für die Ausstellung der Befähigungszeugnisse. Ein Befähigungszeugnis als Seeschiffer wird Reichsangehörigen ausgestellt, die das dreiundzwanzigste Lebensjahr, ein Befähigungszeugnis als Seesteuermann und Seemaschinist Reichsangehörigen, die das zwanzigste Lebensjahr, und ein Befähigungszeugnis als Seemotorführer Reichsangehörigen, die das achtzehnte Lebensjahr vollendet und

1. ausreichendes Hör-, Seh- und Farbenunterscheidungsvermögen,
2. die für die Art und den Grad der Befähigung geforderte praktische Ausbildung,
3. das Bestehen der für die Art und den Grad der Befähigung geforderten Prüfung

nachgewiesen haben.

Für die Ausstellung eines Befähigungszeugnisses als Seemaschinist wird der Nachweis ausreichenden Farbenunterscheidungsvermögens nicht gefordert.

Die oberste Reichsbehörde bestimmt im Einvernehmen mit den Regierungen der Küstenländer, inwieweit ausländischen Staatsangehörigen Befähigungszeugnisse nach dieser Verordnung erteilt werden können.

§ 21. Hör-, Seh- und Farbenunterscheidungsvermögen. Der Nachweis ausreichenden Hör-, Seh- und Farbenunterscheidungsvermögens wird von der obersten Reichsbehörde geregelt.

§ 22. Praktische Ausbildung der Seeschiffer und Seesteuerleute außerhalb der Seefischerei. An praktischer Ausbildung wird gefordert für die Befähigung zum

a) Seeschiffer auf Küstenfahrt: eine Seefahrtzeit als Decksmann von fünfzig Monaten, von der zwölf Monate auf Segelschiffen außerhalb der Küstenfischerei erworben sein müssen;

b) Seesteuermann auf kleiner Fahrt: eine Seefahrtzeit als Decksmann von fünfzig Monaten, von der fünfzehn Monate auf Segelschiffen außerhalb der Küstenfischerei erworben sein müssen;

c) Kapitän auf kleiner Fahrt II: eine auf die Zulassung als Seesteuermann auf kleiner oder großer Fahrt folgende Seefahrtzeit von zwölf Monaten als Seesteuermann oder Kapitän auf Schiffen und Fahrten, auf denen für diese Stellen der Besitz eines Befähigungszeugnisses A 2, A 5, B 3 oder A 1 vorgeschrieben ist;

d) Kapitän auf kleiner Fahrt I: eine auf die Zulassung als Seesteuermann auf kleiner oder großer Fahrt folgende Seefahrtzeit von vierundzwanzig Monaten als Seesteuermann oder Kapitän auf Schiffen und Fahrten, auf denen für diese Stellen der Besitz eines Befähigungszeugnisses A 2, A 5, B 4 oder A 1 vorgeschrieben ist;

e) Seesteuermann auf großer Fahrt: eine Seefahrtzeit als Decksmann von fünfzig Monaten auf Schiffen von mehr als 50 cbm Bruttoraumgehalt, von der achtzehn Monate als Vollmatrose und zwanzig Monate auf Segelschiffen erworben sein müssen. Seefahrtzeit in der Reichsmarine ist nur bis zu vierundzwanzig Monaten anrechnungsfähig, Seefahrtzeit auf Segelschiffen, die zwanzig Monate übersteigt, wird, sofern sie als Vollmatrose erworben ist, auf die Seefahrtzeit, aber nicht auf die Vollmatrosenfahrtzeit doppelt bis zum Höchstbetrage von sechs Monaten angerechnet;

f) **Kapitän auf großer Fahrt**: eine auf die Zulassung als Seesteuermann auf großer Fahrt folgende Seefahrtzeit von vierundzwanzig Monaten als Seesteuermann oder als Kapitän auf Schiffen und Fahrten, auf denen für diese Stellen der Besitz eines Befähigungszeugnisses A 5, A 4, A 2 oder B 5 vorgeschrieben ist. Die Fahrtzeit als Seesteuermann muß jedoch auf Schiffen von mehr als 1000 cbm Bruttoraumgehalt erworben sein. Die Seefahrtzeit in der Küstenfahrt ist nur bis zu zwölf Monaten anrechnungsfähig.

Seefahrtzeit, die vor Vollendung des fünfzehnten Lebensjahres zurückgelegt ist, wird nicht angerechnet. Seefahrtzeit auf Segelschiffen, die im fünfzehnten Lebensjahr erworben ist, wird bis zu sechs Monaten auf die Segelschiffahrtszeit, nicht aber auf die Gesamtseefahrtzeit angerechnet.

Seefahrtzeit auf Seeleichtern, Eisenbahnfährschiffen, Lustfahrzeugen, Küstenfischereifahrzeugen und sonstigen Fahrzeugen, auf denen eine vollkommene seemännische Ausbildung nicht mit Sicherheit erworben werden kann, ist nicht oder nur teilweise anrechnungsfähig. Der Grad der Anrechnungsfähigkeit wird von der obersten Reichsbehörde im Einvernehmen mit den Regierungen der Küstenländer festgesetzt.

§ 23. **Praktische Ausbildung der Seeschiffer und Seesteuerleute in der Seefischerei.** An praktischer Ausbildung wird gefordert für die Befähigung zum

a) **Seeschiffer in kleiner Hochseefischerei**: eine Seefahrtzeit als Decksmann von fünfzig Monaten, von der zwölf Monate auf Seefischereifahrzeugen erworben sein müssen;

b) **Seesteuermann in kleiner Hochseefischerei**: eine Seefahrtzeit als Decksmann von fünfzig

Monaten, von der fünfzehn Monate auf Hochseefischereifahrzeugen erworben sein müssen;

c) Kapitän in kleiner Hochseefischerei: eine auf die Zulassung als Seesteuermann in kleiner oder großer Hochseefischerei folgende Seefahrtzeit von zwölf Monaten als Seesteuermann auf Hochseefischereifahrzeugen, auf denen für den Seesteuermann der Besitz eines Befähigungszeugnisses B 2 oder B 4 vorgeschrieben ist;

d) Seesteuermann in großer Hochseefischerei: wie zu b;

e) Kapitän in großer Hochseefischerei: eine auf die Zulassung als Seesteuermann in großer Hochseefischerei folgende Seefahrtzeit von vierundzwanzig Monaten als Seesteuermann auf Fahrzeugen in großer Hochseefischerei.

Seefahrtzeit, die vor Vollendung des fünfzehnten Lebensjahres erworben ist, wird nicht angerechnet.

Inwieweit Seefahrtzeit auf Seeleichtern, Eisenbahnfährschiffen, Luftfahrzeugen, Küstenfischereifahrzeugen und sonstigen Fahrzeugen, auf denen eine vollkommene seemännische Ausbildung nicht mit Sicherheit erworben werden kann, angerechnet wird, bestimmt die oberste Reichsbehörde im Einvernehmen mit den Regierungen der Küstenländer.

§ 24. Praktische Ausbildung der Seemaschinisten. An praktischer Ausbildung wird gefordert für die Befähigung zum

a) Seemotorführer: keine Ausbildung;

b) Kleinmaschinist: eine Seefahrtzeit im Maschinendienst und Werkstättenarbeitszeit von zusammen fünfzig Monaten, darunter mindestens vierundzwanzig Monate Seefahrtzeit. Die Fahrtzeit im Maschinendienst auf Binnenschiffen ist bis zu zwölf

Monaten auf die Seefahrtzeit anrechnungsfähig. Von der Seefahrtzeit müssen zum Erwerb eines Befähigungszeugnisses für Dampfschiffe zwölf Monate auf Dampfschiffen, zum Erwerb eines Befähigungszeugnisses für Motorschiffe zwölf Monate auf Motorschiffen erworben sein;

c) Seemaschinist II:
   1. eine Werkstättenlehre von sechsunddreißig Monaten,
   2. eine Seefahrtzeit im Maschinendienst von vierundzwanzig Monaten, darunter zwölf Monate auf Dampfschiffen;

d) Seemaschinist I:
   I. von einem Bewerber, der noch kein Befähigungszeugnis C 3 besitzt,
      1. eine Werkstättenlehre von sechsunddreißig Monaten,
      2. eine Seefahrtzeit als Maschinistenassistent auf Dampf- und Motorschiffen außerhalb der Küstenfahrt von vierundzwanzig Monaten, darunter zwölf Monate auf Dampfschiffen. Die Seefahrtzeit auf Segelschiffen mit Maschinenhilfsantrieb wird nur halb angerechnet;
   II. von einem Bewerber, der ein Befähigungszeugnis C 3 besitzt,
      1. eine Werkstättenlehre von sechsunddreißig Monaten,
      2. eine auf die Zulassung als Seemaschinist II folgende Seefahrtzeit als Maschinistenassistent oder als Seemaschinist auf Dampf- und Motorschiffen von vierundzwanzig Monaten, darunter zwölf Monate auf Dampfschiffen. Die Seefahrtzeit auf Segelschiffen mit

Maschinenhilfsantrieb wird nur halb angerechnet;

e) Schiffsingenieur II: eine auf die Zulassung als Seemaschinist I folgende Seefahrtzeit als Seemaschinist auf Dampf- und Motorschiffen außerhalb der Küstenfahrt von vierundzwanzig Monaten. Die Seefahrtzeit auf Segelschiffen mit Maschinenhilfsantrieb wird nur halb angerechnet;

f) Schiffsingenieur I: eine auf die Zulassung als Schiffsingenieur II folgende Seefahrtzeit als Seemaschinist auf Dampf- und Motorschiffen in mittlerer und großer Fahrt von vierundzwanzig Monaten.

Werkstättentätigkeit und Seefahrtzeit, die vor Vollendung des fünfzehnten Lebensjahres liegen, werden nicht angerechnet.

Inwieweit Werkstättentätigkeit und Seefahrtzeit anrechnungsfähig sind, bestimmt die oberste Reichsbehörde im Einvernehmen mit den Regierungen der Küstenländer.

§ 25. Prüfungen. Die Prüfungen zum Seeschiffer, Seesteuermann und Seemaschinisten werden vor staatlichen Prüfungsausschüssen abgelegt.

Die Zulassung zur Prüfung wird bedingt

1. durch den Nachweis der für die Art und den Grad der Prüfung geforderten praktischen Ausbildung;
2. zur Prüfung zum Kapitän auf großer Fahrt, zum Kapitän auf kleiner Fahrt I und zum Kapitän in großer Hochseefischerei durch die Vorlage genügender Aufzeichnungen und Berechnungen eigener nautischer Beobachtungen, die während der Seesteuermannsfahrtzeit angestellt sind;
3. durch den Besuch eines Lehrganges an einer staatlich anerkannten Lehranstalt (Seefahrtschule oder Schiffsingenieur- und Seemaschinistenschule).

Die Dauer der Lehrgänge beträgt mindestens:

a) an den Seefahrtschulen:

zur Vorbereitung auf die Prüfung zum
Seesteuermann auf kleiner Fahrt und Seesteuermann in kleiner Hochseefischerei 14 Wochen,
Seesteuermann in großer Hochseefischerei 20 Wochen,
Kapitän auf kleiner Fahrt I 14 Wochen,
Kapitän in großer Hochseefischerei 20 Wochen,
Seesteuermann auf großer Fahrt 60 Wochen,
Kapitän auf großer Fahrt 25 Wochen;

b) an den Schiffsingenieur- und Seemaschinistenschulen:

zur Vorbereitung auf die Prüfung zum
Seemaschinisten II 20 Wochen,
" I 40 "
Schiffsingenieur II 20 Wochen,
" I 40 "

Zu den Prüfungen zum Seeschiffer auf Küstenfahrt, zum Seeschiffer in kleiner Hochseefischerei, zum Kleinmaschinisten und zum Seemotorführer werden Bewerber ohne Schulbesuch zugelassen.

Seesteuerleute auf großer Fahrt brauchen zum Erwerb der Befähigungszeugnisse A 1, A 3, A 4, B 3, B 4 und B 5, Seesteuerleute auf kleiner Fahrt zum Erwerb der Befähigungszeugnisse A 1 und A 3, Seesteuerleute in kleiner Hochseefischerei zum Erwerb der Befähigungszeugnisse B 1 und B 3 und Kapitäne in großer Hochseefischerei zum Erwerb des Befähigungszeugnisses A 4 eine Prüfung nicht mehr abzulegen.

§ 26. Ausstellung von Befähigungszeugnissen an ehemalige Angehörige der Reichsmarine. Für die Ausstellung von Befähigungszeugnissen an ehemalige Angehörige der Reichsmarine sind die folgenden Abweichungen von den Bestimmungen der §§ 20, 22 und 24 zugelassen:

I. Für die Ausstellung von Befähigungszeugnissen als Seeschiffer und Seesteuermann:

Ehemaligen Angehörigen der Reichsmarine, die die Steuermannsprüfung oder die Seeoffiziershauptprüfung bestanden haben, wird die Seefahrtzeit in der Reichsmarine in vollem Umfang auf die Seefahrtzeit gemäß § 22 e angerechnet, und es brauchen nur sechs Monate auf Segelschiffen erworben zu sein.

Seefahrtzeit als Steuermann oder Seeoffizier in der Reichsmarine wird ihnen bis zu zwölf Monaten auf die Seefahrtzeit gemäß § 22 f angerechnet.

II. Für die Ausstellung von Befähigungszeugnissen als Seemaschinist:

a) in bezug auf Werkstättentätigkeit: Ehemalige Angehörige der Reichsmarine, die die Fähnrichsprüfung der Ingenieuroffizierlaufbahn oder die Ingenieuroffiziershauptprüfung bestanden haben, brauchen beim Erwerb der Befähigungszeugnisse C 3 und C 4 nur vierundzwanzig Monate Werkstättentätigkeit nachzuweisen,

b) in bezug auf Seefahrtzeit:

1. Mannschaftsdienstgraden des Maschinendienstes mit zwölfjähriger Dienstzeit werden zwölf Monate ihrer Seefahrtzeit in der Reichsmarine auf die Seefahrtzeit gemäß § 24 d I angerechnet.

2. Ehemaligen Angehörigen der Reichsmarine, die die Machinistenprüfung oder die Ingenieuroffiziershauptprüfung bestanden haben, wird ihre Seefahrtzeit in der Reichsmarine voll auf die Seefahrtzeit gemäß § 24 d I angerechnet. Die Seefahrtzeit als Wachmaschinist oder Wachingenieur wird ihnen bis zu achtzehn Monaten auf die Seefahrtzeit gemäß § 24 e angerechnet.

3. Ehemaligen Angehörigen der Reichsmarine, die die Ingenieuroffiziersberufsprüfung bestanden haben, wird die Seefahrtzeit in der Reichsmarine voll auf die Seefahrtzeit gemäß § 24d und e angerechnet. Die darüber hinausgehende Seefahrtzeit als Wachingenieur wird ihnen bis zu achtzehn Monaten auf die Seefahrtzeit gemäß § 24f angerechnet.

c) in bezug auf die Prüfungen:

1. Wer in der Reichsmarine einen Motorenlehrgang mit Erfolg besucht hat, braucht die Prüfung zum Seemotorführer nicht abzulegen.
2. Wer die Fähnrichsprüfung der Ingenieuroffizierslaufbahn oder die Maschinistenmaatenprüfung bestanden hat, braucht die Prüfungen zum Seemaschinisten II und die niederen Prüfungen nicht abzulegen.
3. Wer die Maschinistenprüfung bestanden hat, braucht die Prüfung zum Seemaschinisten I und die niederen Prüfungen nicht abzulegen.
4. Wer die Ingenieuroffiziershauptprüfung bestanden hat, braucht die Prüfung zum Schiffsingenieur II und die niederen Prüfungen nicht abzulegen.
5. Wer die Ingenieuroffiziersberufsprüfung bestanden hat, braucht die Prüfung zum Schiffsingenieur I und die niederen Prüfungen nicht abzulegen.

V. Allgemeine Bestimmungen.

§ 27. Anerkennung der Seefahrt- und der Schiffsingenieur- und Seemaschinistenschulen. Die Anerkennung einer Lehranstalt als Seefahrtschule oder als Schiffsingenieur- und Seemaschinistenschule wird durch die Landeszentralbehörde im Einvernehmen mit der obersten Reichsbehörde ausgesprochen.

§ 28. Lehrpläne. Die Lehrpläne für die Lehrgänge an den Seefahrtschulen und den Schiffsingenieur- und Seemaschinistenschulen werden von der Landeszentralbehörde im Einvernehmen mit der obersten Reichsbehörde festgestellt.

§ 29. Einblick in den Unterricht. Die oberste Reichsbehörde hat das Recht, durch einen Beauftragten Einblick in den Unterricht der Seefahrtschulen und der Schiffsingenieur- und Seemaschinistenschulen zu nehmen. Der Beauftragte ist befugt, Unterrichtsfragen mit dem Leiter der Lehranstalt zu erörtern. Das Recht, Anordnungen zu treffen, steht nur den Landesbehörden zu.

§ 30. Prüfungsausschüsse und Prüfungsordnung. Zur Abnahme der Prüfungen zum Seeschiffer, Seesteuermann und Seemaschinisten werden von den Landeszentralbehörden Prüfungsausschüsse eingesetzt.

Die Zusammensetzung der Prüfungsausschüsse, die Prüfungsgebühren, die für die Zulassung zu den Prüfungen geforderten Ausbildungszeiten (§ 25 Abs. 2, Ziff. 1), der Umfang der Prüfungen sowie das Verfahren bei ihrer Abnahme werden durch eine Prüfungsordnung geregelt, die von der obersten Reichsbehörde im Einvernehmen mit den Regierungen der Küstenländer erlassen wird.

§ 31. Beaufsichtigung der Prüfungen. Die oberste Reichsbehörde hat das Recht, die Prüfungen zum Seeschiffer, zum Seesteuermann und zum Seemaschinisten durch einen Beauftragten zu beaufsichtigen.

Der Beauftragte ist befugt, den Prüfungen und den Prüfungsverhandlungen beizuwohnen. Er hat darauf zu achten, daß die für die Prüfungen erlassenen Vorschriften befolgt und gleichwertige Anforderungen an die Prüflinge gestellt werden.

Er ist insbesondere befugt:

1. gegen eine den Vorschriften widersprechende Zulassung eines Prüflings Einspruch zu erheben;
2. die schriftlichen Arbeiten der Prüflinge einzusehen;
3. bei der Prüfung Fragen an die Prüflinge zu stellen sowie Gegenstände zu bezeichnen, aus denen den Prüflingen Fragen vorzulegen sind. Der Vorsitzende des Prüfungsausschusses hat etwaige auf Vertiefung und Verschärfung der Prüfung im Einzelfalle gerichtete, ihm kundgegebene Wünsche des Beauftragten schon während der Prüfung zu erfüllen, sofern nicht sachliche, alsbald geltend zu machende Bedenken dagegen bestehen;
4. gegen die Entscheidungen des Prüfungsausschusses über die Beurteilung der Prüfungsleistungen und den Ausfall der Prüfung Einspruch zu erheben, falls sie mit den bestehenden Vorschriften im Widerspruch stehen. Die Entscheidung über den Einspruch trifft die oberste Reichsbehörde nach Anhörung der Landeszentralbehörde.

§ 32. Ausfertigung der Befähigungszeugnisse. Die Vordrucke für die Befähigungszeugnisse werden von der obersten Reichsbehörde festgesetzt.

Die Ausfertigung der Zeugnisse wird von den Landeszentralbehörden geregelt.

Bei der Ausstellung eines Befähigungszeugnisses höheren Grades werden die Befähigungszeugnisse niederen Grades derselben Art eingezogen.

§ 33. Fachausschüsse. Die oberste Reichsbehörde beruft zur Beratung der die Ausbildung der Seeschiffer, Seesteuerleute und Seemaschinisten betreffenden und damit zusammenhängenden Fragen Fachausschüsse für das Seefahrtschulwesen und für das Schiffsingenieur- und Seemaschinistenschulwesen.

Die Fachausschüsse bestehen aus den Beauftragten der obersten Reichsbehörde als Vorsitzenden, Vertretern der Schulen (Seefahrtschulen oder Schiffsingenieur- und Seemaschinistenschulen), der Reeder, der nautischen oder technischen Schiffsoffiziere. Im übrigen bestimmt die oberste Reichsbehörde die Zusammensetzung der Fachausschüsse und regelt ihre Tätigkeit durch eine Geschäftsordnung.

Die obersten Reichsbehörden und die Regierungen der Küstenländer können zu den Beratungen der Fachausschüsse Vertreter entsenden.

Die Fachausschüsse sind vor der Aufstellung der Lehrpläne für die Lehrgänge an den Seefahrtschulen und an den Schiffsingenieur- und Seemaschinistenschulen sowie vor dem Erlaß der Prüfungsordnungen zu hören.

VI. Schluß- und Übergangsbestimmungen.

§ 34. Ausnahmen. Die oberste Reichsbehörde kann im Einvernehmen mit den beteiligten Landesregierungen Ausnahmen von dieser Verordnung zulassen[1]).

[1]) Vgl. die bisherigen Ausnahmebestimmungen bei Schaps II 253.

§ 35. Seefahrt- und Seemaschinistenschulen der Reichsmarine. Die nach dieser Verordnung den Landesregierungen und den Landeszentralbehörden zustehenden Rechte hinsichtlich der Verwaltung der Seefahrt- und Seemaschinistenschulen sowie der Abhaltung der Prüfungen werden für die Seefahrt- und Seemaschinistenschulen, die von der Reichsmarine errichtet sind, von der obersten Reichsbehörde ausgeübt.

§ 36. Verantwortlichkeit des Kapitäns. Unbeschadet der Verpflichtung der Reeders liegt dem Kapitän ob, sein Schiff gemäß dieser Verordnung mit Schiffsoffizieren zu besetzen, soweit es die Umstände gestatten.

§ 37. **Einziehung unrechtmäßig erworbener Befähigungszeugnisse.** Befähigungszeugnisse, die auf Grund wissentlich falscher Angaben über die Erfüllung der für ihre Ausstellung geforderten Bedingungen erworben sind, können von der ausstellenden Behörde eingezogen werden.

§ 38. **Umtausch älterer Befähigungszeugnisse.** Die auf Grund der bisherigen Vorschriften ausgestellten Befähigungszeugnisse werden von der Behörde, die sie ausgestellt hat, gegen Befähigungszeugnisse nach dieser Verordnung umgetauscht. Es werden gleichgestellt:

das bisherige Befähigungszeugnis als
- Schiffer auf Küstenfahrt dem Befähigungszeugnis A 1,
- Steuermann auf kleiner Fahrt dem Befähigungszeugnis A 3,
- Schiffer auf kleiner Fahrt dem Befähigungszeugnis A 4,
- Steuermann auf großer Fahrt den Befähigungszeugnissen A 5 und A 4,
- Schiffer auf großer Fahrt dem Befähigungszeugnis A 6;

ferner das bisherige Befähigungszeugnis als
- Schiffer in kleiner Hochseefischerei dem Befähigungszeugnis B 1,
- Steuermann in mittlerer Hochseefischerei den Befähigungszeugnissen B 3 und B 4,
- Schiffer in mittlerer Hochseefischerei dem Befähigungszeugnis B 5,
- Schiffer in großer Hochseefischerei dem Befähigungszeugnis B 5;

ferner das bisherige Befähigungszeugnis als
- Kleinmotorführer dem Befähigungszeugnis C 1,
- Kleinmaschinist für Dampfschiffe dem Befähigungszeugnis C 2 für Dampfschiffe,

Kleinmaschinist für Motorschiffe dem Befähigungszeugnis C 2 für Motorschiffe,

Seemaschinist III. Klasse für Dampf- und für Motorschiffe dem Befähigungszeugnis C 3,

Seemaschinist II. Klasse für Dampf- und für Motorschiffe dem Befähigungszeugnis C 4,

Seemaschinist I. Klasse für Dampf- und für Motorschiffe dem Befähigungszeugnis C 5,

Schiffsingenieur für Dampf- und für Motorschiffe dem Befähigungszeugnis C 6;

ferner ein Befähigungszeugnis als Maschinist I. Klasse, das vor dem 1. Oktober 1910 erworben ist, dem Befähigungszeugnis C 6 und ein Befähigungszeugnis als Seemaschinist IV. Klasse, das vor dem 1. Oktober 1925 erworben ist, dem Befähigungszeugnis C 3.

Die Gebühren für den Umtausch werden von den Landeszentralbehörden festgesetzt. Sie dürfen 1 Reichsmark nicht übersteigen.

Die auf Grund früherer Verordnungen ausgestellten Befähigungszeugnisse verlieren mit dem 31. Dezember 1932 ihre Gültigkeit.

§ 39. Aufrechterhaltung früherer Befugnisse. Inhaber von Befähigungszeugnissen als Schiffer in kleiner Hochseefischerei, die vor dem Inkrafttreten dieser Verordnung eine Seefahrtzeit von sechsunddreißig Monaten als zweiter Steuermann in der bisherigen mittleren und großen Hochseefischerei zurückgelegt haben, behalten ihre bisherige Befugnis.

Beim Umtausch ihres Befähigungszeugnisses erhalten sie ein Befähigungszeugnis B 1 mit dem Vermerk, daß der Inhaber auch berechtigt ist, den Dienst als zweiter Steuermann auf Hochseefischereifahrzeugen auf Fahrten nördlich von 61° N-Breite zwischen 30° W- und 50° O-Länge von Greenwich auszuüben.

§ 40. Früher erworbene Ansprüche. Die auf Grund früherer Verordnungen erworbenen Ansprüche auf Erteilung eines Befähigungszeugnisses als Seeschiffer, Seesteuermann und Seemaschinist bleiben bis zum 31. Dezember 1932 mit der Maßgabe bestehen, daß sich der Umfang der Befugnisse künftig nach § 38 dieser Verordnung bestimmt.

§ 41. Inkrafttreten. Diese Verordnung tritt am 1. August 1931 in Kraft. Die auf Grund des § 48 der Verordnung vom 25. Juli 1925 (RGBl. II S. 714) festgesetzte Abkürzung der Lehrgänge für Schiffer auf großer Fahrt auf fünfundzwanzig Wochen bleibt bis zum 31. Juli 1931 aufrechterhalten.

Schüler der Seefahrtschulen und der Schiffsingenieur und Seemaschinistenschulen, die vor dem 1. April 1931 in einen Lehrgang eingetreten sind, können die den Lehrgang abschließende Prüfung noch nach den Verordnungen vom 25. Juli 1925 (RGBl. II S. 714 und 724) ablegen.

Mit dem Zeitpunkt des Inkrafttretens dieser Verordnung treten alle entgegenstehenden Vorschriften außer Kraft.

Insbesondere werden aufgehoben:

Die Verordnung über die Besetzung deutscher Kauffahrteischiffe mit Kapitänen und Schiffsoffizieren vom 25. Juli 1925 (RGBl. II S. 709).

Die Verordnung über den Befähigungsnachweis der Seeschiffer und Seesteuerleute auf deutschen Kauffahrteischiffen vom 25. Juli 1925 (RGBl. II S. 714).

Die Verordnung über den Befähigungsnachweis der Schiffsingenieure und Seemaschinisten auf deutschen Kauffahrteischiffen vom 25. Juli 1925 (RGBl. II S. 724).

16. Führung des Tagebuchs.

§ 519 Handelsgesetzbuch. Auf jedem Schiffe muß ein Tagebuch[1]) geführt werden, in welches für jede

Reise alle erheblichen Begebenheiten[2]), seit mit dem Einnehmen der Ladung oder des Ballastes begonnen ist[3]), einzutragen sind[4]).

Das Tagebuch wird unter der Aufsicht des Schiffers von dem Steuermann[5]) und im Falle der Verhinderung des letzteren von dem Schiffer selbst[6]) oder unter seiner Aufsicht von einem durch ihn zu bestimmenden geeigneten Schiffsmanne geführt[7]).

[1]) Das Tagebuch ist eine nach Tagen geordnete Aufzeichnung aller das Schiff, die Ladung und zum Teil auch die auf dem Schiff befindlichen Personen betreffenden privat- und öffentlichrechtlich erheblichen Vorgänge, welche sich während der Reise ereignen.

[2]) Dies sind nicht etwa nur außergewöhnliche Ereignisse, sondern alles das, was auf einer Seereise überhaupt Wichtiges vorkommt. Was im einzelnen einzutragen ist, besagen § 520, die TBB. und andere gesetzliche Bestimmungen z. B. betreffend die Rechtsverhältnisse der Schiffsbesatzung (§ 520 Abs. 2 SO. §§ 43, 57, 70, 89). Tätigkeit des Schiffers als Standesbeamter (§ 520 Abs. 3; PStG. § 61), als Inhaber der Polizeigewalt (§ 520 Abs. 3; SO. §§ 98, 99, 126ff.), als Nachlaßverwalter (TBB. § 1c Nr. 9), als Behörde für die Entgegennahme von Einsprüchen gegen seeamtliche Bescheide SO. § 124 Abs. 2), als Inhaber der Disziplinargewalt (§ 520 Abs. 3; SO. § 92), Beobachtungen geographischer oder nautischer Natur, Unfälle des Schiffes, der darauf befindlichen Personen oder der Ladung, Maßregeln des Schiffers, Beschlüsse des Schiffsrats.

[3]) Frühere Ereignisse, die sich im Abgangshafen abspielen, brauchen demnach nicht berücksichtigt zu werden, soweit sich nicht ihre Wirkung auch auf die Zeit nach dem Ladungsbeginn erstreckt. — Die Tagebuchführungspflicht ist zu Ende, sobald

a) im Bestimmungshafen die eingenommene Ladung gelöscht wird,

b) die Rücklabung, oder wenn das Schiff in Ballast zurückfährt, der Ballast im Ausgangshafen gelöscht wird.

In der Praxis wird indessen meist Hin- und Rückreise des Schiffes als eine Reise angesehen und demgemäß die Tagebuchführung auch auf die Zwischenzeit zwischen Löschung der ausgehenden und Einnahme der Rückladung (bzw. des Ballasts) ausgedehnt.

[4]) Form des Tagebuchs. Dasselbe ist zu führen

a) nach einem nunmehr einheitlich von sämtlichen Bundesseestaaten festgestellten Schema (vgl. Anlage I u. II zur TBV.). b) Fortlaufend, d. h. in einem mit laufenden Seitenzahlen versehenen Bande, bis diese vollgeschrieben ist; also auch dann, wenn mehrere Reisen in Frage kommen: es darf nicht etwa für jede neue Reise ein neues Tagebuch angefangen werden (OSA. 2, 616). c) Einheitlich, d. h. es dürfen nicht auf einem Schiffe von mehreren Personen mehrere Tagebücher geführt werden (OSA. 3, 151). d) Äußerlich ordnungsmäßig. Hiernach ist jede Eintragung in die dazu bestimmte Kolonne zu bewirken (OSA. 9, 312). Herausreißen von Blättern ist unter allen Umständen ordnungswidrig (OSA. 1, 307; 2, 95); auch Radierungen sind unstatthaft und ebenso wie Durchstreichungen, Einschaltungen und sonstige äußere Mängel zu vermeiden (OSA. 8, 680). e) Möglichst direkt in das Tagebuch ist einzutragen. Wird, wie allgemein gebräuchlich, eine Kladde geführt, so ist der Inhalt täglich zu übertragen (Prot. 1799; OSA. 4, 61ff.); nachträgliche Übertragungen müssen durch besondere Umstände gerechtfertigt sein (OSA. 3, 351; 5, 716; 6, 591ff.). Nach Beendigung der Reise ist das Tagebuch abzuschließen (OSA. 9, 209); nach dem Abschluß sind keine Eintragungen mehr zu machen (OSA. 8, 240ff.).

[5]) Der zur Führung Verpflichtete ist der Steuermann. OSA. 1, 326 bezeichnet die Führung durch den Schiffer selbst nicht als ordnungswidrig, zumal gewisse wichtige Eintragungen (PStG. § 61 und SO. §§ 43, 57, 70, 89, 92, 98, 99, 124) vom Schiffer selbst zu machen sind. Der Steuermann bleibt auch bei Führung des Tagebuchs durch den Schiffer mitverantwortlich (OSA. 5, 717). Die Einsicht des Tagebuchs darf ihm nicht verweigert werden (OSA. 7, 529).

Unter Aufsicht des Schiffers. Pflicht des Schiffers ist es, zur Vermeidung eigener Haftung die Eintragungen des Steuermanns ständig (OSA. 2, 689) zu beaufsichtigen und auf Form und Inhalt nachzuprüfen. Seiner abweichenden Meinung hat er im Tagebuchtext Ausdruck zu geben, aber nicht in der Art, daß er Eintragungen des Steuermanns ohne dessen Genehmigung abändert oder, wie in dem Falle OSA. 11, 490, ohne Rücksprache mit dem Steuermann der Eintragung des letzteren den Randvermerk „falsch" beifügt. Er muß bei Seeunfällen alles aufbieten, damit das Tagebuch erhalten und gerettet wird (TBV. § 5), ebenso die Kladde, falls eine solche geführt wird und ihr Inhalt noch nicht übertragen ist (OSA. 6 S. 116, 571; 10, 639). Nach Beendigung der Reise ist das Tagebuch nach TBV. § 4 sicher aufzubewahren, und zwar fünf Jahre vom Tage der letzten Eintragung.

[6]) Derselbe ist aber befugt, die Tagebuchführung einem von ihm zu bestimmenden, geeigneten Schiffsmann zu übertragen. Er haftet hierbei nach BGB. § 831.

[7]) In gewissen Fällen erfolgen Eintragungen durch das Seemannsamt, durch den Strandvogt (Anl. III zur TBV.), durch den Schiffsarzt (§ 16 der V. vom 3. Juli 1905: Anhang). Die Beweiskraft des Tagebuchs unterliegt den allgemeinen Regeln. Soweit die Eintragungen ins Tagebuch nicht auf den öffentlichrechtlichen Funktionen des Schiffers beruhen (oben Anm. 2), sind sie bloße Privaturkunden (HansOLG. Hbl. 1889 Nr. 31).

Zuwiderhandlungen gegen die §§ 519 u. 520 und gegen die Vorschriften der TBV. bedroht § 7 der letzteren mit Geldstrafe bis zu 100 M. In der Praxis der Seeämter ist vielfach aus der schlechten Führung des Tagebuchs auf den Mangel solcher Eigenschaften, die zur Ausübung des Gewerbes eines Schiffers erforderlich sind (SeeUnfUnterſG. § 26), geschlossen worden.

§ 520. Von Tag zu Tag sind in das Tagebuch einzutragen:

die Beschaffenheit von Wind und Wetter;

die von dem Schiffe gehaltenen Kurse[1]) und zurückgelegten Entfernungen;

die ermittelte Breite und Länge[2]);

der Wasserstand bei den Pumpen[3]).

Ferner sind in das Tagebuch einzutragen:

die durch das Lot ermittelte Wassertiefe[4]);

jedes Annehmen eines Lotsen und die Zeit seiner Ankunft und seines Abganges;

die Veränderungen im Personal der Schiffsbesatzung;

die im Schiffsrate gefaßten Beschlüsse;

alle Unfälle[5]), die dem Schiffe oder der Ladung zustoßen, und eine Beschreibung dieser Unfälle.

Auch die auf dem Schiffe begangenen strafbaren Handlungen und die verhängten Disziplinarstrafen sowie die vorgekommenen Geburts- und Sterbefälle sind in das Tagebuch einzutragen[6]).

Die Eintragungen müssen, soweit nicht die Umstände es hindern, täglich geschehen[7]).

Das Tagebuch ist von dem Schiffer und dem Steuermanne zu unterschreiben[8]).

[1]) TBB. § 1 schreibt außerdem, in Gemäßheit der Praxis der Seeämter (vgl. OSA. 4, 37; 5, 803 usw.), die Eintragung der bei Berichtigung der Kurse angewandten Mißweisung, örtlichen Ablenkung und Abtrift vor. Weiter verlangt OSA. 8, 263 Eintragung der Resultate der Untersuchungen betreffend die Richtigkeit des Kompasses (OSA. 8, 466) empfiehlt die Führung besonderer Deviationstagebücher. Ein solches ist außerhalb der großen Außenfahrt nach UBB. für Dampfschiffe § 8 Abs. 3 auf jedem Schiffe, nach UBB. für Segelschiffe § 7 Abs. 3 auf jedem eisernen und stählernen Schiffe zu führen.

[2]) Sie geschieht durch die Aufmachung des Bestecks. Man unterscheidet observiertes (astronomisches) Besteck, gefunden durch Gestirnbeobachtungen, und gegißtes (geschätztes) Besteck durch sog. Koppelkurs oder durch Peilen.

[3]) Macht das Schiff nur im gewöhnlichen Maße Wasser, so genügt die Eintragung „Pumpen lenz" (OSA. 2, 510; vgl. 3, 409): unter besonderen Umständen, so wenn die Existenz eines Lecks in Frage steht, genügt sie nicht (OSA. 2, 675). Ist eine Peilvorrichtung nicht vorhanden, so ist die Zahl der Schläge anzugeben, die jedesmal zum Lenzpumpen erforderlich sind (OSA. 7, 602).

[4]) Tägliche Feststellung der Wassertiefe ist nirgends vorgeschrieben (OSA. 8, 103; vgl. Prot. 1797). Nach TBB. § 1 ist ferner einzutragen die durch das Lot ermittelte Bodenbeschaffenheit.

[5]) Unfälle sind nicht bloß schädigende Ereignisse, sondern alle Vorfälle, die durch eine äußere Störung den regelmäßigen Verlauf der Fahrt unterbrechen (OSA. 3 S. 101, 496). OSA. 5, 754 sieht deshalb mit Recht jede Grundberührung als Unfall an, selbst wenn sie nicht mit einer Beschädigung verbunden ist. — Besondere Aufmerksamkeit und Gewissenhaftigkeit ist bei Darstellung von Kollisions- und Havereifällen

geboten. — Über Unfälle, die einer auf dem Schiff beschäftigten Person zustoßen, s. TBV. Anl. III Nr. 27, ferner UnfBV. für Dampfschiffe § 8 Abs. 2 und UnfBV. für Segelschiffe § 7 Abs. 2, welche die Führung eines Unfalltagebuchs vorschreiben.

[6]) Außerdem sind nach TBV. § 1c Nr. 2 u. 3 einzutragen die wichtigen Peilungen von Landmarken und Seezeichen, die Abgabe von Nebelsignalen und die Fahrt des Schiffes bei Nebel, dickem Wetter, Schneefall oder heftigen Regengüssen; ferner „Die Veränderungen im Personal der Schiffsbesatzung": vgl. SO. §§ 43, 70; „Die auf dem Schiff begangenen strafbaren Handlungen": vgl. SO. §§ 126, 127; „Die verhängten Disziplinarstrafen": vgl. SO. §§ 91, 92; Strafbestimmung: daselbst § 114 Nr. 12; „Die vorgekommenen Geburts- und Sterbefälle": Näheres ergibt das PStG.:

§ 61. Geburten und Sterbefälle, welche sich auf Seeschiffen während der Reise ereignen, sind nach den Vorschriften dieses Gesetzes spätestens am nächstfolgenden Tage nach der Geburt oder dem Todesfall von dem Schiffer, unter Zuziehung von zwei Schiffsoffizieren oder anderen glaubhaften Personen, in dem Tagebuch zu beurkunden. Bei Sterbefällen ist zugleich die mutmaßliche Ursache des Todes zu vermerken.

§ 62. Der Schiffer hat zwei von ihm beglaubigte Abschriften der Urkunden demjenigen Seemannsamte, bei dem es zuerst geschehen kann, zu übergeben. Eine dieser Abschriften ist bei dem Seemannsamte aufzubewahren, die andere ist demjenigen Standesbeamten, in dessen Bezirk die Eltern des Kindes, beziehungsweise der Verstorbene, ihren Wohnsitz haben oder zuletzt gehabt haben, behufs der Eintragung in das Register zuzufertigen.

§ 63. Ist der Schiffer verstorben oder verhindert, so hat der Steuermann die in den §§ 61 und 62 dem Schiffer auferlegten Verpflichtungen zu erfüllen.

§ 64. Sobald das Schiff in den inländischen Hafen eingelaufen ist, in welchem es seine Fahrt beendet, ist das Tagebuch der für den Standesbeamten des Hafenorts zuständigen Aufsichtsbehörde vorzulegen.

Diese hat beglaubigte Abschrift der in das Tagebuch eingetragenen Standesurkunde dem Standesbeamten, in dessen Register der Fall gehört (§ 62), behufs Kontrollierung der Eintragungen zuzustellen.

§ 68. Wer den in den §§ ... vorgeschriebenen Anzeigepflichten nicht nachkommt, wird mit Geldstrafe bis zu einhundertfünfzig Mark oder mit Haft bestraft....

Die bezeichnete Strafe trifft auch den Schiffer oder Steuermann, welcher den Vorschriften der §§ 61 bis 64 zuwiderhandelt.

Die Standesbeamten sind außerdem befugt, die zu Anzeigen oder zu sonstigen Handlungen auf Grund dieses Gesetzes Verpflichteten hierzu durch Geldstrafen anzuhalten, welche für jeden einzelnen Fall den Betrag von fünfzehn Mark nicht übersteigen dürfen.

Nach LBB. § 1c Nr. 4—7 jede Einnahme von Trinkwasser, gewisse Erkrankungen, Maßnahmen gegen ansteckende Krankheiten, Maßregeln der Gesundheitsbehörden; § 1c Nr. 8 Meldungen an den Reichskonsul, betreffend Verbringung weiblicher Auswanderer zu Unzuchtszwecken; § 1c Nr. 9 ein Vermerk, betreffend die Verwaltung des Nachlasses verstorbener Auswanderer.

[7]) (OSeeA. 1, 591ff.) gerechnet von Mitternacht zu Mitternacht.

[8]) Und zwar (vgl. Prot. 1800) entweder täglich oder mindestens am Schluß jeder Reise. Wo das Gesetz die Zuziehung anderer Personen anordnet (PStG. § 61), haben auch diese zu unterschreiben.

Zusatz. Die von den Bundesseestaaten erlassenen Verordnungen, betreffend die Führung und Behandlung des Schiffstagebuchs und Maschinentagebuchs, sind abgedruckt bei Schaps I 213ff.

§ 521. Die Landesgesetze können bestimmen, daß auf kleineren Fahrzeugen (Küstenfahrern und dergleichen) die Führung eines Tagebuchs nicht erforderlich ist[1]).

[1]) Die von den Bundesseestaaten mit wesentlich gleichem Inhalt erlassene Verordnung, betreffend die Führung eines Schiffstagebuchs auf kleineren Fahrzeugen (Küstenfahrern u. dgl.), ist abgedruckt bei Schaps I 224.

17. Verklarung.

§ 522 Handelsgesetzbuch. Der Schiffer hat über alle Unfälle, die sich während der Reise ereignen, sie mögen den Verlust oder die Beschädigung des Schiffes oder der

Ladung, das Einlaufen in einen Nothafen oder einen sonstigen Nachteil zur Folge haben, mit Zuziehung aller Personen der Schiffsbesatzung oder einer genügenden Anzahl[1]) von ihnen eine Verklarung abzulegen[2]).

Die Verklarung ist ohne Verzug zu bewirken[3]), und zwar:

im Bestimmungshafen oder bei mehreren Bestimmungshäfen in demjenigen, welchen das Schiff nach dem Unfalle zuerst erreicht[4]);

im Nothafen, sofern in diesem repariert oder gelöscht wird;

am ersten geeigneten Orte, wenn die Reise endet, ohne daß der Bestimmungshafen erreicht wird.

Ist der Schiffer gestorben oder außerstande, die Aufnahme der Verklarung zu bewirken, so ist hierzu der im Range nächste Schiffsoffizier berechtigt und verpflichtet.

[1]) Der Schiffer hat alle Personen der Schiffsbesatzung oder eine genügende Anzahl von ihnen zuzuziehen, in erster Reihe diejenigen Leute, welche den Unfall wahrgenommen haben. Die Besatzung ist verpflichtet, auf Verlangen bei der Verklarung mitzuwirken (SO. § 42), auch nach erfolgter Abmusterung, doch ist in diesem Falle der sonst durch Disziplinarmittel erzwingbare Anspruch nur im Wege des Zivilprozesses zu erzwingen. § 42 Abs. 2: Zahlung der etwa erwachsenen Reise- und Versäumniskosten. Ein Recht auf Entlassung hat der Schiffsmann erst nach erfolgter Verklarung (SO. § 68).

[2]) RG. JW. 24, 101, VerkRdsch. 3, 41. Die Vorschrift des § 522 ergibt nur den Zeitpunkt einer Verklarung, ist aber keine Norm über die Zuständigkeit des Gerichts. Ein Gericht des Orts, welcher nach § 522 nicht der Verklarungsort ist, erscheint nicht berechtigt, den Verklarungsbetrag abzulehnen. Die Bestimmung des § 524 Abs. 1, daß die Verklarung bei dem zuständigen Gericht anzumelden sei, betrifft die sachliche Zuständigkeit und macht § 522 nicht zu einer Norm über die örtliche Zuständigkeit. — Vgl. auch Neumeyer, Intern. VerwRecht III 135ff. Ihr Zweck ist nicht die Wahrung öffentlicher, sondern privater Interessen (RGSt. 19, 220), nämlich neben der Exkulpation des Schiffers die Schaffung einer Unterlage für die Regelung der aus dem Seeunfall erwachsenen privatrechtlichen

Verhältnisse (OSA. 8, 247; 10, 423ff.). — Unabhängig von der Verklarung kann das Verfahren zur Sicherung des Beweises (ZPO. §§ 485ff.) betrieben werden. — Die Pflicht zur Ablegung der Verklarung besteht nicht unbedingt. (SAG. 8, 247.) Denn wo keine Interessenten da sind, hätte die Ablegung einer Verklarung keinen Sinn (OSA. 7, 508); ebenso kann der Interessent auf sie verzichten (OSA. 8, 244, 247; 9, 8).

Ein öffentlichrechtlicher Zwang existiert für die Erfüllung der Verklarungspflicht nicht; ihre zivilrechtliche Erzwingbarkeit regelt sich nach den Bestimmungen des Prozeßrechts. Reiseinteressenten (§ 512) und sonstige Personen, insbesondere Angesegelte, Berge- und Hilfslohnberechtigte, Versicherer (wenn sie bereits in die Rechte ihrer durch den Unfall betroffenen Versicherungsnehmer eingetreten sind) können auf zivilrechtlichem Wege die Ablegung der Verklarung erzwingen; indessen kann der Antrag des Schiffers nicht durch ihren Antrag ersetzt werden (s. aber § 1 Abs. 3 der bei Schaps I 236 abgedruckten lübeckischen Verordnung). Ist der Schiffer verstorben oder sonst außerstande, die Verklarung zu bewirken, so ist der im Range nächste Schiffsoffizier hierzu befugt und verpflichtet. Der nur vorübergehend verhinderte Schiffer muß, wenn nötig, Nachverklarung (Anm. zu § 525) beantragen. Die Pflicht zur Verklarungsablegung setzt einen Unfall voraus (OSA. 3 S. 101, 496), welcher vermögensrechtlichen Nachteil für den Reeder oder einen Reiseinteressenten mit sich bringt. Keine Verklarung ist deshalb abzulegen wegen eines Unfalls, der ausschließlich die Verletzung oder Tötung von Menschen zur Folge hat, was aber trotzdem häufig geschieht (genügt eine Verklarung inhaltlich den Vorschriften von RVO. §§ 1565, 1760, so ersetzt sie nach RVO. § 1761 Abs. 1 die in den §§ 1753ff. vorgeschriebene eidesstattliche Erklärung des Schiffsführers und Unfalluntersuchung). Weil ohne einen mit vermögensrechtlichem Nachteil verbundenen Unfall eine Verklarungspflicht nicht besteht, so erledigt sich ein vorher einem Interessenten gegebenes Versprechen, Verklarung abzulegen, sobald feststeht, daß ein solcher Unfall gar nicht erfolgt ist (HG. Hamburg Hbl. 1871 Nr. 195).

³) Wann? Ohne Verzug. Der Schiffer hat, soweit ihn nicht andere Geschäfte (vgl. HG. Hamburg Hbl. 1868, 126), die er, weil es die Sorgfalt eines ordentlichen Schiffers verlangt, vorziehen muß (vgl. Prot. 1814), oder sonstige erhebliche Umstände (z. B. zeitweilige Abwesenheit eines unentbehrlichen

Zeugen: HG. Hamburg Hbl. 1874 Nr. 199) davon abhalten, unverzüglich, d. h. ohne schuldhaftes Zögern (BGB. § 121), nicht nur die Anmeldung der Verklarung zu bewirken, sondern auch das seinige zur Durchführung des Verfahrens zu tun (HG. Hamburg Hbl. 1872 Nr. 171). Das Gericht kann aber aus der Säumigkeit des Schiffers nicht die Befugnis herleiten, die Entgegennahme der Verklarung abzulehnen (LG. Hamburg Hbl. 1901, 137; HansOLG. Hbl. 1901, 202).

[4]) Der Schiffer braucht nicht eigens behufs Ablegung der Verklarung einen Hafen anzulaufen; die Verklarung hat zu geschehen

a) im Nothafen, wenn das Schiff einen solchen nach dem Unfall — sei es auf Grund dieses oder eines späteren Unfalls — vor Erreichung eines Bestimmungshafens anläuft und in demselben gelöscht oder repariert wird (also z. B. nicht, wenn daselbst nur Proviant, Ausrüstungsgegenstände oder dgl. gekauft werden: Prot. 1813).

b) im Bestimmungshafen, wenn nicht bereits vorher Verklarung belegt ist; bei mehreren Bestimmungshäfen an demjenigen, den das Schiff nach dem Unfall zuerst erreicht.

c) am ersten geeigneten Orte, wenn die Reise ohne Erreichung eines Bestimmungshafens endet.

Erfüllt der Schiffer seine Pflicht bereits eher, als das Gesetz es vorschreibt, so läßt sich hiergegen nicht einwenden (Prot. 1811ff.); unterläßt er dagegen Verklarung am rechten Orte, so kann das später angerufene Gericht oder Konsulat wegen Unzuständigkeit (vgl. HansOLG. Hbl. 1895, 235) die Verklarung ablehnen, es müßte vorher denn dargetan werden, daß der Schiffer zur Ablegung aus tatsächlichen Gründen nicht imstande gewesen sei. Vgl. die mit dem Gesetz nicht in Einklang stehende Praxis des AG. Hamburg, welche dem Führer eines von Hamburg angegangenen und dorthin zurückgekehrten Schiffes gestattet, „für die Aus- und Rückreise" oder bei mehreren Bestimmungshäfen „für eine Rundreise" Verklarung abzulegen (anders HansOLG. Hbl. 1888 Nr. 53).

Eine ohne zwingenden Grund am unzuständigen Orte abgelegte Verklarung braucht derjenige, demgegenüber der Schiffer zu ihrer Ablegung verpflichtet ist, nicht gegen sich gelten zu lassen; der Schiffer ist für den aus der Verspätung entstandenen Schaden verantwortlich. Hat der Schiffer bereits an einem zuständigen Orte Verklarung abgelegt, so braucht er sie bezüglich desselben Unfalls nicht im letzten Bestimmungshafen zu wiederholen (LG. Hamburg Hbl. 1889 Nr. 83).

Wenn das nach dem Gesetz zutreffende Forum im Auslande liegt, so hat der deutsche Schiffer die Wahl, ob er vor der nach dem ausländischen Recht zuständigen Behörde nach dortigem Gesetz oder vor dem nach KonsGG. § 36 zuständigen Reichskonsul nach den Bestimmungen des HGB. bzw. der Allgemeinen Dienstinstruktion zu obigem Gesetz (Einl. zu § 524 Note 1) Verklarung ablegen will (OLGA. 1, 437). Wählt er den letzteren Weg, so läuft er freilich Gefahr, daß seine Verklarung vor den ausländischen Gerichten nicht als beweiskräftig angesehen wird (Prot. 1818).

§ 523. Die Verklarung muß einen Bericht über die erheblichen Begebenheiten der Reise, namentlich eine vollständige und deutliche Erzählung der erlittenen Unfälle unter Angabe der zur Abwendung oder Veringerung der Nachteile angewendeten Mittel, enthalten.

§ 524. Im Gebiet dieses Gesetzbuchs muß die Verklarung, unter Vorlegung des Tagebuchs und eines Verzeichnisses aller Personen der Schiffsbesatzung, bei dem zuständigen Gericht[1]) angemeldet werden.

Das Gericht hat nach Eingang der Anmeldung sobald als tunlich die Verklarung aufzunehmen.

Der dazu anberaumte Termin wird in geeigneter Weise öffentlich bekanntgemacht, sofern die Umstände einen solchen Aufenthalt gestatten[2]).

Die Interessenten von Schiff und Ladung sowie die etwa sonst bei dem Unfalle Beteiligten sind berechtigt, selbst oder durch Vertreter der Ablegung der Verklarung beizuwohnen[3]).

Die Verklarung geschieht auf der Grundlage des Tagebuchs[4]). Kann das geführte Tagebuch nicht beigebracht werden oder ist ein Tagebuch nicht geführt (§ 521), so ist der Grund hiervon anzugeben.

[1]) Das Verfahren vor den Reichskonsuln ist durch deren Dienstinstruktion geregelt. Vgl. oben S. 5. Für die Verklarung ist sachlich zuständig nach FGG. § 145 das Amtsgericht. Für das Verfahren gelten die „Allgemeinen Vorschriften" (§§ 1—34) dieses Gesetzes, außerdem § 146 Abs. 2

u. 3 über die örtliche Zuständigkeit s. oben. Außer dem Tagebuch ist einzureichen ein Verzeichnis aller Personen der Schiffsbesatzung (§ 481), auch wegen § 525. Normalerweise ist die Musterrolle vorzulegen.

²) Partikularrechtlich sind Fristen für die Bekanntmachung des Termins gegeben (z. B. in § 3 der Hamb. V. v. 25. Mai 1891). Auf Verklarungssachen sind die Gerichtsferien ohne Einfluß (FGG. § 10). Landesrechtlich ist, sofern die Veröffentlichung nicht ausführbar, direkte Mitteilung an die am Gerichtssitze ansässigen Ladungsbeteiligten durch den Antragsteller vorgeschrieben (§ 3 Abs. 2 der Hamb. V. v. 25. Mai 1891).

³) Die Verklarungsverhandlungen sind beschränkt öffentlich. Berechtigt, ihnen beizuwohnen, ist jeder Interessent an Schiff und Ladung (Befrachter, Ablader, Ladungsempfänger, Schiffsgläubiger, Versicherer usw.) und jeder sonst an dem Unfall Beteiligte (Berger, sonstige Retter, Lotsen, Angesegelte usw.: Prot. 3762). Diese Personen können sich vertreten lassen; sie sind berechtigt, Fragen zu stellen (Prot. 1828).

⁴) Normalerweise geschieht die Verklarung auf der Grundlage des Tagebuchs (OSA. 5, 715). Doch ist Ergänzung, Berichtigung, Erläuterung des Tagebuchs statthaft und geboten (Prot. 1823; HansOLG. Hbl. 1888, 122).

§ 525. Der Richter ist befugt, außer den gestellten noch andere Personen der Schiffsbesatzung, deren Abhörung er angemessen findet, zu vernehmen. Er kann zum Zwecke besserer Aufklärung dem Schiffer sowie jeder anderen Person der Schiffsbesatzung geeignete Fragen zur Beantwortung vorlegen¹).

Der Schiffer und die zugezogenen übrigen Personen der Schiffsbesatzung haben ihre Aussagen zu beschwören.

Die über die Verklarung aufgenommene Verhandlung²) ist in Urschrift aufzubewahren und jedem Beteiligten auf Verlangen eine beglaubigte Abschrift zu erteilen.

¹) Der Abgabe der Verklarungserklärungen folgt deren richterliche Prüfung. Der Richter ist berechtigt, die Vernehmung noch weiterer Besatzungsmitglieder vorzunehmen, erforderlichenfalls Einzelvernehmungen (vgl. Prot. 1834 § 5 der Hamb. V. v. 25. Mai 1891). Dagegen darf er nicht sonstige Personen vernehmen, wie Reisende, Besatzungsmitglieder anderer Schiffe, Sachverständige. ZPO. § 484 (Beteuerungs-

formeln gewisser Religionsgesellschaften) findet gemäß FGG. § 15 entsprechende Anwendung; ferner, bzgl. der Besatzungsmitglieder, § 393 Nr. 1 u. 2 (unbeeidigte Vernehmung; anders Lilie ArchZivPr. 111, 393). Über die Natur des Eides vgl. Schaps I 231. — Erzwingung des Zeugeneides ist zulässig (RGSt. 19, 223). Die Kosten der Verklarung regeln sich nach Landesrecht, auch die Anwaltskosten (Recht 1916, 604). Sie können einen Teil des zu ersetzenden Schadens bilden. Zu den nach ZPO. § 91 festzusetzenden Prozeßkosten gehören sie aber nicht (HansOLG. Hbl. 1903 Nr. 56 = Rechtspr. 7, 282; anders SpeduSchiffZ. 1914, 199).

[3]) Beweiskraft der Verklarung. Als öffentliche Urkunde (ZPO. § 415) begründet die Verklarung, vorbehaltlich des Beweises unrichtiger Beurkundung, vollen Beweis der darin beurkundeten Vorgänge, aber nicht mehr. Es gilt freie Beweiswürdigung (der Gegenbeweis gegen den Inhalt der Verklarung ist zulässig. RG. JW. 29, 924), wobei es unerheblich ist, ob sie nach inländischem Recht oder im Auslande nach der lex loci, wenn auch nach anderen Prinzipien, z. B. wie in England vor Notaren und ohne eidliche Bestärkung, aufgenommen ist (Prot. 1820; vgl. 1855ff., 1865, Seebohm 618; OAG. Lübeck Kierulff 3, 1010; ROHG. 19, 101; OSA. 1, 437ff.), vorausgesetzt natürlich, daß die ausländische Urkunde sich objektiv als Verklarung darstellt und nicht nur von den Parteien so genannt wird (HG. Hamburg Nathans Hamb. Gerichtszeitung 1867, 9ff. und Hbl. 1874, 218).

Nachverklarung (HansOLG. Hbl. 1909, 36). Örtliche Zuständigkeit des Gerichts wie bei der Hauptverklarung; doch auch in einem späteren Hafen zulässig, wenn sie ohne Verschulden früher nicht möglich war z. B. die nunmehr festgestellten Schäden früher noch nicht zu entdecken waren. Die Aufnahme der Nachverklarung ist vom Gericht abzulehnen, wenn sie erhebliche Zeit nach der Hauptverklarung oder nicht unter Hinzuziehung einer genügenden Anzahl von Besatzungsmitgliedern beantragt wird, wenn die Feststellung von Wahrnehmungen beantragt wird, die nicht zur Zeit des Unfalls gemacht sind, z. B. von Sachverständigen befunden (RG. Recht 1917 Nr. 1308), endlich, wenn ihr offensichtlicher Zweck die Gewinnung eines Beweismittels in einem schwebenden oder bevorstehenden Prozeß ist (Wagner 405; Boyens 1, 358, OAG. Lübeck in Hamb. Rechtssachen 1, 321; 2, 555).

D. Vorschriften über Navigation.

§ 145 [1]) Reichsstrafgesetzbuch. Wer die vom Kaiser

zur Verhütung des Zusammenstoßens [2]) der Schiffe auf See,

über das Verhalten der Schiffer nach einem Zusammenstoße von Schiffen auf See, oder in Betreff der Not- und Lotsensignale für Schiffe auf See und auf den Küstengewässern erlassenen Verordnungen übertritt [3]), wird mit Geldstrafe bis zu eintausendfünfhundert Mark bestraft [4]) [5]).

[1]) Literatur: vgl. Schaps I 801; II 77.

[2]) Über das Verhältnis des § 145 StGB. zu § 738 HGB. vgl. Schaps Anm. 23 zu § 738. Die Vorschrift gilt auch für kleine Fahrzeuge, Schlepper, geschleppte Schiffe (RGSt. 20, 372; 27, 36) und Sportsboote (Rspr. 10, 505).

[3]) Zuständig: Strafkammer oder Überweisung an Schöffengerichte (GVG. §§ 73, 75 Ziff. 14). Strafumwandlung in Gefängnis oder Haft: § 28. StPO. §§ 231, 319ff. (Verf. gegen Abwesende).

Verjährungsfrist für § 145: 3 Jahre.

[4]) Über Idealkonkurrenz mit anderen Delikten vgl. RGSt. 2 Nr. 35. Nicht erfordert wird, daß tatsächlich ein Zusammenstoß erfolgt ist. Die Herbeiführung einer Kollisionsgefahr ist ausreichend (RG. Deutsche Schiffahrt 1912, 139).

[5]) Nur vorsätzliche oder fahrlässige Kontraventionen sind strafbar (RGSt. 45, 394; 49, 118; RMilG. 2, 200), wobei aber die Berücksichtigung des konkurrierenden Verschuldens des Gegners zulässig ist (RG. Hbl. 1910 Nr. 43; RGSt. 34, 91).

Seestraßenordnung[1]).

Vom 5. Februar 1906 (RGBl. S. 120) [2]).

I. Einleitung.

Die nachfolgenden Vorschriften gelten für alle Fahrzeuge[3]) auf See[4]) und auf den mit der See im Zusammenhange stehenden, von Seeschiffen befahrenen Gewässern[5]).

Ein Dampffahrzeug, welches unter Segel[6]) und nicht unter Dampf ist[7]), gilt als Segelfahrzeug, ein Fahrzeug, welches unter Dampf ist, mag es zugleich unter Segel sein oder nicht, als Dampffahrzeug[8]).

Unter den Dampffahrzeugen sind alle durch Maschinenkraft bewegten Fahrzeuge einbegriffen[9]).

Ein Fahrzeug ist in Fahrt[10]), wenn es weder vor Anker liegt[11]), noch am Lande befestigt ist[12]), noch am Grunde festsitzt.

[1]) Über Zweck und Aufgabe der SStO. vgl. RG. DJZ. 1910, 482. Über ihre Natur als Schutzgesetz im Sinne des § 823 Abs. 2 BGB. vgl. Schaps § 735. Anm. 34.

[2]) Das Brüsseler Abkommen über Schiffszusammenstoß ist hier nicht abgedruckt, da es wesentlich zivilrechtlichen Inhalts ist. Vgl. aber Schaps I 787.

[3]) Manövrierunfähige Fahrzeuge, wie Schuten, bleiben außer Betracht (HansOLG. Hbl. 1895 Nr. 48; auch RGSt. 20, 373); dagegen nicht offene Fischerboote (RGSt. 18 Nr. 22). jedoch nur insoweit, als die Ausführung der Vorschriften ihnen nicht möglich ist (vgl. z. B. Art. 3). Dasselbe gilt für eine Schwimmdocksektion (RG. 86, 432). Vgl. § 734 Vorbem. 1ff. Die SStO. gilt, vorbehaltlich der aus Art. 13, 32, 33 ersichtlichen Modifikationen, auch für Kriegsschiffe (HansOLG. Hbl. 1888 Nr. 100; RG. 79, 178; Sebba HansRZ. 1918, 305), ferner auch für Jachten und andere, nicht dem Erwerb dienende Schiffe, unter Umständen auch für eine Mehrheit von Schiffen (Brandis 2, 113; Perels 167; Schleppzüge: OSA. 7, 770; RG. 19 Nr. 3; 20 Nr. 16; HansOLG. Hbl. 1897 Nr. 104); Geschwader: OSA. 6 Nr. 34; RG. 21 Nr. 23; Fischerflotte: OSA. 13 Nr. 76; im Konvoi fahrende Schiffe; Minensucherflottille usw. Die Vereinheitlichung bezieht sich jedoch nur auf die

nautische Beurteilung des Verhaltens (nicht auch auf die Schadenshaftung) und hat mit der Haftungseinheit des Schleppzugs (Schaps Anh. zu § 735) nichts zu schaffen.

[4]) Vgl. Wehl, Zum Begriff „See" im deutschen Reichsrecht. Berlin 1906; Mittelstein Handb. 14ff.

[5]) Z. B. für das Tidengebiet des Amazonenstroms: Court of Appeal Hansa 1908, 160; für den Yangtsekiang: OSA. 18, 299; für den Vorhafen von Brunsbüttel und den Kaiser-Wilhelm-Kanal (Fahrt von See bis zur Schleuse): HansOLG. Hbl. 1908 Nr. 20; für die Stör bis Itzehoe: HansOLG. Hbl. 1909 Nr. 87; für den Hamburger Hafen bis zur Elbbrücke (jedoch nicht im Zollkanal): Brandis 2, 113; für den Schleusenhafen von Bremerhaven. Denn maßgebend ist nicht nur der räumliche, sondern der nautische Zusammenhang (RG. JW. 1901, 605; OSA. 6, 170). Vgl. auch HansOLG. Hbl. 1894 Nr. 42 (Abgrenzung von See- und Binnengewässern).

[6]) Richtlinien für die Anwendung der Seestraßenordnung auf Rotorfahrzeuge. (Verf. des RVerkMin; Nachr. f. Seefahrer 1927 Ausg. V, Nr. 486/27). Die Erfahrung hat gezeigt, daß Rotorfahrzeuge, wenn sie mit den Rotoren allein fahren, nicht manövrierfähiger sind als Segelfahrzeuge. Da der Rotor nur eine andere Form des Segels ist, müssen die Bestimmungen der SStO. v. 5. Febr. 1906 I Einleitung, Abs. 2 entsprechend Anwendung finden. Demnach gilt ein Rotorfahrzeug, welches mit den Rotoren allein fährt, als Segelfahrzeug, ein Rotorfahrzeug, welches seine Schiffsmaschine (Schraubenantrieb) in Betrieb hat, mag es zugleich seine Rotoren in Betrieb haben oder nicht, als Dampffahrzeug im Sinne der Seestraßenordnung.

[7]) Vgl. dazu Art. 14 und unten Note 8.

[8]) Die Darlegungen des Abs. 2 u. 3 entsprechen nicht mehr dem heutigen Stande der Technik. Behandlung der Segler mit Hilfsmotor (welche vielfach keinen Schornstein führen) vgl. Hansa 1908, 1190; 1910 S. 999 u. 1125; Sebba, HansRZ. 25, 145. Sie werden im allgemeinen als Segler zu behandeln sein, sofern nicht der äußere Anschein (Fehlen der Segel) ergibt, daß das Schiff lediglich auf seine Maschine angewiesen ist.

[9]) Ausweichregeln usw. zwischen Flugzeugen und Schiffen in § 77 der V. über d. Luftverkehr u. § 12 der V. für das Reichskriegshafengebiet Kiel (Schaps II 787). — Motorschiffe aller Art (auch Motorfischkutter) fallen unter Abs. 3. Über Motorbarkassen: HansOLG. Hbl. 1899 Nr. 68; vgl. ferner OSA. 14,

752; über Unterseeboote: Sebba a. a. O. Das von einem Dampfer geschleppte Segelschiff wird (mit Ausnahme der Lichterführung) gleich einem Dampfer behandelt (vgl. Brandis 2, 114).

[10]) Ob es Fahrt durchs Wasser, über Grund oder beides macht, ist unerheblich. Auch ein treibendes Schiff ist in Fahrt (HansOLG. Hbl. 1906 Nr. 23 u. a.); desgleichen fischende Fahrzeuge. Vgl. über den Begriff „in Fahrt": Sebba, Jahrb. f. Verk.-Wissensch. 1914, 439ff. und Schaps § 735 Anm. 86ff.; OSA. 16, 656.

[11]) Es genügt nicht, daß es Anker geworfen hat. Solange dieser nicht gefaßt hat, ist das Schiff noch in Fahrt. Andrerseits ist es unerheblich, wenn ein vor Anker liegendes Schiff Manöver ausführt (OSA. 19, 426), insbesondere mit dem Einhieven des Ankers beginnt, dieser aber noch im Grunde liegt. HansRZ. 1920, 204. Es ist trotzdem nicht in Fahrt (OSA. 19, 426; RG. HansGZ. 1920, 204). Analog dem Ankern wird das Festmachen an Dückdalben oder Bojen zu beurteilen sein, jedoch nicht in bezug auf Lichterführung (Art. 11). Ein vor seinen Ankern treibendes Schiff ist in Fahrt (OSA. 16, 404).

[12]) Die Befestigung braucht nicht durch direktes Anlegen zu erfolgen. Liegt ein Schiff abgebäumt oder ein Schlepper vor einem am Lande festsitzenden Schiff, so liegt eine Befestigung am Lande vor.

II. Lichter usw.[1]).

Der Ausdruck „sichtbar" bedeutet mit Beziehung auf Lichter gebraucht[2]), „sichtbar in dunkler Nacht bei klarer Luft"[3]).

Art. 1. Die Vorschriften über Lichter müssen bei jedem Wetter von Sonnenuntergang bis Sonnenaufgang befolgt werden[4]); während dieser Zeit[5]) dürfen keine Lichter gezeigt werden, welche mit den hier vorgeschriebenen Lichtern verwechselt werden können[6])[7]).

[1]) Das „usw." bezieht sich auf die in Art. 4a, b, d, 9k, 14 behandelten Tagessignale (Bälle, Körper). Für das ordnungsmäßige Brennen der Lichter ist der Schiffer (evtl. der Steuermann), für die richtige Konstruktion der Lampen der

Reeder verantwortlich (OSA. Hansa 1911, 272). Vgl. dazu Art. 33.

[2]) Und zwar nur in bezug auf die Sichtweite von Lichtern. Wo es sich um die Tatsache des Gesehenwerdens handelt, kommt die Vorschrift naturgemäß nicht in Betracht. Vgl. z. B. Art. 7 Nr. 1a. Es muß unterschieden werden zwischen Sichtweite und Tragweite des Lichts (OSA. 18 S. 350, 394).

[3]) Gegensatz zu klarer Luft: Nebel, dickes Wetter, Schneefall, heftige Regengüsse (vgl. Art. 15 Abs. 3), diesiges Wetter usw. In allen Fällen genügt es, wenn das Licht den für klare Luft gestellten Anforderungen entspricht.

[4]) Jeder Schiffer ist berechtigt und verpflichtet, anzunehmen, daß das fremde Schiff von den vorgeschriebenen Signalen den vorschriftsmäßigen Gebrauch macht (RG. DJZ. Spruchs. Nr. 18 S. 62); mit einer Krümmung des Fahrwassers muß jedoch bei Beurteilung der Lichter gerechnet werden (RG. 69, 432). Über die Beweislast hinsichtlich der Sichtbarkeit der Lichter vgl. HansOLG. Hbl. 1905 Nr. 11 und Schaps § 735 Anm. 82.

[5]) Die Lichter müssen während dieser Zeit unausgesetzt brennen. Dies muß fortwährend kontrolliert werden, so daß ein schwaches Brennen des Lichts oder der nichtsofortige Ersatz eines ausgegangenen Lichts regelmäßig der Besatzung zum Verschulden anzurechnen ist (HansOLG. Hbl. 1894 Nr. 46). — Die auf einem Revier herrschende Gewohnheit, keine Lichter zu führen, ist gegenüber Art. 1 unbeachtlich (OSA. 16, 364; 18, 254).

[6]) Das Zeigen anderer als der vorgeschriebenen Lichter ist oft nötig. Es muß dann aber die Möglichkeit einer Verwechslung (etwa mit dem Ankerlicht) durch die Höhe, in der das Licht gezeigt wird, vermieden werden (RG. 83, 141); so muß das grüne Licht, mit welchem ein Torpedoboot seinem Rottenboot signalisiert, nach vorn und nach der Seite abgeblendet sein (SA. Hamburg Hansa 1908, 605); Arbeitslichter müssen ordnungsmäßig abgeblendet sein. Insbesondere ist auch dafür zu sorgen, daß der Schiffsführer durch Arbeitslichter nicht geblendet und in der Navigierung behindert wird (OSA. 18, 618).

[7]) Das Führen nicht vorgeschriebener Lichter ist nicht schlechthin verboten, sofern nur eine Verwechslung ausgeschlossen ist. Art. 1 muß jedoch nicht nur auf die „hier", d. h. in der SStrO. vorgeschriebenen, sondern auch auf die in den zahlreichen

lokalen Verordnungen (vgl. Art. 30) angeordneten Zusatzlichter bezogen werden. Auch mit diesen darf eine Verwechslung nicht zu besorgen sein. Die Führung eines sog. **Kontorlichts** ist als mißbräuchlich anzusehen und daher unzulässig (RG. 21, 143). Über amtlich genehmigte Erkennungssignale vgl. Art. 13 Satz 2.

Art. 2[1]). Ein Dampffahrzeug muß, wenn es in Fahrt ist, führen[2]):

a) an oder vor dem Fockmast oder beim Fehlen eines solchen im vorderen Teile des Fahrzeugs ein helles weißes Licht, und zwar in einer Höhe über dem Rumpfe[3]) von mindestens sechs Meter. Ist das Fahrzeug breiter als sechs Meter, so ist das Licht in einer der Breite des Fahrzeugs mindestens gleichkommenden Höhe zu führen, es braucht jedoch nie höher als zwölf Meter über dem Rumpfe zu sein. Das Licht muß so eingerichtet und angebracht sein, daß es ein ununterbrochenes Licht über einen Bogen des Horizonts von zwanzig Kompaßstrichen wirft, und zwar zehn Strich nach jeder Seite, von recht voraus bis zu zwei Strich hinter die Richtung quer ab (zwei Strich achterlicher als dwars) auf jeder Seite. Es muß von solcher Stärke sein, daß es auf eine Entfernung von mindestens fünf Seemeilen sichtbar ist;

b) an der Steuerbordseite[4]) ein grünes Licht. Dasselbe muß so eingerichtet und angebracht sein, daß es ein ununterbrochenes Licht über einen Bogen des Horizonts von zehn Kompaßstrichen wirft, und zwar von recht voraus bis zu zwei Strich hinter die Richtung quer ab (zwei Strich achterlicher als dwars) an Steuerbord. Es muß von solcher Stärke sein, daß es auf eine Entfernung von mindestens zwei Seemeilen sichtbar ist;

c) an der Backbordseite[4]) ein rotes Licht. Dasselbe

muß so eingerichtet und angebracht sein, daß es ein ununterbrochenes Licht über einen Bogen des Horizonts von zehn Kompaßstrichen wirft, und zwar von recht voraus bis zu zwei Strich hinter die Richtung quer ab (zwei Strich achterlicher als dwars) an Backbord. Es muß von solcher Stärke sein, daß es auf eine Entfernung von mindestens zwei Seemeilen sichtbar ist;

d) die Laternen dieser grünen und roten Seitenlichter müssen an der Binnenbordseite mit Schirmen versehen sein[5]), welche mindestens ein Meter vor dem Lichte vorausragen, derart, daß die Lichter nicht über den Bug hinweg von der anderen Seite gesehen werden können[6]);

e) ein Dampffahrzeug darf[7]) außerdem, wenn es in Fahrt ist, ein zweites weißes Licht gleich dem Lichte unter a führen[8]). Beide Lichter müssen in der Kiellinie, und zwar so angebracht sein, daß das hintere wenigstens vier und einen halben Meter höher ist als das vordere. Die senkrechte Entfernung zwischen diesen Lichtern muß geringer sein als die horizontale.

[1]) Vgl. V. vom 16. Okt. 1900 über die Abblendung der Seitenlichter und die Einrichtung der Positionslaternen auf Seeschiffen (vgl. S. 295).

[2]) Zu führende Lichter sollen dauernd sichtbar sein, während solche, die zu zeigen sind, nur solange sichtbar sein müssen, als ihr vorübergehender Zweck es erfordert (RG. 31, 69).

[3]) Über die verschiedenen Auffassungen, was als „Rumpf" anzusehen ist (Berücksichtigung der Aufbauten usw.), vgl. Hansa 1903, 587; OSA. 19 S. 126/127.

[4]) Wird ein Schiff über Heck geschleppt, so muß es das grüne Licht an Steuerbord und das rote Licht an Backbord führen. Die Abweichung beruht auf Art. 29 (RG. 88, 274). Vgl. dazu Hansa 1916 S. 437, 532, 611.

[5]) Vgl. die V. vom 16. Okt. 1900 (RGBl. 1003) und die

V. vom 8. Dez. 1900 (RGBl. 1036). Diese Bestimmungen gelten jedoch nur für Dampffahrzeuge über 113 cbm Brutto (vgl. Art. 7).

[6]) Die Stelle, an welcher die Lichter anzubringen sind, ist nicht vorgeschrieben. Jedoch darf ihre Sichtbarkeit nicht dadurch beeinträchtigt werden, daß sie zu weit hinter der größten Schiffsbreite liegen (Privy Council. Hansa 1909, 316); unvermeidlich ist es fast stets, daß auf eine gewisse Strecke vor dem Bug ein dunkler Winkel entsteht, und daß diese Lichter einander überscheinen (vgl. Hansa 1909, 1089; OSA. 20, 40). Keinesfalls dürfen sie durch Segel oder Takelwerk verdeckt sein (OSA. 16 S. 390/391).

[7]) Es sind Bestrebungen im Gange, das zweite Topplicht obligatorisch zu machen. Vgl. SWO. § 10 (soll in die neue SWO. nicht übernommen werden).

[8]) Den Schiffen der Kaiserlichen Marine ist die Führung dieses Lichts untersagt (Marine-Verordnungsblatt 1897, 137).

Art. 3. Ein Dampffahrzeug, welches ein anderes Fahrzeug[1]) schleppt[2]), muß außer den Seitenlichtern zwei weiße Lichter senkrecht übereinander und mindestens zwei Meter voneinander entfernt führen[3]). Wenn es mehr als ein Fahrzeug schleppt[4]) und die Länge des Schleppzugs vom Heck des schleppenden Fahrzeugs[5]) bis zum Heck des letzten geschleppten Fahrzeugs einhundertundachtzig Meter übersteigt, muß es als Zusatzlicht noch ein drittes weißes Licht zwei Meter über oder unter den anderen führen. Jedes dieser Lichter muß ebenso eingerichtet und angebracht sein, wie das im Artikel 2 unter a erwähnte weiße Licht, jedoch genügt für das Zusatzlicht eine Höhe von mindestens vier Meter über dem Rumpfe des Fahrzeugs.

Ein Dampffahrzeug, welches ein anderes Fahrzeug schleppt, darf hinter dem Schornstein oder dem hintersten Maste ein kleines[6]) weißes Licht führen. Dieses Licht, nach welchem sich das geschleppte Fahrzeug beim Steuern richten soll, darf nicht weiter nach vorne als quer ab sichtbar sein.

[1]) Hier nicht im technischen Sinne zu verstehen. Auch fahrzeugähnliche Schwimmkörper gehören hierher (Caisson, Docksektion, Floß, Ponton usw.).

[2]) Im allgemeinen gilt der Schleppzug hinsichtlich der Lichterführung als ein einheitliches Schiff nur da, wo weder der Zweck des Gesetzes noch anderweite Vorschriften dem widersprechen (RG. Recht 1907 Nr. 1386 = Hbl. 1907 Nr. 109: Schwoien eines Schleppzugs im Fahrwasser). Über die Frage, welche Lichter ein Schlepper zu führen hat, der ein festsitzendes Schiff abzuschleppen versucht, vgl. Fuhrmann 103; SWO. § 12. Ob ein bugsiertes Seeschiff, welches unter Dampf ist und sich des Schleppers zur Unterstützung seiner Manöver bedient, als geschlepptes Schiff anzusehen ist, kann nur für den Einzelfall entschieden werden. Vielfach gelten örtliche Verordnungen. Vgl. auch § 11 SWO.

[3]) Satz 1 gilt für jede Art des Schleppens, z. B. auch längsseit. Die folgenden Sätze des Art. 3 gelten jedoch nur für das Schleppen hintereinander (HansOLG. Hansa 1912, 515 = Hbl. 1912 Nr. 93). Die Lichter dürfen nur geführt werden, solange der Schleppzug „in Fahrt" ist (Einl. Abs. 4: OSA. 19, 91). — Welche Lichter ein — als Ganzes — ankernder Schleppzug zu führen hat, sagt die SStrO. nicht. Zum mindesten die gewöhnlichen Ankerlichter (OSA. a. a. O.). Die zwei weißen Schlepplichter dürfen jedenfalls nicht mehr geführt werden (vgl. SSchG. vom 12. März 1919). Vgl. auch § 45 Abs. 4 SWO.

[4]) Wird nur ein Fahrzeug geschleppt, so sind niemals mehr als zwei Lichter zu führen.

[5]) Schleppen zwei Schlepper voreinander (vgl. OLG. Rostock MecklZ. 1913 Nr. 61), so muß die Länge des Schleppzugs vom Heck des vorderen Schleppers gemessen werden. Denn die Lichterführung ist dazu bestimmt, dem Gegenfahrer einen Anhaltspunkt für die Gesamtlänge zu geben. Der zweite Schlepper muß als geschlepptes Schiff gelten, wenn es sich um die Frage des Zusatzlichts (Schleppen mehrerer Fahrzeuge) handelt.

[6]) D. h. lichtschwaches. Es braucht nicht für andere Schiffe, außer dem geschleppten sichtbar zu sein. Im Falle des Art. 10 ist ein besonderes Hecklicht vom geschleppten Schiff zu zeigen. Über das obligatorische Hecklicht und dessen Führung in Schleppzügen vgl. § 10 SWO.

Art. 4. a)[1]) Ein Fahrzeug, welches infolge eines Unfalls[2]) nicht manövrierfähig[3]) ist, muß in der Höhe des im Artikel 2 unter a erwähnten weißen Lichtes und, wenn es ein Dampffahrzeug ist, statt des weißen Lichtes zwei rote Lichter senkrecht übereinander und mindestens zwei Meter voneinander entfernt führen[4]). Diese Lichter müssen an der Stelle, an welcher sie am besten gesehen werden können, angebracht und von solcher Beschaffenheit sein, daß sie über den ganzen Horizont auf eine Entfernung von mindestens zwei Seemeilen sichtbar sind. Bei Tage muß ein solches Fahrzeug an gleicher Stelle zwei schwarze Bälle oder Körper, jeden von fünfundsechzig Zentimeter Durchmesser, senkrecht übereinander und mindestens zwei Meter voneinander entfernt führen.

b) Ein Fahrzeug, welches ein Telegraphenkabel legt, aufnimmt oder auffischt[5]), muß an derselben Stelle, die für das im Artikel 2 unter a erwähnte weiße Licht vorgeschrieben ist, und, wenn es ein Dampffahrzeug ist, statt dieses weißen Lichtes drei Lichter senkrecht übereinander und mindestens zwei Meter voneinander entfernt führen. Das oberste und das unterste dieser Lichter müssen rot, das mittlere muß weiß sein, und alle müssen von solcher Beschaffenheit sein, daß sie über den ganzen Horizont auf eine Entfernung von mindestens zwei Seemeilen sichtbar sind. Bei Tage muß ein solches Fahrzeug drei Körper von mindestens fünfundsechzig Zentimeter Durchmesser senkrecht übereinander und mindestens zwei Meter voneinander entfernt führen, deren oberster und unterster kugelförmig und von roter Farbe, deren mittlerer wie ein schräges Viereck geformt und von weißer Farbe ist. Die Körper müssen an der Stelle, an welcher sie am besten gesehen werden können, angebracht sein.

c) Die vorbezeichneten Fahrzeuge dürfen, wenn sie

keine Fahrt durch das Wasser machen, die Seitenlichter nicht führen, müssen dieselben aber führen, wenn sie Fahrt[6]) machen.

d) Diese Lichter und Körper sollen anderen Fahrzeugen als Signale dafür gelten, daß das Fahrzeug, welches sie zeigt, nicht manövrierfähig ist und daher nicht aus dem Wege gehen kann[7]). Sie sind keine Notsignale im Sinne des Artikel 31 dieser Vorschriften.

[1]) Vgl. Sebba, Das manövrierunfähige Schiff (HansRZ. 1919, 201). — Sebba, Das Verschulden des stilliegenden Schiffs bei Kollisionen (Jahrb. f. Verkehrswissenschaft 1914, 439ff.). — Art. 4a gilt nicht für die in Art. 7 aufgeführten Fahrzeuge. Über das Fernlenkschiff vgl. Sebba und Otto (HansRGZ. 1930, 569 u. 703).

[2]) Vgl. dazu Sebba a. a. O. 207; Fuhrmann 109ff.; es genügt für den Begriff des Unfalls, wenn das schädigende Ereignis an sich nur die Besatzung getroffen hat, sofern eine Rückwirkung auf die Schiffsführung eintritt (Sebba a. a. O.; OSA. 12, 331; 14, 106). Überschießen der Ladung ist als Unfall anzusehen (OSA. 14 S. 475, 704). Über Strandung vgl. HansOLG. HBl. 1887 Nr. 35; 1904 Nr. 14). — Freiwillige, vorübergehende Beschränkung der Manövrierfähigkeit führt nicht zur Anwendbarkeit des Art. 4a (Sebba a. a. O.). — Ein geschlepptes Schiff darf nie das Signal des Art. 4a führen; ebensowenig ein vor Anker oder Kette treibendes Schiff. Vgl. auch Hansa 1913 S. 233, 252 u. 254.

[3]) Vgl. Sebba a. a. O.; maßgebend für den Begriff ist Art. 15e. Manövrierunfähigkeit im Sinne des Art. 4 liegt vor, wenn ein Schiff in der von ihm in normalem Zustande zu fordernden Fähigkeit, sich lenken zu lassen, behindert ist (HansOLG. Hbl. 1887 Nr. 26). Nicht hierher gehören gesunkene Schiffe und Wracks; geringfügige Störung der Manövrierfähigkeit kommt nicht in Betracht (OSA. 10, 23; HansOLG. Hbl. 1892 Nr. 96; 1904 Nr. 14; RG. 31 Nr. 13). — Art. 4 bezieht sich nicht auf Schiffe, die ihre Fahrt nur durch zeitweiliges und freiwilliges Stilliegen unterbrochen haben (RG. 7 Nr. 13). Vielmehr wird die Behinderung der Navigation durch technische Umstände, die von dem Willen des Schiffers unabhängig sind, erfordert (vgl. RG. 23, 75; OSA. 14, 818: Segler, der Segel noch nicht gesetzt hat). Die Frage des

Verschuldens ist für Art. 4a belanglos (vgl. dazu Sebba a. a. O. 204). — Die Folgen des Unfalls müssen bereits hervorgetreten sein. Doch genügt z. B. eine bereits zutage getretene Unzuverlässigkeit der Rudermaschine. Manövrierunfähigkeit liegt nicht vor, wenn die behindernden Umstände außerhalb des technischen Schiffsorganismus liegen. Engl. Admiral.-Gericht Hansa 1906, 364 (z. B. Enge des Fahrwassers, Ausdemruderlaufen des Schiffs). Ausnahme: Art. 11 Abs. 4 SStrO. (wenn das Schiff am Grunde festsitzt). — In den meisten Fällen ist Art. 4a auch auf partielle Manövrierunfähigkeit anwendbar (vgl. Sebba a. a. O. S. 205 bzw. 444). Über die einzelnen Arten der Manövrierunfähigkeit vgl. Sebba a. a. O. 204. — Die durch ihre Geräte behinderten Fischdampfer (Art. 9) dürfen das Signal des Art. 4a nicht führen (vgl. Hansa 1910 S. 64 u. 174); ebensowenig im Eise blockierte Schiffe (vgl. Hansa 1910 S. 90 u. 289; 1912 S. 160, 201 u. 238; vgl. auch Note 3); oder eine geschleppte Dockfektion (OSA. 20, 381).

[4]) Die Lichter brauchen nicht (wie in Art. 6) bereitgehalten zu werden. Eine geringe Verzögerung des Setzens der Lichter ist daher nicht schuldhaft (HansOLG. Hbl. 1904 Nr. 14). Bei Verletzung der Vorschrift Haftung für Schaden irregeführter Schiffe. RG. HansRGZ. 1929 B 611.

[5]) Vgl. Art. 5 u. 6 des Internationalen Vertrages zum Schutze der unterseeischen Telegraphenkabel vom 14. März 1884.

[6]) D. h. Fahrt durch das Wasser (ob über Grund oder nicht, ist unerheblich).

[7]) Der Gegenfahrer muß seine Manöver daher so bemessen, als sei das signalisierende Schiff bewegungsunfähig, außer, wenn die Umstände zweifelsfrei ergeben, daß und in welcher Beziehung nur eine partielle Manövrierunfähigkeit vorliegt. Von der Einhaltung der Regeln des Art. 21 Anm., 27 u. 29 ist auch das manövrierunfähige Schiff nicht befreit.

Art. 5. Ein Segelfahrzeug, welches in Fahrt ist, und jedes Fahrzeug[1]), welches geschleppt wird[2]), muß dieselben Lichter führen, welche durch Artikel 2 für ein Dampffahrzeug in Fahrt vorgeschrieben sind, mit Ausnahme der dort erwähnten weißen Lichter; diese darf ein solches Fahrzeug niemals führen[3]).

[1]) Auch ein manövrierunfähiges; ferner ein Dampfer, selbst wenn seine Maschine arbeitet. Über die erweiterte Auslegung des Begriffs Fahrzeug im Sinne des Art. 5 vgl. Note 3 zu Art. 1 und Schaps Vorbem. 6 zu § 734 HGB. — Ob eine geschleppte Schwimmdocksektion die Lichter des Art. 3 führen muß, läßt RG. 86, 424 dahingestellt. — Vgl. dazu Sebba HansRZ. 1918, 502.

[2]) Nur bei normaler Schleppweise (über Bug oder längsseit). Bei Schleppen über Heck vgl. Note 5 zu Art. 2.

[3]) Das Hecklicht (Art. 10) muß von dem geschleppten Schiff gezeigt werden.

Art. 6. Wenn, wie es bei kleinen Fahrzeugen[1]) in Fahrt bei schlechtem Wetter vorkommt, die grünen und roten Seitenlichter nicht fest angebracht werden können, so müssen diese Lichter doch angezündet und gebrauchsfertig zur Hand gehalten und, wenn das Fahrzeug sich einem anderen oder ein anderes Fahrzeug sich ihm nähert, an den betreffenden Seiten, zeitig genug, um einen Zusammenstoß zu verhüten, gezeigt werden. Dies muß so geschehen, daß die Lichter möglichst gut sichtbar sind, das grüne aber nicht von der Backbordseite her, das rote nicht von der Steuerbordseite her, und beide wo möglich nicht weiter als bis zu zwei Strich hinter die Richtung quer ab (zwei Strich achterlicher als dwars) gesehen werden können.

Um den richtigen Gebrauch der tragbaren Lichter zu sichern, muß jede Laterne außen mit der Farbe des Lichtes, welches sie zeigt, angestrichen und mit einem gehörigen Schirme versehen sein.

[1]) Eine Maximalgröße (wie in Art. 7) ist nicht vorgesehen. Maßgebend ist die Unmöglichkeit, die Seitenlichter ordnungsmäßig zu befestigen. Dies kann auch bei einem größeren Fahrzeug (z. B. infolge schwerer Schlagseite) der Fall sein.

Art. 7[1]). Dampffahrzeuge unter 113 und Ruder- oder Segelfahrzeuge unter 57 Kubikmeter Brutto-Raumgehalt und Ruderboote brauchen, wenn sie in Fahrt sind, die im Art. 2 unter a, b und c erwähnten Lichter nicht zu führen, sie müssen aber, wenn sie diese Lichter nicht führen, mit folgenden Lichtern versehen sein:

1. Dampffahrzeuge unter 113 Kubikmeter Brutto-Raumgehalt müssen führen:

   a) im vorderen Teile des Fahrzeugs oder an oder vor dem Schornstein in einer Höhe von mindestens drei Meter über dem Schandeckel ein weißes Licht. Das Licht muß an der Stelle, wo es am besten gesehen werden kann, sich befinden und im übrigen so eingerichtet und angebracht sein, wie im Art. 2 unter a vorgeschrieben; es muß von solcher Stärke sein, daß es auf eine Entfernung von mindestens zwei Seemeilen sichtbar ist;

   b) grüne und rote Seitenlichter, so eingerichtet und angebracht, wie im Art. 2 unter b und c vorgeschrieben, und von solcher Stärke, daß sie auf eine Entfernung von mindestens einer Seemeile sichtbar sind, oder an deren Stelle eine doppelfarbige Laterne, welche an den betreffenden Seiten ein grünes und ein rotes Licht von recht voraus bis zu zwei Strich hinter die Richtung quer ab (zwei Strich achterlicher als dwars) zeigt. Diese Laterne muß mindestens ein Meter unter dem weißen Lichte geführt werden.

2. Kleine Dampfboote, wie zum Beispiel solche, welche von Seeschiffen an Bord geführt werden, dürfen das weiße Licht niedriger als drei Meter über dem Schandeckel, jedoch nur über der unter 1 b erwähnten doppelfarbigen Laterne führen.

3[1]. Ruder- und Segelfahrzeuge von weniger als 57 Kubikmeter Brutto-Raumgehalt müssen eine Laterne mit einem grünen Glase auf der einen

Seite und einem roten Glase auf der anderen gebrauchsfertig zur Hand haben. Diese Laterne muß, wenn das Fahrzeug sich einem anderen oder ein anderes Fahrzeug sich ihm nähert, zeitig genug, um einen Zusammenstoß zu vermeiden, und derart gezeigt werden, daß das grüne Licht nicht von der Backbordseite her und das rote Licht nicht von der Steuerbordseite her gesehen werden kann.

4. Ruderboote, gleichviel ob sie rudern oder segeln, müssen eine Laterne mit einem weißen Lichte[2]) gebrauchsfertig zur Hand haben, welches zeitig genug gezeigt werden muß, um einen Zusammenstoß zu verhüten.

Die in diesem Artikel bezeichneten Fahrzeuge brauchen die im Art. 4 unter a und Art. 11 Schlußsatz vorgeschriebenen Lichter nicht zu führen[3]).

[1]) Vgl. dazu Erl. d. RWirtschMin. (Schaps II 79).

[2]) Daß dieses Licht schon angezündet ist, wird nicht erfordert. Die Gebrauchsfertigkeit verlangt aber, daß die Vorbereitungen für ein schleuniges Anzünden getroffen sind.

[3]) Sie brauchen also ihre Manövrierunfähigkeit bzw. das Festsitzen nicht zu signalisieren. Doch wird dies stets zweckmäßig sein und kann unter Umständen (z. B. in belebten Revieren) als ein nautisches Erfordernis nach Art. 29 angesehen werden.

Art. 8[1])[2]). Lotsenfahrzeuge, welche Lotsendienste auf ihrer Station tun, haben nicht die für andere Fahrzeuge vorgeschriebenen Lichter, sondern ein weißes, über den ganzen Horizont sichtbares Licht am Masttop zu führen, und außerdem in kurzen Zwischenräumen, mindestens aber alle fünfzehn Minuten ein oder mehrere Flackerfeuer zu zeigen.

Wenn sie sich anderen oder andere Fahrzeuge sich ihnen auf geringe Entfernung nähern, müssen sie die Seitenlichter angezündet und gebrauchsfertig haben und in kurzen Zwischenräumen aufleuchten lassen oder zeigen, um die Richtung, in welcher sie anliegen, erkennbar zu machen. Das grüne Licht darf nicht an Backbordseite, das rote Licht nicht an Steuerbordseite gezeigt werden.

Ein Lotsenfahrzeug solcher Bauart, daß es längsseits der Schiffe anlegen muß, um einen Lotsen an Bord zu setzen, braucht das weiße Licht nur zu zeigen, statt dasselbe am Masttop zu führen; auch genügt es, wenn solches Fahrzeug an Stelle der oben erwähnten farbigen Lichter eine Laterne mit einem grünen Glase auf der einen Seite und einem roten Glase auf der anderen zur Hand hat, um dieselbe so, wie im Artikel 7 unter 3 vorgeschrieben, zu gebrauchen.

Ein Lotsendampffahrzeug, welches ausschließlich für den Dienst staatlicher oder mit Befugnis zur Ausübung des Gewerbes ausgerüsteter Lotsen Verwendung findet, muß, wenn es Lotsendienst auf seiner Station tut und nicht vor Anker liegt, außer den für alle Lotsenfahrzeuge vorgeschriebenen Lichtern zwei und einen halben Meter unter dem weißen Lichte am Masttop ein über den ganzen Horizont sichtbares rotes Licht und ferner die für in Fahrt befindliche Fahrzeuge vorgeschriebenen farbigen Seitenlichter führen. Das rote Licht muß von solcher Stärke sein, daß es bei dunkler Nacht und klarer Luft auf mindestens zwei Seemeilen sichtbar ist.

Wenn das Lotsenfahrzeug auf seiner Station Lotsendienst tut und vor Anker liegt, muß es außer den für alle Lotsenfahrzeuge vorgeschriebenen Lichtern das vorerwähnte rote Licht führen, aber nicht die farbigen Seitenlichter.

Lotsenfahrzeuge, welche keinen Lotsendienst auf ihrer Station tun, müssen Lichter wie andere Fahrzeuge ihres Raumgehalts führen.

1) Die Bestimmungen dieses Artikels sind unklar. Die Unterscheidung zwischen Seglern und Dampfern ist nicht konsequent durchgeführt, diejenige zwischen Schiffen in Fahrt und außer Fahrt fehlt. Gewöhnlich wird angenommen, daß in Abs. 1 u. 3 Lotsensegler, in Abs. 5 Lotsendampfer, in Abs. 6 beide Arten gemeint sind (vgl. Budde Hansa 1915, 587). Vor Anker muß jedes Lotsenfahrzeug auch das Ankerlicht führen (ohne Rücksicht darauf, ob es im Dienst ist). So verfährt auch die Praxis vielfach (vgl. Hansa 1915, 598; Budde Hansa 1916, 152; dagegen Art. 8 Abs. 5).

2) Durch örtliche Verordnungen sind zuweilen Abweichungen von Art. 8 vorgeschrieben. — Über Lotsensignale vgl. die V. vom 7. Febr. 1907 S. 296.

Art. 9. In Fahrt befindliche Fischerfahrzeuge[1]) und Fischerboote müssen[2]), wenn sie nicht gemäß diesem Artikel die nachstehend angegebenen Lichter zu führen oder zu zeigen haben[3]), die für in Fahrt befindliche Fahrzeuge ihres Raumgehalts vorgeschriebenen Lichter führen oder zeigen.

a) Offene Boote müssen, wenn sie während der Nacht mit Fischerei irgendwelcher Art beschäftigt sind und dabei ein Fanggerät aushaben, welches sich nicht weiter als fünfundvierzig Meter horizontal vom Boote aus in freies Fahrwasser erstreckt, ein nach allen Richtungen sichtbares weißes Licht führen.

Erstreckt sich ihr Fanggerät weiter als fünfundvierzig Meter horizontal vom Boote aus in freies Fahrwasser, so müssen offene Boote das vorstehend bezeichnete Licht führen und außerdem, wenn sie sich anderen oder andere Fahrzeuge sich ihnen nähern, ein zweites weißes Licht mindestens einen Meter unter dem ersten Lichte und wagerecht mindestens ein und einen halben Meter in der Richtung des ausliegenden Fanggeräts von ihm entfernt, zeigen.

Offene Boote im Sinne dieser Vorschrift sind

solche Boote, welche nicht mittels eines durchlaufenden Decks gegen das Eindringen von Seewasser geschützt sind.

b) Mit Treibnetzen fischende Fahrzeuge und Boote, mit Ausnahme der vorstehend unter a bezeichneten offenen Boote, müssen, solange die Netze ganz oder teilweise im Wasser sind, zwei weiße Lichter an den Stellen führen, an welchen sie am besten gesehen werden können. Diese Lichter müssen so angebracht sein, daß die senkrechte Entfernung zwischen ihnen mindestens zwei Meter und höchstens vier und einen halben Meter, die horizontale Entfernung zwischen ihnen in der Kiellinie gemessen mindestens ein und einen halben Meter und höchstens drei Meter beträgt. Das untere dieser beiden Lichter muß in der Richtung stehen, nach welcher die Netze ausliegen, und beide müssen so beschaffen sein, daß sie über den ganzen Horizont scheinen und auf eine Entfernung von mindestens drei Seemeilen sichtbar sind.

Im Mittelmeer und in den Küstengewässern von Japan und Korea sind Segelfischerfahrzeuge unter 57 Kubikmeter Brutto-Raumgehalt nicht verpflichtet, das untere der beiden Lichter zu führen, sie müssen aber, wenn sie es nicht führen, an der dafür oben vorgeschriebenen Stelle (in der Richtung des Netzes oder Fanggeräts) ein mindestens eine Seemeile sichtbares, weißes Licht zeigen, sobald sie sich anderen oder andere Fahrzeuge sich ihnen nähern.

c) Mit Angelleinen fischende Fahrzeuge und Boote, mit Ausnahme der unter a bezeichneten offenen Boote, müssen, wenn sie die Leinen aushaben und an den Leinen fest sind oder sie einholen, und wenn sie nicht geankert haben oder, wie nachstehend unter h beschrieben, festliegen, dieselben Lichter führen, wie die mit Treibnetzen fischenden Fahrzeuge (b). Während sie die Leinen ausfahren oder schleppen, haben sie, je nach ihrer Gattung, die Lichter zu führen, welche für ein Dampf- oder Segelfahrzeug in Fahrt vorgeschrieben sind.

Im Mittelmeer und in den Küstengewässern von Japan und Korea sind Segelfischerfahrzeuge unter 57 Kubikmeter Brutto-Raumgehalt nicht verpflichtet, das untere der beiden Lichter zu führen, sie müssen aber, wenn sie es nicht führen, an der dafür oben vorgeschriebenen Stelle (in der Richtung der Leinen) ein mindestens eine Seemeile sichtbares, weißes Licht zeigen, sobald sie sich anderen oder andere Fahrzeuge sich ihnen nähern.

d) Fahrzeuge, welche mit dem Grundschleppnetze[4]), das heißt mit einem Fanggeräte, welches über den Meeresgrund geschleppt wird, fischen, müssen führen:

1. wenn Dampffahrzeuge: an der Stelle des im Art. 2 unter a erwähnten weißen Lichtes eine dreifarbige Laterne, welche so eingerichtet und angebracht ist, daß sie von recht voraus bis zu zwei Strich auf jedem Buge ein weißes Licht und über einen Bogen des Horizonts von zwei Strich auf dem betreffenden Buge bis zu zwei Strich hinter der Richtung quer ab (zwei Strich achterlicher als dwars) an Steuerbordseite ein grünes Licht, an Backbordseite ein rotes Licht wirft; ferner mindestens zwei Meter und höchstens drei und einen halben Meter unter

der dreifarbigen Laterne ein weißes Licht in einer Laterne, welche ein helles, ununterbrochenes Licht über den ganzen Horizont wirft;

2. wenn Segelfahrzeuge: ein weißes Licht in einer Laterne, welche ein helles, ununterbrochenes Licht über den ganzen Horizont wirft; außerdem müssen diese Fahrzeuge, wenn sie sich anderen oder andere Fahrzeuge sich ihnen nähern, an der Stelle, wo es am besten gesehen werden kann, ein Flackerfeuer oder eine Fackel zeitig genug zeigen, um einen Zusammenstoß zu verhüten[5]).

Alle unter d erwähnten Lichter müssen auf eine Entfernung von mindestens zwei Seemeilen sichtbar sein.

e) Fahrzeuge, welche mit dem Fange von Austern beschäftigt sind, und andere mit Schleppnetzen fischende Fahrzeuge müssen dieselben Lichter führen und zeigen wie die Grundschleppnetzfischer.

f) Fischerfahrzeuge und Fischerboote dürfen außer den Lichtern, welche sie nach diesem Artikel führen oder zeigen müssen, jederzeit Flackerfeuer zeigen und Arbeitslichter gebrauchen.

g) Jedes Fischerfahrzeug und Fischerboot, welches weniger als fünfundvierzig Meter lang ist, muß vor Anker ein weißes Licht setzen, welches auf eine Entfernung von mindestens einer Seemeile über den ganzen Horizont sichtbar ist.

Jedes Fischerfahrzeug, welches fünfundvierzig Meter oder mehr lang ist, muß vor Anker ein weißes Licht setzen, welches auf eine Entfernung von mindestens einer Seemeile über den ganzen Horizont sichtbar ist, und daneben ein zweites Licht, wie es für Schiffe solcher Länge im Art. 11 vorgesehen ist.

Sollte ein solches Fahrzeug, gleichgültig von welcher Länge, mit einem Netze oder einem anderen Fischereigeräte verbunden sein, so muß es bei Annäherung von anderen Fahrzeugen ein weiteres weißes Licht, mindestens einen Meter unter dem Ankerlicht und wagerecht mindestens ein und einen halben Meter in der Richtung des Netzes oder Fanggeräts von ihm entfernt, zeigen.

h) Kommt ein Fahrzeug oder Boot beim Fischen dadurch zum Festliegen, daß sein Fanggerät an einer Klippe oder einem anderen Hindernisse festgerät, so muß es bei Tage das nachstehend unter k vorgeschriebene Tagsignal niederholen und bei Nacht das Licht oder die Lichter setzen, welche für ein Fahrzeug vor Anker vorgeschrieben sind; bei Nebel, dickem Wetter, Schneefall oder heftigen Regengüssen hat es das Signal zu machen, welches einem Fahrzeuge vor Anker vorgeschrieben ist (siehe Art. 15 unter d und im letzten Absatze).

i) Bei Nebel, dickem Wetter, Schneefall oder heftigen Regengüssen müssen Treibnetzfischerfahrzeuge, welche an ihren Netzen fest sind, ferner Fahrzeuge, welche mit dem Grundschleppnetz oder mit irgendeiner anderen Art Schleppnetz fischen, endlich mit Angelleinen fischende Fahrzeuge, welche ihre Leinen aushaben, — sofern sie 57 Kubikmeter oder mehr Brutto-Raumgehalt haben — mindestens jede Minute einen Ton geben, und zwar Dampffahrzeuge mit der Dampfpfeife oder der Sirene, Segelfahrzeuge mit dem Nebelhorne. Nach jedem Tone ist mit der Glocke zu läuten.

Fischerfahrzeuge und Fischerboote unter 57 Kubikmeter Brutto-Raumgehalt sind zur Abgabe der vorerwähnten Signale nicht verpflichtet; geben sie aber dieselben nicht ab, so müssen sie mindestens jede Minute irgendein anderes wirksames Schallsignal machen.

k)[2]) Alle Fahrzeuge und Boote, welche mit Treibnetzen, Angelleinen oder Grundschleppnetzen fischen, müssen bei Tage, wenn sie in Fahrt sind, einem sich nähernden Fahrzeug ihre Beschäftigung durch Aufheißen eines Korbes oder eines sonstigen zweckentsprechenden Körpers an der Stelle, wo er am besten gesehen werden kann, anzeigen. Haben solche Fahrzeuge oder Boote ihr Fanggerät aus, während sie zu Anker liegen, so müssen sie bei der Annäherung anderer Fahrzeuge dasselbe Signal an der zum Vorbeifahren freien Seite zeigen.

Fahrzeuge, welche die in diesem Artikel aufgeführten Lichter führen oder zeigen müssen, sind nicht verpflichtet, die Lichter zu führen, welche durch Art. 4 unter a und im letzten Absatze des Art. 11 vorgeschrieben sind.

[1]) Fischerfahrzeuge haben (sofern sie nicht Segler sind) kein Wegerecht gegenüber anderen Schiffen. Soweit es ihre — durch die Lichter des Art. 9 gekennzeichnete — Manövrierbehinderung zuläßt, müssen sie nach allgemeinen Vorschriften ausweichen (SA. Hamburg Hansa 1908, 1209; OSA. 18, 534). Über die Frage des Ausweichens zwischen Segelschiffen und Fischerfahrzeugen vgl. Hansa 1910, 64. — Auch für Fischerfahrzeuge untereinander gelten die allgemeinen Ausweichregeln, insbesondere Art. 29 (vgl. OSA. 16, 770; 17, 509; 18 S. 618, 739, 778).

[2]) Die Unterlassung ist ein schweres Verschulden, da sich alle Schiffe auf die ordnungsmäßige Lichterführung der andern verlassen müssen (RG. Hansa 1908, 636). In der Praxis übliche Nachlässigkeit in der Lichterführung kann den Schiffer nicht entschuldigen (SA. Hamburg Hansa 1908, 1929; OSA. 16, 362).

[3]) Dies ist nur der Fall, solange tatsächlich gefischt wird (vgl. SA. Hamburg Hansa 1909, 195).

[4]) Wenn der Grundschleppnetzfischer das Netz einholt und alsbald wieder aussetzt, so muß er fortgesetzt die Lichter des Art. 9 führen. Wenn er jedoch nach Einholen des Netzes eine Strecke fährt, um an anderer Stelle zu fischen, dann muß er die Lichter der in Fahrt befindlichen Fahrzeuge führen, bis er das Netz wieder aussetzt (vgl. Entsch. des Admiralitätsgerichts Hansa 1908, 384; SA. Hamburg Hansa 1908, 1209; OSA. 11, 45; 18 S. 534, 696; 24, 417 u. 790.

[5]) Vgl. z. B. RG. WarnRspr. 1908 Nr. 234 = Recht 1908 Nr. 888. — Über Anbringen des in Art. 9d Nr. 2 erwähnten weißen Lichts vgl. OSA. 20, 237 (durch Segel verdeckt).

[6]) Das Signal des Art. 9k kann leicht mit dem des Art. 14 verwechselt werden (vgl. Hansa 1918, 388). Es soll nicht erst bei drohender Gefahr gezeigt werden, sondern schon zur Vorbeugung einer gefährlichen Situation (OSA. 16, 14).

Art. 10. Ein Fahrzeug, welches von einem anderen überholt[1]) wird, muß diesem vom Heck aus[2]) ein weißes Licht oder ein Flackerfeuer zeigen[3])[4]).

Das weiße Licht[5]) darf[6]) fest angebracht und in einer Laterne geführt werden; die Laterne muß aber mit Schirmen versehen und so eingerichtet und so angebracht sein, daß sie ein ununterbrochenes Licht über einen Bogen des Horizonts von zwölf Kompaßstrichen — je sechs Strich von recht achteraus auf jeder Seite des Fahrzeugs — wirft. Das Licht muß auf eine Entfernung von mindestens einer Seemeile sichtbar sein und soweit tunlich mit den Seitenlichtern in gleicher Höhe geführt werden.

[1]) Über den Begriff des Überholens vgl. Note 3 zu Art. 24. Jedenfalls muß sich ein Schiff als überholtes betrachten, wenn das andere Schiff seine Seitenlichter nicht sehen kann (SA. Hamburg Hansa 1910, 237). Unter einem „überholten" ist auch ein dieselbe oder annähernd dieselbe Richtung wie das andere Schiff einhaltendes, wenn auch zeitweilig stillliegendes Schiff zu verstehen, sofern es nur manövrierfähig geblieben ist (RG. 7, 39), also auch ein treibendes Schiff. Zuweilen muß sich auch ein im Ankern begriffenes oder vor

Anker schwoiendes Schiff wie ein überholtes verhalten (RG. 33. 1908, 936).

[2]) Ein „über Heck" geschlepptes Schiff muß das „Hecklicht" vom Bug aus zeigen (RG. 88, 274). — Bei einem Schleppzug ist das Licht vom Heck des letzten Schleppschiffs zu zeigen (nicht vom Schlepper! — RG. Recht 1916 Nr. 1403). Bei langen Schleppzügen wird aber nichts dagegen einzuwenden sein, daß auch die übrigen Schleppschiffe ein Hecklicht zeigen. Ferner können sie auch nach Art. 12 handeln.

[3]) Und zwar so rechtzeitig, daß die Möglichkeit sachgemäßen Manövrierens dem andern Schiff verbleibt (RG. 76, 295; ferner 76, 85; OSA. 19, 334); es muß auch dann gezeigt werden, wenn der Kurs des überholenden Schiffs frei führen würde (OSA. 6 Nr. 56), also nicht nur bei drohender Kollision (OSA. 19, 334).

[4]) Die Vorschrift verpflichtet zu einem Ausguck nach hinten (OSA. 10, 27; HansOLG. Hbl. 1892, 257 Nr. 96; 1895 Nr. 53; RG. 31, 63 und Hbl. 1893 Nr. 61).

[5]) Über das Hecklicht s. HansOLG. Hbl. 1900 Nr. 20. — Dasselbe darf kein permanentes sein, denn es soll nicht „geführt", sondern „gezeigt" werden (RG. 31, 69). Daß es unmittelbar am Heck anzubringen ist, wird nicht erfordert. Doch darf es nicht verdeckt und dem Seeschlag ausgesetzt sein (OSA. 20 S. 342, 745). Durch das Schlepperlicht des Art. 3 Abs. 2 wird es nicht erübrigt.

[6]) Das feste Hecklicht ist obligatorisch nach § 10 SBO.

Art. 11. Ein Fahrzeug vor Anker[1]) muß[2]), wenn es weniger als fünfundvierzig Meter lang ist, vorne ein weißes Licht an der Stelle, wo dasselbe am besten gesehen werden kann[3]), jedoch nicht höher als sechs Meter über dem Rumpfe[4]) führen, und zwar in einer Laterne, welche ein helles, auf eine Entfernung von mindestens einer Seemeile sichtbares, ununterbrochenes[5]) Licht über den ganzen Horizont wirft.

Ein Fahrzeug vor Anker muß, wenn es fünfundvierzig Meter oder mehr lang ist, zwei solche Lichter führen[6]), das eine Licht im vorderen Teile des Fahrzeugs nicht niedriger als sechs Meter und nicht höher als zwölf Meter über dem Rumpfe, — und das andere Licht am Heck oder in der Nähe des Hecks des Fahrzeugs, mindestens vier und einen halben Meter niedriger als das vordere Licht[7]).

Als Länge eines Fahrzeugs gilt die in dem Schiffszertifikat angegebene Länge.

Fahrzeuge[8]), welche in einem Fahrwasser[9]) oder nahe bei einem solchen am Grunde festsitzen[10]), unterliegen derselben Verpflichtung; außerdem müssen sie die im Art. 4 unter a vorgeschriebenen zwei roten Lichter führen[11])[12]).

[1]) Nicht hierher gehört das erst Anker werfende oder vor dem ausgebrachten Anker treibende oder das nach Werfen und Fassen des Ankers in die Ankerlage schwoiende Schiff (vgl. hierzu RG. Hbl. 1908 Nr. 143 = LZ. 1908, 936; OSA. 19, 426; Sebba, Jahrb. für Verkehrswissensch. 1914 S. 435 f., 441). Schwoit dagegen ein Schiff in Ankerlage mit dem Strom, so ist Art. 11 maßgebend. — Für treibende Schiffe gilt Art. 11 nicht (RG. 7 Nr. 13). Die SStrO. löst die Frage der Lichterführung schwoiender Schiffe nicht. Doch greifen vielfach örtliche Verordnungen ein (vgl. RG. LZ. 1908, 936 = Warn-Rspr. 1909 Nr. 38; SWO. § 21). Wenn Schleppschiffe um den Anker des Schleppers im großen Bogen schwoien, so sind sie nicht „vor Anker" (RG. Hbl. 1907 Nr. 109); anders, wenn sie vor Anker des Schleppers in Ankerlage sich befinden (RG. ibid.). Der längsseit eines ankernden Schiffs liegende Schlepper ist nicht „vor Anker" (ebenso Brandis 2, 117), wohl aber ein Schlepper, der durch die Trosse mit dem verankerten Schleppschiff verbunden ist (OSA. 19, 125). Die Schlepplichter (Art. 3) darf der ankernde Schlepper keinesfalls führen (SSchG. vom 13. März 1919).

[2]) Befreiung für kleine Fahrzeuge, die außerhalb des Fahrwassers ankern, gewähren manche Hafen-Ordnungen; ebenso für Bugsierdampfer, die an der Seite des ankernden Schiffs befestigt sind (HansOLG. Hbl. 1874 Nr. 144).

[3]) Z. B. beim Ankern an einer Fahrwassergrenze: nach dem Fahrwasser zu. Beim Herumschwoien des Schiffs kann nach Art. 29 eine Veränderung des Aufhängungsorts erforderlich werden.

[4]) Vgl. Note 4 zu Art. 2. — Über einen Ausnahmefall vgl. OSA. 19, 125.

[5]) Da die Aufhängevorrichtung stets einen Schatten werfen muß, wird zweckmäßig das Licht (statt am Schornstein oder

Mast) in einer Fockwant angebracht (OSA. 4, 405; 17, 746; 19, 123). — Das Ankerlicht darf ohne dringende Veranlassung auch nicht zeitweilig von seinem Platze entfernt werden (HansOLG. Hbl. 1889 Nr. 63).

[6]) Es darf sich nicht darauf berufen, daß ein neben ihm liegendes Schiff gleichfalls ein Ankerlicht führt, so daß der äußere Anschein der Vorschrift des Art. 11 entspricht (HansOLG. HBl. 1903 Nr. 124).

[7]) Über Richteinhaltung dieser Entfernungen vgl. SA. Hamburg Hansa 1910, 621. Immerhin muß es so hängen, daß es nicht durch die Aufbauten verdeckt ist, andrerseits nicht in gleicher Höhe mit dem andern Ankerlicht (vgl. OSA. 16, 65: 19, 90; 20, 370).

[8]) Ein festsitzendes Schiff (ohne Rücksicht auf Größe und Gattung) muß unter bestimmten Umständen zwei rote Zusatzlichter führen. Wenn auch die roten Lichter nicht bereitgehalten zu werden brauchen, so müssen doch andrerseits die Positionslaternen sofort entfernt werden (HansOLG. Hbl. 1904 Nr. 14).

[9]) Über den Begriff „Fahrwasser" vgl. Note 1 zu Art. 25. Auch eine vielbefahrene Route kann im Sinne des Art. 11 als Fahrwasser gelten (Kanal, Sund usw.).

[10]) Die Vorschrift ist unter Umständen auch auf im Eise festsitzende oder gestrandete Schiffe anwendbar (z. B. wenn die Strandung an einer Mole oder einer Hafeneinfahrt erfolgt ist) jedoch nur so lange, als die nautische Situation es zuläßt, insbesondere die Besatzung noch an Bord ist.

[11]) Art. 11 Abs. 4 gilt nicht für die in Art. 7 aufgeführten Fahrzeuge (vgl. Art. 7 Schlußsatz).

[12]) Die sofort nach dem Auflaufen erfolgte Setzung dieser Lichter ist stets korrekt. Man wird jedoch kein Verschulden darin erblicken dürfen, daß das Schiff, bevor es die Lichter setzt, zunächst noch kurze Zeit versucht, durch Schraubenmanöver vom Grunde abzukommen (HansOLG. Hbl. 1904 Nr. 14; Sebba a. a. O.).

Art. 12. Ein jedes Fahrzeug darf[1]), wenn es nötig ist, um die Aufmerksamkeit auf sich zu ziehen, außer den Lichtern, welche es führen muß, ein Flackerfeuer zeigen oder irgendein Knallsignal, welches nicht mit Notsignalen verwechselt werden kann, geben[2]).

[1]) Und muß dies auch tun (das gilt gemäß Art. 29 selbst dann, wenn Art. 12 an sich nicht anwendbar ist: HansOLG. Hansa 1918, 262). OSA. Hansa 1910, 643; Sebba a. a. O. 446; außer, wenn die Kollision unabwendbar ist. RG. Recht 1919 Nr. 168. — Vgl. jedoch OSA. 17, 24 (Art. 12 hat nur den Fall unsichtigen Wetters oder außergewöhnlicher Umstände im Auge) und 19, 127; 20 S. 583, 634. Vgl. auch Art. 10 Note 2.

[2]) Über die Kenntlichmachung des Schiffes durch Verwendung von Blaulichtern vgl. Hansa 1918, 259. Auch sonstige Schallsignale (mit Pfeife oder Glocke) sind zulässig.

Art. 13. Vorschriften, welche bezüglich der Führung von zusätzlichen Stations- und Signallichtern für zwei oder mehrere Kriegsschiffe oder für Fahrzeuge, die unter Bedeckung fahren, erlassen sind, werden durch diese Verordnung nicht berührt. Auch wird durch sie das Zeigen von Erkennungssignalen[1]), welche von Schiffsreedern mit amtlicher Genehmigung angenommen und vorschriftsmäßig eingetragen und bekanntgemacht sind, nicht beschränkt[2]).

[1]) Die sog. Nacht- und Kompaniesignale. — Über die Unzulässigkeit des sog. Kontorlichts vgl. RG. 21, 143.

[2]) Allerdings ist Voraussetzung, daß sie nicht mit den andern Lichtern verwechselt werden können (Art. 1 u. 29).

Art. 14. Ein Dampffahrzeug, welches nur unter Segel ist[1]), aber mit aufgerichtetem Schornsteine fährt, muß bei Tage einen schwarzen Ball[2]) oder runden Signalkörper von fünfundsechzig Zentimeter Durchmesser führen, und zwar vorne im Fahrzeug an der Stelle, an welcher das Zeichen am besten gesehen werden kann.

[1]) Vgl. Einl. Abs. 2 u. 3; Sebba, Der Motorsegler im Seestraßenrecht. HansRZ. 1925, 145. Über das Rotorschiff vgl. JW. 1925, 1258.

[2]) Über die Möglichkeit einer Verwechslung desselben mit dem Signal des Art. 9k vgl. Note 8 zu Art. 9.

III. Schallsignale bei Nebel usw[1]).

Art. 15. Schallsignale für in Fahrt befindliche Fahrzeuge müssen gegeben werden[2]);

1. von Dampffahrzeugen mit der Pfeife oder Sirene[3]),
2. von Segelfahrzeugen und geschleppten Fahrzeugen mit dem Nebelhorne.

Ein langgezogener Ton[4]) im Sinne dieser Vorschriften ist ein Ton von vier bis sechs Sekunden Dauer.

Ein Dampffahrzeug muß mit einer kräftig tönenden Pfeife oder Sirene versehen sein, welche durch Dampf oder einen Ersatz für Dampf geblasen wird und so angebracht ist, daß der Schall durch keinerlei Hindernis gehemmt wird, ferner mit einem wirksamen Nebelhorne, welches durch eine mechanische Vorrichtung geblasen wird[5]), sowie mit einer kräftig tönenden Glocke. Ein Segelfahrzeug von 57· Kubikmeter Brutto-Raumgehalt oder darüber muß mit einem gleichartigen Nebelhorn und mit einer gleichartigen Glocke versehen sein.

Bei Nebel, dickem Wetter, Schneefall oder heftigen Regengüssen[6]), es mag Tag oder Nacht sein, sind folgende Schallsignale zu geben[7]).

a) Ein Dampffahrzeug, welches Fahrt durch das Wasser macht[8]), muß mindestens alle zwei Minuten einen langgezogenen Ton geben.

b) Ein Dampffahrzeug, welches in Fahrt ist, aber seine Maschine gestoppt hat und keine Fahrt durch das Wasser macht[9]), muß mindestens alle zwei Minuten zwei langgezogene Töne mit einem Zwischenraume von ungefähr einer Sekunde geben.

c) Ein Segelfahrzeug in Fahrt muß mindestens jede Minute, wenn es mit Steuerbord-Halsen[10]) segelt, einen Ton, wenn es mit Backbord-Halsen segelt, zwei aufeinanderfolgende Töne, und wenn es mit dem Winde achterlicher als dwars[11]) segelt, drei aufeinanderfolgende Töne geben.

d) Ein Fahrzeug vor Anker[12]) muß mindestens jede Minute ungefähr fünf Sekunden lang die Glocke rasch läuten.

e) Ein Fahrzeug, welches ein anderes Fahrzeug schleppt, ein Fahrzeug, welches ein Telegraphenkabel legt, aufnimmt oder auffischt, und ein in Fahrt befindliches Fahrzeug, welches einem sich nähernden Fahrzeuge nicht aus dem Wege gehen kann, weil es überhaupt nicht oder doch nicht so manövrieren kann, wie diese Vorschriften verlangen[13]), muß statt der unter a und c vorgeschriebenen Signale mindestens alle zwei Minuten drei aufeinanderfolgende Töne geben, zuerst einen langgezogenen Ton, dann zwei kurze Töne. Ein geschlepptes Fahrzeug darf dieses Signal, aber kein anderes geben[14]).

Segelfahrzeuge und Boote von weniger als 57 Kubikmeter Brutto-Raumgehalt brauchen die vorerwähnten Signale nicht zu geben, müssen dann aber mindestens jede Minute irgendein anderes kräftiges Schallsignal geben.

Anmerkung. Überall, wo diese Verordnung den Gebrauch einer Glocke vorschreibt, kann anstatt einer solchen an Bord türkischer Fahrzeuge eine Trommel, an Bord kleinerer Segelfahrzeuge, falls der Gebrauch eines solchen Instruments landesüblich ist, ein Gong benutzt werden.

[1]) Vgl. Abs. 4: Dickes Wetter, Schneefall und heftige Regengüsse sind dem Nebel gleichgestellt. In allen diesen Fällen muß mit Unzuverlässigkeit der Schallsignale gerechnet werden. Vgl. OSA. 20 S. 352, 799; Hansa 1908 S. 391 u. 1014; 1916, 419; OSA. 7, 174; 10, 331; 12, 273; 13, 615; 16, 106; 17, 455: 18, 626; OSA.; HansOLG. Hbl. 1911 Nr. 41.

[2]) Vgl. dazu Sebba, Jahrb. für Verkehrsw. 1914, 442ff.

und HansRZ. 1919, 201 ff.; HansGZ. 1926 Nr. 105; ferner Art. 16 Note 2. Über Art und Ausführung der Signale vgl. Art. 29 Note 6.

3) In Hafenrevieren ist der Gebrauch der Sirene oder Pfeife vielfach durch örtliche Verordnung — jedoch unbeschadet der Abgabe von Nebelsignalen — beschränkt.

4) Über den „kurzen Ton" vgl. Art. 28. Der „Ton" beginnt mit dem Ansprechen der Pfeife, nicht schon mit dem Ausströmen des Dampfes.

5) Blasen des Nebelhorns mit dem Munde ist unzulässig, da hierdurch nicht die erforderliche Tonstärke erzielt wird (OSA. 9, 117).

6) Voraussetzung ist stets, daß die Aussicht behindert ist, und zwar nicht ganz unwesentlich. Schon die sichtbare Nähe einer Nebelzone (Strichnebel) verpflichtet zur Abgabe des Signals.

7) Diese Schallsignale können dem andern Schiff bestenfalls den Standort des Signalgebers annähernd verraten, seine Entfernung nur sehr unzuverlässig, seinen Kurs bei Dampfersignalen gar nicht, bei Seglersignalen nur in gewissen Grenzen (vgl. hierzu OSA. 18 S. 432, 622 ff.). „Nebelkurssignale" sind noch nicht eingeführt.

8) Das aus der Fahrt in die Ankerlage schwoiende Schiff, das seine Maschine gestoppt hat, fällt unter Art. 15 b (denn es macht keine Fahrt durch das Wasser). Ebenso wohl ein Schiff, das, ohne vor Anker zu liegen, sich gerade gegen den Strom hält, also Fahrt durch das Wasser, aber nicht über Grund macht (zweifelhaft). Vgl. dazu Sebba (s. Note 3) 443. — Anlegende, ablegende und vertäute Schiffe haben keine Nebelsignale zu geben.

9) Solange noch die geringste Fahrt im Schiff ist (selbst weniger als 1 Knoten), darf das Signal nicht gegeben werden (Court of Appeal Hansa 1913, 432), ebenso nicht, wenn keine Fahrt im Schiff ist, die Maschine aber noch arbeitet (vorwärts oder rückwärts). Vgl. OSA. 24, 567.

10) Gleichbedeutend mit „über Backbordbug", d. h. wenn das Schiff beim Winde oder mit halbem Wind von Steuerbord fährt. Das entsprechend Umgekehrte ist das Segeln mit Backbordhalsen (gleich „über Steuerbordbug"). „Halsen" sind die Taue, mit denen die Raaen (oder Gaffeln) nach vorn geholt werden.

11) Mit Wind raumschoots (mit raumem Winde) oder „vor dem Winde" (d. h. mit achterlichem Winde). Ein wendendes

Schiff segelt (im Sinne des Art. 15) so lange mit Backbord- bzw. Steuerbordhalsen, als es den Wind von der entsprechenden Seite einbekommt.

[12]) Analog muß das am Grunde festsitzende, nicht aber auch das am Lande befestigte Schiff (Einl. Abs. 4) behandelt werden (Sebba [s. Note 3] 442). Ein ankernder Schleppzug (Art. 11 Note 1) wird das Signal einheitlich (vom Schlepper oder von einem Schleppschiff aus) zu geben haben. Vgl. für die Seewasserstraßen § 33 SWO.

[13]) über Manövrierunfähigkeit vgl. die Noten zu Art. 4a. Ein Unfall als Ursache (wie in Art. 4) ist hier nicht verlangt.

[14]) Eine Verpflichtung zur Abgabe von Signalen besteht für das geschleppte Schiff an sich nicht, kann sich jedoch aus Art. 29 ergeben.

IV. Mäßigung der Geschwindigkeit bei Nebel usw.

Art. 16. Jedes Fahrzeug[1]) muß bei Nebel, dickem Wetter, Schneefall oder heftigen Regengüssen[2]), unter sorgfältiger Berücksichtigung der obwaltenden Umstände[3]) und Bedingungen, mit mäßiger Geschwindigkeit fahren[4]).

Ein Dampffahrzeug, welches anscheinend vor der Richtung quer ab[5]) (vorderlicher als dwars) das Nebelsignal[6]) eines Fahrzeugs hört, dessen Lage nicht auszumachen ist[7]), muß, sofern die Umstände dies gestatten[8]), seine Maschine stoppen[9]) und dann vorsichtig manövrieren[10]), bis die Gefahr des Zusammenstoßens vorüber ist.

[1]) Ohne Ausnahme. Auch Segler (vgl. den Fall Hansa 1906, 581), Fischerfahrzeuge und Kriegsschiffe. Bei letzteren wäre jedoch bei überwiegenden staats- oder völkerrechtlichen Interessen eine Ausnahme zuzulassen (vgl. Schaps Anm. 27 zu § 735 HGB.). Im übrigen sind Abweichungen nur durch Art. 27, 29 zu rechtfertigen. OSA. 4, 389ff. (Volldampf voraus, weil Feuer an Bord).

[2]) Siehe Art. 15 Note 11. — Die bloße Möglichkeit der Annäherung an eine Nebelbank fällt nicht unter Art. 16 (vgl. RG. WarnRspr. 1913 Nr. 202), wohl aber das ständige Herankommen einzelner Nebelschwaden (OSA. 20, 251) und das Einfahren in eine Nebelbank (OSA. 20, 759). Dickes Wetter ist ein Wetter, bei dem die in der Luft vorhandenen Dunstmassen,

die Sichtigkeit der Gegenstände in erheblichem Grade beeinträchtigen. Auch Regenwetter kann unter Umständen „dickes Wetter“ sein (HansOLG. Hbl. 1895 Nr. 88; OSA. 16, 106).

[3]) Also der Stärke des Nebels, der Belebtheit des Reviers, der Beladung und des Tiefgangs, der Steuerfähigkeit des Schiffes, der normalen Schiffsgeschwindigkeit, des gesicherten Gangs der Maschinen, der Beschaffenheit des Fahrwassers, der Stromversetzung, der Stärke der Maschinen insbesondere ihres Wirkungsgrades bei Rückwärtsschlagen. Vgl. z. B. HansOLG. Hbl. 1896 Nr. 87; 1904 Nr. 82; 1911 Nr. 33; 1913 Nr. 93; RG. Recht 1909 Nr. 2201.

[4]) Der Begriff der „mäßigen Geschwindigkeit“ ist ein relativer (HansOLG. Hbl. 1881 Nr. 2; RG. 3, 140). Maßgebend ist die Fahrt durchs Wasser, nicht über Grund (RG. Hbl. 1888 Nr. 76; HansOLG. Hbl. 1911 Nr. 33; OSA. 17, 112). Theoretisch müßte die Geschwindigkeit soweit herabgemindert werden, daß die konkreten Umstände es noch gestatten, das Schiff auf die Hälfte der Strecke von dem eigenen, bis zu einem eben auftauchenden andern Schiff zum Halten zu bringen (vgl. Hansa 1910, 41; OSA. 14 S. 46, 496, 696, 731; 15, 663; 17, 112). Die Sichtweite ist einer der wichtigsten Faktoren für die Bestimmung der angemessenen Geschwindigkeit (vgl. OSA. Hansa 1910, 61). Praktisch will Art. 16 dem Schiff ermöglichen, bei Insichtkommen eines andern Schiffes, durch Stoppen, Rückwärtsgehen oder Ausweichen eine Kollision zu vermeiden, wobei jedoch die beiden ersteren Manöver wichtiger sind (HansOLG. Hbl. 1910 Nr. 43; 1912 Nr. 54; RG. JW. 1909, 534 Nr. 6; RG. 23, 70; OSA. 12 S. 314 u. 709; 13 S. 47 u. 54; 15, 663; 17 S. 111 u. 662; RG. WarnRspr. 1909 Nr. 487). Daraus folgt, daß dasselbe, sofern es überhaupt in Fahrt bleibt, seine Geschwindigkeit nicht so weit mäßigen darf, daß die Steuerfähigkeit und die Möglichkeit rechtzeitiger erforderlicher Maschinenmanöver ausgeschlossen wird (HansOLG. Hbl. 1887 Nr. 92, 124; 1912 Nr. 54; RG. 3 Nr. 40; 23 Nr. 14; OSA. 4, 518).

Andrerseits ergibt sich die mäßige Geschwindigkeit nicht ohne weiteres aus dem Vergleich mit der vollen Geschwindigkeit (RG. JW. 1909, 534) oder der Länge des Stoppwegs (Hansa 1903, 193); eine Beeinträchtigung der Steuerfähigkeit ist kein Entschuldigungsgrund, wenn die Situation eine weitergehende Ermäßigung der Geschwindigkeit erfordert (OSA. 4, 518; 6, 13; 12 S. 314 und 709; 13, 47;

18 S. 272, 456). Die Möglichkeit schnellen Stoppens ist im allgemeinen wichtiger, als die Möglichkeit wirksamer Rudermanöver. Es ist jedoch nicht gesagt, daß Ermäßigung der Geschwindigkeit auf das Minimalmaß, so erforderlich sie im Einzelfall sein mag (HansOLG. Hbl. 1902 Nr. 105), unter allen Umständen zu erfolgen hätte (OSA. 12, 712). Äußerstenfalls aber kann andrerseits die Geschwindigkeit noch unter das Minimalmaß gesenkt werden durch abwechselndes Stoppen und Langsamfahren (HansOLG. Hbl. 1912 Nr. 54; OSA. 20, 126); wird das Schiff plötzlich vom Nebel überfallen, während es sich auf der falschen Fahrwasserseite befindet, so muß es unter Umständen sofort rückwärts gehen (HansOLG. Hbl. 1913, 93; RG. WarnRspr. 1913 Nr. 202). Das Schiff braucht nicht beizudrehen und zu treiben (HansOLG. Hbl. 1890, Nr. 100). Denn Steuer und Maschine sind dann nicht sofortiger Einwirkung fähig (HansOLG. Hbl. 1896 Nr. 87; OSA. 1, 686; 5, 704). — Das schließt aber nicht aus, daß — Konsequenz aus Art. 16 (HansOLG. Hbl. 1887 Nr. 92; RG. Hbl. 1888 Nr. 33) oder mit Rücksicht auf Art. 29 (HansOLG. Hbl. 1884 Nr. 65; 1887 Nr. 20; RG. Hbl. 1903 Nr. 129) — bei sehr dichtem Nebel regelmäßig (Ausnahmen: HansOLG. Hbl. 1899 Nr. 30; 1903 Nr. 37), sofern Ankergrund da ist, ein Vorankergehen erforderlich ist (HansOLG. Hbl. 1892 Nr. 7; 1911 Nr. 33; OSA. 19 S. 380, 798).

Keineswegs genügt: Herabminderung der Dampfspannung (RG. Hansa 1911, 369; OSA. 18, 269; 16, 106; 18, 498); Stellen des Maschinenhebels auf „Ganz langsam" (HansOLG Hbl. 1911 Nr. 41); Fahren mit halber Kraft; Geben des Maschinensignals „Achtung" und Ermäßigung der Geschwindigkeit um einen Knoten (OSA. Hansa 1908, 931; OSA. 18 S. 264ff., 503); reduzierte Maschinenkraft (OSA. 20, 509). Das Weiterfahren mit voller Geschwindigkeit ist stets ein schweres Verschulden, das größer ist als ein Verstoß gegen Art. 16 Abs. 2 (RG. Hbl. 1904 Nr. 27).

Im einzelnen sei bezüglich der angemessenen Geschwindigkeit auf folgende Entscheidungen hingewiesen: (RG. Hansa 1908, 913; HansOLG. Hbl. 1904 Nr. 82; HansOLG. Hbl. 1911 Nr. 33; HansOLG. Hbl. 1911 Nr. 41; HansOLG. Hbl. 1912 Nr. 54; HansOLG. Hbl. 1912 Nr. 98); SA. Hamburg Hansa 1908, 1292; 1909, 663; 1910, 61; 1913, 371; 1914, 631; OSA. 18, 457; 19, 235; 12, 712; 15, 668; 17, 414; 18 S. 167, 268, 568; 19, 711, 24, 179, 289, 479 u. a.

In lokalen Verordnungen (Art. 30) wird das Verhalten im Nebel vielfach noch besonders geregelt.

Vorteile der langsamen Fahrt: Besseres Hören von Signalen (OSA. 19 S. 63, 499), Verlängerung der Überlegungszeit bei erforderlich werdenden Manövern und Abschwächung der Folgen einer Kollision (RG. 52, 87). Die Schiffe sollen sich aneinander „heranfühlen", bis sie gegenseitig Lage und Kurs beurteilen und Ausweichmanöver vornehmen können (OSA. 17 S. 187, 455 u. 638; 18, 499). Art. 16 will nicht etwa sagen, daß bei Nebel jedes Schiff die Fahrt antreten dürfe, sofern es nur mit mäßiger Geschwindigkeit fahre (HansOLG. Hbl. 1884, 161; vgl. OSA. 5, 281). Gerät ein Schiff plötzlich in dichten Nebel, so muß es sofort die Fahrt aus dem Schiff bringen (OSA. 19, 628). Über Rudermanöver vor Sichtbarwerden des andern Schiffes vgl. Note 4 zu V (Ausweichen).

[5]) Kann man ein gehörtes Signal nicht peilen, so muß man mit der Möglichkeit rechnen, daß es vorderlicher als dwars peile und nach Art. 16 Abs. 2 handeln (SA. Hamburg Hansa 1914, 631). Werden die Nebelsignale achteraus gehört, so sind Vorsichtsmaßregeln nicht geboten (OSA. 20, 128).

[6]) Oder ein anderes Geräusch, das auf die Nähe eines (fahrenden, nicht stilliegenden — SA. Hamb. Hansa 1927, 1469) Schiffes schließen läßt, z. B. das durch Vorankergehen verursachte Geräusch (HansOLG. Hbl. 1914 Nr. 79).

[7]) Etwa durch andere Geräusche (s. Note 5) oder durch Unterwasserschallsignale. Ein Schiff ist „ausgemacht", wenn mit Sicherheit feststeht, wo es sich befindet und wie es anliegt (OSA. 17, 455). Hierzu kann gegebenenfalls die drahtlose Standortübermittlung dienen (vgl. auch OSA. 13, 615ff.).

[8]) D. h. sofern die Umstände es nicht verbieten (RG. 52, 87). Es müssen also triftige Gründe für die Unterlassung vorliegen, z. B. ein anderes Schiff fährt unmittelbar hinterher, so daß das Stoppen unausführbar wird (HansOLG. Hbl. 1911 Nr. 41). Das Stoppen muß erfolgen, sobald das Nebelsignal gehört worden ist (RG. a. a. O.).

[9]) Zweck: Verminderung der Schiffsgeräusche, damit der Schiffsführer die Nebelsignale besser hören kann (HansOLG. Hbl. 1911 Nr. 77; 1904 Nr. 27; RG. 52, 87; WarnRsp. 1913 Nr. 202); ferner: Erleichterung der Hemmungsmanöver (Fahrt aus dem Schiff bringen: OSA. 20, 510). Fahrtermäßigung statt des Stoppens kann in Frage kommen, wenn das Nebelsignal in sehr weiter Ferner gehört wird. Zum mindesten ist dann

das Verschulden geringer (RG. Hansa 1911, 369), wenn auch durchaus nicht ein formaler Verstoß, sondern ein Verstoß gegen Zweck und Geist des Art. 16 darin liegt (RG. Hbl. 1904 Nr. 27). — Vgl. ferner HansOLG. Hbl. 1890 Nr. 100; 1902 Nr. 120; RG. Hbl. 1904 Nr. 27. — Die Maschine (nicht das Schiff) ist zu stoppen (RG. 52, 87). Es braucht nicht nach jedem gehörten Signal desselben Schiffes, sondern nur von Zeit zu Zeit gestoppt zu werden (ebenso Hansa 1911, 564). Sofortiges Rückwärtsgehen wird nicht verlangt (OSA. 15, 21), kann aber nach Art. 29 geboten sein. Auf die Erhaltung der Steuerfähigkeit kann, soweit Art. 16 Abs. 2 in Frage steht, kein Gewicht gelegt werden (HansOLG. Hbl. 1912 Nr. 98; anders OSA. 17, 664). Die Vorschrift ist überhaupt nicht anwendbar, wenn die Geschwindigkeit noch gar nicht ermäßigt worden war oder auch eine langsame Fortsetzung der Reise nicht in Frage kommt, vielmehr das Weiterfahren aufgegeben werden muß (s. Note 4; HansOLG. Hbl. 1913 Nr. 93); ebenso ist eine Abweichung dann zulässig, wenn das Schiff bereits mit der geringsten, ihm möglichen Geschwindigkeit fährt (OSA. 17, 665). — Das Stoppen der Maschine braucht nicht so lange zu währen, bis die Richtung des gegnerischen Signals ausgemacht ist (RG. Warn. 1913 Nr. 202).

10) Fahren mit halber Kraft heißt noch nicht „vorsichtig manövrieren" (HansOLG. Hbl. 1911, 77). Rudermanöver im Nebel sind nicht völlig verpönt, wenn sie vorsichtig ausgeführt werden (SeeA. Hamburg Hansa 1913, 371). Wohl aber sind Ausweichmanöver unzulässig, solange der Gegner nicht sichtbar (vgl. Note 4 zu V SStrO.: Ausweichen).

V. Ausweichen[1]).

Gefahr des Zusammenstoßens[2]).

Das Vorhandensein einer Gefahr des Zusammenstoßens kann, wenn die Umstände es gestatten, durch sorgfältige Kompaßpeilung eines sich nähernden Schiffes erkannt werden[3]). Ändert sich die Peilung nicht merklich, so ist anzunehmen, daß die Gefahr des Zusammenstoßens vorhanden ist.

1) Ausweichen heißt denjenigen Punkt vermeiden, in welchem sich die Schiffe bei gleichförmiger Geschwindigkeit unter

Beibehaltung der Kurse treffen müßten. Die Vorschriften des Abschnitts V bilden ein Ganzes und schließen sich gegenseitig nicht aus (RG. Hbl. 1911 Nr. 70; HansOLG. ibid. 1912 Nr. 105). Vgl. Sebba, Ausweichen und Kurshalten. HansRZ. 1921, 481.

I. Sie geben jedoch keine erschöpfende Aufzählung der gebotenen Manöver. Art. 27 ergibt lediglich eine Ergänzung und eine Ermächtigung an den Schiffer, im Notfalle von den Vorschriften abzuweichen. Keineswegs aber betrifft Art. 27 Fälle, die in Art. 17—26 überhaupt nicht geregelt sind.

II. Wohl aber ergibt die Erfahrung eine Ergänzung des vorliegenden Titels durch selbständige Ausweichregeln von grundsätzlicher Bedeutung.

a) Daß alle in Bewegung befindlichen Fahrzeuge einem stilliegenden ausweichen müssen (vgl. 85ff.), also einem ankernden, vertäuten, am Grund festsitzenden, anlegenden (RG. WarnRspr. 1912 Nr. 407), schwoienden, seiner Natur nach bewegungsfähigen (z. B. einem treibenden, unbemannten Ponton usw.). Doch wird ein treibendes Schiff die Ausweichmanöver des andern unterstützen müssen (HansOLG. Hbl. 1906 Nr. 23). Sebba, Jahrb. für Verkehrsw. 1914, 434ff.; RG. Recht 1912 Nr. 2876; Hbl. 1904 Nr. 88, 102. Vorausgesetzt wird jedoch, daß das stilliegende Schiff als solches kenntlich war (RG. Hbl. 1904 Nr. 88, 102; JW. 1900, 446 Nr. 21; 1909, 79 Nr. 16). Über Ausweichpflicht der Zollkreuzer vgl. OSA. 24, 14.

b) Daß das normal bewegliche Fahrzeug dem manövrierunfähigen oder beschränkt manövrierfähigen auszuweichen hat, z. B. auch ein Dampfer einer Schute (Brandis 2, 119). Vgl. Art. 4d. — Hinsichtlich der fischenden Fahrzeuge ist nur ein Einzelfall gesetzlich geregelt (Art. 26). Fischdampfer haben kein besonderes Wegerecht (vgl. OSA. 11, 45; 18 S. 534, 695). Ein Schleppzug ist grundsätzlich ebenso ausweichpflichtig, wie einzelfahrende Schiffe (OSA. 19, 110; vgl. jedoch zu c). —

c) Daß das besser manövrierende Schiff bei seinen Manövern die beeinträchtigte Manövrierfähigkeit des andern zu berücksichtigen hat, selbst wenn an der Ausweichpflicht als solcher nichts geändert wird (RG. Hbl. 1912 Nr. 73 = LZ. 1912, 767; OSA. 19, 150). Auch dann gilt Art. 29 (vgl. HansOLG. Hbl. 1905 Nr. 57; fischende Segelfahrzeuge).

d) über den Grundsatz, daß für die Rolle des Schiffes im Sinne der Ausweichvorschriften stets die ursprüngliche Situation (beim Sichten) maßgebend bleibt, vgl. Note 6 zu Art. 19; Note 8 zu Art. 24.

e) Die Ausweichmanöver selbst müssen rechtzeitig (vgl. HansOLG. Hansa 1912, 931; OSA. Hansa 1915, 332; OSA. 20 S. 186, 597; SchG. vom 30. April 1919, Fall „Anneliese" — „Eva"), d. h. weder zu früh, noch zu spät (Schaps § 735 Anm. 23 a. E.) und ausgiebig vorgenommen werden (vgl. z. B. SA. Hamburg Hansa 1909, 515; OSA. 19, 427; 20, 623). Der Schiffer muß auf Schaffung räumlicher und zeitlicher Reserven bedacht sein. Er darf den Kurshalter nicht im ungewissen über seine Absichten halten (SchG. a. a. O.). Vgl. auch RG. HansRGZ. 1931 B 3.

III. Örtliche Verordnungen (s. Art. 30) enthalten vielfach Abänderungen und Spezialisierungen der Ausweichvorschriften. (Vgl. dazu RG. 72 S. 347).

[2]) Gefahr des Zusammenstoßes, d. h. naheliegende Möglichkeit eines nicht beabsichtigten Zusammengeratens der Schiffe. Eine solche Gefahr liegt nicht vor, und ein Abweichen von den Ausweichregeln ist zulässig (RG. 76, 87):

a) bei gewollter Annäherung zweier Schiffe zu einem bestimmten Zweck, z. B. Aufnahme eines Lotsen (Hansa 1912, 407; HansOLG. Hbl. 1894 Nr. 2; 1899 Nr. 38; OSA. 6, 16; 10 S. 38 u. 424; 20, 56; RG. bei Bolze 13 Nr. 231; HansRZ. 1925 S. 626. Zoll- oder Polizeibeamten, Fischereiaufsehers usw.; Hilfeleistung in Seenot (RG. 42, 69; Brandis 2, 119; OSA. 20, 56)); übernahme von Kohlen, Waren (Leichtern), Post oder Personen; überwerfen einer Fangleine (Herstellung der Schleppverbindung): HansOLG. Hbl. 1907 Nr. 49; Längsseitnehmen eines zu schleppenden Fahrzeugs; Beistandleistung oder Verständigung gemäß §§ 1 u. 2 der Verordnung über das Verhalten der Schiffer nach einem Zusammenstoß vom 15. Aug. 1876. Will nur das eine der Schiffe an das andere heran, während dieses sich dem Zusammenkommen entziehen will (Kaperei, Prisenfang, Versuch, sich der Zollkontrolle zu entziehen usw.), so kann lediglich Art. 29 zur Anwendung gelangen. Fahren mehrere Schiffe auf das gleiche Ziel (z. B. ein Feuerschiff) zu, so gilt Titel V nicht (HansOLG. Hbl. 1907 Nr. 49;

b) wenn die Möglichkeit der Kollision so gering ist, daß von einer Gefahr nicht gesprochen werden kann, oder eine Kollision gar ausgeschlossen ist. Die Ausweichvorschriften gelten hiernach nicht für die Vermeidung der Fernschädigung nach § 738 HGB. — Keine Kollisionsgefahr z. B.: Die Kurse führen von vornherein klar voneinander, und zwar in solcher Entfernung, daß auch unvorhergesehene Umstände die Sicherheit der Schiffe nicht beeinträchtigen können; oder zwei Schiffe fahren in weitem Abstande hintereinander. Soweit hiernach ein Ausweichen gar nicht in Frage kommt, sind die Schiffe an keine Vorschrift dieses Titels gebunden (RG. 76, 85; Hbl. 1911 Nr. 70; brauchen auch ihre Rudermanöver nicht zu signalisieren (Art. 28; SchG. Hansa 1915, 374; HansOLG. Hbl. 1904 Nr. 130);

c) wenn zwei oder mehr Schiffe in einem solchen Verhältnis zueinander stehen, daß die Selbständigkeit der Navigation und die Möglichkeit eines Ausweichens nur in beschränktem Maße gegeben sind, z. B. bei einem Schleppzug. Hier gilt lediglich Art. 29. Dagegen ist Titel V anwendbar bei Vorliegen einer nur gedachten Verbindung, z. B. Formationsfahren von Kriegsschiffen, Fahren im Konvoi usw. (vgl. Einl. Note 2);

d) wo von vornherein eine regelrechte Befolgung der Ausweichvorschriften ausgeschlossen ist (An- und Ablegen an Bollwerk oder Landungsbrücke, OSA. 20, 56). Hier gilt Art. 29.

[3]) Die Ausweichregeln des Titels V finden nur Anwendung, wenn eine Kollisionsgefahr vorliegt. Es hat sich daher der Grundsatz herausgebildet, daß die Art. 17–27 so lange nicht anwendbar sind, als sich ein Schiff nicht in Sicht des andern befindet (vor allem infolge Nebels usw. — Art. 15 —, aber auch z. B. wenn das Schiff durch einen Berg in der inneren Stromkurve, durch Speicher, Docks usw. verdeckt ist). Vgl. HansOLG. und RG. Hbl. 1887 Nr. 20, 126; RG. 23, 72; HansOLG. Hbl. 1890 Nr. 100; 1895 Nr. 24; OSA. 10 S. 331 u. 650; 13, 609; 14, 275; 17, 712; 18 S. 168, 506; 20 S. 56, 239, 511.

Dasselbe gilt, wenn die Situation aus sonstigen Gründen ungeklärt ist (RG. 69, 432), insbesondere die Lage des Gegners nicht auszumachen ist (z. B. weil nur das Topplicht sichtbar wird; OSA. 19 S. 167, 551; 20, 520. Soweit trotzdem Rudermanöver gemacht werden, gelten sie nicht als Ausweichmanöver, sind daher nicht nach Art. 28 zu signalisieren (SA. Hamburg Hansa 1913, 371). Die seemännische Praxis sieht es mit Recht als schweren Fehler an, im Nebel Ausweichmanöver zu machen, bevor man des Gegners ansichtig ist (HansOLG. Hbl. 1890 Nr. 100; 1895 Nr. 24; OSA. 10 S. 331, 650; 13, 609; 14, 275; 17, 712; 18, 432). Bei unsichtigem Wetter gelten Art. 21 Anm. 27 u. 29 (OSA. Hansa 1908, 931). Der Grundsatz gilt vor allem dann, wenn die von einem Schiff geführten oder gezeigten Lichter kein klares Bild seiner nautischen Situation ergeben, sei es, daß nicht ersichtlich ist, welcher Kategorie von Schiffen im Sinne der SStrO. das Schiff angehört (RG. Hbl. 1906 Nr. 118; vgl. Art. 20 Note 2), sei es, daß der Kurs infolge Lichterwechsels (vor allem infolge Gierens) nicht klar oder das Auftauchen weiterer Lichter zu erwarten ist (infolge der verschiedenen Sichtweite der Lichter nach Art. 2 der SStrO.: OSA. Hansa 1911, 272; vgl. HansOLG. Hansa 1918, 262); sei es, daß infolge der Flußkrümmung die Bestimmung des Kurses eines Gegenfahrers nach den Lichtern Schwierigkeiten bereitet (OSA. 20, 42). Über den Fall, daß sich zwei Schiffe nicht gleichzeitig sichten, vgl. SA. Hamburg Hansa 1910, 443. Zulässig ist jedoch die Vornahme von Rudermanövern zum Zweck der Klärung der Sachlage (SA. Bremerhaven Hansa 1909, 1089; kurzes Abwarten ist statthaft). Werden bei ungeklärter Situation Ausweichmanöver vorgenommen, so müssen sie so berechnet werden, daß auch im Falle einer irrtümlichen Beurteilung die Kollision vermieden wird (SA. Hamburg Hansa 1908, 328).

Art. 17. Sobald zwei Segelfahrzeuge[1]) sich so nähern, daß die Annäherung Gefahr des Zusammenstoßens mit sich bringt[2]), muß das eine dem anderen, wie nachstehend angegeben, aus dem Wege gehen[3]):

a)[4]) Ein Fahrzeug mit raumem Winde muß einem beim Winde[5]) segelnden Fahrzeuge aus dem Wege gehen.

b) Ein Fahrzeug, welches mit Backbord-Halsen beim Winde segelt, muß einem Fahrzeuge, welches mit Steuerbord-Halsen beim Winde segelt, aus dem Wege gehen[6]).

c) Haben beide Fahrzeuge raumen Wind von verschiedenen Seiten, so muß dasjenige, welches den Wind von Backbord hat, dem anderen aus dem Wege gehen[7]).

d) Haben beide Fahrzeuge raumen Wind von derselben Seite, so muß das luvwärts befindliche Fahrzeug dem leewärts befindlichen aus dem Wege gehen.

e) Ein Fahrzeug, welches vor dem Winde segelt, muß dem anderen Fahrzeug aus dem Wege gehen.

[1]) Eine Ausnahme von Art. 17 enthält Art. 26, welcher dem fischenden Segelfahrzeug das Wegerecht gegenüber andern Seglern einräumt. Im übrigen aber macht es keinen Unterschied, welcher Art und Größe die sich begegnenden Segler sind. Zwischen mehreren fischenden Segelfahrzeugen gilt theoretisch zwar Art. 17, jedoch wird wegen der behinderten Manövrierfähigkeit derselben gewöhnlich Art. 27 oder 29 gelten müssen (vgl. HansOLG. Hbl. 1905 Nr. 57).

[2]) Also nicht erst beim Eintritt einer konkreten Gefahr.

[3]) Und die dazu erforderlichen Segel setzen (OSA. 2 Nr. 114); es muß vermeiden, den Bug des Gegenseglers zu kreuzen (Art. 22; OSA. 5 Nr. 42 und 7 Nr. 59).

[4]) Vgl. zu a—e die Noten 13 u. 14 zu Art. 15; ferner OSA. 19, 522.

[5]) Beim Winde liegt ein Schiff, wenn der Wind mindestens 2 Strich vorderlicher als dwars einkommt. Liegt ein Segler abwechselnd über Backbordbug und über Steuerbordbug beim Winde, so „kreuzt“ er. Hart oder dicht am Wind liegt er, wenn der Wind weniger als 4 Strich (zur Kiellinie) von vorn einkommt (vgl. HG. und OG. Hamburg Hbl. 1877 Nr. 44; HansOLG. Hbl. 1880 Nr. 87).

[6]) Für Schiffe, die über denselben Halsen segeln, fehlt es an einer Vorschrift (vgl. Fuhrmann 186). Hier gilt Art. 29.

[7]) Vgl. dazu OSA. 20, 528.

Art. 18. Sobald zwei Dampffahrzeuge sich in gerade entgegengesetzter[1]) oder beinahe gerade entgegengesetzter Richtung[2]) so nähern, daß die Annäherung Gefahr des Zusammenstoßens mit sich bringt[3]), muß jedes seinen Kurs nach Steuerbord ändern[4]), damit sie einander an Backbordseite passieren.

Diese Vorschrift findet nicht Anwendung[5]), wenn zwei Dampffahrzeuge, sofern sie beide ihren Kurs beibehalten[6]), frei voneinander passieren müssen[7]).

Sie findet daher nur dann Anwendung, wenn bei Tage jedes der Fahrzeuge die Masten des anderen mit den seinigen ganz oder nahezu in einer Linie sieht und wenn bei Nacht jedes der Fahrzeuge in solcher Stellung sich befindet, daß beide Seitenlichter des anderen zu sehen sind.

Sie findet keine Anwendung, wenn bei Tage das eine Fahrzeug sieht, daß sein Kurs vor dem Buge durch das andere Fahrzeug gekreuzt wird[8]), oder wenn bei Nacht das rote Licht des einen Fahrzeugs dem roten des anderen, oder das grüne Licht des einen Fahrzeugs dem grünen des anderen Fahrzeugs gegenübersteht, oder wenn ein rotes Licht ohne ein grünes, oder ein grünes Licht ohne ein rotes voraus in Sicht ist, oder wenn beide farbige Seitenlichter gleichzeitig aber anderswo als voraus in Sicht sind[9]).

[1]) Dampfer auf gleichen Kursen in entgegengesetzter Richtung, d. h. Steven auf Steven oder parallel in solcher Nähe der Kurse, daß Art. 18 Abs. 2 nicht zutrifft. Art. 18 gilt auch für Fischdampfer, da ihnen kein Wegerecht andern Schiffen gegenüber zusteht (vgl. Art. 26). — Ein geschlepptes Schiff gilt stets als Dampfer (OSA. 1, 186; 5, 507; 7, 736; HansOLG. Hbl. 1895 Nr. 48; RGSt. 27 Nr. 15). — Abs. 2 und 4 erfordern sinngemäße Anwendung des Art. 25. RG. HansRGZ. 1929 B 51 = JW. 1929, 928.

[2]) Z. B. noch unter einem Winkel von 3/4—1 Strich (RG.

Hansa 1911, 568; OSeeA. 20, 501). Bei einem Winkel von 2 Strich greift bereits Art. 19 ein (SA. Hamburg Hbl. 1910 Nr. 124. Bei Nacht muß (mit Rücksicht auf das Überscheinen der Seitenlichter) im Zweifel nach Art. 18 ausgewichen werden (vgl. auch OSA. 19 S. 97, 406).

3) Hier ist die Gefahr der Kollision nur bei sehr großer Entfernung ausgeschlossen. Doch kann z. B. eine Krümmung des Fahrwassers vorübergehend zu der Situation des Art. 18 führen, ohne daß Kollisionsgefahr vorliegt.

4) Daneben gilt jedoch Art. 25, d. h. das Schiff muß den Windungen des Fahrwassers folgen. Eine Kollision Steven auf Steven kann daher auch drohen, ohne daß die Voraussetzungen des Art. 18 vorliegen, wenn die Schiffe sich in derselben Fahrwasserhälfte befinden. In diesem Falle hat das eine Schiff sofort die ihm zustehende Fahrwasserseite aufzusuchen, wodurch sich dann das Ausweichen nach Art. 18 erübrigt (vgl. RG. Hbl. 1903 Nr. 58; LZ. 1911, 616).

5) Etwaige Kursänderungen sind dann nicht als Ausweichmanöver zu betrachten und brauchen daher nicht nach Art. 28 signalisiert zu werden (HansOLG. Hbl. 1904 Nr. 130).

6) Hierfür ist auch Art. 25 (im engen Fahrwasser) maßgebend (RG. JW. 1898, 229; RG. Hbl. 1903 Nr. 58; vgl. auch zu Art. 25). — Nicht die Ruderlage, sondern die Fahrtrichtung ist entscheidend. Es darf also zunächst stets unterstellt werden, daß der Gegner in gerader Richtung weiterfährt. Befindet er sich jedoch in einer Drehung, so richtet sich das Verhalten nach Art. 29 (vgl. dazu auch Art. 21 Note 3).

7) Nicht mathematisch, sondern nautisch frei, d. h. unter Berücksichtigung von Sogwirkung, Strömung, Winddruck und aller sonstigen Umstände, die trotz freier Kurse zu einer Kollision führen können.

8) Es sei denn, daß der Kreuzungswinkel ganz gering ist (vgl. Note 1). — Fahren zwei Schiffe zunächst entgegengesetzt und muß eins von ihnen einem dritten Schiff ausweichen, so daß die Kurse nunmehr kreuzende sind, so tritt Art. 19, evtl. Art. 20 in Kraft (vgl. OSA. 19, 340).

9) Es sind dies die Fälle, in denen Art. 19 zur Anwendung gelangt, welcher seinerseits wiederum Art. 21 (Kurshaltepflicht) nach sich zieht.

Art. 19. Sobald die Kurse[1]) zweier Dampffahrzeuge sich so kreuzen[2])[3]), daß die Beibehaltung derselben Gefahr des Zusammenstoßens mit sich bringt[4]), muß dasjenige Dampffahrzeug aus dem Wege gehen[5]), welches das andere an seiner Steuerbordseite hat[6]).

[1]) Maßgebend ist der Kurs zur Zeit des Eintritts der Ausweichpflicht (HansOLG. Hbl. 1908 Nr. 21; vgl. auch OSA. 19, 759; 20, 470: Rollenänderung unmittelbar vor Beginn der Ausweichpflicht).

[2]) Art. 19 setzt die Erkennbarkeit der Kurse (d. h. der Richtung, in der sich ein Schiff tatsächlich bewegt) voraus (vgl. dazu Art. 21 Note 3; RG. LZ. 1908, 543; HansOLG. Hbl. 1908 Nr. 21). Über die Geltung des Art. 19 für den Fall, daß mehrere Schiffe auf ein gemeinsames Ziel zufahren (Lotsenboot) vgl. Note 2a zu Titel V. — Bei unsichtigem Wetter gelten statt Art. 19 die Art. 21, 27 u. 29 (OSA. Hansa 1908, 931).

[3]) Nicht zu den kreuzenden Kursen im Sinne des Art. 19 gehören solche Kurse, die unter Art. 18 fallen, also 1. Kurs Steven auf Steven, 2. parallele Kurse, 3. Kurse, die sich unter einem sehr kleinen Winkel schneiden, so daß sie „beinahe gerade entgegengesetzt" sind. Ist eins der Schiffe oder sind gar beide in einer Drehung begriffen, so sind vielfach die Kurse bald kreuzend, bald nichtkreuzend (Art. 18), die Ausweichpflicht ist für keines der Schiffe feststellbar und beide müssen nunmehr nach Art. 27, 29 handeln, wobei natürlich ein erkennbarer Drehungsverlauf (vgl. Art. 21 Note 3) zu berücksichtigen ist. Sebba, Ausweichen und Kurshalten: HansRZ. 1921, 481; HansRGZ. 1929 B 260. — Steht fest, daß die Kurse sich kreuzen, so scheiden die Vorschriften des Art. 24 (Überholen) für diese Kollisionsgefahr völlig aus, selbst wenn sich die Lage der Schiffe zueinander später ändert (Budde Note 2 zu Art. 24; vgl. auch unten Note 8 zu Art. 24).

[4]) Hierbei ist aber auch die Geschwindigkeit des Gegners und eine zu erwartende Änderung derselben (z. B. voraussichtliches Stoppen) zu berücksichtigen (Hansa 1908, 405).

[5]) Art. 19 in Verbindung mit Art. 22 ergibt, daß das ausweichpflichtige Schiff unter normalen Umständen nicht nach Backbord ausweichen darf, HansOLG. Hbl. 1906 Nr. 107; RG. Hbl. 1907 Nr. 91 (die Nichtbefolgung des Art. 19 führt nicht zu einem Rollenwechsel: HansOLG. Hbl. 1895 Nr. 86). Vorbehaltlich ungewöhnlicher Situationen und lokaler Verordnungen gilt dies auch in engen Revieren (HansOLG. Hbl. 1908 Nr. 120; 1906 Nr. 92; 1909 Nr. 114, 118: 1910 Nr. 1). Hier ist jedoch

bei Krümmungen des Flußlaufs oder Hafenabzweigungen je nach dem Kurse und der beiderseits beabsichtigten Fahrtrichtung zu prüfen, ob wirklich sich kreuzende Kurse vorliegen (vgl. SA. Hamburg Hansa 1912, 117). — Befindet sich das eine der Schiffe noch im Geltungsbereich einer lokalen Verordnung, das andere dagegen nicht, so gilt Art. 19 für beide Schiffe (OSA. 16, 561).

[6]) Art. 19 gilt auch für ein treibendes Schiff. Es hat zum mindesten das ausweichpflichtige Schiff bei dessen Manövern durch eigene Maßnahmen zu unterstützen (HansOLG. Hbl. 1906 Nr. 23); ebenso gilt die Vorschrift für Schleppzüge und Fischdampfer.

Art. 20[1]). Sobald ein Dampffahrzeug und ein Segelfahrzeug[2]) in solchen Richtungen fahren, daß die Beibehaltung derselben Gefahr des Zusammenstoßens mit sich bringt, muß das Dampffahrzeug[3]) dem Segelfahrzeug aus dem Wege gehen[4])[5]).

[1]) Art. 20 gilt auch beim Überholen (RG. 76, 85; JW. 1912, 693 Nr. 20; HansOLG. Hansa 1912, 1053; RG. ibid. 1912 Nr. 102). Für den Fall, daß ein Segler einen Dampfer überholt, entsteht infolgedessen ein Widerspruch zwischen Art. 20 u. 24, der zugunsten des Art. 24 zu lösen ist (vgl. RG. Hbl. 1911 Nr. 70. Der Dampfer ist daher zum Kurshalten verpflichtet. Vgl. ferner OSA. 24, 500 u. 609.

[2]) Solange der Dampfer (wegen Nebels usw.) nicht erkennen kann, ob er einen Dampfer oder einen Segler vor sich hat (vgl. RG. Hbl. 1906 Nr. 118), sind Ausweichmanöver nur gemäß Art. 27 u. 29 zu beurteilen. — Auch segelnde Schuten gehören hierher (HansOLG. Hbl. 1895 Nr. 48); einem stilliegenden Segler muß bereits nach allgemeinen Grundsätzen (Titel V Note 1a) ausgewichen werden, während ein stilliegender Dampfer sich in Fahrt zu setzen hat, um seiner Ausweichepflicht nach Art. 20 nachzukommen.

[3]) Auch wenn es sich um einen Fischdampfer mit Grundschleppnetz handelt (HansOLG. Hbl. 1895 Nr. 1; anders die englische Praxis).

[4]) Die Manöver sind dem Ermessen des Dampferführers anheimgestellt. — Beispiele aus der Praxis: ROHG. 5 Nr. 32; 18 Nr. 80; 23 Nr. 65; 24 Nr. 26; RG. 10, 11; RG. Hbl. 1881 Nr. 94; 1902 Nr. 94 und die in den andern

Noten zu Art. 20 zitierten Entsch. Die Vorschrift des Art. 22 gilt auch für Art. 20.

[5]) Eine Umkehrung der Ausweichpflicht des Art. 20 zuweilen in örtlichen Verordnungen (vgl. hierzu RG. 72, 347).

Art. 21. In allen Fällen[1]), wo nach diesen Vorschriften[2]) eins von zwei Fahrzeugen dem anderen aus dem Wege zu gehen hat[3]), muß das letztere seinen Kurs[4]) und seine Geschwindigkeit[5]) beibehalten.

Anmerkung. Wenn jedoch infolge von dickem Wetter oder aus anderen Ursachen[6]) zwei Fahrzeuge einander so nahe gekommen sind, daß ein Zusammenstoß durch Manöver des zum Ausweichen verpflichteten Fahrzeugs allein nicht vermieden werden kann[7]), so soll auch das andere Fahrzeug so manövrieren, wie es zur Abwendung eines Zusammenstoßens am dienlichsten ist[8]) (vergleiche Artikel 27 und 29).

[1]) Ausnahmen und Abweichungen können sich aus Art. 27 u. 29 sowie aus der Anm. zu Art. 21 ergeben (HansOLG. Hbl. 1909 Nr. 26; 1910 Nr. 1); z. B. ist geringes Ruderlegen zwecks Klärung der Situation zulässig (RG. 1907 Nr. 91). Es handelt sich hier nicht um Ausweichmanöver (also kein Rudersignal!).

[2]) Art. 21 ist analog anwendbar, wenn die Weichepflicht des einen Schiffes nicht auf den Vorschriften der SStrO., sondern auf lokaler Verordnung beruht. Vgl. OSA. 17, 222.

[3]) Dazu gehören auch die Manöver des Art. 23 (Fahrtminderung, Stoppen und Rückwärtsgehen), welche die Pflicht zum Ausweichen voraussetzen, ferner das Überholen (Art. 24): HansOLG. Hbl. 1912 Nr. 105; OSA. 20, 456. Zu „diesen Vorschriften" im Sinne des Art. 21 gehören die Art. 17—23, nicht nur die vorhergehenden Art. 17—20, RG. 76, 85. — Art. 21 greift auch dann ein, wenn die Ausweichpflicht durch örtliche Verordnung umgekehrt wird (vgl. OSA. 19, 666).

[4]) Kurs ist diejenige Fahrtrichtung, welche ein Schiff in einem bestimmten Zeitpunkt tatsächlich hat (HansOLG. Hbl. 1908 Nr. 21; 1911 Nr. 69). Unerheblich ist hierbei das Reiseziel oder eine etwa nur beabsichtigte Änderung der Fahrtrichtung (RG. LZ. 1908, 543; HansOLG. Hbl. 1892 Nr. 107); ebenso kommt es für Art. 21 nicht darauf an, welcher Kurs vorgeschrieben ist (z. B. durch lokale Verordnungen): HansOLG. Hbl. 1908 Nr. 21. — Befindet sich das Schiff in einer Drehung, so kann von einem eigentlichen Kurse nicht gespro-

chen werden (RG. WarnRspr. 1908 Nr. 535; LZ. 1908, 543; HansOLG. Hbl. 1909 Nr. 118: Wendung im Hafen). Oft ist es jedem Gegenfahrer erkennbar, welchen Zweck die Drehung verfolgt und wie lange sie daher fortgesetzt werden wird) gewundene Fahrrinne, Umfahren eines Wracks, Einbiegen in Seitenhäfen usw.). Ein Kurs im Sinne der SStrO. kann demnach nur da als nicht vorhanden gelten, wo die nautische Situation keine hinreichend bestimmten Rückschlüsse auf den weiteren Verlauf der Schiffsbewegung gestattet (Drehung auf hoher See; Wendung im Hafen, wenn mehrere Nebenhäfen oder Anlegestellen als Ziel in Frage kommen). Ob und wie lange ein Schiff die Drehung beibehalten darf, richtet sich nach Art. 27 u. 29. Vgl. auch Anm. zu Art 19. — Über Auslaufen aus einer Hafenmündung vgl. HansOLG. Hbl. 1910 Nr. 1. Hier werden Warnungssignale unentbehrlich (vgl. Brandis 2, 120). Durch den voraussichtlichen Weg wird der Kurs jedoch im Falle des Art. 25 bestimmt (gewundenes Fahrwasser; HansOLG. Hbl. 1908 Nr. 21), und in Häfen, wo Art. 21 in der Regel nur sinngemäß anwendbar ist (HansOLG. Hbl. 1908 Nr. 21; SA. Hamburg Hansa 1908, 605). Beginn der Kurshaltepflicht: (RG. 10 Nr. 3; Brandis 2, 120) mit dem Erkennen der Ausweichpflicht des andern Schiffes; sie endet zugleich mit der Kollisionsgefahr (HansOLG. Hbl. 1910 Nr. 1; OSA. 18, 369). — Ein Kurshaltesignal existiert nicht (OSA. 17, 323). Ein Verstoß gegen Art. 21 liegt z. B. vor, wenn das überholte Schiff ohne vorhergehende Verständigung eine Wendung macht und dem überholenden vor den Bug läuft (RG. 76, 85). Im engen oder gewundenen Fahrwasser, für welches Art. 21 auch gilt (HansOLG. Hbl. 1909 Nr. 114 u. 118), bedeutet Kurshalten: die dem Schiff nach Art. 25 zukommende Fahrwasserseite halten (RG. Hansa 1909, 644; RG. 117, 172). Auch beim Vorbeifahren an Hafeneinmündungen gilt Art. 21 (HansOLG. Hbl. 1910 Nr. 1). Bei einem kreuzenden Segler bedeutet Kurshalten: Den Schlag aussegeln, solange es der Tiefgang gestattet (HansOLG. Hbl. 1912 Nr. 105; HansRZ. 1925, 694). Gieren unter geringer Kursänderung bei schralendem Wind ist kein Verstoß gegen Art. 21 (vgl. SA. Hamburg Hansa 1909, 515). Will ein Segler jedoch einem Dampfer, trotzdem dieser ausweichpflichtig ist, die Fahrstraße freilassen, so muß er damit rechtzeitig beginnen und darf nicht den Eindruck erwecken, als wolle er Kurs halten (OSA. 16, 210).

[5]) Ermäßigung oder Steigerung der Geschwindigkeit ist unzulässig. Von der Pflicht zur Beibehaltung der Geschwindigkeit wird man jedoch Ausnahmen zulassen, die sich aus der Natur der Sache ergeben. (HansRGZ. 1930 B 412 u. 611). Z. B. darf ein überholtes Schiff die Geschwindigkeit mäßigen, um das andere schneller vorüber zu lassen. (Sogwirkung; Ausweichmanöver gegenüber einem dritten Fahrzeug.) Vgl. hierzu RG. Hbl. 1911 Nr. 70; OSA. 16 286/287. Ebenso darf das Schiff langsam fahren, wenn es sich seinem Ziel nähert oder einen Lotsen übernehmen will (Hansa 1908, 405; 1909, 317) und diese Umstände dem Gegner erkennbar sind (OSA. 16, 657).

[6]) Welcher Art diese sind, ist unerheblich. Auch das Verschulden der Schiffsführung des einen oder andern Schiffes gehört hierher (HansOLG. Hbl. 1900 Nr. 43: Unaufmerksamkeit und mangelnde Urteilsfähigkeit des gegnerischen Schiffsführers). Vgl. auch OSA. 19 S. 214, 522.

[7]) Nicht ohne zwingenden Grund. RG. JW. 1929, 928. Es muß eine unmittelbare Kollisionsgefahr entstanden sein, z. B. dadurch, daß die vorübergehend parallel gewordenen Kurse im letzten Augenblick wieder zu kreuzenden Kursen werden (OSA. 16, 562), nicht aber, solange der Gegner noch durch Ausweichen die Kollision verhüten kann. Er darf hierin nicht gestört werden (RG. Hansa 1908, 913; OSA. 20, 520). Der Kurshalter braucht nicht auf die Ausführung des gegnerischen Manövers zu warten, bis der Zusammenstoß unvermeidlich wird (ROHG. 5 Nr. 32; HansOLG. Hbl. 1879 Nr. 121; 1902, 113 Nr. 45; RG. Hbl. 1881 Nr. 94 und RG. 21, 120). Rücksichtsloses Durchführen des Kurshaltens (HansOLG. Hbl. 1909 Nr. 26; RG. Recht 1908 Nr. 889; OSA. 19, 779) ist unter Umständen ebenso schuldhaft, wie ein zu frühes Aufgeben des Kurses (RG. Hbl. 1909 Nr. 95; OSA. Hansa 1910, 643; OSA. 20, 354). Andererseits kann ihm auch ein Verpassen des richtigen Moments, in welchem es durch Aufgeben des Kurshaltens die Kollision vermieden hätte, nicht ohne weiteres zum Verschulden gerechnet werden (HansOLG. Hbl. 1900 Nr. 43; OSA. 20, 238). Doch ist dies Tatfrage (vgl. RG. Hbl. 1912 Nr. 73 = LZ. 1912, 767) und davon abhängig, ob die Situation frühzeitig zu übersehen und Zeit zur Überlegung vorhanden war (HansOLG. Hbl. 1910, 129). Eine angemessene Zeit zum Überlegen und Abwarten muß ihm bewilligt werden (RG. Hansa 1908, 913); denn er darf erwarten, daß der Gegner die Vorschriften der

SStrO. beachtet (RG. DJZ. Spruchs. Nr. 18 S. 62; HansOLG. Hansa 1912, 931; OSA. 18, 320; 20 S. 624, 633). Keine Pflicht, sich fehlerhaften Manövern des Ausweichpflichtigen anzupassen. RG. Hansa 1927, 1250.

[8]) Der Ausweichpflichtige bleibt zur Vornahme aller nach Art. 27 u. 29 gebotenen Maßnahmen verpflichtet. Der bisherige Kurshalter hat nunmehr in bezug auf Ruder- und Maschinenmanöver völlig freie Hand. Er muß vor allem versuchen, weniger voll getroffen zu werden oder zu treffen (OSA. Hansa 1913, 597; RG. Hbl. 1911 Nr. 70; OSA. 19, 522). Unter Umständen aber kann er auch noch weiterhin Kurs halten, z. B. wenn er fürchten muß, einem letzten Ausweichmanöver des Gegners entgegenzuwirken (OSA. 16, 607).

Art. 22. Jedes Fahrzeug, welches nach diesen Vorschriften[1]) einem anderen aus dem Wege zu gehen hat, muß, wenn die Umstände es gestatten[2]), vermeiden, den Bug des anderen zu kreuzen[3]).

[1]) D. h. nach Art. 17—23 (RG. 76, 185). Danach muß auch das überholende Schiff es vermeiden, nach erfolgter Überholung am Bug des überholten Schiffes vorbeizukommen. Zum mindesten aber muß hierbei der erhebliche Fahrtverlust durch Ruderlegen gemäß Art. 29 berücksichtigt werden (vgl. OSA. 16, 794). Art. 22 ist anwendbar, wo die Vorschriften über Ausweichen an sich nicht Platz greifen (vgl. OSA. 20, 56 und V Note 2).

[2]) Richtiger wäre: „wenn nicht die Umstände es verbieten", d. h. wenn dies mit Sicherheit geschehen kann (z. B. infolge der Fahrwasserverhältnisse; HansOLG. Hbl. 1915 Nr. 7; OSA. 16, 605). Vgl. RG. JW. 1929, 928.

[3]) Der Versuch, vor dem andern Schiff vorbeizukommen, ist kein Ausweichen, sondern in den meisten Fällen die Herbeiführung einer dringenden Kollisionsgefahr (vgl. RG. Hbl. 1907 Nr. 91; HansGZ. 1925, 194; SA. Hamburg Hansa 1911, 313). Dies gilt vor allem auch beim Durchbrechen einer geschlossenen Schiffsformation: RG. 21 Nr. 23. — In Verbindung mit Art. 19 ergibt sich aus Art. 22, daß dem Dampfer, der gegenüber einem andern Dampfer ausweichpflichtig ist, ein Rudermanöver nach Backbord nicht gestattet ist, falls nicht Art. 27 u. 29 eingreifen (vgl. RG. a. a. O). Einem über Backbord gesichteten Segler muß der Dampfer mit Backbordruder ausweichen (OSA.

20 S. 185, 684). — Art. 22 gilt auch für enge Reviere, insbesondere beim Vorbeifahren an Hafenmündungen (HansOLG. Hbl. 1910 Nr. 1). Er gilt nicht bei unsichtigem Wetter, da hier nur nach Art. 21, Anm. 27 u. 29 zu verfahren ist (OSA. Hansa 1908, 931). — Art. 22 ist zwar nicht unbedingt zwingend (vgl. OSA. 16, 606). Doch geht die Abweichung im allgemeinen auf Gefahr des Ausweichpflichtigen (vgl. RG. Recht 1915 Nr. 161).

Art. 23. Jedes Dampffahrzeug[1]), welches nach diesen Vorschriften[2]) einem anderen Fahrzeug aus dem Wege zu gehen hat[3]), muß bei der Annäherung, wenn nötig[4]), seine Fahrt mindern oder stoppen oder rückwärts gehen[5])[6]).

[1]) Das gilt auch für Schleppzüge, trotzdem sie in der Manövrierfähigkeit beschränkt sind (RG. 19, 14), insbesondere beim Stoppen und Rückwärtsgehen Gefahr laufen, von ihrem Anhang angerannt zu werden (RG. Hansa 1910, 800). Die Pflicht zur Ermäßigung der Geschwindigkeit kann sich auch für den Segler aus Art. 29 ergeben (Backbrassen, Beidrehen).

[2]) Vgl. Note 2 zu Art. 21.

[3]) Darin liegt bereits, daß die Gefahr eines Zusammenstoßes vorliegen muß. — Bevor die Ausweichpflicht feststeht, kommt ein Handeln nach Art. 23 nicht in Betracht, wenn es nicht etwa schon vorher nach Art. 27 u. 29 geboten war. — Für den Kurshalter erst dann, wenn der Gegner die Kollision auch durch Befolgung des Art. 23 nicht mehr allein abwenden kann.

[4]) D. h. wenn die nautische Vorsicht es gebietet (RG. 76, 85; OSA. 18 S. 87, 138, 305, 774; 19, 98: Wahl zwischen „volle Kraft vorwärts" und „volle Kraft rückwärts"). — Abweichung nach Art. 27 u. 29 zulässig (vgl. auch OSA. 16, 392; 19 S. 28, 576; 20, 504).

[5]) Die Vorschrift gilt auch für Art 24 (überholen). RG. Hbl. 1911 Nr. 70. Sie gilt nicht bei unsichtigem Wetter (OSA. Hansa 1908, 931).

[6]) Zwischen Fahrtminderung, Stoppen und Rückwärtsgehen hat der Schiffer die Wahl. Zu beachten ist die verminderte Drehfähigkeit des Schiffes bei Rückwärtsgang sowie die Wirkung des Ruders bei vorwärtsgehendem Schiff und rückwärtsarbeitender Schraube (Hbl. 1895 Nr. 29; 1896 Nr. 80; OSA. 18, 318/319). Ist die Situation (z. B. infolge ständigen Lichtewechsels des Gegenfahrers) unklar, so ist Rückwärtsfahrt geboten. RG. Hans RGZ. 1931 B 3.

Art. 24. Ohne Rücksicht auf irgendeine dieser Vorschriften[1]) muß jedes Fahrzeug[2]) beim Überholen[3]) eines anderen dem letzteren[4]) aus dem Wege gehen[5]).

Als überholendes Fahrzeug gilt jedes Fahrzeug, das sich einem anderen Fahrzeug aus einer Richtung her nähert, welche mehr als zwei Striche hinter der Richtung quer ab (zwei Strich achterlicher als dwars) liegt, das heißt aus einer Richtung, bei welcher die Fahrzeuge so zueinander stehen, daß das überholende bei Nacht keines der Seitenlichter[6]) des anderen sehen würde. Durch spätere Veränderung in der Peilung der beiden Fahrzeuge wird das überholende Fahrzeug weder zu einem kreuzenden Fahrzeug[7]) im Sinne dieser Vorschriften, noch von der Verpflichtung entbunden, dem anderen Fahrzeug aus dem Wege zu gehen[8]), bis es dasselbe klar passiert hat[9]).

Vermag das überholende Fahrzeug bei Tage nicht sicher zu erkennen, ob es sich vor oder hinter der oben bezeichneten Stellung zu dem anderen Fahrzeuge befindet, so hat es anzunehmen[10]), daß es ein überholendes Fahrzeug ist, und muß es dem anderen aus dem Wege gehen[11]).

[1]) Das bedeutet: Soweit die Vorschriften der Art. 17 bis 23 mit Art. 24 nicht im Einklang stehen, hat Art. 24 den Vorrang. Im übrigen jedoch sind die Art. 17—23 neben Art. 24 anwendbar (RG. 76, 85; Hbl. 1912 Nr. 102); praktisch scheidet der Art. 23 aus, da eine gewollte Annäherung vorliegt. Über das Verhältnis von Art. 24 zu Art. 22 vgl. oben Note 2 zu Art. 22.

[2]) Überholt ein Segler einen Dampfer, so gilt nicht Art. 20, sondern Art. 24 (RG. 76, 85).

[3]) Begriff und Dauer des Überholens ist in Abs. 2, der Zweifelsfall, ob Überholen vorliegt, in Abs. 3 geregelt (vgl. auch HansOLG. Hbl. 1895 Nr. 53).

[4]) Dessen Verpflichtungen sich aus Art. 21 u. 10 ergeben (Hecklicht und Kurshalten). Mit Rücksicht auf diese Bestimmungen ist Ausguck achteraus notwendig.

[5]) Bestimmte **Ausweichmanöver** sind nicht vorgeschrieben (auch das Aufgeben der Überholungsabsicht durch Zurückbleiben ist ein „Aus-dem-Wege-gehen" — vgl. HansOLG. Hbl. 1904 Nr. 130); jedenfalls aber muß das Überholungsmanöver reichlich bemessen werden, da mit dem Gieren des andern Schiffes (SA. Hamburg Hansa 1909, 515) und mit der Sogwirkung (s. u.) zu rechnen ist (vgl. Hansa 1911, 749). Eine Vorschrift, **auf welcher Seite zu überholen ist**, gibt es — abgesehen von § 37 SWO. und einigen örtlichen Verordnungen — nicht (LG. Hamburg Hbl. 1881 Nr. 90; HansOLG. Hbl. 1892 Nr. 107). Es sind für das überholende Schiff **Signale** (Art. 28 Abs. 2) für den Fall der Kursänderung vorgeschrieben, welche jedoch nicht gegeben zu werden brauchen, wenn es den Kurs nur ändert, um Raum zu gewinnen (HansOLG. Hbl. 1904 Nr. 130). **Ist eine Kursänderung des überholenden Schiffes nicht nötig**, so fehlt es an einem Signal, es sei denn, daß durch lokale Verordnung ein solches angeordnet oder zugelassen ist (vgl. OSA. 20, 107). Stets zulässig ist das Achtungssignal nach Art. 12. Das überholende Schiff hat in solchem **Abstand** (vgl. OSA. 19, 672) und nur mit solcher **Geschwindigkeit** zu passieren, daß sowohl die Gefahr einer Kollision als die der Einwirkung des Wellenschlags und des Sogs vermieden wird (vgl. § 738 HGB.), HansOLG. Hbl. 1904 Nr. 105. Desgleichen ist zu vermeiden eine übermäßige Beängstigung des überholten Fahrzeugs (RG. Hbl. 1902 Nr. 94; HansOLG. Hbl. 1895 Nr. 103; 1896 Nr. 3; 1898 Nr. 73; 1899 Nr. 23; 1903 Nr. 44; 1904 Nr. 105). Ergeben sich Schwierigkeiten beim Überholen, so muß bis zu deren Beseitigung gewartet werden (ROHG. 23, 188; OSA. 6, 157; HansOLG. Hbl. 1901 Nr. 84), besonders, wenn sich im engen Fahrwasser mehrere Schiffe begegnen (OSA. 19, 513). Das überholende Schiff darf sich nicht darauf verlassen, daß das überholte Schiff abdrehen und Raum geben wird. Denn dieses muß und darf Kurs halten (HansOLG. Hbl. 1904 Nr. 105). Vgl. aber § 37 SWO. Wohl aber kann es sich darauf verlassen, daß das überholte Schiff Kurs hält (OLG. Kiel SchlHolstAnz. 1908, 234). Zu frühes Ruderlegen des überholenden Schiffes nach dem überholten Schiff zu ist ein Verstoß gegen Art. 24 Abs. 1 (vgl. OSA. 16, 792).

[6]) Der allgemeine Begriff der „**kreuzenden Fahrzeuge**" ist der SStrO. nicht bekannt. Gemeint ist hier, daß die Vorschrift des Art. 19, nicht mehr zur Geltung kommen soll, wenn das Überholungsmanöver begonnen hat.

[7]) Die Ausweichpflicht verbleibt also bei dem überholenden Schiff, und zwar auch dann, wenn unvorhergesehene Umstände das überholte Schiff nötigen, das Kurshalten aufzugeben (vgl. ROHG. 11 Nr. 105; OSA. 5 Nr. 50 und 51). Äußerstenfalls muß das überholende Schiff nach Art. 23 ausweichen, d. h. von dem Überholen Abstand nehmen und zurückbleiben. Es bleibt jedoch — trotzdem nunmehr das andere Schiff aufholt — das überholende Schiff und damit ausweichpflichtig, bis es „klar" hinter der Hecklinie des andern liegt. Über einen Ausnahmefall vgl. RG. 101, 273.

[8]) Die nautische Verantwortung trägt das überholende Schiff so lange, bis es das andere Schiff tatsächlich überholt hat. „Passiert" ist dieses frühestens, wenn das Achterende des überholenden in gleicher Linie mit dem Vorsteven des überholten Schiffes liegt (Brandis 2, 120). „Klar passiert" aber erst dann, wenn auch ungewöhnliche Umstände (Gieren, Sog, Ausscheeren, Strom und Fahrtverlust infolge Ruderlegens) eine Kollision nicht mehr herbeiführen können (vgl. dazu OSA. 16, 598; 19, 446); überholen durch einen Fischdampfer mit schleppendem Netz HansOLG. Hansa 1927, 594. Ist jedoch die Überholung vollendet (OSA. 19, 446) und läuft das überholte Schiff wieder auf, so wird es nunmehr zum überholenden (OSA. 20, 727).

[9]) Tatsächlich kann es Fälle geben, in denen es fraglich ist, ob eines der Schiffe das andere überholt (vgl. OSA. 16, 599; 19, 777; 20, 456). In solchen Fällen muß es sich als überholend betrachten und die Ausweichpflicht übernehmen.

[10]) Lokale Verordnungen regeln das Überholen in engen Revieren vielfach abweichend. Vgl. vor allem § 37 SWO. Zuweilen wird dem überholten Schiff oder beiden Schiffen die Pflicht zur Fahrtminderung oder die Ausweichpflicht dem überholten Schiff oder allen kleinen Fahrzeugen auferlegt oder eine vorherige Verständigung durch Signale verlangt; vgl. dazu RG. HansRZ. 1920, 204; OSA. 20, 107; § 37 SWO.

Art. 25. In engen Fahrwassern[1]) muß jedes Dampffahrzeug[2]), wenn dies ohne Gefahr ausführbar ist[3]), sich an derjenigen Seite der Fahrrinne[4]) oder der Fahrwassermitte[5]) halten, welche an seiner Steuerbordseite liegt[6]).

[1]) Fahrwasser ist ein von Schiffen regelmäßig befahrenes (wenn auch nicht durch Seezeichen abgestecktes) Wasser, insbe-

sondere auch ein Watt (RG. 73, 8). Eine gesetzliche Definition fehlt (RG. DJZ. 1910, 482). Beispiele eines engen Fahrwassers: Die Elbe, auch wo ihre Breite eine Seemeile beträgt (RG. LZ. 1911, 616; HansOLG. Hbl. 1908 Nr. 10, 20), Hamburger Hafen RG. 19, 16; HansOLG. Hbl. 1890 Nr. 24; 1891 Nr. 57; 1895 Nr. 18; 1897 Nr. 16; 1899 Nr. 68; die Kieler Föhrde (OSA. 14, 393); die sog. Königsberger Rinne (OSA. 10, 288; RG. JW. 1898, 228); der Kaiser-Wilhelm-Kanal (RG. 74, 362); Einfahrt in den Hafen von Cherbourg (OSA. 17, 766); die Sände der Unterelbe (RG. LZ. 1911, 616); der Vorhafen von Brunsbüttel (HansOLG. Hbl. 1908 Nr. 20); der Kleine Belt an seinen schmalen Stellen (HansOLG. Hbl. 1915 Nr. 29); die norwegischen Fjorde; der Humber (OSA. 17, 486); Passage beim Feuerschiff Wielingen (OSA. 20, 461); Kanal vor der Hafeneinfahrt von Montevideo (OSA. 20, 790); die Yangtse-Mündung (OSA. 15, 541); die Straße von Messina; die Schelde bei Antwerpen; die Einfahrt nach San Franzisko. Art. 25 gilt auch beim Vorbeifahren an Hafenmündungen (HansOLG. Hbl. 1910 Nr. 1); er dient auch zum Schutze stillliegender Schiffe (RG. Hbl. 1914 Nr. 104).

[2]) Für Segler kann die Vorschrift nur gelten, wenn sie geschleppt werden (vgl. OSA. 7, 736; HansOLG. Hbl. 1895 Nr. 48; RGSt. 27 Nr. 15; HansRZ. 1923, 684. Auf schwoiende Schiffe ist Art. 25 nicht anwendbar (HansOLG. Hbl. 1906 Nr. 108), wohl aber auf Wegerechtsschiffe HansRGZ. 1929 B 659. Für Segler kann sich die Pflicht, nach Möglichkeit gleichfalls die rechte Seite des Fahrwassers einzuhalten, aus Art. 29 ergeben, insbesondere dann, wenn er dem Lauf des Fahrwassers „vor dem Winde segelnd" folgen kann. Vgl. OSA. 24, 197.

[3]) Ausnahmen von Art. 25 sind streng zu beurteilen (vgl. OSA. 19, 485; HansGZ. 1925, 225). Eine entgegenstehende lokale Übung ist unbeachtlich (RG. 19, 16); Art. 25 bleibt auch gegenüber einer Segelanweisung, welche den Kurs auf bestimmter Linie vorschreibt, in Geltung (RG. Hansa 1911, 568 = Recht 1911 Nr. 3131).

a) Die Gefahr kann sowohl das betreffende Schiff, als auch ein anderes Schiff, oder auch Personen und Sachen, welche an sich nicht in Beziehung zu dem Schiffe stehen, bedrohen, z. B. Gefahr der Kollision mit einem andern Schiff, einem Bollwerk oder einer Bake, des Auflaufens (RG. 20, 34), Strandens, Stoßens an ein Wrack, der Sog- oder Wellenwirkung auf eine tiefbeladene, offene Schute, des Durchbrechens eines Fährseils, einer Ankerkette oder Kabelleitung usw. — Die Gefahr muß aber stets in konkreten Umständen ihren Grund haben. Allgemeine Möglichkeiten einer Schädigung, wie sie der Schiffahrt eigen sind, genügen nicht. Beispiele für das Vorliegen einer Gefahr: RG. 19 Nr. 3 u. 7; 20 Nr. 8; HansOLG. Hbl. 1890 Nr. 24; 1893 Nr. 60; 1897 Nr. 16; OSA. 18, 352.

b) Weitere Ausnahmen ergeben sich aus den allgemeinen Anforderungen des Verkehrs. Vgl. HansRGZ. 1929 B 549; RG. 117, 172. Liegt das Ziel des Schiffes z. B. auf der für das Schiff verbotenen (im folgenden: „falschen") Fahrwasserseite, so muß es nicht etwa rechtwinklig hinüberfahren, sondern kann in spitzem Winkel das falsche Fahrwasser — jedoch nicht auf längere Strecken — befahren (HansOLG. Hbl. 1886 Nr. 121; 1895 Nr. 18; 1889 Nr. 64; 1908 Nr. 10; RG. 117, 172). Auch beim Überholen ist die zeitweise Benutzung der falschen Fahrwasserseite gestattet (HansOLG. Hbl. 1909 Nr. 26), sowie zur Vorbereitung einer beabsichtigten Wendung (SchG. vom 28. Juni 1919 (Fall „Westphalia" — „Kehrwieder"). Ebenso beim Ausweichen nach Backbord (Art. 27 u. 29); jedoch muß das Schiff alsbald in das richtige Fahrwasser zurückkehren, sofern dies sich nicht wegen einer Gefahr verbietet (RG. Hansa 1908, 233; HansOLG. Hbl. 1909 Nr. 118). — In allen Ausnahmefällen wird derjenige Teil des Fahrwassers zu benutzen sein, welcher der eigentlich anbefohlenen Fahrseite am nächsten liegt (vgl. HansOLG. Hbl. 1903 Nr. 12 u. 58).

c) Unanwendbar ist Art. 25 natürlich dann, wenn seine Befolgung überhaupt nicht ausführbar ist, insbesondere wegen zu geringer Fahrwassertiefe, u. U. auch gegenüber einem Wegerechtsschiff. Vgl. II 82.

[4]) Fahrrinne, d. h. eine ausgebaggerte fortlaufende Vertiefung innerhalb eines Flußlaufs oder Sees, z. B. die Königsberger und Stettiner Haffrinne, die Rinne über die Seen im Laufe des Kaiser-Wilhelm-Kanals, ein ausgebaggertes Fahrwasser in einem Flußlauf. Aber auch eine natürliche Fahrrinne gehört hierher, z. B. die in einer Flußkrümmung durch die Einwirkung des Stroms gebildete.

[5]) Oft bezeichnet durch Mittefahrwassertonnen (vgl. die Bek. vom 13. Mai 1912). Was als Fahrwassermitte im konkreten Falle anzusehen ist, bestimmt sich nach dem Tiefgang des Schif-

fes, aber auch nach den Wasserverhältnissen (Gefahr des Grundsogs, Sperrung durch Kähne usw.).

[6]) D. h. das Schiff muß sich an der Steuerbordseite der fahrbaren Rinne oder Fahrwassermitte halten und den Windungen derselben folgen (RG. LZ. 1911, 616; Hansa 1903, 124; 1909, 644; RG. 117, 172). Art. 25 ist nicht eine Ausweichvorschrift, da die Gefahr einer Kollision nicht vorausgesetzt wird. — Geht ein Schiff vorschriftswidrig nach der falschen Fahrwasserseite hinüber, so braucht das dort rechtmäßig fahrende Schiff nicht unbedingt zu stoppen (vgl. RG. Hbl. 1910 Nr. 34). Wird ein die falsche Fahrwasserseite haltendes Schiff des grünen Lichts eines entgegenkommenden Fahrzeugs ansichtig, so ist der Versuch, unter Kreuzung des gegnerischen Bugs die richtige Fahrwasserseite zu gewinnen, nur dann nicht zu beanstanden, wenn es infolge genügender Entfernung beider Schiffe noch ohne Gefahr ausführbar ist (HansOLG. und RG. Hbl. 1902 Nr. 95; 1903 Nr. 58). Dadurch, daß infolge der Krümmung des Flußlaufs zeitweise an Backbord das rote Licht eines Gegenfahrers auftaucht, darf sich der Schiffer in der Einhaltung seiner Fahrwasserseite nicht beirren lassen (OSA. 20 S. 42, 462).

Art. 26. In Fahrt befindliche Segelfahrzeuge[1]) müssen Segelfahrzeugen oder Booten[2]), welche mit Treibnetzen, Angelleinen oder Grundschleppnetzen fischen[3]), aus dem Wege gehen[4]). Durch diese Vorschrift wird jedoch keinem fischenden Fahrzeug oder Boote die Befugnis eingeräumt, ein Fahrwasser, welches andere Fahrzeuge benutzen, zu sperren.

[1]) Für Dampfer ergibt sich diese Pflicht bereits aus Art. 20.

[2]) Also nicht auch Fischdampfern (s. Note 1b zu Titel V).

[3]) Ein Fahrzeug fischt auch dann, wenn das Netz eingezogen wird, aber noch teilweise im Wasser hängt (HansOLG. Hbl. 1905 Nr. 57). Voraussetzung ist die Führung der Signale und Lichter des Art. 9 (OSA. 16, 14).

[4]) Über die Frage des Ausweichens zwischen Seglern und fischendem Fischdampfer vgl. Hansa 1910 S. 64 u. 147; OSA. 18, 330 (kein Wegerecht der Fischdampfer). Stehen beide Segler unter dem Schutze des Art. 26, so gelten die allgemeinen Ausweichregeln.

Art. 27. Bei Befolgung dieser Vorschriften[1]) muß stets gehörige Rücksicht auf alle Gefahren der Schiffahrt und des Zusammenstoßens sowie auf solche besondere Umstände genommen werden[2]), welche zur Abwendung unmittelbarer Gefahr[3]) ein Abweichen[4]) von den Vorschriften notwendig machen.

[1]) D. h. der Ausweichregeln des Titels V, während Art. 29 weitergeht. Über sein Verhältnis zur Anmerkung des Art. 21 vgl. HansOLG. Hbl. 1900 Nr. 43; RG. WarnRspr. 1908 Nr. 173. Art. 27 kommt besonders dann zur Anwendung, wenn Kollisionsgefahr zwischen mehr als 2 Schiffen besteht (RG. Hansa 1908, 511).

[2]) Z. B. auf geringe Bewegungsfähigkeit während des Anlegens, welche ein Handeln nach Art. 18 unmöglich macht (RG. LZ. 1913, 299); auf die Unausführbarkeit erforderlicher Manöver durch den entgegenkommenden Schleppzug (RG. Hbl. 1912 Nr. 73 = LZ. 1912, 767); auf Unsichtigkeit des Wetters (OSA. Hansa 1908, 931); auf schlechtes Brennen einer Positionslaterne (OSA. Hansa 1911, 272). Vgl. RG. Hbl. 1910 Nr. 34.

[3]) Maßgebend ist die Sachlage, wie sie sich der verständigen Beurteilung des Schiffers darstellt (RG. 21, 119ff.). Ist die objektiv unrichtige Beurteilung der Sachlage vom Gegner verschuldet, so hat dieser die Folgen hiervon zu tragen (RG. 21, 122; OSA. 15, 104). Zu berücksichtigen ist sowohl eigene wie fremde Gefahr, insbesondere auch die des gegnerischen Schiffes (RG. 21, 123).

[4]) Das Abweichen muß aber rechtzeitig beschlossen und ordnungsmäßig signalisiert werden (Art. 28), RG. LZ. 1913, 299. Auch eine teilweise Befolgung ist ein Abweichen. Vgl. HansOLG. Hbl. 1910 Nr. 1.

VI. Schallsignale für Fahrzeuge, welche einander ansichtig[1]) sind.

Art. 28. Als kurzer Ton[2]) im Sinne dieses Artikels gilt ein Ton von ungefähr einer Sekunde Dauer.

Sind Fahrzeuge einander ansichtig, so muß[3]) ein in Fahrt befindliches[4]) Dampffahrzeug, wenn es einen diesen Vorschriften[5]) entsprechenden Kurs einschlägt[6]), diesen

Kurs[7]) durch folgende Signale[8]) mit seiner Pfeife oder Sirene anzeigen, nämlich:

Ein kurzer Ton bedeutet:
„ich richte meinen Kurs nach Steuerbord".

Zwei kurze Töne bedeuten:
„ich richte meinen Kurs nach Backbord".

Drei kurze Töne bedeuten:
„meine Maschine geht mit voller Kraft rückwärts"[9]).

[1]) Es ist nicht erforderlich, daß das andere Schiff ganz deutlich zu sehen oder gar sein Kurs feststellbar ist. Vielmehr genügt es, wenn das Vorhandensein eines Schiffes innerhalb der Zone der Kollisionsgefahr für das Auge erkennbar ist. Vgl. RG. Hbl. 1904 Nr. 56 (Kausalität und Verschulden gegenüber einem nicht sichtbaren Schiff!). Kommt der Gegner in Sicht, nachdem das Manöver angeordnet oder mit seiner Ausführung begonnen ist, so sind die Signale des Art. 28 nachträglich zu geben (HansOLG. Hbl. 1909 Nr. 61). Über den Fall, daß die Schiffe einander nicht gleichzeitig zu Gesicht bekommen, vgl. OSA. 19, 166. Wird unzulässigerweise (vgl. Note 4 zu V) ein Ausweichmanöver vorgenommen, trotzdem die Schiffe einander nicht ansichtig sind, so ist es zweifelhaft, ob das unzulässige Rudermanöver wenigstens korrekt signalisiert werden muß (HansOLG. Hbl. 1911 Nr. 41). Da von einem Ausweichen in solchen Fällen nicht gut gesprochen werden kann, so wird man die Frage verneinen müssen (vgl. OSA. 20, 511).

[2]) Der Begriff des „langen Tons" findet sich in Art. 15. Zu vermeiden ist insbesondere ein Achtungssignal, das mit einem Kurssignal verwechselt werden kann. Bei mehrfacher Abgabe des Steuerbordrudersignals ist auf Einhaltung ausreichender Pausen zu achten, um eine Verwechslung mit den andern Signalen des Art. 28 zu vermeiden (vgl. OSA. 20, 106).

[3]) Die Unterlassung stellt gewöhnlich ein schweres Verschulden dar (vgl. z. B. RG. Hbl. 1904 Nr. 56; OSA. Hansa 1915, 332). Die Signale des Art. 28 sollen nicht nur dem Schiff, welchem auszuweichen ist, sondern auch allen andern, in der Nähe befindlichen Schiffen die Kursänderung anzeigen (OSA. 18, 63). Von dem Erfordernis der Signalisierung nach Art. 28 bestehen folgende Ausnahmen: Wenn zwei Schiffe sich absichtlich nähern (HansOLG. Hansa 1912, 407); wenn die

Signale wegen großer Entfernung der Schiffe nicht gehört werden würden (OSA. 20, 521). Wenn die Abgabe der Signale zur Abwendung der Kollision nicht mehr beitragen kann (die bloße Möglichkeit genügt nicht: OSA. 18, 241), RG. Hbl. 1904 Nr. 56. — Dagegen müssen die Rudersignale auch dann gegeben werden, wenn der Kapitän mit Rücksicht auf die geringe nautische Schulung des gegnerischen Schiffsführers nicht mit Sicherheit darauf rechnen kann, daß die Signale auch richtig verstanden werden (OSA. 16, 364; 20, 654), ebenso auch auf hoher See. OSA. 24, 614.

[4]) Vgl. Einl. Abs. 4 und OSA. 19, 426 (ein ankerndes Schiff ist nicht in Fahrt, braucht daher etwaige Schraubenmanöver nicht zu signalisieren).

[5]) Also nur dann, wenn gemäß Art. 17—27 ausgewichen (z. B. auch überholt HansGZ. 1927, 77) wird, nicht auch, wenn das Schiff nur zwecks Klarung der Lichter oder um den Gegner zu unterstützen, von seinem Kurse abweicht (RG. Hansa 1908, 233; WarnRspr. 1908 Nr. 172; OSA. 16 S. 170 u. 773; 20, 511; HansOLG. Hbl. 1904 Nr. 30), oder zu dem Zweck, um einem nachfahrenden Schiff aus dem Kurse zu kommen und dann stoppen zu können (HansOLG. Hbl. 1911 Nr. 41), oder, um möglichst weit nach der richtigen Seite des Fahrwassers herüberzugehen. Anders SchG. Hansa 1915, 374; OSA. 20, 33 (Signal jedenfalls nicht unzulässig); OSA. 17, 222; 19, 406. — Im Falle des Art. 18 Abs. 4 findet Art. 28 keine Anwendung, da kein Ausweichmanöver in Frage kommt (HansOLG. Hbl. 1904 Nr. 130). Andrerseits müssen die Rudersignale stets gegeben werden, wenn zur Vermeidung einer Kollision ausgewichen oder rückwärts gegangen wird (Kollisionsgefahr: HansOLG. Hbl. 1904 Nr. 130). Art. 28 betrifft also nicht nur die in Art. 17—26 angegebenen, sondern auch die nach Art. 21 Anm., Art. 27 u. 29 gebotenen Manöver (RG. Hansa 1909, 644 = Hbl. 1909 Nr. 95; OSA. 17, 777; 19, 344). Die Kurssignale sind aber unzulässig, wenn das Schiff überhaupt nicht in der Lage ist, Ausweichmanöver vorzunehmen, z. B. weil es nicht in Fahrt ist (HansOLG. Hansa 1913, 1025), oder manövrierunfähig ist oder treibt, ohne die Möglichkeit zu haben, sich noch rechtzeitig in Fahrt zu setzen. Über Kurssignale bei unrichtiger Ausführung des Kommandos vgl. Sebba, HansRZ. 1927, 401. Signalisiert wird die Kursänderung, also nicht — wie vielfach mißbräuchlich in Übung — die zu passierende Schiffsseite (OSA. Hansa 1908, 1183; SA. Ham-

burg Hansa 1908, 504; unrichtig HansOLG. Hbl. 1911 Nr. 69; OSA. 18, 585), oder die Fahrwasserseite, welche das signalisierende Schiff halten will (anders OSA. 19, 437), auch nicht die Seite, nach welcher das Ruder gelegt wird (unrichtig OSA. 16, 663; 18, 585). Dreht z. B. ein Schiff trotz Backbordruders infolge der Stromwirkung nach Steuerbord, so muß das Steuerbordsignal gegeben werden (SA. Hamburg Hansa 1911, 313). Vgl. aber § 25 HambHafenO. (S. 514). — Wird die Einwirkung der Strömung durch das Rudermanöver lediglich ausgeglichen, so daß eine Kursänderung nicht eintritt, so darf auch kein Rudersignal gegeben werden (unrichtig: HansOLG. Hbl. 1911 Nr. 69). Zur Verständigung über vorzunehmende Manöver sind die Rudersignale nicht bestimmt. Keinesfalls aber wird die Vornahme eines ungesetzlichen Manövers dadurch sanktioniert, daß das entsprechende Signal des Art. 28 gegeben wird (HansOLG. Hbl. 1909 Nr. 26).

[6]) Der richtige Zeitpunkt für die Signalgebung ist die Abgabe des Ruder- oder Maschinenkommandos, spätestens jedoch die Ausführung desselben (Hansa 1913, 432) frühestens unmittelbar vor dem Kommando. Ein Signal ohne entsprechendes Manöver ist unbeachtlich und gewöhnlich ein schweres Verschulden (vgl. hierzu HansOLG. Hbl. 1886 Nr. 98; 1887 Nr. 17; 1890 Nr. 40; 1891 Nr. 66; RG. Hbl. 1907 Nr. 91: Hinausschieben des Manövers, bis der Gegner auf das vorweggenommene Rudersignal antwortete; SchG. Hansa 1915, 374).

[7]) Das Rudersignal soll nicht dazu dienen, durch Frage und Antwort ein Einverständnis über das beiderseitige Verhalten herbeizuführen (OSA. 20, 33) oder ein Schiff zum Nachsteuern oder zur Unterstützung durch Ankermanöver aufzufordern (anders HansOLG. Hansa 1927, 316. Eine solche (auf Revieren vielfach übliche) Verwendung der Signale ist mißbräuchlich (RG. Recht 1912 Nr. 310; WarnRspr. 1912 Nr. 41; JW. 1901, 852 Nr. 38. Ebensowenig dürfen sie als Aufforderung, an einer bestimmten Seite zu passieren, gegeben werden (HansOLG. Hansa 1913, 1025). Antwortet allerdings der Gegner mit demselben Signal, so kann das als Einverständnis gelten (RG. Hansa 1911, 921).

[8]) Die Verbindung der Signale des Art. 28 mit Achtungssignalen ist unzulässig, besonders wenn Verwechslung mit Nebelsignalen zu befürchten ist (OSA. Hansa 1910, 419; OSA. 19, 151). Eine Verständigung der Schiffe

durch Morsezeichen entbindet sie nicht von der Pflicht, die Rudersignale zu geben (OSA. 20, 728/729).

[9]) Ein Signal für Fahrtermäßigung oder Stoppen existiert nicht (vgl. Brodmann ArchZivPr. 1906, 327; OSA. 19, 445). Jedoch ist es in der Praxis üblich, daß ein vorausfahrendes Schiff drei Töne mit der Pfeife gibt, um dem nachfahrenden Schiff das Stoppen anzuzeigen. Ein Mehrschraubendampfer darf das Signal der Rückwärtsfahrt nur geben, wenn alle seine Maschinen mit voller Kraft rückwärts arbeiten (SA. Hamburg Hansa 1909, 207).

VII. Notwendigkeit anderweiter[1]) Vorsichtsmaßregeln.

Art. 29. Keine dieser Vorschriften[2]) soll ein Fahrzeug[3]), oder den Reeder, den Führer und die Mannschaft desselben[4]) von den Folgen einer Versäumnis im Gebrauche von Lichtern[5]) oder Signalen[6]) und im Halten eines gehörigen Ausgucks[7]) oder von den Folgen der Versäumnis anderer Vorsichtsmaßregeln[8]) befreien, welche durch die seemännische Praxis[10]) oder durch die besonderen Umstände des Falles[11]) geboten werden[12]).

[1]) Damit wird zum Ausdruck gebracht, daß Art. 29 eine Ergänzung aller übrigen Vorschriften der SStrO. darstellt (wie Art. 27 zu den Art. 17—26) aber auch der nach Art. 31 SStrO. erlassenen lokalen Verordnungen. Über das Verhältnis des Art. 29 zu den Ausweichvorschriften vgl. V Note 1 Art. 29 ist auch befähigt, jede andere Vorschrift der SStrO. außer Kraft zu setzen, zu modifizieren oder zu verschärfen.

Insbesondere tritt er in Wirksamkeit:

a) wenn es sich nicht um die Frage des „Ob", sondern des „Wie" eines von der SeestrO. vorgeschriebenen Verhaltens handelt, z. B. Zeitpunkt und Intensität der Ausweichmanöver, Zeitpunkt der Rudersignale usw.;

b) wenn für das Verhalten in einer bestimmten Situation Regeln nicht aufgestellt (vgl. z. B. Note 6 zu Art. 17) oder die vorhandenen Vorschriften nicht durchführbar sind; z. B. gleichzeitige Ausweichpflicht gegenüber mehreren Gegenfahrern (vgl. OSeeA. 20, 110); Gefahr einer Kollision zwischen mehr als zwei Schiffen (RG.

Hansa 1908, 511): oder zwischen zwei Fischerfahrzeugen, wenn Art. 17b nicht anwendbar ist (dann muß das mehr manövrierfähige Schiff ausweichen; HansOLG. Hbl. 1905 Nr. 57); Maßregeln des letzten Augenblicks, insbesondere bei unvermeidlicher Kollision;

c) wenn zwischen den Vorschriften der SeestrO. ein Widerspruch besteht, welcher nicht aus dem Sinn derselben heraus gelöst werden kann (vgl. Note 1 zu Art. 20);

d) wenn die außergewöhnliche Situation ein Abweichen von einer Vorschrift der SeestrO. erforderlich macht (HansOLG. Hbl. 1910 Nr. 1). Art. 29 hat somit gleichzeitig den Zweck, einer mechanischen Befolgung der Spezialvorschriften vorzubeugen. Vgl. z. B. den Fall, daß ein Rudersignal unterlassen werden muß, weil es nur einem von mehreren Gegenfahrern gelten und die andern irreführen würde (angedeutet OSeeA. 20, 110);

e) wenn es im konkreten Falle zweifelhaft ist, ob die Voraussetzungen einer Vorschrift der SeestrO. gegeben sind (vgl. z. B. Art. 19 Note 5: Nichtfeststellbarkeit der Ausweichpflicht). In solchen Fällen wird der Schiffer danach trachten müssen, möglichst bald eine der gesetzlich geregelten Situationen herbeizuführen, z. B. durch geringe Kursänderungen zwecks Klarung der Lichter oder zur Beseitigung eines Zweifels darüber, ob entgegengesetzte oder kreuzende Kurse vorliegen (vgl. Art. 18 Note 1 u. 4; 19 Note 5).

[2]) D. h. aller Vorschriften der SeestrO. (s. Note 1). Auch die Befolgung der in Art. 30 erwähnten lokalen Verordnungen entbindet nicht von der Verpflichtung, der seemännischen Praxis und den Umständen des Einzelfalls Rechnung zu tragen.

[3]) Jedes Fahrzeug, auch das mit unbedingtem Wegerecht ausgestattete (Art. 17: Segler mit Steuerbordhalsen, Wegerechtsschiff der SWO.), das stilliegende oder völlig manövrierunfähige. Die Fahrzeuge, auf welche sich die See SStrO. überhaupt nicht bezieht, fallen an sich nicht unter Art. 29. Soweit es sich jedoch um zivilrechtliche Folgen einer Kollision handelt, wird der Grundsatz des Art. 29 im Rahmen der §§ 736 HGB. und 254 BGB. zu berücksichtigen sein.

[4]) Die Verantwortlichkeiten werden nicht sowohl von der SStrO., als vielmehr von § 145 StGB. bzw. von den §§ 734 ff. HGB. geregelt. Immerhin bringt das Gesetz zum Ausdruck,

daß jede der genannten Personen ihre Pflicht erfüllen muß und die Verantwortung nicht auf eine andere Person abwälzen kann.

[5]) Das bezieht sich auf alle Lichter, nicht nur die der SeestrO. und der SWO., sondern auch die in Lokalverordnungen vorgesehenen oder sonst gebräuchlichen Lichter, gleichgültig, ob sie zu führen oder zu zeigen sind (vgl. Art. 13); insbesondere ihre Anbringung an der gebotenen oder — falls in dieser Richtung nichts verordnet ist — an der nautsich zweckmäßigen Stelle (sie dürfen nicht durch die Boote, Decklast, Segel usw. verdeckt werden; OSeeA. 3 Nr. 69; 4 Nr. 119; 20, 237); ferner: die Dauer ihrer Führung, das sachgemäße Trimmen und Instandhalten der Laternen, das sorgfältige Beobachten ihres ordnungsmäßigen Funktionierens, das Unterlassen jeder Irreführung durch Verwendung unvorschriftsmäßiger und verwechselbarer Lichter, das rechtzeitige Zeigen von optischen Warnungszeichen, Einhaltung der vorgeschriebenen Reichweite, Vorhandensein der vorgeschriebenen Schirme (s. Anh. Nr. 4a und b) und Abblendung von Arbeitslichtern gegen den Führerstand. Die Positionslaternen dürfen nicht vor Beginn der Fahrt gesetzt werden.

[6]) Optische Signale: Art. 4a und b, 9k, 14, 31 Nr. 3 u. 3a (Bälle und Körper); Art. 8, 9d Nr. 2, 12 (Flackerfeuer, Aufleuchtenlassen der Seitenlichter, Fackel); Art. 31, 32 (Signale des Internationalen Signalbuchs, Flaggen, Flammensignale — Öl- oder Teertonnen — Raketen, Leuchtkugeln, Sternsignale); Lotsensignalordnung § 2 (Lotsenflagge, Signale des Internationalen Signalbuchs, Kegel, Bälle, Blaufeuer, helles weißes Licht).

Nicht zu den optischen Signalen gehört das Winken oder Richtungzeigen mit der Hand oder die Übermittelung von Nachrichten durch Winkflaggen. Jedoch können diese Verständigungsmittel zu den „anderen Vorsichtsmaßregeln" des Art. 29 gehören.

Akustische Signale: Art. 9h, 15 (Nebelsignale: Pfeife, Sirene, Glocke, Trommel, Nebelhorn, Gong); Art. 9i („anderes wirksames Schallsignal"); ähnlich Art. 15e; — Art. 12 (Knallsignal); Art. 28 (Manöversignale); Art. 31 (Kanonenschüsse, Knallsignale, Nebelsignalapparat).

Nicht zu den akustischen Signalen gehören Zurufe von Schiff zu Schiff.

Beispiele: Beim Schleppen über Heck sind die Seitenlichter nach dem Heck zu richten und zu vertauschen (vgl. Note 5 zu Art. 2); Beleuchtung von Fahrzeugen, die längsseit von Seeschiffen im Hafen liegen, ist weder vorgeschrieben, noch gebräuchlich, noch durch Art. 29 geboten (HansOLG. Hbl. 1906 Nr. 28); Verwendung von Blaulichtern zur Kenntlichmachung des eigenen Schiffes kann geboten sein (HansOLG. Hansa 1918, 262). Vgl. dazu Art. 12.

Von Bedeutung sind die Warnungs- oder Achtungssignale, welche nicht sowohl eine nautische Situation, als vielmehr die Notwendigkeit besonderer Vorsicht signalisieren sollen. Vgl. HansGZ. 1926 Nr. 109. Durch Achtungssignale kann nicht ein bestimmtes Verhalten des andern Schiffes entgegen der SeestrO. verlangt werden (OSeeA. 18, 319). Den Charakter als Achtungssignale tragen z. B. folgende Signale der SeestrO.: Art. 7 Nr. 4, ein großer Teil der Signale des Art. 9 und vor allem Art. 12. Über Signale bei beabsichtigtem Stoppen vgl. Art. 28 Note 8. Ferner sind solche Signale in großer Anzahl von den lokalen Verordnungen anbefohlen oder anheimgestellt. Die Signale des Art. 28 SeestrO. sind nicht Achtungssignale (OSA. 18, 319/320). Außer diesen vorgeschriebenen Achtungssignalen sind solche vielfach auf Revieren üblich und, insbesondere in Häfen und unübersichtlichen Fahrwassern, zweckentsprechend (soweit nicht lokale Verordnungen derartige Signale direkt verbieten). Die üblichen Signale müssen gegeben werden (vgl. HansOLG. HansRZ. 1919, 431; RG. HansRZ. 1917, 34), wenn ein konkreter Anlaß zur Abgabe vorlag. Unzulässig sind sie dann, wenn die Schiffe sich bereits längere Zeit gesichtet hatten (OSA. 19, 151). Denn im Prinzip sollen alle unnötigen Signale vermieden werden (vgl. hierzu RG. 44 Nr. 12; HansRZ. 1917, 32; HansOLG. Hbl. 1897 Nr. 68; 1899 Nr. 68; 1915 Nr. 80). Die Unterlassung eines überflüssigen Signals gereicht weder dem einen Schiff zur Schuld, noch dem andern zur Entschuldigung (RG. HansRZ. 1920 204). Keine Pflicht zur Abgabe von Achtungssignalen besteht dann, wenn die nautische Situation an sich klar ist, der Gegner aber das ihm obliegende Manöver verabsäumt. Unzulässig sind Begrüßungssignale (OSA. 8, 122; Hansa 1908, 1183); ferner solche Signale, die allein oder in Verbindung mit den gesetzlich vorgeschriebenen (etwa Rudersignalen) zu Verwechslungen mit Nebel- oder anderen Signalen führen können (vgl. OSA. Hansa 1910, 419; 1911, 291); Frage- und Antwortsignale zur Vorbereitung der Kursänderung (vgl. Note 6 zu Art. 28), oder die Abgabe eines langen Tones als Achtungssignal statt des im gleichen Augenblick abzugebenden kurzen Tones (Steuerbordrudersignal). Zulässig aber ist das Schwenken von Flaggen oder Flackerfeuern (oder Laternen), um die Passierseite zu bezeichnen. Bei wiederholter Abgabe des Steuerbordrudersignals ist durch Einschieben von längeren Pausen einer Verwechslung mit den andern Signalen des Art. 28 vorzubeugen (vgl. OSA. 20, 106). Andrerseits darf das Dreitönesignal nicht durch Ungleichmäßigkeit der Pausen als ein Backbord- und ein Steuerbordsignal erscheinen (vgl. OSA. 20, 745).

[7]) Der Ausguck ist eine der wichtigsten nautischen Vorsichtsmaßregeln (vgl. OSA. 16 S. 35, 42, 131, 251, 271, 344, 487, 490; 17, 455; 18 S. 254, 396, 613, 634, 696, 794; 19 S. 69, 687) und daher vom Gesetz besonders hervorgehoben, auch zuweilen durch lokale Verordnungen geregelt. (Vgl. § 51 SWO.; OSA. 16, 501). Der Ausguck darf während der Fahrt, besonders bei Nebel und nachts, niemals unbesetzt bleiben, auch auf Fischdampfern nicht (vgl. HansRZ. 1921, 497; OSeeA. Hansa 1910, 61). Er muß an der günstigsten Stelle postiert sein (vgl. u. a. SeeA. Flensburg Hansa 1908, 1020). Bei ganz kleinen Fahrzeugen ist der Rudersmann gleichzeitig Ausguck (vgl. OSeeA. 16, 490). Im übrigen aber ist stets ein besonderer Ausguckmann zu stellen (OSeeA. 19 S. 69, 629). Der Ausguck darf nicht durch Segel usw. beschränkt sein (OSA. 20, 162). Die Pflicht zum Ausguck nach hinten ergibt sich aus Art. 10 (Hecklicht). Aber auch wenn ein festes Hecklicht geführt wird, ist Ausguck nach hinten (z. B. mit Rücksicht auf Art. 24 u. 21) nötig. — Sobald die Situation sich kompliziert oder der Ausblick erschwert wird, gehört der Ausguck auf die Back (vgl. RG. 76, 295; HansOLG. Hbl. 1906 Nr. 17), es sei denn, daß dies im besonderen Falle untunlich ist (OSA. 19, 550: schlechtes Wetter!). Nicht erforderlich ist, daß die Back bei Nebel mit einem Offizier besetzt wird (OSA. 20, 240). Der Schiffer ist für jede Sekunde verspäteten Sichtens des Gegners verantwortlich (vgl. RG. Hansa 1911, 299). Er darf nur auf Sehvermögen geprüfte Leute als Ausguck bestellen. Ist ein Ausguck nicht gestellt, so kann sich der Schiffer nicht damit entschuldigen, daß die Bemannung nicht ausgereicht habe (SeeA. Hamburg Hansa 1913, 710). Vgl. über Einzelfragen des Ausgucks noch OSA. 1, 88; 4 S. 87, 406; 5, 601; 6 S. 187, 542, 762; 7, 748; 9, 214; 10 S. 27, 85; 13, 538; 15 S. 245, 790; 24, 144, 367 u. 488.

[8]) Die Vorsichtsmaßregeln, welche erforderlich werden können, lassen sich nicht erschöpfend aufzählen (vgl. unten Note 10 und Schaps § 735 Anm. 23).

Beispielsweise muß der Schiffer: es vermeiden, das Schiff zu nahe an eine Böschung zu bringen (Soggefahr; RG. 74, 250; bei unklarer Situation und beengter Aussicht sorgfältig und besonnen manövrieren (RG. 86, 424); im belebten Revier die Schlepptrosse kürzen (RG. ibid. und Hbl. 1914 Nr. 104); die Geschwindigkeit mäßigen zwecks Gewinnung des zur Erlangung der Übersicht nötigen Abstandes zu einem vorausfahrenden Schiff (RG. 86, 424; s. o.); es vermeiden, mit dem ganzen Schleppzug ohne Lösung der Schleppverbindung nachts zu schwoien oder zu ankern (RG. Hbl. 1907 Nr. 109); mit seinem Kahn weglegen, wenn ein einkommender großer Dampfer ihn durch Signal dazu auffordert (HansOLG. Hansa 1913, 555); stoppen, wenn infolge Unklarheit der gegnerischen Lichter nicht feststeht, ob die ihm zukommende Fahrwasserseite frei ist (HansOLG. Hbl. 1913 Nr. 88); es vermeiden, ein Schiff zu Luv zu passieren, wenn der starke Wind ein Zutreiben auf jenes Schiff befürchten läßt (HansOLG. Hansa 1918, 262); beim Hineinfahren in ein belebtes Fahrwasser vorsichtig manövrieren (Langsamfahren, Warnungspfiffe, Vermeiden einer Kurskreuzung; OSA. 16, 284); eine Schleppfahrt nicht bei ungünstigen Strom- und Wetterverhältnissen beginnen (RG. HansRZ. 1917, 34); weder zu spät, noch zu früh mit den Ausweichmanövern beginnen (vgl. Schaps § 735 Anm. 23 a. E.); es vermeiden, den Kurs eines ihm folgenden Schiffes zu kreuzen, selbst wenn dieses nicht überholen will und eine Kurshaltepflicht danach nicht besteht (OSA. 20, 456); eine Ankerwache ausstellen (auch auf Fischerfahrzeugen; HansOLG. Hbl. 1906 Nr. 91); ein irreguläres Manöver (Art. 29) aufgeben, wenn der Gegner auf dasselbe nicht eingeht (HansOLG. Hbl. 1909 Nr. 118); auf engem und bebelebtem Revier stets auf Rückwärtsgehen vorbereitet sein (RG. Hbl. 1910 Nr. 94); bei Nebel ankern, wenn selbst eine mäßige Geschwindigkeit nach Lage der Sache noch zu schnell wäre (HansOLG. Hbl. 1911 Nr. 33); in der Nähe einer Kanalböschung ein zu reichliches und zu frühes Ausweichen vermeiden (HansOLG. Hbl. 1913 Nr. 81); es vermeiden, im belebten Revier nach dem Stoppen die Maschine vorzeitig abzuklingeln (HansOLG. Hbl. 1914 Nr. 74); es vermeiden, bei Sturm und Wellengang Schuten ohne Setzbord nebeneinander zu schleppen (HansOLG. Hbl. 1915 Nr. 80); die Fahrt mäßigen, wenn er merkt, daß er das Schiff infolge Sogwirkung nicht mehr in der Hand hat (SA. Bremerhaven Hansa 1914, 316); einen geeigneten Ankerplatz auswählen (ROHG. 3, 30 auch im Hinblick auf in der Nähe ankernde Schiffe); genügenden Abstand zu einem vorausfahrenden Schiff halten (RG. Hansa 1901, 53). Ausrüstung und Bemannung eines geschleppten Baggers RG. 86, 430; HanRGZ. 1921 S. 348; Rechnen mit der Unbesonnenheit anderer Personen. RG. BerlR. 1927 S. 257; Vorsicht beim Begegnen im Brückenjoch. HansGZ. 1925, 23; beim Ermäßigen der Geschwindigkeit des Schleppzugs (ibid.); bei Lärm im Maschinenraum die Befehle durch Sprachrohr wiederholen (HansGZ. 1926 BBl. 247).

[9]) Die seemännische Praxis ist die durch Übung und Herkommen festgelegte Handlungsweise eines guten Seemanns. Auch der Schiffer auf kleiner Fahrt darf sich nicht gedankenlos von Gewohnheiten und Beispielen leiten lassen, sondern muß sich ein selbständiges Urteil bilden (OSA. 18, 617). Mißbräuche und laxe Gewohnheiten gehören nicht zur seemännischen Praxis, ebensowenig ständige Verstöße gegen eine positive Gesetzesvorschrift und gewohnheitsmäßige Abänderung oder Neuschaffung von Signalen, welche irreführend oder aus sonstigen Gründen gefahrbringend sind (ferner OSA. 18, 535; HansOLG. Hbl. 1901 Nr. 8). Andererseits braucht der Schiffer nicht jede billigenswerte Schiffergewohnheit zu befolgen (Perels GZ. 57, 383).

Die seemännische Praxis erfordert z. B.: daß bei ungeklärter Situation oder Unsichtbarkeit des Gegners keine Ausweichmanöver vorgenommen werden (RG. 69, 432); Berücksichtigung des Umstandes, daß ein über Heck in den Hafen geschleppter Dampfer zuweilen einige Schraubenschläge machen muß (HansOLG. Hansa 1913, 554); Vermeidung jeder Irreführung und Verwirrung des Gegners (klare und frühzeitige Kundgebung der eigenen Absichten); Berücksichtigung der Fahrwasserkrümmung bei Beurteilung der Lichter des Gegners (HansOLG. Hbl. 1912 Nr. 136); Berücksichtigung der Tatsache, daß im belebten Revier ein Fahrzeug oft von einem andern verdeckt wird (HansOLG. Hbl. 1917 Nr. 34); daß der Schiffer sein Schiff kennt: linksdrehende Schraube (RG. 69, 432), Ruder- und Schraubenwirkung bei Rückwärtsgang (RG. ibid.), Art, Beschaffenheit und Wirkung des Ruders (RG. JW. 1909, 432 Nr. 40); daß der Schiffer (insbes. der Schlepperführer) die von ihm befahrenen Gewässer und die dort herrschenden nautischen Gepflogenheiten kennt (RG. ibid.; HansOLG. Hbl. 1911 Nr. 132); daß der Schiffer in kritischer Situation die Brücke nicht verläßt (SA. Hamburg Hansa 1910, 1279); Fallenlassen eines zweiten Ankers bei Bruch der Kette und Triftigwerden des Schiffes); daß der Schiffer das Schiff selbst aus dem Hafen führt, die Brücke alsdann nicht verläßt oder gar die Führung unerfahrenen jungen Seeleuten überläßt (OSA. Hansa 1913, 226; 1910, 643; vgl. auch UnfVV.); daß bei langer Schlepptrosse das geschleppte Schiff etwas später Ruder zu geben hat, als der Schlepper (SA. Hamburg Hansa 1910, 824); daß bei Ausweichmanövern die Wirkung des Derivationswinkels zu berücksichtigen und doppeltes Kreuzen des gegnerischen Kurses zu vermeiden ist (SA. Bremerhaven Hansa 1911, 135); daß ein von See kommendes Schiff einem gerade ablegenden Schiff nicht in den Weg fahren darf (OSA. 20, 56); Berücksichtigung des Umstandes, daß auch ein Kurshalter unter Umständen (z. B. zwecks Übernahme eines Lotsen) seine Fahrt ermäßigen muß, daß ein festgemachtes Schiff bei Sturmgefahr besonders vertäut wird; daß ein (wegen Nebels) an verbotener Stelle ankerndes Schiff sobald als angängig die Stelle verläßt; daß die Ankerwache gut besetzt ist und das Brennen der Ankerlichter streng überwacht (OSA. 15, 788); Berücksichtigung der Sogwirkung in jeder Situation HansGZ. 1927, 82; daß während des Ablaufs einer nautisch kritischen Situation kein Wachwechsel stattfindet (OSA. 19, 108); Vermeidung ungenügender Stabilität durch übermäßige oder schlecht gestaute Decklast oder Schüttlast (vgl. UnfVV.); das Vorhandensein ordnungsmäßiger Anker, Ketten und Trossen (ibid. §§ 13 u. 14); Kenntnis der „Nachrichten für Seefahrer" und Berichtigung der Seekarten auf Grund derselben (HansRZ. 1921, 499); ordnungsmäßig wiederholtes Prüfenlassen der Anker, Ketten und Trossen (UnfVV. Anl. IV); Unterlassen des Überholens im engen oder durch andere Schiffe in Anspruch genommenen Fahrwasser (HansOLG. Hbl. 1901 Nr. 84); Kenntnis der Manövriertabelle des Schiffes; verständige Berücksichtigung nicht nur der nächstliegenden Möglichkeiten, insbesondere bei Ausbeutung gesehener Lichter; Herstellung einer nicht zu kurzen Schleppverbindung beim Schleppen über Steuer (HansOLG. Hbl. 1900 Nr. 35).

10) Den Maßstab bildet die Sorgfalt eines ordentlichen Schiffers (RG. 42, 76). Es sei verwiesen auf Schaps Note 8 u. 10 sowie Anm. 23 zu § 735 HGB.; Anm. 25 zu § 511; Anm. 2 ff. zu § 513.

11) Ob dies der Fall ist, kann nur unter Würdigung der ganzen Sachlage geprüft werden. Jedenfalls dürfte eine Maßregel nicht geboten sein, wenn die von dem Schiffer tatsäch-

lich vorgenommene andere Maßnahme die gleiche Aussicht auf Erfolg hatte. Es muß ferner berücksichtigt werden, daß der Schiffer sich grundsätzlich an die bestehenden Vorschriften zu halten hat und daß ihm nicht ohne weiteres angesonnen werden kann, hiervon abzuweichen, wenn die Abweichung nur um ein Geringes aussichtsvoller erscheint, wogegen er die volle Verantwortung für ein etwaiges Mißlingen übernehmen muß.

VIII. Vorbehalt[1]) in betreff der Häfen und Binnengewässer.

Art. 30. Vorschriften, welche bezüglich der Schiffsfahrt in Häfen, auf Flüssen oder in Binnengewässern erlassen sind[2]), werden durch diese Verordnung nicht berührt[3])[4]).

[1]) Der Vorbehalt bezieht sich auch auf die nach Inkrafttreten der SStrO. erlassenen Vorschriften. Insofern unterliegt das sachliche Geltungsgebiet der SStrO. ständigen Schwankungen.

[2]) Beispiele sind angeführt: bei Schaps I 846; II 647ff. Vgl. auch unten S. 430ff.

[3]) D. h. soweit diese Verordnungen von der SStrO. abweichen, haben sie den Vorrang. Dies gilt auch da, wo sie nicht ergänzend, sondern direkt im Gegensatz zu der SStrO. eingreifen (Abänderungen der Signal-Lichter-Ausweichvorschriften). Vgl. hierzu z. B. RG. Hansa 1909, 368. Ist ein besonderer Fall in einer lokalen Verordnung unberücksichtigt geblieben, so tritt ergänzend die SStrO. ein (vgl. HansOLG. Hbl. 1906 Nr. 92). Für die Revisibilität der angewendeten Rechtsnorm ist die streitige Frage von Bedeutung, ob eine aus der SStrO. wörtlich übernommene Vorschrift in einer Lokalverordnung den Charakter einer landesgesetzlichen Norm annimmt (§ 549 ZPO.). RG. 59, 27; JW. 1908, 201 Nr. 16; Warn. 1909, 469 hat dies für die SStrO. (RG. Hbl. 1912 Nr. 144 unter Bezugnahme auf RG. JW. 1903, 420 und RG. 55, 316) bejaht. Meines Erachtens zu Unrecht, um so mehr als RG. 55, 319 ausdrücklich betont, daß die Geltung des Landesgesetzes in den verschiedenen Bezirken nicht auf ein und demselben gesetzgeberischen Akt zu beruhen braucht. Im Resultat ebenso Boyens Hansa 1912, 681ff.; Edzard Hansa 1913, 83. Vgl. auch Schaps I 847. — Wo allerdings die betreffende Bestimmung der SStrO. nicht wörtlich,

sondern mit Abänderungen sachlicher Natur übernommen ist, steht die landesrechtliche Natur der abgeänderten Vorschrift außer Zweifel.

[4]) Art. 30 wird entsprechend auch für solche lokale Verordnungen gelten müssen, welche für die Zufahrten und Reeden, für die Ansegelung von Tonnen oder Leuchtschiffen oder für die Übernahme von Lotsen usw. auf hoher See gelten. Voraussetzung ist natürlich, daß die Behörde, welche die Verordnung erlassen hat, hierfür nach dem geltenden öffentlichen Recht befugt war. Vgl. auch die Verordnung v. 18. 10. 1903 (S. 299), welche den Vorbehalt des Art. 30 in Ansehung des Ruderkommandos aufhebt.

IX. Notsignale.

Art. 31. Fahrzeuge, welche in Not sind und Hilfe von anderen Fahrzeugen oder vom Lande verlangen, müssen folgende Signale[1]) — zusammen oder einzeln — geben.

Bei Tage:

1. Kanonenschüsse oder andere Knallsignale welche in Zwischenräumen von ungefähr einer Minute Dauer abgefeuert werden.
2. Das Signal NC des „Internationalen Signabuchs".
3. Das Fernsignal, bestehend aus einer viereckigen Flagge, über oder unter welcher ein Ball oder etwas, was einem Balle ähnlich sieht, aufgeheißt ist.
4. Anhaltendes Ertönenlassen irgendeines Nebelsignalapparats.

Bei Nacht:

1. Kanonenschüsse[2]) oder andere Knallsignale, welche in Zwischenräumen von ungefähr einer Minute Dauer abgefeuert werden.
2. Flammensignale auf dem Fahrzeuge, z. B. brennende Teer-, Öltonnen oder dergleichen.

3. Raketen oder Leuchtkugeln[3]) von beliebiger Art und Farbe; dieselben sollen einzeln in kurzen Zwischenräumen abgefeuert werden.
4. Anhaltendes Ertönenlassen irgendeines Nebelsignalapparats.

[1]) Keine Notsignale sind die Manövrierunfähigkeitssignale (vgl. Art. 4d). Über Notsignale als Indiz der Seenot vgl. Schaps Anm. 7 zu § 740 HGB.

[2]) Es dürfen auch andere Signale gegeben werden, z. B. das Tagesfernsignal des Internationalen Signalbuchs (Teil III S. 5). Es besteht aus einem Kegel mit der Spitze nach oben, über oder unter welchem ein Ball oder etwas Ballähnliches aufgeheißt ist (vgl. dazu auch OSA. 1, 424).

[3]) Vgl. dazu UnfVB. I §§ 24, 26.

Art. 32. Vorbehaltlich des Rechtes der Kriegsfahrzeuge, Sternsignale oder Raketen zu anderweitigen Signalzwecken zu benutzen, dürfen Notsignale nur dann angewendet werden, wenn die Fahrzeuge in Not oder Gefahr sind[1]).

[1]) Hierüber entscheidet das pflichtgemäße Ermessen des Schiffers (vgl. Schaps Anm. 9 zu § 740 HGB. bezüglich der „Seenot"). Zuwiderhandlung ist nach § 145 StGB. strafbar.

X. Verpflichtung der Schiffseigentümer und Schiffsführer[1]).

Art. 33. Der Eigentümer und der Führer eines Fahrzeugs haften dafür[2]), daß die zur Ausführung der vorstehenden Vorschriften[3]) erforderlichen Signalapparate[4]) vollständig und in brauchbarem Zustand auf dem Fahrzeuge vorhanden sind[5]).

Im übrigen liegt die Befolgung der Vorschriften dem Führer des Fahrzeugs ob. Führer ist der Schiffer oder dessen berufener Vertreter. Hat das Fahrzeug einen Zwangslotsen angenommen, so hat dieser die in den Art. 16 bis 27 gegebenen Vorschriften zu erfüllen, sofern nicht der Schiffer kraft landesrechtlich ihm zustehender Befugnis den Zwangslotsen seiner Funktionen enthoben hat[6]). Die für die Schiffe und Fahrzeuge der Kaiserlichen Marine geltenden besonderen Bestimmungen werden hierdurch nicht berührt.

[1]) Vgl. UnfVB. § 2.

[2]) Zivilrechtlich und strafrechtlich.

[3]) Sämtliche Vorschriften der SStrO., in denen die Abgabe irgendwelcher Signale (vgl. Note 6 zu Art. 29) angeordnet ist.

[4]) Dazu gehört z. B. die Dampfpfeife, welche so konstruiert sein muß, daß sie ordnungsmäßig anspricht (vgl. OSA. 16, 210; 18, 394); mit ungenügender Schallweite bei Wind muß aber gerechnet werden; vgl. OSA. 19 S. 236, 485), das Nebelhorn und die Glocke (Art. 15 Abs. 3). Vgl. auch OSA. 19, 555.

[5]) Der Kapitän haftet selbst dann, wenn er den Reeder auf die Mängel der Schiffseinrichtung hingewiesen hatte (SA. Hamburg Hansa 1910, 621); er muß sich nötigenfalls weigern, die Fahrt mit ungenügender Ausrüstung anzutreten. HansRGZ. 1928 B Nr. 20.

[6]) Vgl. hierüber Schaps Anm. 20ff. zu Art. 737.

Art. 34. Alle dieser Verordnung entgegenstehenden Vorschriften sind aufgehoben.

Unberührt bleiben die Vorschriften im Art. 19 des internationalen Vertrags, betreffend die polizeiliche Regelung der Fischerei in der Nordsee außerhalb der Küstengewässer, vom 6. Mai 1882 (RGBl. von 1884 S. 25), sowie die Vorschriften in den Art. 5 und 6 des internationalen Vertrags zum Schutze der unterseeischen Telegraphenkabel vom 14. März 1884 (RGBl. von 1888 S. 151).

3. Verordnung über die Abblendung der Seitenlichter und die Einrichtung der Positionslaternen[1]) auf Seeschiffen.

Vom 16. Oktober 1900 (RGBl. 1003 ff.).

[1]) Positionslaternen sind die Seitenlichter und das Topplicht

(s. § 2). — Gegenseitige Anerkennung durch Staatsverträge (z. B. RMBl. 1927, 149). Vgl. Schaps I 850.

4. Bekanntmachung, betr. die Einrichtung der Positionslaternen auf Seeschiffen.

Vom 8. Dezember 1900 (RGBl. S. 1036 ff.) und 17. März 1926 (RGBl. II S. 188).

Vgl. Schaps I S. 850

5. Verordnung, betr. Lotsensignalordnung.

Vom 7. Februar 1907 (RGBl. S. 27).

§ 1. Die nachstehenden Vorschriften gelten für alle Fahrzeuge auf See und auf den mit der See in Zusammenhang stehenden, von Seeschiffen befahrenen Gewässern[1]).

[1]) Lokale Verordnungen können jedoch noch besondere Lotsensignale vorsehen.

§ 2. Lotsensignale im Sinne dieser Vorschriften sind Signale, durch welche ausgedrückt wird, daß auf den signalisierenden Fahrzeugen Lotsen verlangt werden.

Als Lotsensignale gelten:

a) bei Tage:

1. die am Vormaste geheißte, mit einem weißen Streifen von $^1/_5$ der Flaggenbreite umgebene Handelsflagge[1]) (Lotsenflagge); oder
2. das Signal „PT" des Internationalen Signalbuchs; oder
3. die Internationale Flagge „S" mit oder ohne den Internationalen Signalbuchwimpel darüber; oder
4. das Fernsignal, bestehend aus einem Kegel mit der Spitze nach oben geheißt und mit zwei Bällen oder ballähnlichen Gegenständen darüber.

b) bei Nacht:
1. Blaufeuer, welche alle 15 Minuten abgebrannt werden; oder
2. ein unmittelbar über der Verschanzung in Zwischenräumen von kurzer Dauer gezeigtes helles weißes Licht, welches jedesmal ungefähr eine Minute lang sichtbar ist.

[1]) V. v. 10. 3. 1922 (RGBl. 282).

§ 3. Die Lotsensignale dürfen auf den Fahrzeugen nur dann zur Anwendung gelangen, wenn auf ihnen Lotsen verlangt werden. Auch dürfen auf den Fahrzeugen andere, als die im § 2 bezeichneten Signale als Lotsensignale nicht benutzt werden.

§ 4. Der bisher noch in Kraft gewesene Teil der Not- und Lotsensignalordnung für Schiffe auf See und auf den Küstengewässern vom 14. August 1876 (RGBl. S. 187) ist aufgehoben.

6. Verordnung über das Verhalten der Schiffer nach einem Zusammenstoß von Schiffen auf See[1]).

Vom 15. August 1876 (RGBl. S. 189).

§ 1. Nach einem Zusammenstoß von Schiffen[2]) auf See hat der Führer[3]) eines jeden derselben dem anderen Schiffe und den dazu gehörigen Personen zur Abwendung oder Verringerung der nachteiligen Folgen des Zusammenstoßes den erforderlichen Beistand[4]) zu leisten[5]), soweit er dazu ohne erhebliche Gefahr für das eigene Schiff und die darauf befindlichen Personen imstande ist[6]).

Unter dieser Voraussetzung sind die Führer der beteiligten Schiffe verpflichtet, so lange beieinander zu halten bis sie sich darüber Gewißheit verschafft haben, daß keines derselben weiteren Beistandes bedarf [7]).

[1]) Vgl. dazu das Brüsseler Übereinkommen Art. 8. u. 9; II Art. 11 u. 12; ferner Art. 3 des Ges. vom 7. Jan. 1913:

Die Vorschriften, die in bezug auf die Verpflichtung des Kapitäns zur Rettung von Menschen im Artikel 11 des Übereinkommens über die Hilfsleistung und Bergung in Seenot vom 23. September 1910 getroffen sind, kommen ohne Rücksicht auf die Staatsangehörigkeit zur Anwendung.

Wer der im Abs. 1 bezeichneten Verpflichtung zuwiderhandelt, wird mit Geldstrafe bis zu eintausendfünfhundert Mark bestraft.

Vgl. ferner Schaps I S. 958 und 971; North, Die Nothilfepflicht im deutschen Strafrecht (Tübinger Dissertation 1906). Die Verordnung legt dem Schiffer Pflichten im Sinne des § 485 HGB. auf (RG. Hbl. 1912 Nr. 144). — Zuwiderhandlung ist strafbar nach § 145 StGB.

[2]) D. h. nach jedem Zusammenstoße (OSA. 11, 8), auch von Flußschiffen (HansOLG. Hbl. 1895 Nr. 48) und ohne Rücksicht darauf, von wem die Kollision verschuldet war (OSA. 16, 352).

[3]) Siehe die Ergänzungsverordnung vom 29. Juli 1889.

[4]) Nicht den etwa von dem beschädigten Schiff erforderten, sondern den objektiv notwendigen Beistand (vgl. RG. Hbl. 1912 Nr. 144); eine verlangte Hilfsleistung, zu welcher die Sachlage keine Veranlassung gibt, darf der Kapitän verweigern (OSA. 16, 51).

[5]) Eine Aufforderung dazu ist nicht erforderlich (OSA. 1, 719; 4, 754; 13, 72). Der Beistandspflicht ist auch zu genügen, wo dieselbe Erfolg nicht zu versprechen scheint (OSA. 14, 247). — Die öffentlichrechtliche Beistandsverpflichtung auf Grund der vorliegenden Vorschrift schließt den Anspruch auf Berge- oder Hilfslohn nicht aus, soweit nicht die Kollision von dem Beistehenden verschuldet ist (Schaps, Anm. 23 zu § 740). — Der Schiffer darf die Unfallstelle nicht eher verlassen, als bis er sich darüber vergewissert hat, daß das andere Schiff Hilfe nicht braucht (SA. Hamburg Hansa 1910, 443). Bloßer Anruf und äußerer Anschein des verletzten Schiffes genügen hierbei nicht (Hansa 1913, 638; OSA. 19, 168). Ebenso darf der Schiffer erst auf Grund gewissenhafter Untersuchung (z. B. bei Beschädigung des eigenen Schiffes) annehmen, daß die Beistandsleistung mit erheblicher Gefahr verbunden wäre (OSA. 4 Nr. 120); — § 1 ist auch dann zu befolgen, wenn dem anderen Schiff von dritter Seite Hilfe gebracht wird (OSA. 7 Nr. 141).

[6]) Vgl. hierzu OSA. 13 S. 69ff., 511. Evtl. bis zum nächsten Morgen (OSA. 4 Nr. 34).

[7]) Vgl. OSA. 3, 11; 4, 754; 13, 511; Hansa 1914, 42.

§ 2. Vor der Fortsetzung der Fahrt hat jeder Schiffsführer dem anderen den Namen, das Unterscheidungssignal, sowie den Heimats-, den Abgangs- und den Bestimmungshafen seines Schiffes anzugeben, wenn er dieser Verpflichtung ohne Gefahr für das letztere genügen kann[1]).

[1]) Vgl. OSA. 6 S. 27, 29, 471ff.; 9 S. 43, 576; 13 S. 72, 82; 16 S. 490 u. 502; SA. Bremerhaven Hansa 1910, 111.

§ 3. Im Sinne dieser Verordnung sind der See die mit derselben im Zusammenhang stehenden, von Seeschiffen befahrenen Gewässer gleichgestellt[1]).

[1]) In lokalen Verordnungen sind die Pflichten zuweilen erweitert. Z. B. § 58 SWO.; Bremische V. vom 15. Dez. 1911 § 18 (Pflicht des Schiffers, dabei mitzuwirken, daß das sinkende Schiff — das eigene oder gegnerische — aus dem Fahrwasser geschafft wird). Vgl. auch OSA. 16, 664.

§ 4. Die gegenwärtige Verordnung tritt mit dem 1. September d. J. in Kraft.

Zur Ergänzung vorstehender Verordnung ist eine weitere Verordnung vom 29. Juli 1889 (RGBl. 171) ergangen, von welcher seit Inkrafttreten der „Kaiserlichen Verordnung" vom 9. Mai 1897 nur noch folgende Worte in Geltung sind:

Schiffsführer im Sinne der Verordnung über das Verhalten der Schiffer nach einem Zusammenstoße von Schiffen auf See v. 15. August 1876 (RGBl. S. 189) . . . ist der Schiffer oder dessen berufener Vertreter.

— — — — — — — — — — — — — — —

Unberührt durch diese Vorschriften bleiben die für die Schiffe und Fahrzeuge der Kaiserlichen Marine geltenden besonderen Bestimmungen.

7. Verordnung, betr. das Ruderkommando.

Vom 18. Oktober 1903 (RGBl. S. 283).

Im Geltungsbereiche der Kaiserlichen Verordnung zur Verhütung des Zusammenstoßens der Schiffe auf

See vom 9. Mai 1887 (RGBl. S. 203) dürfen auf deutschen Fahrzeugen vom 1. April 1904 ab nur solche Ruderkommandos gebraucht werden, welche die Lage des Ruderblatts, nicht die der Pinne, bezeichnen.

Vom 1. April 1905 ab sind ausschließlich die Kommandoworte „Steuerbord" und „Backbord", soweit erforderlich, mit den das Maß des Ruderlegens angebenden Zusätzen anzuwenden[1]), bis zu jenem Zeitpunkte sind auch die Kommandoworte „Rechts" und „Links" zugelassen.

Der Gebrauch der für Fahrzeuge unter Segel üblichen Kommandoworte, wie „Luv", „Halt ab" u. a., bleibt durch diese Vorschriften unberührt, jedoch sind die Kommandoworte „Ruder in Lee" und „Auf das Ruder" vom 1. April 1904 ab nicht mehr zulässig.

Auf Fahrzeugen, welche ständig in ostasiatischen Küsten- oder Binnengewässern verkehren und mit vorwiegend eingeborener Mannschaft bemannt sind, ist die Anwendung der dort üblichen fremdländischen Kommandoworte zugelassen.

Art. 30 der Kaiserlichen Verordnung zur Verhütung des Zusammenstoßens der Schiffe auf See findet gegenüber den vorstehenden Vorschriften keine Anwendung[3]).

[1]) In erster Reihe bei mündlicher Abgabe des Ruderkommandos. Jedoch ist nach dem Sinne der Verordnung auch die Eintragung im Schiffstagebuch mit den Worten der Verordnung zu bewirken (OSA. 17, 93). Die Internationalisierung dieser Vorschrift wird angestrebt. Vgl. Sebba, EisenbE. 1931 S. 294.

[2]) Über Haftung des Lotsen und für den Lotsen vgl. Schaps I 769ff.; II 65ff.; HansRGZ. 29 B 822, 579, u. 595 RG. Hansa 1927 S. 204; Hansa RZ. 1919 S. 595; Schrader, Lotsmonopol und Staatshaftung. HansRGZ. 1930 A 713.

[3]) D. h. es dürfen keine lokalen Verordnungen erlassen werden, welche dieser Verordnung widersprechen oder sie außer Kraft setzen.

8. Bekanntmachung, betr. die Bezeichnung der Fahrwasser und Untiefen in den deutschen Küstengewässern.

Vom 13. Mai 1912[1])[2]) (RGBl. S. 549).

[1]) Vgl. dazu Verfassung des Deutschen Reichs Art. 101 u. 171 (oben S. 2).

[2]) Über Abblendung von Lichtern an Land, welche die Erkennung der Leuchtfeuer beeinträchtigen können, vgl. PrV. vom 26. 4. 1929 (MBliV. S. 427).

9. Verzeichnis der Lotsenordnungen.

I. Ostpreußen.

1. Polizeiverordnung, betr. die Annahme von Seelotsen v. 25. Juli 1879 mit Nachträgen v. 20. Febr. 1916 u. 13. April 1927 (Amtsbl. Königsberg 1897, 205, 38, 1927, 101).
2. Betriebsordnung für den Königsberger Seekanal v. 24. März 1904 mit Nachträgen v. 16. Febr. 1926 u. 21. Nov. 1927 (Amtsbl. Königsberg 1904, 163, 1926, 34, 1927, 311).
3. Polizeiverordnung betr. die Annahme von Hafflotsen v. 26. Juni 1879, 24. März 1881, 20. Febr. 1926 (Amtsbl. Königsberg 1879, 206, 1881, 97, 1926, 39).

Lotsenpflicht besteht für die Strecken von See nach Königsberg und den übrigen Häfen am frischen Haff, dagegen nicht für das Verholen im Hafen von Königsberg und Pillau.

II. Pommern.

Polizeiverordnung betreffend den Lotsenzwang und den Tiefgang der Schiffe für den Regierungsbezirk Stettin und Stralsund v. 9. Juli 1927 (Amtsbl. Stettin S. 136 und Stralsund S. 106). Es herrscht Lotsenzwang auf allen Fahrwassern, jedoch nicht beim Verholen.

III. Mecklenburg.

1. Verordnung über Lotsenpflicht und Lotsengebühren für den Bezirk Warnemünde-Rostock vom 6. Febr. 1924 (RBBl. S. 15) und Nachtrag v. 25. Aug. 1925 (RBBl. S. 52). Lotsenzwang von See nach Rostock. 2. Verordnung v. 6. Febr. 1924 (RBBl. S. 13 mit Nachträgen v. 20. Sept. 1924 (RBBl. S. 131); v. 20. Juli 1925 (RBBl. S. 45); v. 25. Aug. 1925 (RBBl. S. 51) u. 5. Jan. 1927 (RBBl. S. 37).

IV. Lübeck.

Vgl. Lübeckische Hafenordnung (abgedruckt bei Sebba, SWO. S. 400).

V. Schleswig-Holstein.

Vgl. Twiehaus bei Borchard-Fulst S. 268.

VI. Kaiser-Wilhelm-Kanal.

1. Lotsenordnung für den Kaiser-Wilhelm-Kanal v. 5. Mai 1924 (Amtsbl. Schleswig S. 225 mit Nachtrag v. 28. Aug. 1924 (Amtsbl. Schleswig S. 365). 2. Betriebsordnung für den Kaiser-Wilhelm-Kanal. Vgl. S. 430.

VII. Elbe.

Lotsenordnung für die Unterelbe v. 31. März 1920 (Hamburger Amtsbl. S. 227). Vgl. auch § 6 der Hamburger Hafenordnung (unten S. 502).

VIII. Weser.

Vgl. Twiehaus bei Borchard-Fulst S. 217.

IX. Ems.

Verordnung über das Emslotswesen v. 29. Nov. 1922 (RGBl. II S. 790).

Die Verordnungen über die Lotsengelder und Tarife sind angegeben von Twiehaus bei Borchard-Fulst S. 266 ff.

E. Schiffsunfälle und deren Verhütung.[1])

1. Gesetz, betr. die Untersuchung von Seeunfällen[2])

Vom 27. Juli 1877 (RGBl. S. 549).

§ 1. Zur Untersuchung[3]) der Seeunfälle[4]), von welchen Kauffahrteischiffe[5]) betroffen werden, sind an den deutschen Küsten Seeämter zu errichten[6]).

[1]) Über die Seeunfallversicherung vgl. die Reichsversicherungsordnung vom 19. Juli 1911 §§ 1045—1225 mit vielen Änderungen.

[2]) Noch heute ist für die Praxis maßgebend: Sassen, Die Untersuchung von Seeunfällen. Breslau 1914.

[3]) Über Anzeigen von Seeunfällen der auf einem Seeschiff beschäftigten Personen und die Untersuchung dieser Unfälle durch das Seemannsamt vgl. §§ 1746—1750, 1753—1767 RVO.

Über die Unfallverhütung §§ 1199—1215 RVO.

[4]) Der Begriff des Seeunfalls ist bestritten und schwer abgrenzbar (vgl. Sassen 105ff.). Zum mindesten aber muß eine Gefährdung des Schiffs vorliegen. (OSA. 18, 6; 24, 516) z. B. Strandungsgefahr (OSA. 24, 517). Dazu treten Personenunfälle. Schiffsunfälle sind z. B.: Zusammenstöße eines Schiffs mit einem andern oder mit landfesten Gegenständen, Strandung, Auflaufen, Übergehen der Decklast; Meuterei (OSA. 24, 516); Grundberührung (falls nicht belanglos), Maschinen-, Ruder-, Wellenbruch, Leckspringen, Kentern, Ausbruch von Feuer, Schaden durch Beschießung, Minen, Anrennen gegen ein Wrack, eine Boje, Umfallen im Dock, Verlust von Masten und Takelwerk durch Sturm, Einschlagen der Ladeluken durch die See, Kesselexplosion, Verlust von Schraube oder Ruder, Auseinanderbrechen der Verbände. — Nicht notwendig ist eine äußere Einwirkung oder eine Beschädigung des Schiffs. OSA. 24, 583. Andererseits genügt nicht jede äußere Störung des normalen Fahrtverlaufs (Anhaltung durch ein Kriegsschiff, Eishindernisse), wohl aber Beschlag-

nahme durch Kriegsschiffe oder Behörden, vgl. OSA. 17, 43 u. 141; 24, 583; 25, 326 u. 426 u. 750. Wohl aber u. a. Kohlenmangel (OSA. 12, 700), notwendige Außerbetriebsetzung eines Kessels (OSA. 11, 543). Personenunfall (vgl. auch § 3 Nr. 1) wird nur untersucht, wenn er im Zusammenhang steht mit einem Schiffsunfall (als Ursache oder Wirkung); nicht aber ohne weiteres bei einem Zusammenhang mit den Verhältnissen und Einrichtungen des Schiffs (Sassen 112; OSA. 17, 621; 12, 148; 22, 499) etwa ungenügender Proviantierung (OSA. 13, 363 u. 227). Der reine Personenunfall kann aber zum Schiffsunfall werden, wenn er (z. B. Erkrankung der ganzen Besatzung oder aller Schiffsoffiziere) die ordnungsmäßige Navigation in Frage stellt (OSA. 17, 624). Selbstmorde von Besatzungsmitgliedern unterliegen nach dem Gesetz nicht der Untersuchung, doch weicht die Praxis hiervon vielfach ab (OSA. 9, 273; 10, 231; 20, 43; 18, 258; 21, 207; 22, 289 u. a.). — Die Auslieferung des Schiffes (mit Spritschmuggelware) durch den Kapitän an die Prohibitionsbehörde ist vom OSA. als „Seeunfall" angesehen worden. Fall „Przemysl", OSA. 24, 575 (bedenklich). — Betriebsstörungen sind Seeunfälle, wenn durch sie die Reise gestört oder unterbrochen wird, OSA. 22, 295; desgl. Aneignung des Schiffes durch die Schiffsleitung zu Privatzwecken (OSA. 24, 584).

Seeunfall liegt vor, wenn der Unfall auf See oder den mit der See in Zusammenhang stehenden, von Seeschiffen befahrenen Gewässern erfolgt (Sassen 117). Vgl. Schaps I. Gleichgiltig ist, ob der Unfall ein See- oder Binnenschiff betrifft. (OSA. 10, 365; 13, 725). Sassen 123. Das OSA. hat sich mehrfach für eine möglichst weite Auslegung des Begriffs „Seeunfall" ausgesprochen. Bei Zweifeln dient das Verfahren auch der Aufklärung, ob ein Seeunfall vorliegt. OSA. 25, 749 (Fall „Falke").

[5]) Gegensatz: Kriegsschiff (Sassen 121). Der Begriff des Kauffahrteischiffs ist völlig verwässert. Es gehören alle zum Erwerb dienenden Schiffe dazu, auch Lotsen-, Schlepp-, Fischerei-, Bergungsfahrzeuge, aber auch alle Forschungs-, Vergnügungs-, Schulschiffe, Jachten und Bagger. Vgl. Wüstendörfer 85; Seuff. Arch. 63, 187; OSA. 16, 320; 17, 537. Die Erstreckung auf Seeflugzeuge oder Flugzeuge überhaupt (vgl. SA. Stettin Arch. f. Luftrecht 1931 S. 54) aber geht bereits über den Rahmen zulässiger Auslegung hinaus. Vgl. Sebba ibid. S. 127ff. Schaffung eines Luftamts oder gesetzliche Unterstellung unter das SUG. (aus technischen Gründen bedenklich) erscheint geboten.

Vgl. Sebba a. a. O. — Unfälle von Kriegsschiffen werden durch besondere Havariekommissionen der Marine untersucht. Sassen 122f. — Staatsschiffe, die nicht Kriegsschiffe sind, gelten als Kauffahrteischiffe. Sassen 123.

[6]) Vgl. dazu § 6.

§ 2. Gegenstand der Untersuchung (§ 1) sind Seeunfälle:

1. deutscher Kauffahrteischiffe[1]);
2. ausländischer Kauffahrteischiffe, wenn
   a) der Unfall sich innerhalb der deutschen Küstengewässer[2]) ereignet hat, oder
   b) die Untersuchung vom Reichskanzler angeordnet ist[3]).

[1]) Maßgebend für die Nationalität ist das Recht zur Führung der Nationalflagge. Vgl. Schaps I 18ff.; OSA. 24, 582 (ohne Prüfung, ob die Eintragung materiell zu Recht erfolgt ist). Gleichgiltig ist, ob sich der Unfall in deutschen oder ausländischen Küstengewässern oder auf hoher See ereignet.

[2]) Der Begriff ist den allg. Sätzen des Völkerrechts zu entnehmen. Näheres Sassen 128.

[3]) Z. B. wenn ein Schiff mit deutscher Ladung oder deutschen Passagieren in der Nähe der deutschen Küste, aber außerhalb der Hoheitsgewässer strandet (Motive S. 5) oder auf Wunsch einer ausländischen Regierung (Sassen 129) ohne daß hierzu eine Verpflichtung besteht. Vgl. den Fall „Falke“, OSA. 25, 728.

§ 3. Das Seeamt ist verpflichtet, die Untersuchung vorzunehmen [1])

1. wenn bei dem Unfalle[2]) entweder Menschenleben verloren gegangen, oder ein Schiff gesunken oder aufgegeben[3]) ist;
2. wenn die Untersuchung vom Reichskanzler angeordnet ist.

Bei sonstigen Seeunfällen bleibt die Vornahme der Untersuchung dem Ermessen des Seeamts überlassen.

[1]) In allen übrigen Fällen ist das freie Ermessen des SA. maßgebend (Abs. 2).

[2]) Oder als Folge des Unfalls; z. B. der bei dem Unfall Verletzte stirbt nach Beendigung der Seereise.

[3]) Vgl. §§ 530, 479 HGB. Jedoch genügt auch die tatsächliche Aufgabe des Schiffes, z. B. das Verlassen des Schiffs ohne die Absicht der Wiedererlangung.

§ 4. Durch die Untersuchung sollen die Ursachen des Seeunfalles[1]), sowie alle mit demselben zusammenhängenden Tatumstände[2]) ermittelt werden.

Insbesondere ist festzustellen:

1. ob der Schiffer oder der Steuermann durch Handlungen oder Unterlassungen den Unfall oder dessen Folgen verschuldet hat[3]);
2. ob Mängel in der Bauart[4]), Beschaffenheit, Ausrüstung[5]), Beladung[6]) oder in der Bemannung des Schiffes[7]), oder
3. ob Mängel des Fahrwassers[8]) oder der für die Schiffahrt bestimmten Hilfseinrichtungen (der Seezeichen[9]), des Lotsenwesens, der Rettungsanstalten usw.) oder Handlungen oder Unterlassungen der zur Handhabung dieser Einrichtungen bestellten Personen[10]) den Unfall oder dessen Folgen herbeigeführt haben;
4. ob die zur Verhütung des Zusammenstoßens von Schiffen auf See[11]) und die über das Verhalten nach einem solchen Zusammenstoßen erlassenen Vorschriften[12]) befolgt worden sind.

[1]) Im weitesten Sinne, nicht nur die adäquaten Ursachen (vgl. Schaps I § 735 Anm. 37ff.).

[2]) Z. B. der Ablauf des Unfalls selbst und seiner Folgen, die zufälligen Ereignisse, von denen dieser Ablauf abhängig war.

[3]) Über den Verschuldensbegriff vgl. Schaps I § 735 Anm. 14ff. Untergrabung der Disziplin durch Mißhandlungen OSA 13, 275.

[4]) Auch in Verbindung mit anderen, im Betriebe liegenden Umständen z. B. Wellenbruch durch Betrieb der Maschine im

Bereich der kritischen Drehzahl. (SA. HambFrBl. v. 21. 3. 31). Vgl. auch OSA. 13, 670; 15, 676.

5) Dazu gehören auch Leuchtfeuer. OSA. 24, 388.

6) Stauung, Abschottung, Entlüftung usw. Im übrigen werden hier die UnfVV. der Seeberufsgenossenschaft in erster Linie zu berücksichtigen sein. Vgl. S. 324. OSA. 15, 414; 22, 108; 23, 158.

7) Insbes. ungenügende Bemannung (bei Seglern ist die Größe der Takelage maßgebend, OSA. 16, 70) oder mangelnde Qualifikation i. S. der V. über die Besatzung v. Kauffahrteischiffen mit Schiffsoffizieren. Vgl. S. 185 OSA. 13, 125; 17, 631; 19, 160; 20, 409; 22, 426; 23, 448; auch Überanstrengung der Besatzung (OSA. 13, 30; 17, 194); mangelnde Disziplin (OSA. 16, 312); vgl. auch 24, 27; 24, 266; ungenügendes Maschinenpersonal (OSA. 24, 361).

8) Nicht im technischen Sinne zu verstehen (vgl. Sebba, SWO. § 6; Schaps I S. 854). Hier ist die Beschaffenheit der Unfallstelle gemeint, z. B. auch auf Seekarten nicht verzeichnete Riffe und Untiefen. Nur durch die Strombauverwaltung abstellbare Mängel (nicht auch natürliche) sind gemeint. OSA. 24, 428 (m. E. zu eng).

9) Vgl. OSA. 14, 731; 15, 49; 16, 764; 17, 385; 18, 595; 19, 154, u. a.

10) Über das Verfahren gegen Lotsen vgl. Sassen 223.

11) Vgl. die bei Schaps I S. 850—854 abgedruckten Verordn. In erster Reihe steht aber die SStrO. (Schaps I 803 ff.) und die SWO. (vgl. Sebba, SWO., Guttentag Nr. 171) ferner örtliche Verordn. (Schaps II 651—868).

12) Vgl. die VO. oben S. 297 Dazu OSA. 13, 511; 16, 345.

§ 5. Zuständig für die Untersuchung ist das Seeamt:

1. in dessen Bezirk der Hafen liegt, welchen das Schiff nach dem Unfalle zunächst erreicht;
2. dessen Sitz dem Ort des Unfalles zunächst belegen ist[1]);
3. in dessen Bezirk der Heimatshafen des Schiffes liegt[2]).

Unter mehreren hiernach zuständigen Seeämtern gebührt demjenigen der Vorzug, welches die Untersuchung zuerst eingeleitet hat [3]). Jedoch kann die Untersuchung einem anderen der zuständigen[4]) Seeämter durch das Reichskanzleramt übertragen werden[5]).

Entstehen Streitigkeiten oder Zweifel über die Zuständigkeit, so entscheidet das Reichskanzleramt.

[1]) Kann nur bei Unfällen an oder in der Nähe der Küste gelten, aber nicht für Unfälle auf hoher See oder gar in Gewässern ohne deutsche Küste.

[2]) § 480 HGB.; Schaps I 87.

[3]) Vgl. § 16. Abgabe der Akten durch die unzuständigen Seeämter an das zuerst tätig gewordene.

[4]) Nicht einem nach § 5 Nr. 1—3 unzuständigen SA. Dagegen de lege ferenda: Sassen 150.

[5]) über Gründe hierfür (Sassen 149); Zweckmäßigkeit, Besorgnis der Befangenheit usw. Alsdann erfolgt Abgabe der Akten an das für zuständig erklärte SA.

§ 6[1]). Die Errichtung der Seeämter und die Bestimmung der Behörden, welche die Aufsicht über diese Ämter zu führen haben, steht den Landesregierungen nach Maßgabe der Landesgesetze, die Abgrenzung ihrer Bezirke dem Bundesrat zu[2]).

Die Oberaufsicht über die Seeämter führt das Reich.

[1]) Vgl. Bekanntmachung betreffend die Bildung der Seeamtsbezirke vom 1. Dezember 1877 (ZBlDR. S. 621).

[2]) Zurzeit sind folgende Seeämter tätig; Königsberg, Stettin, Stralsund, Rostock, Lübeck, Flensburg, Tönning, Hamburg, Bremerhaven, Brake, Emden. über die Abgrenzung der Bezirke vgl. Sassen 135.

§ 7. Das Seeamt bildet eine kollegiale Behörde und besteht aus einem Vorsitzenden und vier Beisitzern.

Der Vorsitzende muß die Fähigkeit zum Richteramt besitzen. Er wird für die Dauer des zur Zeit seiner Ernennung von ihm bekleideten Amts, oder, falls er zur Zeit seiner Ernennung ein Amt nicht bekleidet, auf Lebenszeit ernannt. Die letztere Bestimmung findet auf einen, für den Fall der Verhinderung oder Ablehnung des Vorsitzenden ernannten Stellvertreter keine Anwendung.

Mindestens zwei der Beisitzer müssen die Befähigung als Seeschiffer besitzen[1]) und müssen als solche gefahren haben.

[1]) Verletzung der Vorschrift führt zur Aufhebung des Spruchs. Über eine (bedenkliche) Ausnahme vgl. OSA. 24, 247.

§ 8. Die Aufsichtsbehörde hat für jedes Seeamt auf jedes Jahr im voraus eine Liste für das Amt eines Beisitzers geeigneter Personen aufzustellen und dem Vorsitzenden des Seeamts mitzuteilen. Die Zahl der in die Liste aufzunehmenden Personen bestimmt die Aufsichtsbehörde nach Maßgabe des Bedürfnisses. Wo eine Vertretung des Reeder-, Schiffer- und Handelsstandes vorhanden ist, ist dieselbe vor Aufstellung der Liste mit ihren Vorschlägen zu hören.

§ 9. Der Vorsitzende des Seeamts wählt für jeden Untersuchungsfall[1]) aus der Liste vier Beisitzer und, wenn erforderlich, einen Stellvertreter aus, beruft dieselben ein und beeidigt sie auf die Erfüllung der Obliegenheiten ihres Amts[2]).

[1]) Zulässig ist ihre Bestellung für alle, an einem Sitzungstage entstehenden Verhandlungen. Sassen 138.

[2]) In der Praxis nach § 4 der GeschOrd. für das OSA., d. h. gemäß § 51 GVG. Vgl. auch OSA. 15, 122.

§ 10. Auf die Befähigung zum Amt eines Beisitzers finden die in den §§ 31 bis 34 des Gerichtsverfassungsgesetzes enthaltenen Bestimmungen entsprechende Anwendung[1]), jedoch tritt an die Stelle des § 33 Nr. 2 folgende Bestimmung:

2. Personen, welche zur Zeit der Aufstellung der Liste den Wohnsitz nicht im Bezirk des Seeamts haben,

und fallen unter § 34 Nr. 9 die der aktiven Marine angehörenden Militärpersonen aus.

Die Berufung zum Amt eines Beisitzers können ablehnen:

1. Mitglieder einer deutschen gesetzgebenden Versammlung;
2. Personen, welche zur Zeit der Aufstellung der Liste (§ 8) das 65. Lebensjahr vollendet haben, oder bis zum Ablauf des Jahres, für welches die Liste gilt, vollenden würden;
3. Personen, welche im letzten Jahre die Verpflichtung eines Beisitzers erfüllt haben.

Die Beisitzer erhalten aus Landesmitteln Vergütung der Reisekosten und Tagegelder, deren Höhe die Landesregierungen bestimmen.

[1]) Ausgeschlossen ist ein Beisitzer, wenn er in der Sache als Polizeibeamter tätig gewesen ist (OSA. 16, 494).

[2]) Bei Verstoß gegen die Vorschriften ist das Verfahren und der ergangene Spruch nichtig (Sassen 139), vorausgesetzt, daß bei einem der Mitwirkenden Unfähigkeit vorlag. Zur Ablehnung eines Mitgliedes des SA. sind berechtigt (§ 19): der Reichskommissar und alle diejenigen, gegen welche ein Antrag gemäß § 26 gestellt werden kann (Sassen 146).

§ 11. Der aktiven Marine angehörende Militärpersonen[1]) werden nicht in die Liste aufgenommen. Der Vorsitzende des Seeamts kann jedoch eine der aktiven Marine angehörende Militärperson mit ihrer Zustimmung zum Beisitzer wählen, und zwar ohne Rücksicht auf ihren Wohnsitz im Bezirk des Seeamts. Die Wahl aus der Liste beschränkt sich für diesen Fall auf drei Beisitzer und, wenn erforderlich, einen Stellvertreter.

[1]) Vgl. dazu Sassen 152, 282.

§ 12. Über Entschuldigungsgesuche der Beisitzer und über Ablehnungsanträge entscheidet endgültig der Vorsitzende.

Beisitzer, welche ohne genügende Entschuldigung zu den Sitzungen nicht rechtzeitig sich einfinden, oder ihren Obliegenheiten in anderer Weise sich entziehen, sind zu einer Ordnungsstrafe von 10 bis 300 Mark, sowie in die verursachten Kosten zu verurteilen.

Die Verurteilung wird durch den Vorsitzenden ausgesprochen. Erfolgt nachträglich genügende Entschuldigung, so kann die Verurteilung ganz oder teilweise zurückgenommen werden. Gegen die letztere findet Beschwerde von seiten des Verurteilten an die Aufsichtsbehörde statt.

§ 13. Der Reichskanzler bestellt für jedes Seeamt einen Kommissar[1]), welcher Anträge an das Seeamt oder seinen Vorsitzenden zu stellen, den Verhandlungen des Seeamts beizuwohnen, Einsicht von den Akten zu nehmen und für den Fall, daß der Vorsitzende die Einleitung einer Untersuchung verweigert, Anträge auf Anordnung einer Untersuchung bei dem Reichskanzler zu stellen berechtigt ist. Dieselbe Person kann für mehrere Seeämter als Kommissar bestellt werden.

[1]) Vgl. über die Wahl eines aktiven Marineangehörigen OSA. 16, 494.

§ 14[1]). Die für die Aufnahme der Verklarungen zuständigen Gerichte, die Hafenbehörden, die Strandbehörden, die Seemannsämter und die Schiffsregisterbehörden sind verpflichtet, von den zu ihrer Kenntnis gelangenden Seeunfällen einem zuständigen Seeamt (§ 5) ungesäumt Anzeige zu machen.

[1]) Vgl. auch Zirkularerlaß an die Kaiserl. Konsulate zur Ausführung des Gesetzes betreffend die Untersuchung von Seeunfällen vom 23. November 1877 (ZBlDR. S. 634). Schaps II, 446. Über die in § 14 genannten Behörden vgl. Schaps I 225ff. (Verklarung); I 18ff. (Schiffsregister); II 696 ff. (Hafenbehörden); II 530 (Strandbehörden); II 175 (Seemannsämter); Sassen 160.

§ 15. Die deutschen Seeämter im Auslande (Konsulate) haben, sobald sie von einem Seeunfalle Kenntnis erlangen, zur vorläufigen Feststellung des Tatbestandes diejenigen Ermittlungen und Beweiserhebungen vorzunehmen, welche keinen Aufschub dulden[1]).

[1]) Nach Art eines Beweissicherungsverfahrens in allen Fällen (auch den nicht nach § 3 Nr. 1 qualifizierten); die Entscheidung über die Notwendigkeit des Verfahrens darf dem SA. nicht vorweggenommen werden (ähnlich Sassen 163) § 16.

§ 16. Über die Einleitung der Untersuchung beschließt der Vorsitzende[1]).

Ihm liegen die zur Vorbereitung der Hauptverhandlung erforderlichen Ermittlungen[2]), die Anberaumung der Hauptverhandlung, die für dieselbe erforderlichen Ladungen der beteiligten Zeugen und Sachverständigen, die rechtzeitige Herbeischaffung der Beweismittel und die sonstigen Vorbereitungen zur Hauptverhandlung ob.

Auch andere Verfügungen, wenn sie keinen Aufschub leiden, namentlich auch wegen Vernehmung und Beeidigung der Zeugen bei Gefahr im Verzuge, kann der Vorsitzende erlassen, solange das Seeamt nicht versammelt ist[3]).

[1]) Evtl. im Falle der Ablehnung auf Beschwerde des Reichskommissars (§ 13) der Reichskanzler. Daneben kann jeder Interessent an den Reichskanzler die Beschwerde im Dienstaufsichtswege richten (Sassen 169). — Vorermittelungen zwecks Prüfung der Notwendigkeit des Verfahrens durch den Vorsitzenden sind zulässig (OSA. 15, 124; Sassen 169). Doch erübrigen sie keinesfalls die Wiederholung der gesamten Beweisaufnahme im Verhandlungstermin, wenn nicht der Fall des Abs. 3 vorliegt. Näheres Sassen 169.

[2]) Feststellung der Identität der Schiffe, Einforderung von Registerauszug, Ladungspapieren, Klassifikationszertifikaten, Musterrollen, Wetterauskünften, Plänen und Rissen, Verklarungen, Lukenbesichtigungsattesten, Schiffstagebuch, Maschinenjournal, Seekarten usw.

[3]) Dieser vorweggenommene Teil des Hauptverfahrens ersetzt die Voruntersuchung. Zeugenaussagen dürfen in der Hauptverhandlung nur verwertet werden, wenn sie eidlich sind. Ausnahmen: Aussagen der Untersuchungsbeteiligten des § 26. Diese und der Reichskommissar sind zu den Vorermittelungen zu laden.

§ 17. Ist wegen eines Seeunfalls eine gerichtliche Untersuchung eröffnet[1]), so ist der Vorsitzende befugt, die Einleitung oder Fortsetzung der Untersuchung desselben Seeunfalls bis zur Beendigung des gerichtlichen Verfahrens auszusetzen. Ist jedoch das Seeamt bereits versammelt, so steht diese Befugnis nur dem letzteren zu.

[1]) Der Vorsitzende kann auch seinerseits das Einschreiten der Staatsanwaltschaft veranlassen.

§ 18. Das Seeamt ist befugt, Beweis durch Einnahme des Augenscheins zu erheben[1]), Zeugen und Sachverständige zu laden und dieselben eidlich zu vernehmen[2])[3]).

[1]) Alle Mitglieder des Seeamts müssen an der Besichtigung teilnehmen. Erfolgt diese im Vorverfahren durch den Vorsitzenden (unter Zuziehung eines Protokollführers — Sassen 186), so muß das Protokoll in der Verhandlung verlesen werden.

[2]) Zu laden sind: der Reichskommissar, der Schiffer, der Steuermann, alle Schiffsoffiziere und Maschinisten (§ 16 Abs. 2). Ausnahmen nur, soweit feststeht, daß einer der Beteiligten zu dem Unfall und seinen Folgen in keiner Beziehung steht (OSA. 8, 219). Über Entbehrlichkeit nachträglicher Beeidigung von Zeugenaussagen vgl. OSA. 15, 87.

[3]) Nicht jede Auskunft eines Beisitzers in der Hauptverhandlung kann als eine Vernehmung als Sachverständiger angesehen werden. OSA. 13, 654.

§ 19. Soweit dieses Gesetz nicht abweichende Bestimmungen enthält, finden auf das Verfahren die Bestimmungen des Gerichtsverfassungsgesetzes Titel 15 und 16 und die Strafprozeßordnung Buch 1, Abschnitt 3, 6 und 7 entsprechende Anwendung[1]).

Die Festsetzung und Vollstreckung von Strafen gegen Zeugen und Sachverständige, sowie die Vorführung eines nicht erschienenen Zeugen erfolgen auf Ersuchen durch das zuständige Gericht. Anordnung der Haft zur Erzwingung eines Zeugnisses findet nicht statt.

[1]) Zeugen dürfen vor ihrer Vernehmung der Verhandlung nicht beiwohnen. Ausnahme: Kapitän und Schiffsoffiziere des

Schiffes, dem die Untersuchung gilt. OSA. 15, 123. Bedeutung des Schiffstagebuchs als Beweismittel (nur bei ordnungsmäßiger Führung); vgl. OSA. 15, 647; 19, 271; 20, 89; 22, 15; 23, 239; 24, 187 u. 255; u. a. Gegenüberstellung von Zeugen OSA. 13, 28; Aussetzung der Beeidigung des Schiffers wegen widersprechender Angaben in seinen verschiedenen Aussagen. OSA. 14, 273. Vernehmung der Zeugen muß grundsätzlich in der Hauptverhandlung erfolgen, OSA. 15, 124; 17, 789. Anwendung der Vorschriften der StPO. vor dem SA. vgl. OSA. 15, 418. Die Aussagen eines Angeschuldigten (gegen den Entziehung des Patents beantragt ist) können nicht als vollwertige Zeugenaussagen gelten. OSA. 14, 631. Widersprechende Zeugenaussagen: OSA. 16, 402; 20, 32; 21, 31; 22, 125; 23, 17 u. a. Die Art der Zeugenladung bestimmt sich nach der StPO. (OSA. 19, 534). Widerspruch zwischen den Angaben des Kapitäns und dem Maschinentagebuch. OSA. 24, 10.

§ 20. Anträgen des Seeamts sind die Gerichte und die in § 14 genannten Behörden innerhalb ihrer Zuständigkeit zu entsprechen verpflichtet.

§ 21. Das Verfahren vor dem Seeamt ist öffentlich und mündlich[1]).

Der Vorsitzende leitet die Verhandlungen, bei deren Eröffnung er eine Darstellung der bisher über den Seeunfall veranlaßten Ermittlungen (§§ 15, 16) zu geben hat[2]). Den Beisitzern, sowie dem Reichskommissar steht das Recht zu, an die zur Vernehmung erschienenen Personen unmittelbar Fragen zu stellen. Das Seeamt faßt seine Beschlüsse nach Stimmenmehrheit.

[1]) Für das Vorverfahren (§§ 15, 16 Abs. 3) gilt Parteiöffentlichkeit. — Beigebrachte Gutachten, eingezogene Auskünfte usw. müssen in der Verhandlung vorgetragen werden.

[2]) Die Zeugen dürfen dabei nicht anwesend sein (Sassen 184), wohl aber müssen die nach § 26 Beteiligten ihn anhören.

§ 22. Der Schiffer und der Steuermann des Schiffes, dessen Unfall den Gegenstand der Untersuchung bildet, sind als Zeugen nur auf Beschluß des Seeamts zu beeidigen[1]). Dieselben können[2]) Anträge stellen[3]), über welche das Seeamt zu befinden hat, an die zur Vernehmung erschienenen Personen unmittelbar Fragen richten, auch sich eines rechts- oder sachkundigen Beistandes bedienen[4]).

[1]) Solange noch die Möglichkeit besteht, daß gegen sie ein Antrag aus § 26 gestellt wird, ist ihre Beeidigung nicht zu beschließen. Auch mangels eines solchen Antrags ist von der Beeidigung abzusehen, wenn das SA. sie für schuldig an dem Unfall hält. Andernfalls aber müssen sie beeidigt werden. Vgl. auch OSA. 15, 779; 17, 27.

[2]) Nachdem sie sich legitimiert haben, insbes. durch Vorlegung des Befähigungszeugnisses (Sassen 202).

[3]) Über einen verspäteten Antrag auf Erhebung des Entlastungsbeweises und Zulassung wegen Unbeholfenheit des Antragstellers vgl. OSA. 13, 93.

[4]) Ob sie sich im Falle ihres Nichterscheinens vertreten lassen können, ist streitig. Die Praxis läßt es überwiegend zu. Dagegen Sassen 199. Beistand auch für Lotsen: OSA. 16, 774.

§ 23. Zweifel über die Zulässigkeit einer Frage entscheidet in allen Fällen das Seeamt.

§ 24. Über die mündliche Verhandlung wird ein Protokoll aufgenommen, welches die Namen der Anwesenden und die wesentlichen Momente der Verhandlung enthalten muß. Das Protokoll wird von dem Vorsitzenden und dem Protokollführer unterzeichnet.

§ 25. Nach Schluß der Verhandlungen[1]) hat das Seeamt über die Ursachen des Seeunfalls (§ 4) seinen Spruch abzugeben[2]). Derselbe muß mit Gründen versehen sein und hat insbesondere das Ergebnis der Beweisverhandlungen festzustellen[3]). Der Spruch ist schriftlich abzufassen und spätestens innerhalb vierzehn Tagen nach Schluß der Verhandlungen in öffentlicher Sitzung zu verkünden. Dem Reichskommissar, sowie auf Verlangen dem Schiffer und dem Steuermann ist Ausfertigung des Spruches mitzuteilen.

[1]) Eine Unterbrechung oder Aussetzung der Verhandlung ist vom Gesetz nicht erwähnt, wird jedoch von der Praxis nach Ana-

logie der §§ 227, 228 StPO. zugelassen (OSA. 15, 417; 17, 279) und zwar ohne Bindung an die Unterbrechungszeit von 4 Tagen. Immerhin wird sich eine Wiederholung der ganzen Verhandlung nur erübrigen, wenn bei Überschreitung dieser Frist alle Beteiligten sich einverstanden erklären und nach Lage der Sache die Einheitlichkeit der Verhandlung erinnerungsmäßig fortbesteht. Selbstverständlich muß die Besetzung des SA. die gleiche bleiben.

²) Der Spruch enthält in seinem Tenor die Angabe der Gründe des Unfalls und gegebenenfalls den Ausspruch der Patententziehung. Auch wenn eine solche nicht beantragt war, kann (muß aber nicht) die Schuldlosigkeit der Schiffsleitung und eine Anerkennung ihres Verhaltens oder des Verhaltens anderer Schiffe und Personen oder Behörden (OSA. 14, 220; 16, 508 u. a.) zum Ausdruck gebracht werden. Ein Verschulden darf stets festgestellt werden; unzulässig aber ist die Erteilung eines Verweises oder einer Rüge oder die Feststellung einer zivilrechtlichen Verantwortlichkeit (OSA. 15, 232 u. 531). Vorschläge und Wünsche zur Verbesserung von Schiffahrtseinrichtungen sind zulässig. (Vgl. OSA. 15, 326; 20, 95). Über eine beantragte Patententziehung muß ausdrücklich erkannt werden (OSA. 18, 787). — Zulässig ist die Interpretierung von Schiffbauvorschriften (z. B. des Germ. Lloyd.) OSA. 17, 728.

³) An Feststellungen der ordentlichen Gerichte ist das SA. nicht gebunden. OSA. 13, 276.

§ 26. Auf Antrag des Reichskommissars[1]) kann, wenn sich ergibt, daß ein deutscher Schiffer oder Steuermann[2]) den Unfall oder dessen Folgen infolge des Mangels solcher Eigenschaften[3]), welche zur Ausübung seines Gewerbes erforderlich sind[4]), verschuldet hat[5]), demselben durch den Spruch (§ 25) zugleich die Befugnis zur Ausübung seines Gewerbes (§ 31 der Gewerbeordnung vom 21. Juni 1869) entzogen werden[6]).

Einem Schiffer, dem die Befugnis entzogen wird, kann nach Ermessen des Seeamts auch die Ausübung des Steuermannsgewerbes untersagt werden[7]).

¹) Wird der Antrag gegen eine nicht erschienene und nicht geladene Person gestellt, so muß die Verhandlung vertagt werden zwecks Ladung. Dagegen kann über den Antrag verhandelt werden, wenn der nicht Erschienene sich durch einen Beistand vertreten

läßt (vgl. dazu § 22). Vgl. dazu OSA. 2, 591; 4, 80; 6, 493; Sassen 202. — Der Antrag kann jederzeit bis zum Schluß der Verhandlung gestellt und zurückgenommen werden. Vgl. über den Umfang des Antragserfordernisses OSA. 25, 746 (Fall „Falke").

[2]) Nicht auch sonstigen Schiffsoffizieren (Arzt, Proviant- und Zahlmeister § 2 SO.). Es ist zulässig, einem Steuermann die in seinem Patent enthaltene Befugnis als Schiffer auf kleiner Fahrt zu entziehen, während er als Steuermann weiter fahren darf. OSA. 24, 252. Der Antrag ist nach dem Ges. v. 11. 6. 78 (RGBl. 109) auch gegen Maschinisten von Seedampfschiffen zulässig (OSA. 24, 85 u. 235). — Nicht erforderlich ist, daß die Person gerade in der durch ihr Patent verbrieften Eigenschaft angestellt oder in dieser Eigenschaft dienstlich tätig war (OSA. 6, 493). Auch ein nach dem Unfall erlangtes Patent als Schiffer kann entzogen werden (OSA. 11, 669). Ebenso das Patent eines Geisteskranken (OSA. 16, 29). Der Betroffene hat das Recht der Erwiderung. — Nur deutsche Patente können entzogen werden und zwar nach dem Wortlaut des Gesetzes nur deutschen Staatsangehörigen. (Anders Sassen 215).

[3]) Auch moralische Eigenschaften, wenn deren Fehlen zu einem Seeunfall geführt hat. OSA. 13, 276; 24, 588. (Wie unzureichend diese Regelung ist, hat der Spruch des OSA. im Falle „Falke" gezeigt). OSA. 25, 726. Auch hohes Alter. OSA. 24, 133.

[4]) Mängel der körperlichen oder geistigen Gesundheit, des Farbenunterscheidungs- oder Hörvermögens, der technischen Kenntnisse oder Fertigkeiten, der Umsicht, Zuverlässigkeit, Nüchternheit. Auch Mangel der Autorität (vgl. OSA. 16, 358; 17, 441).

[5]) Erforderlich ist die Kausalität (auch nur mitwirkende Ursächlichkeit) des Mangels für den konkreten Unfall. OSA. 8, 122; 9, 579; 10, 137; 14, 803 u. a. Geisteskrankheit gilt als Verschulden (OSA. 16, 29) i. S. des § 26, der nicht nach zivilrechtl. Gesichtspunkten auszulegen ist. — Verhalten bei anderen Gelegenheiten kann nicht für die Feststellung der Schuld, sondern nur insofern verwertet werden, als es sich um die Frage handelt, ob das schuldhafte Verhalten im konkreten Falle die Entziehung rechtfertigt. (OSA. 7, 134; 8, 329 u. a). Z. B. vorsätzliches Überschreiten der Hoheitsgrenze beim Fischen (SA. Bremerhaven, HambFrBl. v. 29. 9. 1931). Auch ein schuldhaftes Verhalten nach unverschuldetem Unfall („Folgen des Unfalls") kann ausreichen. Desgl. ein außerhalb des Bordverhältnisses bewiesenes unwürdiges, unfähiges und kausales Verhalten. (Sassen 221). Fährt ein

Schiffer als Steuermann, so kann ihm das Schifferpatent oder auch beide Patente entzogen werden, nicht aber das Steuermannpatent allein (Sassen 222). Einem Lotsen können seine Patente, aber nicht seine Gewerbebefugnis als Lotse entzogen werden, weil insofern nur die Landesbehörden zuständig sind. (Näheres Sassen 223). — Sowohl die nautische Unfähigkeit, als die moralische Unwürdigkeit müssen in Ausübung des Berufes bewiesen worden sein. (Sassen 226). Weitergehend OSA. 3, 775. Über Mißbrauch der Disziplinargewalt vgl. OSA. 21, 98. Reise ohne Fahrterlaubnisschein OSA. 24, 159.

[6]) Die Entziehung setzt den Antrag des Reichskommissars voraus (OSA. 17, 180), kann aber über den Antrag hinausgehen (Abs. 2). Bestritten ist, ob das Patent entzogen werden kann, wenn das Examen zwar bestanden, das Befähigungszeugnis aber noch nicht erteilt ist. Ferner, ob ein freiwilliger Verzicht auf das Patent den Ausspruch der Entziehung erübrigt (dazu OSA. 15, 221; Sassen 215). Zeitliche Begrenzung der Entziehung ist unzulässig, ebenso andere Einschränkungen (auf besondere Schiffskategorien oder Reisen). Vgl. OSA. 5, 89; 16, 379. Auch einem Lotsen kann das Schifferpatent entzogen werden (OSA. 22, 215). Ist der Schiffer ordnungsmäßig geladen, so kann ihm das Patent entzogen werden, auch wenn er nicht erschienen ist. OSA. 15, 77.

[7]) Vgl. die Anm. zu Abs. 1.

§ 27. Hat das Seeamt durch seine Entscheidung einem Schiffer oder Steuermann die Befugnis zur Ausübung des Gewerbes entzogen, oder hat es einem hierauf gerichteten Antrage des Kommissars (§ 13) keine Folge gegeben[1]), so steht im ersteren Falle dem Schiffer oder Steuermann, im letzteren dem Kommissar gegen diese Entscheidung das Rechtsmittel der Beschwerde[2]) an das Ober-Seeamt zu. Die Beschwerde muß binnen vierzehn Tagen nach der Verkündung, oder, wenn diese in Abwesenheit des Beschwerdeführers erfolgt ist, nach der Zustellung des Urteils bei dem Seeamt zu Protokoll oder schriftlich eingelegt werden. Dem Beschwerdeführer, welchem das Urteil noch nicht zugestellt war, ist dasselbe nach Einlegung der Beschwerde zuzustellen.

Die Beschwerde muß bei Einlegung des Rechtsmittels oder spätestens binnen weiterer vierzehn Tage nach Ablauf der Frist zu dessen Einlegung, oder, wenn zu dieser Zeit das Urteil noch nicht zugestellt war, nach Zustellung desselben bei dem Seeamt zu Protokoll oder schriftlich gerechtfertigt werden[3]).

Die Einlegung der Beschwerde hat keine aufschiebende Wirkung[4]).

[1]) Auch wenn der Reichskommissar den Antrag bedingt gestellt hatte und die Bedingung (z. B. Annahme eines Verschuldens) eingetreten war oder wenn er Aussetzung des Verfahrens unter Vorbehalt des Antrags auf Patententziehung beantragt hatte, das SA. aber dem Aussetzungsantrage nicht Folge gab. OSA. 7, 119; 3, 542.

[2]) Es genügt jede Erklärung, die den Willen erkennen läßt, den Spruch anzufechten. Vgl. OSA. 5, 85. Beschwerderecht des Reichskommissars auch dort, wo die Entziehung eines Patents nicht an seinen Antrag gebunden sein sollte (§ 26 Abs. 2). OSA. 25, 747 (Fall „Falke").

[3]) Unterlassung der Begründung oder Versäumung der Frist stellen die Wirksamkeit der Beschwerde nicht in Frage (OSA. 5, 86; 13, 570).

[4]) Ausnahmen in § 28 Satz 3 in Verb. mit Zirkularerlaß des Reichskanzlers v. 23. 11. 77. (Vgl. Sassen 230). Im übrigen aber darf derjenige, dem ein Patent entzogen ist, einstweilen nicht in einer dieses Patent erfordernden Stellung fahren.

§ 28. Eine im Auslande zu bewirkende Zustellung des Urteils erfolgt mittels Ersuchens eines deutschen Seemannsamts. Die Einlegung und Rechtfertigung der Beschwerde kann alsdann bei demselben Seemannsamt geschehen. Dasselbe kann dem[1]) Schiffer oder Steuermann auf Antrag die Frist für Rechtfertigung der Beschwerde aufschiebbare Wirkung bis spätestens zur Ankunft des Beschwerdeführers in einem deutschen Hafen einräumen[2]).

[1]) Bei Versagung: Beschwerde im Dienstaufsichtswege.

[2]) Vgl. dazu V. v. 23. 11. 77 (unten S. 322).

§ 29. Das Ober-Seeamt[1]) bildet eine kollegiale Behörde und besteht aus einem Vorsitzenden, auf welchen die Bestimmungen des § 7 Abs. 2 Anwendung finden, und sechs Mitgliedern, von welchen letzteren wenigstens drei der Schiffahrt kundig sein müssen. Der Vorsitzende und ein schiffahrtskundiger Beisitzer werden von dem Kaiser ernannt. Für das Amt der übrigen Beisitzer bringen die Regierungen der Bundes-Seestaaten je drei sachkundige Personen in Vorschlag. Der Vorschlag gilt für je drei Jahre, nach Ablauf deren ein neuer Vorschlag zu machen ist. Aus der Gesamtzahl der Vorgeschlagenen wählt der Vorsitzende für jeden Beschwerdefall fünf Beisitzer aus, beruft dieselben ein und beeidigt sie auf die Erfüllung der Obliegenheiten ihres Amts. Die Beisitzer erhalten aus der Reichskasse Ersatz ihrer Reisekosten und Tagegelder, deren Höhe der Reichskanzler bestimmt. Die Vorschriften des § 12 finden auf die Mitglieder des Ober-Seeamts entsprechende Anwendung.

Das Ober-Seeamt faßt seine Beschlüsse nach Stimmenmehrheit. Die außerhalb der Hauptverhandlung erforderlichen Verfügungen werden vom Vorsitzenden erlassen[2]).

[1]) Geschäftsordnung des OSA. vom 3. 5. 1878 (ZBl. S. 276). — Hier nicht abgedruckt. —

[2]) Z. B. auch die Anordnung eines Beweisverfahrens bei Gefahr im Verzuge.

§ 30. Das Ober-Seeamt kann eine Ergänzung oder Wiederholung der Beweisaufnahme vornehmen oder anordnen. Die in §§ 18—24 enthaltenen Bestimmungen über das Verfahren bei den Seeämtern finden auf das Ober-Seeamt Anwendung.

Der Vorsitzende kann ein Mitglied des Ober-Seeamts mit der Darstellung der bisherigen Verhandlungen und Ermittlungen beauftragen.

§ 31. Das Ober-Seeamt verhandelt und entscheidet in öffentlicher Sitzung nach erfolgter Ladung und Anhörung des Beschwerdeführers und seines Gegners.

Die Entscheidung hat sich auch darüber auszusprechen, ob dem Beschwerdeführer die baren Auslagen des Beschwerdeverfahrens zur Last zu legen sind[1]).

[1]) Vgl. dazu Sassen 239; OSA. 2, 296.

§ 32. Die Entscheidung des Ober-Seeamts[1]), welche mit Gründen versehen sein muß, ist dem Beschwerdeführer und seinem Gegner[2]) in Ausfertigung zuzustellen[3]).

[1]) Sie kann gehen 1. auf Verwerfung der Beschwerde als unzulässig: wenn die Beschwerde verspätet ist und die Verwerfung nicht schon durch den Vorsitzenden erfolgt ist oder wenn die Beschwerde einen andern Punkt betrifft, als die Patententziehung. — 2. Auf Einstellung des Verfahrens, wenn die Beschwerde zurückgenommen wird. Nimmt allerdings der Reichskommissar seine Beschwerde erst in der Hauptverhandlung zurück, so muß das Verfahren fortgesetzt werden, sofern er in erster Instanz den Entziehungsantrag gestellt hatte. Das OSA. kann dann trotz der Rücknahme der Beschwerde auf Patententziehung erkennen bzw. den (die Entziehung ablehnenden) Spruch des SA. bestätigen. OSA. 11, 138; 13, 212; — 3. auf Zurückverweisung an das SA. bei Unterlassung einer wichtigen und notwendigen Untersuchungshandlung oder bei Verstoß gegen eine Verfahrensvorschrift. OSA. 1, 419 und 525; 6, 159 u. 492; 16, 491; — 4. auf Bestätigung des angefochtenen Spruchs; 5. auf gänzliche oder teilweise Abänderung des Spruchs.

[2]) In dieser Instanz tritt infolge der sachlichen Beschränkung auf die Frage der Patententziehung die Parteigruppierung in die Erscheinung. Gegner sind der Reichskommissar einerseits, der Patentinhaber andrerseits.

[3]) Der Spruch des OSA. ist vom Vorsitzenden und allen Beisitzern zu unterschreiben. Die Ausfertigung wird vom Protokollführer unterschrieben und mit dem Siegel des OSA. versehen.

§ 33. Die Geschäftsordnung bei dem Ober-Seeamt wird vom Bundesrat festgestellt[1]).

[1]) Geschäftsordnung für OSA. vom 3. Mai 1878 (ZBlDR. S. 276) und Nachtrag hierzu vom 10. Mai 1879 (ZBl. S. 371).

§ 34. Einem Schiffer oder Steuermann, dem die Befugnis zur Ausübung seines Gewerbes entzogen ist, kann dieselbe nach Ablauf eines Jahres durch das Reichskanzler-Amt wieder eingeräumt werden, wenn anzunehmen ist, daß er fernerhin den Pflichten seines Gewerbes genügen wird[1]).

[1]) Diese Rehabilitation kann auch nur teilweise erfolgen, z. B. nur in Bezug auf das Steuermannspatent.

§ 35. Dieses Gesetz tritt am 1. Januar 1878 in Kraft. Dasselbe findet auch auf solche Seeunfälle Anwendung, welche ein deutsches Schiff vor dem 1. Januar 1878 auf seiner an diesem Tage noch nicht vollendeten Reise (Handelsgesetzbuch Art. 760)[1]) betroffen haben[2]).

[1]) Jetzt § 757.

[2]) Vgl. auch Gesetz betreffend den Gewerbebetrieb der Maschinisten auf Seedampfschiffen vom 11. Juni 1878 (RGBl. S. 109), wonach die Bestimmungen, welche in der Gewerbeordnung und in dem Gesetz betreffend die Untersuchung von Seeunfällen in bezug auf Steuerleute getroffen sind, auf Maschinisten der Seedampfschiffe gleichfalls Anwendung finden.

2. Verordnung des Reichskanzlers betr. Zeugenvernehmungen der Konsuln bei Seeunfällen.

Vom 23. November 1877 (ZBl. S. 634)

Mit dem 1. Januar 1878 tritt das Reichsgesetz vom 27. Juli ds. Js. (s. RGBl. Nr. 33 S. 549) in Wirksamkeit, wonach Seeunfälle deutscher Kauffahrteischiffe und unter gewissen Voraussetzungen auch die Unfälle ausländischer Handelsfahrzeuge vor deutschen Seeämtern zur Untersuchung gezogen werden sollen.

Aus §§ 14, 15, 20 und in Verbindung hiermit aus § 30 sowie ferner aus § 28 ergibt sich, in welchen Beziehungen bei der Ausführung des Gesetzes den Kaiserlichen Konsulaten in ihrer Eigenschaft als deutsche Seemannsämter im Auslande eine Mitwirkung zufällt.

Hierbei ist folgendes zu beachten:

1. Die nach § 14 zu erstattenden Anzeigen über Seeunfälle deutscher Kauffahrteischiffe im Auslande, ebenso wie die aufgenommenen Verhandlungen über die nach § 15 angestellten Ermittlungen und Beweiserhebungen sind in jedem einzelnen Falle ohne Verzug an das Auswärtige Amt einzureichen, von wo aus dieselben ihrer weiteren Bestimmung zugeführt werden.

2. Bei den in Gemäßheit von § 15 vorkommenden Ermittlungen und Beweiserhebungen sind die Konsuln befugt, die vernommenen Zeugen und Sachverständigen zu vereidigen, auch wenn der betreffende Konsul im übrigen die in § 20 des Gesetzes über die Organisation der Konsulate vom 8. November 1867 vorgesehene Ermächtigung zur Abhörung von Zeugen und zur Abnahme von Eiden nicht besitzt.

Der Schiffer und der Steuermann und der Maschinist[1]) des Schiffs, dessen Unfall den Gegenstand der konsularischen Ermittlung bildet, dürfen nicht vereidigt werden.

3. Wenn den Konsulaten nach § 28 die Befugnis zusteht, unter Umständen der Beschwerde des Schiffers oder Steuermanns oder Maschinisten[1]), welcher durch das Urteil eines Seeamtes des Befähigungszeugnisses für verlustig erklärt ist, aufschiebende Wirkung bis spätestens zur Ankunft des Beschwerdeführers in einem deutschen Hafen einzuräumen, so ist dies auf solche Fälle zu beziehen, wo anderenfalls, in Ermangelung eines geeigneten Ersatzes, das Schiff ohne Schiffer und Steuermann und Maschinisten[1]) seine Reise fortsetzen oder seine Rückreise antreten müßte.

Über die getroffene Verfügung ist dem Schiffer oder

Steuermann oder Maschinisten[1]) zu seiner Legitimation eine Bescheinigung zu erteilen.

4. In den Fällen, wo bei den Konsulaten nach § 28 eine Beschwerde gegen das Urteil eines Seeamts eingelegt oder gerechtfertigt, oder wo dem Schiffer oder Steuermann oder Maschinisten[1]) die Frist zur Rechtfertigung der Beschwerde verlängert worden ist, sind die bezüglichen Schriftstücke ohne Verzug an das Auswärtige Amt einzureichen.

[1]) Gemäß Gesetz betr. den Gewerbebetrieb auf Seedampfschiffen vom 11. Juni 1878 (RGBl. S. 109).

3. Gesetz über das Internationale Übereinkommen zum Schutze des menschlichen Lebens auf See.

(Schiffssicherheitsvertrag, London 1929.)

Vom 10. April 1931 (RGBl. II S. 235)

Der Inhalt des Übereinkommens ist abgedruckt bei Schaps II 977.

4. Unfallverhütungsvorschriften.

a) Unfallverhütungsvorschriften[1])[2]) der See-Berufsgenossenschaft für Dampf- und Motorschiffe

(Ausgabe 1925 mit Nachtrag Nr. 3 von 1932.)

I. Allgemeine Bestimmungen.

§ 1. Jedes Schiff muß bei Antritt jeder Reise in seetüchtigem Stande[3]), gehörig eingerichtet und ausgerüstet[4]) sowie gehörig bemannt[5]) und verproviantiert sein. Die zum Ausweis für Schiff, Besatzung und Ladung erforderlichen Papiere müssen sich an Bord befinden. Alle Gerätschaften zum Laden und Löschen müssen in gehöriger Beschaffenheit, auch muß die Ladung ordnungsmäßig nach Seemannsbrauch gestaut sein.

Das Schiff darf nicht überladen sein (vgl. § 6[6]). Schiffe ohne Ladung oder mit unzureichender Ladung sind mit dem nötigen Ballast zu versehen.

Jedes Schiff muß eine von der See-Berufsgenossenschaft ausgestellte Bescheinigung an Bord haben, daß das Schiff den vorgeschriebenen Überholungen unterzogen[7]) und nach dem Ergebnis derselben als den Unfallverhütungsvorschriften genügend zur Seefahrt zugelassen ist (Fahrterlaubnisschein)[8]). Klassifizierte Schiffe müssen auch das Klassenzertifikat an Bord führen.

Alle Papiere, die sich nach den Unfallverhütungsvorschriften an Bord befinden müssen, sind so aufzubewahren, daß sie auch in Abwesenheit des Kapitäns den Überwachungsorganen vorgelegt werden können.

Hafen-, Musterungs- und Zollbehörden ist der Fahrterlaubnisschein auf Anfordern vorzulegen.

Bei Neubauten sowie bei Schiffen, die einem wesentlichen, die Stabilität beeinflussenden Umbau[9]) unterzogen worden sind, müssen für die wichtigsten in Betracht kommenden Beladungsfälle und Tiefgänge die Hebelsarmkurven der statistischen Stabilität aufgestellt und dem Führer des Schiffes ausgehändigt und erläutert werden.

[1]) Sie sind kein Schutzgesetz i. S. des § 823 Abs. 2 BGB. (vgl. Schaps I, 697; RG. JW. 1929, 1461) auch nicht unbedingt maßgebend bei Prüfung der Frage, ob das Schiff seetüchtig ist, geben jedoch wichtige Anhaltspunkte hierfür (vgl. Hbl. 1913 Nr. 39; Seevers. II, 776). Zumal in konstruktiver Beziehung braucht der Reeder keine strengeren Anforderungen an das Schiff zu stellen, als die Seeberufsgenossenschaft (vgl. Schaps § 559 Anm. 4, HansOLG. LZ. 1912 S. 246). — Ihre rechtliche Basis haben die UnfVV. in §§ 848, 864 u. 1199 RVO.; vgl. auch RG. 72, 115; über die Frage, ob die Seeämter die Befolgung der UnfVV. zu prüfen haben vgl. SA. Rostock, Hansa 1909, 232. Die SeebGen. kann die Befolgung der UnfVV. durch Geldstrafen erzwingen (§§ 1201 f. RVO.).

²) Über die strafrechtliche Bedeutung der UnfVB. im Hinblick auf § 230 StGB. vgl. OLG. München JW. 1928, 567; Recht 1913 Nr. 318.

³) Vgl. Schaps I 191 u. 315.

⁴) Bzgl. der Signalapparate vgl. Art. 33 SStrO.

⁵) Über den Begriff der gehörigen Bemannung vgl. RG. JW. 1929, 927.

⁶) OSA. v. 27. April 1927, Hansa 1927, 1086. Pflicht des Schiffers, der Seeberufsgenossenschaft auf Aufforderung das Schiff zur Besichtigung auf dem Trockenen zur Verfügung zu stellen.

⁷) Für Schulschiffe vgl. § 130. — Durch Erlaß des RFinanzmin. v. 30. Mai 1925 ist angeordnet, daß gelegentlich der Zollabfertigung oder Zollkontrolle die Vorlegung des Fahrterlaubnisscheins zu verlangen ist. Nach einem Erlaß des Preuß. Handelsmin. v. 5. März 1926 ist das Auslaufen seeuntüchtiger Schiffe nötigenfalls mit Gewalt zu verhindern. Will ein überladenes, ausländisches Schiff auslaufen, so ist der Konsul des betreffenden Landes um Abstellung des Mangels zu ersuchen. Auch sind die Lotsen anzuweisen, nur solche deutschen Schiffe aus dem Hafen zu lotsen, die einen Fahrterlaubnisschein besitzen. — Keinesfalls übernimmt die SeeBGen. durch Ausstellung des Fahrterlaubnisscheins irgend eine Gewähr für die Seetüchtigkeit des Schiffs. Vgl. HansGZ. 1926 Nr. 34.

Über das Sicherheitszertifikat vgl. Art. 49 des Titanikvertrages Schaps II S. 991.

⁸) Über den Begriff „Umbau" i. S. der Vermessungsbestimmungen vgl. RG. 74 S. 133.

§ 2.¹ Vom Beginn des Ladens an bis zur Beendigung der Löschung ist, sofern Kapitän und Steuermann das Schiff gleichzeitig verlassen (was nach dem Handelsgesetzbuch nur in dringenden Fällen zulässig ist), zuvor aus den Schiffsoffizieren oder der übrigen Mannschaft ein geeigneter Vertreter zu bestellen.

Dasselbe gilt auch vor Beginn des Ladens und nach Beendigung der Löschung, wenn das Schiff in einem nicht sicheren Hafen oder auf einer nicht sicheren Reede liegt.

Bei drohender Gefahr oder wenn das Schiff sich in See

befindet, muß der Kapitän an Bord sein, sofern nicht eine dringende Notwendigkeit seine Abwesenheit rechtfertigt.

In allen vorstehend erwähnten Fällen muß außerdem mindestens ein Maschinist oder geeigneter Vertreter an Bord sein.

§ 3. Die Bilgen sind sorgfältig lenz zu halten.

Die hierzu erforderlichen Pumpen müssen in gebrauchsfähigem Zustande an Bord sein.

Jedes Schiff ist mit der erforderlichen Garnierung[1]) zu versehen, die über den Bilgen gut dicht sein muß. Dies ist besonders zu beachten, wenn Schiffe Ladung fahren, durch welche die Pumpen verstopft werden können, wie lose Saat, Getreide, Teer, Kohlen, Guano, Sand usw. In diesem Falle sind die Bilgen und Wasserläufe vorher besonders sorgfältig zu reinigen.

Jedes Schiff muß mit zweckentsprechender Peilvorrichtung versehen sein.

[1]) Vgl. § 514 Abs. 2 (Schaps I, 198).

§ 4. Auf allen Schiffen, deren Kiel nach dem 1. Januar 1910 gelegt worden ist, ist in einer Entfernung von nicht weniger als 0,05 Länge vom Vorsteven in der Tiefladelinie gemessen ein wasserdichtes Querschott, Kollisionsschott, anzubringen, das von den Bodenwrangen bis zum Hauptdeck reichen muß.

Im Kollisionsschott dürfen oberhalb des Doppelbodens keine Öffnungen vorhanden sein.

Die Schiffe sind außerdem an jedem Ende des Maschinen- und Kesselraumes mit einem bis zum Haupt- oder Freiborddeck reichenden, wasserdichten Querschott zu versehen.

Schraubenschiffe erhalten ferner in angemessener Entfernung vom Hintersteven ein wasserdichtes Querschott, Stopfbüchsenschott, das bis zum Haupt- oder Freiborddeck oder bis zu einer oberhalb der Tiefladelinie gelegenen wasserdichten Plattform reichen muß.

§ 5. Für Passagierschiffe in langer Fahrt gelten die in Anlage I niedergelegten Vorschriften über wasserdichte Schotte für Passagierdampfer in außereuropäischer Fahrt (Ausgabe 1907).

Diese Vorschriften finden auch Anwendung auf alle in der großen Küstenfahrt beschäftigten Passagierschiffe, sofern deren Länge mehr als 90 Meter beträgt und sofern deren Kiel am oder nach dem 1. Januar 1910 gelegt ist.

§ 6. Für die Bestimmung des Freibords der außerhalb der kleinen Küstenfahrt beschäftigten Schiffe gelten die in Abschnitt I der Anlage II niedergelegten Vorschriften.

Unter Zugrundelegung dieser Vorschriften ist für jedes der genannten Schiffe vom Genossenschaftsvorstande nach Anhörung des Germanischen Lloyd eine Tiefladelinie festzusetzen und am Schiffe anzumarken[1]).

Das Schiff darf nicht tiefer als bis zur festgesetzten Ladelinie beladen werden. Ist bei der Beladung bis zur Freibordmarke die Stabilität des Schiffes nicht gesichert, so darf es nur so weit weggeladen werden, daß es für die bevorstehende Reise hinreichende Stabilität behält.

Alle unter die Vorschriften über wasserdichte Schotte (§ 5) fallenden Schiffe dürfen, solange sie in der Passagierfahrt beschäftigt sind, den nach diesen Schottvorschriften zulässigen Tiefgang mittschiffs nicht überschreiten.

[1]) Vgl. Schaps I 200. — Auf die Befolgung dieser Vorschriften müssen nach landesgesetzlichen Anordnungen die Hafenbehörden und Lotsenstationen achten. Vgl. für Preußen Erl. v. 3. Juli 1908 (HMBl. S. 266).

§ 7. Decklast darf nicht mehr genommen werden, als mit der Stabilität des Schiffes vereinbar ist. Die Höhe der Decklast ist so zu bemessen, daß das Schiff auch während der Reise keine erhebliche Schlagseite aus ungenügender

Stabilität erhält. Hierbei ist besondere Rücksicht auf die Gefahr der Gewichtszunahme infolge der Wasseraufsaugung durch die Decklast (wie z. B. bei Holz, Holzmasse usw.) und im Winter noch auf die Gefahr der Gewichtszunahme infolge des Vereisens der Decklast zu nehmen.

Auf Deck liegende Ladung und Reservespieren sind durch starke Befestigung vor dem Lostreiben zu bewahren.

Wenn das Deck über die ganze Breite des Schiffes mit Ladung angefüllt[1]) und die Oberfläche der Decklast sehr uneben ist oder in dieser sich Lücken befinden, so ist durch aufgelegte und gut befestigte Laufplanken für den sicheren Verkehr der Mannschaft über Deck zu sorgen. Außerdem ist im Bereich der Decklast eine mittschiffs laufende Streckleine zum Festhalten anzubringen.

Wenn soviel Ladung auf Deck liegt, daß die feste Reeling einen genügenden Schutz nicht mehr bietet, ist eine zweckentsprechende, provisorische Reeling aus Spieren, Tauwerk oder dergleichen anzubringen.

Die auf Lukensicherung sich beziehenden Vorschriften der §§ 52 und 54 sind innezuhalten.

[1]) Es fehlt eine Bestimmung der äußerst zulässigen Höhe der Deckslast und des Gewichtsverhältnisses zwischen Deckslast und Raumladung. (Vgl. SA. Lübeck HambFrBl. v. 6. Dez. 1927.)

§ 8. Für die Führung und Behandlung eines Schiffs- und eines Maschinentagebuches gelten die einschlägigen reichs- oder landesrechtlichen Bestimmungen.

Ferner ist auf jedem Schiffe ein Unfalltagebuch zu führen, in welches jeder Unfall einzutragen ist, durch welchen eine auf dem Schiffe beschäftigte Person auf der Reise getötet wird oder eine Körperverletzung erleidet, die eine völlige oder teilweise Arbeitsunfähigkeit von mehr als drei Tagen oder den Tod zur Folge hat.

Desgleichen ist auf jedem Schiffe außerhalb der großen Küstenfahrt das vom Genossenschaftsvorstande festgestellte

Deviationstagebuch zu führen. Die für die Bestimmung der Deviation erforderlichen Einrichtungen sind herzustellen.

§ 9. Für die Besetzung von Schiffen mit Kapitänen, Steuerleuten und Maschinisten gelten die in Ausführung der Seemannsordnung erlassenen gesetzlichen Vorschriften. Unbeschadet dieser müssen alle Schiffe in langer Fahrt von mehr als 60 Meter Vermessungslänge oder 700 Registertons Brutto-Raumgehalt mindestens eine Besatzung haben, welche neben dem Kapitän und zwei Steuerleuten eine solche Zahl von Deckmannschaften aufweist, daß zwei Wachen, bestehend aus wenigstens je einem Rudersmann, einem Ausgucksmann und einem Hilfsmann für sonstige Zwecke gebildet werden können.

§ 10. Auf jedem Schiffe müssen das Steuer und der Ausguck[1]) ordnungsmäßig besetzt sein. Der wachhabende Offizier muß sich auf der Brücke aufhalten, die er nur in dringenden Fällen verlassen darf.

[1]) Vgl. Art. 29 SStrO. (Schaps I 843); § 5 Abs. 4, § 51 SWO.

§ 11. Für den Decksdienst dürfen, dringende Fälle ausgenommen, in deutschen Häfen nur Seeleute angemustert werden, welche sich darüber ausweisen, daß sie entweder von einer von den deutschen Landesregierungen errichteten Untersuchungsstelle oder von einem Vertrauensarzt der See-Berufsgenossenschaft auf Hör-, Seh- und Farbenunterscheidungsvermögen untersucht worden sind[1]).

Für die Durchführung dieser Untersuchungen sind die reichsgesetzlichen Bestimmungen, betreffend die Untersuchung der Seeleute auf Hör-, Seh- und Farbenunterscheidungsvermögen, maßgebend.

Seeleute, welche keine Bescheinigung über die erfolgte Untersuchung besitzen, dürfen als Kapitäne und Steuerleute nicht angestellt und zum Ausguck nicht verwandt werden.

[1]) Vgl. S. 165.

§ 12. Für die Besetzung von Schiffen mit Schiffsärzten und die Verpflichtung der letzteren zur Führung eines Tagebuches sind die gesetzlichen Bestimmungen, betreffend Krankenfürsorge auf Kauffahrteischiffen, maßgebend[1]).

Auf jedem Schiffe in langer Fahrt, auf welchem nicht ein Schiffsarzt angestellt ist, muß der Kapitän oder mindestens ein Steuermann ein Zeugnis über erfolgreiche Ablegung einer amtlichen Prüfung in der Gesundheitspflege besitzen; es sei denn, daß die Befähigungszeugnisse des Kapitäns und sämtlicher Steuerleute vor dem 1. Januar 1900 ausgestellt sind.

[1]) Vgl. S. 556.

II. Anker, Ketten und Trossen (§§ 13—14).

III. Boote und Rettungsgeräte (§§ 15—34).

IV. Lichterführung und Signalwesen.

§ 35. Die Lichterführung regelt sich durch die einschlägigen Bestimmungen der Seestraßenordnung.

§ 36. Die Positionslaternen jedes Schiffes müssen von einer Agentur der Seewarte geprüft und den reichsgesetzlichen Bestimmungen, betreffend die Einrichtung der Positionslaternen auf Seeschiffen[1]) entsprechend befunden sein. Als Positionslaternen gelten alle Laternen, für die in der Seestraßenordnung eine bestimmte Mindestsichtweite vorgeschrieben ist.

In gleicher Weise sind die Reservevorsteckgläser mit den dazu gehörigen Laternen zu prüfen.

Das darüber erteilte Attest muß an Bord aufbewahrt werden.

Nach jeder an den Linsen, Brennern[2]), Vorsteckgläsern oder Lampen der Positionslaternen vorgenommenen Änderung oder Reparatur ist mit tunlichster Beschleunigung eine Neuprüfung der Laternen durch eine Agentur der Seewarte zu bewirken.

Auf sorgfältige Instandhaltung der Positionslaternen ist zu achten.

[1]) Vgl. Art. 2, 3, 4, 5, 7, 8, 9, 10, 11 SStrO. Nicht hierher gehören die Lichter, deren Sichtweite in der SWO. oder in örtlichen Verordnungen geregelt ist.

[2]) Das Auswechseln eines Brenners gilt nicht als Änderung an der Lampe, wenn die Linsenstärke dieselbe bleibt.

§ 37. Für die Abblendung der Seitenlichter sind die Seestraßenordnung sowie die Verordnung über die Abblendung der Seitenlichter und die Einrichtung der Positionslaternen auf Seeschiffen maßgebend.

§ 38. Auf Schiffen, welche mit elektrischer Beleuchtung oder Azetylenbeleuchtung für die Positionslaternen versehen sind, muß außerdem eine geprüfte Reserveölbeleuchtung vorhanden sein.

§ 39. Auf allen Schiffen müssen die zur Ausführung der in der Seestraßenordnung vorgeschriebenen Schallsignale erforderlichen Signalapparate vollständig und in brauchbarem Zustande vorhanden sein. Die Dampfpfeife oder Sirene muß von solcher Art sein, daß sie unter den gegebenen Verhältnissen beim Anstellen sofort rein ertönt, wobei besonders auf eine derartige Anordnung der Dampfzuleitungsrohre zu achten ist, daß das Ansammeln von kondensiertem Wasser in ihnen möglichst vermieden wird. Sie ist ebenso wie die Schiffsglocke in solcher Höhe anzubringen, daß der Schall nach allen Seiten frei ertönen kann.

§ 40. Jedes Schiff muß eine Handelsflagge, ein internationales Signalbuch nebst den hierzu erlassenen Nachträgen und den dazu gehörigen Flaggen sowie eine Morselaterne an Bord haben. Schiffe bis zu 700 Kubikmeter

Brutto-Raumgehalt sind für Fahrten innerhalb der Nord- und Ostsee von der Mitführung des Signalbuchs, der Signalflaggen und der Morselaterne entbunden.

§ 41. Schiffe, die regelmäßig mehr als 30 Personen an Bord oder einen Brutto-Raumgehalt von über 2000 Tonnen haben, müssen mit einer von der zuständigen Stelle genehmigten funkentelegraphischen Anlage ausgerüstet sein. Die Anlage muß auf See jederzeit zur sofortigen Verwendung bereit sein, das zur sachgemäßen Bedienung erforderliche Personal muß sich an Bord befinden. Für Fahrten, die sich nicht mehr als 150 Seemeilen von der nächsten Küste erstrecken, ist eine funkentelegraphische Anlage nicht notwendig.

§ 42. Die Anwendung von Notsignalen richtet sich nach den Bestimmungen der Seestraßenordnung.

Jedes Schiff muß die zur Abgabe von Notsignalen erforderlichen Vorkehrungen, mindestens aber außerhalb der kleinen Küstenfahrt 12 Raketen oder entsprechende Leuchtkugeln sowie 12 Kanonenschläge[1]) oder einen gleichwertigen Apparat mit genügender Munition für Signalschüsse an Bord haben.

[1]) Vgl. Art. 12 SStrO. (I 817: Knallsignal. Ferner Sebba SWO. § 5 Anm. 10; § 59 Anm. 10; auch § 29 Abs. 4 (Signalschuß).

§ 43. Für die Anwendung von Lotsensignalen gelten die Bestimmungen der Lotsen-Signalordnung für Schiffe auf See und auf den Küstengewässern.

Jedes Schiff muß die zur Abgabe von Lotsensignalen erforderlichen Vorkehrungen, mindestens aber außerhalb der kleinen Küstenfahrt 12 Blaulichter[1]) oder Flackerfeuer[2]) an Bord haben.

[1]) Vgl. Sebba SWO. § 5 Anm. 9 und 10. Ferner Schaps I 817.

[2]) Vgl. Schaps I 817 und 852; Sebba SWO § 5 Anm. 9 und 10; § 10 Anm. 8; § 31, § 59 Anm 10.

§ 44. Die zu Not- und Lotsensignalen bestimmten Feuerwerkskörper sind in metallenen, mit entsprechender Aufschrift versehenen Behältern an leicht zugänglichen Stellen so aufzubewahren, daß eine Reibung aneinander und an dem Blechbehälter selbst bei starkem Arbeiten des Schiffes ausgeschlossen ist.

V. Vorkehrungen an Deck und außenbords.

§ 45. Jedes Schiff über 50 Kubikmeter Brutto-Raumgehalt muß

1. seinen Namen auf jeder Seite des Bugs[1]),
2. seinen Namen und den Namen des Heimathafens an Heck und
3. außerhalb der Wattfahrt eine Tiefgangsskala auf jeder Seite des Vor- und Ruderstevens, und zwar auf der einen Seite in Dezimetern, auf der anderen in englischen Fuß, an den festen Teilen in gut sichtbaren und fest angebrachten Schriftzeichen führen.

Ziff. 1 und 3 finden auf Lustfahrzeuge[2]), Ziff. 3 außerdem auf Bergungs- und Schleppfahrzeuge keine Anwendung.

[1]) Sondervorschrift für Schlepper beim Längsseitschleppen in § 45 Abs. 2 SWO.

[2]) Für Fischereifahrzeuge gilt § 2 der neuen UnfVV. für Fischereifahrzeuge. Vgl. auch Schaps II 884.

§ 46. Bei allen über einzelne Handgriffe hinausgehenden Arbeiten, die außenbords oder an Deck außerhalb der Reling ausgeführt werden müssen, hat die Schiffsleitung die nötigen Vorkehrungen gegen Abstürzen zu treffen (z. B. durch Haltetau, um den Leib gebundenes Tau oder Sicherheitsgurt). Der Wachhabende hat sein Augenmerk auf diese Arbeiten zu richten. Außenbordsarbeiten dürfen bei in Fahrt befindlichen Schiffen nur in den dringendsten Fällen angeordnet werden.

§ 47. Laufplanken, Stege, Brücken, Treppen, welche zum Personenverkehr zwischen einem verankert oder vertäut liegenden Schiffe und dem Lande oder zwischen zwei nebeneinanderliegenden Schiffen dienen, müssen breit und stark genug, mit Querleisten, und auf beiden Seiten mit Geländer oder Tau versehen sein.

Die Stützen müssen gegen ein Herausziehen oder Umklappen gesichert sein.

Mit Eintritt der Dunkelheit ist für ausreichende Beleuchtung der Landgänge (Verkehrsstege) Sorge zu tragen.

Bei Glätte ist abstumpfendes Material zu streuen.

Fallreeps und Sturmleitern müssen in ordnungsmäßigem Zustande sein. Schiffe von mehr als 1 Meter Bordhöhe, die nicht vom Ufer aus betreten werden können, müssen mit mindestens einer Sturmleiter versehen sein, sofern nicht das Vorhandensein einer Scheuerleiste am Schiff dieselbe überflüssig oder die Lösch- und Ladearbeit das Vorhandensein mehrerer Sturmleitern erforderlich macht. Das An- und Vonbordgehen muß bei in Fahrt befindlichen Schiffen unter Aufsicht eines Schiffsoffiziers oder eines seemännisch erfahrenen Mannes erfolgen.

An den Sturmleitern müssen die Stufen derartig hergestellt und befestigt sein, daß sie möglichst große Anlagefläche haben, sich im rechten Winkel zur Schiffsseite halten und nicht kanten können. Wenn bei einem hochbordigen Schiff die Sturmleitern besonders lang sein müssen, sind an der Rückseite der Leitern ein oder zwei horizontale Latten zu befestigen, um ein Drehen der Leitern zu verhindern.

Bei nach 5. Januar 1927 neu beschafften Sturmleitern müssen die Stufen eine Entfernung von 30 Zentimetern voneinander haben.

§ 48. Jedes Schiff über 300 Kubikmeter Brutto-

Raumgehalt muß zum Schutze der Mannschaft mit Schanzkleid oder Reeling von genügender Höhe und Dichtigkeit versehen sein.

Außerhalb der Wattfahrt muß die Höhe des Schanzkleides oder der Reeling mindestens 90 Zentimeter betragen.

Ist die Reeling nicht mit einem Netzwerk versehen, so darf die lichte Entfernung der Längsstangen vom Deck und voneinander nicht mehr als 0,33 Meter betragen.

Ist ein festes Schanzkleid vorhanden, so sind darin Wasserpforten von genügender Zahl und Größe vorzusehen.

Auf Passagierschiffen, deren Kiel nach dem 1. Januar 1910 gelegt ist, muß innerhalb der Wattfahrt die Reeling eine Mindesthöhe von 90 Zentimeter, in anderer Fahrt eine solche von 1,10 Meter aufweisen. Ist die Reeling nicht mit einem Netzwerk versehen, so darf die lichte Entfernung der Längsstangen vom Deck und voneinander nicht mehr als 0,23 Meter betragen.

§ 49. Auf See müssen bei schwerem Wetter zur Sicherung der Besatzung gegen überbrechende Seen oder Ausgleiten Strecktaue in geeigneter Weise gezogen werden.

§ 50. Treppen von mehr als einem Meter Höhe müssen wenigstens auf einer Seite mit Geländer, Handleiste oder Tau versehen sein.

Reelingtreppen, die nicht übergehakt werden können, sind stets gegen Verrutschen zu sichern.

§§ 51—55. Luken.

§ 56. Bezüglich der Logis-, Wasch- und Baderäume sowie der Aborte für die Schiffsmannschaft sind die dieserhalb erlassenen reichsgesetzlichen Bestimmungen zu beachten.

§ 57. Außerhalb der Wattfahrt müssen auf allen Schiffen auf der Kommandobrücke in geeigneter Weise

Einrichtungen geschaffen werden, die ermöglichen, daß der Wachthabende zu jeder Zeit Einblick in die Seekarten nehmen kann, ohne die Brücke verlassen zu müssen.

Auf allen Schiffen, deren Kiel nach dem 1. Jan. 1925 gelegt ist, ist zu diesem Zwecke in Höhe der Kommandobrücke ein Kartenraum in geeigneter Weise anzuordnen.

Schlepper sowie Tourenschiffe für kurze Strecken in kleiner Küstenfahrt, die ständig zwischen denselben Häfen verkehren, sind von dieser Bestimmung ausgenommen.

§ 58. Jedes Schiff muß mit einem von der Kommandobrücke nach dem Maschinenraum gehenden Sprachrohr versehen sein. Bei einem Brutto-Raumgehalt des Schiffes von mehr als 800 Kubikmeter ist außerdem ein Maschinentelegraph erforderlich.

Bei längsschiff angeordneten Maschinentelegraphen müssen Zeigerstellung und Bezeichnung des Telegraphen der Bewegungsrichtung des Schiffes entsprechen.

§ 59. Jedes mit einem Dampfsteuerapparat versehene, nach dem 1. Jan. 1910 auf Stapel gesetzte Schiff ist mit einem dem Rudersmann gut sichtbaren, dem Ruderkommando entsprechenden Ruderlageanzeiger zu versehen.

§ 60. Die Zylinder und Dampfleitungen der Dampfwinden sind, soweit sie nicht durch ihre Lage geschützt sind, mit Vorkehrungen zu versehen, welche das Bedienungspersonal gegen Verbrennen schützen.

Ins Freie abströmender Dampf ist so abzuleiten, daß Personen nicht verbrüht werden können.

Die Triebräder und Triebwerksteile der Steuergeschirre, der Dampf-, Motor- und elektrischen Winden und, soweit angängig, auch der Handwinden sowie der Werkzeugmaschinen sind mit Schutzblechen oder sonst geeigneten Schutzvorrichtungen zu versehen.

Der Abstand der Winden von den Lukensüllen muß bei Neubauten, die nach dem 5. Jan. 1927 auf Stapel gelegt sind, so beschaffen sein, daß das Arbeiten an den Winden oder der Luke sowie, falls erforderlich, ein Zugang zur Raumleiter möglich ist.

Befinden sich an den Winden Kupplungen und Spillköpfe mit vorstehenden Bolzen, Keilen usw., so sind diese mit Schutzblechen zu umhüllen.

Ein- und Ausrückvorrichtungen müssen herausgeführt und derart eingerichtet sein, daß eine gefahrlose Bedienung derselben gewährleistet ist. Die Vorsteckbolzen derselben sind im Erneuerungsfalle mit messingenen Fallnasen zu versehen.

Die Ventilgriffe der Dampfwinden sind zu bekleiden oder aus Holz auszuführen, derart, daß die Hände des Bedienungspersonals gegen Verbrennen geschützt sind.

§ 61. An Bord eines jeden Schiffes muß an geeigneter, gut sichtbarer Stelle eine Zinktafel angebracht werden, welche die von der Deutschen Gesellschaft zur Rettung Schiffbrüchiger erlassene Anweisung über die Handhabung des Raketenapparates enthält.

Für die nur in Häfen, Buchten und Watten verkehrenden kleinen Fahrzeuge ist die Zinktafel nur dann erforderlich, wenn das Schiff in Gegenden verkehrt, wo Raketenapparate in Anwendung kommen können.

§ 62. Die Ausführung des gesamten Ladegeschirrs muß den in Übereinstimmung mit dem Vorstande der See-Berufsgenossenschaft aufgestellten Grundsätzen des Germanischen Lloyd entsprechen. Diesem sind bei allen Neubauten sowie bei Umbauten der Hebezeuge auf bereits in Fahrt befindlichen Schiffen neben einem Takelriß eine Decksaufsicht und die Kräftepläne der Hebezeuge in doppelter Ausfertigung zur Prüfung einzureichen. Bei

Schiffen, die vor dem 5. Jan. 1927 auf Stapel gelegt sind, finden diese Grundsätze sinngemäß Anwendung, soweit sie nicht konstruktive Änderungen bedingen.

Über die Prüfung des Ladegeschirrs stellt die Seeberufsgenossenschaft eine Bescheinigung aus, die mit dem Fahrterlaubnisschein (§ 1) an Bord aufzubewahren ist.

Die höchstzulässige Belastung muß bei allen Hebezeugen, Ketten und Gerätschaften gut sichtbar und dauerhaft vermerkt sein. Die zulässige Belastung darf in keinem Fall überschritten werden.

Führt beim Drehen der Kräne die Plattform für die Kranführer dicht an offenen Luken oder tiefer liegenden Decks vorbei, so ist in Hüfthöhe ein sicheres Geländer um die Plattform herum anzubringen.

Es ist auch für eine sichere Absperrung Sorge zu tragen, wenn bei dem Drehen der Kräne infolge ihrer nahen Aufstellung an Lukfüllen, Schotten usw. die Gefahr entsteht, daß dort durchgehende Personen gequetscht werden können.

Oben an den Kranauslegern muß eine Vorrichtung vorhanden sein, durch welche ein Hineinhieven des Windenhakens über die Scheibe zwischen den Blockwangen verhindert wird.

Kräne, Ladebäume und Ladegeschirr sind nach Bedarf, mindestens aber einmal jährlich, gründlich zu untersuchen; der Befund ist ins Schiffstagebuch einzutragen.

Belastungsproben dürfen nur unter Aufsicht und Verantwortung des Reeders bzw. der Schiffsleitung erfolgen. Unbeteiligte Personen sind fernzuhalten.

§ 63. Beim Löschen und Laden ist folgendes zu beachten:

1. Kettenhanger dürfen nicht durch Knoten aufgekürzt werden.
2. Zum Befestigen der Hanger und Ladeblöcke sind

keine Schäkel zu verwenden, die am Maul eine größere Öffnung haben, als zum Einschäkeln unbedingt notwendig ist.

3. Die Benutzung von 2 feststehenden Ladebäumen mit zusammengeschäkelten Windenläufern zum Löschen und Laden ist nur gestattet, wenn die Augen an den Außengeien der Bäume und die Außengeien selbst stark genug sind.
4. Festangebrachte Gaffeln dürfen nur zum Löschen und Laden benutzt werden, wenn sie mit einer Haltevorrichtung versehen sind. Bewegliche Gaffeln müssen zum Anbringen des Ladegeschirrs heruntergefiert werden.
5. Die Benutzung von Patentkettengliedern ist beim Lösch- und Ladegeschirr untersagt.
6. Taustroppen dürfen an nicht mehr als einer Stelle gespleißt sein.
7. Räume und Gänge, die nicht betreten werden sollen oder die nicht dem allgemeinen Verkehr dienen, sind abzusperren.
8. Beim Löschen und Laden nach und aus dem Zwischendeck sind die Zwischendecklukendeckel in genügender Anzahl anzulegen.
9. Wird im Ober- und Unterraum gleichzeitig gearbeitet, so ist an dem offenen Teil der Zwischendecksluken eine sichere Absperrung durch Planken, Netze oder in sonst geeigneter Weise anzubringen als Schutz gegen das Herabfallen von Personen oder Ladung.
10. Stark geräuschvolle Arbeiten in der Nähe der Ladeluken sind während der Beladung und Löschung nach Möglichkeit zu vermeiden.

§ 64. Gespleißtes Drahttauwerk darf nur in Notfällen als Windenläufer zu Lösch- und Ladezwecken Verwendung finden.

Windenläufer und Drahttauwerk sind möglichst in demselben Bogen, wie sie durch die Leitblöcke laufen, um die Windentrommel und rechtwinklig zur Mitte der Trommel aufzuwickeln. Hierbei ist bei Neubauten, die nach dem 5. Jan. 1927 auf Stapel gelegt sind, bzw. bei neuen Winden darauf zu achten, daß die Steuerung der Winden so erfolgen muß, wie in den Grundsätzen des Germanischen Lloyd für die Ausführung des Ladegeschirrs festgelegt ist. Vorläuferketten dürfen nicht so lang genommen werden, daß Spleißung und Schäkel in das Laderad geraten. Bei der Aufstellung der Winden ist hierauf Rücksicht zu nehmen. Ein Reservewindenläufer ist auf jedem Kauffahrteischiffe außerhalb der kleinen Küstenfahrt mitzuführen.

Die Enden des Windenläufers müssen mit der Trommel sachgemäß verbunden sein. Die Länge des Windenläufers ist so zu bemessen, daß beim Gebrauch stets noch genügend Törns auf der Trommel verbleiben.

Das Einschlagen von Knoten in Windenketten und Windenläufern ist unzulässig.

§ 65. Während des Stilliegens der Schiffe sind die Ankerkettenstopper, die auf jedem Schiffe vorhanden sein und in Ordnung gehalten werden müssen, zur Sicherung der Anker zu benutzen, wenn der Liegeplatz es nicht mit Rücksicht auf die Sicherheit des Schiffes verbietet und der Anker zu Wasser gefiert ist.

VI. Vorkehrungen an Masten und Takelung.

§ 66. In langer Fahrt müssen an den Spitzen der Masten hölzerner Schiffe oder solcher eiserner oder stählener Schiffe, deren Masten bis zur obersten Spitze aus Holz bestehen, Blitzableiter angebracht werden, welche bis zum Wasserspiegel zu führen sind; bestehen die Masten der eisernen oder stählernen Schiffe teilweise aus Holz und teilweise aus Eisen oder Stahl, so müssen die Blitzableiter eine leitende Verbindung zwischen den Spitzen und den unteren Metallteilen der Masten herbeiführen; bestehen die Masten eiserner oder stählerner Schiffe bis zur obersten Spitze aus Eisen oder Stahl, so können Blitzableiter fehlen.

§ 67. Falls Arbeiten an Pfahlmasten erforderlich werden, müssen die hierzu verwendeten Mannschaften in einem Bootsmannsstuhl unter Anwendung eines Jolltaues, welches oben am Top des Pfahlmastes über eine Scheibe läuft, nach oben gehißt werden, ausgenommen, wenn es sich um Einscheren oder Nachsehen des Jolltaues handelt. Zum Einscheren und Durchholen des Jolltaues dient ein dünnes Stahldrahttau, welches stets an Stelle des Jolltaues eingeschoren sein muß. Ist in dem Top des Pfahlmastes eine Scheibe zum Durchscheren des Jolltaues nicht vorhanden, so ist an Stelle derselben am Top ein Stahldraht- oder Kettenstropp oder eine breite, eiserne Schelle mit eisernem Block anzubringen.

Auf nach dem 5. Jan. 1927 auf Stapel gelegten Fracht- und Passagierschiffen außerhalb der Wattfahrt, Bäderschiffe ausgenommen, sind an den Masten bzw. nicht einfierbaren Stengen von der Saling bis 1,5 Meter unterhalb des Flaggenknopfes feste eiserne Leitern anzubringen, die einen genügenden Abstand vom Mast haben. In besonderen Fällen können auch statt der festen Leitern Drahttauleitern angebracht werden.

VII. Feuerlöschvorrichtungen (§§ 68—72).

VIII. Bordkino-Anlagen (§ 73).

IX. Vorkehrungen unter Deck (§§ 74—82).

X. Vorkehrungen im Maschinen- und Kesselraum.

XI. Inventar (§§ 84—96).

XII. Gefährliche Güter und Ballast (§§ 97—109).

XIII. Besondere Schiffstypen.

A. Fischereifahrzeuge (§§ 110—127).

Die Vorschriften der §§ 110—127 sind ersetzt durch die neuen Unf.Verh.Vorschr. für Fischereifahrzeuge. (Vgl. S. 369.)

B. Kleine Motorboote in kurzen Fahrten auf Haffen, Bodden, Föhrden und Watten.

§ 128. Hinsichtlich der allgemeinen Bestimmungen sowie der Lichterführung und des Signalwesens sind die Motorboote wie Dampfer zu behandeln.

Motorboote sind entsprechend ihrer Größe und Fahrt mit Ankern, Ketten und Leinen auszurüsten. Anstatt einer Ankerkette kann auch ein entsprechend starkes Ankertau geführt werden.

C. Tankschiffe (§ 129).

D. Schulschiffe (§ 130).

XIV. Besondere Vorschriften für Versicherte.

§ 131. Jeder Versicherte hat die Pflicht, die Unfallverhütungsvorschriften zu befolgen und unter gewissenhafter Beachtung der ihm vom Unternehmer oder seinem Stellvertreter gegebenen besonderen Vorschriften und Belehrungen zur Verhütung von Unfällen mit aller erforderlichen Aufmerksamkeit und Vorsicht für seine und seiner Mitarbeiter Sicherheit zu sorgen. Ihm zur Hilfe oder Unterweisung zugeteilte Versicherte hat er auf die mit ihrer Beschäftigung verbundenen Gefahren und die in Frage kommenden Unfallverhütungsvorschriften aufmerksam zu machen. Er hat ferner darauf zu achten, daß die getroffenen Verhaltungsmaßregeln befolgt werden.

Die Arbeitsgeräte und Schutzvorrichtungen sind in der Regel nur zu dem Zwecke, für den sie bestimmt sind, zu benutzen. Jeder Versicherte hat sich vor ihrer Verwendung bezw. vor Beginn der Arbeit von ihrer unfallsicheren Beschaffenheit zu überzeugen.

Der Mißbrauch und die eigenmächtige Beseitigung der vorhandenen und vorgeschriebenen Sicherheitsvorrichtungen und Schutzmittel ist verboten, ihre Nichtbenutzung sowie absichtliche Beschädigung sind strafbar. Schutzvorrichtungen, die zu bestimmten Zwecken zeitweilig entfernt worden sind, müssen, nachdem dieser Zweck erreicht worden ist, sofort und bevor die Betriebsvorrichtung wieder in Betrieb genommen wird, wieder angebracht werden.

§ 132. Das Tragen von Pantoffeln und Holzschuhen ist für die im Maschinenraum (nicht Heizraum) dauernd beschäftigten Personen während des Betriebes verboten.

Das Maschinenpersonal und das Bedienungspersonal der Dampfwinden hat möglichst anschließende Kleidung zu tragen.

§ 133. Beim Schmieren der Maschine und beim Nachfühlen der in Bewegung befindlichen Maschinenteile müssen Tücher oder zur Reinigung dienender Twist entweder ganz fortgelegt oder dürfen wenigstens nicht in derjenigen Hand gehalten werden, welche das Schmieren oder Nachfühlen verrichtet.

§ 134. Reinigungsarbeiten oder andere Arbeiten an beweglichen Maschinenteilen oder Arbeiten in unmittelbarer Nähe derselben dürfen nur dann vorgenommen werden, wenn die Maschine sich im Stillstand befindet und durch Einrücken der Triebvorrichtung oder sonstwie am Drehen gehindert ist. Hiervon darf unter besonderen Umständen nur mit Zustimmung des aufsichtführenden Maschinisten Abstand genommen werden.

§ 135. Vor der Inbetriebsetzung der Maschine ist

seitens des Ausführenden darauf zu achten, daß sich keine Personen mehr in der Maschine selbst befinden. Das Personal hat dem Kommando „aus der Maschine zu gehen" unverzüglich Folge zu leisten.

§ 136. Es ist keinem Schiffsmann gestattet, sich an im Betriebe befindlichen Maschinen zu beschäftigen, deren Bedienung, Benutzung oder Instandhaltung ihm nicht obliegt.

§ 137. Kessel dürfen erst nach ausreichender Lüftung befahren werden. Kessel, Tanks und Räume, die längere Zeit nicht gelüftet worden sind, dürfen erst nach ausreichender Lüftung betreten werden.

§ 138. Jeder zu befahrende Kessel muß von anderen mit ihm verbundenen und im Betrieb befindlichen Kesseln in allen Rohrleitungen durch genügend starke Blindflanschen, durch Abnehmen von Zwischenstücken oder durch andere als zulässig anerkannte Mittel sicher und sichtbar abgetrennt werden.

Beim Befahren der Kessel und der Feuerzüge ist die Benutzung von Lampen, die mit leicht entzündbaren Beleuchtungsstoffen gespeist werden, verboten.

Die mit der Wartung der Kessel beauftragten Personen haben in Hinblick auf die Sicherheit des Betriebes die ihnen obliegenden Pflichten sorgfältig zu erfüllen.

§ 139. Das Ausruhen an Leben und Gesundheit bedrohenden Orten ist verboten.

§ 139 a. Bei Arbeiten, die die Augen gefährden, sind Schutzbrillen zu benutzen.

§ 139 b. Jede Verletzung ist sofort dem Kapitän oder Wachhabenden zu melden, jede Wunde, wenn sie auch noch so unbedeutend erscheint, von einer in der Gesundheitspflege geprüften Persönlichkeit an Bord sofort verbinden zu lassen.

§ 139 c. Branntwein und andere alkoholische Getränke dürfen nur mit Zustimmung des Reeders oder der Schiffsleitung an Bord gebracht werden. Der übermäßige Genuß von alkoholischen Getränken an Bord ist verboten. Angetrunkene sind sofort dem Kapitän oder dem wachhabenden Offizier zu melden und von der Arbeit zu entfernen.

§ 140. Das Rauchen oder der Gebrauch offenen Lichtes ist beim Hantieren mit feuergefährlichen Farben oder Flüssigkeiten, sowie in Räumen, in denen sich explosible Gase ansammeln können, streng verboten[1]).

[1]) Siehe insbesondere §§ 75, 76, 80, 104, Anlage III § 3 Abs. 3 und § 23 Ziffer 9.

§ 140 a. Bei Benutzung von Löt- und Anwärmelampen sind die Bedienungsvorschriften sorgfältig zu beachten. Das Anheizen mit Benzin ist verboten. Beim Eingießen von Benzin für Motoren und Deckswinden darf in der Nähe weder offenes Licht benutzt noch geraucht werden.

§ 140 b. Ausgegaste Schiffsräume dürfen erst wieder betreten werden, nachdem die Schiffsleitung die Erlaubnis dazu gegeben hat. Das Schlafen in ausgegasten Räumen ist in der der Ausgasung folgenden Nacht verboten.

§ 141. Öfen dürfen nur durch die Heizungstür und nur soweit gefüllt werden, daß das Rauchabzugsrohr nicht verstopft wird.

§ 142. Das Ab- und Anlegen sowie das Aufbewahren von Kleidungsstücken darf nur in genügender Entfernung von den in Betrieb befindlichen Maschinen geschehen. Gegenstände irgendwelcher Art dürfen selbst auf ruhenden Triebwerkteilen nicht niedergelegt werden.

§ 142 a. Beim Löschen und Laden ist folgendes zu beachten[1]):

1. Kettenhanger dürfen nicht durch Knoten aufgekürzt werden.
2. Die Benutzung von Patentkettengliedern ist beim Lösch- und Ladegeschirr untersagt.
3. Stark geräuschvolle Arbeiten in der Nähe der Ladeluken sind während der Beladung und Löschung nach Möglichkeit zu vermeiden.
4. Das Einschlagen von Knoten in Windenketten und Windenläufer ist unzulässig.

[1]) Vgl. § 63 Nr. 1, 5, 10 und § 64 Abs. 5.

§ 143. Die Sperrklinke der Handwinde muß beim Hochwinden auf dem Sperrade liegen. Beim Niederlassen der Last vermittels Bremse ist, wenn die Konstruktion der Winde dies zuläßt, die Kurbel auszurücken oder abzunehmen, die Vorrichtungen, durch welche abnehmbare lose Kurbeln gegen unbeabsichtigtes Abziehen gesichert sind, müssen benutzt werden.

Die über dem Rädergetriebe der Winde befindlichen Schutzbleche dürfen, solange die Winde in Tätigkeit ist, nicht entfernt werden.

Unter der gehobenen Last darf niemand stehen.

Die an den Kränen vermerkte größte zulässige Belastung darf in keinem Falle überschritten werden[1]).

[1]) Vgl. § 62 Abs. 2.

§ 144. Das Hinabwerfen von Kettenschlingen, Klauen, Haken und sonstigen schweren Gegenständen ist verboten.

Das Hochziehen von Personen aus den Schiffsräumen oder Herunterlassen in die Schiffsräume mittels Kräne, Winden oder ähnlicher nicht zur Personenbeförderung bestimmter Einrichtungen ist verboten.

Bei Arbeiten mit laufendem Tauwerk, Ketten oder Festmachertrossen hat jeder Versicherte besonders darauf zu achten, daß er nicht mit Armen oder Beinen in die Buchten gerät.

§ 145. An den von der Schiffsleitung angeordneten Übungen im Sicherheitsdienst, wie Schottenmanövern, Bootsmanövern, Ruder- oder anderen Übungen hat jeder Versicherte teilzunehmen, soweit er nicht durch die Schiffsleitung ausdrücklich davon befreit ist.

Es ist verboten, beim Wriggen auf den Bootsbuchten zu stehen.

§ 146. Die Bedienungsvorschriften für Bord-Fahrstuhlanlagen[1]) sind streng innezuhalten.

[1]) Vgl. S. 353.

§ 147. Bei allen über einzelne Handgriffe hinausgehenden Arbeiten, die außenbords oder an Deck außerhalb der Reeling ausgeführt werden müssen, hat sich jeder Versicherte in geeigneter Weise gegen Abstürzen zu sichern.

§ 148. Es ist verboten, die in den Mannschaftsheimen zum öffentlichen Aushang gebrachten Unfallverhütungsvorschriften widerrechtlich zu entfernen oder zu beschädigen.

§ 149. Versicherte, die den Unfallverhütungsvorschriften zuwiderhandeln, können mit Ordnungsstrafen bis zu eintausend Reichsmark belegt werden.

Gegen die Straffestsetzung ist Beschwerde beim Oberversicherungsamt zulässig.

XV. Ausführungsbestimmungen.

§ 150. Im Sinne dieser Unfallverhütungsvorschriften ist

1. Wattfahrt die Fahrt auf Watten, Haffen, Bodden, Föhrden und ähnlichen Gewässern, wo hoher Seegang ausgeschlossen ist.

2. Kleine Küstenfahrt die Fahrt längs den Küsten der Nordsee vom Kap Gris Nez bis zum Aggerkanal mit Ein-

schluß der vorgelagerten Inseln und der Insel Helgoland sowie längs den Küsten der Ostsee zwischen der Linie Skagen—Lysekil einerseits und Oskarshamn—Windau (Breitenparallel von 57° 30′ Nord) andererseits mit Einschluß der Insel Bornholm. (Küstenfahrt im Sinne der Besetzungsverordnung). In einzelnen Fällen kann der Genossenschaftsvorstand unter bestimmten Bedingungen — Mehrausrüstung, besonderer Freibord — eine Ausdehnung der Fahrt auf die ganze Ostsee gestatten.

3. Nord- und Ostseefahrt die Fahrt in der Nordsee bis zu 61° nördl. Breite, im englischen Kanal, im Bristol-Kanal, im St. Georgs-Kanal und in der irischen See mit Einschluß der Clyde-Häfen und in der ganzen Ostsee,

soweit diese Fahrt die Grenzen der kleinen Küstenfahrt überschreitet (Kleine Fahrt im Sinne der Besetzungsverordnung),

4. Große Küstenfahrt die Fahrt zwischen europäischen Häfen, nicht europäischen Häfen des Mittelmeeres und des Schwarzen Meeres, sowie die Fahrt in überseeischen Gewässern ähnlicher Art, bei denen sich das Schiff nicht mehr als 200 Seemeilen vom nächsten Lande entfernt (etwa Mittlere Fahrt im Sinne der Besetzungsverordnung, beschränkte Auslandsfahrt im Sinne des internationalen Schiffssicherheitsvertrages),

5. Lange Fahrt die darüber hinausgehende Fahrt (Große Fahrt im Sinne der Besetzungsverordnung).

§ 151. Dem Genossenschaftsvorstande bleibt vorbehalten, auf Antrag in einzelnen Fällen und für besondere Fahrten nach Anhörung des zuständigen Sektionsvorstandes den Umständen entsprechende Abweichungen zu gestatten. — Anträge sind beim Genossenschaftsvorstande einzureichen.

Wo nach den vorhergehenden Bestimmungen andere als die namhaft gemachten Vorkehrungen zulässig sind, entscheidet über die Frage der Gleichwertigkeit und Zulässigkeit der Genossenschaftsvorstand.

§ 152. Unzweckmäßige Einrichtungen, welche dem Genossenschaftsvorstande und dem zuständigen Sektionsvorstande gefahrbringend erscheinen, sind baldtunlichst zu entfernen oder zu ändern.

§ 153. Ein Exemplar dieser Vorschriften ist in Gemäßheit der Reichsversicherungsordnung v. 19. Juli 1911 in den Mannschaftsheimen der zur Genossenschaft gehörenden Fahrzeuge öffentlich auszuhängen.

§ 154. Die legitimierten Beauftragten der Seemannsämter und die technischen Aufsichtsbeamten der Genossenschaft sind jederzeit zum Betreten der Schiffe bzw. der Betriebe und zur Besichtigung derselben berechtigt; ihnen sind auf Verlangen die Schiffspapiere und Listen an Ort und Stelle zur Einsicht vorzulegen.

Für die leichte Zugänglichkeit der zu besichtigenden Teile ist Sorge zu tragen.

§ 155. Jeder Reeder ist verpflichtet, sein Schiff zwecks Vornahme von Besichtigungen den dazu berufenen Organen der Genossenschaft bereitzustellen.

Auch hat er gemäß § 1217 in Verbindung mit § 889 der Reichsversicherungsordnung v. 19. Juli 1911 den vom Reichsversicherungsamt beauftragten ständigen Mitgliedern dieses Amts den Zutritt zu jedem seiner Fahrzeuge zu dem Zwecke zu gestatten, um die Durchführung und Wirkung der erlassenen Unfallverhütungsvorschriften festzustellen.

§ 156. Jeder Reeder ist verpflichtet, den in Ausführung der vorstehenden Vorschriften ergehenden Anweisungen des Genossenschaftsvorstandes unbedingt Folge zu leisten.

§ 157. Nach jedem die Seetüchtigkeit des Schiffes beeinträchtigenden Unfall ist der Fahrterlaubnisschein (§ 1) zu erneuern. Reeder und Kapitän sind verpflichtet, jeden derartigen Unfall unverzüglich der See-Berufsgenossenschaft zu melden.

§ 158. Zuwiderhandlungen der Unternehmer gegen diese Vorschriften können vom Genossenschaftsvorstande mit einer Geldstrafe bis zu dem jeweilig gesetzlich zugelassenen Höchstbetrage bestraft werden.

Die Schiffsführer sind gemäß §§ 1202, 1208 der Reichsversicherungsordnung neben dem Reeder für die genaue Befolgung der sämtlichen erlassenen Vorschriften verantwortlich. Jede Nachlässigkeit kann von demjenigen Seemannsamt, dem die Nachlässigkeit zuerst bekannt wird, mit einer Geldstrafe bis zu dem jeweilig gesetzlich zugelassenen Höchstbetrage belegt werden.

§ 159. Gegen die auf Grund des vorstehenden § 158 erfolgenden Strafverfügungen steht den Beteiligten die Beschwerde zu, und zwar

a) in den Fällen des Abs. 1 binnen einem Monat an das nach § 1784 der Reichsversicherungsordnung v. 19. Juli 1911 zuständige Oberversicherungsamt (Beschlußkammer),

b) in den Fällen des Abs. 2 binnen einem Monat nach dem Ende der Reise an die Aufsichtsbehörde des Seemannsamts.

§ 160. Für Rettung im deutschen Seefahrtsbetriebe Verunglückter sowie für Abwendung und Verhütung von

Unfällen auf deutschen Schiffen gewährt der Genossenschaftsvorstand in ihm geeignet erscheinenden Fällen Prämien. Bezügliche Anträge sind unter genauer und glaubwürdiger Darlegung des Tatbestandes an einen Vertrauensmann, einen Sektionsvorstand oder an den Genossenschaftsvorstand zu richten.

b) Anlage zu den Unfallverhütungsvorschriften der See-Berufsgenossenschaft[1] **für Dampf- und Motorschiffe** (Ausgabe 1925) enthält die Vorschriften über wasserdichte Schotte für Passagierdampfer in außereuropäischer Fahrt. (Ausgabe 1907).

[1]) Die Anlagen sind abgedruckt Schaps II 480ff.

c) Anlage II zu den Unfallverhütungsvorschriften der See-Berufsgenossenschaft für Dampf- und Motorschiffe (Ausgabe 1925) enthält die Vorschriften über den Freibord für Dampfer und Segelschiffe in der langen und atlantischen Fahrt sowie in der großen Küstenfahrt[1]). (Dazu Ausführungsbestimmungen Ausgabe 1908 u. 1932.)

[1]) Ihre Einhaltung wird durch die landesgesetzlich bestimmten Behörden (Hafenbehörde und Lotsenstationen) kontrolliert. In Preußen Erlaß v. 3. Juli 1908 (HMBl. S. 266). Im übrigen vgl. Wüstendörfer S. 190.

d) Ausführungsbestimmungen zu den Vorschriften über den Freibord für Dampfer und Segelschiffe in der langen und atlantischen Fahrt sowie in der großen Küstenfahrt. 1928.

e) Anlage III zu den Unfallverhütungsvorschriften der See-Berufsgenossenschaft für Dampf- und Mo-

torschiffe (Ausgabe 1925 u. 1932), betreffend Vorkehrungen im Maschinen- und Kesselraum.

f) Anlage IV zu den Unfallverhütungsvorschriften der See-Berufsgenossenschaft für Dampf- und Motorschiffe (Ausgabe 1925), betr. Fahrstuhlanlagen an Bord von Seeschiffen.

g) Anlage V Vorschriften über Feuerlöscheinrichtungen auf Passagierschiffen in langer Fahrt, die nach dem 1. Oktober 1926 auf Stapel gelegt werden, insbesondere auf Passagierschiffen mit Ölfeuerung und auf Motor-Passagierschiffen. (Gültig vom 1. Oktober 1926.)

h) Unfallverhütungsvorschriften der See-Berufsgenossenschaft für die außerhalb der kleinen Küstenfahrt verkehrenden Segelschiffe (Ausgabe 1925).

I. Allgemeine Bestimmungen.

§ 1. Abs. 1—5 wie Dampfer § 1 Abs. 1—5.

Bei Neubauten außer Leichtern sowie bei Schiffen, die einem wesentlichen, die Stabilität beeinflussenden Umbau unterzogen worden sind, müssen für die wichtigsten in Betracht kommenden Beladungsfälle und Tiefgänge die Hebelsarmkurven der statischen Stabilität aufgestellt und dem Führer des Schiffes ausgehändigt und erläutert werden.

Für Schiffe in der Nord-Ostseefahrt kann auf Antrag von der Aufstellung der Hebelsarmkurven abgesehen werden.

§ 2. Wie Dampfer § 2 Abs. 1—3.

§ 3. § 3 Abs. 1—3 wie Dampfer § 3 Abs. 1—3. Außerdem müssen bei Schiffen über 700 Kubikmeter Brutto-Raumgehalt die Saugstellen der Lenzpumpen jeder Zeit zugänglich sein, soweit es sich nicht um Schiffe handelt, in die eine mit der Maschine oder dem Hilfsmotor verbundene besondere Lenzvorrichtung eingebaut ist.

Jedes Schiff muß mit einer zweckentsprechenden Peilvorrichtung versehen sein.

§ 4. Auf allen stählernen Schiffen, deren Kiel nach dem 1. Januar 1910 gelegt ist, ist in einer Entfernung von nicht weniger als 0,05 Länge vom Vorsteven in der Tiefladelinie gemessen ein wasserdichtes Querschott, Kollisionsschott, anzubringen, das von den Bodenwrangen bis zum Hauptdeck reichen muß.

Im Kollisionsschott dürfen oberhalb des Doppelbodens keine Öffnungen vorhanden sein.

Leichter und alle Fahrzeuge, welche gewöhnlich geschleppt werden, müssen außer dem vorderen Kollisionsschott noch ein Schott im Hinterschiff haben.

§ 5. Für die Bestimmungen des Freibords gelten die in Abschnitt II der Anlage I niedergelegten Vorschriften. § 5 Abs. 2 und 3 wie Dampfer § 6 Abs. 2 und 3.

§ 6. § 6 Abs. 1—5 wie Dampfer § 7 Abs. 1—4. Die auf die Lukensicherung sich beziehenden Vorschriften der §§ 46 und 47 sind innezuhalten.

§ 7. Für die Führung und Behandlung eines Schiffstagebuches gelten die einschlägigen reichs- oder landesrechtlichen Bestimmungen.

Ferner ist auf jedem Schiffe ein Unfalltagebuch zu führen, in welches jeder Unfall einzutragen ist, durch welchen eine auf dem Schiffe beschäftigte Person auf der Reise getötet wird oder eine Körperverletzung erleidet, die eine völlige oder teilweise Arbeitsunfähigkeit von mehr als drei Tagen oder den Tod zur Folge hat.

Desgleichen ist auf jedem eisernen und stählernen Schiffe außerhalb der großen Küstenfahrt das vom Genossenschaftsvorstande festgestellte Deviationstagebuch zu führen. Die für die Bestimmung der Deviation erforderlichen Einrichtungen sind herzustellen.

§ 8. Für die Besetzung von Schiffen mit Kapitänen und Schiffsoffizieren gelten die in Ausführung der Seemannsordnung erlassenen gesetzlichen Vorschriften.

§ 9. Auf jedem Schiff muß das Steuer während der Reise ständig besetzt sein. Der Ausguck ist von Sonnenuntergang bis Sonnenaufgang und am Tage bei Nebel, unsichtigem Wetter und bei Annäherung an eine Küste zu besetzen. Der wachhabende Offizier muß sich entweder auf der Brücke oder an Deck aufhalten, auf jeden Fall da, wo er das ganze Schiff übersehen kann und einen freien Ausguck hat.

§ 10. § 10 wie Dampfer § 11.

§ 11. § 11 Abs. 1 und 2 wie Dampfer § 12.

Auf allen Fischloggern muß entweder der Kapitän oder der Steuermann bzw. Bestmann sich im Besitze eines Zeugnisses über erfolgreiche Absolvierung eines Kursus in der „ersten Hilfeleistung bei Unglücksfällen an Bord" befinden, es sei denn, daß die Befähigungsnachweise aller dieser Personen vor dem 1. Januar 1910 liegen. Zuständig für die Ausfertigung der Zeugnisse sind die bei den Seefahrtsschulen eingerichteten bzw. von dem deutschen Seefischerei-Verein geschaffenen Prüfungskommissionen sowie die hierzu berufenen Organe der zur Aufsicht über die Seefischerei bestimmten Kriegsfahrzeuge.

II. Anker, Ketten und Trossen (§§ 12—13).

III. Boote und Rettungsgeräte (§§ 14—29).

IV. Lichterführung und Signalwesen.

§ 30. Die Lichterführung regelt sich durch die einschlägigen Bestimmungen der SeestrO.

§ 31. § 31 wie Dampfer § 36.

§ 32. § 32 wie Dampfer § 37.

§ 33. Auf jedem Schiffe müssen die zur Ausführung der in der SeestrO. vorgeschriebenen Schallsignale erforderlichen Signalapparate vollständig und in brauchbarem Zustande vorhanden sein[1]).

[1]) Über Segler mit Hilfsmaschine bzw. Hilfsmotor siehe § 87

§ 34. Jedes Schiff muß eine Handelsflagge, ein internationales Signalbuch nebst den hierzu erlassenen Nachträgen und den dazu gehörigen Flaggen sowie eine Morselaterne an Bord haben.

Für Fahrten innerhalb der Nord- und Ostsee sind

a) Schiffe bis zu 700 Kubikmeter Brutto-Raumgehalt von der Mitführung des Signalbuches, der Signalflaggen und der Morselaterne,

b) Leichter jeder Größe von der Mitführung des Signalbuches und der Signalflaggen entbunden.

§ 35. Die Anwendung von Notsignalen richtet sich nach den Bestimmungen der SeestrO.

Jedes Schiff muß die zur Abgabe von Notsignalen erforderlichen Vorkehrungen, mindestens aber 12 Raketen oder entsprechende Leuchtkugeln sowie 12 Kanonenschläge oder einen gleichwertigen Apparat mit genügender Munition für Signalschüsse an Bord haben.

§ 36. Für die Anwendung von Lotsensignalen gelten

die Bestimmungen der Lotsen-Signalordnung für Schiffe auf See und auf den Küstengewässern.

Jedes Schiff muß die zur Abgabe von Lotsensignalen erforderlichen Vorkehrungen, mindestens aber 12 Blaulichter oder Flackerfeuer an Bord haben.

§ 37. § 37 wie Dampfer § 44.

V. Vorkehrungen an Deck und außenbords.

§ 38. Jedes Schiff muß

1. seinen Namen auf jeder Seite des Bugs,
2. seinen Namen und den Namen des Heimathafens am Heck und
3. eine Tiefgangsskala auf jeder Seite des Vor- und Ruderstevens, und zwar auf der einen Seite in Dezimetern, auf der anderen Seite in englischen Fuß an den festen Teilen in gut sichtbaren und fest angebrachten Schriftzeichen führen.

Ziffer 1 und 3 finden auf Fischerei-, Lotsen- und Lustfahrzeuge, Ziffer 3 außerdem auf Bergungsfahrzeuge keine Anwendung.

§ 39. § 39 wie Dampfer § 46.

§ 40. § 40 wie Dampfer § 47.

§ 41. Jedes Schiff über 300 Kubikmeter Brutto-Raumgehalt muß zum Schutze der Mannschaft mit Schanzkleid oder Reeling von mindestens 90 Zentimeter Höhe versehen sein.

Ist die Reeling nicht mit einem Netzwerk versehen, so darf die lichte Entfernung der Längsstangen vom Deck und voneinander nicht mehr als 0,33 Meter betragen.

Ist ein festes Schanzkleid vorhanden, so sind darin Wasserpforten von genügender Zahl und Größe vorzusehen.

§ 42. Auf See müssen bei schwerem Wetter zur Sicherung der Besatzung gegen überbrechende Seen oder Ausgleiten Strecktaue in geeigneter Weise gezogen werden, soweit dadurch die Bedienung der Segel nicht behindert wird.

§ 43. Nach dem 1. Jan. 1910 auf Stapel gelegte Seeleichter müssen mit eisernen Niedergangskappen von genügender Stärke und mit einem Süll von zweckmäßiger Höhe versehen sein.

§ 44. § 44 wie Dampfer § 50.

§ 45—48. Luken.

§ 49. § 49 wie Dampfer § 56.

§ 50. § 50 wie Dampfer § 61.

§ 51. Dampfwinden, Motorwinden, Steuergeschirre und, soweit angängig, auch die Handwinden, Bohr- und Werkzeugmaschinen sind an den Triebwerksteilen, Kupplungen mit vorstehenden Bolzen und Keilen usw., mit Schutzblechen oder sonst geeigneten Schutzvorrichtungen zu versehen.

§ 52. Die Ausführung des gesamten Ladegeschirrs muß, soweit es sich um feste Hebezeuganlagen handelt, den in Übereinstimmung mit dem Vorstande der See-Berufsgenossenschaft aufgestellten Grundsätzen des Germanischen Lloyd entsprechen. Diesem sind bei allen Neubauten sowie bei Umbauten der festen Hebezeuge auf bereits in Fahrt befindlichen Schiffen neben einem Takelriß eine Decksaufsicht und die Kräftepläne der Hebezeuge in doppelter Ausführung zur Prüfung einzureichen. Bei Schiffen, die vor dem 5. Jan. 1927 auf Stapel gelegt sind, finden diese Grundsätze sinngemäße Anwendung, soweit sie nicht konstruktive Änderungen bedingen.

Die höchstzulässige Belastung muß bei allen Hebezeugen, Ketten und Gerätschaften gut sichtbar und dauerhaft vermerkt sein. Die zulässige Belastung darf in keinem Fall überschritten werden.

Kräne, Ladebäume und Ladegeschirr sind nach Bedarf, mindestens aber einmal jährlich gründlich zu untersuchen; der Befund ist im Schiffstagebuch einzutragen.

Belastungsproben dürfen nur unter Aufsicht und Verantwortung des Reeders bzw. der Schiffsleitung erfolgen. Unbeteiligte Personen sind fernzuhalten.

§ 53. § 53 wie Dampfer § 63.

§ 54. Gespleißtes Drahttauwerk darf nur in Notfällen als Windenläufer zu Lösch- und Ladezwecken Verwendung finden.

Windenläufer und Drahttauwerk sind möglichst in demselben Bogen, wie sie durch die Leitblöcke laufen, um die Windentrommel und rechtwinklig zur Mitte der Trommel aufzuwickeln. Hierbei ist bei Neubauten, die nach dem 5. Jan. 1927 auf Stapel gelegt sind, bzw. bei neuen Winden darauf zu achten, daß die Steuerung der Winden so erfolgen muß, wie in den Grundsätzen des Germanischen Lloyd für die Ausführung des Ladegeschirrs festgelegt ist. Auf Winden, bei denen nur mit den Spillköpfen gearbeitet wird und eine Umsteuerung nicht stattfindet, findet diese Bestimmung keine Anwendung. Vorläuferketten dürfen nicht so lang genommen werden, daß Spleißung und Schäkel in das Laderad geraten.

Bei der Aufstellung der Winden ist hierauf Rücksicht zu nehmen. Ein Reservewindenläufer ist auf jedem Schiffe, Fischlogger ausgenommen (§ 75), mitzuführen.

Die Enden des Windenläufers müssen mit der Trommel sachgemäß verbunden sein. Die Länge des Windenläufers ist so zu bemessen, daß beim Gebrauch stets noch genügend Törns auf der Trommel verbleiben.

Das Einschlagen von Knoten in Windenketten und Windenläufer ist unzulässig.

§ 55. § 55 wie Dampfer § 65.

VI. Vorkehrungen an Mast und Takelung.

§ 56. § 56 wie Dampfer § 66.

§ 57. § 57 wie Dampfer § 67 Abs. 1.

§ 58. Am Klüverbaum und nicht einziehbaren Bugspriet eines jeden Schiffes müssen starke Fuß- und Handpferde angebracht sein; auch sind durch Netze oder Quertaue (Reiter, Schwichtinge) Vorkehrungen gegen das Herabfallen der Mannschaft zu treffen. Schiffe über 700 Brutto-Registertons mit einem festen Hornbugspriet sind verpflichtet, Netze unter demselben zu führen, die mittschiffs bis an die Back reichen müssen.

§ 59. Raaen müssen in der Regel mit starken Fußpferden sowie einer genügenden Anzahl von Handpferden oder anderen Handgriffen, die den Mannschaften ausreichend sicheren Halt bieten, versehen sein. Aus Drahttauwerk hergestellte Pferde müssen bekleidet sein.

§ 60. Fuß-, Spring- und Handpferde von Raaen und vom Klüverbaum sind mindestens einmal jährlich an Deck zu nehmen und gründlich zu untersuchen; über die Beschaffenheit, Haltbarkeit oder Erneuerung sind genaue Angaben im Schiffstagebuch zu verzeichnen.

VII. Feuerlöschvorrichtungen (§§ 61–62).

VIII. Vorkehrungen unter Deck (§§ 63–70).

IX. Inventar (§§ 71—83).

X. Reserveteile (§§ 84—86).

XI. Segelschiffe mit Hilfsmaschine bzw. Hilfsmotor (§§ 87).

XII. Schulschiffe (§§ 88).

XIII. Gefährliche Güter und Ballast (§§ 89—100).

XIV. Vorschriften für Versicherte.

§ 101. § 101 wie Dampfer § 131.

§ 102. § 102 wie Dampfer § 147.

§§ 103—105 wie Dampfer §§ 139—141.

§ 105a. § 105a wie Dampfer § 142a.

§ 106. § 106 wie Dampfer § 143.

§ 107. Es ist keinem Schiffsmann gestattet, sich an im Betrieb befindlichen Maschinen zu beschäftigen, deren Bedienung, Benutzung oder Instandhaltung ihm nicht obliegt.

§ 108. Das Ab- und Anlegen sowie das Aufbewahren von Kleidungsstücken darf nur in genügender Entfernung von den im Betrieb befindlichen Maschinen geschehen. Gegenstände irgendwelcher Art dürfen selbst auf ruhenden Triebwerkteilen nicht niedergelegt werden.

§ 109. § 109 wie Dampfer § 144.

§ 110. § 110 wie Dampfer § 145.

§ 111. § 111 wie Dampfer § 148.

§ 112. Auf Segelschiffen mit Hilfsmaschinen gelten noch nachstehende Vorschriften:

Das Tragen von Pantoffeln und Holzschuhen ist für die im Maschinenraum (nicht Heizraum) dauernd beschäftigten Personen während des Betriebes verboten.

Das Maschinenpersonal hat möglichst anschließende Kleidung zu tragen.

Beim Schmieren der Maschine und beim Nachfühlen der in der Bewegung befindlichen Maschinenteile müssen Tücher oder zur Reinigung dienender Twist entweder ganz fortgelegt oder wenigstens nicht in derjenigen Hand gehalten werden, welche das Schmieren oder Nachfühlen verrichtet.

Reinigungsarbeiten oder andere Arbeiten an beweglichen Maschinenteilen oder Arbeiten in unmittelbarer Nähe derselben dürfen nur dann vorgenommen werden, wenn die Maschine sich im Stillstand befindet und durch Einrücken der Triebvorrichtung oder sonstwie am Drehen gehindert ist. Hiervon darf unter besonderen Umständen nur mit Zustimmung des aufsichtführenden Maschinisten Abstand genommen werden.

Vor der Inbetriebsetzung der Maschine ist seitens des Ausführenden darauf zu achten, daß sich keine Personen mehr in der Maschine selbst befinden. Das Personal hat dem Kommando „aus der Maschine zu gehen" unverzüglich Folge zu leisten.

§ 113. § 113 wie Dampfer § 149.

XV. Ausführungsbestimmungen.

§ 114. Im Sinne dieser Unfallverhütungsvorschriften ist:

1. Große Küstenfahrt die Fahrt zwischen allen Häfen Europas, des Mittelländischen und Schwarzen Meeres sowie die Fahrt in überseeischen Gewässern ähnlicher Art.

2. Lange Fahrt diejenige Fahrt, welche die für die vorstehende Fahrt festgesetzten Grenzen überschreitet.

§ 115. § 115 wie Dampfer § 151.

§§ 116—119 wie Dampfer §§ 152—155.

§ 120. § 120 wie Dampfer § 156 Abs. 1.

§ 121. § 121 Abs. 1 wie Dampfer § 157 Abs. 1; § 121 Abs. 2 wie Dampfer § 156 Abs. 2.

§ 122. § 122 wie Dampfer § 158.

§ 123. § 123 wie Dampfer § 159.

§ 124. § 124 wie Dampfer § 160.

i) Anlage I zu den Unfallverhütungsvorschriften der See-Berufsgenossenschaft für die außerhalb der kleinen Küstenfahrt verkehrenden Segelschiffe (Ausgabe 1925), **enthält die Vorschriften über den Freibord für Dampfer und Segelschiffe in der langen und atlantischen Fahrt sowie in der großen Küstenfahrt** (Ausgabe 1908).

k) Unfallverhütungsvorschriften der See-Berufsgenossenschaft für die in der kleinen Küstenfahrt und Wattfahrt verkehrenden Segelschiffe

(Ausgabe 1925).

I. Allgemeine Bestimmungen.

§ 1. § 1 wie Dampfer § 1 Abs. 1—5.

§ 2. Vom Beginn des Ladens an bis zur Beendigung der Löschung ist, sofern der Schiffer das Schiff verläßt, zuvor aus der Mannschaft ein geeigneter Vertreter zu bestellen.

Dasselbe gilt auch vor Beginn des Ladens und nach Beendigung der Löschung, wenn das Schiff in einem nicht sicheren Hafen oder auf einer nicht sicheren Reede liegt.

Bei drohender Gefahr oder wenn das Schiff sich in See befindet, muß der Schiffer an Bord sein, sofern nicht eine dringende Notwendigkeit seine Abwesenheit rechtfertigt.

§ 3. Die Bilgen sind sorgfältig lenz zu halten.

Die hierzu erforderlichen Pumpen müssen in gebrauchsfähigem Zustande an Bord sein.

Jedes Schiff ist mit der erforderlichen Garnierung zu versehen, die über den Bilgen gut dicht sein muß. Dies ist besonders zu beachten, wenn Schiffe Ladung fahren, durch welche die Pumpen verstopft werden könnten, wie lose Saat, Getreide, Teer, Kohlen, Guano, Sand usw. In diesem Falle sind die Bilgen und Wasserläufe vorher besonders sorgfältig zu reinigen. Außerdem müssen bei Schiffen über 700 Kubikmeter Brutto-Raumgehalt die Saugstellen der Lenzpumpen jeder Zeit zugänglich sein. Jedes Schiff muß mit einer zweckentsprechenden Peilvorrichtung versehen sein.

§ 4. Auf allen stählernen Schiffen, deren Kiel nach dem 1. Jan. 1910 gelegt ist, ist in einer Entfernung von nicht weniger als 0,05 Länge vom Vorsteven in der Tiefladelinie gemessen ein wasserdichtes Querschott, Kollisionsschott anzubringen, das von den Bodenwrangen bis zum Hauptdeck reichen muß. Im Kollisionsschott dürfen keine Öffnungen vorhanden sein.

Leichter und alle Fahrzeuge, welche gewöhnlich geschleppt werden, müssen außer dem vorderen Kollisionsschott noch ein Schott im Hinterschiff haben.

§ 5. § 5 Abs. 1—4 wie Dampfer § 7 Abs. 1—4.

Die auf die Lukensicherung sich beziehenden Vorschriften der §§ 34 und 35 sind innezuhalten.

§ 6. § 6 wie Segler § 7 Abs. 1 u. 2.

§ 7. § 7 wie Segler § 8.

§ 8. § 8 wie Dampfer § 11.

II. Anker, Ketten und Trossen (§ 9).

III. Boote und Rettungsgeräte (§§ 10—19).

IV. Lichterführung und Signalwesen.

§ 20. Die Lichterführung regelt sich durch die einschlägigen Bestimmungen der Seestraßenordnung.

§ 21. § 21 wie Dampfer § 36.

§ 22. § 22 wie Dampfer § 37.

§ 23. § 23 wie Segler § 33.

§ 24. Jedes Schiff muß eine Handelsflagge an Bord haben.

§ 25. Die Anwendung von Notsignalen richtet sich nach den Bestimmungen der Seestraßenordnung.

Jedes Schiff muß die zur Abgabe von Notsignalen erforderlichen Vorkehrungen an Bord haben.

§ 26. Für die Anwendung von Lotsensignalen gelten die Bestimmungen der Lotsen-Signalordnung für Schiffe auf See und auf den Küstengewässern.

Jedes Schiff muß die zur Abgabe von Lotsensignalen erforderlichen Vorkehrungen an Bord haben.

§ 27. § 27 wie Dampfer § 44.

V. Vorkehrungen an Deck und außenbords.

§ 28. Jedes Schiff über 50 Kubikmeter Brutto-Raumgehalt muß

1. seinen Namen auf jeder Seite des Bugs,
2. seinen Namen und den Namen des Heimathafens am Heck und
3. außerhalb der Wattfahrt eine Tiefgangsskala auf jeder Seite des Vor- und Rudersteven, und zwar auf der einen Seite in Dezimetern, auf der anderen Seite in englischen Fuß an den festen Teilen in gut sichtbaren und fest angebrachten Schriftzeichen führen. Ziff. 1 und 3 finden auf Fischerei-, Lotsen- und Lustfahrzeuge, Ziff. 3 außerdem auf Bergungsfahrzeuge keine Anwendung.

§ 29. § 29 wie Dampfer § 46.

§ 29a. Fallreeps und Sturmleitern müssen in ordnungsmäßigem Zustande sein. Schiffe von mehr als

1 Meter Bordhöhe, die nicht vom Ufer aus betreten werden können, müssen mit mindestens einer Sturmleiter versehen sein, sofern nicht das Vorhandensein einer Scheuerleiste am Schiff dieselbe überflüssig oder die Lösch- und Ladearbeit das Vorhandensein mehrerer Sturmleitern erforderlich macht. Das An- und Vonbordgehen muß bei in Fahrt befindlichen Schiffen unter Aufsicht eines Steuermannes oder eines seemännisch erfahrenen Mannes erfolgen.

An den Sturmleitern müssen die Stufen derartig hergestellt und befestigt sein, daß sie eine möglichst große Anlagefläche haben, sich im rechten Winkel zur Schiffsseite halten und nicht kanten können. Wenn bei einem hochbordigen Schiff die Sturmleitern besonders lang sein müssen, sind an der Rückseite der Leitern 1 oder 2 horizontale Latten zu befestigen, um ein Drehen der Leitern zu verhindern[1]).

Bei nach dem 5. Jan. 1927 neubeschafften Sturmleitern müssen die Stufen eine Entfernung von 30 Zentimetern voneinander haben.

[1]) Wenn nicht gelöscht oder geladen wird, können auch auf ein Drittel Länge von unten nach vorn und hinten Geien angebracht werden.

§ 30. Jedes Schiff über 300 Kubikmeter Brutto-Raumgehalt muß zum Schutze der Mannschaft mit Schanzkleid oder Reeling von genügender Höhe und Dichtigkeit versehen sein.

Außerhalb der Wattfahrt muß die Höhe des Schanzkleides oder der Reeling mindestens 90 Zentimeter betragen.

Ist die Reeling nicht mit einem Netzwerk versehen, so darf die lichte Entfernung der Längsstangen vom Deck und voneinander nicht mehr als 0,33 Meter betragen.

§ 31. § 31 wie Segler § 43.

§ 32. Auf Leichtern müssen bei schwerem Wetter zur Sicherung der Besatzung gegen überbrechende Seen oder Ausgleiten Strecktaue in geeigneter Weise gezogen werden.

§ 33. § 33 wie Dampfer § 50.

§§ 34—35. Luken.

§ 36. § 36 wie Dampfer § 56.

§ 37. Dampfwinden, Motorwinden, Steuergeschirre und soweit angängig, auch die Handwinden sind an den Triebwerksteilen, Kupplungen mit vorstehenden Bolzen und Keilen usw. mit Schutzblechen oder sonst geeigneten Schutzvorrichtungen zu versehen.

Die Enden des Windenläufers müssen mit der Trommel sachgemäß verbunden sein. Die Länge des Windenläufers ist so zu bemessen, daß beim Gebrauch stets noch genügend Törns auf der Trommel verbleiben.

§ 37a. Schiffe, die mit Lösch- und Ladegeschirr ausgerüstet sind, haben die diesbezüglichen Bestimmungen der Unfallverhütungsvorschriften für die außerhalb der kleinen Küstenfahrt verkehrenden Segelschiffe zu befolgen.

§ 38. An Bord eines jeden Schiffes muß an geeigneter, gut sichtbarer Stelle eine Zinktafel angebracht werden, welche die von der Deutschen Gesellschaft zur Rettung Schiffbrüchiger erlassene Anweisung über die Handhabung des Raketenapparates enthält.

Für die nur in Haffen, Buchten und Watten verkehrenden kleinen Fahrzeuge ist die Zinktafel nur dann erforderlich, wenn das Schiff in Gegenden verkehrt, wo Raketenapparate in Anwendung kommen können.

VI. Vorkehrungen an Masten und Takelung.

§ 39. Falls Arbeiten an Pfahlmasten erforderlich werden, müssen die hierzu verwendeten Mannschaften in einem Bootsmannsstuhl unter Anwendung eines Jolltaues, welches oben am Top des Pfahlmastes über eine Scheibe läuft, nach oben gehißt werden, ausgenommen, wenn es sich um Einscheren oder Nachsehen des Jolltaues handelt.

§ 40. Am Klüverbaum und nicht einziehbaren Bugspriet eines jeden Schiffes müssen, soweit angängig, starke Fuß- und Handpferde angebracht sein; auch sind durch Netze oder Quertaue (Reiter, Schwichtinge) Vorkehrungen gegen das Herabfallen der Mannschaft zu treffen.

§ 41. § 41 wie Segler § 59.

§ 42. Fuß-, Spring- und Handpferde von Raaen und vom Klüverbaum sind mindestens einmal jährlich an Deck zu nehmen und gründlich zu untersuchen.

VII. Feuerlöschvorrichtungen.

§ 43. Auf jedem Schiffe sind mindestens zwei Schöpfeimer (Schlagpützen) auf dem Oberdeck zu sofortiger Benutzung bereitzuhalten. Für Segler mit Hilfsmotor siehe außerdem § 59 Ziffer 13.

VIII. Vorkehrungen unter Deck (§§ 44—49).

IX. Inventar (§§ 50—56).

X. Reserveteile (§§ 57—58).

XI. Segelschiffe mit Hilfsmaschine bzw. Hilfsmotor (§ 59).

XII. Schulschiffe (§ 69).

XIII. Gefährliche Güter und Ballast (§§ 61—66).

XIV. Vorschriften für Versicherte.

§ 67. § 67 wie Dampfer § 131.

§ 68. § 68 wie Dampfer § 147.

§ 69. § 69 wie Segler § 107.

§ 70. § 70 wie Dampfer § 139.

§§ 71 und 72 wie Dampfer §§ 140 und 141.

§ 73. § 73 wie Segler § 108.

§ 73a. § 73a wie Dampfer § 142a.

§ 74. § 74 wie Dampfer § 143.

§ 75. § 75 wie Dampfer § 144.

§ 76. § 76 wie Dampfer § 145.

§§ 77 und 78 wie Dampfer § 149 und 150.

XV. Ausführungsbestimmungen.

§ 79. Im Sinne dieser Unfallvorschriften ist:

1. Wattfahrt die Fahrt auf Watten, Haffen, Bodden, Föhrden und ähnlichen Gewässern, wo hoher Seegang ausgeschlossen ist.

2. Kleine Küstenfahrt die Fahrt längs den Küsten des Festlandes und den Inseln der Nordsee vom Kap Gris Nez bis zum Aggerkanal einschliesslich Fahrten vom Festlande nach Helgoland, im Kattegat südlich von Frederikshavn, im Skagerrak südlich von Lysekil, in den Belten und im Sund sowie längs den Küsten der Ostsee.

§§ 80—84 wie Dampfer §§ 151—155.

§ 85. § 85 wie Dampfer § 156 Abs. 1.

§ 86 Abs. 1 wie Dampfer § 157 Abs. 1, Abs. 2 wie Dampfer § 156 Abs. 2.

§§ 87—89 wie Dampfer §§ 158—160.

l) Unfallsverhütungsvorschriften für Fischereifahrzeuge.

Vom 26. August 1930 (in Kraft seit dem 1. Juli 1931)[1][2].

[1]) Hier nicht abgedruckt.

[2]) Die Vorschriften gelten nicht für Fischereimotorfahrzeuge bis zu 75 cbm Bruttoraumgehalt, sowie für Fischereikutter mit

und ohne Hilfsantrieb bis zu 200 cbm Bruttoraumgehalt, die nicht zur Seeberufsgenossenschaft, sondern zu deren Zweiganstalt gehören (§ 1120 RVO.).

5. Gesetz, betreffend die Deutsche Seewarte.

Vom 9. Januar 1875 (RGBl. S. 11). (Auszug).

§ 1. Unter dem Namen „Deutsche Seewarte" wird eine Anstalt errichtet, welche die Aufgabe hat, die Kenntnis der Naturverhältnisse des Meeres, soweit diese für die Schiffahrt von Interesse sind, sowie die Kenntnis der Witterungserscheinungen an den deutschen Küsten zu fördern und zur Sicherung und Erleichterung des Schiffahrtsverkehrs zu verwerten.

§ 2. Die Seewarte erhält ihren Sitz in Hamburg und gehört zum Ressort der Kaiserlichen Admiralität. Zur Vermittelung des Verkehrs mit den Schiffahrttreibenden, zur Beobachtung der Witterungserscheinungen und zur Verbreitung von Warnungen vor dem vermuteten Eintritt von Stürmen werden an den geeigneten Küstenplätzen die erforderlichen Dienststellen eingerichtet, welche der Seewarte untergeordnet sind.

6. Verordnung, betr. den Geschäftskreis, die Einrichtung und die Verwaltung der Deutschen Seewarte[1]).

Vom 26. Dezember 1875[2]) (RGBl. S. 385).

§ 1. Zum Geschäftskreise der Seewarte gehören:

1. die Förderung der Seefahrten im allgemeinen, und zwar: durch
   a) Sammlung von Beobachtungen über die physikalischen Verhältnisse des Meeres, sowie über die meteorologischen Erscheinungen auf hoher See,
   b) Prüfung und Berichtigung der auf Schiffen

gebräuchlichen, für die Sicherheit der Fahrten und die Zuverlässigkeit der Beobachtungen wichtigen Instrumente, wie Barometer, Thermometer, Sextanten, Kompasse und Chronometer.

c) Beobachtung der Erscheinungen des Erdmagnetismus auf der See, Prüfung des Verhaltens der Magnetnadel an Bord eiserner Schiffe und Erteilung von Weisungen für ihre zweckmäßige Aufstellung an Bord der Schiffe,

d) Sammlung der wichtigeren, auf die Physiographie und Hydrographie des Meeres, sowie auf die praktische Navigation bezüglichen Schriften und Karten,

e) Unterstützung und Anregung der heimischen Schiffahrt vermittels der aus den theoretischen Arbeiten gewonnenen praktischen Ergebnisse, und zwar: dem gesamten, bei der Schiffahrt beteiligten Publikum gegenüber: durch Bearbeitung der verschiedenen Seewege in Segelhandbüchern, durch periodische Veröffentlichung der für die Navigation wichtigen, sonstigen Erfahrungen und Ermittelungen; den einzelnen Schiffern gegenüber: durch Erteilung erbetener Informationen, durch Ausarbeitung rationeller Segelanweisungen für bestimmte Fahrten;

2. die Sturmwarnung, und zwar:

a) die regelmäßige Sammlung von Beobachtungen über den meteorologischen Zustand der Atmosphäre auf bestimmten Plätzen an der Küste, sowie im Innern Deutschlands, ferner auf solchen Plätzen des Auslandes, deren meteorologische Verhältnisse für die Beurteilung der atmosphärischen Zustände an den deutschen Küsten von Einfluß erscheinen,

b) die regelmäßige telegraphische Verbreitung von Mitteilungen über den augenblicklichen Zustand der Atmosphäre, sowie die unverzügliche Veröffentlichung solcher Wahrnehmungen, welche einen gefahrdrohenden Witterungsumschlag erwarten lassen[3]),

c) die Verarbeitung des in längeren Beobachtungszeiten gesammelten Materials auf die daraus für die Navigation und Wissenschaft zu gewinnenden Resultate und deren periodische Veröffentlichung.

[1]) Vgl. auch die hier nicht abgedruckte Instruktion für die Deutsche Seewarte v. 2. Dez. 1875.

[2]) In der Fassung der V. v. 4. Febr. 1895 (RGBl. S. 151).

[3]) Dazu tritt der Eisnachrichtendienst, beruhend auf Eismeldungen von 29 deutschen Eisbeobachtungsstationen der Ostsee- und von 26 Stationen der Nordseeküste, sowie auf Meldungen aller Anliegerstaaten. Die Eismeldungen werden in einen schriftlichen Eisbericht aufgenommen. Die amtlichen telegraphischen Eisberichte können von der Post und die schriftlichen Eisberichte von der Deutschen Seewarte angefordert werden. Für die auf See befindlichen Schiffe werden verschlüsselte telegraphische und funkentelegraphische Eismeldungen verbreitet. Für die Schiffe ohne Sendegerät ist das verkürzte Signalsystem für Eissignale beibehalten worden (Ball, rote Flagge und roter Wimpel). Vgl. auch Dominik, Winterschiffahrt und Eisnachrichtendienst. Hansa 1928, 1770 u. 712.

§§ 2—6 betreffen Organisationsfragen.

7. Strandungsordnung[1])[2]).

Vom 17. Mai 1874 (RGBl. S. 73); abgeändert durch GVG. vom 27. Januar 1877 (RGBl. S. 41), Art. 3 des EG. z. HGB. vom 10. Mai 1897 (RGBl. S. 437), Gesetz vom 30. Dezember 1901 (RGBl. 1902 S. 1), Gesetz vom 7. Januar 1913 (RGBl. S. 90) und Gesetz vom 19. Juli 1924 (RGBl. I S. 667).

I. Abschnitt.

Von den Strandbehörden.

§ 1. Die Verwaltung[1]) der Strandungsangelegenheiten wird durch Strandämter geführt[2]).

Den Strandämtern werden Strandvögte untergeordnet. Letztere haben insbesondere diejenigen Maßregeln zu leiten, welche zum Zwecke der Bergung oder Hilfsleistung zu ergreifen sind.

[1]) Literatur: Ewald, Die Strandungsordnung für das Deutsche Reich. 1925; 1927. 438. — Perels, Handbuch des allg. öffentlichen Seerechts S. 310ff.; Perels, Das allgemeine öffentliche Seerecht im Deutschen Reich (1901: zitiert: Perels), S. 194ff.; Stenglein, Strafrechtliche Nebengesetze; L. Perels, Strandungsdelikte im deutschen Recht (1898); Schneider, Das Grenzgebiet von Strandungsordnung und Binnenschiffahrtsgesetz, in GZ. 56, S. 22ff. — Landesrechtliche Vorschriften vgl. Schaps II 558.

[2]) Wie die Motive ergeben, will die StrO. die Materie reichsgesetzlich erschöpfend regeln. Für die Landesgesetzgebung ist daher nur in den besonders vom Gesetz genannten Fällen Raum (z. B. §§ 2, 22, 35, 45, 17, 24, 40). RG. 64 S. 197. Hbl. 1907 Nr. 53.

[1]) Darunter fällt auch die Entscheidungstätigkeit, welche richterlichen Charakter aufweist (§§ 36ff.). Vgl. Ewald 13, Motive S. 13.

[2]) Die Strandämter werden von andern Behörden nebenamtlich verwaltet. Im Auslande versehen die Konsuln die Geschäfte des Strandamts (§ 36 KonsGes.). Voraussetzung für die Tätigkeit des Strandamts ist die räumliche Beziehung des Rettungswerks zur deutschen Küste (HansOLG. Hbl. 1907 Nr. 47), sei es, daß die Rettung an oder vor der deutschen Küste erfolgt oder in einem deutschen Hafen ihr Ende erreicht (Ewald S. 14). Für ein an fremder Küste gestrandetes, in einen fremden Hafen eingeschlepptes Schiff ist also kein deutsches Strandamt zuständig, auch wenn das Schiff ein deutsches war. Ewald S. 15; RG. 51 S. 325; Hbl. 1914, 206.

§ 2. Die Organisation der Strandämter, die Abgrenzung ihrer Bezirke, die Anstellung der Strandbeamten, die Regelung des Verhältnisses der Strandvögte zu den Strandämtern, und die Bestimmung der Behörden, welche die Aufsicht über diese Ämter und Beamten zu führen haben[1]), sowie die Feststellung der Dienstbezüge der Strandbeamten steht den Landesregierungen nach Maßgabe der Landesgesetze[2]) zu.

Der Vorsteher eines Strandamts kann für den ihm überwiesenen Bezirk oder einen Teil desselben zugleich zum Strandvogt bestellt werden.

[1]) In Preußen die Regierungspräsidenten, in Mecklenburg-Schwerin das Ministerium des Innern, in Oldenburg das Staatsministerium, Departement des Innern, in Hamburg die Deputation für Handel und Schiffahrt, in Bremen der Senat, in Lübeck das Stadt- und Landamt.

[2]) Abgedruckt bei Schaps II 560ff.

§ 3. Die Oberaufsicht über die Verwaltung der Strandungsangelegenheiten steht dem Reiche zu[1]).

[1]) Auf Grund dieses Oberaufsichtsrechts ist die Instruktion zur StrO. erlassen worden (S. 417); Oberaufsichtsbehörde ist der Reichskanzler; Wünsche und Beschwerden sind direkt bei ihm anzubringen (Ewald S. 15). Doch kann er nicht ohne weiteres Anweisungen an einzelne Strandämter erlassen, sondern muß sich dieserhalb mit der betreffenden Landesregierung ins Benehmen setzen.

II. Abschnitt.

Von dem Verfahren bei Bergung[1]) und Hilfsleistung in Seenot.

§ 4. Wer ein auf den Strand geratenes oder sonst unweit desselben in Seenot[2]) befindliches Schiff[3]) wahrnimmt, hat sofort hiervon dem zuständigen Strandvogt oder der nächsten Gemeindebehörde Anzeige zu machen[4]). Der Überbringer der ersten Anzeige[5]) hat Anspruch auf eine angemessene Vergütung[6]).

[1]) Eine Bergung liegt nicht vor, wenn eine Person nicht die Absicht hat, die geretteten Sachen der Strandbehörde zur Verfügung zu stellen. RG. Strafs. 38 S. 330; LZ. 1914, 88. Ebenso nicht, wo Leute heimlich an ein Schiff heranfahren und Sachen fortschaffen. Es muß ein geordnetes Bergungsverfahren stattfinden. RG. LZ. 1914, 88. Auch dadurch, daß sich jemand nach §§ 7 Abs. 1, 12 Abs. 1, 43 strafbar macht, wird der Sachverhalt nicht zu einem Bergungsfall. RG. a. a. O.

[2]) Vgl. Schaps I, 860. Es genügt die nach Lage der Sache und bei vernünftiger Beurteilung haltbare Annahme, daß ohne Rettungsmaßnahmen Gefahr für Menschenleben oder Sachgüter vorlag. Ebenso Ewald S. 16; Stenglein S. 410; Hbl. 1914, 206. — Seenot kann auch an den Unterläufen der Ströme vorkommen, soweit diese von Seeschiffen befahren werden. Innerhalb dieser Grenzen kann auch ein Binnenschiff in Seenot geraten. Näheres Ewald S. 16.

[3]) Der Begriff ist im weitesten Sinne zu nehmen. Es gehören dazu alle Schwimmkörper; nicht nur die (vgl. Schaps I 679 und 7) als Schiffe i. S. des HGB. aufzufassenden, sondern alle Zwischenstufen zwischen Schiff und Floß bzw. schwimmendem Gerät, z. B. ein Hebefloß (HansOLG. Rspr. 13 S. 39); Pontonscheibe (Zubehör eines Kriegsschiffs) RG. 69 S. 207. Unerheblich ist, ob es sich um ein Seeschiff handelt oder ein Binnenschiff, ein Segel- oder Ruderboot. Vgl. dazu RG. 38 S. 85. Ebenso ob es sich um ein deutsches oder ausländisches Fahrzeug (Ewald S. 16) oder ein Wasserflugzeug (Ewald S. 15) handelt.

[4]) Strafvorschrift: § 43. — Mehreren Wahrnehmenden liegt die gleiche Anzeigepflicht ob (Ewald S. 17). Die Anzeige des einen befreit die übrigen, ohne aber die Strafbarkeit aller wegen verzögerter Anzeige auszuschließen. Die Strafbarkeit des die Meldung Unterlassenden fällt fort, sofern derselbe aus guten Gründen geglaubt hat, die Anzeige sei anderweitig erstattet oder werde anderweitig erstattet werden (Perels S. 196; Ewald S. 17) oder wenn er die Anzeige aus Unkenntnis bei einem unzuständigen Strandamt erstattet; oder wenn die Anzeige ohne Verletzung einer andern gleich dringenden Menschenpflicht nicht möglich ist (Ewald S. 16/17).

[5]) Zeigen mehrere gleichzeitig an, so muß jeder die Vergütung erhalten (ebenso Ewald S. 17).

[6]) Keine Belohnung, sondern Entschädigung für Zeitverlust und etwaige Aufwendungen. (Ewald S. 17; Perels S. 323.) Bei

Bemessung kann aber berücksichtigt werden, daß dem Meldenden Gewinn entgangen oder ein Schaden entstanden ist. Ansprüche auf Miete für ein benutztes Boot bestehen nicht.

§ 5. Die Gemeindebehörde hat unverzüglich[1]) für die Mitteilung der Nachricht an den Strandvogt zu sorgen. Die Gemeinden sind verpflichtet, hierzu gegen eine den ortsüblichen Sätzen entsprechende Vergütung einen Boten und die nötigen Beförderungsmittel (Pferd, Gespann, Boot) zu stellen[2]).

[1]) D. h. ohne schuldhaftes Zögern. Die Auffassung Ewalds (S. 18), daß unverzüglich hier gleich „sofort" zu setzen sei, erscheint nicht zutreffend.

[2]) Soweit die Gemeinde nicht im Besitz der erforderlichen Beförderungsmittel ist, muß sie dieselben mieten, leihen oder äußerstenfalls gemäß § 904 BGB. mit Gewalt requirieren (gegen Ersatz des entstehenden Schadens: § 904 Satz 2). Wer sich weigert, die Beförderungsmittel zur Verfügung zu stellen, ist nicht strafbar. (Anders Ewald S. 18.) § 9 betrifft nur den Ungehorsam gegen eine Aufforderung durch den Strandvogt. Die Gemeindebehörde ist nicht Vertreterin des Strandvogts, handelt auch nicht als Polizeibehörde (§ 360 Nr. 10 StGB.).

§ 6. Der Strandvogt hat unverzüglich nach Empfang der Nachricht (§ 5)[1]) sich an Ort und Stelle zu begegeben und daselbst die zur Aufrechterhaltung der Ordnung sowie zur Bergung oder Hilfsleistung erforderlichen Anordnungen zu treffen[2]). Auch hat er für schleunigste Benachrichtigung des Strandamts sowie des nächsten Zollbeamten Sorge zu tragen, bis zur Ankunft des letzteren aber das Zollinteresse selbst wahrzunehmen[3]).

Bis zum Erscheinen des Strandvogts sind die Strandunterbeamten und in deren Ermangelung die nächste Gemeindebehörde zu den erforderlichen Anordnungen berufen.

[1]) Ebenso natürlich auch, wenn er über den Unfall aus eigener Wahrnehmung unterrichtet ist.

[2]) Die Einmischung örtlicher Polizeibehörden soll verhütet werden (Motive S. 18). Doch sind dieselben nach § 4 der In-

struktion verpflichtet, den Strandbehörden auf Verlangen Beistand zu leisten, wobei jedoch die oberste Leitung stets in den Händen des Strandvogts bleibt.

[3]) Vgl. §§ 14, 15, 16, 46 und BZG. §§ 21, 82, 117. — Eine Deklarationspflicht trifft den Berger von Gegenständen nicht (RG. Strafſ. 38 S. 326; Ewald S. 19).

§ 7. Wider den Willen[1]) des Schiffers[2]) dürfen Maßregeln zum Zweck der Bergung oder Hilfsleistung nicht ergriffen werden[3]). Insbesondere darf wider den Willen des Schiffers weder an das Schiff angelegt, noch dasselbe betreten werden[4]). Ist das Schiff von der Schiffsbesatzung verlassen[5]), so bedarf es zum Anlegen an dasselbe oder zum Betreten desselben, sofern nicht dringende Gefahr im Verzuge liegt, der Erlaubnis des Strandvogts[6]).

Auf die Tätigkeit der Vereine zur Rettung Schiffbrüchiger finden diese Bestimmungen keine Anwendung.

[1]) Der Wille muß in die Erscheinung getreten also unzweideutig erklärt worden sein. Vgl. dazu Schaps I 879. Schweigen, Unterlassen eines Widerspruchs und Benutzung durch den Retter angebrachter Vorrichtungen schließt das Vorliegen eines Verbots aus. Vgl. auch Ewald S. 20.

[2]) Der Schiffer bzw. sein Stellvertreter hat allein darüber zu befinden (§ 42). Eine Geschäftsführung ohne Auftrag kommt nicht in Frage, insbesondere nicht durch den anwesenden Versicherer, Ladungsinteressenten. Selbst der Reeder kann die Erlaubnis nicht gegen den Willen des Schiffers erteilen. Er kann ihn aber, falls das Verbot unverständig ist, entlassen (§ 545). Vgl. § 5 der Instruktion S. 417.

[3]) Über die Gründe dieser Vorschrift vgl. Ewald S. 19. — Das Verbot gilt auch für den Strandvogt, und zwar selbst dann, wenn es sich um die Rettung von Menschenleben handelt. Ebenso Ewald S. 19; Perels S. 326 u. a.; a. M. Meves S. 540 und Stenglein S. 411. Maßnahmen, welche in den Herrschaftsbereich des Schiffers nicht eingreifen, sind zulässig, z. B. das Halten in der Nähe des Schiffes, Vorbereitungen zur Hilfsleistung.

[4]) Dies gilt auch für den Strandvogt und die Strandunterbeamten. Über Ausnahmen zugunsten der Staatsgewalt vgl. Schaps I 877. Weitere Ausnahme in Satz 2 des § 7 Abs. 1.

[5]) Über Schiffsbesatzung vgl. Schaps I 89. Das Wort „ver-

lassen" soll den Verlust der Verfügungsgewalt zum Ausdruck bringen. Vgl. dazu Schaps § 740 I 864; Ewald S. 20; Motive S. 20.

[6]) Ob tatsächlich dringende Gefahr im Verzuge liegt, hat der Betreffende auf eigene Verantwortung zu entscheiden (Motive S. 15). Ein Verstoß gegen § 7 Abs. 1 ist nach § 43 strafbar. Das Gericht hat von Amts wegen zu prüfen, ob Gefahr im Verzuge lag, evtl. ob der Betreffende ohne Fahrlässigkeit zu der Annahme einer solchen kommen konnte. Es muß ferner im Falle des § 7 Satz 1 und 2 festgestellt werden, daß der Zuwiderhandelnde sich des entgegenstehenden Willens des Kapitäns bewußt war. (Ewald S. 21; Stenglein S. 411.) Einer ausdrücklichen Feststellung im Urteil, daß im Falle des § 7 Satz 3 dringende Gefahr nicht vorlag, bedarf es nur dann, wenn der Angeklagte eine solche behauptet hatte (Ewald S. 21). Über die Frage des Hausfriedensbruchs auf Schiffen vgl. Schaps I 877; Ewald S. 21; KG. VerkRdsch. 1927 S. 362. Im Falle des Abs. 2 hat der Strandvogt selbst das Recht, das Schiff zu betreten. Solange er an Bord ist, wird man ihm die Ausübung der Schiffsgewalt zugestehen müssen.

[7]) Personen der Schiffsbesatzung dürfen aber auch von diesen Vereinen im Hinblick auf §§ 34, 41, 93, 96 SO. nicht von dem havarierten Schiff geholt werden, wenn nicht der Kapitän einwilligt (Ewald S. 20; Stenglein S. 411).

§ 8. Der Schiffer ist befugt, dem Strandvogt die Leitung des Verfahrens jederzeit wieder abzunehmen[1]), sobald er für die etwa bereits entstandenen Bergungs- und Hilfskosten[2]) einschließlich des Berge- und Hilfslohnes (§ 751 des HGB.), die von dem Vorsteher des Strandamtes oder dem Strandvogt[3]) erforderlich befundene Sicherheit bestellt hat[4]).

[1]) Voraussetzung ist also, daß der Strandvogt das Rettungswerk in Angriff genommen hat, sei es mit Einwilligung des Schiffers, sei es ausnahmsweise ohne diese (wenn das Schiff verlassen ist).

[2]) Vgl. Schaps I 927.

[3]) Hinsichtlich der Sicherheitsleistung, die vom Strandamt oder Strandvogt erfordert wird, kann eine Entscheidung der Aufsichtsbehörde im gewöhnlichen Beschwerdeverfahren herbeigeführt werden (Ewald S. 21).

[4]) Weil wegen der Hilfslohnforderung und der Hilfs- und Bergungskosten gemäß §§ 751, 754 Nr. 4 ein Pfandrecht bzw. Schiffsgläubigerrecht und außerdem ein Zurückbehaltungsrecht § 751 gegeben ist. Diese dingliche, bzw. an den Besitz der Sache geknüpfte Sicherung ist gefährdet, wenn der Schiffer die Verfügung über das Schiff wiedererlangt. Das Verlangen nach Sicherheitsleistung kann auch dann aufrechterhalten werden, wenn der Reeder die persönliche Haftung für die Hilfskosten übernimmt. Vgl. Schaps I 985; II 534. Über die Höhe der Sicherheitsleistung vgl. § 3 der Instruktion zur StrO. (S. 417). Die Bestellung erfolgt nach Maßgabe der §§ 232ff. BGB. Doch genügt auch die Verwahrung beim Strandamt (vgl. § 3 Abs. 2 der Instruktion).

§ 9. Die Verpflichtung, den polizeilichen Aufforderungen zur Hilfe Folge zu leisten, bestimmt sich nach § 360 Nr. 10 des Strafgesetzbuchs[1]) mit der Maßgabe, daß als „Polizeibehörde" im Sinne dieser Vorschrift auch der Strandvogt gilt[2]).

Während der Seenot[3]) ist der Strandvogt befugt, zur Rettung von Menschenleben die erforderlichen Fahrzeuge und Gerätschaften, sowie jeden außerhalb der öffentlichen Wege zum Strande führenden Zugang auch ohne Einwilligung des Verfügungsberechtigten in Anspruch zu nehmen[4]). Der hieraus entstehende wirkliche Schaden ist zu vergüten[5]). Wer der Anordnung des Strandvogts nicht Folge leistet, wird mit der im § 360 Nr. 10 a. a. O. angedrohten Strafe belegt[6]).

Die Fahrzeuge und Gerätschaften der Vereine zur Rettung Schiffbrüchiger dürfen nur, insoweit die Vereinsmannschaft nicht selbst einschreitet, zur Rettung von Menschenleben in Anspruch genommen werden[7]).

[1]) „Mit Geldstrafe bis zu einhundertfünfzig Mark oder mit Haft wird bestraft (Nr. 10):

wer bei Unglücksfällen oder gemeiner Gefahr oder Not von der Polizeibehörde oder deren Stellvertreter zur Hilfe aufgefordert, keine Folge leistet, obgleich er der Aufforderung ohne erhebliche eigene Gefahr genügen konnte."

Hierzu: E. Müller, Die strafbare Hilfeverweigerung (Göttinger Dissertation 1896).

Gemeint ist ein Doppeltes:

a) Die Polizeibehörde ist zur Aufforderung dann berechtigt, wenn die Voraussetzungen des § 360 Nr. 10 vorliegen.

b) Ist dies der Fall, so ist die Zuwiderhandlung strafbar. Über den Begriff des Unglücksfalls vgl. Ewald S. 22; Müller S. 6; North S. 42. Jede Strandung oder drohende Strandung ist ein Unglücksfall, auch dann, wenn sie beabsichtigt ist. Denn wie § 4 ergibt, ist die Seenot der entscheidende Gesichtspunkt. Nicht erforderlich ist es, daß Menschenleben in Gefahr sind. Die Gesamtumstände des Einzelfalls sind zu würdigen und man kann davon ausgehen, daß die Voraussetzungen des § 9 gegeben sind, wenn sich der Strandvogt zum Eingreifen veranlaßt sieht. Über die Begriffe „Gefahr" und „Not" (Ewald S. 24) vgl. Schaps I 860; II 535.

Die Aufforderung muß vom Strandvogt oder seinem Stellvertreter ausgehen; von der örtlichen Polizeibehörde nur, wenn der Strandvogt das Rettungswerk noch nicht oder nicht mehr leitet. Der Strandamtsvorsteher ist nur insoweit zuständig, als ihm der Strandvogt landesrechtlich unterstellt worden ist, ein deutscher Konsul nur, wenn er das Rettungswerk selbst leitet. Er darf jedoch nur Deutsche und deren Eigentum in Anspruch nehmen (Ewald S. 24).

Die Aufforderung muß deutlich und bestimmt sein, insbesondere

a) inhaltlich. Sie muß ersehen lassen, was verlangt wird. Doch genügt die allgemeine Aufforderung, sich am Rettungswerk zu beteiligen. Widersprechen sich die Aufforderungen mehrerer zuständiger Personen, so ist die Nichtbefolgung straffrei; b) persönlich. Eine individuelle Aufforderung ist nötig und zwar so, daß der Strandvogt jeden erkennbar bezeichnet, den er heranziehen will.

Zur Befolgung der Aufforderung sind auch Fremde und Ausländer verpflichtet (Ewald S. 25). Ausnahmen sind nur für Kranke, Gebrechliche und im Falle besonderer Gefährdung der Rechtsgüter des Aufgeforderten zulässig. Die Entscheidung über die „Zumutbarkeit", muß dem Tatrichter überlassen bleiben. Sachleistungen können auch auf Grund des Abs. 1 nicht erfordert werden, der Strandvogt hat auch nur im Falle des Abs. 2 das Recht zur Eigenmacht. So auch die herrschende Meinung gegen Ewald S. 26/27. — Ob eine erhebliche eigene Gefahr vorgelegen hat, muß das Gericht von Amts wegen prüfen (GoltdArch. 37 S. 449; Ewald S. 26).

Die Übertretung ist vollendet, wenn der Ungehorsam erklärt oder durch Untätigkeit bewiesen ist. Die Befolgung der Aufforderung unter Protest ist nicht strafbar, ebensowenig schlechte, lässige und langsame Ausführung der Arbeiten. Anders, wenn das Geleistete wertlos ist und dem Sinne der Aufforderung in keiner Weise entspricht. Ungehorsam gegen einzelne Anordnungen während des Rettungswerks fallen nicht ohne weiteres unter § 360 Nr. 10, welcher nur die Heranziehung von Hilfskräften sicherstellen will.

Das Delikt der Hilfsverweigerung kann auch fahrlässig begangen werden. Vgl. auch § 59 StGB.. Dazu Ewald S. 26. Über die streitige Frage, inwiefern der Strafrichter befugt ist, die Anordnungen des Strandvogts einer Nachprüfung zu unterziehen, vgl. Ewald S. 25. Er kommt zu dem Resultat, daß der Richter weder die Notwendigkeit der Hilfeleistung als solche, noch die Zweckmäßigkeit bzw. Notwendigkeit der einzelnen Maßnahmen nachprüfen darf, daß er dagegen prüfen muß, ob die Anordnung einen rechtlich zulässigen Inhalt hatte und ob der Auffordernde für die Anordnung zuständig war und sie in gehöriger Form erlassen hat.

[2]) Ob er Polizeibehörde ist (etwa deswegen, weil er gleichzeitig Amtsvorsteher ist), bleibt dahingestellt. Die Fiktion gilt aber nur im Rahmen des § 360 Nr. 10 nicht auch für die Annahme von Beamtenbeleidigung oder Widerstand gegen die Staatsgewalt.

[3]) D. h. so lange Maßnahmen auf Grund einer Seenot erforderlich sind. Z. B. Transport geretteter Seeleute in ein Krankenhaus.

[4]) § 904 BGB. ist hier modifiziert. Die Voraussetzungen des Eingriffsrechts sind hier enger: nur die Rettung von Menschenleben rechtfertigt den Eingriff. Andrerseits kommt eine Abwägung zwischen abzuwendender Gefahr und drohendem Schaden nicht in Frage. Eine vorherige Aufforderung ist nicht erforderlich. Erfolgt sie jedoch, so ist die Verweigerung oder auch nur der passive Widerstand nach § 360 Nr. 10 strafbar. Ein geleisteter Widerstand kann mit Gewalt gebrochen werden. Aus der Gefahr des Verlustes eines Gegenstandes, insbesondere eines Fahrzeuges, kann dessen Besitzer keine Einwendung herleiten, da er ja im Verlustfalle entschädigt wird.

[5]) Im allgemeinen werden die auf Grund des § 9 gewährten

Leistungen nicht vergütet, weder Arbeitslohn noch Benutzungsgebühr für die zur Verfügung gestellten Gegenstände werden gezahlt. Auch dann nicht, wenn ein Anspruch aus § 740 HGB. an sich gestellt werden könnte oder gestellt wird. (Schaps I 863). Nur was über die Verpflichtungen aus § 9 hinaus geleistet wird, kann zu einem Hilfslohnanspruch führen. — Eine Ausnahme macht Abs. 2 für den Fall der Menschenrettung. Hier soll der „wirkliche Schaden" vergütet werden. Der entgangene Gewinn ist ein ebenso „wirklicher" Schaden, wie etwa ein Sachschaden am Boot (anders die herrschende Meinung, vgl. Ewald S. 27). Vgl. Schaps II 536.

[6]) Hier ist nicht, wie in Abs. 1, der § 360 Nr. 10 mit seinen Tatbestandsmerkmalen dem Gesetz einverleibt, sondern nur das Strafmaß auf einen Sonderfall übertragen. Infolgedessen kann sich niemand darauf berufen, daß für ihn eine erhebliche eigene Gefahr vorliege. (Ebenso Ewald S. 27).

[7]) Es fragt sich, ob jede Inanspruchnahme ausgeschlossen ist, sobald die Mannschaft einschreitet oder ob dieser Ausschluß sich nur auf die Gerätschaften bezieht, welche von der Mannschaft selbst benutzt werden. Vgl. hierüber Schaps II 537.

§ 10. Die in den §§ 4, 5 und 9 bezeichneten Vergütungen gehören zu den im § 746 des Handelsgesetzbuchs bestimmten Bergungs- und Hilfskosten. Dieselben werden nach Maßgabe der Bestimmungen des fünften Abschnitts festgesetzt und sind, wenn anderweit die Befriedigung nicht zu erreichen ist[1]), aus Staatsmitteln zu leisten. Auf Verlangen sind sie aus diesen vorschußweise zu zahlen.

[1]) Da lediglich ein Pfandrecht gemäß §§ 751, 753 HGB. (daneben evtl. ein Zurückbehaltungsrecht nach § 752) an den geborgenen Sachen besteht, so kann u. U. eine Befriedigung der Ansprüche aus §§ 4, 5 und 9 nicht erreichbar sein, zumal das Zurückbehaltungsrecht gegenüber eingetragenen Pfandgläubigern und Schiffsgläubigern versagt (Schaps I 962). Dazu kommt (Ewald S. 28), daß die Zollgefälle und Gebühren nach § 14 VZG. und Nr. 6 des Ausf.-Reskriptes vor den Bergungskosten zur Hebung gelangen. Über die zugunsten der Retter möglichen Vergünstigungen vgl. § 82 VZG. und Bundesratsbeschluß v. 7. Mai 1904. (Näheres bei Ewald S. 28.)

§ 11. Der Strandvogt hat vor allem für die Rettung

der Personen zu sorgen. Im Falle der Bergung hat er zunächst die Schiffs- und Ladungspapiere, insbesondere das Schiffsjournal an sich zu nehmen[1]), das letztere sobald als möglich mit dem Datum und seiner Unterschrift abzuschließen[2]) und demnächst sämtliche Papiere dem Schiffer zurückzugeben[3]).

[1]) Im allgemeinen wird der Schiffer die Schiffspapiere retten. Vgl. S. 214/15. Evtl. muß der Strandvogt sie an sich nehmen. Das Schiffsjournal (Schiffstagebuch, vgl. I 207ff.) ist besonders genannt. Aber auch das Maschinenjournal kann von Wichtigkeit sein.

[2]) Ist der Schiffer im Besitz des Tagebuchs geblieben, so kann der Strandvogt es allerdings nicht zwecks Abschließung herausverlangen.

[3]) Kein Zurückbehaltungsrecht, weder wegen Aufwendungen noch auch im polizeilichen Interesse wegen Verdachts strafbarer Handlung.

§ 12[1]). Ohne Genehmigung des Schiffers darf nichts aus dem Schiffe fortgeschafft werden. Auch hat zunächst der Schiffer darüber Bestimmung zu treffen, wohin die fortgeschafften Gegenstände sowie das Schiff selbst zu bringen sind. Sowohl jene Genehmigung[2]) als auch diese Bestimmung steht dem Strandvogt zu, wenn derselbe die Leitung des Verfahrens übernommen hatte. In Ermangelung einer Bestimmung des Schiffers oder des Strandvogts muß das Geborgene, sofern keine Hindernisse entgegenstehen, nach dem zunächst erreichbaren deutschen Hafen oder Landungsplatze gebracht und sofort der nächsten Polizeibehörde oder dem Strandvogt[3]) angezeigt werden[4]).

Die aus dem Schiffe fortgeschafften Gegenstände sind, sobald dies tunlich, zu verzeichnen[5]).

[1]) Verheimlichung und Diebstahl sollen verhindert werden, worauf ja auch § 748 HGB. hinwirkt. § 12 ist nicht anwendbar, wenn der Fall der Bergung nicht vorliegt. RG. LZ. 1914, 88.

[2]) Die Genehmigung kann ausdrücklich oder stillschweigend

erfolgen, ist aber in der gemäß § 7 erteilten Erlaubnis noch nicht enthalten (ebenso Ewald S. 29). Sie ist nur erforderlich, soweit es sich um Sachen handelt (also nicht bei Menschenrettung), und zwar solche, die im Gewahrsam des Schiffers sind (an der Leine geschlepptes Boot). Ist ein Gegenstand über Bord gefallen und der Einwirkungsmöglichkeit des Schiffers entzogen, so bedarf es seiner Erlaubnis zur Bergung nicht. Dann gilt § 12 Abs. 1 Satz 4 und § 13. Zuwiderhandlung gegen § 12 ist nach § 43 strafbar. Vgl. auch RG. Straff. 10 S. 84. Für die Frage nach Diebstahl oder Unterschlagung gelten die allgemeinen Grundsätze. Vgl. Ewald S. 30; RGSt. 2 S. 64; 10 S. 84ff.

[3]) Sofern dieser nicht am Rettungswerk beteiligt war und es lediglich unterlassen hatte, eine Bestimmung über den Verbleib der Güter zu treffen.

[4]) Die Verletzung der Anzeigepflicht ist strafbar. Anzeigepflichtig sind alle Berger hinsichtlich aller geborgenen Sachen. Es genügt aber die Anzeige aller Sachen durch einen Berger (näheres vgl. Schaps I 948).

[5]) Die Inventarisierung liegt dem Strandvogt ob. Doch kann auch der Schiffer ein Verzeichnis aufstellen. Liegen widersprechende Aufzeichnungen vor, so gilt freie richterliche Überzeugung.

§ 13. Werden einzelne Stücke[1]) der Ladung oder des Schiffes oder sonstiger Gegenstände, welche auf dem Schiffe sich befunden oder zu demselben gehört haben, an das Land getrieben, so hat derjenige, welcher dieselben birgt[2]), dies sofort einem der mitwirkenden Beamten anzuzeigen[3]) und auf Erfordern die Sachen abzuliefern.

[1]) Im Gegensatz zu § 20 behandelt § 13 nur solche Gegenstände, die anläßlich eines konkreten Schiffsunfalls an den Strand getrieben werden. Nur völlig wertlose Gegenstände, die auch keinen Identifizierungs- oder Beweiswert haben (Ewald S. 30), sind auszunehmen.

[2]) D. h. an sich nimmt, um sie der Seegefahr oder der Gefahr des Verderbens zu entziehen. Eine Pflicht zur Bergung solcher Sachen besteht nicht.

[3]) Die Anzeigepflicht besteht in jedem Falle; sie kann nicht dadurch aus der Welt geschafft werden, daß der Berger die Sache wieder fortwirft. Wird die Anzeige unterlassen, so fällt dies unter § 748 (vgl. Schaps I 948). Wirkt ein Beamter nicht mit, so wird die Anzeigepflicht gegenüber dem Schiffer bestehen, allerdings

nicht mit der Folge der Strafbarkeit im Falle der Unterlassung. Wohl aber liegt auch hier eine Verheimlichung i. S. des § 748 vor.

§ 14. Der Strandvogt hat dem nächsten Steuerbeamten von der Bergung sofort Nachricht zu geben und bis zur Ankunft desselben das steuerfiskalische Interesse wahrzunehmen[1]).

Die geborgenen Gegenstände werden von dem Strandamt und dem Zollbeamten gemeinschaftlich in Gewahrsam genommen[2]).

[1]) Insbesondere für Aufstellung des Verzeichnisses (§ 12 Abs. 2) und für Bewachung zu sorgen, im Falle der Gefährdung auch für weitere Erhaltung der Sachen (Fütterung geretteter Tiere). Eine Deklarationspflicht des Bergers (§§ 22, 136, 152 VZollGes.) ist weder vom Gesetz gewollt, noch durch Zweck des Gesetzes geboten. RGSt. 38 S. 326. Vgl. auch Behr, Ausgebaggerte Gegenstände als zollpflichtiges Strandgut. HansGZ. 1907 Nr. 86.

[2]) Es entsteht Mitbesitz i. S. des § 866 BGB. Wenn die zollamtliche Abfertigung erfolgt ist, endet der Mitbesitz der Zollbehörde (Motive S. 17; Ewald S. 31).

§ 15. Das Strandamt hat mit Zuziehung des Schiffers[1]) und des Zollbeamten ein Inventarium der geborgenen Gegenstände unter Angabe der etwa vorhandenen Marken und Nummern und mit Benutzung der vorläufigen Verzeichnisse (§ 12) aufzunehmen, dabei auch überall den Wert[2]) und die Menge zu vermerken, soweit dieselben sich aus vorhandenen Schriftstücken ergeben oder anderweit ohne Verletzung der Verpackung[3]) festzustellen sind. Das Inventarium ist von dem Zollbeamten und dem Schiffer zu unterschreiben[4]), die Einsicht desselben oder die Fertigung einer Abschrift ist auch anderen Beteiligten zu gestatten.

[1]) Ist der Schiffer oder sein Stellvertreter nicht anwesend, so braucht nicht etwa der Reeder oder Ladungsinteressent, Versicherer oder ein Expert zugezogen zu werden.

²) Schätzung des augenblicklichen Werts, insbesondere also unter Berücksichtigung von Beschädigung oder Wertminderung durch äußere Gewalt, Seewasser usw. Aus den weiterhin erwähnten Schriftstücken kann sich der Fakturen- oder Versicherungswert ergeben, der als Anhaltspunkt dienen kann.

³) Pakete und Kolli dürfen nicht geöffnet werden. Wohl aber können aufgebrochene Kisten und völlig unbrauchbar gewordene Packungen ihres Inhalts entledigt werden, wobei dann die Inventarisierung nach Einzelstücken erfolgen muß. Eine Deklarationspflicht des Bergers (§§ 22, 136, 152 VZG.) besteht nicht (RG. Nr. 38 S. 326).

⁴) Sofern sie mit dem Inhalt der Urkunde einverstanden sind. Andernfalls können sie die Unterschrift verweigern oder mit Zufügung eines Protestes unterzeichnen.

§ 16. Die geborgenen Gegenstände sind dem Schiffer, in Ermangelung desselben demjenigen, welcher sonst seine Empfangsberechtigung nachweist¹), auszuliefern. Die Auslieferung²) darf jedoch, mit Ausnahme der für das augenblickliche Bedürfnis der Mannschaft und Passagiere erforderlichen Gegenstände³), erst nach Bezahlung oder Sicherstellung der Bergungskosten einschließlich des Bergelohns⁴) (§ 751 des HGB.) und nach erfolgter zollamtlicher Abfertigung geschehen.

¹) Hinsichtlich des Schiffs nebst Zubehör der Reeder bzw. Ausrüster. Hinsichtlich der Frachtgüter der Konnossementsinhaber (Ewald S. 31). Indessen besteht das Herausgaberecht (Verfügungsbefugnis) gemäß § 535 selbständig neben dem die Legitimation regelnden § 659 HGB. (RGJW. 1928 S. 2629). Ist anzunehmen, daß Havariebeiträge auf den Gütern lasten, was ein Recht auf Sicherstellung begründet (§§ 731, 615 HGB.), so ist der Verfrachter als Empfangsberechtigter anzusehen (Ewald S. 31).

²) Zur Auslieferung berechtigt ist das Strandamt, nicht auch der Strandvogt (ebenso Ewald S. 32). Das Strandamt besitzt für den Berger (auf Grund der §§ 14, 20 und 21) und hat das Zurückbehaltungsrecht für ihn auszuüben. (HansOLG. Hbl. 1896 S. 1; Ewald S. 32.) Ist der Schiffer noch im Besitz des geborgenen Gutes, so ist dieses seine Aufgabe. Ist die Auslieferung (ohne Sicherheitsleistung) auf Anordnung des Reeders erfolgt,

so haftet dieser persönlich (Ewald S. 32). § 752 HGB. ist im weiten Umfange analog anwendbar. Der Berger kann nicht Auslieferung der Güter an sich fordern, da das Strandamt mit seinem öffentlich-rechtlichen Besitztitel vorgeht. Jedoch kann der Berger zur Sicherung seiner Ansprüche einen Arrest ausbringen. Das Zurückbehaltungsrecht des Bergers wirkt gegen jeden dritten (Hbl. 1896 S. 1). Über die Passivlegitimation für die Bergelohnansprüche vgl. Ewald S. 33 und Schaps I 962.

Für Bergung von Fischereigerät vgl. Art. 25 Abs. 2 des Intern. Vertr. zur Regelung der Fischerei in der Nordsee (Schaps II 887).

[3]) An sich haften auch die Effekten für die Bergungskosten (Burchard S. 24). Werden sie nach § 16 herausgegeben, so erlischt das Pfandrecht nicht (HansGZ. Hbl. 1896 S. 14). Der Schiffer haftet nicht nach § 752 HGB., wohl aber der Empfänger nach § 753 Abs. 2 HGB.

[4]) Sonst Haftung analog § 752 HGB. Bis dahin besteht das Pfandrecht und Zurückbehaltungsrecht nach § 751 HGB. Liefert das Strandamt ohne Bezahlung und ohne Sicherstellung aus, so ist § 752 HGB. analog anwendbar (persönliche Haftung), vgl. Schaps I 962. Ebenso Ewald S. 32.

§ 17. Behufs Übernahme der Vertretung der Beteiligten in Bergungs- und Hilfsleistungsfällen können von den Landesregierungen an geeigneten Orten ein für allemal Sachverständige bestellt werden. Dieselben sind in den einzelnen Fällen den Beteiligten von dem Strandamt namhaft zu machen. Die Wahl anderer Vertreter ist hierdurch nicht ausgeschlossen[1]).

[1]) Pfleger: §§ 1911, 1913 BGB. (Perels S. 200). Vgl. dazu Ewald S. 33.

§ 18. Leicht verderbliche und solche Gegenstände, deren Aufbewahrung mit Gefahr oder unverhältnismäßigen Kosten verbunden sein würde, können von dem Strandamt öffentlich verkauft werden[1]), jedoch bei Anwesenheit des Empfangsberechtigten[2]) nur mit Zustimmung desselben oder nach fruchtlos an ihn ergangener Aufforderung[3]), die Gegenstände gemäß § 16 in Empfang zu nehmen.

[1]) S. HGB. § 777. (Schaps I 1023). Mit Recht weist Ewald auf die Analogie zu § 535 HGB. hin (S. 33).

[2]) Vgl. § 16. In erster Reihe kommt als Empfangsberechtigter der Schiffer in Frage. (Brodmann S. 657.)

[3]) Die Aufforderung ist eine empfangsbedürftige Willenserklärung. Ist der Aufenthalt nicht zu ermitteln, so bedarf es keiner öffentlichen Zustellung und im Falle, daß evtl. eine Persönlichkeit überhaupt nicht feststellbar ist, keiner Aufforderung. Öffentliche Bekanntmachung in Zeitungen.

§ 19. Entstehen Zweifel oder Streitigkeiten über die Empfangsberechtigung, oder sind die Empfangsberechtigten nicht alsbald zu ermitteln, so hat das Strandamt die betreffenden Gegenstände oder deren Erlös (§ 18) in Verwahrung zu nehmen, und demnächst nach den Bestimmungen des IV. Abschnittes zu verfahren[1]).

[1]) Über Grund und Entstehung dieser Vorschrift vgl. Ewald S. 34.

III. Abschnitt.

Von Seeauswurf und strandtriftigen Gegenständen, sowie von versunkenen und seetriftigen Gegenständen.

§ 20[1]). Wenn außer dem Falle der Seenot eines Schiffes besitzlos[2]) gewordene Gegenstände von der See auf den Strand geworfen oder gegen denselben getrieben[3]) und vom Strande aus geborgen werden[4]), so haben auch in diesen Fällen die Berger Anspruch auf Bergelohn nach den Vorschriften des Handelsgesetzbuchs, Buch IV, 8. Abschnitt. Sie sind verpflichtet, von den geborgenen Gegenständen der nächsten Polizeibehörde oder dem Strandvogt sofort Anzeige zu machen[5]), und dieselben zur Verfügung zu stellen[6]).

[1]) Strafvorschrift: § 45.

[2]) Vgl. RG. 5 S. 92; GoltdArch. 45 S. 303; Ewald S. 35 über den Begriff „besitzlos“. Maßgebend ist das tatsächliche Herrschaftsverhältnis und der Begriff des Besitzes i. S. der §§ 854ff.

BGB. HansOLG. Hbl. 1906 Nr. 86. Wenn sich ein schwimmender Gegenstand (Floß) losreißt und wegschwimmt, aber in Sehweite des Besitzers bleibt, der es wieder erlangen kann, so ist der Besitz nicht verloren. HansOLG. a. a. O. Angetriebene Rettungsboote sind als Gegenstände i. S. des § 20 anzusehen, ebenso Schiffsteile und Schiffstrümmer. Voraussetzung ist aber stets, daß sie nicht einer konkreten, in der Nähe gerade dieses Strandes vorliegenden Seenot entstammen. Vgl. dazu Ewald S. 35.

Bei militärischen Übungen abhanden gekommenes (insbes. verschossenes) Material soll nach Vfg. des preuß. Handelsmin. v. 6. April 1882 und 27. April 1882 (Nr. 2003 bzw. 4959) während der Übung und innerhalb 14 Tagen nach deren Beendigung nicht als besitzlos angesehen werden. Dieser Verfügung wird die Rechtswirksamkeit mit Recht abgesprochen (Perels S. 33; RG. 69, 210; Ewald S. 35).

[3]) „Strandtriftige Gegenstände." Dazu gehören auch solche, die nur bei Ebbe aus dem Wasser herausragen (Ewald S. 35).

[4]) Werden die Gegenstände von einem am Strande liegenden Fahrzeug, Seesteg usw. aus geborgen, so sind sie „vom Strande" geborgen. Ewald S. 35.

[5]) Im Sinne von „unverzüglich" (§ 121 BGB.) zu verstehen. (Ebenso Ewald S. 35.)

[6]) Die Vornahme eigener Ermittelungen durch den Berger ersetzt keinesfalls die Anzeige. (Ewald S. 35.) Wird jedoch geborgenes fiskalisches Material während der Bergungsfahrt an ein fiskalisches Fahrzeug abgegeben, so ist die Anzeige nicht erforderlich. RG. 69 S. 210.

§ 21[1]). Denselben Anspruch und dieselbe Verpflichtung haben die Berger, wenn versunkene Schiffstrümmer oder sonstige Gegenstände[2]) vom Meeresgrunde heraufgebracht[3]) oder wenn ein verlassenes Schiff[4]) oder sonstige besitzlos gewordene Gegenstände, in offener See treibend, von einem Fahrzeuge[5]) geborgen werden[6]).

Die Verpflichtung[7]) tritt in diesem Falle ein, sobald das bergende Fahrzeug nach der Bergung an der deutschen Küste anlegt oder vor Anker geht, fällt aber fort, wenn das Fahrzeug inzwischen an einer fremden Küste angelegt hat, oder vor Anker gegangen ist, und die Berger dort die geborgenen Gegenstände dem Eigentümer oder einer Behörde zur Verfügung gestellt haben[6]).

[1]) Ablieferung zugleich mit der Anzeige wird nicht verlangt, es genügt Erklärung der Ablieferungsbereitschaft. Der Berger hat für die Verwahrung der Gegenstände zu sorgen und sich jeder Verfügung über sie zu enthalten: Ewald S. 36. Unterlassung der Anzeige ist nach § 43 strafbar. Über den Beginn der Verjährungsfrist vgl. Ewald S. 36. Erfolgt eine tatsächliche Ablieferung an das Strandamt, so wird dieses Besitzer. (Vgl. dazu Anm. zu § 16.)

[2]) Nur wenn sie besitzlos sind: HansOLG., DJZ. 1898, 516. (GoltdArch. 45 S. 303; Voigt Entsch. HansOLG. in Straff. S. 338ff.; Ewald S. 36.)

[3]) Auch Gegenstände auf dem Meeresgrunde können einem Besitzrecht unterliegen, z. B. verlorene Anker (evtl. mit Ankerkette), wenn ihr Liegeort durch Boje gekennzeichnet ist. Ebenso vom Taucher auf dem Meeresgrund zurückgelassene Gegenstände usw. Voraussetzung ist die Möglichkeit der Ausübung der tatsächlichen Gewalt und äußere Kenntlichmachung des fortdauernden Besitzwillens. Vgl. auch zu § 20. — Bergung von Gegenständen, die nicht besitzlos sind, ergibt lediglich Ansprüche aus Geschäftsführung ohne Auftrag (RG. 38 S. 86.) Anzeigepflicht nach § 681 BGB., aber nicht gegenüber der Behörde (§ 20), sondern gegenüber dem Eigentümer. — Gleichgültig ist es für § 21, ob die Bergung absichtlich oder durch Zufall (Netz des Fischerfahrzeuges usw.) erfolgte. Vgl. Ewald S. 37.

[4]) Das verlassene Schiff war hier zu erwähnen, weil es in §§ 4ff. nicht behandelt ist. Der Begriff „Schiff" ist hier im weitesten Sinne zu nehmen. Es kann zuweilen zweifelhaft sein, ob bei dem Schiffe Seetriftigkeit oder Seenot am Strande vorliegt (vgl. Ewald S. 37). Wann ein Schiff verlassen ist, ist Tatfrage. Vgl. dazu Schaps I 864.

[5]) Die Verpflichtung kann nach allgemeinen Grundsätzen bergende Fahrzeuge nur soweit treffen, als sie der deutschen Jurisdiktion unterworfen sind, also deutsche Fahrzeuge unbedingt, fremde nur, soweit die Bergung in deutschen Territorialgewässern erfolgt ist. Anders Ewald S. 38.

[6]) Voraussetzung für alle Fälle des § 21 ist die Tatsache der Bergung. Eine Pflicht zur Bergung besteht nicht. Finden Fischer im Grundschleppnetz versunkene Gegenstände, so sind sie berechtigt, diese alsbald wieder in das Wasser zu werfen. Erst wenn der

Wille zur Inbesitznahme irgendwie in die Erscheinung getreten ist und Land erreicht wird, entstehen Rechte und Pflichten (Anzeige gemäß § 21 Abs. 2).

[7]) D. h. die Verpflichtung der Anzeige und Zurverfügungstellung. Beides kann sich erübrigen, wenn die geborgenen Gegenstände bereits dem Eigentümer oder Besitzer ausgehändigt wurden. Aber evtl. Einfluß auf die Höhe des Bergelohns: vgl. RG. 69, 207; dazu Ewald S. 38. Strafvorschrift: § 43. — Verlust des Lohnanspruchs: § 35 Abs. 3.

[8]) Über den Umfang dieser Vorschrift vgl. Ewald S. 37, welcher dem Schiffer empfiehlt, nicht nur im Auslande, sondern auch im Inlande anzumelden.

§ 22. Welche Gewässer bei Anwendung der §§ 20 und 21 der See gleichzustellen sind[1]), bestimmen die Landesregierungen[2]).

[1]) Soweit nach den in der folgenden Anm. angegebenen Ausf.-Vorschriften gewisse Flußgebiete bei Anwendung der §§ 20, 21 der See gleichgestellt werden, gilt die StrO. (da sie nicht auf Seeschiffe beschränkt ist. Vgl. zu § 4) auch im Falle der Bergung von Binnenschiffen. Vgl. Mittelstein, BSchR. S. 383; HansOLG. Hbl. 1898 Nr. 3; 1907 Nr. 94 = Rspr. 22 S. 74; abw. RG. 5 S. 92.

[2]) Es handelt sich in den einzelnen Ländern um folgende Gewässer:

a) Hamburg: die Unter- und Norderelbe bis zur Einmündung der Dove-Elbe in die Norderelbe (Bek. vom 17. Oktober 1923); über die Norderelbe (Bek. vom 23. Dez. 1874, Ziff. 3 a. E.). Streitig ist, ob durch diese Bestimmung zugleich das sachliche Geltungsgebiet der StrO. auf die Bergung von Binnenschiffen auf der bezeichneten Strecke ausgedehnt ist; dafür HansGZ. 94 H. S. 39; 98 H. S. 8 mit der Begründung, daß die Bek. in Ausführung der §§ 1 und 2 der StrO. und zugleich mit Rücksicht auf § 22 erlassen sei. Dagegen zutreffend RG. in Bd. 5 S. 92 und das HansOLG. in HansGZ. 14 H. S. 251. Vgl. Schaps II 542/43.

b) Bremen: Die unter bremischer Staatshoheit stehenden Ufer der Unterweser aufwärts bis zur Kaiserbrücke in Bremen (Ges. v. 15. März 1892 § 1 a. E.).

c) Mecklenburg: Die Binnengewässer der Ostsee von Alt-Garz, Domanialamts Buckow bis zur Tarnewitzer Spitze an der

Wohlenberder Wiek einschließlich des Wismarschen Hafens und des Wismarschen Fahrwassers (VO. v. 17. Mai 1874 § 8).

d) Provinz Hannover: Die gesamte Festlands- und Inselküste der Provinz, sowie landeinwärts die Ufer der Elbe bis Harburg, der Oste bis Oberndorf, der Weser bis zur Landesgrenze bei Vegesack, der Ems bis Papenburg und der Leda bis Leer, die Endpunkte überall eingeschlossen (Bek. vom 26. Dez. 1874).

e) Oldenburg: Die Weser und die Ochtum bis zum Löschplatz bei Ochtum (VO. v. 14. Mai 1889).

f) Provinz Pommern: Die gesamte pommersche Festlands- und Inselküste an der See, die Haffe, Bodden, Wieken usw. sowie landeinwärts bis zum Papenwasser einschließlich (AV. v. 5. Dez. 1874).

g) Provinz Schleswig-Holstein: Abgesehen von dem der See selbst zuzurechnenden offenen Meerbusen von Eckernförde: der Flensburger Meerbusen, die Schlei bis Kappeln, der Kieler Meerbusen, die Eider bis zur Wollersumer Fähre, die Elbe bis Altona, die Stör bis Wewelsfleth, die Endpunkte überall eingeschlossen (AV. v. 10. Dez. 1874).

h) Provinz Preußen: Die gesamte See- und Haffküste der Provinz, nicht die mit der See oder den Haffen durch eine Zufahrt zusammenhängenden, sonst aber mehr oder weniger geschlossenen Hafenbecken (VO. v. 5. Dez. 1874).

Über den Grund der Vorschrift des § 22 vgl. Ewald S. 38.

§ 23. Das Strandamt hat den Berger über die Zeit, den Ort und die Umstände der Bergung sowie über den beanspruchten Lohn zu hören und für die angemessene Aufbewahrung der Gegenstände zu sorgen[1]), auch dem nächsten Zollbeamten Nachricht zu geben. Die Bestimmungen der §§ 14, 15 und 18 finden auch hier Anwendung.

Kann der Empfangsberechtigte alsbald ermittelt werden, so ist nach der Vorschrift des § 16, andernfalls nach den Vorschriften des IV. Abschnitts, zu verfahren.

[1]) Bei Auslieferung ohne Zahlung oder Sicherstellung der Bergekosten haftet das Strandamt analog HGB. § 752. — Die Festsetzung des Bergelohns erfolgt nach Maßgabe der §§ 36 ff. — Vgl. auch die Anm. zu § 16.

§ 24. Die Landesregierungen sind ermächtigt[1]), Anmeldestellen einzurichten, welchen die Strandämter jede Bergung in den Fällen der §§ 20 und 21 mitzuteilen haben[2]). Auf diesen Anmeldestellen ist ein Fundverzeichnis über die geborgenen Gegenstände und den Ort ihrer Aufbewahrung zu führen und zur Einsicht für jedermann auszulegen. Ein Auszug aus dem Verzeichnis wird in angemessenen Fristen bekanntgemacht.

Die Bestimmungen des § 23 finden auch da Anwendung, wo Anmeldestellen bestehen.

1) Von der Ermächtigung ist nur in geringem Umfang Gebrauch gemacht. Vgl. Schaps II 543.

2) Über den Zweck dieser Vorschrift vgl. Ewald S. 40. Eine regelmäßige Mitwirkung des Strandvogts ist hier nicht vorgesehen. Vgl. dazu Ewald S. 34. — Vgl. auch Art. 25 des Intern. Vertr. betr. Regelung der Fischerei (Schaps II 844). Bei der Bergung solcher Fischereiutensilien richtet sich der Lohnanspruch nach den Gesetzen des zuerst angelaufenen Hafens (Ewald S. 38).

§ 25[1]). Wird die Schiffahrt dadurch beeinträchtigt, daß in einem Fahrwasser[2]), auf einer Reede oder in einem Hafen ein Schiff oder Wrack hilflos treibt[3]) oder gestrandet oder gesunken ist[4]), oder Anker oder sonstige Gegenstände auf den Grund geraten[5]), so ist die Behörde[6]) befugt[7]), die Beseitigung des Hindernisses[8]) zu veranlassen.

Sobald die Behörde eingeschritten und dies öffentlich erkennbar oder den Beteiligten bekanntgemacht ist, darf ohne Genehmigung der Behörde das Hindernis nicht mehr beseitigt und von dem Schiffe oder Wracke nichts mehr fortgeschafft werden[9]).

Zur Deckung der Kosten der Beseitigung kann die Behörde die beseitigten Gegenstände öffentlich verkaufen[10]), soweit nicht Sicherheit gestellt wird. Dieses Recht erstreckt sich im Falle der Beseitigung eines Schiffes oder Wrackes auch auf alle Gegenstände, welche zur Zeit des Einschreitens der Behörde auf dem Schiffe oder Wracke vorhanden waren, mit Ausnahme der Habe der Schiffsbesatzung, des Reiseguts[11]) der Reisenden und der Post. Gegenstände, welche dem Reiche oder einem Bundesstaate gehören, sind zunächst der zuständigen Verwaltung gegen Erstattung des Wertes zur Verfügung zu stellen. Mit dem nach Abzug der Beseitigungskosten etwa verbleibenden Überschusse des Erlöses ist nach den §§ 16, 19 zu verfahren. Nach fruchtlosem Aufgebotsverfahren (§ 26) fällt der Überschuß der Seemannskasse oder in Ermangelung einer solchen der Armenkasse am Sitze der Behörde zu.

Wird durch einen der im Abs. 1 bezeichneten Vorgänge die Gefahr einer Beeinträchtigung der Schiffahrt herbeigeführt, so ist der Schiffer, in dessen Ermangelung oder Verhinderung sein Stellvertreter, verpflichtet, dem nächsten Strandamt unverzüglich Anzeige zu erstatten[12]).

[1]) Vgl. Ewald S. 41; HansOLG. und RG. Hbl. 1894, Nr. 14, 56 (RG. 33, Nr. 15); Bartels im Hbl. 1895, Nr. 109ff. — § 25 regelt die Befugnisse der Behörden erschöpfend (RG. DJZ. 1910, 482).

[2]) Eine gesetzliche Begriffsbestimmung für die StrO. fehlt. (RG. DJZ. 1910, 482). — RG. 73 S. 8 definiert „Fahrwasser" als ein von Schiffen regelmäßig befahrenes (wenn auch nicht durch Seezeichen abgestecktes) Wasser, insbesondere auch Watten. — Die Definition der SWO. ist für die StrO. nicht brauchbar, da diese den Begriff in weiterem Sinne erfassen muß. (Vgl. Sebba Anm. zu §§ 6, 36 SWO., auch I, 854). — Maßgebend sind die bei Schaps II 560 abgedruckten Bekanntmachungen Preußens, Hamburgs und Bremens. Der Kaiser-Wilhelm-Kanal ist jedenfalls ein Fahrwasser. (RG. 74 S. 362. JW. 1911, 159).

[3]) D. h. ohne die Möglichkeit, in absehbarer Zeit in den Zustand eigener Manövrierfähigkeit zu kommen. Solange das Schiff Besatzung hat, ist es nicht hilflos, denn es kann Schlepper- oder sonstige Hilfe beschaffen.

[4]) Über die provisorische Bezeichnung des Wracks vgl. § 59 SWO. Anzeigepflicht des Schiffers ebenda.

[5]) Vgl. auch SWO. §§ 58, 59.

[6]) „Behörde" ist nicht etwa die Strandbehörde, sondern die-

jenige Verwaltungsbehörde, welcher die Sorge für die Wasserstraßen obliegt (HansOLG., Hbl. 1898, Nr. 3; RG. 74, 362), in Hamburg die Deputation für Handel und Schiffahrt; doch liegt der öffentliche Verkauf des Abs. 3 der Finanzdeputation ob. HansGZ. 1894 Nr. 14; 1898 Nr. 3. Gewohnheitsmäßig haben die Hamburgischen Behörden das Recht der Wrackbeseitigung auf der ganzen Elbstrecke. (HansOLG. Hbl. 1894 38; Ewald S. 43.)

In Bremen ist zuständige Behörde das Tonnen- und Bakenamt; für den Kaiser-Wilhelm-Kanal das Kanalamt. (§ 45 der Betr.-Ordn. — vgl. S. 463; RG. 74 S. 362), in Oldenburg die Strandämter.

[7]) Die Behörde hat nicht die Pflicht, sondern nur die Befugnis, das Hindernis selbst beseitigen zu lassen: sie kann die Beseitigung des gefahrdrohenden Zustandes von demjenigen verlangen, der sein Urheber ist: Preuß. OVG. 34 S. 432; 44 S. 418; DJZ. 1905, 820ff.; und zwar ist sie berechtigt, aber nicht verpflichtet, ihm eine Frist zur Beseitigung zu setzen, bevor sie selbst eingreift. (Ewald S. 41, 42). Vgl. jedoch HansOLG. HansRZ. 1919, 543 über die Haftung des Staates wegen Behinderung des Fahrwassers durch ein gesunkenes Schiff (Lesum-Fluß).

Über Hebung im Hafen gesunkener Schiffe und Kostentragung vgl. JW. 1907, 42. (Bremen). — In Preußen kann der Staat auch nicht gegen den Eigentümer eines verkehrshindernd im Fahrwasser gesunkenen Schiffes gemäß § 10 II 17 ALR. vorgehen. Weder darf ein persönlicher Zwang zur Entfernung des Schiffes ausgeübt, noch der Eigentümer persönlich für die Kosten in Anspruch genommen werden. OVG. DJZ. 1927, 469. — Die öffentlich-rechtliche Befugnis aus § 25 wird nicht dadurch berührt, daß der Staat im konkreten Falle einen zivilrechtlichen Anspruch auf Beseitigung des Wracks gegen den Schuldigen hat. RG. 73 S. 8.

[8]) Schiff und Ladung bilden ein einheitliches Hindernis: die Behörde braucht also nicht zu dulden, daß die Interessenten die Ladung an sich nehmen, ohne das Wrack zu beseitigen; RG. 33 S. 61. Andererseits nimmt die Behörde nur das öffentliche Interesse, nicht auch das der Reederei des gesunkenen Schiffs wahr (OLG. HambHGZ. 1907, 137). Die Art der Beseitigung ist der Behörde überlassen und kann bis zu völliger Zerstörung gehen. — Wenn dritte Personen nach dem Einschreiten der Behörde Güter aus dem Schiffe bergen, so sind sie verpflichtet, die Güter (evtl. deren Erlös) an die Behörde abzuführen. Wußte der Berger, daß die Behörde bereits eingeschritten war, so kommt doch eine

Bestrafung wegen Diebstahls oder Unterschlagung nicht in Frage (anders Ewald S. 42; HansOLG. Hbl. 1894, 163). Denn ein Eigentumsrecht hat die Behörde weder am Schiff noch an der Ladung. Ob dem Eigentümer gegenüber eine strafbare Handlung vorliegt, ist eine andere Frage. Vgl. dazu Schaps I 948/49. Wohl aber Strafbarkeit nach § 43.

[9]) Vgl. HansOLG. im Hbl. 1898, Nr. 3, betr. das rechtliche Verhältnis dessen, der im Auftrage der Behörde die Beseitigung vorgenommen hat, zu dem Eigentümer und zu der Behörde: Zurückbehaltungsrecht bis zur Bezahlung seiner Vergütung, auch gegenüber dem Eigentümer. Dieser ist aber berechtigt, den Unternehmer zu befriedigen (Ewald S. 43).

[10]) Über die Wirkung dieses öffentlichen Verkaufs auf die Pfandrechte der Schiffs- und Ladungsgläubiger vgl. §§ 764, 773, 777 HGB. — Eine persönliche Haftung des Eigentümers oder sonst an der gesunkenen Sache Berechtigten tritt nicht ein, vielmehr nur die dingliche Haftung dieser Sache. Entgegenstehende landesrechtliche Bestimmungen sind unwirksam. RG. 64, 197; RG. 73 S. 8; OVG. DJZ. 1927, 469. Ewald S. 42. Vgl. jedoch HansOLG. Hbl. 1923, 82. Auch kann ein Zwang zu eigener Tätigkeit gegen den Eigentümer nicht ausgeübt werden. OVG. a. a. O. Jeder Eigentümer eines gesunkenen Fahrzeuges kann es dort liegen lassen, wo es gesunken ist, es sei denn, daß ein Spezialgesetz die gegenteilige Verpflichtung festsetzt. HansOLG. HansRZ. 1920, 205; Rspr. 20, S. 231. — Hat der Fiskus in Preußen auf Grund des Ges. über die allg. Landesverwaltung ein Hindernis beseitigt und einen falschen Schiffseigner im Verw.-Zwangsverfahren wegen der Kosten herangezogen, so ist nach vollendeter Hebung des Schiffs der wirkliche Schiffseigner nur noch im ordentlichen Prozeßverfahren aus dem Gesichtspunkt der Geschäftsführung ohne Auftrag verfolgbar. RG. 75 S. 188, JW. 1911, 218. Persönliche Haftung kann nur nach den allg. Bestimmungen über Schadensersatz in Frage kommen. RG. 73, 8; HansOLG. Hbl. 1923, 82; Ewald S. 43. Über den Fall, daß der Eigentümer eines geborgenen Schiffs nicht ermittelt werden kann, vgl. § 28 und 35. Dazu Wüstendörfer S. 211. Zuständig ist diejenige Verwaltungsbehörde, welcher die Erhaltung des Fahrwassers obliegt. RG. 74 S. 362 (auch über Berechnung des Hebungskosten und die Einwendungen des Betroffenen). Über Ansprüche des Fiskus aus Geschäftsführung ohne Auftrag vgl. RG. 75 S. 188. Mit dem Verkauf des Schiffes erlöschen die Pfandrechte der Schiffsgläubiger. HansOLG. SeuffA. 1908 Nr. 21. Analog erlöschen

die Rechte der Ladungsgläubiger beim Verkauf der Ladung. — Der Anspruch des Staates umfaßt die tatsächlichen Hebungskosten. Der Einwand, der Staat hätte das Schiff mit geringerem Aufwand heben können, ist (außer, wenn der Gesichtspunkt der unerlaubten Handlung durchgreift) nicht zulässig. HansOLG. Hbl. 1907 Nr. 2.

Der Anspruch des Staates auf den Erlös der Sachen zwecks Deckung seiner Unkosten geht allen anderen Rechten, auch dem Anspruch auf Hilfs- oder Bergelohn vor (Ewald S. 42). Die dingliche Rechtslage ändert sich erst durch den Verkauf und den Eigentumsübergang an den Erwerber. Die Behörde wird nicht Eigentümer (Ewald S. 42).

Ist das Verfahren ordnungsmäßig durchgeführt worden, so kann dem Erwerber nicht entgegengehalten werden, daß die Voraussetzungen des § 25 nicht vorgelegen hätten (Ewald S. 42; SeuffA. 1908 Nr. 21). Passiv legitimiert für Bergelohnansprüche hinsichtlich eines vorhandenen Überschusses bleibt der Schiffer (Ewald S. 42).

[11]) Nur das eigentliche Reisegepäck, nicht auch Frachtgut, das ein Passagier mit demselben Schiff befördert (Ewald S. 42).

[12]) Vgl. auch § 59 SMO.

IV. Abschnitt.

Von dem Aufgebotsverfahren in Bergungssachen und dem Rechte auf herrenlose geborgene Gegenstände[1]).

§ 26. Behufs Ermittelung des Empfangsberechtigten hat das Strandamt, sofern sich genügender Anlaß dazu bietet[2]), geeignete Vorverhandlungen einzuleiten. Dem dadurch ermittelten Berechtigten sind die geborgenen Gegenstände nach Maßgabe des § 16 auszuliefern.

Wenn sich kein Anlaß zu Vorverhandlungen bietet, oder durch dieselben der Empfangsberechtigte nicht ermittelt wird[3]), so tritt das Aufgebotsverfahren (§§ 27 ff.) ein.

[1]) Unberührt durch die ZPO.: EG. zur ZPO. § 13 Abs. 1.

[2]) Vgl. dazu Ewald S. 44.

[3]) Es ist also in das Ermessen des Strandamts gestellt, welche Maßnahmen es zunächst treffen will. Vielfach werden Er-

mittelungen nötig sein. (Z. B. die Bekanntmachung nach § 24 — Motive S. 19.) Liegen jedoch überhaupt keine Anhaltspunkte vor, so tritt alsbald das Aufgebotsverfahren ein.

§ 27. Im Aufgebotsverfahren werden alle unbekannten[1]) Berechtigten aufgefordert, bis zu einem bestimmten Termine bei dem Strandamte ihre Ansprüche anzuzeigen, widrigenfalls dieselben bei der Verfügung[2]) über die geborgenen Gegenstände unberücksichtigt bleiben dürfen[3]).

Der Termin ist auf vier Wochen bis neun Monate zu bestimmen. Das Aufgebot wird durch Aushang (Anschlag) an der Amtsstelle sowie nach dem Ermessen des Strandamtes durch eine oder mehrere Anzeigen in öffentlichen Blättern und Anschlag an Börsen und anderen geeigneten Orten bekanntgemacht[4]). Zur Ersparung von Kosten kann das Aufgebot so lange ausgesetzt werden, bis eine angemessene Zahl von Gegenständen angesammelt ist.

Ein Ausschlußbescheid wird nicht erlassen.

[1]) Wer bereits vor Erlaß des Aufgebots Ansprüche angemeldet hat, wird nach §§ 28, 29 berücksichtigt. Eine nochmalige Anzeige ist nicht erforderlich. (Vgl. Mot. S. 19; Ewald S. 44.)

[2]) Die Eigentumsverhältnisse werden an sich nicht geändert, soweit sich nicht aus den Anm. zu §§ 28 und 35 etwas anderes ergibt. Ein besonderer Ausschlußbescheid ergeht daher nicht. Die materielle Rechtslage wird nicht durch § 27, sondern durch die Vorschriften des bürgerlichen Rechts geregelt.

[3]) S. aber § 28 Abs. 2.

[4]) Zu dem Aushang muß noch eine der hier erwähnten Bekanntmachungen treten. Andernfalls ist das Aufgebot unwirksam. Vgl. dazu Ewald S. 44.

§ 28. Diejenigen Gegenstände, auf welche ein Anspruch nicht angezeigt ist, werden nach Ablauf des Termins den nach § 35 Berechtigten gegen Erlegung der Bergungskosten, zu welchen in den Fällen des ersten Absatzes des § 35 auch der Bergelohn gehört[1]), nach erfolgter zollamtlicher Abfertigung ausgeliefert.

Der Empfänger[2]) ist[3]), wenn versäumte Ansprüche später geltend gemacht werden, nur insoweit, als er sich dann im Besitze der Sache noch befindet oder durch den aus derselben gelösten Wert noch bereichert ist[4]), dem Berechtigten zur Entschädigung[5]) verpflichtet. In den Fällen des zweiten Absatzes des § 25 behält der Berger auch den noch in seinem Besitze befindlichen Vorteil, insoweit dieser den Bergelohn nicht übersteigt[6]).

[1]) Bergelohn wird also nur für die vom Strande aus geborgenen (§§ 4ff.) und für Seeauswurf und strandtriftige Güter gezahlt, nicht auch für versunkene und seetriftige Gegenstände. Für letztere gilt § 35 Abs. 2.

[2]) Ob darunter nur der erste Empfänger oder auch dessen Rechtsnachfolger zu verstehen sind, erscheint zweifelhaft. Dafür Ewald S. 45 unter Berufung auf die Analogie des Fundes im BGB.

[3]) Der Empfänger wird Eigentümer (Perels S. 203). Der frühere Eigentümer hat gegen ihn nur einen Bereicherungsanspruch und auch gegen dritte Besitzer keinerlei dingliche Ansprüche.

[4]) Durch die Auslieferung geht das Eigentum über. Die Bereicherungsfrage ist nach §§ 812ff. BGB. zu prüfen. Ebenso Ewald S. 45; Brodmann S. 860. Abw. Perels Handb. S. 336.

[5]) „Entschädigung" bedeutet hier sowohl Herausgabe der Sachen, wenn der Empfänger noch den Besitz hat (§ 249 BGB.), als auch Herausgabe der Bereicherung. Im ersteren Falle kann der Empfänger den früheren Eigentümer nicht gegen dessen Willen in Geld abfinden. Ebenso Ewald S. 45.

[6]) Der Berger von seetriftigen oder versunkenen Gegenständen erhält an sich keinen Bergelohn und die Sachen werden ihm gemäß § 35 Abs. 2 ohne eine Leistung seinerseits ausgeliefert. Werden spätere Ansprüche auf die Sachen erhoben, so kann er den angemessenen Bergelohn verlangen, indem er Zahlung Zug um Zug gegen Herausgabe der Sache, oder falls er nur noch die Bereicherung herausgeben kann: indem er diese um den Betrag des Bergelohns kürzt (Ewald S. 45).

§ 29. Sind dagegen Ansprüche angezeigt, so fordert das Strandamt die nach § 35 Berechtigten auf, sich binnen einer bestimmten Frist zu erklären, ob sie diese Ansprüche anerkennen wollen oder nicht, widrigenfalls dieselben für anerkannt erachtet werden müssen[1]).

Wenn innerhalb dieser Frist ein Widerspruch[2]) seitens der Aufgeforderten nicht erfolgt, so ist die Auslieferung der Gegenstände[3]) an denjenigen, welcher den Anspruch angezeigt hat, gemäß § 16 zu bewirken, und zwar, falls das Strandamt den Anspruch für nachgewiesen erachtet[4]), sofort, anderenfalls erst nach Ablauf des Aufgebotstermins, sofern auch bis dahin weitere Ansprüche nicht angemeldet werden [5]).

Wenn dagegen ein Widerspruch von einem der Aufgeforderten innerhalb der Erklärungsfrist erfolgt, so sind die angezeigten Ansprüche gegen denselben im Wege der Klage auszuführen[6]).

[1]) D. h. im Falle des Schweigens gelten die Ansprüche als anerkannt. Es bleibt dann dem nach § 35 berechtigten Berger nur noch sein Anspruch auf Hilfs- oder Bergelohn und das zur Sicherung dienende Pfand- und Zurückbehaltungsrecht. Das Verfahren vor dem Strandamt kann auf seinen Antrag dann ausgesetzt werden, bis seine Ansprüche gemäß Abschnitt V, eventuell durch das Gericht festgestellt worden sind (Ewald S. 46).

[2]) Der Widerspruch betrifft lediglich den angemeldeten Anspruch, nicht auch wird ein Vorbehalt der Rechte auf Berge- oder Hilfslohn verlangt. Da jedoch für diese Ansprüche nur die dingliche Haftung des geborgenen Guts in Frage kommt, so gehen praktisch durch die Aushändigung der Sachen die Ansprüche verloren, zum mindesten das Zurückbehaltungsrecht. Daher ist der Antrag auf Aussetzung zu empfehlen (vgl. vorige Anm.), wenn das angemeldete Recht als solches anerkannt und nur Lohnansprüche erhoben werden sollen.

[3]) Zunächst ist die Zollverwaltung zu hören. Falls auf den Gütern ein noch zu entrichtender Zoll lastet, darf bei Widerspruch des Zollamts die Auslieferung nicht erfolgen (vgl. § 16).

[4]) Welche Ansprüche an den Nachweis zu stellen sind, bestimmt das Strandamt, welches jedoch die gesamten, ihm bekannten Umstände, auch wenn sie nicht aktenkundig sind, berücksichtigen muß.

[6]) Kläger ist der Anmeldende. Er hat also den Bestand des

angemeldeten Rechts zu beweisen. Die Klage ist vor dem ordentlichen Gericht innerhalb der nach § 31 gesetzten Ausschlußfrist zu erheben. Haben mehrere Anmeldende Rechte geltend gemacht, so muß jeder gegen den Besitzer der Sachen Klage erheben. Die Prozesse werden dann zweckmäßig verbunden. Das Verhältnis zwischen diesen mehreren Anmeldenden muß evtl. durch besondere Prozesse zwischen ihnen geklärt werden. Vgl. § 30.

§ 30[1]. Wenn die Berechtigung zum Empfang streitig, und von keinem der nach § 35 Berechtigten ein Widerspruch erhoben ist[2], so bestimmt das Strandamt denjenigen, gegen welchen die sonst angezeigten Ansprüche im Wege der Klage auszuführen sind[3].

Diesem steht auch die Befugnis zu, gegen Leistung der vom Strandamte zu bestimmenden Sicherheit[4] die Auslieferung der geborgenen Gegenstände zu verlangen.

[1]) § 30 Abs. 1 ist eine prozessual abnorme Bestimmung: die Parteirollen werden durch eine Behörde verteilt. Statt daß alle Prätendenten gleichzeitig Kläger und Beklagte werden, wird ein Beklagter bestimmt und es treten ihm alle übrigen Prätendenten als Kläger gegenüber. Vgl. dazu Ewald S. 47.

[2]) Vgl. Anm. 2 zu § 29. Dieser Fall führt zu einer Art Einweisung in den Besitz gemäß Abs. 2. Ist jedoch gegen die mehreren Prätendenten ein Widerspruch erhoben worden, so müssen die Prätendenten gegen den Besitzer und außerdem gegeneinander Klage erheben. Die Prozesse gegen die nach § 35 Berechtigten reichen zur Feststellung des endgültigen Herausgaberechts nicht aus (vgl. Ewald S. 47). Denn die Rechtskraft gegenüber dem Besitzer wirkt nicht unter den Prätendenten. Daher ist Streitverkündung geboten (Ewald S. 47). Verbindung der Prozesse nach § 147 ZPO.

[3]) Ob dies gerade derjenige sein muß, der prima facie als der besser Berechtigte erscheint (Ewald S. 47) ist nicht gesagt. Auch andere Umstände können herangezogen werden, z. B. daß einer sich zur Sicherheitsleistung erbietet (§ 30 Abs. 2).

[4]) BGB. §§ 232ff. — Liefert das Strandamt ohne diese Sicherstellung aus, so haftet es analog HGB. § 752.

§ 31. Zur Anstellung der Klage (§§ 29 Abs. 3 und 30), welche bei dem für den Ort des Strandamts zuständigen[1])

Gerichte zu erheben ist, bestimmt das Strandamt eine angemessene Ausschlußfrist[2]).

[1]) In örtlicher Beziehung ausschließlicher Gerichtsstand: Mittelstein, Schiffsgläubigerrecht S. 194; Ewald S. 47 doch nur für die Feststellungsklage, nicht auch für eine Klage auf Zahlung (Ewald S. 47). An sich zulässig aber ist jede der beiden Klagen. Reinbeck HansRZ. 1926, 370.

[2]) Wird die Klage nicht rechtzeitig erhoben, so hat das Strandamt die Sachen demjenigen auszuhändigen, den es als den Beklagten bezeichnet hatte. Wenn aber auch nur einer der Prätendenten rechtzeitig Klage erhoben hat, kann die Aushändigung nicht erfolgen. Die säumigen Prätendenten aber scheiden endgültig aus dem Gesamtverfahren aus. Ebenso darf die Aushändigung nicht erfolgen, so lange nicht alle gemäß §§ 35, 29 Abs. 3 erhobenen Widersprüche im Wege des ordentlichen Verfahrens rechtskräftig erledigt sind. (Motive S. 20.) Die Vorschrift des § 30 Abs. 2 wird hierdurch nicht berührt.

§ 32. Im Falle des § 30 hat das Strandamt auf Antrag dafür zu sorgen, daß die nach Abschnitt V dieses Gesetzes festgestellten Ansprüche aus der bestellten Sicherheit oder durch den Verkauf der geborgenen Gegenstände befriedigt werden[1]).

[1]) Die bestellte Sicherheit tritt an die Stelle der Sache, insoweit als die Bergelohnansprüche auf der Sache ruhen. Demgemäß ist eine Auszahlung aus der Sicherheit unbedenklich; denn jeder der Prätendenten müßte im Falle seines Obsiegens den Bergelohn zahlen, um in den Besitz der Sache zu gelangen. (Vgl. Brodmann S. 861; Lewis S. 141; Ewald S. 48). Ist die Zahlung aus der Sicherheit erfolgt, so erhält der obsiegende Prätendent die Sachen natürlich frei von dem Bergelohnpfandrecht.

§ 33. Streitigkeiten über die Empfangsberechtigung werden im Prozeßwege erledigt.

§ 34. Die Kosten der Vorverhandlung und des Aufgebotsverfahrens[1]) gehören zu den im § 743 Abs. 2 des Handelsgesetzbuchs bestimmten Bergungskosten.

[1]) Es handelt sich lediglich um die Kosten aus den Maßnahmen der §§ 26 ff. Für diese haften die Gegenstände. Vgl. dazu Schaps § 746 (I 927) und die §§ 754 Nr. 4, 755 (I 974 ff.).

§ 35[1]. Wenn der Empfangsberechtigte auch durch das Aufgebotsverfahren nicht ermittelt wird, so werden Gegenstände, welche in Seenot vom Strande aus geborgen sind (§§ 4—19), desgleichen Seeauswurf und strandtriftige Güter (§ 20), dem Landesfiskus überwiesen[2])[3]).

Unter gleicher Voraussetzung werden versunkene und seetriftige[4]) Gegenstände (§ 21) dem Berger überwiesen[5]).

Die Anteile mehrerer Mitberechtigter im Falle des § 749[6]) des Handelsgesetzbuchs bestimmen sich auch in Beziehung auf diesen Anspruch[7]) nach den dort vorgeschriebenen Grundsätzen. Wer die ihm nach dem § 21 obliegende Anzeige[8]) unterläßt, geht dieses Anspruchs zugunsten der Seemannskasse des Orts, wo das Strandamt seinen Sitz hat, und in Ermangelung einer solchen, zugunsten der Ortsarmenkasse verlustig.

Ob und in welcher Weise diejenigen zu entschädigen sind, welchen nach den bisherigen Bestimmungen die in den vorstehenden Absätzen der Staatskasse und dem Berger überwiesenen Ansprüche zugestanden haben, bestimmen die Landesgesetze[9]).

[1]) Mit der Wirkung, daß er Eigentum an ihnen erwirbt.

[2]) Über die Hamburger Praxis zu § 35 Abs. 1 vgl. Ewald S. 49.

[3]) Vgl. auch Art. 25 des Intern. Vertrags zur Regelung der Fischerei (Schaps II 884). Danach gelten gefundene, nicht gezeichnete Fischereigeräte als seetriftige Gegenstände, deren Eigentümer nicht bekannt sind. Dadurch erübrigt sich das Aufgebotsverfahren und § 35 ist alsbald anwendbar.

[4]) Für diese Gegenstände ist Bergelohn an sich nicht zu zahlen. Vgl. jedoch § 28 Abs. 2 (a. E.).

[5]) Vgl. Schaps I 951.

[6]) Es handelt sich nur um den Anspruch nach § 35 Abs. 2 und die Verweisung auf § 749 ergibt, daß lediglich der Fall in Frage steht, daß durch eine Schiffsbesatzung versunkene oder seetriftige Güter geborgen werden. Diese sind anteilsmäßig zum

Eigentum nach Bruchteilen an die Besatzungsmitglieder zu übertragen. Praktisch ist das nur durch Bestellung eines Treuhänders (evtl. Pflegers für Abwesende) durchführbar, außer, wenn die Güter in natura teilbar sind.

7) Im Falle des § 749 liegt die Anzeigepflicht lediglich dem Schiffer ob. Daher betrifft die Vorschrift des § 35 Abs. 3 Satz 2 wohl nur den Fall des § 744 Abs. 2. Ebenso Ewald S. 49.

8) Dieser Anteil wächst also nicht den andern Bergern an (Ewald S. 49).

9) Solche Ausführungsbestimmungen sind bisher nicht erlassen worden.

V. Abschnitt.

Von der Festsetzung der Bergungs- und Hilfskosten[1]).

§ 36. Wer Berge- oder Hilfslohn oder die Erstattung sonstiger Bergungs- oder Hilfskosten verlangt[2]), hat in Ermangelung einer gütlichen Einigung[3]) seine Ansprüche bei dem[4]) Strandamt[5]) anzumelden[6]).

1) Der Bereich der Tätigkeit der Strandbehörden beschränkt sich auf Angelegenheiten, welche mit den deutschen Küsten in räumlicher Beziehung stehen (HansOLG. im Hbl. 1888, Nr. 92; RG. 51 S. 237), also auf Bergungen und Hilfsleistungen, die in deutschen Territorialgewässern oder an deutschen Küsten erfolgt sind oder dort wenigstens ihr Ende gefunden haben. Das Verfahren nach StrO. §§ 36ff. betrifft Ansprüche aus HGB. §§ 740, 743 Abs. 2, StrO. §§ 4, 5, 9, 20—22. Es ist für diese Ansprüche, sofern keine „gütliche Einigung" vorliegt, obligatorisch, das Gericht hat auch ohne Einrede eine ohne Beobachtung des Verfahrens erhobene Klage wegen Unzulässigkeit des Rechtswegs abzuweisen (RG. 5 Nr. 23; 7 Nr. 21; 36 S. 86; 53 Nr. 56; RG. im Hbl. 1891 Nr. 54; 1894 Nr. 29; SeuffA. 37 Nr. 335; 50 Nr. 266; Ewald S. 50), und zwar in jedem Stadium des Prozesses. Unbeachtlich sind also entgegenstehende Abmachungen der Parteien, dagegen kann die Zuständigkeit der Strandbehörde durch internationale Vereinbarung ausgeschlossen sein. Vgl. Schaps I 889. Keinesfalls reicht sie aber über den Rahmen der StrO. hinaus. (Örtlich: Bergung in Binnengewässern. Vgl. § 20, 21. — Sachlich: Rettung eines Seeschiffs, das nicht dem

Erwerb durch Seefahrt dient — oder Rettung eines Binnenschiffs durch ein Nichtseeerwerbsschiff oder ein anderes Binnenschiff — oder Rettung vom Lande aus. Vgl. Schaps I 859, 862, 889; Ewald S. 54). Flußschiff im Hamb. Hafen: HansOLG. 1907 Nr. 94.

Vielfach kann fraglich sein, ob überhaupt ein unter die StrO. fallender Tatbestand gegeben ist, ob das, was gefordert wird, Hilfslohn ist oder Schlepplohn (vgl. Schaps I 861) ob eine „gütliche Einigung" vorliegt oder nicht usw. In solchen Fällen braucht man nicht die Strandbehörde anzurufen, um festzustellen, ob sie zuständig ist (RG. Hbl. 1890 Nr. 8). Vielmehr ist es dem Kläger überlassen, auf seine Gefahr den Anspruch an der Stelle zu erheben, die er für die richtige hält. Diese Stelle muß ihre Zuständigkeit prüfen. Dann braucht der Kläger die vorgesetzten Verwaltungsinstanzen nicht anzugehen (Ewald S. 51 erklärt eine solche Beschwerde im Verwaltungswege für unzulässig), sondern er kann auch den zu Unrecht abweisenden Bescheid sofort durch gerichtliche Klage anfechten (HansOLG. Hbl. 1888 Nr. 92; Hbl. 1891 Nr. 54; vor allem RG. 113 S. 65. HansGZ. 1926, 89: In §§ 36—38 StrO. sind nur solche Bescheide gemeint, welche die angemeldeten Ansprüche prüfen und materiellrechtlich über sie entscheiden). Erklärte sich das Strandamt für unzuständig, weil der Fall der Seenot nach § 740 HGB. nicht vorliege, so ist das ordentl. Gericht an diese Auffassung nicht gebunden (im Anschluß an RG. 69, 212 und gegen Hamburg HansGZ. 91 Nr. 54; ebenso RG. HansRZ. 1926, 378). Ebensowenig braucht der, den das Gericht abgewiesen hat, erst Rechtsmittel gegen dieses Urteil einzulegen: er kann sofort ans Strandamt gehen und, falls ihn auch dieses abweist, sich nun mit Recht ans Gericht wenden (ebenso Ewald S. 51). — Durch die Anrufung des Strandamts wird auch das Pfandrecht nach § 751 geltend gemacht. Vgl. RG. 53 Nr. 96; Schaps I 961; Ewald S. 58. — Auch im Wege der Widerklage und der Aufrechnungseinrede können Ansprüche der in § 36 genannten Art nur nach vorangegangenem Festsetzungsverfahren erhoben werden (vgl. RG. 7 S. 66; Ewald S. 50).

Für die Frage der Zuständigkeit des Strandamts muß berücksichtigt werden, daß die unter dem Gesichtspunkt der Seenot aufgewendeten Kosten der §§ 4, 5 und 9 vom Strandamt festzusetzen sind, da Abschnitt 2 für alle Arten von Schiffen gilt. (Ewald S. 54; zu § 4: RG. 38 S. 86). Ferner gilt § 21 für alle Arten von Schiffen (auch Binnen- und Nicht-Seeerwerbsschiffe).

[2]) Die Worte in „Ermangelung einer gütlichen Einigung" bedeuten (anders LG. Hamburg Hbl. 1888, Nr. 122) so viel wie „in Ermangelung einer Vereinbarung" (HansOLG. im Hbl. 1888 Nr. 122; 1897 Nr. 66; RG. im Hbl. 1891 Nr. 54; RG. 53 Nr. 56, SeuffA. Nr. 41; Ewald S. 51). Damit eine „gütliche Einigung" vorliege, muß auch die Höhe der Vergütung festgesetzt sein, entweder durch Vereinbarung der Parteien oder auf ihr Ansuchen durch einen Dritten (RG. 53 Nr. 56; HansOLG. Hbl. 1906 Nr. 1). Auch die Festsetzung durch Schiedsgericht schaltet, wenn sie vertraglich vereinbart ist, das Strandamt aus. Ebenso Ewald S. 53; SeuffA. 37 Nr. 35. Über das Deutsche Seeschiedsgericht vgl. Schaps I S. 889. Ein Spezialfall der „gütlichen Einigung" ist der während der Gefahr geschlossene Vertrag (HansOLG. Rspr. 3, Nr. 105a; RG. JW. 1903, 104). Vgl. dazu Schaps I 927ff. Ist die Bestimmung des dritten, der den Hilfslohn festsetzen soll, in der Weise erfolgt, daß die Anfechtung nach § 747 in Frage kommt, so schließt der bestehende Vertrag das Strandamt aus. Dagegen muß dieses angerufen werden, wenn der dritte die Festsetzung des Lohns ablehnt oder aus andern Gründen zur Festsetzung nicht in der Lage ist. Ebenso Ewald S. 52.

Es muß eine gültige Vereinbarung vorliegen. Ist der Vertrag nichtig — BGB. § 138 oder weil der Kapitän, der ihn abgeschlossen hat, geisteskrank war oder weil die Erfüllung völlig unmöglich ist (Schaps I 929) — so treffen die Argumente des RG. (Hbl. 1891, 146; RG. 51 S. 238) nicht zu. Wird die Sache vor das Strandamt gebracht, so muß dieses, falls sich diese Behauptung der Nichtigkeit bewahrheitet, einen Festsetzungsbescheid erlassen; wird aber gleich beim Gericht geklagt und ergibt sich die Nichtigkeit des Vertrages, so ist die Klage wegen Unzulässigkeit des Rechtswegs abzuweisen und Kläger muß nach §§ 36ff. verfahren. Wird die Nichtigkeit des Vertrages nicht erwiesen, so muß das Strandamt wegen Unzuständigkeit eine Entscheidung ablehnen. Umgekehrt muß das ohne vorherige Anrufung des Strandamts angegangene Gericht, wenn es die Nichtigkeit annimmt, wegen Unzuständigkeit abweisen, andernfalls in der Sache selbst entscheiden. Abänderungsvorschläge bei Ewald S. 53.

Das hinsichtlich der Nichtigkeit Gesagte gilt auch für die Fälle der Anfechtung wegen Irrtums, Zwang und Drohung. Die Berechtigung der Anfechtung ist also vom Strandamt zu prüfen.

Anders im Falle des § 747. Hier wird der Vertrag je nach dem ergehenden Urteil und erst durch dasselbe (also ex nunc) unwirksam, und zwar ganz oder nur zu einem Teile. Bis zur Entscheidung hierüber besteht also die Vereinbarung und damit ist das Strandamt von vornherein und endgültig ausgeschlossen (ebenso Ewald S. 51).

Der vertragsmäßige Ausschluß des Strandamts ist nichtig. Vgl. dazu Schaps I 929 und Ewald S. 53. Wohl aber entfällt das Verfahren vor dem Strandamt, wenn die Parteien Entscheidung durch ein Schiedsgericht vereinbart haben. RG. 53 S. 226; Reinbeck, HansRZ. 1926, 361. Dies gilt auch bei nachträglicher Schiedsvertragsabrede. Reinbeck a. a. O.

War ein Bergungs- oder Hilfsleistungsvertrag geschlossen, hat der Schiffer dann aber den Retter an der Durchführung verhindert, so braucht der Retter nicht das Strandamt anzurufen. Da er mangels eines Erfolges (§ 740) keinen Rettungslohn, sondern nur Schadensersatzansprüche geltend machen kann (vgl. auch Schaps I 929). Auch wenn ein Lohn für den Fall der Erfolglosigkeit der Arbeiten vereinbart war, handelt es sich um einen Hilfslohnvertrag (Schaps I 928; anders Ewald S. 54).

Aktiv legitimiert zur Anrufung des Strandamts ist der zur Erhebung des Anspruchs auf Lohn Berechtigte. Vgl. dazu Schaps I 869 und 953; Ewald S. 55. Ist die Rettung vom Strande aus erfolgt, sowie in den Fällen der §§ 20 und 21 (mit Ausnahme der Rettung von einem Schiff aus) jeder einzelne an der Rettung Beteiligte (Ewald S. 54).

Entgegen dem Wortlaut des § 36 nimmt Ewald (S. 55) an, daß auch die „geretteten Werte" (Schiff, Fracht und Ladung) d. h. die an ihnen Berechtigten das Strandamt anrufen können. Doch ist dies m. E. eine dem Wortlaut des § 36 widersprechende Auslegung. Ebenso Reinbeck HansRZ. 1926, 361. Demgemäß können die Lohnverpflichteten m. E. ohne Anrufung des Strandamts sofort eine Feststellungsklage beim Gericht erheben. Ist inzwischen auf den vom Retter gestellten Antrag ein Bescheid des Strandamts ergangen, durch den sich der Lohnverpflichtete beschwert fühlt, so genügt zur Wahrung der Frist der Nachweis der vorzeitig erhobenen Klage. Die von dem Retter auf Grund des Bescheides etwa erhobene Klage ist mit der anhängigen Feststellungsklage zweckmäßig zu verbinden. Über die Frage, ob auch der Charterer aktiv legitimiert ist, vgl. Schaps I 869 und Ewald S. 55.

Haben sich zwei Schiffe desselben Reeders Hilfe geleistet, so kann der Reeder Festsetzung des Lohnes beim Strandamt beantragen (ebenso Ewald S. 57), wenn auch eine Klage auf Grund des ergangenen Bescheides ausgeschlossen ist. (Vgl. Schaps I 887. Auch der Staat muß, sofern eines seiner Schiffe lohnberechtigt ist, vor Erhebung der Klage das Strandamt angehen. Über die Lohnansprüche des Staats vgl. Schaps I 863 und Ewald S. 55.

Über die Passivlegitimation vgl. Schaps I 870 und Ewald S. 56. Nicht erforderlich ist, daß der Anspruch gegen Schiff und Ladung gestellt wird, es sind auch getrennte Verfahren vor dem Strandamt zulässig (Ewald S. 56).

[3]) Ob die Parteien die Zuständigkeit eines bestimmten, an sich unzuständigen Strandamts vereinbaren können, erscheint bei der öffentlich-rechtlichen Natur der Bestimmungen höchst zweifelhaft. Bejahend HansOLG. Hbl. 1911 Nr. 71. Dagegen können die Parteien, unter mehreren zuständigen Strandämtern eines wählen. Eine Verweisung der Sache durch ein unzuständiges an ein zuständiges Strandamt unter Abgabe der Akten ist zulässig (Ewald S. 51). Ebenso — allerdings mit Einschränkungen Reinbeck HansGZ. 1926, 363.

Über den durch die StrO. gegebenen Rahmen hinaus kann dem Strandamt durch Parteivereinbarung keine Tätigkeit auferlegt werden. Insbesondere ist es auch nicht verpflichtet, in seinem Bescheide eine Verteilung des Lohnes auf mehrere selbständig Berechtigte vorzunehmen. (Vgl. Schaps I 888 und Ewald S. 55.)

[4]) Zuständig ist das Strandamt, in dessen Bezirk die Bergung stattgefunden oder (bei Bergung auf hoher See) die geretteten Gegenstände an Land oder sonst in Sicherheit gebracht sind. Vgl. HansOLG. Hbl. 1911 Nr. 71, RG. Hbl. 1911 Nr. 110. Ist die Rettung auf hoher See begonnen, aber in einem ausländischen Hafen beendet worden, so sind die deutschen Strandämter (ohne Rücksicht auf die Nationalität der Schiffe) unzuständig. Ewald S. 58. Ist die Hilfstätigkeit zwischen deutschen Schiffen in außerdeutschen Gewässern begonnen, durchgeführt und beendet worden, so bedarf es nicht der Anrufung des Strandamts. LG. Hamb. HansGZ. 1927, 177. Vgl. dazu auch HansOLG. Hbl. 1907, Nr. 47 u. 67; 1914 Nr. 97; RG. Hbl. 1915 Nr. 17).

Über die Frage, welches materielle Recht zur Anwendung zu bringen ist, vgl. Schaps I 872 u. Ewald S. 57. Das in erster Reihe zur Anwendung gelangende Brüsseler Abkommen ist abgedruckt bei Schaps I S. 964. Ist zwischen den Schiffen die Zuständigkeit einer deutschen Behörde vereinbart, so ist damit im Zweifel nur die Anwendung des deutschen Verfahrensrechts, nicht auch deutschen materiellen Rechts vereinbart. HansRZ. 1923, 299; Ewald S. 57. Ebenso Schaps I, 872 u. 873.

Ist das in deutschen Territorialgewässern gerettete Schiff ein deutsches, so muß auch der ausländische Retter seine Ansprüche beim deutschen Strandamt anmelden, um sich den Rechtsweg in Deutschland zu eröffnen (Ewald S. 58). Das gleiche gilt, wenn der ausländische Retter bei Rettung auf hoher See Ansprüche gegen das gerettete deutsche Schiff erheben will. Ist das gerettete Schiff ein ausländisches, oder sind beide Schiffe ausländisch, so ist das Strandamt unzuständig. (Ewald S. 58 und Schaps I, 873.)

Unberührt bleiben gemäß § 25 III u. IV des Intern. Vertr. betr. den Fischereischutz die Landesgesetze und die internationalen Verträge, soweit sie über das Festsetzungsverfahren Bestimmungen treffen.

[5]) Die Anmeldung ist an keine Form gebunden. Sie kann schriftlich, telegraphisch oder mündlich zu Protokoll erklärt werden. Sie enthält die Geltendmachung des Pfandrechts und unterbricht die Verjährung und Ersitzung (§§ 210, 941 BGB.). Vgl. dazu Reinbeck HansRZ. 1926, 372.

§ 37. Das Strandamt hat nach Anhörung der Beteiligten[1]), soweit dieselben anwesend sind[2]), eine Berechnung der aufgestellten Forderungen zu entwerfen[3]) und mit seinen gutachtlichen Bemerkungen der Aufsichtsbehörde einzureichen[4]).

[1]) Wird gegen denjenigen vorgegangen, der für den Zahlungspflichtigen Sicherheit geleistet hat, so ist dieser der „Beteiligte". Burchard S. 222. Ewald S. 59. Im übrigen ist jeder beteiligt, der einen selbständigen Anspruch erheben kann (also nicht die Besatzung: § 749) oder gegen den sich der Anspruch richten kann. Also auch der Kapitän des geretteten Schiffs, der gleichzeitig die Interessen der Ladungsbeteiligten vertritt (abw. Perels GZ. 57/58 S. 53).

[2]) Es muß also ein Verhandlungs- und Prüfungstermin stattfinden, zu dem die Anmeldenden und die sonst bekannten Beteiligten geladen werden müssen.

[3]) Diese Zusammenstellung der Ansprüche bedeutet nicht, daß die nichtanwesenden, sei es nicht geladenen, sei es nicht erschie-

nenen Beteiligten mit ihren Ansprüchen ausgeschlossen werden. Auch können später noch seitens der erschienenen und angehörten Beteiligten neue Ansprüche und Einwendungen geltend gemacht werden. Das Strandamt kann eine Einigung zu Protokoll nehmen.

[4]) Wenn landesrechtlich von § 40 Gebrauch gemacht worden ist, so erübrigt sich die Einreichung an die Aufsichtsbehörde. Vgl. Anm. zu § 40. Nach Ewald (S. 59) ist es in Hamburg ständige Übung, die Aufstellung nicht einzureichen. Ob eine derartige Übung anzuerkennen ist, erscheint zum mindesten zweifelhaft.

§ 38. [1]) Die Aufsichtsbehörde hat die angemeldeten[2]) Ansprüche nach den Bestimmungen des Handelsgesetzbuchs, Buch IV, 8. Abschnitt, zu prüfen und durch Bescheid festzusetzen[3]). Jedem Beteiligten ist der Bescheid zu Protokoll bekanntzumachen[4]) oder eine Ausfertigung desselben zuzustellen[5]).

Die Zustellung ist gültig, wenn sie unter Beobachtung der für Zustellungen in bürgerlichen Rechtsstreitigkeiten vorgeschriebenen Formen erfolgt[6]). Die vereideten Verwaltungsbeamten[7]) haben dabei die Glaubwürdigkeit[8]) der Gerichtsbeamten.

[1]) Die Vorschrift des § 38 wird durch Art. 6 des Brüsseler Abkommens (Schaps I 968) nicht berührt. (Denkschrift zu Art. 6.)

[2]) Dagegen keine Ansprüche, die nicht angemeldet sind, selbst wenn das Strandamt von ihnen Kenntnis hat. StrA. Hamb. HBl. 1919 Nr. 9.

[3]) Das Verfahren erfolgt nach freiem Ermessen der Behörde. Obligatorisch ist nur ein Verhandlungstermin (§ 37); der Bescheid bedarf keiner Begründung. Er kann verkündet oder schriftlich erlassen werden (Ewald S. 59). Einen vollstreckbaren Titel stellt er nicht dar. Reinbeck HansRZ. 1926, 369. Zeugen können geladen und wenn sie erschienen (ein Zwang kann nicht ausgeübt werden) vernommen, jedoch nicht vereidigt werden. Streitverkündung nach Maßgabe der ZPO. hat nicht die daselbst angegebenen Wirkungen. Andererseits kann sich jeder rechtlich Interessierte (vgl. z. B. Schaps I 953) dem Verfahren formlos anschließen (Ewald S. 60). Die Entscheidung erfolgt auf Grund freier Beweiswürdigung. Urkunden (Schiffspapiere aller Art: Ladungspapiere, Verklarung, Hilfslohnvertrag) sind vorzulegen, ein Edi-

tionseid ist jedoch unzulässig. Außer Zeugen können auch Sachverständige vernommen werden (Ewald S. 60). Ein ziffermäßig bestimmter Antrag braucht nicht gestellt zu werden. Ewald S. 60; Reinbeck S. 365; HansOLG. HBl. 1923, 146. Der Bescheid kann nur dahin gehen, daß der ziffermäßig bestimmte Hilfslohn festgesetzt oder daß sich das Strandamt für unzuständig erklärt (örtlich oder sachlich). Reichen die von den Parteien gestellten Beweismittel nicht aus, so sind weitere Ermittelungen von Amts wegen vorzunehmen.

[4]) Die Bekanntmachung kann verkündet werden. Dies muß im Protokoll vermerkt werden. (Vgl. die bei Ewald S. 61 zitierte Entsch. des HansOLG. Bf. I 230.)

[5]) Lehnt das Strandamt die Festsetzung des Hilfslohns ab, so kann sofort der Rechtsweg beschritten werden. HansOLG. HBl. 1906 Nr. 69: die Ausschlußfrist des Abs. 2 gilt nicht. — Über die Form des Bescheides und seine Zustellung vgl. HansOLG. HBl. 1901 Nr. 6. Eine gerichtliche Anfechtung des Bescheids vor Zustellung ist unzulässig, aber Heilung durch nachträgliche Zustellung! (OLG. Hamb. Rspr. 13, 57.)

Über die materiellrechtlichen Grundsätze für die Bemessung des Berge- und Hilfslohns vgl. Schaps I 913 und 942; Ewald S. 62 (insbesondere auch über die Frage, in welcher Valuta zu zahlen ist. S. 65).

[6]) Andernfalls tritt keine Rechtskraft ein und die Frist des § 39 wird nicht in Lauf gesetzt. Briefliche Mitteilung ist unwirksam (Ewald S. 61; RG. 69 S. 212 hat diese Frage nicht entschieden). Auch genügt nicht die Erklärung des Vorsitzenden, daß die Zustellung erfolgt sei (RG. 69 S. 212; HansOLG. Bf. I 230/00). Zustellung durch Übergabe des Bescheides gegen Behändigungsschein genügt nicht (Ewald S. 61).

[7]) Die Beamten des Strandamts und der Aufsichtsbehörde sind Zustellungsbeamte i. S. dieser Vorschrift (Ewald S. 61). Im übrigen ist nach Landesrecht zu beurteilen, wer die Zustellung vornehmen kann.

[8]) Unter Glaubwürdigkeit ist hier die formelle Befugnis zur Beurkundung der Zustellung zu verstehen, durch welche eine öffentliche Urkunde i. S. des § 38 Abs. 2 u. der ZPO. geschaffen wird.

§ 39[9]). Gegen den Bescheid der Aufsichtsbehörde[10]) findet nur[11]) der Rechtsweg statt[12]).

Die Partei, welche sich durch den Bescheid beschwert

fühlt, hat binnen einer Ausschlußfrist[13]) von 14 Tagen — vom Tage nach der Bekanntmachung oder Behändigung des Bescheides (§ 38) an gerechnet[14]) — die Klage[15]) bei dem für den Ort des Strandamts zuständigen Gerichte[16]) anzubringen[17]). Das Gericht kann aus Gründen, die in der Sache selbst liegen, diese Frist angemessen verlängern[18]).

Durch rechtzeitige Erhebung der Klage verliert der Bescheid zwischen den Prozeßparteien[19]) seine Kraft[20]).

[9]) Dazu vor allem Reinbeck HansRZ. 1926, 361 u. 405.

[10]) Ob diese ihre örtliche Zuständigkeit mit Recht angenommen hat, wird vom Gericht nicht geprüft. RG. JW. 1911, 825; RG. 69 S. 207. — Welches die Aufsichtsbehörde ist, bestimmt sich nach Landesrecht.

[11]) Die Beschwerde im Verwaltungswege ist ausgeschlossen, sofern der Bescheid eine materielle Entscheidung darstellt. Hat sich dagegen das Strandamt lediglich für unzuständig erklärt, so ist die Beschwerde zulässig. RG. 69 S. 214. Reinbeck S. 364. Das gleiche wird für die sonstigen Entscheidungen des Strandamts gelten müssen, die lediglich das Verfahren betreffen und nur vorbereitender Natur sind. (Teilweise abw. Ewald S. 68; HansOLG. Hbl. 1888 Nr. 92; 1891 Nr. 54; Motive S. 21.) Solche Entscheidungen, insbesondere auch die Unzuständigkeitserklärung sind auf Antrag oder von Amts wegen rücknehmbar. Sie binden weder das Strandamt noch die Parteien. Vgl. dazu Reinbeck S. 364.

[12]) Die einer Partei durch ihre Vertretung vor dem Strandamt erwachsenen Kosten gehören nicht zu den Kosten des darauffolgenden Rechtsstreits vor dem ordentlichen Gericht. HansOLG. Rspr. 15 S. 80. Im übrigen ist im Bescheid auch über die Kosten zu befinden unter analoger Anwendung des § 92 ZPO. Vgl. auch Schaps I 895. Eine Kostenfestsetzung findet nicht statt. Es muß also besondere Klage bei dem ordentlichen Gericht erhoben werden. Anwaltskosten sind nicht erstattungsfähig. Ewald S. 62.

[13]) Keine Verjährungsfrist, sondern eine Ausschlußfrist und von Amts wegen zu berücksichtigen (Brodmann S. 863; Ewald S. 69; HansOLG. Hbl. 1894 Nr. 29); aber keine Notfrist im Sinne der ZPO., also Wiedereinsetzung nach ZPO. §§ 233 ff. nicht gegeben (OLG. Oldenburg bei Seuffert 45 Nr. 235; vgl. HansOLG. Hbl. 1901 Nr. 6; 1923 Nr. 79).

Hat sich das Strandamt für unzuständig erklärt, so sind die Parteien an die Frist nicht gebunden, da die Vorschrift nur für den Fall einer materiellen Beschwerung gilt. (Burchard S. 224; Ewald S. 70; HansOLG. Hbl. 1915 S. 202.) HansOLG. HansRZ. 1925, 312 will das nicht gelten lassen, wenn die Unzuständigkeitserklärung deswegen erfolgte, weil der Fall der Seenot nicht vorlag. Dies kann nicht gebilligt werden. Ewald HansRZ. 1925, 645. RG. HansRZ. 1926, 378.

14) Vgl. dazu § 36. Es genügt, wenn der Bescheid erst nachträglich, im Laufe des Prozesses zugestellt wird. (Analogie zu § 1042 ZPO.) Vgl. Ewald S. 69; HansOLG. Hbl. 1906 Nr. 62

15) Es handelt sich materiell um eine Klage im Sinne der ZPO., nicht um eine Art Einspruch. Jedenfalls ist die Form der Klagerhebung zu wahren (RG. 56 S. 393, auch OLG. Oldenburg Seuff. Arch. 45 Nr. 261; HansOLG., DJZ. 1899, 488). Vgl. auch Reinbeck S. 370; SeuffArch. 45 Nr. 260; 50 Nr. 266; 69 Nr. 130; RG. 56 S. 391; 69 S. 214. Es genügt nicht Einreichung, vielmehr ist Zustellung erforderlich. SeuffArch. 69 Nr. 130; HansOLG. Hbl. 1923 Nr. 79; Ewald S. 69, abw. Brodmann S. 863; HansOLG. SeuffArch. 50 Nr. 266.

16) In örtlicher Beziehung ausschließlicher Gerichtsstand für die Feststellung des Berge- oder Hilfslohns (Mittelstein, Schiffsgläubigerrecht S. 195). Dies ist von Amts wegen zu prüfen. § 528 ZPO. findet keine Anwendung. (OLG. Celle Rspr. 13, 54.) Auf Zahlung des festgestellten Lohns kann aber anderweitig geklagt werden (Ewald S. 70).

Hat sich das Strandamt lediglich für sachlich unzuständig erklärt, so wird dadurch die Zuständigkeit des § 39 Abs. 2 nicht begründet. Vielmehr kann die Klage an jedem, für die Lohnforderung zuständigen Gericht erhoben werden. RG. 69 S. 214.

17) Aktiv und passiv legitimiert für die Klage sind diejenigen Personen, die es z. Zt. der Anmeldung beim Strandamt waren. RG. 56 S. 391; 69 S. 214; Ewald S. 70. Reinbeck S. 366, ohne Rücksicht auf inzwischen eingetretene Rechtsnachfolge an den geretteten Gütern. Die Klage ist keine Pfandklage, vielmehr erfolgt die Geltendmachung des Pfandrechts durch die Anmeldung beim Strandamt. (Vgl. zu § 36.) Der Schiffer ist hinsichtlich der Ladungsinteressenten gemäß §§ 751 Abs. 2, 696 Abs. 2 passiv legitimiert. Die Zustellung an ihn setzt also die Frist für die Ladungsinteressenten in Lauf (RG. 56 S. 391; Ewald S. 70). — Der Klagantrag braucht nicht ziffermäßig bestimmt zu sein, kann vielmehr die Höhe des Lohnbetrages in das

gerichtliche Ermessen stellen. RG. 12 S. 301; 21 S. 386; Ewald S. 70. — Die Beschwerung kann darin liegen, daß der Lohn zu hoch bzw. zu niedrig festgesetzt wurde, daß der Lohn ganz versagt oder aus besonderen Gründen (z. B. § 748 HGB.) ganz oder zum Teil in Fortfall gebracht wurde, daß er als durch Zahlung getilgt angesehen wurde usw. Im Prozeß ist auch Widerklage auf Erhöhung bzw. Herabsetzung zulässig. Über Entscheidung dem Grunde nach bei Klage und Widerklage vgl. RG. 69 S. 211; Ewald S. 70.

[18]) Die Frist kann auf Antrag durch das zuständige Gericht verlängert werden. Die Verlängerungsentscheidung muß jedoch vor Ablauf der Frist zugestellt sein, andernfalls wird der Bescheid des Strandamts rechtskräftig (Abs. 3). (Ewald S. 70; SeuffArch. 69 Nr. 130; HansOLG. Hbl. 1913, 276; 1923 Nr. 79.) Verlängerung ist auch von Amts wegen zulässig. Reinbeck S. 363.

[19]) D. h. nur zwischen Kläger und Beklagten des sich anschließenden Prozesses. Gegenüber allen sonstigen, am Strandamtsverfahren Beteiligten, sowie gegenüber Dritten erlangt der Bescheid mit Ablauf der Frist Rechtskraft. HansOLG. 1923 Nr. 79; Ewald S. 70. — Wird die Klage zulässigerweise zurückgenommen, so erlangt der Strandamtsbescheid seine Kraft wieder. (HansOLG. Hbl. 1923 Nr. 79; Ewald S. 71.) Der Gegner, der die Anfechtungsfrist des § 39 versäumt hatte, erlangt dann kein selbständiges Klagrecht. Gegen ihn wird daher der Bescheid endgültig bindend. HansOLG. HansRZ. 1923; 539; Ewald S. 71.) Verzichtet Kläger allerdings auf den Klageanspruch, so hat dieser Verzicht materiellrechtliche Wirkung auch gegenüber dem Bescheide des Strandamts (abw. Ewald S. 71). — Im Falle der Klagerhebung tritt der ganze Bescheid außer Kraft, auch insoweit er eine Beschwerung der klagenden Partei nicht enthält. Reinbeck S. 368; RG. 96 S. 212.

[20]) Das Gericht ist dem Strandamt nicht übergeordnet. Daher kommt auch eine Zurückverweisung nicht in Betracht, selbst wenn sich das Strandamt mit Unrecht für unzuständig erklärt hat oder das Verfahren an wesentlichen Mängeln leidet. RG. 69 S. 214; ROHG. 21 S. 16; Ewald S. 69. — Durch den auf Grund der Anweisung einer vorgesetzten Behörde ergangenen Bescheid werden frühere, in derselben Sache ergangene Bescheide wirkungslos. Eine gegen diese hinfälligen Bescheide erhobene Klage wird gegenstandslos. RG. 69 S. 207.

§ 40. Den Landesregierungen steht es zu, die in § 38 der Aufsichtsbehörde zugewiesenen Obliegenheiten dem Strandamt zu übertragen[1])[2]).

[1]) Hiervon haben Gebrauch gemacht Mecklenburg-Schwerin, Oldenburg, Hamburg, Bremen und Lübeck, Reg.-Bez. Schleswig allgemein; die Reg.-Bez. Stettin und Stade mit Ausnahme derjenigen Strandämter, in denen die Strandvögte zugleich Strandhauptleute sind; Reg.-Bez. Köslin, soweit es sich um Werte bis zu 5000 Mark handelt; Reg.-Bez. Königsberg mit Ausnahme derjenigen Bezirke, in denen die Strandhauptleute zugleich Strandvögte sind, jedoch hat sich der Reg.-Präs. die Entscheidung vorbehalten, wenn der Wert des geretteten Gutes 300 M. übersteigt oder soweit die Rettung vom Fiskus bewirkt ist (entn. aus Ewald S. 71).

[2]) Soweit von dieser Vorschrift Gebrauch gemacht worden ist, tritt eine Vereinfachung des Verfahrens nach §§ 37 u. 38 ein. Insbesondere bedarf es nicht der Vorlage nach § 37 (Ewald S. 71).

§ 41. Die Erhebung der festgesetzten Beträge[1]) und die Verteilung[2]) derselben unter die Berechtigten erfolgt in der Regel durch das Strandamt.

Der Vorsteher des Strandamts[3]) hat auch in dem Falle keinen Anspruch auf Berge- oder Hilfslohn, wenn er zugleich zum Strandvogt bestellt ist[4]).

[1]) Die Erhebung der Beträge kann nur erfolgen, wenn der Schuldner freiwillig an das Strandamt zahlt. Tut er dieses nicht, so muß der nach dem Strandamtsbescheide Berechtigte Klage bei dem ordentlichen Gericht erheben. Diese Klage braucht weder innerhalb der Frist des § 39, noch bei dem für das Strandamt örtlich zuständigen Gericht erhoben zu werden. Vgl. Ewald S. 71. Zahlt der Schuldner, nachdem eine Klage aus § 39 von dem ordentlichen Gericht rechtskräftig erledigt wurde, nicht an den Gläubiger, sondern an das Strandamt, so kann dieses die Verteilung vornehmen. Von Amts wegen wird es jedoch in dieser Richtung nicht tätig.

[2]) Die Anerkennung einer vom Strandamt vorgenommenen Verteilung kann von ihm nicht erzwungen werden. Vielmehr können die Parteien, die sich durch die Verteilung beschwert fühlen, im Verwaltungswege Beschwerde führen oder alsbald Klage er-

heben. Auch nach Entscheidung der übergeordneten Behörde ist noch jedem Beteiligten der Rechtsweg offen. Die Klagen sind keine solchen aus § 39 mit Ausnahme des Falles, daß das Strandamt die Verteilung unter die mehreren Retter (wozu es nicht verpflichtet ist) bereits in dem Bescheide vorgenommen hatte. Diesen Fall hat aber § 41 Abs. 2 nicht im Auge, vielmehr will er lediglich die Verteilung eingezahlter Gelder nach Art einer Auseinandersetzung im Wege freiwilliger Gerichtsbarkeit in die Wege leiten. Vgl. auch Schaps I, 896 über die materiellrechtlichen Grundsätze der Verteilung. Diese sind auch vom Strandamt zu beachten. Ferner § 749 Schaps I, 954. Dazu Ewald S. 72.

[3]) Der Vorsteher des Strandamtes ist unter allen Umständen von der Teilnahme ausgeschlossen, nicht aber der Strandvogt (Ewald S. 72). Vgl. jedoch § 2 der Instruktion zur StrO. (S. 417), sofern er wirklich tätig wurde, längere Zeit beim Schiff verblieb, Arbeiten anordnete oder leistete. LG. Hamb. Hbl. 1904 Nr. 116.

[4]) Vgl. hierzu Schaps Anm. 13 zu § 740; Instruktion § 2.

VI. Abschnitt.
Allgemeine Bestimmungen.

§ 42. Schiffer im Sinne dieses Gesetzes ist der Führer des Schiffes (Schiffskapitän), in Ermangelung oder Verhinderung desselben dessen Stellvertreter[1]).

[1]) Über die Person des Vertreters vgl. I S. 204. Der Strandvogt ist nicht berechtigt, als Vertreter des Schiffers aufzutreten. Ewald S. 72; Wagner S. 349.

§ 43. Wer den Vorschriften der §§ 4, 7 Abs. 1, 12 Abs. 1, 13, 20, 21, 25 Abs. 2, 4 zuwiderhandelt[1]), wird, sofern nicht nach allgemeinen Strafgesetzen eine höhere Strafe verwirkt ist[2]), mit Geldstrafe bis zu einhundertfünfzig Mark oder mit Haft bestraft.

[1]) Versuch ist nicht strafbar, da Übertretungen in Frage kommen. Über fahrlässige Übertretung der Vorschriften vgl. Ewald S. 73 und die strafrechtliche Rechtsprechung.

[2]) Vgl. Perels S. 207; Ewald S. 73. In Frage kommen die §§ 123, 242, 246, 265, 323, 325, 326 StGB. Vgl. auch Schaps I, 948.

§ 44. Gestrichen durch GVG. v. 27. Jan. 1877 (RGBl. S. 41).

§ 45. Soweit das zur Betonnung verwendete Gerät an Tonnen, Ketten und sonstigem Zubehör, einschließlich unbemannter Feuerschiffe, im Eigentume des Reichs steht, kann die Reichsregierung[1]), soweit das Gerät im Eigentum eines Landes steht, kann die Landesregierung für die Bergung im voraus bestimmte Vergütungssätze als Bergelohn festsetzen[2]). Diese Vergütungssätze gelten ohne Rücksicht darauf, ob die Bergung innerhalb oder außerhalb der deutschen Hoheitsgewässer und ob sie im Gebiete des einen oder des anderen Landes erfolgt. Sofern in Staatsverträgen besondere Bestimmungen getroffen sind, bleiben diese maßgebend.

[1]) Tarif über Bergelöhne für die Bergung vertriebener und abgelieferter reichseigener Seezeichen. Vgl. Schaps II 556.

[2]) Die privatrechtlichen Grundsätze für die Bemessung des Bergelohns gelten nicht ohne weiteres, da ein Gewinn ausgeschlossen sein soll. Ewald S. 73; Motive S. 22.

§ 46. Die in diesem Gesetz vorgeschriebene Mitwirkung der Zollbehörde findet in den Zollausschlüssen nicht statt.

§ 47. Die Bestimmungen der Staatsverträge über die den Konsuln fremder Staaten in Bergungsfällen zustehenden Rechte werden durch dieses Gesetz nicht berührt[1].

[1]) Vgl. die Zusammenstellung bei Schaps II 575.

§ 48. Dieses Gesetz tritt am 1. Jan. 1875 in Kraft.

8. Instruktion zur Strandungsordnung.

Vom 24. November 1875 (ZBlDR. S. 751).

§ 1. Wenn ein Schiff vor der deutschen Küste oder in deutschen Gewässern in Seenot gerät, sind die Strandvögte der benachbarten Bezirke gleichmäßig verpflichtet, die erforderlichen Vorkehrungen zur Rettung von Menschenleben, sowie zur Bergung und Hilfsleistung zu treffen. Die Leitung des Verfahrens steht für die ganze Dauer desselben demjenigen Strandvogt zu, welcher zuerst das Schiff betritt[1]).

Die Fürsorge für die geborgenen Gegenstände liegt der Strandbehörde ob, in deren Bezirk dieselben gelandet werden.

[1]) Betritt keiner das Schiff, so müssen sie gemeinsam die Rettung leiten.

§ 2. Solange ein Schiff sich in Seenot befindet, ist es dem Strandvogt unbedingt verboten, mit dem Schiffer einen Vertrag über die Höhe des Berge- oder Hilfslohns abzuschließen[1]).

[1]) Keine Nichtigkeit des trotzdem abgeschlossenen Vertrages nach BGB. § 134: denn nicht das Rechtsgeschäft verstößt gegen das gesetzliche Verbot, sondern nur sein Abschluß durch den einen Kontrahenten (vgl. Motive BGB. 1 S. 210). Vgl. RG. 100 S. 40; 105 S. 65; 106 S. 317. Ein solcher Vertrag kann aber nichtig sein, wenn der andere Teil bewußt bei dem Verstoß mitgewirkt hat. Vgl. RG. 60 S. 276; 78 S. 353; SeuffArch. 76 Nr. 68. Außerdem können u. U. § 138 BGB. und § 747 HGB. zur Anwendung kommen (Abw. Ewald S. 52).

§ 3. Der Wertbetrag der Sicherheitsbestellung, welche im Falle des § 8 der Strandungsordnung v. 17. Mai 1874 zu beanspruchen ist, darf vom Strandvogt höchstens auf den dritten Teil des Werts der unter seiner Leitung geborgenen Gegenstände[1]) bemessen werden.

Wird die Sicherheit durch Hinterlegung von Geldern oder Wertpapieren bestellt, so sind dieselben unverzüglich an das Strandamt abzuliefern.

[1]) In dem Zustande nach der Rettung. Die Schiffspapiere sind weder für Quantität, noch für Qualität maßgebend, können aber Anhaltspunkte für die Wertbemessung ergeben.

§ 4. Die Polizeibehörden sind verpflichtet, den Strandbehörden[1]) auf Verlangen in allen Maßregeln ohne Verzug Beistand zu leisten, welche im Falle einer Seenot zur Rettung von Menschenleben, sowie zur Bergung oder Hilfsleistung dienlich sind.

[1]) Strandvogt und Strandamt, sowie deren vorgesetzte Dienstbehörden.

§ 5. Den Reedern[1]) und Versicherern eines in Seenot geratenen Schiffes, sowie den Absendern, Empfängern und Versicherern der Ladung desselben steht es frei, sich an der Bergung oder Hilfsleistung durch Gestellung von Fahrzeugen, Mannschaften usw. zu beteiligen. Sie haben dabei jedoch den Anordnungen des Strandvogts Folge zu leisten, welcher ungeeignete oder seinen Anweisungen zuwiderhandelnde Personen[1]) von der Beteiligung auszuschließen berechtigt ist.

[1]) Ebenso dem Ausrüster (§ 510). Man wird die Bestimmung im Interesse aller Beteiligten auch auf den Charterer ausdehnen können.

[2]) Dieses Verbot, an den Arbeiten weiterhin teilzunehmen, betrifft nur die Person als solche. Reeder, Versicherer sowie die sonstigen i. S. dieses § 5 Beteiligten können an Stelle des Zurückgewiesenen eine andere Person stellen. Ein Ausschluß der Interessenten als solcher, d. h. ihre grundsätzliche Zurückweisung ist nicht angängig.

§ 6. Strandet ein fremdes Schiff an der deutschen Küste, so hat das Strandamt dem für seinen Bezirk bestellten Konsul des Heimatlandes des Schiffes sofort Nachricht zu geben. Ist für den Bezirk ein Konsul dieses Landes nicht bestellt, so ist die Mitteilung an den nächsten im Reiche zugelassenen Konsul des Landes zu richten.

F. Wasserstraßen und Häfen.

1. Gesetz, betr. das Übereinkommen und Statut über die internationale Rechtsordnung der Seehäfen[1]).

Vom 20. Februar 1928 (RGBl. II S. 22)[2])[3]).

[1]) Das Übereinkommen ist abgedruckt bei Schaps II 639.

[2]) Außer Deutschland haben bisher folgende Signatarstaaten das Übereinkommen und das Zeichnungsprotokoll ratifiziert und ihre Ratifikationsurkunden im Archiv des Völkerbundes niedergelegt:

Belgien (unter Ausschluß von Belgisch-Kongo und dem belgischen Mandatsgebiete Ruanda-Urundi), Britisches Reich (mit Ausnahme von Kanada, Australien, Neuseeland, Südafrikanische Union, Freistaat Irland, Indien, den Kolonien, Besitzungen oder Protektoraten und englischen Mandatsgebieten), Neuseeland, Indien, Dänemark (mit Ausnahme von Grönland), Griechenland, Japan, die Niederlande, Siam, Schweden, die Schweiz, Norwegen, Ungarn, Irak. — Beigetreten sind: Österreich, Australien, die Britische Regierung für Südrhodesien und Neufundland, sowie für die meisten Kolonien, Protektorate und Mandatsgebiete.

[3]) Nach Art. 2 berührt das Übereinkommen nicht die auf dem Versailler Vertrag beruhenden Rechte und Pflichten.

Statut.

Art. 1. Als Seehäfen im Sinne dieses Statuts gelten die Häfen, die üblicherweise[1]) von Seeschiffen angelaufen werden und dem Außenhandel dienen[2]).

[1]) Also nicht nur ausnahmsweise. Häfen, die nur zu gewissen Zeiten eisfrei sind, fallen unter Art. 1, sofern sie nur in der eisfreien Zeit üblicherweise von Seeschiffen angelaufen werden. Vgl. auch Zeichnungsprotokoll zu Nr. 7.

*) Geschlossene, nur für den Binnenhandel bestimmte Häfen gehören nicht hierher, ebenso nicht reine Fischereihäfen. Vgl. Art. 14.

Art. 2. Unter der Voraussetzung der Gegenseitigkeit und mit dem im Art. 8 Abs. 1 vorgesehenen Vorbehalt verpflichtet sich jeder Vertragsstaat, den Seeschiffen jedes anderen Vertragsstaates die gleiche Behandlung zu gewährleisten wie seinen eigenen Seeschiffen oder denen irgendeines anderen Staates in den seiner Staatshoheit oder Herrschaft unterstellten Häfen hinsichtlich des freien Zugangs zum Hafen, seiner Benutzung und des vollen Genusses der für die Schiffahrt und die Handelsverrichtungen bestehenden Einrichtungen, die er den Seeschiffen, ihren Waren und Reisenden zur Verfügung stellt.

Die so festgesetzte Gleichbehandlung erstreckt sich auf die Erleichterungen aller Art, wie: Zuteilung von Kaiplätzen, Lade- und Löscheinrichtungen sowie auf jede Art von Abgaben und Gebühren, die im Namen oder für Rechnung der Regierung, der öffentlichen Behörden, der Konzessionäre oder von Anstalten jeder Art erhoben werden.

Art. 3. Die Bestimmungen des vorhergehenden Artikels beschränken in keiner Weise die Freiheit der zuständigen Behörden eines Seehafens bei der Anwendung der Maßnahmen, die zu ergreifen sie im Interesse einer guten Verwaltung des Hafens für angezeigt erachten, vorausgesetzt, daß diese Maßnahmen dem Grundsatz der Gleichbehandlung entsprechen, wie er in dem genannten Artikel näher bestimmt ist.

Art. 4. Alle Abgaben und Gebühren für die Benutzung der Seehäfen müssen vor ihrer Inkraftsetzung in gehöriger Weise veröffentlicht werden.

Dasselbe gilt für die Polizei- und Betriebsvorschriften.

In jedem Seehafen hat die Hafenverwaltung ein

Verzeichnis der in Kraft befindlichen Abgaben und Gebühren sowie der Polizei- und Betriebsvorschriften zur Verfügung der Interessenten zu halten.

Art. 5. Bei der Festsetzung und Erhebung von Zöllen und ähnlichen Abgaben, von Orts- und Verbrauchsabgaben sowie von Nebenkosten, die bei Ein- oder Ausfuhr der Waren über Seehäfen zu entrichten sind, die der Staatshoheit oder Herrschaft der Vertragsstaaten unterstellt sind, darf die Flagge des betreffenden Seeschiffes in keiner Weise in Betracht gezogen und daher keinerlei Unterschied gemacht werden zum Nachteil der Flagge irgendeines Vertragsstaates zwischen dieser und der Flagge des Staates, dessen Staatshoheit oder Herrschaft der Hafen untersteht, oder der irgendeines anderen Staates.

Art. 6. Um den im Art. 2 festgelegten Grundsatz der Gleichbehandlung in den Seehäfen in der Praxis nicht dadurch unwirksam zu machen, daß gegen Seeschiffe eines Vertragsstaats, welche die genannten Häfen benutzen, andere Maßnahmen ergriffen werden, die eine unterschiedliche Behandlung mit sich bringen, verpflichtet sich jeder Vertragsstaat zur Anwendung der Bestimmungen der Art. 4, 20, 21 und 22 des Statuts, das dem in Genf am 9. Dez. 1923 unterzeichneten Übereinkommen über die internationale Rechtsordnung der Eisenbahnen beigefügt ist, soweit sich diese Artikel auf die Transporte von oder nach einem Seehafen beziehen, gleichviel, ob dieser Vertragsstaat Vertragsteil des Übereinkommens über die internationale Rechtsordnung der Eisenbahnen ist oder nicht. Die genannten Artikel müssen gemäß den Bestimmungen des Zeichnungsprotokolls des vorerwähnten Übereinkommens ausgelegt werden (s. Anlage).

Art. 7. Sofern keine besonderen Gründe vorliegen, die sich namentlich auf geographische, wirtschaftliche oder technische, eine Abweichung rechtfertigende Erwägung stützen, dürfen die Zölle, die in irgendeinem der Staatshoheit oder Herrschaft eines Vertragsstaates unterstellten Seehafen erhoben werden, nicht höher sein als die, welche an den anderen Zollgrenzen desselben Staates auf Waren gleicher Art, gleicher Herkunft oder gleicher Bestimmung erhoben werden.

Wenn wegen der oben erwähnten Gründe auf anderen Ein- und Ausfuhrwegen besondere Zollerleichterungen von einem Vertragsstaat gewährt werden, so wird dieser sie nicht zu unangemessener unterschiedlicher Behandlung zum Nachteil der Ein- oder Ausfuhr der seiner Staatshoheit oder Herrschaft unterstellten Seehäfen benutzen.

Art. 8. Jeder Vertragsstaat behält sich die Freiheit vor, nach vorheriger Mitteilung auf diplomatischem Wege die Vergünstigung der Gleichbehandlung für alle Schiffe eines Staates vorübergehend aufzuheben, der in einem seiner Staatshoheit oder seiner Herrschaft unterstellten Seehäfen die Bestimmungen des Statuts auf die Schiffe des betreffenden Vertragsstaates, deren Waren oder Reisenden tatsächlich nicht anwendet.

Falls die im vorigen Absatz vorgesehene Maßnahme Anwendung findet, haben beide Staaten, sowohl derjenige, der sie ergriffen hat, als auch der, gegen den sie gerichtet ist, das Recht, sich an den Ständigen Internationalen Gerichtshof mit einem an die Gerichtsschreiberei gerichteten Antrag zu wenden. Dieser hat darüber im summarischen Verfahren zu entscheiden.

Es steht jedoch jedem Vertragsstaat frei, im Augenblick der Unterzeichnung oder der Ratifikation des Abkommens zu erklären, daß er gegenüber allen Vertragsstaaten, welche die gleiche Erklärung abgeben, auf das

Recht verzichtet, die im ersten Absatz dieses Artikels erwähnten Maßnahmen zu ergreifen.

Art. 9. Das Statut bezieht sich in keiner Weise auf die Küstenschiffahrt.

Art. 10. Jeder Vertragsstaat behält sich das Recht vor, in seinen Seehäfen den Schleppdienst nach seinem Ermessen einzurichten, jedoch hat er dabei die Bestimmungen der Art. 2 und 4 zu beachten.

Art. 11. Jeder Vertragsstaat behält sich das Recht vor, das Lotsenwesen nach seinem Ermessen einzurichten oder durch Bestimmungen zu regeln.

Bei Lotsenzwang unterliegen die Tarife und Dienstleistungen den Bestimmungen der Art. 2 und 4, jedoch kann jeder Vertragsstaat, seine Staatsangehörigen, welche die festgesetzten fachlichen Bedingungen erfüllen, von dieser Verpflichtung befreien.

Art. 12. Jedem Vertragsstaat steht es frei, bei der Unterzeichnung oder der Ratifizierung dieses Übereinkommens zu erklären, daß er sich das Recht vorbehält, gemäß seiner eigenen Gesetzgebung unter möglichster Anlehnung an die Grundsätze des Statuts die Beförderung von Auswanderern auf diejenigen Seeschiffe zu beschränken, denen er dazu die Ermächtigung mit Rücksicht darauf erteilt hat, daß sie die von der Gesetzgebung aufgestellten Bedingungen erfüllt haben.

Die zur Beförderung von Auswanderern ermächtigten Seeschiffe genießen in allen Seehäfen alle in dem Statut vorgesehenen Vorteile.

Art. 13. Das Statut findet Anwendung auf alle Seeschiffe, gleichviel, ob sie Privaten, öffentlichen Verbänden oder dem Staat gehören.

Es bezieht sich jedoch in keiner Weise auf Kriegsschiffe, Schiffe des Polizei- und Aufsichtsdienstes, noch im allgemeinen auf Schiffe, die irgendwie die Staatsgewalt ausüben, noch auf alle anderen Schiffe, sobald sie ausschließlich den Zwecken der See-, Militär- oder Luftstreitkräfte eines Landes dienen.

Art. 14. Das Statut bezieht sich in keiner Weise auf Fischereifahrzeuge und ihren Fang.

Art. 15. Sollte ein Vertragsstaat durch Vertrag, Abkommen oder Vereinbarung einem anderen Staate in einer bestimmten Zone eines seiner Seehäfen zur Erleichterung der Durchfuhr von Waren und Reisenden nach oder von dem genannten Staat gewisse Rechte eingeräumt haben, so kann kein anderer Vertragsstaat sich auf die Bestimmungen des Statuts berufen, um gleichartige Rechte für sich in Anspruch zu nehmen.

Jeder Vertragsstaat, der solche Rechte in einem Seehafen eines Vertragsstaates oder eines anderen Staates genießt, muß sich hinsichtlich der Behandlung der Schiffe, die mit ihm Handel treiben, sowie ihrer Waren und Reisenden nach den Bestimmungen des Statuts richten.

Jeder Vertragsstaat, der solche Rechte einem Staat, der nicht Vertragsteil ist, einräumt, hat in der zu diesem Zweck getroffenen Abmachung dem Staat, der diese Rechte genießen soll, die Verpflichtung aufzuerlegen, sich hinsichtlich der Behandlung der Schiffe, die mit ihm Handel treiben, sowie ihrer Waren und Reisenden nach den Bestimmungen des Statuts zu richten.

Art. 16. Ausnahmsweise und für eine möglichst beschränkte Zeit können die Vorschriften der Art. 2 bis 7 einschließlich durch besondere oder allgemeine Maßnahmen abgeändert werden, die ein Vertragsstaat beim Eintreten schwerwiegender, die Sicherheit des Staates oder die Lebensinteressen des Landes berührender Ereignisse zu treffen genötigt ist. Es besteht Einverständnis darüber, daß dabei die Grundsätze des Statuts in möglichst vollem Umfange aufrechterhalten bleiben müssen.

Art. 17. Keiner der Vertragsstaaten wird durch das Statut verpflichtet, die Durchreise solcher Personen, denen das Betreten seines Gebiets verboten ist, oder den Durchgang solcher Waren zu gestatten, deren Einfuhr aus Gründen der öffentlichen Gesundheitspflege oder der öffentlichen Sicherheit oder zur Verhütung der Einschleppung von Tier- und Pflanzenkrankheiten untersagt ist. Was den Verkehr, abgesehen vom Durchgangsverkehr, anbetrifft, so ist keiner der Vertragsstaaten durch das Statut verpflichtet, die Beförderung solcher Personen, denen das Betreten seines Gebietes nach den Landesgesetzen verboten ist, oder solcher Waren, deren Ein- oder Ausfuhr nach diesen Gesetzen untersagt ist, zu gestatten.

Jeder Vertragsstaat ist berechtigt, die erforderlichen Vorsichtsmaßregeln für die Beförderung gefährlicher oder gleichartiger Waren zu treffen sowie allgemeine polizeiliche Anordnungen einschließlich derjenigen für Ein- und Auswanderer zu erlassen, wobei Einverständnis darüber besteht, daß solche Maßnahmen nicht zu einer unterschiedlichen, den Grundsätzen des Statuts zuwiderlaufenden Behandlung führen dürfen.

Das Statut kann ferner in keiner Weise die Maßnahmen berühren, die irgendeiner der Vertragsstaaten auf Grund allgemeiner internationaler Vereinbarungen, an denen er beteiligt ist oder die späterhin abgeschlossen werden sollen, zu treffen sich veranlaßt sieht oder sehen könnte. Namentlich gilt dies für Vereinbarungen, die unter dem Schutze des Völkerbundes abgeschlossen sind, und den Frauen- und Kinderhandel, den Durchgangsverkehr, die Aus- oder Einfuhr bestimmter Warengattungen, wie Opium und anderer schädlicher Drogen, Waffen oder Fischereierzeugnisse, betreffen, und ebenso für allgemeine Vereinbarungen, welche die Verhütung irgendwelcher Beeinträchtigung von gewerblichen, literarischen oder künstlerischen Eigentumsrechten zum Gegenstand haben oder sich auf die Anwendung falscher Waren- oder Ursprungsbezeichnungen oder anderer Mittel des unlauteren Wettbewerbs beziehen.

Art. 18. Das Statut ordnet nicht die Rechte und Pflichten der Kriegführenden und Neutralen in Kriegszeiten, bleibt jedoch auch in Kriegszeiten in Geltung, soweit es mit diesen Rechten und Pflichten vereinbar ist.

Art. 19. Die Vertragsstaaten verpflichten sich, die am 9. Dezember 1923 in Kraft befindlichen Übereinkommen, falls sie den Bestimmungen des Statuts zuwiderlaufen sollten, sobald die Verhältnisse es ermöglichen, spätestens bei Erlöschen der Übereinkommen durch entsprechende Abänderungen so weit mit ihnen in Einklang zu bringen, wie es die geographischen, wirtschaftlichen oder technischen Verhältnisse der Länder oder Gebiete irgend gestatten, die den Gegenstand jener Übereinkommen bilden.

Dasselbe gilt für Konzessionen, die vor dem 9. Dezember 1923 zum vollständigen oder teilweisen Betriebe der Seehäfen erteilt worden sind.

Art. 20. Das Statut hat keineswegs die Aufhebung bestehender weitergehender Erleichterungen zur Folge, die für die Benutzung der Seehäfen unter Bedingungen gewährt worden sind, die mit den Grundsätzen des Statuts vereinbar sind. Ebensowenig will es die Gewährung solcher Erleichterungen für die Zukunft ausschließen.

Art. 21—22. Art. 21 und 22 behandeln die Schlichtung von Streitfällen.

Art. 23. Es besteht Einverständnis darüber, daß das

Statut nicht in dem Sinne ausgelegt werden darf, als ob es in irgendeiner Beziehung die Rechte und Pflichten von Gebieten unter sich (inter se) berühre, die Bestandteile eines und desselben souveränen Staates bilden oder unter seinem Schutze stehen, gleichviel, ob diese Gebiete jedes für sich Vertragsstaaten sind oder nicht.

Art. 24. In den vorstehenden Artikeln darf keine Bestimmung so ausgelegt werden, als ob sie irgendwie die Rechte oder Pflichten irgendeines Vertragsstaates in seiner Eigenschaft als Mitglied des Völkerbundes berühre.

2. Zeichnungsprotokoll zum Übereinkommen über die internationale Rechtsordnung der Seehäfen.

Im Begriff, das heute abgeschlossene Übereinkommen über die internationale Rechtsordnung der Seehäfen zu unterzeichnen, haben die gehörig bevollmächtigten Unterzeichneten folgendes vereinbart:

1. Es besteht Einverständnis darüber, daß sich die Bestimmungen des Statuts auf die Zufluchtshäfen beziehen, die eigens zu diesem Zweck angelegt sind.
2. Es besteht Einverständnis darüber, daß der Vorbehalt der Britischen Delegation wegen der Bestimmungen des Abschnitts 24 der „Pilotage Act von 1913 angenommen wird.
3. Es besteht Einverständnis darüber, daß die von der französischen Gesetzgebung in bezug auf die Schiffsmakler vorgesehenen Verpflichtungen nicht als dem Grundsatz und dem Geiste des Statuts über die internationale Rechtsordnung der Seehäfen zuwiderlaufend angesehen werden[1]).
4. Es besteht Einverständnis darüber, daß die im Art. 2 des Statuts über die internationale Rechts-

ordnung der Seehäfen vorgesehene Bedingung der Gegenseitigkeit nicht zur Folge hat, daß die Vertragsstaaten, die keine Seehäfen besitzen und nicht in einer Zone eines Seehafens eines anderen Staates die im Art. 15 des obenerwähnten Staates vorgesehenen Rechte genießen, von den Vorteilen des Statuts ausgeschlossen werden.

5. Falls Staaten oder Gebiete, auf die das Übereinkommen keine Anwendung findet, die gleiche Flagge oder die gleiche Nationalität besitzen wie ein Vertragsstaat, so können diese Staaten oder Gebiete keinerlei Rechte geltend machen, die das Statut über die internationale Rechtsordnung der Seehäfen der Flagge oder den Staatsangehörigen der Vertragsstaaten gewährleistet.

[1]) Diese Schiffsmakler haben das Monopol, die in französischer Übersetzung vorzulegenden Schiffspapiere ins Französische zu übertragen. Insofern liegt eine Ausnahme von Art. 2 (Gleichbehandlung) vor.

3. Seewasserstraßenordnung[1]).

(Polizeiverordnung zur Regelung des Verkehrs auf den deutschen Seewasserstraßen).

Vom 31. März 1927.

Vgl. dazu Sebba, Seewasserstraßenordnung mit Erläuterungen (Guttentagsche Sammlung Nr. 171) mit Nachtrag, (betr. die Abänderungen vom 31. März 1928 und 20. März 1930 (RGBl. 1928 II S. 315 und 1930 II S. 679). Ferner Schaps II 647.

[1]) Eine Neufassung der Verordnung (unter wesentlichen Abänderungen) ist in Vorbereitung.

4. Kaiser-Wilhelm-Kanal.

a) Betriebsordnung für den Kaiser-Wilhelm-(Nord-Ostsee-)Kanal[1])[2]).

Vom 15. Juli 1926 (Amtsbl. d. Reg. Schleswig S. 178) nebst Anlagen, enthaltend: 1. Signalverzeichnis. 2. Bestimmungen über den Schleppbetrieb der Kanalverwaltung. 3. Gesundheits- und veterinärpolizeiliche Bestimmungen. 4. Polizeiverordnungen. 5. Gesetz über die Abgaben für den Kaiser-Wilhelm-Kanal, nebst Ausführungsanweisung und Vordrucken. 6. Zollordnung für den Kaiser-Wilhelm-Kanal. 7. Karte nebst Entfernungsangaben.

Die Übertretung der Vorschriften dieser Betriebsordnung nebst Anlagen wird mit Geldstrafe bis zu 60 Reichsmark, im Unvermögensfalle mit entsprechender Haft bestraft.

[1]) Die Verwaltung des Kanals ist mit dem 1. April 1920 auf den RVerkMin. übergegangen. (Erl. v. 31. März 1920 — RGBl. S. 429). Vgl. auch Pr. Wassergesetz v. 7. April 1913 (GS. S. 59). — Zur Durchführung des Art. 386 Abs. 2 VersVertr. ist durch VO. v. 7. Okt. 22 (RGBl. II 774) eine Behörde am K. mit dem Sitz in Kiel errichtet worden (abg. RGBl. 1930 II 957). Vgl. auch VO. v. 23. 7. 30 (RVBl. 78).

[2]) Vgl. auch Art. 380—386 VersVertr. und § 3 der Best. über Zulassung und Behandlung fremder Kriegsschiffe (S. 15).

Betriebsordnung.

Vorbemerkungen[1]).

Abschnitt I.

Allgemeine Bestimmungen.

§ 1. Jeder Schiffsführer, der den Kanal befährt, muß einen ihm auf Verlangen auszuhändigenden Abdruck dieser Betriebsordnung — zu erhalten beim Eingangshebeamt — an Bord haben und ist für die genaue Befolgung ihrer Vorschriften, sowie derjenigen der in Anlage VI beigefügten Zollordnung für den Kaiser-Wilhelm-Kanal durch die gesamte Besatzung seines Fahrzeuges verantwortlich.

[1]) Die Vorbemerkungen (vgl. Schaps II 652) umgrenzen den Kanal und die Reeden im Hinblick auf die Ausübung der Kanalpolizei und die Zuständigkeit der Kanalpolizeibeamten. Zu diesen gehören u. a. Lotsen, Hafenmeister, Schleusenmeister, Kanalmeister und Weichenwärter. (Vgl. § 23). Ferner ist in ihnen die Befeuerung der Reeden geordnet.

§ 2. Der Kanal darf von Schiffen aller Staaten nach Zahlung der festgesetzten Abgaben oder nach Lösung eines Durchlaßscheines bei Tag und bei Nacht befahren werden[1]), sofern folgende Abmessungen nicht überschritten werden: Tiefgang: 9,5 m, Gr. Breite: 40 m, Länge: 315 m, Mastenhöhe: 40 m über der Wasserlinie. (1 Fuß engl. = 0,30479 m. 1 m = 3,28090 engl. Fuß).

[1]) Ein privatrechtlicher Vertrag kommt nicht zustande, vielmehr ist die Bindung des Schiffers an die BetrOrdn. öffentlich-rechtlicher Natur. Vgl. RGHbl. 1913 Nr. 62.

§ 3. Die Kanalverwaltung behält sich vor:

a) offene oder nicht voll gedeckte Fahrzeuge, wenn sie nicht mindestens 0,50 m Freibord haben[1]),

b) Schiffe, die eine Decklast führen, die das Gleichgewicht oder ihre Manövrierfähigkeit erheblich beeinträchtigt,

c) Schiffe, deren mangelhafte Manövrierfähigkeit im Kanal erfahrungsgemäß oder nach vorgenommener Probe feststeht, oder die wegen ihres baulichen Zustandes oder ihrer Schiffsmannschaft, insbesondere wegen zu geringer Besatzung usw., zu Bedenken Anlaß geben, sowie Schiffe, die aus sonstigen Gründen als seeuntüchtig angesehen werden müssen, anzuhalten, ganz zurückzuweisen oder ihre Zulassung zur Kanalfahrt von der Erfüllung bestimmter Bedingungen abhängig zu machen[2]). (Vgl. auch § 5).

Schiffe, die den Grund berührt oder andere Unfälle gehabt haben und noch nicht wieder endgültig ausgebessert sind, werden — auch wenn sie ein Seefähigkeitszeugnis haben — erst dann zur Kanalfahrt zugelassen, wenn vorher ihre Kanalfähigkeit[3]) durch einen Beamten der Kanalverwaltung, erforderlichenfalls unter Hinzuziehung von weiteren Sachverständigen oder durch Taucheruntersuchung, festgestellt ist. Die Kosten dieser Untersuchung fallen dem Reeder des Schiffes zur Last.

d) Bei Schiffen mit hoher Decklast und bei tiefliegenden Schiffen anzuordnen, daß die unter dem Hauptdeck befindlichen Seitenfenster (Bullaugen) während der Fahrt durch den Kanal geschlossen zu halten sind.

[1]) Maßgebend ist der tatsächliche, nicht der von der Seeberufsgenossenschaft (im Freibordzertifikat) festgesetzte Freibord.

[2]) Z. B. Leichterung, Vergrößerung des Ruderblatts, Verstärkung der Besatzung, Ausladung der Decklast.

[3]) Sie kann von der normalen Seefähigkeit abweichen, einerseits im Sinne einer Erleichterung (wegen Fehlens von Seegang im Kanal) andererseits einer Erschwerung (insbesondere z. B. in bezug auf die Steuerfähigkeit).

§ 4. Bagger, Schwimmdocks[1]), Getreideheber und andere von der gebräuchlichsten Schiffsform abweichende schwimmende Gefäße[2]) oder Maschinen, sowie Flöße, dürfen nur mit besonderer, für jeden einzelnen Fall nachzusuchender Genehmigung des Kanalamts und unter genauer Beobachtung der von diesem festzusetzenden Bedingungen und Vorschriften durch den Kanal geführt werden.

[1]) Vgl. den Transport des Docksektion durch den Kanal. RG. 86, 430, dazu Schaps I, 680, 807.

[2]) Vgl. Schaps I, 7 u. 679.

§ 5. Dampfer[1]) haben beim Durchfahren des Kanals regelmäßig ihre eigene Maschinenkraft zu benutzen, jedoch bleibt der Betriebsleitung (Betriebsdirektor, Hafenkapitäne) das Recht vorbehalten, in besonderen Fällen, namentlich, wenn die eigene Geschwindigkeit eines Dampfers im Kanal nicht 10 km in der Stunde erreicht, anzuordnen, daß das Schiff eine ausreichende Zahl von Schleppern zur etwaigen Hilfeleistung annimmt[2]).

Was hier, wie überhaupt in dieser Betriebsordnung für Dampfer angeordnet ist, gilt ebenso für alle durch Maschinen bewegten Fahrzeuge, mögen sie durch Elektrizität, Benzin, Petroleum oder sonstwie getrieben werden.

[1]) Ebenso Motorschiffe (analog. Einl. Abs. 3 der SStrO. Vgl. Abs. 3. — Segler mit Hilfsmaschine (und Motorschiffe) gelten als Motorschiffe, sofern sie mit Maschinenkraft fahren, andernfalls als Segler. Vgl. dazu Sebba, Die Stellung des Motorseglers im Seestraßenrecht. HansRZ. 1925 S. 145.

[2]) Vgl. über Assistenz-Schleppen Schaps I, 740. Von Hilfsleistung kann nur dann die Rede sein, wenn die Schlepper mit dem Schiff verbunden sind. Das bloße Begleiten genügt hier nicht. (Vgl. dagegen Schaps I, 868). — Die Annahme von Schleppern stellt den Ausnahmefall dar. HansOLG. Hbl. 1908 Nr. 44.

§ 6. Segelschiffen[1]) bis zu 100 Brutto-Reg.-Tonnen ist es nach Erteilung eines Erlaubnisscheines durch den Hafenkapitän gestattet, zu segeln.

Alle größeren Segelschiffe unterliegen dem Schleppzwange[2]).

[1]) Motorsegler und Motorschiffe dann, wenn sie ihre Schraube nicht benutzen.

[2]) Über die analoge Anwendung des § 737 auf den Schleppzwang, vgl. Schaps I 762 u. OLG. Kiel Seuff. Arch. 1905, Nr. 82.

§ 7. Segelschiffe, die nicht dem Schleppzwang unterliegen, dürfen sich nur bei mehr als halbem Winde der

Segel bedienen, anderenfalls müssen sie treideln. Allen Dampfern, Schleppzügen usw. müssen sie unaufgefordert[1]), und zwar stets nach Steuerbord[2]) ausweichen.

Das Segeln bei Nacht[3]), bei böigem Winde und bei unsichtigem Wetter[4]), sowie das Kreuzen im Kanal und im Fahrwasser der Kanalreeden (siehe Vorbem. III) ist verboten. Treideln ist nur erlaubt, soweit es durch Menschenkraft möglich ist.

[1]) Es bedarf also keiner Signale. Doch wird man Achtungssignale als zulässig ansehen (vgl. I 842).

[2]) Für das Überholen treidelnder oder segelnder Schiffe gilt § 36.

[3]) (Amtliche Anmerkung.) Unter „Nacht" im Sinne dieser Betriebsordnung ist die Zeit zu verstehen, während der die Kanalbeleuchtung in Betrieb eingeschaltet ist, unter „Tag" die übrige Zeit. Abweichend SStrO. Art. 1 (vgl. Schaps I 805).

[4]) Vgl. Schaps I 818, 820. Die SStrO. Art. 15, 16 spricht von „Nebel, dickem Wetter, Schneefall oder heftigen Regengüssen". Dies alles umfaßt auch der Ausdruck „unsichtig".

§ 8. Alle den Kanal befahrenden Schiffe, soweit sie nicht durch § 9 besonders davon befreit sind, sind dem Lotsenzwang unterworfen[1]).

Ob geschleppte Schiffe außer dem Führer des Schleppdampfers oder dem auf diesem befindlichen Lotsen noch besondere Lotsen haben müssen, entscheidet die Kanalverwaltung.

[1]) Über Lotsenzwang vgl. I 763. Durch den Lotsenzwang wird der Lotse nicht zum Zwangslotsen i. S. des § 737. Denn im Gegensatz zu der früheren Betriebsordnung (vgl. dazu HansGZ. 1910 Nr. 9; HansOLG. Hbl. 1913 Nr. 53) erhält der Lotse jetzt nicht mehr das Kommando des Schiffes, sondern bleibt lediglich „Berater des Schiffers" (§ 14) und tritt unter dessen Befehlsgewalt, soweit ihm nicht selbständige Befugnisse durch die Betr.-Ordn. eingeräumt sind. Vgl. Schaps I 777. Dagegen ist die Haftung des Reiches für das Verschulden des Lotsen unberührt geblieben, weil es hierbei um eine — nicht an die Zwangslotseneigenschaft geknüpfte — Haftung für den Beamten als solchen handelt. Der „Berater" kann eine Verfehlung nur durch

vorsätzliche oder fahrlässige Unterlassung eines Rats bzw. unrichtige Ratserteilung begehen. Der von dem Geschädigten zu führende Beweis wird also nicht mehr nur auf das unrichtige Manöver, sondern auch auf die unrichtige Ratserteilung durch den Lotsen abzustellen sein. (Vgl. dazu Schaps I 775 Anm. 51.) Im Prozeß gegen den Fiskus ist noch der weitere Nachweis erforderlich, daß von anderer Seite (insbesondere vom Reeder des schuldigen Schiffs) Ersatz nicht zu erlangen ist.

§ 9. Befreit vom Lotsenzwang sind nur diejenigen Segelschiffe, die dem Schleppzwange nicht unterliegen, kleine Dampf- und Motorboote bis zu 10 Brutto-Reg.-Tonnen, sowie Ruderboote; jedoch ist der Betriebsdirektor befugt, weitere Befreiung widerruflich eintreten zu lassen.

Die Führer der vom Lotsenzwange befreiten Fahrzeuge haben allen ihnen begegnenden oder sie überholenden größeren Fahrzeugen und Schleppzügen ohne besondere Aufforderung rechtzeitig und so weit wie irgend möglich auszuweichen, ihnen in allen Fällen stets den Vorrang zu lassen[1]), sofern von diesen nicht anders bestimmt wird[2]), auch den an sie ergehenden Anweisungen der Kanalpolizeibeamten, insonderheit der Kanalmeister, Lotsen[3]), Weichenwärter und Schleusenmeister, pünktlich und unbedingt Folge zu leisten.

[1]) Sie müssen also stets — vorbehaltlich der eigenen Sicherheit — dem größeren Schiff die nautisch günstigere Situation verschaffen oder belassen. Hierbei muß i. S. des Art. 29 SStrO. auf alle Umstände Rücksicht genommen werden, insbesondere auch auf die bevorstehenden Manöver des größeren Schiffs. Gesteigerte Anforderungen beim Einfahren und Durchschleusen vgl. § 21 Abs. 2.

[2]) Das größere Schiff hat also das Recht, Weisungen hinsichtlich der Navigation zu erteilen, sofern diese durch die nautische Situation geboten sind. Verständigung durch Zuruf, optische oder akustische Signale. Vgl. Schaps I 841 ff.

[3]) Sofern sie trotz fehlenden Lotsenzwangs einen solchen an Bord haben. Ob der Lotse eines andern Schiffs ihnen Anweisungen erteilen kann, erscheint mindestens fraglich, da er ja nur Berater des Kapitäns auf dem von ihm geführten Schiffe

ist. (Vgl. § 14 Abs. 1 a. E.) und auch nur auf diesem Schiffe polizeiliche Befugnisse hat (§ 14 Abs. 1). Vgl. jedoch § 23, der den Lotsen unter den Kanalpolizeibeamten nennt.

§ 10. Kanallotsenstationen sind vorhanden:

1. in Brunsbüttelkoog } in unmittelbarer Nähe der
2. in Holtenau } Kanalmündungen,
3. in Rübbel (km 58,27), wo für die den ganzen Kanal durchfahrenden Schiffe[1]) der Regel nach Lotsenwechsel eintritt. Auch können hier die aus der Untereider kommenden Schiffe ihren Kanallotsen anfordern, dessen Lotsenpflicht aber erst bei der Einfahrt in den Kanal bei km 66 beginnt[2]). Den Kanallotsen ist von der Regierung in Schleswig die Genehmigung erteilt, die Lotsung der Schiffe auf der Obereider zwischen Rendsburg und dem Audorfer See und umgekehrt auszuführen[3]). Die Lotsen sind hierbei an den jeweilig geltenden Lotsengeldtarif gebunden.

Die Kanallotsen kommen in der Regel an Bord

1. bei Brunsbüttelkoog auf der Elbe außerhalb der Kanalreede,
2. bei Holtenau zwischen dem Leuchtturm und der Kanalmündung, oder bei aus Kiel kommenden Fahrzeugen, auf der Holtenauer Reede.

[1]) Gegensatz: § 6b.

[2]) Vgl. Schaps I 763 Anm. 5.

[3]) Insofern sind sie aber nicht als Kanallotsen und als Reichsbeamte tätig. (Vgl. § 1 des Reichsges. v. 22. Mai 1910: „in Ausübung der ihm anvertrauten öffentlichen Gewalt" I 770..

§ 11. Ein Schiff, das einen Kanallotsen wünscht[1]), hat möglichst zeitig bei Tage am Vortopp die nationale Lotsenflagge oder das Signal PT, beides mit dem Antwortwimpel des internationalen Signalbuches darunter zu setzen; bei Nacht sind zwei weiße Laternen nebeneinander, mindestens 1 m voneinander entfernt, am Bug zu zeigen. (Vgl. Signal Nr. 61). Gegensignal als „Verstanden“ werden von den Lotsenstationen bei Holtenau und Brunsbüttelkoog nur bei Nacht gegeben, und zwar das Signal Nr. 56. Dieses wird wieder gelöscht, sobald der Lotse zur Besetzung des Schiffes unterwegs ist. Können aus irgendeinem Grunde Lotsen nicht an Bord geschickt werden, so werden von den Lotsenstationen an beiden Kanalmündungen

a) bei Tage der Wimpel D des internationalen Signalbuches unter der Lotsenflagge,
b) bei Nacht drei rote Laternen untereinander gezeigt (vgl. Signal Nr. 57).

Die Lotsenfahrzeuge führen die durch die Seestraßenordnung vorgeschriebenen Lichter.

[1]) Gleichgültig, ob auf Grund des Lotsenzwangs oder freiwillig (z. B. im Falle des § 9).

§ 12. Lotsenpflichtige Schiffe, die

a) aus der Untereider kommend in den Kanal fahren, können ihren Kanallotsen schon auf der Eider bei dem Lotsenhause zu Nübbel, durch Zuruf nach der Rendsburger Schleuse bestellen;
b) von Orten an der Kieler Förde aus in den Kanal fahren, können ihren Kanallotsen schon vor ihrer Abfahrt erhalten, wenn sie diesen Wunsch rechtzeitig unter genauer Angabe von Ort und Zeit der Abfahrt der Kanallotsenstation Holtenau mitteilen und entweder selbst den Lotsen von der Lotsenstation abholen oder sich verpflichten, die durch seine Beförderung an Bord entstehenden baren Auslagen dem Lotsen zu erstatten, sowie die entstehende Wartezeit nach Kanallotsgeldtarif zu vergüten;
c) von einem am Kanal oder bei Rendsburg belegenen

Schiffsliegeplatze aus ihre Fahrt durch den Kanal antreten wollen, haben die Gestellung des Kanallotsen unter genauer Angabe von Ort und Zeit der Abfahrt bei der nächstgelegenen Lotsenstation zu beantragen[1]).

Den Lotsen ist gleich bei ihrer Ankunft an Bord das jeweilig durch Kanallotsgeldtarif festgesetzte Wegegeld zu entrichten.

Auf das gleiche Wegegeld haben diejenigen Lotsen Anspruch, die von einem Schiffe, das seine Fahrt an einem unter c bezeichneten Platze beendigt oder bei km 66 den Kanal verläßt, dort abgesetzt werden.

Die Lotsen sind verpflichtet, für die so empfangenen Beträge auf Verlangen Quittung zu leisten.

[1]) Amtl. Anm.: Dieser Antrag kann von der nächstliegenden Fernsprechstelle der Kanalverwaltung aus kostenlos übermittelt werden. Die Fernsprechstellen sind in der auf dem Umschlage dieser Betriebsordnung (S. 3) befindlichen Skizze des Kanals durch Unterstreichung des Namens und den Zusatz F. kenntlich gemacht.

§ 13. Alsbald nach Anbordkommen des Lotsen hat der Schiffsführer oder dessen Stellvertreter unaufgefordert ihn von etwaigen besonderen Manövriereigenschaften seines Schiffes rechtzeitig zu unterrichten[1]), sowie ihm alle etwa weiter gewünschte Auskunft über sein Schiff, dessen Besatzung, Ladung usw. eingehend zu erteilen. Er hat dem Lotsen unaufgefordert mitzuteilen, ob sein Schiff Grund berührt oder andere Unfälle erlitten hat, die noch nicht endgültig wieder ausgebessert sind.

[1]) Vgl. Schaps I 765 Anm. 16. — Auch von sonstigen für die Navigation wesentlichen Eigenschaften, z. B. Vorhandensein eines Rammsporns. (HansGZ. 1927 Nr. 110 bestätigt RG. ibid. S. 299.)

§ 14. Der Kanallotse wird mit Antritt seines Dienstes innerhalb des Kanalpolizeibezirks der Berater der Schiffsleitung[1]). Er stellt seine Erfahrungen und Sonderkenntnisse zur Verfügung, während die verantwortliche Führung der Schiffsleitung überlassen bleibt[2]). Der Lotse übt außerdem die zollamtliche Aufsicht, und innerhalb der ihm erteilten Befugnisse die schiffahrtspolizeiliche Aufsicht auf dem Schiffe aus.

Die Schiffsleitung hat insbesondere beim An- und Ablegen in den Lösch- und Ladeplätzen, auch in den Binnenhäfen von Brunsbüttelkoog und Holtenau, im Kreishafen bei Rendsburg und im Nordhafen von Kiel-Wik, sowie während der Fahrt auf der Eider vom Audorfer See von und nach Rendsburg (vgl. § 12a) die Schiffsmanöver selbst anzuordnen[3]). Der Lotse stellt bei diesen Manövern nur seine Ortskenntnis zur Verfügung. Wird der Lotse auf der Obereider mit der Lotsung des Schiffes beauftragt, so stehen ihm die hierfür tariflich festgesetzten Gebühren zu.

Die Ratschläge des Lotsen hinsichtlich der Änderung der Schiffsrichtung entsprechen dem deutschen Ruderkommando[4]), d. h. sie geben die Seite an, nach welcher der Bug des Schiffes bewegt werden soll[5]).

[1]) Vgl. zu § 8. Ferner Schaps I 777 u. 849 (zu Art. 33 SStrO.).

[2]) Vgl. OLG. Kiel, SchlHolstAnz. 25, 19. Das Reich hat dafür zu sorgen, daß die Schiffe ungefährdet durch den Kanal fahren können. Der Kanallotsen bedient es sich zur Erfüllung dieser Pflicht. Diese haben sich daher zuverlässig darüber zu unterrichten, ob das Schiff nicht für die Brücken zu hoch ist. Andererseits hat auch der Kapitän eine derartige Pflicht.

[3]) Das ergibt sich schon daraus, daß die verantwortliche Führung der Schiffsleitung verbleibt (Abs. 1). Der Lotse hat überhaupt keine Manöver anzuordnen.

[4]) Vgl. Verordnung betr. das Ruderkommando S. 299.

[5]) Unkorrekt ausgedrückt. Ein Ruderlegen ist zuweilen auch erforderlich, ohne daß eine Bewegung des Bugs nach einer Seite beabsichtigt wird, z. B. um den Einfluß einer Strömung, die nur auf einen Teil des Schiffes wirkt, auszugleichen. Vgl. Schaps I 839. Die Verordnung betr. das Ruderkommando (S. 299) spricht korrekter von der Lage des Ruderblatts.

§ 15. Der Schiffsführer oder ein gesetzlich anerkannter Vertreter (Steuermann, Schiffsoffizier) hat sich stets auf der Kommandobrücke aufzuhalten und von dort aus das Schiff verantwortlich zu führen.

§ 16. Alle den Kanal befahrenden Schiffe sind verpflichtet, zur Auffüllung der Lotsenstationen Kanallotsen unentgeltlich auf deren eigene Gefahr zu befördern und ihnen nach Möglichkeit einen Aufenthaltsraum anzuweisen.

Den auf den Schiffen dienstlich tätigen Kanallotsen ist während ihres Aufenthaltes an Bord auf ihr Verlangen die Teilnahme an den regelmäßigen Mahlzeiten des Schiffsführers, sowie im Bedarfsfalle angemessene reinliche Unterkunft und Schlafstätte an Bord unentgeltlich zu gewähren, für eine Unterkunft an Land ist die tarifmäßige Gebühr zu entrichten.

Außerdem hat der Schiffsführer dem diensttuenden Lotsen auf sein Verlangen kleine Erfrischungen (Kaffee, Tee, Fleischbrühe, Butterbrot und dergl.) gegen Zahlung eines angemessenen Preises verabfolgen zu lassen.

Den höheren Beamten des Kanalamtes steht das Recht zu, auf jedem den Kanal benutzenden Schiffe sich einzuschiffen[1]). Auf Verlangen ist ihnen ihrem Stande entsprechende Verpflegung und Unterkunft zu angemessenen Preisen zu gewähren.

[1]) Die Schiffsgewalt des Kapitäns wird dadurch nicht berührt (vgl. Schaps I 183 u. 877). Der Beamte genießt auf dem Schiffe keine Sonderstellung. — Höhere Beamte: vgl. § 50.

Abschnitt II.

Vorbereitung für die Kanalfahrt.

§ 17. Jeder Schiffer, der den Kanal befahren will, hat den für die Kanalfahrt bestimmten Anmeldevordruck nach dem vorgeschriebenen Muster (vgl. Anlage V) in zweifacher Ausfertigung wahrheitsgetreu auszufüllen, eigenhändig an den vorgeschriebenen Stellen zu unterschreiben und diesen sowie den Meßbrief[1]) und sonstige für die Berechnung der Kanalabgaben maßgebende Schiffspapiere zur Abgabe an der Eintrittsmündung bereit zu halten, sofern es nicht durch einen Bevollmächtigten vom Lande aus geschieht[2]). Die unterschriftliche Vollziehung der Anmeldung kann aber nicht vom Makler[3]), sondern nur vom Schiffsführer selber geschehen.

[1]) Der Meßbrief muß hiernach an Bord sein, was an sich nicht vorgeschrieben ist. Vgl. Schaps I 197.

[2]) (Amtliche Anm.) Den Vordruck erhält der Schiffsführer vom Lotsen, der ihm auch bei der sachgemäßen Ausfüllung zur Hand zu gehen und diese zu prüfen hat.

[3]) Vgl. über die Stellung des Maklers Schaps I 294.

§ 18. Die Zollzeichen (Flagge und Leuchte gemäß § 5 der Zollordnung) sind bereit zu halten, außerdem bei Weichenschiffen (siehe § 28) eine rote Kugellaterne und ein Zylinder, gegebenenfalls ist der Lotse zu benachrichtigen, daß sie von der Kanalverwaltung ermietet werden sollen.

§ 19. Segelschiffe haben sämtliche Segel festzumachen, die Rahen über Backbord scharf anzubrassen, eine genügend starke Schlepptrosse bereit zu legen und sich überhaupt klar zum Eingeschlepptwerden zu machen.

§ 20. Im übrigen sind folgende Vorbereitungen zu treffen:

1. Schiffe von mehr als 50 Reg.-Tonnen Bruttoraumgehalt müssen beide Buganker zum Fallen bereit

halten. Schiffe, die nur Stockanker haben, müssen einen Anker vor dem Bug klar zum Fallen haben, während der andere klar zum Absetzen sein muß. Reeder und Kapitän sind hierfür verantwortlich (vgl. § 22 Abs. 4 und § 38).

2. Sämtliche Boote sind einzuschwingen oder aufzutoppen, mit Ausnahme eines, welches als Rettungsboot zum sofortigen Aussetzen klar sein muß.
3. Die Stengen sind zu streichen, wenn sie höher als 40 m über Wasser sind.
4. Der Großtopp ist mit einer Flaggleine oder Jolle zum Heißen von Laternen und Ballsignalen zu versehen.
5. An beiden Seiten, vorn und achtern, sind für das Einlaufen und Durchschleusen mit genügend großen Augen oder mit Pfahlsteg versehene Leinen, sowie an den Schiffsseiten Fender bereit zu halten, die jedoch nicht aus einem versinkbaren Material angefertigt sein und keine hervorstehenden Metallbeschlagteile haben dürfen.
6. Dampfschiffe müssen ihre Dampffeuerspritze mit genügenden Schlauchlängen zum sofortigen Gebrauch bereit halten.
7. Geladene Geschütze sind zu entladen.
8. Die Dampfpfeife, Sirene oder Luftpfeife[1]) ist auf sofortige Gebrauchsfähigkeit zu prüfen.
9. Über die Reeling ragende Ankerpflüge sind innenbords zu nehmen. Stockanker sind vorher wegzufieren.

Zum sofortigen Gebrauch sind ferner bereitzulegen:

a) bei Tagfahrten: zwei schwarze Bälle oder Körper[2]), von je 65 cm Durchmesser, die auf mindestens 2 m Entfernung miteinander verbunden sind;

b) bei Nachtfahrten: zwei rote Lichter, jedes von mindestens 25 cm Durchmesser, die auf mindestens 2 m Entfernung miteinander verbunden sind, ferner einige weiße Laternen. Sämtliche Laternen sind so unterzubringen, daß sie von außenbords nicht gesehen werden können.

Für Schäden, die durch schuldhafte Unterlassung dieser Vorschriften entstehen, haftet die Schiffsleitung.

Die Vorbereitung zur Kanalfahrt muß vor dem Einlaufen in die Schleusen beendet sein.

[1]) Vgl. Art. 15 Abs. 3 SStrO. Schaps I 817ff.
[2]) Vgl. Art. 4, 14 SStrO. Schaps I 808, 817.

Abschnitt III.

Einlaufen und Durchschleusen.

§ 21. Lotspflichtige Dampfer und alle Schleppzüge[1]) dürfen nur bei Anwesenheit eines Kanallotsen an Bord in den Kanalpolizeibezirk (siehe Vorbemerkung I) einlaufen[2]). Den mit einem für die Kanalfahrt bestimmten Anhang auf den Reeden ankommenden Schleppern kann das Ein- und Auslaufen durch die Schleusen ohne Zahlung von Kanalgebühren gestattet werden, sofern die Schlepper zur Auffüllung ihrer Bunker den Binnenhafen aufsuchen wollen, oder ihren Anhang nach dem Binnenhafen bringen, und hiernach ohne Verzug durch die Schleusen zurückfahren, und zwar beim Ein- und Auslaufen anderer Schiffe, so daß für sie eine besondere Schleusung nicht erforderlich wird. Nicht im Schlepp von Dampfern befindliche Segelfahrzeuge aller Art, die in den Vorhafen einlaufen wollen, müssen auf dem Ankerplatz (siehe Vorbem. III) ankern, bis sie von einem Dampfer von der Kanalverwaltung eingeschleppt werden. Sie haben ihre Absicht, eingeschleppt zu werden, durch Setzen der Nationalflagge in dem der Kanalmündung zugekehrten Want des Großmastes oder in der Mitte der entsprechenden Reeling anzuzeigen. Das Einsegeln in den Vorhafen ist nur dann gestattet, wenn das Signal 3 gesetzt ist.

Nicht lotspflichtige Fahrzeuge dürfen nur einfahren, wenn durch Signal die Einfahrt freigegeben ist, und zwar ausschließlich im Fahrwasser[3]) der Reede und in diejenige Schleuse, die durch Signal (Anlage I Signal Nr. 20 und 24) bezeichnet ist. Sie haben hierbei allen Anordnungen, die ihnen von Beamten der Kanalverwaltung und Hilfskanalpolizeibeamten erteilt werden, unweigerlich nachzukommen. Größeren, ebenfalls einfahrenden Schiffen sowie Schleppzügen haben sie unter allen Umständen aus dem Wege zu gehen oder jene vorausfahren zu lassen.

[1]) Auch wenn kein Lotsenzwang besteht. Vgl. § 8 Abs. 2.

[2]) Vgl. OGA. 24, 323.

[3]) Über den Begriff „Fahrwasser" und die Navigation in engem Fahrwasser vgl. Art. 25 SStrO. Schaps I 835 und Sebba SWO. § 6.

§ 22. Die Reihenfolge der Zulassung zur Einfahrt in den Kanal bestimmt die Kanalverwaltung. Der Zeitpunkt der Ankunft auf der Reede soll bei Bestimmung der Reihenfolge nach Möglichkeit berücksichtigt werden.

Zur Unterstützung beim Ein- und Auslaufen dienen für Fahrzeuge, die mit Kanalschleppern befördert werden wollen oder im Schlepp von solchen bei der Endstation angekommen sind, falls notwendig, Dampfer der Kanalverwaltung (Schleusendampfer). Für diese Hilfeleistung werden Gebühren nicht berechnet.

In allen übrigen Fällen sind Hilfeleistungen der Schleusendampfer zu bezahlen.

Während des Einlaufens in Vorhäfen sind die Buganker zu besetzen und zum sofortigen Fallen bereit zu halten, auch sind Leute der Schiffsbesatzung klar zu halten, die beim Einlaufen in die Schleusen rechtzeitig die Wurfleinen wahrnehmen und Festmacherleinen anstecken. In den Schleusen selbst sind sämtliche Ankermanöver verboten.

Das Einlaufen in die Schleusen sowie insbesondere in welcher Schleuse und an welcher Seite der Schleusenkammer festgelegt werden soll, ist durch Signale geregelt (vgl. Signale Nr. 1—24 des in den Anlagen beigehefteten Signalverzeichnisses). Aufgabe der Schiffsleitung ist es, das Schiff unter Beobachtung aller Maßnahmen, die für die Sicherheit des Schiffes und der Schleusenanlagen erforderlich sind, nach der vom Schleusenmeister bezeichneten Stelle zu bringen. Die Ausfahrt aus der Schleuse wird durch den Schleusenmeister angeordnet. Diese Anordnung wird durch Zuruf übermittelt. Allen Anweisungen des Schleusenmeisters für das Ein- und Auslaufen und während des Aufenthaltes des Schiffes in der Schleuse ist nachzukommen[1]).

Ist ein Festmachen in der Schleuse an der vom Schleusenmeister bezeichneten Stelle wegen starken Seitenwindes oder besonderer Manövriereigenschaft des Schiffes nicht möglich, so ist dieses dem Schleusenmeister rechtzeitig durch Signal anzuzeigen.

[1]) Für ein Verschulden des Schleusenmeisters durch falsche Anordnungen haftet das Reich. Vgl. den analogen Fall RG. JW. 1915, 342 Nr. 18 (Haftung des Preuß. Staats) dazu Schaps I 773 Note 6.

§ 23. Zur Feststellung und Zahlung der Kanalabgaben und Schleppgebühren und zur Überwachung darüber, sowie zur zollamtlichen Abfertigung hat jedes den Kanal befahrende Schiff auf Verlangen eines Kanalpolizeibeamten (Lotse, Hafenmeister, Schleusenmeister, Kanalmeister, Weichengehilfen usw.) in den Endschleusen oder an einer von jenem zu bestimmenden Stelle festzumachen.

§ 24. Die Ausfahrt aus der Schleusenkammer darf erst nach Aufforderung durch den diensthabenden Schleusenmeister, muß aber sofort erfolgen, wenn die Schiffsleitung sich davon überzeugt hat, daß das Fahrwasser frei ist (vgl. auch § 22 vorletzter Absatz). Ebenso sind die Vorhäfen nach der Ausfahrt aus den Kammerschleusen sofort zu verlassen.

Das Durchfahren einer beiderseits offen stehenden Schleusenkammer darf nur mit möglichst langsamer Fahrt erfolgen [1]). Wenn der Schiffsführer in der Schleuse von Bord geht, muß sein Vertreter die Vollmacht haben, mit dem Schiff nötigenfalls die Schleuse zu verlassen.

[1]) Die Fahrt muß immerhin aber ausreichen, um dem Schiff die Steuerfähigkeit zu erhalten. Vgl. Schaps I 820ff.

Abschnitt IV.

Fahrt durch den Kanal.

§ 25. Bezüglich des Ausweichens[1]), der Führung von Lichtern[2]) usw.[3]) gelten die Bestimmungen der Seestraßenordnung vom 5. Februar 1906 (RGBl. S. 120ff.)[4]) mit den aus dieser Betriebsordnung sich ergebenden Einschränkungen[5]) und der Maßgabe, daß das in Art. 2 der Seestraßenordnung zugelassene zweite Topplicht während der Fahrt im Kanal im Großtopp geführt werden muß[6]), wobei indes von genauer Beachtung der zu a und e dieses Artikels vorgeschriebenen Höhenmaße abgesehen werden kann.

Schiffe über 600 Brutto-Register-Tonnen und 3,1 m Tiefgang, deren Einrichtung und Bauart das Führen des zweiten Topplichtes nicht zulassen, haben nachts bei Annäherung entgegenkommender Fahrzeuge das Signal „Achtung" (Signal Nr. 71, lange Töne mit der Dampfpfeife oder Sirene, westwärts steuernd je 1 Ton, ostwärts steuernd je 2 Töne) zu geben.

Sämtliche Fahrzeuge, auch die geschleppten, müssen das im Art. 10 der Seestraßenordnung vorgeschriebene weiße Hecklicht führen.

Hecklicht und Zollzeichen sind am äußersten Teil des Hecks anzubringen. Die etwa am Bug zur Erleichterung des Steuerns angebrachte Laterne darf nicht nach vorn scheinen und muß so eingerichtet sein, daß ein Verwechseln mit den nach der Seestraßenordnung zu führenden Lichtern ausgeschlossen ist.

Sämtliche Schiffe haben bei Tage während der Fahrt im Kanalgebiet ihre Landesflagge zu führen.

Ein Motorfahrzeug in Fahrt, welches Segel gesetzt und seinen Motor in Betrieb hat, muß bei Tage vorn im Fahrzeug an der Stelle, an der ein Zeichen am besten gesehen werden kann, das Signal 65a (ein schwarzer Kegel mit der Spitze nach oben) führen."

[1]) Vgl. Schaps I 823ff.

[2]) Vgl. Art. 2—14. Dazu Schaps I 804ff.

[3]) Z. B. auch Art. 28 (Rudersignale) 31 (Notsignale).

[4]) Die SStrO. gilt auch im Vorhafen von Brunsbüttel. Für die Fahrt von der See bis zur Schleuse gilt sie gemäß Einl. b. SeestrO. Unerheblich ist dabei, daß der Vorhafen polizeilich der Kanalverwaltung untersteht. Vgl. HansOLG. Hbl. 1908 Nr. 20.

[5]) Beziehungsweise Erweiterungen. Die Betriebsordnung ist insofern analog einer örtlichen Verordnung i. S. des Art. 30 SStrO. zu behandeln. Vgl. Schaps I 846.

[6]) Vgl. Schaps I 806. Nach Art. 2e ist das zweite Topplicht nur fakultativ.

§ 26. Die Fahrgeschwindigkeit darf nirgends 15 km in der Stunde überschreiten. Sie ist unter dieses Maß zu ermäßigen in unübersichtlichen Strecken, ferner auf Anordnung der Betriebsleitung (Betriebsdirektor, Hafenkapitän) oder wenn es der Lotse zur Vermeidung von Gefahren für die Kanalanlagen oder das Schiff für nötig hält. Der Betriebsdirektor ist befugt, eine größere Geschwindigkeit für einzelne Schiffe zu gestatten. Außer in diesen Fällen ist rechtzeitig die Fahrgeschwindigkeit zu vermindern, gegebenenfalls die Maschine zu stoppen für das Vorbeifahren an[1]):

1. entgegenkommenden Schiffen,
2. Schiffen, die festgemacht haben[2]),
3. Baggern mit beladenen Baggerprähmen,
4. mit Füllung der Bojen beschäftigten Gasprähmen, sowie bei der Taucherarbeit befindlichen Taucherprähmen (durch eine grüne Flagge kenntlich),
5. Strecken, die durch die Signale Nr. 47 kenntlich gemacht sind,
6. Fährbuchten, und zwar von den durch weißen Anstrich kenntlich gemachten Stangen der elektrischen Leitung an bis zur Fährbucht selbst,
7. Weichenstationen auf Anruf des Weichenpersonals,
8. beim Lotsenwechsel zu Rübbel,
9. auf Anruf der die Zollüberwachung ausübenden Beamten,
10. wenn von Kanalbeamten durch Schwenken einer roten Flagge bei Tage, einer roten Laterne bei Nacht das allgemeine Haltesignal (Signal Nr. 48) gegeben wird,
11. wenn von einem Weichengehilfen das Signal 34 oder 42 gegeben wird,
12. wenn und so lange auf einer Fähre das Signal Nr. 44 steht.

Für die Fälle zu 2 bis 6 ist unter verminderter Geschwindigkeit eine solche Geschwindigkeit zu verstehen, die keinen schädlichen Wellenschlag oder Sog aufkommen läßt[3])[4]).

Von dem östlichen oder westlichen Vorsignal der Straßendrehbrücke bei Rendsburg bis zur Brücke darf die Fahrgeschwindigkeit 8 km in der Stunde nicht überschreiten.

[1]) Wegen der Gefahren der Sogwirkung und des Wellenschlags. Vgl. Schaps I 779ff., 843 u. § 26 Abs. 3.

[2]) Gleichgültig, ob sie am Ufer, an Dalben, Festmachetonnen festgemacht oder (was in Ausnahmefällen zulässig ist, vgl. § 41 Nr. 1, im Kanal geankert haben. Festsitzende oder an der Böschung festliegende Schiffe dürfen erst nach erteilter Erlaubnis passiert werden (§ 36a).

[3]) Und zwar muß der Sog von Schiff zu Schiff wie auch der zwischen Schiff und Böschung vermieden werden. Vgl. dazu auch RG. LZ. 1913, 405. Der Kapitän hat die individuellen Schiffseigenschaften dem Lotsen alsbald nach Anbordkommen mitzuteilen (§ 13).

[4]) Trotzdem nur die Fälle zu 2—6 herangezogen sind, darf der Kapitän die Gefahr von Sog und Wellenschlag auch in sonstigen Fällen nicht außer Acht lassen. Hier greift Art. 29 SStrO ein.

§ 27. Die Fahrt durch den Kanal ist ohne jeden, nicht durch zwingende Gründe gebotenen Aufenthalt oder nach Anweisung der Betriebsbeamten anzutreten und zu vollenden.

Die durch ungerechtfertigten Aufenthalt unmittelbar wie mittelbar entstehenden Kosten für Zollbewachung, längere Inanspruchnahme des Lotsen, des Schleppdampfers usw. haben die Schiffsführer oder Reeder zu tragen.

Die Kanalverwaltung ist insbesondere berechtigt, Fahrzeuge, die ohne triftigen Grund im Kanalgebiet sich aufhalten, hinausschleppen zu lassen und die Schleppgebühren den Schiffsführern oder Reedern aufzuerlegen.

§ 28. Schiffe, die wegen ihrer Größe, ihres Tiefganges (größer als 6,1 m) oder aus anderen Gründen nur in den Weichen passiert werden dürfen, heißen Weichenschiffe[1]), sie führen:

a) bei Tage im Vortopp einen schwarzen Zylinder,

b) bei Nacht im Vortopp ein rotes Licht, bei Dampfern mindestens 2 m höher als das weiße Dampferlicht.

Bei Weichenschleppzügen hat der Schleppdampfer den Zylinder oder über dem oberen weißen Licht das rote Licht zu führen.

Sind die Voraussetzungen, die zur Weichenstellung geführt haben, während der Reise weggefallen, so behält das Schiff seine Eigenschaft als Weichenschiff so lange bei, bis sie von dem zuständigen Hafenkapitän aufgehoben wird.

[1]) Die Anmeldung eines Schiffs (Schleppzugs) als Weichenschiff liegt dem Lotsen ob. Der Schiffer ist für die Unterlassung dieser Anmeldung nicht verantwortlich. Vgl. HansOLG. Hbl. 1908 Nr. 44.

§ 29. Es ist regelmäßig nach Steuerbord auszuweichen[1]). Ausnahmsweise darf bei besonderen Verhältnissen auch nach Backbord ausgewichen werden[2]). Kleinere Schiffe haben, soweit es ihr Tiefgang gestattet, großen und augenscheinlich tiefgehenden die Mitte des Fahrwassers zu überlassen.

Die Dampffähren in Brunsbüttelkoog und Holtenau haben Dampfern und Schleppzügen auszuweichen.

Bei der Arbeit befindliche Bagger bezeichnen grundsätzlich beide Seiten des Baggers mit Signalen, und zwar mit Signal 50 die Seite, an der vorbeigefahren werden darf, und mit Signal 51 die Seite, an der nicht vorbeigefahren werden darf. An Baggern, die an beiden Seiten das Signal 50 zeigen, ist grundsätzlich in Fahrtrichtung rechts vorbeizufahren. Ein Bagger, der aus irgendeinem Grunde ein Schiff nicht vorbeilassen kann, hißt auf beiden Seiten das Signal 51, gibt bei Annäherung eines Schiffes kurze Töne mit der Dampfpfeife und schwenkt nötigenfalls bei Tage eine rote Handflagge, nachts eine rote Laterne (Signal Nr. 48), bis das Hindernis beseitigt ist.

[1]) Entsprechend Art. 18 Abs. 1 SStrO. Vgl. Schaps I 827. — Jede Zuwiderhandlung ist prima facie schuldhaft. Vgl. RG. 1913, 406.

[2]) Unter Berücksichtigung des Art. 29 SStrO.

§ 30. Es muß gut Ausguck sowohl nach vorn wie auch nach hinten gehalten werden.

§ 31. In den Ausweichestellen („Weichen") haben die Schiffe nach Vorschrift des § 42 festzulegen, wenn für sie das Weichensignal auf „Halt" (Signal Nr. 28—32, 36—40) gesetzt ist, und dürfen ihre Fahrt erst fortsetzen, wenn sie durch Signal (Nr. 33, 41) die Erlaubnis dazu erhalten.

Bei Nacht[1]) darf keine Weiche durchfahren werden, wenn nicht das Signal für freie Fahrt (Signal Nr. 33 oder 41) steht. Ist nachts beim Annähern an die Weiche keinerlei Signal zu erkennen, so ist die Fahrt vor der Weiche zu mäßigen oder zu stoppen und mit der Dampfpfeife das Signal Nr. 68 zu geben, bis von der Weiche durch Signal Anweisung gegeben wird.

[1]) Vgl. amtl. Anm. zu § 7 Abs. 2.

§ 32. Für die Durchfahrt bei der Straßendrehbrücke bei Rendsburg[1]) gelten außer dem im § 26 Gesagten folgende Vorschriften:

Bei der Annäherung an das auf dem Kanalufer etwa 480 m vor der Brücke aufgestellte Vorsignal (Signalmast) hat das Schiff durch drei lange (6 Sekunden) Töne[2]) mit der Dampfpfeife das Zeichen zum Öffnen der Brücke zu geben (Signal Nr. 69).

Segelnde Fahrzeuge haben auf 400 m Entfernung den Wunsch auf Öffnung der Brücke durch ein langes Zeichen[2]) mit dem Nebelhorn zu erkennen zu geben.

Das Schiff oder der Schleppzug hat zu stoppen:

1. wenn von dem Vorsignalwärter oder von der Brücke

selbst aus das allgemeine Haltesignal (Signal Nr. 48) gegeben wird;

2. wenn an dem Vorsignalmast, bevor das Schiff querab ist, bei Tage ein roter Ball oder eine runde rote Scheibe, bei Nacht ein rotes Licht gezeigt wird (Signal Nr. 25);
3. wenn von der Brücke aus ein oder mehrere rote Sternsignale abgeschossen werden (vgl. Signal Nr. 27). Diese Signale sollen bekanntgeben, daß ein plötzliches Versagen der Brücke vorliegt.

Das Verstehen dieser Signale ist von den Schiffen oder Schleppdampfern durch zweimal drei kurze Töne mit der Dampfpfeife anzuzeigen (Signal Nr. 70). Die Fahrt darf erst wieder aufgenommen werden, wenn durch Niederholen des Signals an den Vorsignalmasten oder durch Winken mit einer grünen Flagge oder Laterne (Signal Nr. 49) die Aufforderung dazu ergeht.

Ob die Brücke geschlossen ist, wird nachts an dem in der Mitte der Brücke befindlichen Signal Nr. 26 erkannt.

[1]) Solange an den Vorsignalmasten an der Straßendrehbrücke zu Rendsburg ein schräg aufgerichteter Flügel gezeigt wird, haben die in der Richtung auf die Brücke fahrenden Motorsegler (Tagfreifahrer) im Kaiser-Wilhelm-Kanal zu stoppen, an der Sammelstelle vor der Brücke festzumachen und dort zu warten, bis der Flügel schräg nach unten gezeigt wird. Der Signalflügel wird nach Anstellen der Kanalbeleuchtung während der dann für Tagfreifahrer noch zugelassenen Fahrzeiten erleuchtet. Es ist den Tagfreifahrern verboten, sich treibend vor der geschlossenen Brücke aufzuhalten (V. d. Preuß. Kanal-Pol.-Behörde).

[2]) Vgl. Art. 28 u. Schaps I 838. Der Begriff des langen Tons findet sich in Art. 15 SStrO. (4—6 Sekunden Dauer).

§ 33. Die nach dem ersten Satze des § 9 vom Lotsenzwange befreiten Fahrzeuge haben keinen Anspruch darauf, daß für sie die Straßendrehbrücke besonders geöffnet wird, sie haben vielmehr zu halten und abzuwarten, bis ihnen durch Winken mit einer grünen Flagge oder Laterne (Signal Nr. 49) von dem ihnen zugekehrten Brückenende aus die Erlaubnis zum Durchfahren erteilt wird.

§ 34. Fahrzeuge, deren Höhe das Unterfahren der geschlossenen Drehbrücke gestattet, sind an vorstehende Bestimmungen (§§ 32, 33) nicht gebunden; die lichte Höhe der Straßendrehbrücke beträgt 6 m.

§ 35. Schleppdampfer, die die Einrichtung haben, den Schornstein niederzulegen und weder an sich selbst noch an ihrem etwaigen Anhang durch Decksaufbauten oder Takelage am Durchfahren der geschlossenen Drehbrücke behindert sind, sind verpflichtet, den Schornstein niederzulegen.

§ 36. Für das Überholen vorauffahrender Schiffe[1]) gelten folgende Vorschriften[2]):

1. Ein Überholen ist nur dort gestattet, wo ein die gefahrlose Ausführung des Manövers gewährleistender freier Blick nach vorn vorhanden ist.
2. Das Fahrzeug, das seinen Vordermann überholen will, hat diesem seine Absicht durch folgende Signale mit der Dampfpfeife oder Sirene anzuzeigen:
   a) bei einem Tiefgang des Überholenden bis 3,1 m durch das Schallsignal ein langer, zwei kurze, ein langer Ton (Signal Nr. 72),
   b) bei mehr als 3,1 m Tiefgang des Überholenden durch das Schallsignal ein langer, zwei kurze, zwei lange Töne (Signal Nr. 73). Der Überholende darf den Abstand den Umständen entsprechend verringern.
3. Auf dieses Signal haben Schleppzüge, wenn sie das Vorbeifahren ihres bisherigen Hintermannes im gewöhnlichen Kanalprofil ohne Gefahr für beide Teile zulassen zu können meinen, ebenfalls möglichst

weit nach Steuerbord (nur bei besonderen Verhältnissen nach Backbord)[3]) auszuscheren, und jenem durch drei Töne — lang-kurz-lang — (Signal Nr. 74) anzuzeigen, daß er nun vorbeifahren kann. Andernfalls aber einen langen und 4 kurze Töne (Signal Nr. 75) mit der Dampfpfeife zu geben[4]), ihre Fahrt bis zur nächsten Ausweiche fortzusetzen, dort unter möglichster Verminderung der Fahrtgeschwindigkeit nach Steuerbord auszuscheren oder zu stoppen und festzumachen und durch drei Töne — lang-kurz-lang — (Signal Nr. 74) mit der Dampfpfeife anzuzeigen, daß nunmehr vorbeigefahren werden darf.

4. Einzelfahrende Dampfer dürfen von anderen ebenfalls nur überholt werden, nachdem die oben zu 2 und 3 am Ende bezeichneten Signale gewechselt sind[5]).

Für das Überholen sind folgende Sonderbestimmungen zu[6]) beachten:

a) Fahrzeuge bis zu 3,1 m Tiefgang können von allen nicht unter Weichen fahrenden Schiffen überholt werden;

b) Fahrzeuge bis zu 3,1 m Tiefgang und bis 100 Netto-Reg.-Tonnen können auch von Weichenschiffen überholt werden. — Das gleiche gilt für den umgekehrten Fall;

c) alle übrigen Überholungen von Fahrzeugen untereinander sind auf die Weichen beschränkt; auch in diesen Fällen bleibt es dem zu überholenden Dampfer überlassen, durch einen langen und vier kurze Töne (Signal Nr. 75) zu erkennen zu geben, daß er das Vorbeifahren nicht gestatten kann;

d) das Überholen ist zu gestatten, wenn nicht stichhaltige Gründe dagegen sprechen. Dies gilt insbesondere in den Ausweichen.

5. Auf dieselben Stellen ist das Überholen von Schleppzügen durch Weichenschleppzüge und Weichendampfer beschränkt (§ 28), soweit diese nicht unter § 36 Ziff. 4 fallen. Schleppzüge, sofern sie nicht Weichenschleppzüge sind, dürfen sich auf der Strecke überholen. Die Schlepper bis zu 150 Brutto-Register-Tonnen mit einem Anhang von Leichtern, deren Größe einzeln oder zusammen die Grenze von 600 Brutto-Register-Tonnen und deren Tiefgang das Maß von 3,1 m nicht übersteigen, dürfen Weichenschleppzüge überholen und auch von solchen überholt werden.

6. In allen Fällen hat das überholende Schiff beim Vorbeifahren die Fahrgeschwindigkeit so weit zu vermindern, daß kein schädlicher Sog entstehen kann[7]). Auch die zu überholenden Schiffe oder Schleppzüge haben ihre Fahrt nach Möglichkeit zu vermindern.

7. Nicht tiefer als 3,1 m gehende Fahrzeuge der Kanalverwaltung sind an vorstehende Bestimmungen nicht gebunden[8]) und müssen, wenn angängig, nachdem sie die Absicht des Überholens durch das oben zu 2 bezeichnete Signal zu erkennen geben, vorbeigelassen werden; das Schiff, das überholt wird, hat nach Möglichkeit nach Steuerbord auszuweichen und seine Fahrt zu mindern.

8. Auf Ruderboote und kleine offene oder halbgedeckte Dampf- oder Motorboote, sowie Fahrzeuge, die segeln oder bis zu 100 Netto-Register-Tonnen groß und vom Lotsenzwang befreit sind,

finden vorstehende Bestimmungen keine Anwendung (siehe § 9 Abs. 2).

[1]) Die allgemeinen Grundsätze des Überholens (Art. 24 SStrO., Schaps I 833ff.) gelten daneben.

[2]) Es soll vermieden werden, daß mehr als 2 Schiffe die Kanalbreite in Anspruch nehmen und daß eine Begegnung zweier Schiffe erfolgt, von denen das eine noch nicht völlig die ihm zukommende Fahrwasserseite (Art. 25 SStrO.) erreicht hat oder mangels genügenden Abstandes von dem überholten Schiff nicht in der Lage ist, nötigenfalls die Geschwindigkeit zu ermäßigen bzw. zu stoppen.

[3]) Für einen Schleppzug wird u. U. das Ausscheren nach Backbord leichter ausführbar und ungefährlicher sein, als das Heranbrücken an die Steuerbordböschung. Insbesondere trifft dies zu, wenn der Schleppzug langsam fährt, mehrere Anhänge hat und der Wind stark von Backbord oder Steuerbord (vgl. § 42 Nr. 3) einkommt.

[4]) Bedeutet also das vorläufige Verbot der Überholung.

[5]) Also vier kurze Töne (Frage) und lang-kurz-lang (Antwort). Vgl. dazu Sebba, SWO. § 37.

[6]) Sie gelten nicht nur für Nr. 4, sondern für den ganzen § 36.

[7]) Damit wird das Überholen in vielen Fällen ausgeschlossen, selbst wenn auch das überholte Schiff seine Geschwindigkeit ermäßigt. Bei Schleppzügen ist die Minderung der Geschwindigkeit vielfach nicht ohne Gefahr (vgl. RG. Hansa 1910, 800; SeeA. Bremerhaven, Hansa 1910, 111). Überholt gar ein Schleppzug den andern, so ist die beiderseitige Ermäßigung der Geschwindigkeit besonders gefährlich.

[8]) Müssen aber Art. 29 SStrO. in allen Fällen beachten.

§ 36a. Um an einem im Kanal festsitzenden oder an der Böschung festliegenden Schiffe vorbeizufahren, ist die Erlaubnis dieses Schiffes einzuholen (Signale Nr. 72 und 73). Ihre Erteilung (Signal Nr. 74) verpflichtet dazu, während des Vorbeifahrens des anderen Schiffes alle für das Vorbeifahren nachteiligen Manöver einzustellen. Wenn die Anfrage mit dem Signal 75 beantwortet oder das Signal 48 gezeigt wird, darf nicht vorbeigefahren werden.

§ 37. Außer den in den §§ 31, 32, 35, 36 und 45 vorgeschriebenen Signalen mit der Dampfpfeife sind solche zu geben:

1. bei Nebel und unsichtigem Wetter in Zwischenräumen von je einer Minute[1]);
2. bei Annäherung an in Tätigkeit befindliche Bagger, an die durch Signal bezeichneten Stellen (§ 26 Nr. 5) und Fähren — wozu auch die Schwebefähre bei Rendsburg gehört, — und zwar hier bei den durch weißen Anstrich kenntlich gemachten Stangen der elektrischen Lichtleitung;
3. vor dem Ablegen eines aus dem Binnenhafen nach der Schleuse bestimmten Schiffes;
4. beim Einlaufen von der Elbe in die Brunsbüttelkooger und von der Kieler Förde in die Holtenauer Schleusen bei der Vorbeifahrt an dem nördlichen Leuchtturm, und zwar geben westwärts steuernde Schiffe einen, ostwärts zwei schnell hintereinander folgende lange Töne (Signale Nr. 81 und 82);
5. erfordert ein unvorhergesehener Umstand das Stoppen eines Schiffes, so hat dieses sich ihm nähernden Fahrzeugen durch das zweimalige Schallsignal, ein langer drei kurze Töne (Signal Nr. 77a) anzuzeigen, daß es stoppen will.

Nicht lotspflichtige Dampfer dürfen die Absicht, in die Holtenauer Schleusen einzulaufen, durch die vorbezeichneten Signale zu erkennen geben[2]).

[1]) Abweichung von Art. 15 SStrO.

[2]) Welche Signale sind hier gemeint (die in §§ 31, 32, 35, 36 u. 45 vorgeschriebenen? Oder die in Nr. 1 u. 5 bezeichneten? Oder alle diese? Oder sollte der 2. Abs. des § 37 nur den 2. Abs. von Nr. 5 darstellen? Die Fassung ist höchst unklar.

§ 38. Beim Insichtkommen von entgegenfahrenden Schiffen, vor der Drehbrücke, sowie beim Einlaufen in die Binnenhäfen, den Kreishafen bei Rendsburg und den Nordhafen Kiel-Wik, sind die Buganker zu besetzen und zum sofortigen Fallen klar zu halten.

§ 39. Die Entfernung vom Vordermann darf bei fahrenden Schiffen nicht weniger als etwa 1000 m betragen. Ist sie durch irgendwelche vom Willen des Hintermannes unabhängige Umstände vermindert, so ist sie möglichst bald durch Langsamfahren, schlimmstenfalls durch Stoppen wieder auf jenes Maß zu bringen.

§ 40. Bei Verengungen des Fahrwassers durch Baggerarbeiten oder andere Umstände laufen die westwärts steuernden Schiffe und Schleppzüge in der Regel zuerst vorbei. Glaubt jedoch ein ostwärts steuerndes Schiff, das starken Wind von hinten hat oder anderer begründeter Ursachen wegen an solchen Stellen einem entgegenkommenden Schiffe oder Schleppzuge, dem es unter den obwaltenden Umständen ein Leichtes ist auszuweichen oder zu stoppen, ohne eigene Gefährdung nicht ausweichen zu können, so hat es, um dies anzuzeigen, das Warnungssignal (Signal Nr. 76) mit der Dampfpfeife oder Sirene zu geben, worauf das entgegenkommende Schiff oder der Schleppzug mit drei kurzen Tönen antwortet, stoppt oder ausweicht und das ostwärts steuernde Schiffe zuerst durchfahren läßt.

Auf Strecken, die sorgfältiges Steuern erfordern, darf der Rudergänger tunlichst nicht gewechselt werden.

V. Allgemeine Verbote.

§ 41. Verboten ist:

1. das Ankern im Fahrwasser des Kanals[1]) mit Ausnahme unvermeidlicher Fälle auf Anordnung des Lotsen. Insbesondere ist das Ankerwerfen innerhalb der Schleusenhäupter unter allen Umständen verboten;

2. das Überbordwerfen von Ballast, Kohlen, Asche oder sonstigen Gegenständen, die das Fahrwasser verschlechtern oder behindern;
3. jede Verunreinigung des Fahrwassers ist verboten;
4. die Vornahme von Schiffsreinigungsarbeiten, insbesondere auch das Durchblasen der Kesselrohre und die Benutzung oder Entleerung der Aborte auf den Schiffen während des Aufenthaltes in den Schleusen;
5. das Schießen, Jagen, Fischen und Baden im ganzen Kanalpolizeibezirk ohne vorherige Erlaubnis des Betriebsdirektors für den Kaiser-Wilhelm-Kanal;
6. das Festmachen an den Stangen der Fernsprech- und Lichtleitung, an Grenzsteinen und Festpunkten;
7. das Stechen mit Haken und Schiebestangen in die Böschungen über wie unter Wasser;
8. der Gebrauch der Dampfpfeife und der Sirene außer in den Fällen und in der Art, wie sie von der Betriebsordnung vorgeschrieben sind, ferner der Gebrauch der Scheinwerfer, das Aushängen von Papierlaternen und Anzünden von Fackeln;
9. das Betreten und Begehen zugefrorener Stellen des Kanalpolizeibezirks, sowie das Betreten der Kanalböschungen, Kanaldeiche usw. außerhalb der ausgelegten öffentlichen Fahr- und Fußwege.

[1]) LG. Kiel HansRGZ. 28 B 469. Das dauernde Fahren mit schleppendem Anker im Kaiser-Wilhelm-Kanal ist unzulässig. Das Setzen des Signals gemäß § 42 Nr. 6 ist nur dann zulässig, wenn ein Schiff im Kanalprofil festmachen will.

VI. Besondere Vorkommnisse.

§ 42. Anlegen und Festmachen.

1. In der Regel darf nur in den Weichen, an den Leitwerken der Schleusen, an den Dalben, soweit sie

nicht als nicht zum Anlegen bestimmt bezeichnet sind, an den Kais, Ladebrücken und Dalben der Binnenhäfen[1]) und an den Ladestellen des Kanals festgemacht werden.

2. Im Notfall wie Nebel, Festlaufen anderer Schiffe und dergleichen darf auch auf der sonstigen Kanalstrecke an den Pollern festgemacht werden.

3. In der Regel soll an der Backbordseite festgelegt werden[2]); ungünstige Windverhältnisse, Besetzung der Backbordseite und Havariegefahren gestatten auch ein Festmachen an der Steuerbordseite, oder wenn die Backbordseite bereits voll besetzt ist oder durch Kreuzen der Kurse entgegenkommender Schiffe die Gefahr des Zusammenstoßes entsteht. In den Schleusen wird nach Anordnung des Schleusenmeisters festgelegt. Der Schleusenmeister soll nach Möglichkeit dem Wunsche der Lotsen auf Festlegung auf einer bestimmten Seite entsprechen.

4. Beim Festmachen sind die Leinen an den Pollern an Land festzumachen und nicht an den Dalben.

5. In den Weichen müssen Dampfer und Schleppzüge stets an den in ihrer Fahrtrichtung vordersten freien Dalben festmachen, wenn der Weichenwärter nichts anderes anordnet. Das Weichengebiet wird auf beiden Seiten begrenzt durch das Vorsignal — rot angestrichener Laternenpfahl —;

6. Schiffe[3]), die aus nicht ersichtlichen Gründen im Kanalprofil festmachen wollen oder müssen, haben dasselbe Signal wie beim Festkommen (§ 45) zu setzen und dürfen es erst niederholen, wenn sie so festliegen, daß sie gefahrlos passiert werden können. Alsdann sind bei Nacht die Seitenlichter

zu löschen und je eine weiße Laterne vorn und hinten an der dem Fahrwasser zugekehrten Seite möglichst tief auszuhängen[4]). Bei Schleppzügen hat der Schleppdampfer das Signal zu machen. Beim Liegen genügt es für Schleppzüge, die aus mehr als einem geschleppten Fahrzeug bestehen, wenn die dem Fahrwasser zunächst liegenden Schiffe an der diesem zugekehrten Seite je ein weißes Licht, und zwar das vorderste Schiff am Bug, das hinterste am Heck und die dazwischen liegenden in der Mitte ihrer Länge führen.

[1]) (Amtl. Anmerkung.) Unter Binnenhäfen sind die Binnenhäfen zu Brunsbüttelkoog und Holtenau, sowie der Kreishafen zu Rendsburg und der Nordhafen zu Kiel-Wik zu verstehen.

[2]) So daß also das Schiff zunächst das Fahrwasser kreuzen muß. Es wird dadurch allmählich aus dem Fahrwasser der nachfolgenden Schiffe herausgezogen und hat nur gegenüber entgegenkommenden Schiffen zu manövrieren. Ist damit eine Kollisionsgefahr verbunden, dann liegt einer der weiterhin in Nr. 3 geregelten Ausnahmefälle vor.

[3]) Auch Schuten: HansOLG. Hansa 1913, 759. Vgl. auch die Anm. zu § 41 Nr. 1.

[4]) Analog dem Ankerlicht. (Die SStrO. kennt keine Lichterführung bei festgemachten Schiffen.) Ein bestimmter Höhenunterschied ist hier (im Gegensatz zu Art. 1 SStrO.) für die Lichter nicht vorgeschrieben. — Die Hecklaterne ersetzt nicht das in § 42 Nr. 6 vorgeschriebene Licht, wenn sie nicht im vollen Umkreise leuchtet. HansOLG. HansGZ. 1907 Nr. 73.

§ 43. Festliegen.

1. Auf jedem festgelegten Schiffe[1]) sind für die Vorbeifahrt anderer Schiffe die notwendigen Vorsichtsmaßregeln zu treffen.
2. Etwaige, das Fahrwasser sperrende Trossen müssen rechtzeitig und genügend weggefiert werden, wenn ein anderes Schiff vorbeifahren will.
3. Das Probieren der Schiffsmaschine ist an den

Anlegeplätzen nur unmittelbar vor dem jedesmaligen Abgange und mit ausdrücklicher Erlaubnis des Lotsen gestattet. Es darf nur mit der zulässig geringsten Dampfkraft ausgeführt und nicht über wenige Minuten ausgedehnt werden.

4. Schiffe, die in den Obereiderseen (von km 66 bis 72) ankern, müssen unter ihrer Ankerlaterne noch eine rote zeigen.

5. Schiffe, sowie Bagger, Flöße und andere Fahrzeuge, die an solchen Stellen des Kanals festliegen, wohin andere Schiffe gelangen können, müssen bei Nebel oder unsichtigem Wetter mindestens jede Minute ungefähr 5 Sekunden lang eine Schiffsglocke rasch läuten (Signal Nr. 83). Nach Abgabe des vorstehenden Signals werden nach einer Pause von etwa 2—3 Sekunden ein oder zwei Schläge mit der Schiffsglocke gegeben und zwar gibt das an der Südseite liegende Fahrzeug einen Schlag — Verkehrsseite nördlich — das an der Nordseite liegende zwei Schläge — Verkehrsseite südlich. —

[1]) § 43 trifft alle Fälle des § 42.

§ 44. Ablegen.

a) Kein Dampfer oder Schlepper, der in einer Weiche auf Signal festgelegt hat, darf diese verlassen, wenn er sieht, daß sich der Weiche Schiffe nähern, die Gefahren des Zusammenstoßes bringen. Das Niedergehen des Haltesignals gibt nur die Nachricht, daß die Kanalstrecke von demjenigen Hindernis frei ist, das die Ursache des Wartens war, so daß die Schiffsleitungen nicht von der Pflicht befreit sind, zu prüfen, ob die Fortsetzung oder der Antritt der Reise nunmehr ohne Gefahr erfolgen kann.

b) Für das Verlassen einer Weiche ist die Reihenfolge der Ankunft in der Weiche maßgebend.

c) Besteht der Wunsch, ein später eingetroffenes aber schneller laufendes Schiff vor anderen, früher eingetroffenen Schiffen die Reise fortsetzen zu lassen, so bedarf es einer vorherigen Verständigung der Schiffsleitungen untereinander.

d) Eine vorherige Verständigung der Schiffsleitungen ist gleichfalls erforderlich, wenn mehrere fahrbereite Schiffe oder Schleppzüge von den Binnenhäfen zu Holtenau oder Brunsbüttelkoog aus die Kanalfahrt antreten wollen.

e) Hat ein Fahrzeug in einer Ausweiche nicht infolge eines Signals, sondern aus anderen Gründen — Havarie, Nebel usw. — festgelegt, so darf es die Reise erst fortsetzen, nachdem der Wachthabende der Ausweiche von der Absicht, die Reise fortzusetzen, benachrichtigt war und die Erlaubnis hierzu erteilt hatte.

§ 45. Festkommen und Schiffsunfälle.

1. Ist ein Schiff festgekommen[1]) oder manövrierunfähig, so gibt es bis zum Zeigen der schwarzen Bälle bzw. der beiden roten Laternen gemäß Art. 4 der Seestraßenordnung fortwährend Gruppen von 1 langen Ton und 4 kurzen Tönen mit der Dampfpfeife oder Sirene. Hat ein Schiff Havarie am Schiff oder an der Maschine und muß sofort stoppen, so gibt es nur das genannte akustische Signal.

2. Maßnahmen zur Hebung gesunkener Fahrzeuge[2]) dürfen nur mit Genehmigung des Reichskanalamts und im Falle der Genehmigung nach dessen Anordnung und unter dessen Aufsicht getroffen

werden. Das gleiche gilt für Maßnahmen zur Wiedererlangung während der Fahrt verlorengegangener Gegenstände. Werden Anordnungen der Kanalverwaltung nicht unverzüglich befolgt, so ist die Kanalverwaltung berechtigt, die ihr notwendig erscheinenden Arbeiten gemäß § 25 der Strandungsordnung v. 17. Mai 1874 selbst auszuführen[3]).

3. Hilfeleistung[4]) durch andere Schiffe als die der Kanalverwaltung ist nur mit besonderer Genehmigung der Kanalbeamten gestattet. Etwaigen Anforderungen der Kanalbeamten haben sie Folge zu leisten.

4. Über das Vorbeifahren anderer Schiffe siehe § 36a.

5. Über die im Kaiser-Wilhelm-Kanal vorkommenden Schiffsunfälle werden an dem jeweiligen Auslaufhafen aus dem Kanal (Holtenau und Brunsbüttelkoog) durch die Hafenkapitäne oder deren Beauftragten Unfallverhandlungen aufgenommen[5]). Lotse, Schiffsführer, wie überhaupt jedermann der Schiffsbesatzung sind verpflichtet, über vorgekommene Unfälle wahrheitsgetreu eingehend Aussage zu machen, andernfalls die Weiterfahrt des Schiffes von der Kanalverwaltung verweigert werden kann[6]). Den Reedereien kann auf Antrag eine Abschrift der seitens der Schiffsbesatzung gemachten Aussagen gegen Erstattung der Schreibgebühren erteilt werden. Reeder und Schiffsmakler dürfen der Vernehmung der Schiffsbesatzung beiwohnen.

6. Hat ein Fahrzeug im Kanal durch Verschulden der Besatzung oder infolge mangelhafter Beschaffenheit des Fahrzeuges Kanalanlagen be-

schädigt oder der Kanalverwaltung sonst Kosten verursacht, so hat der Schiffsführer oder der Reeder der Kanalverwaltung diese Kosten in voller Höhe zu erstatten, oder dafür Sicherheit zu leisten.[7])

[1]) Bloße Grundberührung steht dem nicht gleich. Festgekommen ist ein Schiff erst dann, wenn seine Vorwärtsfahrt infolge des Aufsitzens endet.

[2]) Gleichgültig, ob sie von dem Reeder, einem Ladungsinteressenten oder Versicherer vorgenommen werden sollen.

[3]) Vgl. S. 393.

[4]) Vgl. Schaps I 859 ff.

[5]) Die Verpflichtung des Kapitäns, im nächsten Hafen Verklarung abzulegen (§ 522), wird dadurch nicht berührt. Die Unfallverhandlung des § 45 Nr. 5 kann aber sowohl bei der Verklarung, wie beim Seeamtsverfahren oder im Prozeß als Beweismittel herangezogen werden.

[6]) Nur, wenn die Aussage überhaupt verweigert und damit die Aufnahme der Unfallverhandlung unmöglich gemacht wird, kann das Schiff zurückgehalten werden. Im übrigen kann die Zurückhaltung nur auf Grund eines gerichtlichen Arrestes erfolgen (Schaps I, 76).

[7]) Vgl. auch § 45a Nr. 5, welcher im Falle der Nichtleistung der Sicherheit der Kanalverwaltung das Recht gibt, die Ausfahrt zu verweigern.

VII. Auslaufen aus dem Kanal.

§ 45 a. Für das Auslaufen aus dem Kanal gelten folgende Vorschriften:

1. Es ist diejenige Schleuse zu benutzen, die durch Signal 17 oder 18 oder 21 oder 22 bezeichnet ist, und zwar mit möglichst geringer Fahrt.
2. Steht keins dieser Signale, so ist rechtzeitig zu stoppen und gegebenenfalls nach Anweisung der Kanalverwaltung festzumachen.
3. Die Vorschriften der §§ 23, 24 und 45,5 sind auch hier streng zu beachten; keinesfalls darf die Schleuse vor Abgabe des zweiten Anmeldezettels verlassen werden.

4. Von den Liegestellen der Binnenhäfen darf nicht ohne Hafenlotsen in die Schleuse eingelaufen werden.

5. Das Auslaufen von Fahrzeugen aus dem Kanal kann von der Kanalverwaltung verweigert werden, sofern das Fahrzeug durch Verschulden des Schiffes oder infolge mangelhafter Beschaffenheit Kanalanlagen beschädigt und keine Sicherheit geleistet hat (vgl. § 45,6).

VIII. Schleppen von Fahrzeugen.

§ 46. Außer den Dampfern der Kanalverwaltung dürfen auch im Besitze anderer Reichs-, Staats- oder Kommunalverwaltungen oder Privater befindliche Dampfer Schleppdienste im Kanal verrichten, sofern sie durch ihre Bauart, ihre Einrichtung, ihre Maschinenkräfte usw. nach dem allein maßgebenden Urteil der Kanalverwaltung[1]) sich dazu eignen.

[1]) Evtl. Beschwerde an den Präsidenten des Kanalamts. Vgl. § 50.

§ 47. Für diesen Schleppdienst gelten folgende Bestimmungen:

1. Auch für die Schleppdampfer selbst ist die Kanalabgabe nach den Gebührensätzen zu entrichten.
2. Die Länge des Anhangs — vom Heck des Schleppers bis zum Heck des letzten Fahrzeugs gemessen — darf 150 m, seine Breite 20 m nicht überschreiten.
3. Mehr als zwei Fahrzeuge dürfen nicht nebeneinander geschleppt werden[1]).
4. Beim Einfahren in die Kanalmündung oder in die Schleusen ist auf Verlangen und nach Anordnung der Hafenbehörde der Schleppzug zu teilen.
5. Schleppzüge dürfen 15 km in der Stunde fahren, doch soll diese Geschwindigkeit nur auf durchaus

übersichtlichen Strecken entwickelt werden. Andererseits muß aber der Schleppdampfer so stark sein, daß er seinen Anhang mit einer Geschwindigkeit von mindestens 9 km in der Stunde bewegt, widrigenfalls die Kanalverwaltung berechtigt ist, den Anhang zu teilen und nach Befinden den vom Schleppzuge abgetrennten Teil durch Dampfer der Kanalverwaltung gegen die Schleppgebühr nach den Gebührensätzen weiterzubringen oder, wo dieses nicht angängig, dem Schleppdampfer auf seine Kosten einen genügend starken Dampfer zur Hilfe beizugeben.

6. Fahrzeuge, die einen Raumgehalt von mehr als 1000 Brutto-Registertons haben, müssen einen Schlepper für sich haben[2]).

7. Die Schleppzüge dürfen im allgemeinen nur bei Tage, außerdem nicht bei unsichtigem Wetter oder Sturm fahren. In Fahrt befindliche Schleppzüge haben sich daher so einzurichten, daß sie vor Eintritt der Dunkelheit in einer Weiche festmachen.

Bei unerwartetem Eintritt von schlechtem Wetter dürfen sie, wenn sie die nächste Weiche nicht mehr erreichen können, an den Pollern am Kanalufer festmachen. Der Betriebsdirektor kann auf Antrag Ausnahmen zulassen.

8. Schleppzüge, die mit Beendigung der Schleppzeit die vorletzte Weiche erreicht haben (westwärts Dückerswisch, ostwärts Groß Nordsee), dürfen ohne besondere Genehmigung ihre Reise beenden.

Schleppzüge dürfen nach beendeter Schleppzeit westwärts fahrend über die Weiche Rade hinaus und ostwärts über die Weiche Breiholz bis zur Weiche Schülp durchgeführt werden, wenn sie

a) die Weiche Rade oder Breiholz vor Beendigung der Schleppzeit erreichen,
b) anderenfalls vorher telephonisch die Genehmigung des Hafenkapitäns eingeholt haben. Dieses gilt nicht für die unter Weichen fahrenden Schleppzüge.

[1]) Auch wenn sie zusammen weniger als 20 m breit sind (vgl. Nr. 2).

[2]) Sofern sie überhaupt geschleppt werden müssen, also nicht mit eigener Kraft fahren können. Vgl. dazu § 5.

§ 48. Bei allen geschleppten Fahrzeugen muß während der Fahrt das Steuerruder stets durch einen seefahrtskundigen Erwachsenen[1]) besetzt sein[2]).

[1]) Daß der Schiffsmann ein Patent irgend welcher Art besitzt, wird nicht erfordert. Schiffsjungen sind jedenfalls ausgeschlossen.

[2]) Die Verantwortung für die sachgemäße Navigation des geschleppten Schiffs trifft dessen Führer. (HansOLG. Hbl. 1913 Nr. 81). Weisungen des Schlepperführers oder Lotsen zu befolgen, wird man den Führer des geschleppten Schiffs für verpflichtet halten müssen. Soweit Schleppzwang besteht, hat stets der Führer des Schleppers das Kommando über den Schleppzug. OLG. Kiel. SeuffArch. 1905 Nr. 82.

IX. Allgemeine polizeiliche Vorschriften.

§ 49. Schiffe mit Sprengstoffen und Munition von mehr als 35 kg Gewicht müssen als Warnungszeichen bei Tag eine von weitem erkennbare, stets ausgespannt zu haltende schwarze Flagge mit einem weißen P und nachts ein grünes Licht im Vortopp oder an einer anderen von allen Seiten sichtbaren Stelle vorheißen (Signal Nr. 80); im übrigen gelten für diese Schiffe die für den Verkehr mit explosiven und feuergefährlichen Gegenständen ergangenen Bestimmungen.

Schiffe mit derartiger Ladung müssen völlig getrennt, also nötigenfalls von einem besonderen Schleppdampfer durchgeführt werden.

Auf die Munition der Kriegsschiffe findet diese Vorschrift keine Anwendung[1]).

[1]) Jedoch sind die Geschütze zu entladen (§ 20 Nr. 7).

X. Beschwerden.

§ 50. Etwaige Beschwerden über die Beamten oder die Einrichtungen des Kanals sind schriftlich beim Reichskanalamt zu Kiel, dem Betriebsdirektor des Kaiser-Wilhelm-Kanals oder den Hafenkapitänen zu Holtenau und Brunsbüttelkoog anzubringen.

b) Polizeiverordnung (Lotsenordnung), betr. den Lotsendienst auf dem Kaiser-Wilhelm-Kanal.

Vom 5. Mai 1924 (Amtsbl. Schleswig Nr. 20). Abgedr. bei Schaps II 671.

c) Bestimmungen über den Schleppbetrieb der Kanalverwaltung.

Vom 31. März 1922. Abgedr. bei Schaps II 672.

d) Polizeiverordnung für die Brunsbüttelkooger Kanalreede.

Vom 11. Mai 1926 (Amtsbl. Schleswig S. 157). Abgedr. bei Schaps II 674.

e) Polizeiverordnung für die Holtenauer Reede.

Vom 1. April 1922 (Amtsbl. Schleswig S. 100). Abgedr. bei Schaps II 675.

f) Kanalpolizeiverordnung für die öffentlichen Häfen und die öffentlichen Lösch- und Ladeplätze am Kaiser - Wilhelm - Kanal bei Brunsbüttelkoog (Binnenhafen), Burg, Hochdonn, Süd- und Nordseite, Hohenhörn, Schafstedt, Fischerhütte, Olden-

büttel, An der Luhnau, Schülp, Westerrönfeld, Rendsburg (Kreishafen), Sehestedt, Süd- und Nordseite, Königsförde, Landwehr, Levensau, Kiel (Nordhafen), Holtenau (Binnen- und Außenhafen) sowie im Achterwehrer Schiffahrtskanal bei Flemhude und Achterwehr

Vom 6. April 1926 (Amtsbl. Schleswig S. 113). Schaps II 675.

g) Kanalpolizeiverordnung über das Betreten der Kanalböschungen, Böschungsränder sowie der Kanaldeiche.

Vom 19. März 1897 (Amtsbl. Schleswig S. 43). Schaps II 677.

h) Polizeiverordnung, betr. die Ausübung der Tätigkeit als Kanalsteurer.

Vom 7. Februar 1910 (Amtsbl. Schleswig S. 43). Schaps II 677.

i) Kanalpolizeiverordnung, betr. An- und Vonbordgabe von Treib- und Heizölen im Kaiser-Wilhelm-Kanal.

Vom 12. Juni 1923 (Amtsbl. Schleswig S. 329). Schaps II 677.

5. Polizeiverordnung, betr. die Betriebsordnung für den Königsberger Seekanal.

Vom 24. März 1904 (Amtsbl. S. 163). Schaps II 678.

6. Hafenordnungen[1])[2]).

a) Vorbemerkung.

a) Die Bestimmungen einer Hafenordnung sind nicht lex contractus zwischen Schiff und Staat (HansOLG

Hbl. 1906 Nr. 35; RG. 9 S. 244). Auch entsteht zwischen Schiff und Staat dadurch, daß das Schiff den Hafen benutzt, kein Vertragsverhältnis; RG. JW. 1927 S. 442.

b) Bestimmungen der Hafenordnungen, wonach im Hafen gesunkene Fahrzeuge auf Kosten des Eigentümers entfernt werden, sind durch Art. 55 EG. z. BGB. aufgehoben bzw. unwirksam geworden (HansOLG. HBl. 1906 Nr. 35). Vgl. dazu Art. 25 StrO.; § 58 SWO.

c) Mangels eines Vertragsverhältnisses zwischen dem Schiff und dem Staat (vgl. oben) dürfte die Freizeichnung des Staates von der zivilrechtlichen Haftung durch allgemeine Bestimmungen der Hafenordnungen usw. unwirksam sein. Die durch Reichs- und Landesgesetze geregelte Haftung (vgl. Schaps I, 773 ff.) kann nicht durch Polizeiverordnungen außer Kraft gesetzt werden (vgl. z. B. 154 der Hafenordnung für Brake); korrekt dagegen: Flensburg § 4.

d) Die Beamten der Strom- und Schiffahrtspolizei sind vielfach zu Hilfsbeamten der Staatsanwaltschaft bestellt worden. Vgl. für Preußen z. B. Erl. v. 9. Dez. 1925 (MBl. i. V. 1926 S. 45); v. 25. Sept. 1919 (JMBl. S. 349); v. 24. Dez. 1920 (JMBl. S. 768).

e) Für Mängel der Hafenanlagen haftet der Staat nur im Falle eines Verschuldens. HansRGZ 1929 B 339; 1930 B 563 HansGZ. 1925; 1928 B 131 u. 115; VerkR. 1928 S. 251; 343.

f) Ein Hafen gilt als Wasserstraße im Sinne des § 243 Nr. 4 StGB. 1925, 20.

g) Über die Zuständigkeit zur Anlegung von Häfen in Preußen vgl. Ges. v. 15. Aug. 1921 (GS. S. 487).

h) Erl. d. Min. f. Handel u. Gew. v. 12. Aug. 1926 über wasserpol. Genehmigung von Mineralöltankanlagen und deren Umschlagseinrichtungen in Häfen und an Wasserstraßen (V 8257 III 7214).

i) Über die Organisation der Wasserstraßen- und Hafenverwaltung in den einzelnen Ländern vgl. Borchardt-Fulst S. 28 ff.; Mattern, Bewirtschaftungsformen der deutschen Seehäfen nach dem Kriege. SchJahrb. 1926, 65; Stimming, Deutsche Seehafentarifpolitik der Gegenwart. SchiffJahrb. 1926, 28. — Seehafentarifpolitik der deutschen Reichsbahngesellschaft. SchiffJahrb. 1928, 42.

k) Der Meinung von v. Mangoldt (S. 20 Anm. 1), daß die SWO. auch in den Hafengebieten gelte, kann nur insoweit beigetreten werden, als das Geltungsgebiet der SWO. (§ 1 und §§ 61 ff.) tatsächlich auch solche Bezirke umfaßt, welche der Hafenordnung unterstehen. Soweit sich hiernach Widersprüche ergeben, geht die Hafenordnung als das spezielle Gesetz vor.

l) Außer den im Folgenden abgedruckten Hafenordnungen gelten noch folgende Polizeiverordnungen für Hafenstädte:[3])

*Altona: Pol. V. v. 10. Mai 1927 (Amtsbl. Schleswig S. 161).

Anklam: HafenpolV. v. 26. Jan. 1925 (Amtsbl. Stettin S. 115).

*Brake: Hafenordnung v. 1. April 1910 (Old. G. Bl. S. 489).

*Bremen: (Stadtbremische Häfen) v. 19. Jan. 1912 (GBl. 1).

*Bremerhaven: Hafengesetz v. 30. März 1884 (GBl. 23) und Hafenordnung v. 16. Sept. 1924 (GBl. 437).

Brunsbüttel: HafenpolV. v. 3. Dez. 1913 (Amtsbl. Schleswig S. 617).

Brunshausen: Hafenordnung der Landdrostei v. 19. Jan. 1855 (HannovGS. Abt. III S. 4).

Büsum: HafenpolV. v. 13. März 1907 (Amtsbl. Schleswig S. 362); Nachtrag v. 3. März 1922 (ibid. S. 108).

Eckernförde: HafenpolV. v. 27. Febr. 1841 (Chron. Samml. d. Verordn. S. 52); Nachträge v. 6. Aug. 1913 (Kreisbl. Schleswig S. 228) und 9. März 1909 (Amtsbl. Schleswig S. 109).

Elmshorn: HafenpolV. v. 13. Jan. 1911 (Amtsbl. Schleswig S. 56) Nachträge v. 9. Febr. 1914 (ibid. S. 67) und 16. Sept. 1925 (ibid. S. 329).

Elsfleth: v. 5. Okt. 1909 (Old. GBl. 339).

*Emden: PolV. v. 19. März 1923 (7. Dez. 1925; 5. März 1927; 22. Mai 1928).

Fischhausen: HafenpolV. v. 12. Aug. 1878 (Amtsbl. Königsberg S. 220).

*Flensburg: Hafen- u. Brückenordnung v. 14. August 1889 (2. August 1910; 28. Juli 1924). Amtsbl. Schleswig S. 595.

Freiburg a. d. Elbe: Hafenordnung der Landdrostei v. 24. Juli 1852 (nicht veröffentlicht).

Friedrichskoog: HafenpolV. v. 19. Febr. 1926 (Amtsbl. Schleswig S. 79).

Friedrichstadt: HafenpolV. v. 27. Juni 1890 (Amtsbl. Schleswig S. 266).

Geesthacht: Hafenordnung v. 15. Juli 1914 (Hamb. Amtsbl. 1914 S. 364).

Glückstadt: HafenpolV. v. 9. April 1912 (Amtsbl. Schleswig S. 247).

*Harburg: Hafenordnung v. 28. April 1908 (Amtsbl. Lüneburg S. 84).

Helgoland: HafenpolV. v. 22. Dez. 1922 (Amtsbl. Schleswig S. 474); Nachträge v. 26. Aug. 1925 (ibid. S. 305) und 28. Aug. 1926 (ibid. S. 238).

Husum: HafenpolV. v. 9. Febr. 1917 (Amtsbl. Schleswig S. 76).

Itzehoe: PolV. für den Hafenverkehr v. 4. Nov. 1913.

Kappeln: HafenpolV. v. 5. Febr. 1912 (Amtsbl. Schleswig S. 130).

*Kiel: See-Pol.V. v. 1. Okt. 1927 (Amtsbl. Schleswig 1928 S. 1) und Verord. betr. Schiffahrts- u. Hafenverkehr v. 4. März 1912.

Königsberg: z. Zt. in Neubearbeitung.

Laboe: HafenpolV. v. 17. Juli 1925 (Amtsbl. Schleswig S. 256).

Leer: HafenpolV. v. 6. Febr. 1904 (Amtsbl. Aurich Stück 7).

*Lübeck: Hafenordnung v. 13. Okt. 1927.

Munkmarsch: HafenpolV. v. 5. Mai 1897 (Amtsbl. Schleswig S. 217).

Neuhaus a. d. Oste: PolV. des Preuß. Amtes v. 16. Juli 1869 (nicht veröffentlicht).

Norddeich: Hafenordnung v. 26. Juli 1892 (Amtsbl. Aurich S. 175); Nachträge v. 30. Juli 1908 (ibid. S. 261) und 7. Sept. 1909 (ibid. S. 222).

*Nordenham: Hafenordnung v. 16. März 1915 (Old. GBl. S. 341).

Norderney: Hafenordnung v. 4. Juli 1906 (Amtsbl. Aurich S. 225); Nachtrag v. 7. Aug. 1908 (ibid. S. 266).

*Pillau: Hafen-PolV. v. 28. Okt. 1901.

Pölitz: PolV. v. 9. Juni 1927 (Amtsbl. Stettin S. 30). — Vgl. auch PolV. zur Regelung des Verkehrs auf dem

Stepenitz-Kanal und im Winterliegehafen in Stepenitz v. 9. Juni 1927 (Amtsbl. Stettin S. 32).

Rendsburg: HafenpolV. v. 16. Jan. 1900 (Amtsbl. Schleswig S. 38).

Rostock: z. Zt. in Neubearbeitung.

Saßnitz: HafenpolV. v. 26. März 1897 (Amtsbl. Stralsund S. 62); Nachtrag v. 15. Dez. 1925 (ibid. 1926 S. 5).

Schleimünde: HafenpolV. v. 3. Juni 1914 (Amtsbl. Schleswig S. 280).

*Schleswig: PolV. v. 20. Nov. 1907.

Schulau: HafenpolV. v. 10. März 1901 (Amtsbl. Schleswig S. 134); Nachtrag v. 9. Mai 1922 (ibid. S. 217).

Stade: Hafenordnung v. 14. April 1882 (nur in Tageszeitungen veröffentlicht).

*Stettin: v. 14. Okt. 1927 (Reg. Amtsbl. v. 8. Nov. 1927).

*Stralsund: PolV. v. 9. Okt. 1928.

*Swinemünde: PolV. v. 9. Juni 1927 (Amtsbl. Stettin S. 25).

Ückermünde: HafenpolV. v. 26. Jan. 1925 (Amtsbl. Stettin S. 59).

Vegesack: Hafenordnung v. 8. Mai 1901 m. Nachtrag v. 22. Okt. 1920 (BremGS. S. 496) und Ortsgesetz betr. Benutzung des städtischen Lösch- und Ladeplatzes v. 2. Mai 1923 (BremGBl. S. 276).

Westaccumersiel, Bensersiel und Neuharlingersiel: Hafenordnung v. 7. April 1900 (Amtsbl. Aurich S. 134).

*Wilhelmshaven: See-PolV. v. 1. Dez. 1927 (Amtsbl. Aurich 1928 S. 5).

Wesermünde u. Geestefluß V. v. 15. Juli 1863 (Ges. S. Hannover I Nr. 37).

*Wismar: Hafenordnung v. 12. Juli 1928.

Ziegenort: PolV. v. 9. Juni 1927 (Amtsbl. Stettin S. 29).

[1]) Von dem Erl. v. 20. 1. 1930 (JMBl. 370) betr. Aufhebung alter VO. sind Hafenordnungen nicht betroffen.

[2]) Im allgemeinen ist auf entsprechende Bestimmungen der SWO. Bezug genommen worden, obwohl die SWO. im allgemeinen (vgl. oben zu g) für die Hafenbezirke nicht (auch nicht analog) gilt. Wohl aber sind die Erläuterungen zur SWO., soweit es sich um nautisch-technische Begriffe und Grundregeln handelt, geeignet, auch für die Auslegung der Hafenordnungen maßgebliche Gesichtspunkte zu liefern. Es empfiehlt sich, die sinngemäß entsprechende Bestimmung der Hamburger Hafengesetze zu vergleichen.

[3]) Die mit einem * bezeichneten Hafenordnungen sind abgedruckt bei Schaps II S. 698ff.

7. Hamburgisches Hafengesetz[1]), [2]), [3]), [4]).

Vom 2. Juni 1897.

I. Begriff des Hafens. Hafenbehörden.

§ 1. Das Geltungsgebiet dieses Gesetzes[5]) umfaßt die Elbe vom Köhlbrand und von der Landesgrenze gegen Altona bis zur Einmündung der Dove-Elbe nebst allen auf dieser Strecke mit dem Elbstrom in Verbindung stehenden, der Ebbe und Flut ungehindert zugänglichen Wasserstraßen und Wasserflächen, soweit dieselben zum hamburgischen Gebiet gehören[6]), endlich die Wasserflächen zwischen der Alsterschleuse einerseits und den Schleusen am Graskeller, an der Michaelisbrücke und an der Mühlenbrücke andrerseits.

Die Bestimmungen der §§ 6 bis 9a gelten auch für die Landflächen in den Zollausschlußgebieten des hamburgischen Staates[7]).

Die Bestimmungen dieses Gesetzes finden auf die Häfen bei Cuxhaven sinngemäße Anwendung mit der

Maßgabe, daß das Geltungsgebiet (§ 1) bei Cuxhaven den alten und den neuen Hafen[8]), den Fischereihafen, den Quarantänehafen, den Tonnenhafen sowie die mit Hafen in Verbindung stehenden Wasserflächen oberhalb der Drehbrücke und den Ewerhafen umfaßt[9]).

[1]) Das Gesetz ist nicht revisibel (§ 549 ZPO.) RG. LZ. 1912, 767. Es ist ein Schutzgesetz im Sinne des § 823 Abs. 2 BGB. Vgl. HansOLG.; HansRGZ. 1929 B 275. — Von dem Hafenlotsen wird die genaue Kenntnis des Gesetzes verlangt (HansGZ. 1907 Nr. 85). — Über Hafendampfschiffahrt und Fährbetrieb vgl. u. a. Lassally, HansRZ. 27, 87 und 923; Bertram, HansRZ. 27, 561. — Über Hafenbahnen vgl. ferner Bertram, HansRZ. 24, 665. — Über den durch die PolV. v. 6. Sept. 1923 auf der Alster eingeführten Schleppzwang vgl. HansRZ. 25, 790 (Rechtsgültigkeit bejaht!); Hamb. OVG. (HansRGZ. 28 A S. 44: Untersagung gewerblicher Hafenrundfahrten.)

[2]) OLG. Hamburg HansRGZ. 28 B 196. Das Hafengesetz gilt auf der Norderelbe bis zu der angegebenen Linie, jedoch nur insoweit, als es sich um Wasserflächen handelt, die zum Gebiete des Hamburger Staates gehören.

[3]) Es gelten ferner die bei Schaps II 745 angeführten Verordnungen und Bekanntmachungen.

[4]) Die nicht abgedruckten Bestimmungen sind durch die neue Hafenordnung (vgl. S. 498) aufgehoben worden.

[5]) Das Hafengesetz nebst den dazu erlassenen Verordnungen ist auf die Norderelbe bis zu der Linie, welche die Westseite des Köhlbrandhöftes mit der Westspitze des Altonaer Leitdammes verbindet, sowie auf die Häfen in Waltershof einschließlich der dort zwischen dem südlichen Elbufer und den davorstehenden Dückdalben eingerichteten und noch einzurichtenden Schiffsliegeplätze, ferner auf das Köhlfleet und die mit der Elbe in Verbindung stehenden Hafeneinschnitte vor Finkenwärder ausgedehnt worden.

Gesetz v. 23. Dez. 1912 (Amtsbl. S. 1109) und v. 13. Okt. 1919 (Amtsbl. S. 1777). Über Abgrenzung gegenüber der SWO. vgl. § 64 Nr. 1 SWO.

[6]) Vgl. Anm. 2.

[7]) Gesetz v. 25. Juli 1923 (G. u. VBl. S. 707).

[8]) Jetzt Amerikahafen.

[9]) Bek. des Senats v. 18. Juli 1902, betr. Ausdehnung des Hafengesetzes v. 2. Juni 1897 auf Cuxhaven (Amtsbl. S. 395).

II. Gewerblicher Verkehr im Hafen[1]).

§ 6[2]). Die Lieferung unverzollter oder unversteuerter oder solcher Waren, für welche bei der Ausfuhr aus dem Zollgebiet eine Rückvergütung des Zoll- und Steuerbetrages gewährt ist, an die Mannschaften von Seeschiffen und an die Führer und Mannschaften von Flußschiffen ist verboten. Ihre Lieferung an die Seeschiffe ist nur auf schriftliche Bestellung der Reederei oder des Schiffsführers gestattet.

Die Bestellscheine sind dem Lieferer dem von der Deputation für Handel, Schiffahrt und Gewerbe vorzuschreibenden Muster entsprechend vollständig ausgefüllt zu übergeben. Es ist untersagt, darin irgendwelche Änderungen oder Ergänzungen, selbst auf Anweisung des Bestellers vorzunehmen. Der Überbringer der Waren hat den Bestellschein als Ausweis bei sich zu führen. Der Empfang der gelieferten Waren ist auf dem Bestellschein zu bescheinigen. Die Bestellscheine sind bei den Büchern des Lieferers aufzubewahren.

[1]) Gesetz v. 25. Juli 1923 (G. u. VBl. S. 707).

[2]) § 6 betrifft auch Lieferungen an Schiffsoffiziere. Erlaubte Bestellung einer Lieferung an das Seeschiff durch den Schiffsführer liegt dann nicht vor, wenn es sich in Wirklichkeit um Lieferungen an die Mannschaft handelt (HansRZ. 1926, 154).

§ 7[1]). Werden Waren, die aus dem freien Verkehr des Zollgebiets stammen, an Wasserfahrzeuge oder deren Mannschaften im Hafen geliefert, so muß sich der Überbringer entweder durch einen Bestellschein oder durch einen vom Verkäufer nach einem von der Deputation für Handel, Schiffahrt und Gewerbe vorzuschreibenden Muster ausgestellten Lieferschein ausweisen. Bestellschein und Lieferschein sind beim Überschreiten der Zollgrenze nach dem Freihafen, sofern die Waren nicht von einem besonderen, die Ausgangsabfertigung bescheinigenden amtlichen Nachweis begleitet sind, der Zollstelle mit dem Antrag auf Eintragung einer Ausgangsbestätigung vorzulegen. Überbringer von Waren, die gleichzeitig Verkäufer oder deren Angestellte sind, haben sich stets durch einen vom Käufer auszustellenden Bestellschein auszuweisen. Auf den Bestellschein finden die Vorschriften des § 6 Abs. 2 entsprechende Anwendung. Die Lieferscheine haben die Waren bis zur Ablieferung an Bord der Schiffe zu begleiten. Der Empfang der Waren ist auf den Lieferscheinen zu bestätigen. Die quittierten Lieferscheine sind bei den Büchern des Lieferers aufzubewahren.

[1]) Gesetz v. 25. Juli 1923 (G. u. VBl. S. 707).

§ 8[1])[2]). Wer Waren, gleichviel welcher Art, im Geltungsbereich des Gesetzes befördert oder lagert, ist verpflichtet, den zuständigen Beamten auf Verlangen Belege über Herkunft, Bestimmung sowie zoll- und einfuhr- oder ausfuhrrechtliche Behandlung der Waren vorzulegen. Bei der Lagerung von Waren müssen die erforderlichen Angaben aus einer ordnungsmäßigen Buchführung ersichtlich sein. Als Lagerung von Waren gilt auch jedes Berühren von Lagerräumen und -plätzen durch Waren sowie jede Unterbrechung einer Beförderung von Waren.

Für bestimmte Warengattungen kann die Deputation für Handel, Schiffahrt und Gewerbe anordnen, daß sie nur mit besonderen Begleitpapieren[3]) befördert oder mit besonderer Genehmigung gelagert werden dürfen. Auch kann die Deputation für den Fall der Lagerung solcher Waren eine besondere Buchführung vorschreiben.

Durchführungsbestimmungen zu den §§ 6—8[4]): Zu den §§ 6 und 7: Für die Bestellscheine wird nach § 6 Abs. 2 das Muster A, für die Lieferscheine nach § 7 das Muster B[5]) vorgeschrieben. Vordrucke zu den Bestellscheinen und Lieferscheinen werden bis auf weiterers nicht amtlich ausgegeben.

Bestände an Vordrucken zu den Bestellscheinen und Lieferscheinen, die von den Mustern A und B abweichen, können bis zum 30. September 1923 aufgebraucht werden, wenn sie die durch die Vordrucke A und B geforderten Aufschlüsse in entsprechender Weise zu geben geeignet und mit einem Vordruck oder Stempelaufdruck für den zollamtlichen Abfertigungsvermerk versehen sind. Das Freihafenamt kann die Frist auf Antrag über den 30. September hinaus verlängern.

Die Anbringung anderer als der durch die Muster A und B geforderten Angaben ist nur mit Genehmigung des Freihafenamts und nur dann zulässig, wenn dadurch die Deutlichkeit und Übersichtlichkeit des vorgeschriebenen Inhalts der Urkunden nicht beeinträchtigt wird.

Zu § 8: Auf Grund von § 8 Abs. 2 wird folgendes bestimmt:

Wer Sprit, Spirituosen[6]) und Tabakerzeugnisse zur Ausrüstung von Seeschiffen im Geltungsbereiche des Hafengesetzes befördert, hat als Begleitpapier den durch Bekanntmachung der Deputation für Handel, Schiffahrt und Gewerbe vom 18. Juni 1923 (Amtl. Anz. S. 945) vorgeschriebenen besonderen Bestellschein bei sich zu führen.

Wer Sprit und Spirituosen im Geltungsbereich des Gesetzes (auf den Wasserflächen des ganzen Hafens und auf den Landflächen im Freihafen) befördert, hat einen besonderen Beförderungsschein nach anliegendem Muster bei sich zu führen, der dem Vordruck entsprechend auszufertigen ist und mit einem Sichtvermerk des Freihafenamts vor Beginn der Beförderung versehen sein muß. Der Mitführung eines besonderen Beförderungsscheins bedarf es nicht, vielmehr genügt die Mitführung der handelsüblichen Belege, sofern Sprit und Spirituosen mit Seeschiffen in fester Linienfahrt befördert oder an solche Schiffe angeliefert oder von Freihafenlager zu Freihafenlager befördert werden. Hinsichtlich der Beförderung von Sprit und Spirituosen zur Schiffsausrüstung verbleibt es bei den vorgeschriebenen rosa Bestellscheinen (Ziff. II der Bekanntmachung der Deputation für Handel, Schiffahrt und Gewerbe vom 9. August 1923 — HambG. u. VBl. S. 846—).

Zu § 8 (Muster): Beförderungsschein. (Bekanntmachung der Deputation für Handel, Schiffahrt und Gewerbe vom 30. Juli 1924). Nicht abgedruckt.

1) Gesetz v. 22. März 1926 (G. u. VBl. S. 229).

2) Über Verfallerklärung der Waren vgl. § 38.

3) HansOLG. 5. Juli 1928, HansRGZ. 28 A 734. Die Begleitpapiere müssen mit der begleiteten Ware nach Art, Gattung, Zahl und Gewicht so genau übereinstimmen, daß die Identität der Ware feststellbar ist. Widerruf der Erlaubnis bei Verletzung der Vorschriften HansRGZ. 1929 A 36.

4) Bek. zur Durchführung des Gesetzes zur Abänderung des Hafengesetzes v. 25. Juli 1923, v. 9. Aug. 1923, 30. Juli 1924 (G. u. VBl. 1923 S. 846; 1924, 509).

5) Muster A und B siehe G. u. VBl. 1923, 848/849.

6) Über Verladung von Spirituosen auf Schiffen vgl. auch S. 68.

§ 9[1]). Im Hafen sind verboten:

1. der An- und Verkauf, auch das Feilbieten von Waren aller Art im Umherziehen[2]);
2. die Überlassung von Waren durch die Schiffsmannschaften und der Erwerb solcher Waren von Schiffsmannschaften durch Dritte[3]);
3. das Aufsuchen von Warenbestellungen[4]) im Umherziehen bei Schiffsmannschaften oder bei sonst an Bord von Schiffen beschäftigten oder sonst anwesenden Personen;
4. das Feilbieten und Feilhalten, die Überlassung

und der Erwerb von Waren aller Art in Mengen von weniger als 50 kg Rohgewicht oder von Flüssigkeiten in Mengen von weniger als 36 Litern, soweit nicht nach Maßgabe dieses Gesetzes Ausnahmen zugelassen sind;

5. a) die Überlassung von gebrauchten Schiffsutensilien, auf den Fahrzeugen und Lagerstellen zurückgebliebenen Warenresten, Fegsel, Abfällen usw. an Trödler, umherziehende Händler oder an Unternehmer der Schiffsreinigung sowie an Arbeiter und Angestellte solcher Gewerbetreibenden;

b) der Erwerb der unter a bezeichneten Gegenstände durch Trödler, umherziehende Händler, Unternehmer der Schiffsreinigung sowie an Arbeiter und Angestellte solcher Gewerbetreibenden.

1) Gesetz v. 25. Juli 1923 (G. u. VBl. S. 707).

2) Hausieren liegt schon dann vor, wenn, dem Publikum erkennbar, Sachen zum sofortigen Ankauf bereitgehalten werden. Ein förmliches Angebot ist nicht erforderlich. Es genügt z. B., wenn jemand in einer Jolle am Ponton anlegt und auf Abnehmer für seine Waren wartet. HansOLG. Strafs. 3 S. 331.

3) Auch wenn dies nicht zum Zwecke der Weiterveräußerung geschieht.

4) Ohne Bereithalten der Ware (in diesem Falle liegt Hausieren nach Nr. 1 vor).

§ 9a[1]). Die Deputation für Handel, Schiffahrt und Gewerbe kann Ausnahmen von den Vorschriften der §§ 6 bis 9 dieses Gesetzes zulassen.

Durchführungsbestimmungen zum § 9a [2]): Von dem Kleinhandelsverbot nach § 9 Ziff. 4 werden die im Freihafen behördlich zugelassenen Kantinen, Kaffeehallen und ähnlichen Unternehmungen für die Gegenstände ihrer Zulassung ausgenommen.

Genehmigungen der Polizeibehörde, die sich als Ausnahmen von den Vorschriften des Abschnitts II des Hafengesetzes in der Fassung des Gesetzes vom 25. Juli 1923 darstellen, bleiben bis auf weiteres widerruflich in Geltung.

Anträge auf Ausnahmebewilligungen im Sinne von § 9a sind künftig beim Freihafenamt anzubringen.

[1]) Gesetz v. 25. Juli 1923 (G. u. VBl. S. 707). Widerruf der Erlaubnis HansRGZ. 1929 A 36.

[2]) Bekanntmachung der Dep. f. H., Sch. u. Gew. zur Durchführung des Gesetzes zur Abänderung des Hafengesetzes v. 9. Aug. 1923 (G. u. VBl. S. 846).

IIIa. Besondere Vorschriften für Seeschiffe[1]).

§ 17a. Der Führer jedes ankommenden Seeschiffes hat unverzüglich nach der Einfahrt in den Hafen dem überwachenden Polizeibeamten eine Liste der zur Schiffsbesatzung gehörenden sowie der sonst an Bord befindlichen Personen nichtdeutscher Staatsangehörigkeit, die keinen Paß mit deutschem Sichtvermerk besitzen, zu übergeben und die Landung dieser Personen bis zur Freigabe durch die Polizeibehörde zu verhindern[2]).

[1]) Gesetz v. 8. Juli 1925 (G. u. VBl. S. 357).

[2]) Nötigenfalls mit Gewalt. Freiheitsberaubung i. S. des § 239 StGB. liegt dann nicht vor. Es fehlt das Merkmal der Widerrechtlichkeit. — Über privatrechtliche Vereinbarungen zwischen Reeder und Polizeibehörde vgl. HansOLG. HansRGZ. 1931. B 579.

§ 17b. Der Schiffsführer darf Personen nichtdeutscher Staatsangehörigkeit, die in Hamburg abgemustert werden sollen, nur mit Genehmigung der zuständigen Polizeibehörde vom Schiff entlassen.

§ 17c. Der Schiffsführer hat jeden, der das Schiff entgegen polizeilicher Anordnung[1]) verläßt oder die ihm zum Landgang gesetzte Frist überschreitet, unverzüglich der zuständigen Polizeibehörde anzuzeigen.

[1]) Außerhalb der Fälle der §§ 17a und b. Hier wird eine gegen eine bestimmte Person gerichtete Anordnung der Polizei erfordert. Vgl. AusfBest. zu II.

§ 17 d. Handelt eine der im § 17a bezeichneten Personen nichtdeutscher Staatsangehörigkeit den paßrechtlichen oder fremdenpolizeilichen Bestimmungen[1]) zuwider, so ist der Reeder verpflichtet[2]), die aus der Verpflegung, Festnahme und Ausweisung des Zuwiderhandelnden entstehenden Kosten zu ersetzen und bis zu deren Feststellung Sicherheit durch Zahlung eines von der zuständigen Polizeibehörde festzusetzenden Betrages zu leisten.

Die Einziehung der gemäß Abs. 1 fälligen Beträge liegt der zuständigen Polizeibehörde ob. Sie kann für ständig den Hafen anlaufende Schiffe die Sicherheitseistung anderweitig regeln.

[1]) Dazu gehören vor allem auch die Ausf.Vorschriften (vgl. unten).

[2]) Eine fragwürdige Bestimmung. Die Haftung für das gesetzwidrige Verhalten eines Dritten könnte nur durch schuldhafte Pflichtverletzung des zur Aufsicht und zu besonderer Tätigkeit nach §§ 17a bis c verpflichteten Schiffers begründet werden. Auch könnte es sich nur um solche Zuwiderhandlungen des Staatsfremden handeln, welche er begeht, solange er noch im Machtbereich des Reeders sich befindet. (Vgl. AusfBest. zu II: „unter Aufsicht der Schiffsleitung".)

§ 17 e. Ausführungsbestimmungen zu den §§ 17 a bis 17 d erläßt für den Hamburger Hafen die Polizeibehörde, für die Häfen bei Cuxhaven die Landherrenschaft Ritzebüttel.

Ausführungsbestimmungen zu den §§ 17 a–d[1])[2]):

I. Der Schiffsführer hat die ihm vom Lotsen behändigte Liste[3]) sofort nach Ankunft im Hafen ausgefüllt und unterschrieben dem abfertigenden Hafenpolizeibeamten auszuhändigen. In der Liste sind die zur Schiffsbesatzung gehörenden Personen von den sonst noch an Bord befindlichen nichtdeutschen Personen ohne Paß;

und deutschen Sichtvermerk (Einschleicher, Deportierte, Überarbeiter und Mittellose) getrennt aufzuführen. Farbige sind als solche zu bezeichnen.

II. Allen Personen, deren Landung nicht von der Polizeibehörde beanstandet wird, ist freier Landgang während der Dauer der Liegezeit des Schiffes im Hafen gestattet. Über den Verbleib der beanstandeten Personen trifft der die Abfertigung leitende Beamte die erforderlichen Anordnungen. Sie bleiben vorerst unter Aufsicht der Schiffsleitung an Bord. Ein entsprechendes schriftliches Verbot des Landens wird sowohl dem Schiffsführer als auch dem Zurückgewiesenen sofort behändigt. Wird von der Schiffsleitung eine Heimbeförderung dieser Personen beabsichtigt, so ist dieses der Polizeibehörde rechtzeitig anzuzeigen.

Jede Desertion oder jedes unbefugte Anlandgehen ist sofort der Polizeibehörde zu melden[4]).

III. Nichtdeutschen abgemusterten Personen ist der Aufenthalt in Hamburg nur zu gestatten, wenn die Schiffsleitung oder Reederei (Makler) den für den Rücktransport in ihre Heimat erforderlichen Betrag hinterlegt und sonstige Bedenken gegen den Aufenthalt nicht zu erheben sind. Anderenfalls ist ihr Anlandgehen zu verhindern und der Schiffsleitung aufzuerlegen, die beanstandeten Personen wieder mit demselben Schiffe zurückzubefördern.

IV. Für jede bei der Abfahrt fehlende nichtdeutsche Person, die mit dem Schiffe eingetroffen ist und für deren Abgang keine Erlaubnis der Polizeibehörde vorgelegt werden kann, hat der Schiffsführer einen Betrag von 100 RM. nebst einem Zuschlag in Höhe der durchschnittlichen Rückbeförderungskosten als Sicherheit zu hinterlegen.

Die vom eingezahlten Gesamtbetrage nach Abzug der entstandenen Kosten und Gebühren verbleibende Summe wird zurückerstattet, wenn der Nachweis erbracht ist, daß der Zurückgebliebene in Deutschland nicht mehr aufhältlich ist.

Für ständig den hiesigen Hafen anlaufende Schiffe kann die Art der Sicherheitsstellung durch Vertrag zwischen Polizeibehörde und Reederei beziehungsweise Makler geregelt werden.

V. Zuwiderhandlungen werden auf Grund des § 38 des Hafengesetzes und des Gesetzes zur Abänderung des Hafengesetzes v. 8. Juli 1925 mit Geldstrafe bis zu 150 RM. oder mit Haft bis zu 6 Wochen bestraft, sofern nicht in den allgemeinen Strafgesetzen schwerere Strafen vorgesehen sind.

[1]) Bekanntmachung der Polizeibehörde v. 27. Juli 1925, Amtl. Anz. S. 883.

[2]) Gleichlautende Verordnung des Hamburgischen Amtes Ritzebüttel für die Häfen und die Reede bei Cuxhaven v. 30. März 1926 (s. Amtl. Anz. S. 385).

[3]) Vgl. § 17a.

[4]) Vgl. § 17c.

VI. Strafbestimmungen.

§ 38[1]). Zuwiderhandlungen gegen die §§ 6 bis 9 dieses Gesetzes sowie die in ihrer Ausführung erlassenen Bestimmungen[2]) werden mit Geldstrafe oder Gefängnis bis zu 2 Jahren, Zuwiderhandlungen gegen die übrigen Bestimmungen des Gesetzes mit Geldstrafe bis zu 150 Reichsmark oder mit Haft bis zu 6 Wochen geahndet, sofern nicht in den allgemeinen Strafgesetzen schwerere Strafen vorgesehen sind[3]). Zuwiderhandelnde haben außerdem zu gewärtigen, daß — abgesehen von der ihnen zufallenden Schadensersatzpflicht[4]) — das von ihnen

Versäumte von der Behörde auf ihre Kosten und Gefahr zur Ausführung gebracht wird[5]).

Waren, die entgegen den Vorschriften der §§ 6 bis 9 des Gesetzes befördert oder gelagert werden, können für den Staat ohne Entgelt für verfallen erklärt werden, gleichviel wem die Waren gehören und ob gegen eine bestimmte Person ein Strafverfahren eingeleitet wird. Die Verfallerklärung wird durch das Freihafenamt dem Gewahrsamsinhaber gegenüber abgegeben. Das Eigentum geht auf den Staat über, sobald die Verfallerklärung dem Gewahrsamsinhaber zugeht; Rechte Dritter erlöschen. Die Verfügung über die für verfallen erklärten Waren zum Zwecke ihrer Verwertung erfolgt durch das Freihafenamt[6]).

Über die Rechtmäßigkeit der Verfallerklärung entscheidet auf die Klage des Betroffenen das Verwaltungsgericht. Die Klage muß innerhalb eines Monats seit dem Tage der Verfallerklärung erhoben werden[7]). Die Klage hat keine aufschiebende Wirkung. Wird in dem Rechtsstreit die Unrechtmäßigkeit der Verfallerklärung festgestellt, so ist die Ware zurückzugeben. Ist die Ware bereits verwertet, so tritt an ihre Stelle der erzielte Erlös. Weitere Ansprüche des Betroffenen auf Grund bestehender Gesetze[8]) bleiben unberührt.

[1]) Gesetz v. 8. Juli 1925 (G. u. VBl. S. 357).

[2]) Dazu gehört neben dem AusfGes. v. 30. Juni 1897 auch die Hafenordnung.

[3]) Z. B. § 145 StGB. (Schaps I 801); ferner §§ 305, 321, 322, 323 StGB. Vgl. auch § 48a SWO.

[4]) Auf welche hier nur hingewiesen, die aber nicht etwa durch diese Vorschrift geschaffen wird, weil die allg. Voraussetzungen der Ersatzpflicht reichsrechtlich geregelt sind. — Aus der bloßen Benutzung eines Hafens entsteht kein Vertragsverhältnis. RG. JW. 1927, 442.

[5]) Vgl. dazu § 3a Satz 2 u. § 17d.

[6]) Vgl. dazu OVG. Hamb. HansRZ. 1927, 876; JW. 1927,

1290. Die Verfallerklärung ist keine Enteignung und steht nicht im Widerspruch zu Art. 153 RVerf.

[7]) D. h. seit dem Tage des Wirksamwerdens desselben, also seit Zustellung an den Gewahrsamsinhaber. Ist ein solcher überhaupt nicht zu ermitteln, so kann das Eigentum auf den Staat niemals übergehen.

[8]) Insbesondere auf Schadensersatz wegen unrechtmäßiger Maßnahmen der Beamten gegen diese bzw. den für sie haftenden Staat.

8. Hamburgische Hafenordnung.

Vom 30. Juni 1897[1]).

§ 4. Unrat und Abfall[2]) ist auf den Schiffen nach verbrennbaren und unverbrennbaren Bestandteilen zu trennen. Die verbrennbaren Bestandteile sind an die vor dem Süduser des Norderlochs, und zwar westlich neben der Brücke im Zuge des Kupferdammes liegenden Unratschuten abzuliefern[2]). Die unverbrennbaren Bestandteile (Asche und Schlacken) sind bei dem Liegeplatz der genannten Unratfahrzeuge auf dazu bestimmte Ablagerungsplätze am Ufer zu bringen und daselbst nach Anweisung des Wächters abzulagern.

Der Kehricht auf den Schiffen ist, bevor er zusammengekehrt und von Bord gebracht wird, in einem die Staubentwicklung ausschließenden Maße anzufeuchten[2]).

[1]) Die nicht abgedruckten Bestimmungen sind durch die neue Hafenordnung (vgl. S. 498) aufgehoben worden.

[2]) Die Hafenordnung ist ein Schutzgesetz i. S. des § 823 Abs. 2 BGB. und zwar auch zugunsten des Staates, der zur ordnungsmäßigen Instandhaltung des Hafens verpflichtet ist (RG. 73, 8); HansRZ. 1920 S. 321. Insbes. gilt dies auch im Hinblick auf § 5.

[3]) Vgl. § 48h SWO.

[4]) Bekanntmachung des Senats v. 15. Dez. 1902 (Amtsbl. S. 717).

[5]) Bekanntmachung des Senats v. 24. Sept. 1900 (Amtsbl. S. 919).

§ 6[1]. Die Verunreinigung des Hafens durch Öle oder Ölrückstände ist verboten[2].

Hat eine Person der Schiffsbesatzung[3]) eine Verunreinigung des Hafens durch Öl oder Ölrückstände verursacht, so ist der Reeder verpflichtet, einen Reinigungsbeitrag zu leisten, der von der Polizeibehörde festgesetzt und eingezogen wird. § 17 des Gesetzes, betreffend das Verhältnis der Verwaltung zur Rechtspflege, v. 23. April 1879 in der Fassung der Gesetze v. 22. Dez. 1899, 6. März 1914 und 8. Okt. 1923 findet entsprechende Anwendung.

Gegen die den Reinigungsbeitrag festsetzende Anordnung der Polizeibehörde findet die Beschwerde an den Senat statt.

Die Beschwerde ist bei der Polizeibehörde binnen einer Woche nach Bekanntgabe der Anordnung schriftlich oder zu Protokoll einzulegen. Sie hat keine aufschiebende Wirkung. Die Polizeibehörde übersendet die Beschwerde, falls sie nicht die Anordnung zurücknimmt, an den Senat. Die Entscheidung des Senats ist endgültig.

Die Haftung von Reeder und Schiffer für sämtliche entstehenden Kosten[1]) wird hierdurch nicht berührt.

Ausführungsbestimmung zum § 6[2]): Hat eine Person der Schiffsbesatzung eine Verunreinigung des Hafens durch Öl oder Ölrückstände verursacht, so ist bei hier nicht beheimateten Schiffen von der Schiffsleitung sofort ein Reinigungsbeitrag in Höhe von 50 RM. bis 2000 RM., je nach Art und Umfang der Verschmutzung, einzuziehen. Bei Schiffen, die hier beheimatet sind, wird der im Einzelfall festzusetzende Reinigungsbeitrag von der Reederei eingezogen.

[1]) Bekanntmachung des Senats v. 2. März 1925 (G. u. VBl. S. 113).

[2]) Vgl. § 48b SWO. welcher in der Fassung weiter geht, auch ölhaltiges Wasser erwähnt. Jedoch ist ein sachlicher Unterschied

nicht gegeben. Das Abfließenlassen ölhaltigen Wassers ist zweifellos eine Verunreinigung durch Öl — Strafbarkeit nach § 26 dieses Ges. u. § 38 HafGes. Dazu tritt als eine Art Buße der Reinigungsbeitrag nach § 6 Abs. 2, welcher ohne Rücksicht auf die Verschuldensfrage erhoben wird. (Vgl. das Wort „verursacht".)

[3]) Nicht anwendbar ist die Vorschrift im Falle höherer Gewalt, z. B. Leckspringen eines Tankdampfers. Wird ein Auslaufen von Öl durch eine Kollision verursacht, so haftet der Reeder desjenigen Schiffs, welches die Kollision verursacht hat.

[4]) Kosten für die tatsächliche Beseitigung der angerichteten Verunreinigung, soweit sie den Reinigungsbeitrag übersteigen. Der letztere wird in jedem Falle erhoben, auch wenn eine Beseitigung nicht erfolgt. Darüber hinaus hat die Hafenbehörde die entstandenen Mehrkosten nachzuweisen und im Wege der ordentlichen Klage zu verfolgen.

[5]) Bekanntmachung des Polizeipräsidenten v. 6. März 1925 (Amtl. Anz. S. 275).

§ 8. Im Hafen ist verboten:

a) das Anlegen mit Jollen und anderen Fahrzeugen[1]) an ankommende Schiffe und das Betreten derselben, bevor sie fest vertäut sind, jedoch nicht den Reedern[2]), den Vertretern des Schiffes[3]) und deren Angestellten, welche sich ausweisen können, und den mit einem Erlaubnisschein der Polizeibehörde versehenen Personen, sowie den Schiffsbefestigern[4]), denen das Betreten der Schiffe jedoch auch nur mit polizeilicher Erlaubnis gestattet ist.

[1]) Bekanntm. des Senats v. 20. April 1898 (Amtsbl. S. 353).

[2]) §§ 484, 492 (Korrespondentreeder), Geschäftsführer einer Reederei-G.m.b.H. oder A.-G.

[3]) Schiffsmakler (vgl. Schaps I 294).

[4]) Vgl. Schaps § 481 Anm. 11 (I 92).

§ 9. Auf allen im Hafen liegenden Fahrzeugen darf Feuer[1]) nur in sicheren Feuerstellen angezündet und muß unter Aufsicht gehalten werden. Brennendes Licht darf nur in geschlossenen Laternen oder festangebrachten

Lampen mit Metallbehältern benutzt werden, jedoch ist die Benutzung offener Öllampen in den Maschinen- und Kesselräumen der Dampfschiffe gestattet.

Asche und Schlacken dürfen, außer im Kesselraum von Dampfschiffen, nur in metallenen Gefäßen mit Deckeln aufbewahrt werden.

[1]) Vgl. auch über Feuerlöschvorrichtungen UBB. §§ 68ff. (Dampfer).

§ 10. Das Erhitzen von Pech, Teer, Harz oder Öl darf nicht an Bord der Schiffe, sondern nur auf Seite derselben in dazu geeigneten Fahrzeugen, in denen das Feuer auf einer Unterlage von Sand, Steinen oder Erde brennt, und unter beständiger Beaufsichtigung vorgenommen werden.

§ 11. Das Ausräuchern von Schiffen zur Vertreibung von Ratten und anderem Ungezieser darf nur bei Tage und nach Einholung der schriftlichen Erlaubnis des Oberhafenmeisters, unter Aufsicht der Hafenpolizei, vorgenommen werden.

§ 12. Das Arbeiten im Raum der Schiffe bei Nacht ist nur unter Aufsicht der Hafenpolizei gestattet. Der Antrag auf Beaufsichtigung ist bei der nächsten Hafenpolizeiwache zu stellen. Das Anheizen der Kessel auf Dampfschiffen in Vorbereitung der Abreise ist als Arbeit im Raum im Sinne vorstehender Bestimmung nicht anzusehen.

§ 13. Mit polizeilich genehmigten Funkenfängern sind zu versehen:

a) die im Hafen verkehrenden schwimmenden Winden und Elevatoren,
b) Dampfschiffe, welche mit brennenden Feuern in den Petroleumhafen kommen.

Außerdem dürfen Benzinmotoren nicht mit brennenden

Lampen und glühenden Vergasern in den Petroleumhafen kommen.

§ 14[1]. Die Kessel der schwimmenden Winden, Elevatoren und anderen Hilfsvorrichtungen zum Löschen und Laden sowie der Dampframmen, dürfen im Geltungsgebiete des Hafengesetzes nur mit rauchschwachem Heizmaterial, in den Fleten nur mit Koks gefeuert werden.

Das Decken der Kesselfeuer der Fluß-Dampfschiffe mit Kohle ist am Norduser der Elbe verboten.

[1]) Bek. des Senats v. 29. April 1901 (Amtsbl. S. 209).

§ 15. Sobald ein Schiff, welches feuergefährliche Gegenstände geladen hat, in den Hafen kommt, muß der Schiffsführer oder ein Beauftragter desselben die genannten Gegenstände ihrer Menge und Art nach dem Oberhafenamt oder, wenn das Fahrzeug der Meldepflicht gemäß §§ 13—16 des Hafengesetzes unterliegt, dem Bezirkshafenamt unverzüglich angeben.

Schiffe mit feuergefährlichen Gegenständen unterliegen einer besonderen Überwachung seitens der Hafenpolizei.

§ 15a[1]. Als feuergefährlich im Sinne des § 15 gelten folgende Gegenstände:

1. Rohpetroleum und dessen Destillationsprodukte (Petroleumäther, Gasolin, Neolin, Benzin, Ligroin, Naphtha, Petroleumessenz, gereinigtes Petroleum, Putzöl usw.), sowie Terpentinöl.
2. Die aus Steinkohlen- und Braunkohlenteer oder Teerölen bereiteten flüchtigen Stoffe, soweit dieselben beim Erhitzen auf 160 Grad Celsius brennbare Destillationsprodukte abgeben (Benzol, Toluol, Xylol, Cumol; Solaröl, Photogen; Mirbanöl [Nitrobenzol] usw.).

3. Schwefeläther (Äthyläther), Kollodium und Schwefelalkohol).
4. Rote rauchende Salpetersäure.
5. Weißer und gelber, sowie roter (amorpher) Phosphor.
6. Buchersche Feuerlöschdosen.

[1]) Bek. des Senats v. 20. April 1898 (Amtsbl. S. 353).

§ 15b[1]). Die in § 15a unter Ziffer 1—3 aufgeführten feuergefährlichen Gegenstände dürfen außerhalb des Petroleumhafens nur in beschränktem Umfange gelöscht und geladen werden, und zwar an den Pfahlreihen im Parkhafen bis zu 200 Frachtstücken und einer Gesamtmenge von 30000 Litern für das Schiff, in allen übrigen Fällen bis zu 100 Frachtstücken und einer Gesamtmenge von 15000 Litern für das Schiff.

Mit Genehmigung des Hafenkapitäns dürfen gereinigtes Petroleum und Terpentinöl auch außerhalb des Petroleumhafens in größeren Mengen übergeladen und in Mengen bis zu 50 Faß in Fahrzeugen bei den Schutenwachtstationen gelagert werden.

Die Polizeibehörde kann im Einvernehmen mit der Marineverwaltung erlauben, daß an Mineralöllagern außerhalb des Petroleumhafens Flußfahrzeuge mehr als die im ersten Absatz angegebenen Mengen Mineralöle löschen[2]).

Wenn hier ankommende Schiffe außer den vorstehend genannten feuergefährlichen Gegenständen noch andere feuergefährliche (§ 15a Ziffer 4—6) oder leicht entzündbare Gegenstände (§ 16a) an Bord haben, so sind diese zunächst außerhalb des Petroleumhafens in Hafenfahrzeugen zu entlöschen.

[1]) Bek. des Senats v. 20. April 1898 (Amtsbl. S. 353); v. 9. Febr. 1923 (GesBl. S. 141); v. 23. März 1928 (vgl. HambFrBl. v. 29. März 1928) u. 21. Sept. 1928 (GesBl. S. 420).

[2]) Dieser Absatz ist durch Bek. v. 10. Dez. 1926 eingefügt worden.

§ 15c[1]). Vor dem Löschen und Laden feuergefährlicher Gegenstände außerhalb des Petroleumhafens ist der nächsten Hafenpolizeiwache Anzeige zu machen.

§ 15d[1]). Auf Hafenfahrzeugen, welche feuergefährliche Gegenstände der im § 15a unter Ziffer 1—3 genannten Art an Bord haben, darf, abgesehen von den Positionslaternen (§ 33 des Hafengesetzes)[2]), weder Feuer noch Licht gebrannt werden. Auch ist das Tabakrauchen auf solchen Fahrzeugen verboten.

[1]) Bek. des Senats v. 20. April 1898 (Amtsbl. S. 353).

[2]) Die Verweisung ist mißverständlich. Zulässig ist die Führung nicht nur des in § 33 HG. vorgesehenen Lichts (das übrigens keine Positionslaterne ist), sondern aller gesetzlich vorgeschriebenen Lichter, insbes. der Positionslaternen (Art. 2 u. 5 SStrO.); der Schlepplichter (Art. 3 SStrO.); der Ankerlichter (Art. 11 SStrO.); der Lichter des Art. 4 SStrO. usw.

§ 16[1]). Als leichtentzündliche Gegenstände gelten:

1. Kunstwolle, Wollabfälle, Tuchtrümmer, Jute-, Baumwollgarn-Abfälle sowie Lumpen.
2. Haare, rohe Wolle, rohe Baumwolle, Flachs, Hanf, Werg und Jute.
3. Heu, Stroh, Rohr (ausgenommen spanisches) u. dgl.
4. Holzfässer, in welchen die im § 15a unter Ziffer 1 und 2 genannten feuergefährlichen Gegenstände befördert worden sind.
5. Kalziumkarbid[2]).

[1]) Bek. des Senats v. 20. April 1898 (Amtsbl. S. 353).

[2]) Bek. des Senats v. 26. Aug. 1904 (Amtsbl. S. 871).

§ 16a[1]). An Bord von Fluß- und Hafenfahrzeugen, welche mit leicht entzündlichen Gegenständen beladen sind, dürfen Feuerstellen (§ 9) nur benutzt werden, wenn dieselben sich in geschlossenen Räumen befinden, welche durch eine feste Bretterwand vom Laderaum vollständig getrennt sind. Wird während des Löschens und Ladens Feuer gebrannt, so müssen die Schornsteine mit Funkenfängern versehen sein.

Auf Fahrzeugen der bezeichneten Art darf Licht nur in geschlossenen Laternen gebrannt werden. Auch ist auf denselben das Tabakrauchen verboten.

[1]) Bek. des Senats v. 20. April 1898 (Amtsbl. S. 353).

§ 16b[1]). Die im § 16 unter Ziffer 1 bis 3 und 5[2]) genannten Gegenstände müssen, wenn sie nicht in gedeckten Schiffsräumen liegen, mit Plantüchern oder Persenningen dicht bedeckt sein. Bei Fahrzeugen mit Heu, Stroh u. dgl. (§ 16 Ziffer 3) brauchen jedoch die Längsseiten der Ladung nicht bedeckt zu werden.

[1]) Bek. des Senats v. 20. April 1898 (Amtsbl. S. 353)

[2]) „und 5": Bek. des Senats v. 26. Aug. 1904 (Amtsbl. S. 871).

§ 16c[1])[2]). Beim Öffnen von Schiffsräumen, in welchen Kalziumkarbid verladen ist, ist zunächst jede Beleuchtung fernzuhalten und festzustellen, ob sich in den fraglichen Räumen das Vorhandensein von Kalziumkarbidgasen durch den eigenartigen Knoblauch ähnlichen Geruch bemerkbar macht. Insbesondere ist Vorsicht bei Seeschiffen geboten, welche schweres Wetter zu bestehen hatten, oder wenn aus irgendeiner Veranlassung Wasser in die fraglichen Schiffsräume gedrungen ist.

Wenn die Verpackung der Kalziumkarbidladung beschädigt ist, oder wenn sich die Anwesenheit von Kalziumkarbidgasen bemerkbar macht, sind die Luken zu den fraglichen Räumen unter Fernhaltung jeglichen Feuers möglichst zu öffnen und ist der nächsten Hafenpolizeiwache Anzeige zu machen. Bis zum Eintreffen weiterer polizeilicher Anordnungen dürfen die Schiffsräume, in welchen das Kalziumkarbid liegt, nicht betreten werden.

[1]) Bek. des Senats v. 20. April 1898 (Amtsbl. S. 353).
[2]) Vgl. auch die entsprechende Vorschrift in § 77 UVV. (Dampfer).

§ 18. Alle Schiffe, welche in Hamburg ankommen oder im Hafen liegen, unterliegen der gesundheitspolizeilichen Untersuchung und Überwachung durch den Hafenarzt.

§ 19. Personen, welche an ansteckenden Krankheiten, sowie an Fieber, Brechdurchfall, Ausschlag und Skorbut leiden, dürfen das Schiff erst nach Besichtigung durch den Hafenarzt und nur mit dessen Erlaubnis verlassen.

§ 20. Von allen inneren Erkrankungen, die sich während des Aufenthalts im Hafen an Bord ereignen, ist dem Hafenarzt sobald als möglich durch den Schiffsführer oder seinen Beauftragten Anzeige zu erstatten. Die Vermittlung dieser Anzeigen übernimmt die Hafenpolizei.

§ 20 a[1]). Um bei plötzlichen Erkrankungen oder Unglücksfällen an Bord von Schiffen im Hafen ärztliche und polizeiliche Hilfe herbeizurufen, dienen die folgenden Signale:

Am Tage das gewöhnliche Notsignal der Seeleute, darin bestehend, daß an einer aufrechtstehenden Stange eine Flagge aufgezogen oder ein größeres Tuch befestigt wird, deren freiwehendes Ende mit einem Knoten versehen oder mit Bindgarn zusammengebunden ist, so daß ein freies Ausflattern verhindert wird.

Nach eingetretener Dunkelheit anhaltendes, rasches Läuten mit der Schiffsglocke, welches mit kurzen Unterbrechungen zu wiederholen ist, außerdem, soweit möglich, drei dicht untereinander angebrachte weiße Lichter.

[1]) Bek. des Senats v. 13. Juni 1898 (Amtsbl. S. 433).

§ 21. Der Schiffsführer oder dessen Beauftragter hat dem Gesundheitsbeamten bei seinen Besuchen an Bord auf seine dienstlichen Fragen jede Auskunft zu erteilen. Insbesondere sind dem Gesundheitsbeamten sämtliche während der Reise vorgekommenen Todes- und Krankheitsfälle anzugeben[1]), ebenso alle noch bei der Ankunft im Hafen bestehenden oder während des Aufenthalts daselbst vorgekommenen inneren Erkrankungen.

[1]) Vgl. auch bzgl. der Eintragungen im Schiffstagebuch I, 213 ff.

§ 22. Der Hafenarzt ist befugt, alle Isolierungen, Ausschiffungen, Desinfektionen, Impfungen und sonstige Maßnahmen, welche ihm im Interesse der öffentlichen Gesundheitspflege erforderlich scheinen, an Bord anzuordnen und, erforderlichenfalls mit Hilfe der Hafenpolizei, ausführen zu lassen[1]).

Dasselbe gilt von Anordnungen in bezug auf die Instandhaltung und Sauberkeit, Ventilation, Heizung und Einrichtung der Mannschaftsräume und auf die Güte des Proviants und des Trinkwassers.

[1]) Widerruf der Zulassung als Schiffskammerjäger. HansRGZ. 1929 A 363.

§ 23. Rohes Elbwasser von außenbords entnommen darf weder zum Trinken noch zum Reinigen des Eß-, Trink- und Kochgeschirrs verwandt werden.

§ 24. Die Mannschaftsaborte sind auf Schiffen, welche an den Kais liegen, zu verschließen und die am Lande eingerichteten Aborte von der Mannschaft zu benutzen.

§ 25. Schiffe, welche gemäß der Verordnung, betreffend die gesundheitspolizeiliche Kontrolle der einen hamburgischen Hafen anlaufenden Schiffe, v. 29. Nov. (1895)[1]), die gelbe Flagge am Fockmast führen, dürfen nicht betreten werden.

[1]) Jetzt Bekanntmachung des Senats, betr. die gesundheitliche Seegesetzgebung.

Behandlung der Seeschiffe v. 1. Juni 1908 (Amtsbl. S. 313) mit Änderung v. 4. Juli 1923 (G. u. VBl. S. 585).

§ 26. Zuwiderhandlungen gegen die Bestimmungen dieser Verordnung werden nach § 38 des Hafengesetzes mit Geldstrafe bis zu 150 RM. oder im Unvermögensfalle mit Haft bis zu 6 Wochen geahndet, soweit nicht nach den allgemeinen Strafbestimmungen eine strengere Strafe verwirkt ist.

9. Hafenordnung für den Hafen Hamburg.

Vom 14. März 1930[1][2].

I. Allgemeine Bestimmungen.

§ 1. Geltungsgebiet.

1. Das Geltungsgebiet der Hafenordnung umfaßt alle Elbarme und mit ihnen in Verbindung stehenden Wasserläufe und Wasserflächen zwischen einer bei der Mündung der Doveelbe quer über die Norderelbe und einer bei der Harburger Eisenbahnbrücke quer über die Süderelbe gehenden Linie einerseits und der bei Blankenese quer über die Elbe gehenden hamburgisch-preußischen Landesgrenze und ihrer geradlinigen Verlängerung andererseits mit Ausnahme:

a) der Alster oberhalb der Schleusenbrücke,
b) der Bille oberhalb der Billbrücke der Südstormarnschen Kreisbahn,
c) der Alten Süderelbe.

2. Unter die Vorschriften dieser Hafenordnung fallen ferner die Landungsanlagen innerhalb des bezeichneten Geltungsgebietes.

3. Der Hafen Hamburg umfaßt die in Absatz 1 bezeichneten Wasserläufe und Wasserflächen; er besteht aus den folgenden Hafenteilen:

a) dem Hamburger Hafen,

b) dem Altonaer Hafen,
c) dem Harburg-Wilhelmsburger Hafen,
d) dem Hafen der Hamburgisch-Preußischen Hafengemeinschaft G. m. b. H.

4. Die Grenzen des Hafens Hamburg und seiner Hafenteile sind aus der anliegenden Karte ersichtlich.

[1]) In Kraft seit 1. April 1930 (Bek. v. 14. 3. 30).

[2]) Dazu AusfBek. v. 19. 3. 30 (zu den einzelnen §§ zitiert).

§ 2. Anwendung anderer Verordnungen.

1. Im Hafen finden Anwendung
a) die Seestraßenordnung vom 5. Februar 1906[1]),
b) die §§ 2—5, 7—9, 11—28, 32—36, 38—49, 51—56, 58—59 der Seewasserstraßenordnung vom 31. März 1927[2]), soweit sie nicht durch die folgenden Bestimmungen ausdrücklich für nicht anwendbar erklärt, abgeändert oder ergänzt sind[3]).

2. Feuerpolizeiliche, gesundheitliche, gewerbepolizeiliche und paßpolizeiliche Vorschriften sowie Vorschriften über die Benutzung des Hamburger Jachthafens werden besonders erlassen[4]).

[1]) Vgl. I 802ff.; HansGZ. 1915 Nr. 7; RG. JW. 1929, 928; HansRGZ. 1929 B 51 über das Verhältnis der SStrO. zu den Vorschriften der Hafenordnung. Über Navigation der Zollkreuzer vgl. HansRGZ. 1929 B 147. Insbes. gilt auch Art. 29; HansOLG. HansRGZ. 28 B 451. Alle Schuten, auch offene, müssen beim Verkehr im Hamburger Hafen einen Fender an Bord haben.

[2]) Z. B. wird Art. 25 SStrO. durch die Vorschriften über das Schwojen außer Kraft gesetzt. Soweit Schwojen zulässig ist, kann das Einhalten einer bestimmten Fahrwasserseite nicht verlangt werden. (HansGZ. 1915 Nr. 4). Vgl. auch § 15).

[3]) Reihenfolge der Geltung: Hafenordnung—SWO.—SStrO.

[4]) Siehe Einlage zur amtl. Ausgabe.

§ 3. Behörden.

1. Die Durchführung dieser Ordnung liegt den Hafenbehörden und Hafenpolizeibehörden ob.

2. Die zuständigen Hafenbehörden im Sinne dieser Hafenordnung sind[1]):

im Hamburger Hafen: die Deputation für Handel, Schiffahrt und Gewerbe und die ihr unterstellte Hafenverwaltung (Oberhafenamt) mit den Hafenämtern,

im Altonaer Hafen: der Magistrat (Hafenverwaltung) und das ihm unterstellte Hafenamt,

im Harburg-Wilhelmsburger Hafen: das Wasserbauamt und das ihm unterstellte Hafenamt,

im Hafen der Hamburgisch-Preußischen Hafengemeinschaft G. m. b. H.: die Geschäftsführer und das ihnen unterstellte Hafenamt.

3. Die zuständigen Hafenpolizeibehörden im Sinne dieser Hafenordnung sind:

im Hamburger Hafen: die Polizeibehörde (Ordnungspolizei, Hafen- und Schiffahrtspolizei),

im Altonaer Hafen: der Polizeipräsident Altona-Wandsbek[2]),

im Harburg-Wilhelmsburger Hafen: das Wasserbauamt Harburg-Wilhelmsburg als Wasserpolizei, im übrigen der Polizeipräsident Harburg-Wilhelmsburg,

im Hafen der Hamburgisch-Preußischen Hafengemeinschaft G. m. b. H.: das Wasserbauamt Harburg-Wilhelmsburg[3]) als Wasserpolizei, im übrigen der Polizeipräsident Harburg-Wilhelmsburg.

4. Schiffahrtspolizeibehörden im Sinne der Seewasserstraßenordnung sind auf Hamburger Gebiet die Hafenbehörden, im Sinne des § 7[4]) der Seewasserstraßenordnung auch die Hafenpolizeibehörden, auf preußischem Gebiet nur die Wasserpolizeibehörden.

[1]) Dazu AusfBek.

a) für Hamburg:

1. An der Spitze der Hafenverwaltung steht der Hafenkapitän; sie befindet sich Admiralitätstraße 46b. Der Hafenverwaltung unterstehen die Hafenämter der vier Hafenbezirke.

2. Die Hafenämter der vier Hafenbezirke stehen unter der Leitung der Oberhafenmeister. Das Hafenamt des ersten Bezirks befindet sich auf dem Wachtschiff am Jonas, das Hafenamt des zweiten Bezirks Admiralitätstraße 46b, das Hafenamt des dritten Bezirks Billwärder Neuedeich 2, das Hafenamt des vierten Bezirks Amerikakai, Schuppen 38.

3. Der Hamburger Hafen besteht aus vier Hafenbezirken und dem Fischereihafen St. Pauli, deren Einteilung aus der anliegenden Karte ersichtlich ist. Der Fischereihafen St. Pauli untersteht dem Fischereiamt.

b) für Altona:

An der Spitze des Hafenamtes Altona (Große Elbstraße 112) steht der Hafenkapitän;

c) für Harburg-Wilhelmsburg:

Das Wasserbauamt befindet sich Harburg-Wilhelmsburg 1, Buxtehuder Straße 5.

Das Hafenamt steht unter der Leitung des Hafenkapitäns, Große Schleuse in Harburg-Wilhelmsburg 1, Hafenbezirk Nr. 3;

d) für die Häfen der Hamburg-Preußischen Hafengemeinschaft:

Die Hamburgisch-Preußische Hafengemeinschaft G. m. b. H. hat ihre Geschäftsräume Hamburg 8, Brookthor, und Harburg-Wilhelmsburg 1, Buxtehuder Straße 5.

Das Hafenamt der Hafengemeinschaft steht unter der Leitung des Hafenkapitäns des Harburg-Wilhelmsburger Hafens, Große Schleuse, Harburg-Wilhelmsburg 1, Hafenbezirk Nr. 3.

[2]) Der Polizeipräsident Altona-Wandsbek nimmt die örtlichen Geschäfte der Wasserpolizei für den zuständigen Regierungspräsidenten in Schleswig wahr.

[3]) Das Wasserbauamt Harburg-Wilhelmsburg nimmt die örtlichen Geschäfte der Wasserpolizei für den zuständigen Regierungspräsidenten in Lüneburg wahr.

[4]) Vgl. Sebba SWO. S. 45.

§ 4. Auslegungsregeln.

1. Als Fahrwasser im Sinne dieser Ordnung gelten alle Wasserläufe und Wasserflächen, soweit sie dem Ver-

kehr der Schiffe dienen, als Hauptfahrwasser das Fahrwasser der Norderelbe, der Süderelbe, des Köhlbrands und der Unterelbe.

2. Als Hafenfahrzeuge gelten alle ausschließlich zur Verwendung im Hafen[1]) bestimmten Fahrzeuge.

[1]) Es kann auch ein anderer Hafen sein, als der Hamburgische. Maßgebend ist der Charakter des Fahrzeugs.

§ 5. Freie Durchfahrt.

1. Auf Fahrzeuge, die den Hafen durchfahren, finden die Artikel 15—22 der Elbschiffahrtsakte[1]) Anwendung.

2. Die Hafenbehörden und die Hafenpolizeibehörden haben dafür zu sorgen, daß das Hauptfahrwasser für die durchgehende Schiffahrt in genügender Breite offengehalten wird.

[1]) V. 22. 2. 1922 (RGBl. 1923 II 183). Vgl. Schaps II 635.

II. Hafenlotsen[1]).

§ 6. Gestellung von Hafenlotsen.

1. Seeschiffen von mehr als 120 cbm Nettoraumgehalt wird bei Ankunft im Hafen, bei Platzveränderungen und bei Abfahrt aus dem Hafen ein amtlicher Hafenlotse zur Verfügung gestellt. Zur Annahme eines Hafenlotsen ist kein Schiff verpflichtet.

2. Ankommende Seeschiffe, die einen Hafenlotsen verlangen, haben bei Dockenhuden am Tage die Nationalflagge[2]) und im Vortopp die Lotsenflagge[3]), bei Nacht eine weiße Laterne über dem Bug zu zeigen. Sie haben so langsam zu fahren, daß die Versetzbarkasse ohne Gefahr längsseit kommen kann. Sie haben eine vorschriftsmäßige Sturmleiter auszuhängen.

3. Nicht an Ufermauern oder Kais liegende Schiffe, die einen Hafenlotsen beanspruchen, haben für seine Beförderung von Bord bis zur nächsten Landungsstelle zu sorgen.

[1]) Zu § 6—9: AusfBek. (II) für Hamburg.
Sämtliche im Gebiet des Hafens Hamburg tätigen Hafenlotsen unterstehen dem Hafenkapitän des Hamburger Hafens und gehören zum Hafenamt des ersten Hafenbezirks.

[2]) Vgl. S. 33.

[3]) Vgl. S. 296.

§ 7. Nautische Beratung der Schiffsleitung durch Hafenlotsen[1]).

1. Allein verantwortlicher Führer, auch während der Anwesenheit des Hafenlotsen an Bord, ist der Kapitän; dieser oder sein gesetzlich anerkannter Vertreter (Schiffsoffizier, Steuermann) hat sich während der Anwesenheit des Hafenlotsen an Bord ständig auf der Brücke aufzuhalten und das Schiff zu führen. Der begleitende Hafenlotse ist nautischer Berater der Schiffsleitung[2]).

2. Die Schiffsleitung hat dem Hafenlotsen unverzüglich, nachdem er an Bord gekommen ist, etwaige Mängel[3]), die die Manövrierfähigkeit des Schiffes beeinträchtigen, mitzuteilen.

[1]) Auf Grund eines Dienst- oder Werkvertrages. Haftung des Lotsen nach §§ 611, 631 BGB. Vgl. auch Schaps I 777; II 65.

[2]) Der Hafenlotse ist nicht Zwangslotse i. S. des § 737 HGB. Der Reeder haftet daher für sein Verschulden wie für das der übrigen Schiffsbesatzung. Andrerseits haftet der Staat nicht für den Hafenlotsen. Vgl. dazu Schaps I 91, 764, 777; II 65; HansOLG. SeuffArch. 78, 148; HansGZ. 1913 Nr. 6; 1925 BBl. S. 130; 1912 Nr. 75; VerkR. 1925, 816.

[3]) Auch sonstige, von der Norm abweichende, für die Navigation wesentliche Eigenschaften (Rammsporn). Vgl. § 13 Betr.-Ordn. KW.-Kanal S. 438.

§ 8. Aufsichtsbefugnisse der Hafenlotsen.

1. Die Schiffsleitung ist verpflichtet, Anordnungen des Hafenlotsen zur Durchführung der Zoll-, gesundheits- und schiffahrtspolizeilichen Vorschriften nachzukommen.

2. Weigert sich die Schiffsleitung, diese Anordnungen

oder ihr vom Hafenlotsen mitgeteilte Vorschriften über die Schiffahrt auf dem Strom und die Hafenanlagen, den Zoll, die Gesundheits- und Schiffahrtspolizei zu befolgen, so kann der Hafenlotse seine Beratung (§ 7) einstellen.

§ 9. Lichterführung der Lotsenversetzbarkassen. Die Lotsenversetzbarkassen müssen bei Nacht im Topp ein rotes, über den ganzen Horizont sichtbares Licht und etwa 1 m über diesem ein ebensolches weißes Licht führen. Das weiße Licht muß bei klarem Wetter etwa 3 Seemeilen und das rote etwa 1 Seemeile weit sichtbar sein. Außer diesen Lichtern haben die Barkassen die farbigen Seitenlichter zu führen.

III. An- und Abmeldepflicht[1]).

§ 10. Anmeldung.

1. See- und Flußschiffe sind nach ihrer Ankunft vom Schiffsführer oder seinem Beauftragten anzumelden.

2. Seeschiffe sind durch Übergabe eines ausgefüllten Vordrucks nach dem Muster der Anlage 2[2]) an den Lotsen oder das Wachtschiff anzumelden.

3. Flußschiffe sind binnen 24 Stunden nach der Ankunft mündlich unter Vorlegung des Eichscheins beim zuständigen Hafenamt anzumelden. Über die Anmeldung wird eine Bescheinigung (Aufenthaltskarte) erteilt. Diese ist an Bord des Schiffes aufzubewahren und den Hafen- und Hafenpolizeibeamten auf Verlangen vorzuzeigen.

[1]) Zu §§ 10 u. 11 vgl. AusfBek. für Altona, Harburg-Wilhelmsburg und die Hamb.-Preuß. Hafengemeinschaft, wonach die Ladungsmengen und Ladungen bei der An- und Abmeldung anzugeben sind.

[2]) Hier nicht abgedruckt.

§ 11. Abmeldung.

1. Seeschiffe haben am Tage ihrer Abfahrt die Flagge P des internationalen Signalbuches zu führen.

2. Flußschiffe sind vor ihrer Abfahrt vom Schiffsführer oder seinen Beauftragten im Hafenamt des Bezirks, in dem das Schiff liegt, mündlich oder schriftlich abzumelden. Bei der mündlichen Abmeldung ist die Aufenthaltskarte vorzulegen. Die Abmeldung wird vom Hafenamt bescheinigt.

§ 12. Befreiung von der An- und Abmeldepflicht. Von der An- und Abmeldepflicht sind befreit

a) deutsche und fremde Staatshoheitsfahrzeuge,
b) Luftfahrzeuge,
c) Passagierschiffe, die zwischen Hamburg und den deutschen Nordseebädern oder Orten an der Elbe regelmäßig verkehren,
d) Schlepper,
e) Fischerei- und Marktfahrzeuge.

IV. Liegen im Hafen.

§ 13. Anweisen der Liegeplätze[1]).

1. See- und Flußschiffen wird ihr Liegeplatz bei der Ankunft durch die zuständige Hafenbehörde, gegebenenfalls durch Vermittlung des das Schiff begleitenden Hafenlotsen, angewiesen.

2. Ist der Liegeplatz ein Kaiplatz, so hat das Schiff vor der Ankunft die Erlaubnis des betreffenden Kaibetriebes einzuholen.

3. Hafenfahrzeuge[2]) dürfen nur an den für sie bestimmten Plätzen liegen.

4. Im Harburg-Wilhelmsburger Hafen ankommende Flußschiffe, die nicht für den Binnenhafen bestimmt sind, haben bis zur Anweisung des Liegeplatzes an den Pfählen in der Süderelbe festzumachen.

[1]) Vgl. AusfBek.
a) für Hamburg:
1. Von der Unterelbe ankommenden Fahrzeugen, die nicht

von einem Hafenlotsen begleitet sind, wird der Liegeplatz durch das Hafenamt des ersten Hafenbezirks angewiesen. Den von der Oberelbe ankommenden Flußfahrzeugen weist das Hafenamt des dritten Hafenbezirks den Liegeplatz an.

2. Regelmäßigen Reihenfahrern und häufig wiederkehrenden Fluß- und kleinen Seeschiffen wird der Liegeplatz ein für allemal angewiesen, bis eine Änderung erforderlich wird. Unterelbische Flußfahrzeuge haben, bis ihnen eine andere Anweisung erteilt wird, den Liegeplatz im Maakenwärder Hafen einzunehmen.

3. Durch den Reiherstieg ankommende Flußfahrzeuge müssen bis zur Anweisung eines Liegeplatzes einen Flußschiffhafen aufsuchen.

4. Liegeplätze im Jachthafen werden durch den Hafenwart angewiesen, der dem Hafenamt des ersten Bezirks untersteht. Die Beiboote sind im Jachthafen stets hinter den Schlengeln festzumachen;

b) für Altona, Harburg-Wilhelmsburg und die Hamb.-Preuß. Hafengemeinschaft:

Für den Hafen bestimmte, von der Unterelbe ohne Hafenlotsen aufkommende Schiffe erhalten den Liegeplatz durch das Hafenamt angewiesen. Ohne Genehmigung dürfen Liegeplätze nicht eingenommen werden.

[2]) Vgl. § 4 Abs. 2.

§ 14. Platzveränderungen[1])[2]).

1. Ein neuer Liegeplatz darf nur mit Erlaubnis des Hafenamts des Bezirks eingenommen werden, zu dem der neue Liegeplatz gehört. Ist der neue Liegeplatz ein Kaiplatz, so hat das Schiff zuvor die Erlaubnis des betreffenden Kaibetriebes einzuholen.

2. Flußschiffen kann die Genehmigung für mehrere Lösch- und Ladestellen gleichzeitig erteilt werden[3]).

[1]) Vgl. AusfBek. für alle Häfen.

Gepfändete oder beschlagnahmte Schiffe dürfen nur mit ausdrücklicher Erlaubnis des Hafenkapitäns verholen.

Ferner Ges. v. 14. 3. 30 (zur Änderung des Hafengesetzes Art. II:

Die zuständigen Beamten und Angestellten der Deputation für Handel, Schiffahrt und Gewerbe und der Polizeibehörde können Fahrzeuge, die den Verkehr im Hafen behindern, insbesondere solche, die unbefugt im Hafen und an den Kais liegen, sofort verlegen lassen. Die entstehenden Kosten werden im Wege des Verwaltungszwangsverfahrens beigetrieben.

[2]) Über den Begriff des „Verholens" vgl. Schaps II 754 und RG. 89, 277.

[3]) Innerhalb eines Aufenthalts im Hafen, nicht aber auch für mehrere Reisen.

§ 15. Ankern und Schwojen.

1. Zum Ankern ist die Erlaubnis des Hafenamts des Bezirks, in dem das Schiff ankern will, erforderlich.

2. Dieser Erlaubnis bedarf es nicht zum Schwojen oder bei unmittelbar drohender Gefahr.

3. Schwojende[1]) Seeschiffe[2]), die nicht vor Anker liegen, haben, auch wenn sie beim Schwojen ihre Anker benutzen, die für in Fahrt befindliche Schiffe vorgeschriebenen Lichter zu führen. Im übrigen gelten die §§ 21, 33b und 48d[3]) der Seewasserstraßenordnung.

4. Das Ankerwerfen und Schleppen von Ankern ist verboten:

a) an Stellen, wo Kabel oder Düker versenkt sind,

b) an Stellen, wo Bagger oder Rammen liegen oder wo Strombauarbeiten ausgeführt werden,

c) beim Durchfahren von Schleusen[4]),

d) über dem Elbtunnel,

e) im übrigen an den kenntlich gemachten Stellen.

[1]) Über den Begriff des Schwojens vgl. Sebba SWO. § 21 Anm. 1; HansGZ 1906 Nr. 108; 1907 Nr. 85; RG. Hansa 1908, 1241 = HansGZ. 1908 Nr. 113; HansRGZ. 1929 B 595. Man unterscheidet

a) Schwojen vor Anker (eigentliches Schwojen),

b) Schwojen, um an den Liegeplatz zu gelangen,

1. unter Benutzung des Ankers,

2. mit Hilfe von Schleppdampfern.

Der Fall zu b 1 kann als uneigentliches Schwojen bezeichnet werden. Der Fall zu b 2 aber ist zweifellos kein Schwojen (zweifelnd HansGZ. 1906 Nr. 108) im seemännischen Sinn, sondern ein „Drehen" oder „Wenden" (vgl. z. B. § 48d SWO.: „Drehen oder schwojen"). Ein zur Erreichung des Liegeplatzes schwojendes Schiff ist ebenso wie das drehende Schiff „in Fahrt" (vgl. auch Schaps I 804), kann insbesondere Manöver ausführen, wenn auch in beschränktem Umfange und hat gewöhnlich noch Dampf auf, so daß es nicht viel anders dasteht, als ein treibendes Schiff (vgl. OSA. 16 S. 404). HansOLG. Hansa 1927, 204.

Sobald ein solches Schiff „eingeschwojt" ist (d. h. die Ruhelage entsprechend dem Strom erreicht hat), muß es Anker einhieven und an seinen Liegeplatz gehen. Bleibt es jedoch länger liegen, so muß es auch weiterhin darauf bedacht sein, jede Gefährdung zu vermeiden (HansGZ. 1905 Nr. 36). Es muß also, da es jetzt nicht mehr zwecks Erlangung des Liegeplatzes schwojt, die Lichter des ankernden Schiffs setzen.

HansRGZ. 29 B 595: Ein sich während des Festsitzens am Grund herumdrehendes Schiff gilt nicht als „schwojend", aber analoge Anwendung der Signalvorschriften auf derartige Fälle ist möglich. Dabei muß jedoch jede Irreführung anderer Schiffe vermieden werden. Vgl. auch Art. 11 Abs. 2 SStrO.

[2]) Das Schwojen eines ganzen Schleppzuges ohne Lösung der Schleppverbindung ist unzulässig, namentlich nachts, wenn der Schleppzug als solcher nicht erkennbar ist (Art. 29 SStrO.). HansGZ. 1907 Nr. 109. Vgl. auch Sebba SWO. § 45 Anm. 14ff.

[3]) Vgl. Sebba SWO. S. 70, 89 und 137.

[4]) Ges. v. 11. 5. 23 (GuVBl. S. 365).

§ 16. Liegen von Flußschiffen und Hafenfahrzeugen.

1. Flußschiffe und Hafenfahrzeuge sind so hinzulegen und zu befestigen, daß Hafeneinfahrten, Fahrwasser, Schleusen, Brücken und Liegeplätze der Seeschiffe nicht versperrt werden. An Kais und Seeschiffe dürfen sie nur gelegt werden, wenn sie dort zu löschen oder zu laden haben.

2. Flußschiffe und Hafenfahrzeuge, die in Seeschiffshäfen dem Fahrwasser zunächst liegen, müssen bei Nacht ein über den ganzen Horizont sichtbares hellbrennendes weißes Licht führen[1]). Insoweit finden die weiter-

gehenden Vorschriften des § 22[2]) der Seewasserstraßenordnung keine Anwendung.

3. Oberländer Kähne dürfen an Seeschiffe nicht anlegen, wenn weniger als 500 Packstücke oder weniger als 50 t übergeladen werden sollen[3]). Wenn 500 Packstücke oder 50 t oder mehr übergeladen werden sollen, so dürfen sie dort nur mit Erlaubnis des zuständigen Hafenamts anlegen.

4. Flußschiffe und Hafenfahrzeuge haben ihren Liegeplatz am Kai oder Seeschiff nach dem Löschen oder Laden[4]), an den Zollstellen nach der Zollabfertigung unverzüglich zu verlassen und sich an die für sie bestimmten Plätze zu legen[5]).

[1]) Im übrigen ist jedes Fahrzeug beleuchtungspflichtig, wenn dies durch die allg. nautische Vorsicht (Art. 29 SStrO.) geboten ist. (HansGZ. 1927, 303; HansRGZ. 1930 B 83.)

[2]) Vgl. Sebba SWO. S. 71.

[3]) Entgegenstehende Übung oder Hafengebräuche sind nicht anzuerkennen. HansRGZ. 1929 B 275.

[4]) Also nicht nach jedem Arbeitstag. Anders ansch. HansOLG. HansRGZ. 1929 B 275.

[5]) Gestattet ist, daß Hafenfahrzeuge zwecks Löschung oder Ladung schon angemessene Zeit vorher zur Stelle sind (HansGZ. 1927 S. 303). Der Mieter einer Schute hat dafür zu sorgen, daß die Schute nach der Löschung oder Ladung aus dem Seeschiffhafen wieder abgeschleppt wird. Ist die Arbeit noch nicht beendet, so hat er für Überwachung zu sorgen (HansGZ. 1926 Nr. 48). Vgl. auch HambVerwG. 17. Mai 1926, HansRZ. 26, 866: Hinlegen von Schuten an den Kai ohne die erforderliche Erlaubnis; Beengung des Fahrwassers durch Schuten als Ursache einer Kollision: HansOLG. Hansa 1927, 205. SeeA. Hamburg HansRGZ. 1929 B 166.

§ 17. Verwendung von Hebefahrzeugen[1]). Getreide-, Kohlen- und Ballasthebefahrzeuge sowie schwimmende Kräne und andere schwimmende Geräte dürfen in den jeweils dafür bestimmten Seehäfen nur mit Erlaubnis des zuständigen Hafenamts verwendet werden.

[1]) Vgl. AusfBek. für Hamburg.

1. Getreide-, Kohlen- und Ballasthebefahrzeuge, schwimmende Kräne und schwimmende Geräte können bis auf anderweitige Bestimmung des Hafenkapitäns in folgenden Häfen ohne Erlaubnis des zuständigen Hafenamtes an nicht abgebäumten Schiffen verwendet werden:

Oberhafen, Roßhafen, Vulkanhafen, Ellerholzhafen, Kaiser-Wilhelm-Hafen, Kuhwärder Hafen, Vorhafen, Kohlenschiffhafen, Waltershofer Hafen, Griesenwärder Hafen, Parkhafen.

2. Sollen staubentwickelnde Hebefahrzeuge an Schiffen verwendet werden, die an den Anlagen eines Kaibetriebes liegen, so haben sie dem Hafenamt, das die Erlaubnis zu erteilen hat, die Zustimmung des betreffenden Kaibetriebes nachzuweisen.

§ 18. Zugang zu den Schiffen. Herausragende Gegenstände.

1. See- und Flußschiffe, die am Ufer liegen, müssen durch vorschriftsmäßige Brücken, Stege, Laufplanken oder Treppen zugänglich sein. Schiffe, die nicht am Ufer liegen, müssen an jeder Seite, an der gelöscht oder geladen wird, eine vorschriftsmäßige Sturmleiter oder Fallreepstreppe aushängen haben[1]).

2. Über die Schiffsseite dürfen Gegenstände nur soweit herausragen, daß der Schiffsverkehr nicht behindert wird[2]). An Seeschiffen dürfen Anker außenbords nur mit Erlaubnis des zuständigen Hafenamts hängen.

[1]) Vgl. UnfVV.

[2]) Mit Ausnahme solcher Gegenstände, die gerade mit Rücksicht auf den Hafenbetrieb hinausragen müssen, z. B. Fallreep, Ladebäume, Greifer, Fender usw.

§ 19. Vertäuen.

1. Die Schiffe müssen fest und sicher vertäut werden[1]), jedoch so, daß die Befestigung erforderlichenfalls rasch gelöst werden kann.

2. Die Ketten und Taue der Seeschiffe[2]) dürfen nur an den in die Kaimauer eingelassenen Pollern, Ringen

oder an anderen Befestigungsvorrichtungen der Ufereinfassungen und Landungsplätze oder an den um die Pfahlgruppen gelegten Ketten, nicht aber an einzelnen Pfählen der Pfahlgruppen oder an Streichpfählen vor der Kaimauer befestigt werden[3]).

3. Müssen fremde Fahrzeuge losgeworfen werden, so sind sie unverzüglich wieder ordnungsmäßig zu vertäuen[4]).

4. Leinen dürfen im Bereich des Fahrwassers ohne Erlaubnis des zuständigen Hafenamts nur zum Verholen ausgebracht werden[5]). Die Leinen sind bei Dunkelheit kenntlich zu machen.

5. Fahrzeuge, welche auf den der Ebbe und Flut nicht zugänglichen Wasserflächen an Uferböschungen liegen, haben sich vom Ufer so weit entfernt zu halten, daß sie bei Änderung des Wasserstandes flott bleiben.

[1]) Über die an eine ordnungsmäßige Vertäuung zu stellenden Anforderungen vgl. HansRZ. 1926, 776; HansGZ. 25, 54: Schiffe haben im Hafen so sicher vertäut zu liegen, daß die Vertäuung sich auch bei stärkerem Wellengang, insbes. durch Schraubenwasser verursacht, nicht lösen kann. HansRGZ. 1929 B 755.

Zu dem Erfordernis der Sicherheit gehört auch die Selbständigkeit der Befestigung. Ein Schiff darf daher nicht an der Kette festmachen, mit der ein anderes Schiff verankert oder an der Pfahlgruppe festgemacht hat. Das gleiche gilt beim Liegen am Kai. Nur kleine Fahrzeuge (Hafen- u. Flußfahrzeuge, Schuten, Schlepper usw.) können ohne eigene Uferbefestigung an vertäuten Schiffen festmachen. Vgl. auch HansOLG. HansGZ. 1929 B 275. (Befestigung eines Kahns an einem andern Kahn und Losreißen eines der Kähne mit anschließender Kollision.) Die Gestattung des Festmachens bedeutet keinen Verzicht auf Ersatzansprüche HansOLG. ibid. Vgl. auch SchlHolstAnz. 1925 S. 151.

[2]) Binnenschiffe dürfen auch in anderer Weise festmachen.

[3]) LG. Hamburg HansRGZ. 1929 B 54. Schutzpfähle der Hafenanlagen sind nicht zum Festmachen von Fahrzeugen bestimmt.

[4]) Insbesondere auch, wenn ein Schlepper ein Fahrzeug herausgeholt und zu diesem Zwecke ein anderes von der Befestigung

gelöst hatte. HansGZ. 1927 Nr. 127. Vgl. Sebba SWO. § 56 Anm. 47.

[5]) Eine Anmeldung der geplanten Maßnahmen genügt nicht. Es muß vor dem Ziehen der Taue die Genehmigung vorliegen. Läuft ein anderes Schiff gegen die ohne Genehmigung gezogene Trosse, so kann es Schadensersatz verlangen (RG. Hansa 1918, 402).

§ 20. Abbäumen. Seeschiffe dürfen nur mit Erlaubnis des zuständigen Hafenamts abgebäumt werden[1]).

[1]) Vgl. Sebba SWO. § 56 Anm. 44.

§ 21. Bewachung.

1. See- und Flußschiffe müssen während ihres Aufenthalts im Hafen mit mindestens einem Schiffsmann besetzt sein[1]). In Flußschiffhäfen genügt ein Schiffsmann für je 3 zusammenliegende leere Flußschiffe[2]).

2. Hafenfahrzeuge müssen in den Seeschiffshäfen vom Schlusse der regelmäßigen täglichen Arbeitszeit bis zum Beginn der Arbeitszeit am nächsten Werktage in angemessenen Zeitabständen regelmäßig vom Lande oder Wasser oder vom Schiff aus beaufsichtigt werden.

3. Soll ein See- oder Flußschiff ohne Besatzung aufliegen, so ist dem zuständigen Hafenamt eine geeignete Person zu bezeichnen, die sich zu verpflichten hat, etwaige Anordnungen auszuführen.

[1]) Der Mieter einer Schute, welcher nicht für Bewachung derselben sorgt, haftet für einen dadurch entstehenden Schaden persönlich (nicht nur mit Schiff u. Fracht). HansOLG. Hbl. 1908, 240. — Es genügt, daß ein Mann an Bord ist. Ständiger Ausguck kann nur beim Liegen an besonders exponierter Stelle verlangt werden (HansGZ. 1904 Nr. 33). Die Vorschrift gilt auch für Schlepper. (Früher wurde die Besatzung nur im Falle besonderer Umstände erfordert. Vgl. HansGZ. 1915 Nr. 15.) Ferner HansRZ. 20, 54 (Einfluß des Krieges auf die Pflicht zur Bewachung beladener Schuten durch den Mieter derselben) und HansGZ. 19 Hbl. 121: Ein großer Ewerführerbetrieb muß die von der Seewarte signalisierten Sturmwarnungen beachten, und die von ihm gemieteten Schuten vor Sturm in Sicherheit bringen.

[2]) Hamburg 30. Dez. 1919, HansGZ. 20 Hbl. 117. Bewachung mehrerer Schuten durch eine Person ist zwar zulässig, doch muß die Gewähr für rechtzeitige Beobachtung drohender Gefahren bestehen. Andernfalls erfordert die verkehrsübliche Sorgfalt eine anderweitige Regelung der Bewachung.

§ 22. Drehen der Schrauben von Seeschiffen und Flußfrachtdampfern.

1. Die Schrauben stilliegender Seeschiffe und Flußfrachtdampfer dürfen unter Dampf[1]) nur mit langsam arbeitender Hauptmaschine[2]) und nur dann gedreht werden, wenn das Schiff den Grund nicht berührt. An Ufermauern und Kais ist es nur mit Erlaubnis des zuständigen Hafenamts gestattet.

2. Beim An- und Ablegen von Seedampfern dürfen an den Kais die Schrauben nur, wenn das Schiff flott ist, und nur so gedreht werden, daß der Kai nicht beschädigt[3]) und die Hafensohle nicht aufgewühlt wird[4]).

3. Solange die Schrauben gedreht werden, müssen naheliegende oder in die Nähe kommende Fahrzeuge in geeigneter Weise rechtzeitig gewarnt werden[5]), Seeschiffe müssen außerdem Warnungstafeln[6]) aushängen; diese sind zu entfernen, sobald das Drehen beendet ist.

4. Bei gefahrdrohender Annäherung von Fahrzeugen ist die Schraube zu stoppen[7]).

[1]) Anders, wenn die Schraube nicht durch die arbeitende Hauptmaschine, sondern durch eine besondere Drehvorrichtung (Hilfsmaschine) gedreht wird.

[2]) Vgl. dazu SWO. § 39. Die Maschine darf nur so langsam gehen, daß sie noch in Gang bleibt.

[3]) Besteht die Möglichkeit, daß die Schraubenflügel gegen die Kaiseite oder die Streichpfähle schlagen (z. B. wenn ein Doppelschraubenschiff am Kai kurz dreht), so ist der Schraubengebrauch nicht zulässig. Auch insoweit gilt Art. 29 SStrO.

[4]) Es genügt also nicht, daß das Schiff flott ist; vielmehr muß es so viel Wasser unter dem Kiel haben, daß der Schraubenstrom die Hafensohle nicht aufwühlt. Wann diese Gefahr

besteht, richtet sich nach den Umständen (Tiefgang, Größe der Schraube, Umdrehungszahl usw.).

[5]) Besondere Warnung durch einen ausgestellten Posten.

[6]) Die Warnungstafeln müssen nicht nur zum Ausdruck bringen, daß an dieser Stelle sich eine Schraube befindet („Achtung! Doppelschrauben"), sondern auch, daß sie gedreht wird (vgl. LG. Hamb. HambFrBl. v. 20. Mai 1928).

[7]) Es muß also die Möglichkeit der Befehlsübermittelung vom Ausguck bzw. von der Brücke zur Maschine bestehen. Mit einer plötzlichen Drehung der Schraube ohne vorhergehende Warnung braucht kein Fahrzeug zu rechnen (LG. Hamb. HambFrBl. v. 20. Mai 1928).

§ 23. Verhüten der Verunreinigungen des Hafens. Beim Löschen und Laden von Ballast, Schlacken, Asche, Bauschutt, Unrat und Gütern, die den Hafen verunreinigen können, sind untergespannte Persennige oder andere Vorrichtungen zu verwenden, die geeignet sind, die Verunreinigung des Hafens zu verhindern.

§ 24. Liegeplatz Oevelgönne für Luftfahrzeuge. Am rechten Elbufer unterhalb der Landungsbrücke Neumühlen ist ein Liegeplatz für Luftfahrzeuge eingerichtet. Seine Grenze gegen das Fahrwasser ist durch graue Tonnen bezeichnet. Andere Fahrzeuge dürfen in der Zeit vom 1. April bis 15. Oktober dort nicht fahren oder ankern.

V. Fahren im Hafen[1]).

§ 25. Fahrregeln.

1. Die Vorschriften der Seewasserstraßenordnung über Wegerechtsschiffe (§§ 14, 42[2])) gelten nur im Hauptfahrwasser[3]).

2. Von den Vorschriften der Seewasserstraßenordnung über Fahrtbeschränkungen[4]) finden die Vorschriften des § 40 Abs. 1 Satz 2 und Abs. 2[5]) keine Anwendung.

3. Die in Artikel 28 der Seestraßenordnung vor-

geschriebenen Kurssignale können auch von einem Hafen- oder Flußfahrzeug abgegeben werden, das ohne Rücksicht auf die Ruderlage die Seite, an der es ein anderes Fahrzeug zu passieren beabsichtigt, anzeigen will[6]).

4. Vor dem Einfahren in Hafenbecken und vor dem Ausfahren aus ihnen sowie beim Queren der Einfahrten von Hafenbecken ist ein langes Warnungssignal zu geben[7]). Hafenbecken im Sinne dieser Vorschrift sind auch der Reiherstieg und der Köhlbrand.

5. Will ein Seeschiff[8]) ein Hafenbecken verlassen, so hat es eine Stunde vor dem Zeitpunkt des Verlassens am Tage einen schwarzen Ball, bei Nacht ein rotes, über den ganzen Horizont sichtbares[9]) Licht im Vortopp oder an der höchsten Mastspitze zu setzen. Sobald das Seeschiff das Hafenbecken verlassen hat, ist das Signal zu entfernen; jedoch haben die aus einem Hafenbecken an der linken Elbseite elbabwärts[10]) bestimmten Schiffe das Signal noch so lange zu führen, bis sie an der richtigen Seite des Hauptfahrwassers angelangt sind und ungefähr stromrecht liegen. Das Signal ist nur ein Warnungssignal für entgegenkommende Schiffe; ein Wegerecht wird dem betreffenden Schiff damit nicht eingeräumt[11]). Für die aus dem Köhlbrand oder dem Reiherstieg elbabwärts bestimmten Seeschiffe gelten dieselben Vorschriften. Das Signal muß im Köhlbrand von der Linie Roßkanal—Rugenberger Schleuse ab gezeigt werden.

6. Brücken[12]), deren Pfeiler das Fahrwasser einschränken, sind nur in mäßiger Geschwindigkeit[13]), und zwar an der rechten Seite oder, wenn mehrere Brückenöffnungen vorhanden sind, durch die rechte Öffnung[14]) zu durchfahren[15]), sofern nicht eine andere Öffnung durch Tafeln für die Durchfahrt bestimmt ist.

[1]) Soweit nicht Sondervorschriften bestehen, gilt die SStrO. (vgl. § 2). Das Navigieren in Hafenmündungen erfordert striktes

Rechtshalten, evtl. Fahrtermäßigung und Handeln nach Art. 27, 21, 29 SStrO. HansOLG. Bf. I 305, 29.

²) Vgl. Sebba SWO. S. 60 und 121.

³) Vgl. § 4 Abs. 1.

⁴) Größere, geschleppte Schiffe dürfen ihre Schraube nicht laufen lassen, wenn es nicht unbedingt erforderlich ist (HansGZ. 1925, 54). Die Vorschriften haben in erster Reihe die Gefährdung der Schiffahrt (insbes. der Kleinschiffahrt) durch starke Wellenbewegung im Auge (vgl. dazu I 782). Hinsichtlich der Mäßigung der Fahrt wegen Kollisionsgefahr gilt Art. 29 SStrO. (vgl. SeeA. Hamb. HansGZ. 1910 Nr. 124), soweit nicht Sondervorschriften gegeben sind.

⁵) Vgl. Sebba SWO. S. 116.

⁶) Diese Vorschrift wird mit Recht bekämpft, da sie zu folgenschweren Mißverständnissen führen kann. Vgl. Sebba Hans. RGZ. 1931 A 137.

⁷) Vgl. HansGZ. 1901 Nr. 78; 1906 Nr. 152. Bei sehr engem Fahrwasser kann aber auch beim Passieren einer auf der entgegengesetzten Seite gelegenen Hafeneinmündung das Signal nach Art. 29 SStrO. geboten sein (Warnungssignal: § 35a SWO.). Die Signale müssen auch dann gegeben werden, wenn Schiffe nicht in Sicht sind. HansOLG. Hansa 1928, 2004. Ein Grundsatz oder seemännischer Brauch des Inhalts, daß einkommende Schiffe sich den Manövern der aus den Seitenhäfen auslaufenden Schiffe anpassen müssen, bis diese stromrecht auf die für sie rechten Fahrwasserseite liegen, besteht nicht. HansOLG. Hansa 1908, 1269.

⁸) Keine Erweiterung auf Hafen- oder Binnenschiffe HansGZ. 1929 B 419.

⁹) Über die Frage der Aufhängung vgl. Sebba SWO. § 8 Anm. 16 und Schaps I 816.

¹⁰) Die elbaufwärts bestimmten Schiffe brauchen das Fahrwasser nicht zu kreuzen.

¹¹) D. h. an der Verteilung der Ausweich- und Kurshaltepflicht für dieses Schiff und alle übrigen wird nichts geändert.

¹²) Vgl. das Verbot der Beschädigung von Brücken in § 49b SWO. — Über Brückenstrecken vgl. Sebba SWO. § 40 Anm. 10.

¹³) Vgl. SWO § 39; Sebba S. 113.

¹⁴) Bei der sog. Etagenbrücke im Oberhafen wird üblicherweise nicht unbedingt das rechte Brückenjoch zur Durchfahrt benutzt. (Vom OLG. — HansGZ. 1908 Nr. 107 — aus tatsächlichen Gründen als nicht mißbräuchlich bezeichnet.) Dagegen

nimmt HansOLG. (HansGZ. 1914 Nr. 5) an, daß die aus dem Erikusgraben kommenden Schiffe von den im Zuge desselben liegenden 2 Jochen das rechtsseitige, die aus dem Zollkanal kommenden Schiffe sich in dem einen, ihnen zur Verfügung stehenden Joch rechts zu halten haben.

[15]) Ein Warnungssignal beim Passieren von Brücken ist nicht vorgeschrieben (HansGZ. 1908 Nr. 7). Doch kann auch hier Art. 29 SStrO. zu dem entgegengesetzten Resultat führen.

§ 26[1]). Benutzung des Fahrwassers.

1. Sämtliche Fahrzeuge haben so zu fahren, daß sie das Fahrwasser[2]) nicht mehr und nicht länger als nötig in Anspruch nehmen. Es ist verboten, Fahrzeuge quer treiben zu lassen.

2. Seeschiffe, Oberländer Kähne und Schlepper mit mehreren Schuten dürfen innerhalb der Hafenbecken nur an deren oberen Ende drehen.

[1]) Vgl. SWO. § 6; Sebba S. 43.

[2]) In allen Häfen und Hafeneinschnitten gilt als Fahrwasser die den Kaimauern parallellaufende Richtung des Wasserarms. HansGZ. 1908 Nr. 131, vgl. auch SWO. §§ 6, 36 und oben § 4. Über Navigation und Ausweichpflicht der Zollkreuzer im Hamburger Hafen vgl. HansOLG. HansRGZ. 1929 B 147.

§ 27. Fahrregeln für Segelschiffe, Barkassen, Motor-, Ruder- und Paddelboote.

1. Segelschiffe haben, wenn sie, ohne kreuzen zu müssen, dem Fahrwasser zu folgen vermögen, die Mitte des Fahrwassers zu meiden und sich auf der an ihrer Steuerbordseite liegenden Seite des Fahrwassers zu halten. Auf der Strecke im Hauptfahrwasser unterhalb der Köhlbrandmündung haben sie sich, auch wenn sie elbabwärts fahren, der Südgrenze des Hauptfahrwassers so nahe zu halten, wie es ihr Tiefgang erlaubt.

2. Sobald ein Dampfer einen langen Ton als Warnungssignal gibt, müssen alle Segelschiffe dem Dampfer aus dem Wege gehen.

3. Barkassen und Motorboote[1]) haben die Mitte des

Fahrwassers zu meiden und sich auf der an ihrer Steuerbordseite liegenden Seite des Fahrwassers zu halten. Ein Queren des Fahrwassers[2]) ist auf dem kürzesten Wege ohne Aufenthalt auszuführen. Hierbei ist allen anderen Fahrzeugen rechtzeitig auszuweichen[3])[4]).

4. Ruder- und Paddelboote dürfen auch unter Segel im Fahrwasser nur an den Seiten fahren. Ein Queren des Fahrwassers ist auf dem kürzesten Wege und ohne Aufenthalt auszuführen und nur dann, wenn dort keine Seeschiffe fahren. Hierbei ist allen anderen Fahrzeugen mit Ausnahme von Barkassen und Motorbooten auszuweichen[5]).

[1]) Wird ein Schiff sowohl als Flußschiff oder Hafenschiff, wie auch auf See verwendet, so gilt es nicht als Seeschiff (z. B. Hafen- und Seeschlepper), HansGZ. 1907 Nr. 3; 1910 Nr. 129. Desgleichen ist die Vorschrift anwendbar auf See- und Binnenschleppzüge (HansGZ. 1927, 28).

[2]) Hinüberfahren von einer Seite des Fahrwassers zur andern, gleichgültig, ob dies im rechten oder spitzen Winkel geschieht (HansGZ. 1910 Nr. 129). Maßgebend ist der Gegensatz zur Fahrwasserrichtung. Wird der Winkel allerdings sehr klein, so ist das Fahrzeug nicht mehr als „kreuzendes" anzusehen. Wer außerhalb der normalen Verkehrsrichtung fährt, muß sich über die Gefahrlosigkeit seines Unternehmens für andere Schiffe vergewissern. Vgl. auch Sebba, SWO. § 33 Anm. 3. RG. HansRGZ. 1929 B 51; RG. 122 284 (insbes. auch im Hinblick auf Art. 25, 18 und 22 SStrO.). Die Vorschrift bezieht sich auch auf Kähne, welche im Schlepp eines Schleppers das Fahrwasser kreuzen, ebenso auf Flußschiffe aller Art.

[3]) Die Vorschrift begründet eine Sorgfaltspflicht vor Beginn der Fahrwasserquerung. Dagegen soll die Ausweichpflicht nicht geregelt werden. Hat die Querung also begonnen, so sind die allgemeinen Ausweichvorschriften maßgebend. Jedes Schiff muß beim Verlassen eines Nebenarms entsprechende Vorsicht anwenden. Gegenseitige Unterstützung bei den Manövern muß im Hafen stets erfordert werden. (Vgl. HansGZ. 1908 Nr. 131).

[4]) Diese Vorschrift ist stärker als Art. 19 SStrO. (vgl. Art. 30 SStrO.; HansGZ. 1906 Nr. 108; 1909 Nr. 26; 1910 Nr. 129. Gegenüber solchen das Fahrwasser kreuzenden Fahr-

zeugen ist jedes in der Fahrwasserrichtung fahrende Schiff unbedingt Kurshalter. Kreuzende Fahrzeuge untereinander haben lediglich die SStrO. zu beachten, insbesondere auch Art. 19. (HansGZ. 1906 Nr. 92).

⁵) Diesen gegenüber sind Ruder- und Paddelboote Kurshalter. Doch betrifft dies nur den Fall des Querens eines Fahrwassers. Unter einander haben diese Boote sich nach der SStrO. zu richten, soweit dieselbe überhaupt auf sie anwendbar ist.

§ 28. Nebelsignal.

Bei unsichtigem Wetter haben alle in Fahrt befindlichen Schiffe das in Art. 15 der Seestraßenordnung für sie vorgeschriebene Nebelsignal mindestens jede Minute zu geben[1]).

[1]) Gemeint ist das Signal des Art. 15a—c und e. Für die in Art. 15 Abs. 2 genannten Fahrzeuge bedeutet § 28 keine Änderung.

§ 29. Lichterführung auf Flußschiffen.

Für die Lichterführung der Flußschiffe im Oberelbeverkehr gelten im Hauptfahrwasser[1]) die Vorschriften der Schiffahrtspolizeiverordnung für die Oberelbe[2]).

[1]) Vgl. § 4 Abs. 1.

[2]) Verordnung für Schiffahrt und Flößerei auf der Elbe vom 16. Februar 1894 (Amtsblatt Hamburg 1894, S. 59ff.)

§ 30. Lichterführung kleiner Fahrzeuge.

1. Jedes durch Maschinenkraft fortbewegte Fahrzeug hat bei Dunkelheit ein dauernd sichtbares Hecklicht zu führen[2]).

2. Jedes andere Fahrzeug, das keine Seitenlichter zu führen braucht[1]), hat bei Nacht ein ringsum sichtbares hellbrennendes weißes Licht zu führen[3]). Von zwei nebeneinander geschleppten Schuten braucht nur eine das weiße Licht zu führen.

[1]) Vgl. SWO. § 10.

[2]) und auch tatsächlich nicht führt.

[3]) Nicht gemeint sind ankernde und vertäute Fahrzeuge (vgl. die Überschrift „Fahren im Hafen"). Für diese gelten die Sonderbestimmungen des Gesetzes, subsidiär die SStrO. — Durch § 30

wird Art. 7 SStrO. teilweise außer Kraft gesetzt. Zu den „Seitenlichtern" i. S. des § 30 gehört auch die zweifarbige Laterne, (Art. 7 zu 1b und 3 SStrO.).

§ 31. Schleppzüge[1]).

1. Für Schleppzüge im Verkehr mit der Oberelbe gelten oberhalb der Elbbrücken die Bestimmungen der Schiffahrtspolizeiverordnung für die Oberelbe[2]).

3. Alle übrigen Schleppzüge[3]), soweit sie außer dem Schlepper[4]) aus zwei oder mehr geschleppten Fahrzeugen bestehen, dürfen insgesamt höchstens die folgende Länge und Breite[5]) haben[6])[7]):

a) im Hauptfahrwasser der Unterelbe: 450 m Länge und 30 m Breite;

b) im Hauptfahrwasser der Norderelbe sowie im Reiherstieg nördlich der Freihafengrenze und in der Rethe,

  aa) wenn die geschleppten Fahrzeuge kein Steuer[8]) haben: 100 m Länge und 22 m Breite,

  bb) wenn die geschleppten Fahrzeuge ein Steuer haben: 120 m Länge und 22 m Breite,

c) im Hauptfahrwasser der Süderelbe und des Köhlbrands: 200 m Länge und 24 m Breite,

d) im Reiherstieg südlich der Freihafengrenze: 150 m Länge und 22 m Breite;

e) in den übrigen Teilen des Hafens: 80 m Länge und 14 m Breite.

3. Im Hauptfahrwasser der Unterelbe darf die Schlepptrosse höchstens 90 m lang sein. In den übrigen Teilen des Hafens muß sie so kurz angebunden sein, daß das geschleppte Fahrzeug nur knapp hinter dem Schlepper durchgieren kann[9]).

4. Jedes geschleppte Fahrzeug[10]) muß einen mit der Leitung vertrauten Führer an Bord haben. Dieser hat sich, soweit seine Anwesenheit nicht an anderer Stelle

dringend erforderlich ist, am Steuer, bei Fahrzeugen ohne Steuer auf der Plicht oder am Heck aufzuhalten.

5. Schleppzüge für die Bergfahrt auf der Süderelbe sind oberhalb der Elbbrücken, auf der Norderelbe oberhalb der Einmündung der Billwärder Bucht an den dafür bestimmten Plätzen zusammenzustellen.

6. Fahrzeuge dürfen an Dampfer oder Schleppzüge in Fahrt nicht angehakt werden[11]).

[1]) Vgl. SWO. § 45.

[2]) Verordnung für Schiffahrt und Flößerei auf der Elbe vom 16. Februar 1894 (Amtsblatt Hamburg 1894, S. 59ff).

[3]) § 31 gilt für alle Teile des Hamburger Hafens nicht aber für die offene Elbe. Wohl aber für Häfen, die z. Zt. des Erlasses der Vorschrift noch nicht bestanden. § 31 muß auch von Schleppzügen befolgt werden, welche von einem Hamb. Hafen ausgehend nach der offenen Elbe und elbabwärts bestimmt sind (HansGZ. 1915 Nr. 130).

[4]) bzw. (wenn mehrere Schlepper ziehen) außer diesen.

[5]) Daraus ergibt sich nicht ohne weiteres, was für das Längsseitschleppen gelten soll, ob es insbesondere gestattet ist, an jeder Seite ein Fahrzeug zu führen. Die Frage des Längsseitschleppens ist hier nicht behandelt worden. Vgl. über Längsseitschleppen Sebba, SWO. § 45 Anm. 4. Mangels besonderer Vorschriften für den Hafen muß die Frage der Zulässigkeit aus Art. 29 SStrO. heraus für den Einzelfall beantwortet werden. — Über Besatzung zweier nebeneinander geschleppter Hafenfahrzeuge vgl. § 35.

[6]) Der Schleppzug wird üblich gemessen vom Heck des Schleppers bis zum Heck des letzten geschleppten Fahrzeuges. Eine abweichende Bestimmung enthielt der frühere § 34 des Hafengesetzes. Schleppen zwei Schlepper hintereinander, so wird vom Bug des vordersten Schleppers gemessen. Vgl. Schaps I 807; analog OLG. Rostock, MecklZ. 1903 Nr. 61.

[7]) Die Einhaltung dieser Maße entbindet den Schiffer nicht von der Verpflichtung, nachzuprüfen, ob im Hinblick auf Art. 29 SStrO. nicht eine weitere Verkleinerung des Schleppzugs oder Verkürzung der Trossen geboten ist. HansGZ. 1904 Nr. 51.

[8]) Analog anwendbar auf den Fall, daß das vorhandene Steuer unbenutzbar ist; entscheidend ist die Frage, ob der Anhang in der Lage ist, sachgemäß nachzusteuern. Über das Schlep-

pen nicht steuerfähiger Fahrzeuge und die Anforderungen an die Steuerfähigkeit vgl. Sebba Anm. zu § 13 SWO.

[9]) Normaler Abstand zwischen Schlepper und Anhang (Schute) 1,50 m. Ein entgegenstehender Gebrauch ist unbeachtlich (HansGZ. 1914 Nr. 40). Abweichung nur, wenn nautisch geboten, z. B. beim Schleppen eines größeren Schiffes (HansGZ. 1915 Nr. 130: 8 m angemessen; 15 m zu lang;) Hier gilt Art. 29 SStrO.: pflichtgemäßes Ermessen des Schiffsführers. Vgl. auch HansGZ. 1905 Nr. 107 u. 112; 1916 Nr. 52.

[10]) Auch ein längsseit geschlepptes? Wohl zu verneinen!

[11]) Vgl. HansGZ. 1905 Nr. 112.

§ 32. Zollfahrzeuge im Fahrwasser.

1. Auf Zollfahrzeuge, die zur Beobachtung an der schrägen Zollgrenze bei St. Pauli an der nördlichen und südlichen Seite des Fahrwassers sowie an den Zollgrenzen bei Kuhwärder und im Eingang des Parkhafens an der östlichen und westlichen Seite des Fahrwassers liegen, finden § 26 Abs. 1 Satz 1 und § 27 Abs. 3 Satz 1 keine Anwendung.

2. Diese Zollfahrzeuge führen während des Liegens auf ihren Beobachtungsorten und bei den zur Ausübung der Aufsicht erforderlichen Fahrten außer den vorgeschriebenen Heck- und Seitenlichtern an Stelle des weißen Topplichtes ein weißes und 1 m darüber ein grünes Licht; beide Lichter müssen über den ganzen Horizont auf mindestens $1^1/_2$ Seemeilen sichtbar sein.

3. Diese Zollfahrzeuge gelten als fahrende Fahrzeuge im Sinne der Seestraßenordnung. Sie haben jedoch, solange sie zur Beobachtung im Fahrwasser liegen, nach Aufforderung und Signalverständigung überholenden Seeschiffen[1]) aus dem Wege zu gehen. Das Überholungssignal des Seeschiffes ist ein langer Ton, das Antwortsignal des Zollfahrzeuges ist ein langer und ein kurzer Ton.

[1]) Für begegnende Seeschiffe gelten die allg. Vorschriften.

§ 33. Fahren im Köhlbrand.

1. Die im Längsverkehr im Köhlbrand fahrenden Schiffe haben bei der Fahrt Köhlbrand abwärts beim Passieren der Linie Roßkanal -Rugenberger Schleuse, beim Fahren Köhlbrand aufwärts beim Passieren des Kabelturms ein mindestens 8 Sekunden langes Schallsignal abzugeben und die Strecke zwischen diesen beiden Punkten langsam zu durchfahren.

2. Die Eisenbahnfährschiffe haben unmittelbar vor Antritt einer Fahrt 2 Schallsignale von je 10 Sekunden Dauer abzugeben.

3. Im Querverkehr müssen Fahrzeuge ohne eigene Triebkraft geschleppt werden.

§ 34. Kuhwärder Vorhafen; Einfahrt und Ausfahrt.

1. Aufkommende Seeschiffe, die in den Kuhwärder Vorhafen einfahren wollen, haben von der Mündung des Köhlbrandes an bei Tage im Vortopp an gut sichtbarer Stelle einen Wimpel, bei Nacht im Großtopp eine rote Lampe unter dem zweiten Topplicht zu führen.

2. Aus dem Kuhwärder Vorhafen ausfahrende Seeschiffe haben rechtzeitig für etwa erforderliche Schleppkraft zu sorgen; vordere Schlepper dürfen erst losgeworfen werden, wenn das Seeschiff auf der richtigen Seite des Hauptfahrwassers angelangt ist und stromrecht liegt[1]).

[1]) Wie lange am Achterschiff angreifende Schlepper beibehalten werden müssen, richtet sich nach dem Ermessen der Schiffsleitung (Art. 29 SStrO.).

§ 35. Befahren der Hammerbrookkanäle.

1. Fahrzeuge mit eigener Triebkraft dürfen die Hammerbrookkanäle nur mit Erlaubnis der Hamburger Baubehörde befahren.

2. Motorboote und Barkassen dürfen in den Hammerbrookkanälen nur fahren, wenn sie höchstens 1,5 m tief

gehen; Ewer, Frachtkähne mit Motor nur, wenn sie höchstens 1,6 m tief gehen.

3. Die Geschwindigkeit der Motorboote und Barkassen darf 7 Minuten für das Kilometer nicht übersteigen.

4. Die Motorfahrzeuge dürfen nicht mehr als zwei andere Fahrzeuge schleppen.

5. Bei Zuwiderhandlungen kann die Erlaubnis entzogen werden.

§ 36. Altonaer Landungsbrücken.

Es ist verboten, mit Schuten, Oberländer Kähnen und Dampfern unter den Landungsbrücken durchzufahren.

§ 37. Altonaer Badestrand.

Das Anstrandsetzen von Fahrzeugen ist an den öffentlichen Bädeplätzen am rechten Ufer der Unterelbe in der Zeit vom 1. Mai bis 30. September verboten. Ausnahmen bedürfen der Erlaubnis des Hafenamts.

§ 38. Benutzen der Harburger Schleusen und Kanäle.

1. Fahrzeuge dürfen sich in den Vorhäfen der Harburger Schleusen nicht länger aufhalten, als es zu ihrem Ein- und Ausholen erforderlich ist.

2. Die im ständigen Eilverkehr auf der Ober- und Unterelbe fahrenden Dampfer haben vor allen anderen Fahrzeugen den Vorrang.

3. Schiffe, die länger sind als 65 m, dürfen nur mit Erlaubnis des Hafenamts durchschleusen.

4. Die Kanäle des Binnenhafens dürfen nur die Schiffe benutzen, die an den dort belegenen Lagerhäusern oder an den Kanalufern laden oder löschen wollen.

§ 39. Drehbrücken in Harburg.

1. Fahrzeuge ohne eigene Triebkraft dürfen die beweglichen Brücken nur mit Schlepperhilfe durchfahren.

2. Bei den Drehbrücken über den westlichen Bahnhofs-

kanal, den Kaufhauskanal und den Lotsekanal sind Fahrzeuge bis zu 120 t Tragfähigkeit vom Schleppzwang befreit, wenn sie mindestens zwei Mann an Bord haben.

VI. Verschiedenes.

§ 40. Kennzeichnung der Hafenfahrzeuge.

Jedes Hafenfahrzeug muß die Nummer und die Bezeichnung des Ortes seiner Eintragung deutlich sichtbar und unverwischbar tragen.

§ 41. Bezeichnung und Beseitigung von gesunkenen Fahrzeugen und Gegenständen[1]).

1. Im Fahrwasser gesunkene oder hilflos treibende Fahrzeuge sowie Anker, Ketten oder andere Gegenstände, durch welche die Schiffahrt gefährdet werden kann, können von der zuständigen Hafenbehörde beseitigt werden.

2. An schiffahrtshindernden Schiffen und Wracks, deren Beseitigung von der zuständigen Hafenbehörde in Angriff genommen ist, wird die Flagge W des internationalen Signalbuchs angebracht. Von so bezeichneten Schiffen und Wracks darf ohne Genehmigung der zuständigen Hafenbehörde nichts mehr beseitigt und nichts mehr fortgeschafft werden.

[1]) Vgl. AusfBek. für Hamburg:
Das Sinken von Fahrzeugen sowie der Verlust von Ankern u. dergl. im Jachthafen ist sofort dem Hafenwart zu melden. Die Eigentümer haben für eine schnelle Entfernung der gesunkenen Gegenstände Sorge zu tragen unbeschadet des Rechts der Hafenbehörde, diese Gegenstände zu beseitigen.

§ 42. Fischereivorschriften[1]).

1. Jede Art des Fischens ist verboten: unter den Brücken, in den Hafeneinfahrten[2]) und an solchen Stellen des Hafens, an denen ein starker Verkehr stattfindet[3]) oder die Hafenbeamten oder Hafenpolizeibeamten es untersagen,

sowie im Hamburger und Harburger Petroleumhafen (vierter Seehafen) und an ihren Ufern, im Hamburger Jachthafen, im Hamburger Zollhafen Entenwärder, in einem geringeren Abstande als 10 m von den an den Langen und Kurzen Brücken des Zollamtes Entenwärder liegenden Fahrzeugen und im Altonaer Hafen oberhalb der Landungsbrücke Neumühlen. Der Regierungspräsident in Schleswig kann zur Wahrung wissenschaftlicher oder öffentlicher Fischereiinteressen Ausnahmen von dem Verbot des Fischens im Altonaer Hafen oberhalb der Landungsbrücke Neumühlen von Fall zu Fall zulassen.

2. Das Fischen mit Schleppnetzen ist verboten.

3. An den Landungsstellen der Fischmärkte sowie an den Altonaer Landungsbrücken dürfen die Fahrzeuge der Wurfnetzfischer nur mit eingezogenem Baum anlegen.

4. Fischereifahrzeuge dürfen im Hauptfahrwasser von der Nienstedtener Kirche bis zur Kreuztonne beim Mühlenberger Loch vor Anker liegend fischen, jedoch dürfen höchstens zwei Fischereifahrzeuge nebeneinander ankern. Das am weitesten ins Fahrwasser hineinliegende Fahrzeug darf höchstens 50 m nördlich von dem südlichen Tonnenstrich liegen.

[1]) Vgl. SWO. § 55; Sebba S. 162.

[2]) Auch in dem Raum vor den Hafeneinfahrten, soweit dieser vom Verkehr in Anspruch genommen wird, um die Hafeneinfahrt zu erreichen. HansOLG. HansRGZ. 1931 A 358.

[3]) Diese Bestimmung wird vom HansOLG. (HansRGZ. 1931 A 358) für unwirksam erklärt, weil aus ihr nicht ersichtlich ist, ob der Verkehr jeweils im konkreten Falle oder generell und erfahrungsgemäß als „stark" festgestellt werden muß und beide Auslegungen gleich möglich und gleich vernünftig sind.

§ 43. Verbote.

Verboten ist:

a) das unbefugte Auffischen von Kohlen,

b) die unbefugte Entnahme von Sand-, Klei- und sonstigem Boden sowie Soden,

c) das Hinlegen von Fahrzeugen zum Lagern von Altmaterial ohne Erlaubnis des zuständigen Hafenamts,

d) das Abbrennen von Feuerwerkskörpern und bengalischen Streich- und Zündhölzern,[1])

e) jede sportliche Veranstaltung ohne Erlaubnis der zuständigen Hafenpolizeibehörde[2]).

[1]) Vgl. SWO. § 8.

[2]) Vgl. SWO. § 60.

VII. Zwangs- und Strafbestimmungen.

§ 44. Zwangsmaßnahmen[1]).

Den Anforderungen der Hafenbeamten und Hafenpolizeibeamten ist unverzüglich Folge zu leisten. Diese Beamten können nach Maßgabe der gesetzlichen Bestimmungen die erforderlichen Maßnahmen durch Zwangsmittel auf Kosten des Betroffenen durchsetzen.

[1]) Vgl. AusfBek. für Hamburg:

Den Anordnungen des Hafenwarts über das Verholen oder Hinlegen der Fahrzeuge im Hamburger Jachthafen ist Folge zu leisten.

§ 45. Strafen.

Verstöße gegen die Vorschriften dieser Ordnung werden mit Geldstrafe bis zu 150 RM. oder entsprechender Haft bestraft, soweit nicht nach allgemeinen Bestimmungen eine schwerere Strafe eintritt.

VIII. Aufhebung alter Vorschriften.

§ 46. 1. Die §§ 2—5, 10—17, 18—37 des hamburgischen Hafengesetzes vom 2. Juni 1897 mit seinen nachfolgenden Änderungen sind durch das hamburgische Gesetz zur Änderung des Hafengesetzes vom 14. März 1930

(Hamburgisches Gesetz- und Verordnungsblatt S. 79) aufgehoben.

2. Mit dem Inkrafttreten dieser Ordnung werden folgende hamburgische Vorschriften aufgehoben:

1. Die §§ 1—3; 5; 7; 8 Absatz 1, a, b, d—i, Absatz 2; 17 der Hafenordnung vom 30. Juni 1897 (Amtsblatt Seite 292), 8. Juni 1914 (Amtsblatt Seite 295), 29. Juni 1925 (Hamburgisches Gesetz- und Verordnungsblatt Seite 335).
2. Bekanntmachung, betreffend den Verkehr im Köhlbrand, vom 29. November 1912 (Amtsblatt S. 1021).
3. Strom- und Schiffahrtspolizeiverordnung für den Bereich des Elbstroms von Blankenese bis zur Hamburger Hafengrenze, den hamburgischen Teil des Köhlbrands und die hamburgische Stromstrecke von Moorburg und Ellerholz vom 24. September 1928 (Hamburgisches Gesetz- und Verordnungsblatt S. 425).
4. Bekanntmachungen der Deputation für Handel, Schiffahrt und Gewerbe zur Ausführung des Hafengesetzes vom 30. Juni 1897 (Amtsblatt S. 289), vom 27. Juni 1898 (Amtsblatt S. 453), 28. Juli 1904 (Amtsblatt S. 821), 23. November 1905 (Amtsblatt S. 611), 2. Februar 1907 (Amtsblatt S. 57), 14. Dezember 1908 (Amtsblatt S. 739), 8. Januar 1914 (Amtsblatt S. 33), 6. August 1925 (Hamburgisches Gesetz- und Verordnungsblatt S. 403) und 1. Juli 1927 (Hamburgisches Gesetz- und Verordnungsblatt S. 336).
5. Bekanntmachung der Deputation für Handel, Schiffahrt und Gewerbe, betreffend Liegeplätze im Binnenhafen, vom 29. Mai 1929 (Hamburgisches Gesetz- und Verordnungsblatt S. 232).

6. Bekanntmachung der Deputation für Handel, Schiffahrt und Gewerbe, betreffend Zulassung von Motorfahrzeugen in den Hammerbrookkanälen, vom 31. Januar 1928 (Hamburgisches Gesetz- und Verordnungsblatt S. 59).

7. Bekanntmachung der Landherrenschaft der Marschlande, betreffend Ausübung der Fischerei in der Elbe vor Finkenwärder, vom 5. April 1904 (Amtsblatt S. 565).

8. Bekanntmachung der Polizeibehörde, der Landherrenschaft der Marschlande und der Landherrenschaft der Geestlande, betreffend Ausübung der Fischerei mit Schleppnetzen, vom 1. November 1906 (Amtsblatt S. 696).

9. Bekanntmachung der Polizeibehörde, betreffend das Fischen im Neuen Petroleumhafen, vom 31. Oktober 1919 (Amtsblatt S. 1864).

10. Bekanntmachung der Deputation für Handel, Schiffahrt und Gewerbe und der Polizeibehörde, betreffend Vorschriften für die Benutzung des Jachthafens, vom 22. September 1916 (Amtsblatt S. 1556) und vom 15. September 1920 (Amtsblatt S. 1173).

11. Bekanntmachung des Hafenkapitäns vom 17. Januar 1930 (Amtlicher Anzeiger 1930 S. 73).

1. Mit dem Inkrafttreten dieser Ordnung werden folgende preußische Vorschriften aufgehoben:

1. Polizeiverordnung, betreffend den Schutz eines Flußkabels durch den Reiherstieg bei Neuhof, vom 18. November 1884.

2. Polizeiverordnung, betreffend die Verwendung von

elektrischem Licht auf der Unterelbe, vom 18. August 1887, § 1, Absatz 1.

3. Polizeiverordnung für den Hafen zu Teufelsbrücke vom 27. Juni 1890.
4. Polizeiverordnung, betreffend den Schiffsverkehr in den Vorhäfen der beiden Hafenschleusen zu Harburg, vom 18. September 1895.
5. Polizeiverordnung, betreffend die Erhaltung der Wasserstraßen im Regierungsbezirk Lüneburg, vom 20. Juni 1896.
6. Polizeiverordnung für die Elbe unterhalb Harburgs, betreffend das Vorbeifahren der Dampfschiffe an anderen Fahrzeugen und an Strombaustellen, vom 19. Juni 1897.
7. Polizeiverordnung, betreffend die Bemannung geschleppter Fahrzeuge auf der Elbe von Harburg bis Blankenese, vom 9. Juni 1899 und die Polizeiverordnung, betreffend Ergänzung der vorstehenden Polizeiverordnung, vom 20. Oktober 1911.
8. Polizeiverordnung, betreffend das Setzen des Lotsenzeichens bei Neumühlen, vom 23. September 1900.
9. Polizeiverordnung, betreffend die Altonaer Hafenordnung, vom 22. April 1901.
10. Polizeiverordnung, betreffend Benutzung von elektrischem oder ähnlichem hellen Licht für die Beleuchtung von offenen Schiffsdecks sowie von Arbeitsstätten auf dem Wasser und der am Ufer gelegenen Grundstücke für die Süderelbe von der Harburger Eisenbahnbrücke abwärts und für den Reiherstieg, vom 25. Oktober 1907.
11. Polizeiverordnung, betreffend das Schleppen und Fahren von gekuppelten Fahrzeugen auf der Elbe, vom 28. April 1908.

12. Polizeiverordnung für den Hafen zu Harburg vom 28. April 1908 §§ 1—2, 4—25, 29—36 und 38, vom 21. Januar 1924 und vom 9. Februar 1927.

13. Polizeiverordnung, betreffend das Ankern von Fischer- und Frachtfahrzeugen, sowie das Legen von Moorings am rechten Elbufer vor Blankenese, vom 24. Juli 1912.

14. Polizeiverordnung, betreffend das Fahren und Ankern von Fischer- und Frachtfahrzeugen am rechten Elbufer vor Oevelgönne, vom 19. Oktober 1912.

15. Polizeiverordnung betreffend den Verkehr im Köhlbrand, vom 6. Oktober 1913.

16. Polizeiverordnung, betreffend Verbot des Kohlenfischens im Harburger Gebiet, in der Süderelbe, dem Reiherstieg, der Rethe, im Ernst-August Kanal sowie auf allen sonstigen schiffbaren Gewässern im Wasserbauamtsbezirk Harburg, vom 20. Dezember 1917, 16. April 1920.

17. Polizeiverordnung für den Altonaer Hafen vom 10. Mai 1927 §§ 2—4, 8—31, 38.

18. Polizeiverordnung über Ausdehnung der Polizeiverordnung für den Hafen zu Harburg auf die Rethe vom 27. Dezember 1927.

19. Strom- und Schiffahrtspolizeiverordnung für die preußischen Teile.
    1. der Unterelbe und der Norderelbe von Blankenese bis zur Hamburger Hafengrenze,
    2. des Köhlbrands und der Rethe,
    3. der Süderelbe bis zur preußisch-hamburgischen Grenze oberhalb Moorburg bei Kilometer 617, 486, vom 20. September 1928.

20. Polizeiverordnung, betreffend den Schiffsverkehr

an den Landungsbrücken an der Elbe von Harburg abwärts bis Hetlinger Schanze, vom 23. April 1920.

4. Mit dem Inkrafttreten dieser Ordnung werden für ihren Geltungsbereich folgende preußische Vorschriften aufgehoben:

1. Polizeiverordnung, betreffend das Hineinschütten von Sand, Erde, Bauschutt usw. in schiffbare Flüsse vom 23. Juni 1874,
2. Polizeiverordnung, betreffend das Längsseitskommen mit Jollen usw., vom 14. September 1886,
3. Polizeiverordnung, betreffend das Verbot der Verunreinigung der Elbe und ihrer Nebenflüsse durch Petroleum vom 24. Oktober 1896.

10. Strom- und Schiffahrt-Polizeiverordnung über die an Flöße auf der Elbe zu stellenden Anforderungen.

Vom 9. Dezember 1926 (RGBl. II S. 752) Schaps II 635.

11. Strom- und Schiffahrt-Polizeiverordnung über die Sicherheitsanforderungen, denen See- und Binnenschiffe auf der Elbe genügen müssen.

Vom 5. Dezember 1929 (RGBl. II S. 748). Schaps II 636.

12. Verordnung über die Beförderung von brennbaren Flüssigkeiten in Tankfahrzeugen auf der Elbe.

Vom 6. Dezember 1929 (RGBl. II 751).

13. Strom- und Schiffahrt-Polizeiverordnung für die Binnenschiffahrt und Flößerei auf der Unterweser.

Vom 7. Dezember 1927 (RGBl. II S. 1109).

G. Gesundheitswesen.[1]

1. Vorschriften über die gesundheitliche Behandlung der Seeschiffe in den deutschen Häfen[2][3]).

Vom 21. Dezember 1931 (RGBl. II S. 625).

Auf Grund der §§ 22 und 24 Abs. 2 des Gesetzes, betreffend die Bekämpfung gemeingefährlicher Krankheiten, vom 30. Juni 1900 (Reichsgesetzbl. S. 306) werden nach Zustimmung des Reichsrats folgende

Vorschriften über die gesundheitliche Behandlung der Seeschiffe in den deutschen Häfen

erlassen.

§ 1. Alle einen deutschen Hafen oder eine Lösch- oder Ladestelle auf einem deutschen Strom anlaufenden Seeschiffe unterliegen bei der Ankunft und während des Aufenthalts der gesundheitlichen Überwachung.

Bei der Überwachung ist darauf Bedacht zu nehmen, daß der Verkehr des Schiffes mit dem Lande nicht unnötig behindert, die Landung der Reisenden nicht verzögert oder das Löschen und Laden erschwert wird.

Personen, die an übertragbaren Krankheiten (einschließlich der gemeingefährlichen Krankheiten) leiden, ist das Verlassen des Schiffes nur mit Zustimmung des beamteten Arztes gestattet.

[1]) Vgl. Ges. über das Internationale Sanitätsabkommen vom 18. 3. 1930 (RGBl. II 589; 1268). (Abgedr. S. 565).

[4]) Nebst Desinfektionsanweisung, die hier nicht abgedruckt ist. — Vgl. ferner Bogusat bei Borchard-Fulst S. 140.

[5]) Dazu folgende Hamburgische Vorschriften: Bekanntmachung über die gesundheitliche Behandlung der Seeschiffe v. 27. Aug. 1926 (G. u. VBl. S. 585). Bekanntmachung über die gesundheitliche Behandlung der Seeschiffe zur Nachtzeit v. 22. Dez. 26 (G. u. VBl. S. 801). Sowie die Preußische Polizeiverordnung, betr. die gesundheitspolizeiliche Kontrolle der nach preuß. Elbhäfen bestimmten Schiffe in Cuxhaven (Amtsblatt 1899, 580).

§ 2. Wenn besondere Umstände die Einschleppung einer gemeingefährlichen Krankheit befürchten lassen, kann nach den nachstehenden Bestimmungen der Verkehr des Schiffes mit dem Lande beschränkt, insbesondere der Schiffsbesatzung (Kapitän, Schiffsoffiziere, Schiffsmannschaft) das Anlandgehen verboten werden, außer wenn der Schiffsdienst es erfordert; in solchen Fällen hat die Schiffsleitung der Gesundheitsbehörde die Gründe für das Anlandgehen mitzuteilen.

Kranke und Krankheitsverdächtige, für die der beamtete Arzt es zur Verhütung der Verbreitung einer gemeingefährlichen Krankheit für erforderlich und ausführbar erachtet, sind auszuschiffen und in geeigneter Weise, womöglich in einem Krankenhause (oder in einer anderen geeigneten Unterkunft) unterzubringen. Auch sind die in den weiteren Bestimmungen dieser Vorschriften vorgesehenen Maßnahmen zu treffen, soweit sie nach dem Ermessen des beamteten Arztes erforderlich sind.

Als „krankheitsverdächtig" (pestverdächtig, choleraverdächtig, fleckfieberverdächtig, pockenverdächtig) ist zu betrachten, wer unter Erscheinungen erkrankt ist, die den Ausbruch der Krankheit befürchten lassen. Als „ansteckungsverdächtig" gilt, wer mit Seuchenkranken unmittelbar oder mittelbar in Berührung gekommen oder sonst der Ansteckungsgefahr ausgesetzt gewesen ist, aber keine verdächtigen Krankheitserscheinungen zeigt.

Krankheitsverdächtige unterliegen in der Regel der Absonderung, Ansteckungsverdächtige der Beobachtung.

Wer keine gesundheitliche Sicherheit bietet, kann von der Gesundheitsbehörde ausnahmsweise auch dann abgesondert werden, wenn er nach den Vorschriften nur zu beobachten ist.

Die der Absonderung oder der Beobachtung unterliegenden Personen haben sich allen von der Gesundheitsbehörde für nötig erachteten klinischen und bakteriologischen Untersuchungen zu unterziehen.

Die Absonderung von Personen hat an Bord oder an Land in der Weise zu erfolgen, daß die abgesonderten mit anderen als den zu ihrer Pflege bestimmten Personen, dem Arzte und dem Seelsorger nicht in Berührung kommen und daß eine Verbreitung der Krankheit vermieden wird. Angehörigen und Urkundspersonen ist der Zutritt zu ihnen unter den erforderlichen Vorsichtsmaßregeln zu erlauben, wenn dies zur Erledigung wichtiger und dringender Angelegenheiten erforderlich ist.

Wenn die Absonderung oder die Beobachtung der Schiffsbesatzung an Bord erfolgt, ist ihr das Anlandgehen nur insoweit gestattet, als der Schiffsdienst es erfordert; in solchen Fällen hat die Schiffsleitung der Gesundheitsbehörde die Gründe für das Anlandgehen mitzuteilen.

Den der Beobachtung unterliegenden Reisenden ist die Wahl des Aufenthaltsorts freizustellen und die Weiterreise zu gestatten, jedoch hat sich der für den Aufenthaltsort zuständige beamtete Arzt in angemessenen Zwischenräumen über ihren Gesundheitszustand zu vergewissern. Im Falle der Weiterreise ist der obersten Landesgesundheitsbehörde und der Polizeibehörde, die für das nächste

Reiseziel zuständig sind, die bevorstehende Ankunft jeder solchen Person unverzüglich mitzuteilen.

Bei abgemusterten, aber noch der Beobachtung unterstehenden Schiffsleuten ist wie bei Reisenden zu verfahren.

Wenn auf einem Schiffe erst nach der Ankunft Pest (auch Rattenpest oder ungewöhnliches Rattensterben), Cholera, Gelbfieber, Fleckfieber oder Pocken festgestellt werden, ist die Dauer der Absonderung oder die Beobachtung von der letzten Ansteckungsgelegenheit an zu bemessen.

§ 3. Ankommende Schiffe unterliegen vor der Zulassung zum freien Verkehr der amtsärztlichen Untersuchung, wenn sie

1. Pest (auch Rattenpest oder ungewöhnliches Rattensterben), Cholera, Gelbfieber, Fleckfieber oder Pocken innerhalb der letzten sechs Wochen an Bord gehabt haben oder bei der Ankunft noch haben,
2. innerhalb der letzten sechs Wochen in einem „befallenen" Hafen gewesen sind, d. h. in einem Hafen, für dessen Herkünfte zur Zeit der Ankunft im deutschen Hafen die amtsärztliche Untersuchung angeordnet ist.

Die Untersuchung hat zu unterbleiben, wenn ein nach Abs. 1 untersuchungspflichtiges Schiff bereits einen deutschen Hafen angelaufen und sich dort der Untersuchung und den übrigen ihm auf Grund dieser Vorschriften auferlegten Maßregeln unterzogen hat.

Ein Schiff, das in einem ausländischen Hafen der amtsärztlichen Untersuchung und Behandlung unterzogen worden ist und hierüber genügende schriftliche Ausweise vorlegt, kann, falls nicht seit dem Verlassen jenes Hafens einer der im Abs. 1 Nr. 1 angegebenen Fälle eingetreten oder ein befallener Hafen — außer zur

Bunkerung — angelaufen ist, im deutschen Hafen von der Untersuchung und von allen oder einem Teile der übrigen nach diesen Vorschriften zu treffenden Maßnahmen befreit werden; die Entscheidung darüber, ob die Ausweise genügend sind und in welcher Ausdehnung Erleichterungen eintreten können, steht dem beamteten Arzte zu.

Wenn ein Schiff in dem im Abs. 1 Nr. 2 bezeichneten Hafen nachweislich nur Reisende und ihr Gepäck oder die Post ausgeschifft hat, ohne mit dem Lande in Verbindung gekommen zu sein, ist es so anzusehen, als ob es nicht in dem Hafen gewesen wäre; dasselbe gilt für den Fall der Einschiffung der Post oder von Reisenden mit oder ohne Gepäck, wenn die Reisenden nachweislich weder mit dem Hafen noch mit einem anderen befallenen Bezirk in Verbindung gestanden haben.

§ 4. Jedes nach § 3 untersuchungspflichtige Schiff muß beim Einlaufen in das zum Hafen führende Fahrwasser, jedenfalls aber, sobald es sich dem Hafen auf Sehweite nähert, am Fockmast die gelbe Flagge (internationale Signalflagge Q) führen und die von der zuständigen Behörde vorgeschriebenen Licht- und Schallsignale abgeben.

Abgesehen von der Annahme eines Lotsen oder eines Schleppdampfers darf das Schiff weder mit dem Lande noch mit einem anderen Schiffe (außer dem Zollschiff) in Verkehr treten; auch darf es die gelbe Flagge nicht einziehen, bevor es vom beamteten Arzte zum freien Verkehr zugelassen worden ist. Die Verkehrsbeschränkung erstreckt sich auf sämtliche Schiffsinsassen (Schiffsbesatzung, Reisende und sonst an Bord befindliche Personen).

Privatpersonen ist der Verkehr mit einem Schiffe, das die gelbe Flagge führt, verboten. Die Gesundheitsbehörde kann Ausnahmen von diesem Verbot gestatten. Wer dieses

Verbot übertritt, wird als zum Schiffe gehörend behandelt und nach den geltenden Bestimmungen bestraft.

§ 5. Der Lotse oder der sonst damit beauftragte Beamte hat durch Befragen des Kapitäns oder seines Vertreters festzustellen, ob das Schiff untersuchungspflichtig ist.

Ist dies der Fall, so hat er auf die Führung der gelben Flagge, die Abgabe der Licht- und Schallsignale und die Befolgung des Verkehrsverbots nach § 4 zu achten. Auch hat er dem Kapitän oder seinem Vertreter einen Fragebogen des in der Anlage[1]) angegebenen Wortlauts auszuhändigen und seine schriftliche Beantwortung sowie die Bereithaltung der nachbezeichneten weiteren Unterlagen für die amtsärztliche Untersuchung zu veranlassen.

Die Fragen des Fragebogens sind unter Beachtung der in der Vorbemerkung dazu gegebenen Anweisung wahrheitsgetreu und vollständig zu beantworten; wenn ein Schiffsarzt an Bord ist, können die Fragen 13, 14, 15 durch einen besonderen, dem Fragebogen beizufügenden Bericht des Schiffsarztes beantwortet werden. Der Kapitän oder sein Vertreter hat durch eigenhändige Namensunterschrift die Richtigkeit und Vollständigkeit der Antworten zu versichern und sich zu ihrer eidlichen Bestätigung bereit zu erklären. Dasselbe gilt für den Schiffsarzt hinsichtlich der Beantwortung der Fragen 13, 14, 15, 16, 17. Der ausgefüllte Fragebogen und der Schiffsarztbericht sowie eine Mannschaftsliste und ein Verzeichnis der Reisenden sind zur Verfügung des beamteten Arztes zu halten; auf sein Verlangen sind das Krankenbuch des Schiffsarztes und sein Tagebuch, ferner das Schiffstagebuch, die Musterrolle und die Ausweise über die gesundheitliche Behandlung des Schiffes, über Desinfektionen, Ungeziefer- und Rattenvertilgung zur Einsicht an Bord zu überlassen.

[1]) Die Anlage ist hier nicht mit abgedruckt.

§ 6. Jedes nach § 3 untersuchungspflichtige Schiff nebst seinen Insassen wird — nach Erfüllung der im § 4 und im § 5 Abs. 3 enthaltenen Bestimmungen — sobald wie möglich nach der Ankunft, zur Nachtzeit jedoch nur auf besonderen Antrag, durch den zuständigen beamteten Arzt untersucht.

Wenn wegen mangelhafter Beleuchtung oder aus anderen Gründen ein sicheres Urteil über den Gesundheitszustand an Bord nicht zu gewinnen ist, kann der beamtete Arzt die Untersuchung unterbrechen, bis die Mißstände, welche die Unterbrechung veranlaßt haben, beseitigt sind.

§ 7. Wenn die amtsärztliche Untersuchung ergibt, daß das Schiff gemäß §§ 8 und 13 als pestverseucht oder pestverdächtig oder als choleraverseucht oder choleraverdächtig anzusehen ist, oder daß es Gelbfieber, Fleckfieber, Pocken oder Aussatz an Bord hat, so sind die oberste Landesgesundheitsbehörde und das Reichsgesundheitsamt unverzüglich davon zu benachrichtigen.

§ 8. Als pestverseucht gilt ein Schiff, wenn es bei der Ankunft Pestkranke an Bord hat oder wenn unterwegs jemand später als sechs Tage nach seiner Einschiffung an Pest erkrankt ist oder wenn Rattenpest an Bord festgestellt worden ist.

Als pestverdächtig gilt ein Schiff, wenn auf ihm jemand in den ersten sechs Tagen nach seiner Einschiffung an Pest erkrankt ist oder wenn ein ungewöhnliches Rattensterben aus unbekannter Ursache vorgekommen ist; das Schiff bleibt so lange pestverdächtig, bis die für pestverdächtige Schiffe vorgeschriebenen Maßnahmen in einem mit den erforderlichen Einrichtungen versehenen Hafen durchgeführt worden sind.

Wenn auf einem nach § 3 Abs. 1 Nr. 2 zur Abwehr der Pest untersuchungspflichtigen Schiffe Pest bei Menschen oder bei Ratten oder ungewöhnliches Rattensterben weder in den letzten sechs Wochen vorgekommen noch bei der Ankunft vorhanden ist, so gilt es als unverdächtig.

§ 9. Pestverseuchte Schiffe unterliegen folgender Behandlung:

1. Die Pestkranken und die Pestverdächtigen werden ausgeschifft und in einem geeigneten Krankenhause oder einer anderen geeigneten Unterkunft abgesondert; sie bleiben dort bis zur Genesung oder bis zur Beseitigung des Verdachts. Es sind dabei die Kranken von den Verdächtigen getrennt zu halten.
2. Verstorbene sind unter den erforderlichen Vorsichtsmaßregeln alsbald zu bestatten.
3. Die ansteckungsverdächtigen Personen werden tunlichst ausgeschifft und nach dem Ermessen des beamteten Arztes einer Absonderung oder einer Beobachtung oder einer Absonderung mit anschließender Beobachtung unterzogen, jedoch darf die Gesamtdauer sechs Tage, von der Ankunft des Schiffes an gerechnet, nicht überschreiten.
4. Alle nach dem Ermessen des beamteten Arztes als pestinfiziert zu erachtenden Schiffsräumlichkeiten, Bett- und Leibwäsche, Kleidung und sonstige Gegenstände sind von Ungeziefer zu befreien, erforderlichenfalls zu desinfizieren.
5. Sobald wie möglich sind die Ratten an Bord vollständig zu vertilgen. Wenn es nach der Art der Ladung und ihrer Verteilung im Schiffe angängig erscheint, kann die Vertilgung stattfinden, bevor das Schiff am Lande festgemacht und bevor mit dem Löschen oder Laden begonnen wird. In diesem Falle darf sie nach beendigtem Löschen nicht wiederholt werden. Andernfalls ist sie nach Been-

digung des Löschens, auf Schiffen in Ballast jedenfalls vor Beginn des Ladens, auszuführen. Die Rattenvertilgung soll nicht länger als 24 Stunden dauern; bei ihrer Ausführung ist darauf Bedacht zu nehmen, daß Beschädigungen des Schiffes und der Ladung vermieden werden.

Wenn das Schiff nur einen Teil seiner Ladung löschen soll und deshalb eine vollständige Rattenvertilgung unausführbar erscheint, ist das Löschen der Ladung an einem von der Hafenbehörde im Einvernehmen mit dem beamteten Arzte bestimmten abgesonderten Platze und unter Beobachtung der vom beamteten Arzte angeordneten Vorsichtsmaßregeln, insbesondere solchen zur Verhinderung des Anlandkommens von Ratten, zu gestatten; dasselbe hat zu geschehen, wenn die Rattenvertilgung erst nach Beendigung des Löschens stattfinden kann.

Das Löschen hat unter Aufsicht der Gesundheitsbehörde zu erfolgen. Es ist darauf Bedacht zu nehmen, daß die dabei beschäftigten Personen vor Ansteckung geschützt werden; sie unterliegen nach dem Ermessen des beamteten Arztes einer Absonderung oder einer Beobachtung, deren Dauer sechs Tage nach der Beendigung der Arbeit nicht überschreiten darf.

Die gefundenen toten Ratten sind, soweit es nötig erscheint, bakteriologisch zu untersuchen; die nicht zur Untersuchung gebrachten sind in geeigneten Behältern zu sammeln und zu vernichten. Dabei sind die erforderlichen Vorsichtsmaßregeln zu beachten.

6. Wenn auf einem Schiffe Pest oder Rattenpest erst festgestellt wird, nachdem die Ladung ganz oder

teilweise gelöscht und weiterbefördert worden ist, sind die Polizeibehörden, die für die Bestimmungsorte der Ladung zuständig sind, vom Sachverhalt unverzüglich zu benachrichtigen.

Am Bestimmungsort ist, womöglich schon beim Ausladen, darauf zu achten, ob sich in oder zwischen der Ladung oder in dem zu ihrer Beförderung benutzten Fahrzeug (Eisenbahnwagen, See- oder Flußschiff usw.) tote oder lebende Ratten befinden oder ob, wenn es sich um Ladung in Säcken oder dergleichen handelt, Beschädigungen durch Rattenfraß daran zu finden sind. Wenn und soweit dies nicht der Fall ist, ist die Ladung ohne weiteres zum Verkehr zuzulassen. Säcke, die Rattenfraßstellen zeigen und bei denen man vermuten kann, daß sie Ratten enthalten, sind zu öffnen und, gegebenenfalls unter Benutzung weitmaschiger Siebe, so in frische Säcke zu entleeren, daß dabei ihr Inhalt auf Ratten besichtigt werden kann. Die von Ratten befreite Ladung ist als unverdächtig zum Verkehr zuzulassen; die von Ratten angefressenen Sackhüllen sind vor der Freigabe — am besten mit strömendem Dampf — zu desinfizieren, bei Geringwertigkeit zu verbrennen (vgl. § 25 Abs. 2). Tote Ratten sind nach Übergießung mit Petroleum oder einem Desinfektionsmittel (Kresolwasser oder dergleichen) in dicht schließenden Behältern der nächsten amtlichen, für Pestuntersuchungen eingerichteten Untersuchungsstelle zuzustellen. Die Plätze, an denen die Ratten gefunden wurden, sind ebenfalls zu desinfizieren, ihre Umgebung ist auf Ratten abzusuchen. Wenn auf dem Fahrzeug, das Ladung der erwähnten Art enthält oder enthalten hat, oder an anderen Stellen, wo sich solche Ladung befindet oder befunden hat, lebende Ratten bemerkt werden, sind die zu ihrer Vernichtung erforderlichen Maßnahmen zu treffen. Auf Personen, die aus Anlaß der Beförderung oder der Behandlung der Ladung mit dieser oder mit Ratten in Berührung gekommen sind, finden die Bestimmungen der Nr. 5 Abs 3 Anwendung, jedoch ist als Überwachungsmaßnahme nur ihre Beobachtung zulässig.

§ 10. Pestverdächtige Schiffe unterliegen folgender Behandlung:

Die Schiffsbesatzung und die Reisenden können einer Beobachtung von längstens sechs Tagen, von der Ankunft des Schiffes an gerechnet, unterworfen werden. Im übrigen gelten die Bestimmungen des § 9 Nr. 4, 5, 6.

§ 11. Schiffe, bei denen die zur Abwehr der Pest vorgenommene amtsärztliche Untersuchung ergibt, daß sie unverdächtig sind, sind sofort zum freien Verkehr zuzulassen.

Es empfiehlt sich, die Schiffe während des Löschens auf Ratten abzusuchen und die kranken und toten Ratten bakteriologisch zu untersuchen. Wenn in Ausnahmefällen triftige Gründe dafür vorliegen, kann eine Rattenvertilgung nach § 9 Nr. 5 angeordnet werden; die Gründe sind dem Kapitän des Schiffes schriftlich mitzuteilen.

Wenn die Reise des Schiffes seit der Abfahrt aus dem letzten pestbefallenen Hafen weniger als sechs Tage gedauert hat, können die Schiffsbesatzung und die Reisenden bis zum sechsten Tage seit der Abfahrt aus dem pestbefallenen Hafen nach Maßgabe des § 10 der Beobachtung unterworfen werden.

§ 12. Jedes Schiff, das einen deutschen Hafen oder Strom anläuft, ist verpflichtet, sich durch eine amtliche Bescheinigung darüber auszuweisen, daß es vor längstens sechs Monaten einer wirksamen Rattenvertilgung unterzogen oder wegen des völligen Fehlens oder der geringen Zahl von Ratten von der Ausführung der Rattenvertilgung befreit worden ist. Der Reichsminister des Innern bestimmt, in welchem Umfang bezüglich der einheimischen Küstenfahrzeuge Ausnahmen zulässig sind.

Falls eine der im Abs. 1 erwähnten Bescheinigungen nicht vorhanden oder die bezeichnete Frist abgelaufen ist, ist die Rattenvertilgung oder die amtliche Prüfung auf Rattenfreiheit sobald wie möglich vorzunehmen und die Ausstellung der entsprechenden Bescheinigung bei der Gesundheitsbehörde zu beantragen. Bei Schiffen, die sich auf der Fahrt nach dem Heimatshafen befinden, kann auf Antrag die Frist um einen Monat verlängert werden.

Die Bescheinigung muß genaue Angaben über die Art des angewandten Verfahrens und über die Zahl der getöteten Ratten oder über die Gründe für die Befreiung von der Rattenvertilgung enthalten. Von einer ausländischen Behörde ausgestellte Bescheinigungen werden anerkannt, wenn diese Behörde von ihrer Regierung zur Ausstellung solcher Bescheinigungen ermächtigt ist.

Der Vordruck für die in deutschen Häfen auszufertigenden Ausweise über Entrattung und über Befreiung von der Entrattung wird von dem Reichsminister des Innern bestimmt.

Die Gesundheitsbehörde entscheidet über das bei der Rattenvertilgung anzuwendende Verfahren und überwacht die Ausführung.

Die Rattenvertilgung soll nicht länger als 24 Stunden dauern. Bei ihrer Ausführung ist darauf Bedacht zu nehmen, daß Beschädigungen des Schiffes und der Ladung vermieden werden. Auf Schiffen in Ballast hat die Rattenvertilgung vor Beginn des Ladens stattzufinden.

Die in den Bestimmungen der §§ 9, 10, 11 vorgesehene Anordnung von Rattenvertilgungsmaßnahmen zur Abwendung der Pestgefahr in besonderen Fällen wird hierdurch nicht berührt.

§ 13. Als choleraverseucht gilt ein Schiff, wenn es Cholera bei der Ankunft an Bord hat oder in den letzten fünf Tagen vor der Ankunft an Bord gehabt hat.

Als choleraverdächtig gilt ein Schiff, wenn es in den letzten sechs Wochen Cholera an Bord gehabt hat, aber keinen neuen Fall in den letzten fünf Tagen vor der Ankunft; das Schiff bleibt so lange choleraverdächtig, bis die vorgeschriebenen Maßnahmen durchgeführt sind.

Wenn auf einem nach § 3 Abs. 1 Nr. 2 zur Abwehr der Cholera untersuchungspflichtigen Schiffe die Untersuchung ergibt, daß an Bord Cholera weder in den letzten sechs Wochen vorgekommen noch bei der Ankunft vorhanden ist, so gilt es als unverdächtig.

Bei Krankheitsfällen, die das Bild der Cholera bieten, sind die für Cholera vorgeschriebenen Maßnahmen zu treffen, auch wenn keine Vibrionen oder doch nur solche Vibrionen gefunden werden, die nicht die Kennzeichen des Choleravibrio haben. Jedoch gilt ein Schiff auch in solchem Falle als unverdächtig, sobald zwei im Abstand von wenigstens 24 Stunden ausgeführte bakteriologische Untersuchungen weder die Gegenwart des Choleravibrio noch die eines anderen verdächtigen Vibrio ergeben.

Anscheinend gesunde Keimträger gelten als Cholerakranke und sind wie solche zu behandeln.

§ 14. Choleraverseuchte Schiffe unterliegen folgender Behandlung:

1. Die Cholerakranken und Choleraverdächtigen werden ausgeschifft und in einem geeigneten Krankenhause oder einer anderen geeigneten Unterkunft ab-

gesondert; sie bleiben dort bis zur Genesung oder bis zur Beseitigung des Verdachtes. Es sind dabei die Kranken von den Verdächtigen getrennt zu halten.

2. Verstorbene sind unter den erforderlichen Vorsichtsmaßregeln alsbald zu bestatten.

3. Die ansteckungsverdächtigen Personen werden tunlichst ausgeschifft und nach dem Ermessen des beamteten Arztes einer Absonderung oder einer Beobachtung unterzogen, deren Dauer sich nach den Gesundheitsverhältnissen des Schiffes und nach dem Zeitpunkt des letzten Erkrankungsfalls richtet, keinesfalls aber fünf Tage, von der Ankunft des Schiffes an gerechnet, überschreiten darf. Bei Personen, die nachweisen, daß sie vor längstens sechs Monaten und vor mindestens sechs Tagen einer Choleraschutzimpfung unterzogen worden sind, ist nur die Beobachtung, gegebenenfalls mit bakteriologischer Schlußuntersuchung verbunden, nicht die Absonderung zulässig.

4. Das Löschen hat unter Aufsicht der Gesundheitsbehörde zu erfolgen. Es ist darauf Bedacht zu nehmen, daß die beim Löschen beschäftigten Personen vor Ansteckung geschützt werden; sie unterliegen nach dem Ermessen des beamteten Arztes einer Absonderung oder Beobachtung, deren Dauer fünf Tage nach Beendigung der Arbeit nicht überschreiten darf.

5. Alle nach dem Ermessen des beamteten Arztes als cholerainfiziert zu erachtenden Schiffsräumlichkeiten, Bett- und Leibwäsche, Kleidung und sonstige Gegenstände sind zu desinfizieren.

6. Es ist darauf zu achten, daß Choleraentleerungen und verdächtiges Wasser nicht undesinfiziert aus

dem Schiffe in das Hafenwasser gelangen. Die Verunreinigung des Hafenwassers mit menschlichen Ausleerungen und mit Schiffsabwässern kann verboten werden.

Ballastwasser, das in einem verseuchten Hafen eingenommen ist, darf nur nach zuverlässiger Desinfektion ausgepumpt werden.

Trinkwasser, das verdächtig erscheint, ist zu desinfizieren, auszupumpen und nach Desinfektion der Wasserbehälter durch einwandfreies Wasser zu ersetzen.

§ 15. Choleraverdächtige Schiffe unterliegen folgender Behandlung:

Die Schiffsbesatzung und die Reisenden können einer Beobachtung von längstens fünf Tagen, von der Ankunft des Schiffes an gerechnet, unterworfen werden. Im übrigen gelten die Bestimmungen des § 14 Nr. 5, 6.

§ 16. Schiffe, bei denen die zur Abwehr der Cholera vorgenommene amtsärztliche Untersuchung ergibt, daß sie unverdächtig sind, sind sofort zum freien Verkehr zuzulassen; erforderlichenfalls sind die im § 14 Nr. 6 erwähnten Maßnahmen zu treffen.

Wenn die Reise des Schiffes seit der Abfahrt aus dem letzten cholerabefallenen Hafen weniger als fünf Tage gedauert hat, können die Schiffsbesatzung und die Reisenden bis zum fünften Tage seit der Abfahrt aus dem cholerabefallenen Hafen der Beobachtung nach Maßgabe des § 15 unterworfen werden.

§ 17. Wenn auf einem Schiffe festgestellt wird, daß Gelbfieber an Bord vorhanden oder in den letzten sechs Wochen vorgekommen ist, so sind die noch an Bord befindlichen Gelbfieberkranken, falls der beamtete Arzt es für erforderlich erachtet, auszuschiffen und bis zum sechsten

Tage, vom Beginn der Krankheit an gerechnet, mückensicher unterzubringen. Die übrigen Schiffsinsassen sind in der Regel zum freien Verkehr zuzulassen.

Wenn jedoch besondere Umstände dafür sprechen, daß sich im Inkubationsstadium befindliche gelbfieberinfizierte Personen oder gelbfieberinfizierte Mücken an Bord befinden, so können auch die nicht gelbfieberkranken Schiffsinsassen einer Absonderung oder Beobachtung unterzogen werden, deren Dauer sechs Tage, vom Zeitpunkt der Ausschiffung an gerechnet, nicht überschreiten darf; auch sind an Bord sobald wie möglich, tunlichst vor dem Löschen der Ladung, die Mücken zu vernichten.

§ 18. Wenn auf einem Schiffe festgestellt wird, daß Fleckfieber an Bord vorhanden oder in den letzten sechs Wochen vorgekommen ist, so sind die noch an Bord befindlichen Fleckfieberkranken und Fleckfieberverdächtigen auszuschiffen, von Läusen und ihren Eiern gründlich zu befreien und in einem geeigneten Krankenhause oder einer anderen geeigneten Unterkunft abzusondern. Dabei sind die Kranken von den Verdächtigen getrennt zu halten.

Die übrigen Schiffsinsassen sind ebenfalls zu entlausen, wenn anzunehmen ist, daß sie Läuse haben oder der Ansteckungsgefahr ausgesetzt gewesen sind; auch können sie einer Beobachtung unterworfen werden, deren Dauer im Einzelfall zu bestimmen ist, aber zwölf Tage, vom Tage der Entlausung an gerechnet, nicht überschreiten darf.

Schiffsräumlichkeiten, insbesondere die von Fleckfieberkranken benutzten, Bett- und Leibwäsche, Kleidung und andere Gegenstände, die nach dem Ermessen des beamteten Arztes mit Läusen behaftet sind, sind zu entlausen.

§ 19. Personen, die auf einem Schiffe ankommen, das kein Fleckfieber an Bord hat oder gehabt hat, die aber eine Gegend, in der Fleckfieber epidemisch herrscht, vor weniger als zwölf Tagen verlassen haben, können nach dem Ermessen des beamteten Arztes bis zum Ablauf der zwölftägigen Frist der Beobachtung unterworfen werden.

§ 20. Wenn auf einem Schiffe festgestellt wird, daß Pocken an Bord vorhanden oder in den letzten sechs Wochen vorgekommen sind, so sind die noch an Bord befindlichen Pockenkranken und Pockenverdächtigen auszuschiffen und in einem geeigneten Krankenhause oder in einer anderen geeigneten Unterkunft abzusondern. Dabei sind die Kranken von den Verdächtigen getrennt zu halten.

Die übrigen Schiffsinsassen können geimpft oder unter Beobachtung gestellt, oder geimpft und unter Beobachtung gestellt werden, wenn anzunehmen ist, daß sie der Ansteckungsgefahr ausgesetzt gewesen sind, und wenn sie nach dem Ermessen des beamteten Arztes weder durch eine kürzlich erfolgte Impfung noch durch Überstehen der Pocken genügend geschützt sind. Die Dauer der Beobachtung ist je nach den Umständen zu bemessen, darf aber vierzehn Tage, vom Tage der Ankunft an gerechnet, nicht überschreiten.

Schiffsräumlichkeiten, Bett- und Leibwäsche, Kleidung und andere Gegenstände, die von den Pockenkranken kürzlich benutzt und nach dem Ermessen des beamteten Arztes als infiziert zu erachten sind, sind zu desinfizieren.

§ 21. Die Gesundheitsbehörden haben dafür zu sorgen, daß Personen mit Krankheitserscheinungen von Pest, Cholera, Gelbfieber, Fleckfieber oder Pocken sowie Personen aus der Umgebung solcher Kranker, von denen anzunehmen ist, daß sie die Krankheit übertragen können, nicht eingeschifft werden. Auch sind, wenn die Gefahr der Verschleppung dieser Krankheiten auf die Schiffe besteht, noch folgende Maßnahmen durchzuführen:

a) Bei Pestgefahr ist zu verhindern, daß Ratten an Bord gelangen.

b) Bei Choleragefahr ist darauf zu achten, daß nur Trinkwasser und Lebensmittel von einwandfreier Beschaffenheit mitgenommen werden und daß Ballastwasser nötigenfalls desinfiziert wird.

c) Bei Gelbfiebergefahr ist zu verhindern, daß Mücken an Bord gelangen.

d) Bei Fleckfiebergefahr ist sicherzustellen, daß alle verdächtigen Personen vor der Einschiffung entlaust werden.

e) Bei Pockengefahr müssen die zur Verschiffung bestimmten alten Kleider und Lumpen vor dem Zusammenpressen desinfiziert werden.

§ 22. Aussatzkranke, die zu Schiff ankommen, sind, wenn der beamtete Arzt es für erforderlich hält, an Bord abzusondern oder in einem geeigneten Krankenhause oder einem anderen geeigneten Unterkunftsraum unterzubringen, falls sie nicht alsbald nach dem Ausland weiterreisen.

Die Weiterreise nach dem Inland ist ihnen nur dann zu gestatten, wenn der beamtete Arzt es für zulässig erachtet. In diesem Falle ist der obersten Landesgesundheitsbehörde und der Polizeibehörde, die für das nächste Reiseziel zuständig sind, die bevorstehende Ankunft der Aussatzkranken mitzuteilen.

Die von den Kranken benutzten Räumlichkeiten und Gegenstände sind zu desinfizieren, soweit der beamtete Arzt es für notwendig erachtet.

§ 23. Gegenüber Schiffen, die ungewöhnlich schlechte, die Verbreitung der gemeingefährlichen Krankheiten begünstigende Gesundheitsverhältnisse bieten, besonders gegenüber stark besetzten Schiffen, können besondere über die Bestimmungen dieser Vorschriften hinausgehende Maßnahmen von der Gesundheitsbehörde getroffen werden.

§ 24. Ladung und Gepäck dürfen weder an der Einfuhr oder Durchfuhr gehindert, noch in den Häfen oder an den Grenzen zurückgehalten werden; Maßnahmen kommen bei ihnen nur in folgendem Umfang in Betracht:

a) Bei Pest können Leibwäsche, Altsachen, kürzlich getragene Kleidung (Bekleidungsgegenstände des täglichen Gebrauchs) und kürzlich benutztes Bettzeug von Ungeziefer befreit und nötigenfalls desinfiziert werden. Wenn der Verdacht besteht, daß Waren, die aus einem befallenen Bezirk stammen, Pestratten enthalten, so dürfen sie nur unter der Bedingung gelöscht werden, daß die Ratten nach Möglichkeit am Entweichen verhindert und vernichtet werden.

b) Bei Cholera können Leibwäsche, Altsachen, kürzlich getragene Kleidung (Bekleidungsgegenstände des täglichen Gebrauchs) und kürzlich benutztes Bettzeug desinfiziert werden. Auch kann die Einfuhr von Fischen, Schaltieren und frischem Gemüse verhindert werden, wenn sie nicht einem Verfahren zur Vernichtung der Cholerakeime unterzogen worden sind.

c) Bei Fleckfieber können Leibwäsche, Altsachen, getragene Kleidung (Bekleidungsgegenstände des täglichen Gebrauchs), gebrauchtes Bettzeug sowie Lumpen, die nicht als Großhandelsware befördert werden, einem Verfahren zur Ungeziefervertilgung unterzogen werden.

d) Bei Pocken können Leibwäsche, Altsachen, kürzlich getragene Kleidung (Bekleidungsgegenstände des täglichen Gebrauchs), kürzlich benutztes Bettzeug sowie Lumpen, die nicht als Großhandelsware befördert werden, desinfiziert werden.

Briefe und Schriftstücke, Drucksachen, Bücher, Zeitungen, Geschäftspapiere und dergleichen unterliegen keiner gesundheitlichen Behandlung, Postpakete nur dann, wenn sie Gegenstände der im Abs. 1 angegebenen Art enthalten, und nur in dem dort festgesetzten Umfang.

§ 25. Die Anordnung und Durchführung der nach diesen Vorschriften zu treffenden Maßnahmen und Einrichtungen liegt den Landesregierungen ob. Sie haben auch zu bestimmen, wo die in den §§ 9 bis 24 vorgesehenen Maßnahmen auszuführen sind. Verseuchte und verdächtige Schiffe können zur Ausführung der vom beamteten Arzte für erforderlich erachteten Maßnahmen auf eigene Rechnung und Gefahr nach einem dazu geeigneten Hafen verwiesen werden.

Bei den Desinfektionsmaßnahmen und den Maßnahmen zur Ratten- und Ungeziefervertilgung sind die Gegenstände möglichst zu schonen. Altsachen und andere Gegenstände von geringem Werte können verbrannt werden, ebenso Lumpen, die nicht als Großhandelsware befördert werden.

§ 26. Jedem Schiffe, das den ihm auf Grund dieser Vorschriften auferlegten Verpflichtungen nicht nachkommen will, steht es frei, wieder in See zu gehen. Es kann jedoch die Erlaubnis erhalten, Reisende, die es wünschen, an Land zu setzen, vorausgesetzt, daß sie sich den von der Gesundheitsbehörde vorgeschriebenen Maßnahmen unterwerfen. Auch kann das Löschen der Ladung unter der Bedingung gestattet werden, daß das Schiff abgesondert bleibt und die Ladung den im § 24 angegebenen Maßnahmen unterworfen wird.

Die Einnahme von Brennstoff, Ausrüstungsgegenständen, Lebensmitteln und Wasser kann dem Schiffe, wenn es abgesondert bleibt, gestattet werden.

§ 27. Auf Antrag hat die Gesundheitsbehörde dem Kapitän und jedem anderen Beteiligten unentgeltlich eine Bescheinigung zu erteilen, in der die Gründe und die Art der getroffenen Maßnahmen, die angewandten Verfahren und die behandelten Schiffsteile oder Gegenstände angegeben sind.

Ebenso ist den auf einem verseuchten Schiffe angekommenen Reisenden auf Verlangen eine Bescheinigung über den Tag ihrer Ankunft und die Maßnahmen, denen sie und ihr Gepäck unterzogen worden sind, unentgeltlich zu erteilen.

§ 28. Auf das Lotsen-, Zoll-, Polizei- und Sanitätspersonal, das mit den nach § 3 untersuchungspflichtigen Schiffen amtlich zu verkehren hat, finden die in diesen Vorschriften vorgesehenen Verkehrsbeschränkungen und sonstigen Maßnahmen keine Anwendung. Die für dieses Personal erforderlichen Vorsichtsmaßregeln werden von der vorgesetzten Behörde getroffen.

§ 29. Wenn ein nach § 3 untersuchungspflichtiges Schiff einen deutschen Hafen als Nothafen anläuft, kann es, um die erforderliche Hilfe zu erhalten, für die Dauer des Notfalls unter gelber Flagge und unter Bewachung und Beobachtung der von der Gesundheitsbehörde angeordneten Schutzmaßregeln dort liegen bleiben.

Wenn ein Schiff an der deutschen Küste strandet, haben die Strandbehörden die nach diesen Vorschriften erforderlichen Maßnahmen zu treffen.

§ 30. Auf Schiffen der Reichsmarine liegt die Durchführung dieser Vorschriften dem Schiffskommando ob. Dieses hat der Gesundheitsbehörde das Ergebnis der Untersuchung und die getroffenen Maßnahmen möglichst bald mitzuteilen. Die Gesundheitsbehörde kann das Schiffskommando um die Befolgung einzelner Vorschriften besonders ersuchen und es darüber unterrichten, wie die Ausführung der einzelnen Bestimmungen vorgesehen ist. Auf Antrag des Schiffskommandos hat die Gesundheitsbehörde bei der Ausführung der Vorschriften nach Möglichkeit mitzuwirken.

Die Bestimmungen des Abs. 1 sind auf Truppentransportschiffe, die von der bewaffneten Macht gemietet worden sind und einen Sanitätsoffizier an Bord haben, sinngemäß anzuwenden, soweit es sich um Angehörige der Wehrmacht oder um Sachen handelt, die Eigentum des Reichsheers oder der Reichsmarine sind. Dasselbe gilt von Schiffsräumlichkeiten, die von Angehörigen der Wehrmacht benutzt werden.

§ 31. Die Verordnung tritt am 1. Januar 1932 in Kraft. Mit diesem Zeitpunkt treten die Vorschriften der Bekanntmachung des Reichskanzlers vom 29. August 1907 (RGBl. S. 563) über die gesundheitliche Behandlung der Seeschiffe in den deutschen Häfen außer Kraft.

2. Strafbestimmungen[1]).

RG. v. 30. Juni 1900, betr. die Bekämpfung gemeingefährlicher Krankheiten, § 46 (3) (RGBl. S. 317).

Zuwiderhandlungen gegen die erlassenen Vorschriften werden mit Geldstrafe bis zu 150 M. oder mit Haft bestraft, sofern nicht nach den bestehenden gesetzlichen Bestimmungen, insbesondere nach § 327 des Strafgesetzbuchs, eine höhere Strafe verwirkt ist.

§ 327 des Strafgesetzbuchs lautet:

Wer die Absperrungs- oder Aufsichtsmaßregeln oder Einfuhrverbote, welche von der zuständigen Behörde zur Verhütung des Einführens oder Verbreitens einer ansteckenden Krankheit angeordnet worden sind, wissentlich verletzt, wird mit Gefängnis bis zu zwei Jahren bestraft.

Ist infolge dieser Verletzung ein Mensch von der ansteckenden Krankheit ergriffen worden, so tritt Gefängnisstrafe von drei Monaten bis zu drei Jahren ein.

[1]) Vgl. auch aus demselben Gesetz: § 3 Abs. 2: Auf Schiffen und Flößen gilt als der zur Erstattung der Anzeige verpflichtete Haushaltungsvorstand der Schiffer oder Floßführer oder deren Stellvertreter. Der Bundesrat ist ermächtigt, Bestimmungen darüber zu erlassen, an wen bei Krankheiten und Todesfällen, welche auf Schiffen oder Flößen vorkommen, die Anzeige zu erstatten ist.

Die Bekanntmachung, betreffend Bestimmungen zur Ausführung des Gesetzes über die Bekämpfung gemeingefährlicher Krankheiten v. 21. Febr. 1904 (RGBl. S. 67), 5. April 1907 (RGBl. S. 91) enthält unter andern als Anlage 1 die Grundsätze für die gesundheitliche Überwachung des Binnenschiffahrts- und Flößereiverkehrs (RGBl. 1904 S. 73) und das hierzu gehörige Druckblatt: „Wie schützt sich der Schiffer vor der Cholera?" Zusammengestellt im Kaiserl. Gesundheitsamte (RGBl. 1904, 79). — Vgl. auch Bekanntmachung betreffend Desinfektionsanweisungen für gemeingefährliche Krankheiten v. 1. April 1907 (RGBl. S. 95). Zu dem Ges., betr. die Bekämpfung gemeingefährlicher K., v. 30. Juni 1900 (RGBl. 306) sind die Ausführungsbest. v. 21. Febr. 1904 (RGBl. 67)/5. April 1907 (RGBl. 91)/10. Juli 1913 (RGBl. 572) geändert durch Bek. v. 12. Jan. 1916 (RGBl. 29) u. v. 24. Febr. 1920 (RGBl. 281). Zur Ausführung des Ges. sind ferner durch Bek. v. 21. Nov. 1917 (RGBl. 1069)/17. Dez. 1921 (RGBl. 1608) Vorschriften über Krankheitserreger erlassen worden. — Das preuß. Ges. v. 28. Aug. 1905 (GS. 373) über die Bekämpfung übertragbarer Krankheiten ist geändert durch Ges. v. 23. Juni 1924 (GS. 566) u. v. 25. Mai 1926 (GS. 165). Die abgeänderte Fassung der §§ 1—3, 6, 8 u. 35 des Ges. ist durch Bek. v. 25. Febr. 1927 (GS. 11) neu veröffentlicht. Weitere Änderung durch § 12 der VO. 24. Aug. 1927 (GS. 173).

3. Verordnung, betr. Krankenfürsorge auf Kauffahrteischiffen[1].

Vom 4. Januar 1929 (RGBl. II S. 33).

Auf Grund des § 56 Abs. 2 in Verbindung mit § 4 der Seemannsordnung vom 2. Juni 1902 (RGBl. S. 175) wird nach Zustimmung des Reichsrats hiermit verordnet:

§ 1. Kauffahrteischiffe sind mit Arznei- und anderen Hilfsmitteln, sowie mit Lebensmitteln zur Krankenpflege auszurüsten:

Für die Nahfahrt und die Küstenfischerei, soweit sie zur Seefahrt gehören, nach dem Verzeichnis I a[2]);

für Reisen in Küstenfahrt und kleiner Fahrt, wenn nicht mehr als fünf Mann als Besatzung an Bord sind, und für die kleine Hochseefischerei mit Fahrzeugen von weniger als 150 cbm Bruttoraumgehalt nach dem Verzeichnis Ib;

für Reisen in Küstenfahrt und kleiner Fahrt, wenn eine Besatzung von mehr als fünf Mann an Bord ist, und für die kleine Hochseefischerei mit Fahrzeugen von mehr als 150 cbm Bruttoraumgehalt nach dem Verzeichnis Ic;

für die mittlere Hochseefischerei nach dem Verzeichnis Id;

für Reisen in mittlerer Fahrt ohne Schiffsarzt nach dem Verzeichnis IIa;

für Reisen in großer Fahrt ohne Schiffsarzt bei einer Besatzung von nicht mehr als fünfzehn — bei Dampfern nicht mehr als dreißig — Mann und für die große Hochseefischerei nach dem Verzeichnis IIa;

bei größerer Besatzung nach dem Verzeichnis IIb;

für Reisen, auf welchen Schiffe einen Schiffsarzt mitnehmen, ohne daß eine Verpflichtung hierzu gemäß § 10 besteht, nach dem Verzeichnis IIIa;

für Reisen, auf welchen nach § 10 ein Schiffsarzt an Bord sein muß, nach dem Verzeichnis IIIb.

Für die Abgrenzung der Fahrten gilt die Verordnung über die Besetzung deutscher Kauffahrteischiffe mit Kapitänen und Schiffsoffizieren vom 25. Juli 1925 (RGBl. II S. 709).

[1]) Für Preußen vgl. V. v. 11. Juni 1906 (MBl. Med. A. S. 291).

[2]) Die Verzeichnisse sind hier nicht abgedruckt. — Vgl. ferner Leitfaden für die erste Hilfeleistung an Bord von Seefischereifahrzeugen. Auf Veranlassung des Staatssekretärs des Innern bearbeitet im Reichsgesundheitsamt 1911.

§ 2. Die im Verzeichnis III mit einem Stern bezeichneten Mittel dürfen auf solchen Schiffen fehlen, auf welchen Kinder oder Frauen nicht eingeschifft sind und voraussichtlich nicht eingeschifft werden.

Arznei- und Hilfsmittel des Verzeichnisses III können auf Antrag des Reeders mit Genehmigung der nach Bestimmung der Landesregierung zuständigen Behörde und im Einverständnis mit dem Reichsgesundheitsamte durch andere Mittel von mindestens gleicher Wirksamkeit und entsprechender Menge ersetzt werden.

Die nach Bestimmung der Landesregierung zuständige Behörde, im Ausland der Konsul, ist befugt, nach Anhörung des Reeders erforderlichenfalls eine Vermehrung der Arznei- und anderen Hilfsmittel nach Art und Menge anzuordnen.

§ 3. Die Ausrüstung hat der Reeder und, wenn sie während der Reise zu vervollständigen ist, der Kapitän zu besorgen.

§ 4. Die Arzneimittel sind unter Beachtung der Verordnung, betreffend den Verkehr mit Arzneimitteln, vom 22. Oktober 1901 (RGBl. S. 380) und ihrer Nachträge im Inland zu beziehen; die im Deutschen Arzneibuch aufgeführten Mittel müssen den in diesem gestellten Anforderungen entsprechen. In Notfällen ist die Beschaffung von Arzneimitteln im Ausland zulässig.

Die anderen Hilfsmittel müssen von der in deutschen Krankenhäusern üblichen, brauchbaren und dauerhaften Beschaffenheit sein.

§ 5. Die Arznei- und anderen Hilfsmittel zur Krankenpflege sind in einem besonders eingerichteten Arzneischrank, der tunlichst in einem wohlverwahrten Raume sich befinden soll, oder wenigstens in einer Arzneikiste übersichtlich geordnet und gegen Beschmutzung, Feuchtigkeit und sonstige schädliche Einflüsse geschützt, aufzubewahren und unter Verschluß zu halten. Der Schlüssel ist jederzeit an Bord aufzubewahren. Bei den Arznei- und Hilfsmitteln zur Krankenpflege der Verzeichnisse Ia und Id genügt ein gegen Feuchtigkeit und Verunreinigung schützender Kasten ohne besonderen Verschluß.

Die im Verzeichnis III mit einem Kreuze versehenen Mittel sind in einem besonderen, verschließbaren Giftschrank oder sonst geeigneten Behältnis aufzubewahren. Der Arzt hat sie unter Verschluß zu halten und den Schlüssel sicher zu verwahren.

Sieht sich der Kapitän genötigt, im Ausland Arzneimittel an Bord zu nehmen, welche den Anforderungen des Deutschen Arzneibuchs nicht entsprechen oder nach fremdländischem Gewicht abgeteilt sind, so sind sie, mit einer entsprechenden Bezeichnung, in einer besonderen Abteilung des Arzneischrankes (der Arzneikiste) beziehungsweise des Giftschrankes aufzubewahren.

§ 6. Die Verzeichnisse Ia bis d und II einschließlich der in dem entsprechenden Verzeichnis gegebenen Weisungen müssen im Arzneischrank (der Arzneikiste) in einem gut leserlichen, übersichtlichen Abdruck sichtbar angebracht sein.

§ 7. Alle Arzneimittelbehältnisse müssen mit deutlichen Aufschriften versehen sein. Sie sind,

wenn sie nicht stark wirkende Mittel enthalten, mit schwarzer Schrift auf weißem Grunde;

wenn sie Mittel enthalten, welche in Tabelle B des Arzneibuchs für das Deutsche Reich aufgeführt sind, mit weißer Schrift auf schwarzem Grunde;

wenn sie Mittel enthalten, welche in Tabelle C daselbst aufgeführt sind, mit roter Schrift auf weißem Grunde

zu bezeichnen.

Standgefäße für Mineralsäuren dürfen mittels Radier- oder Ätzverfahrens hergestellte Aufschriften haben.

Auf Schiffen ohne Schiffsarzt müssen die Aufschriften auf den Arzneimittelbehältnissen die in den Verzeichnissen gegebenen Weisungen über den Gebrauch und über etwa zu beobachtende Vorsichtsmaßregeln enthalten.

Lichtempfindliche Mittel sind in Standgefäßen aus gelbem Glase, Vegetabilien in Gläsern oder Blechdosen aufzubewahren. Die Aufbewahrung von Arzneimitteln in Papierbeuteln ist nur dann gestattet, wenn diese Beutel wieder in besonderen Standgefäßen oder Blechdosen liegen. Bei abgeteilten Pulvern ist jede Einzelgabe mit einer deutlich aufgedruckten, den Inhalt angebenden Aufschrift zu versehen. Die Arzneimittel dürfen, soweit es möglich ist, in Tablettenform mitgenommen werden. Auf jeder Tablette ist die Art und Menge des Mittels unverwischbar anzugeben.

In Vorratskisten befindliche Arzneimittel sind wie die in dem Arzneischrank (der Arzneikiste) befindlichen zu bezeichnen und aufzubewahren. Jede solche Kiste muß ein Inhaltsverzeichnis enthalten.

§ 8. Flaschen, Kruken und andere Behältnisse, in denen Arzneien an Kranke abgegeben werden, müssen mit deutlichen Aufschriften versehen sein; es sind ihnen tunlichst Anweisungen über den Gebrauch und über etwa zu beobachtende Vorsichtsmaßregeln entsprechend den in den Verzeichnissen Ia bis Id und II enthaltenen Weisungen beizugeben.

Bei der Abgabe eines äußerlich anzuwendenden Mittels ist ein roter Zettel mit der Aufschrift „Äußerlich" aufzukleben.

§ 9. Bei einer Besatzung von mehr als zehn Mann sind für Reisen in großer Fahrt die Schiffe jeder Größe, für Reisen in mittlerer Fahrt die Schiffe von mehr als 3000 cbm Bruttoraumgehalt mit einem ruhig belegenen, luftigen und hellen Krankenraum auszustatten. Der Krankenraum muß bei einer Besatzung bis zu dreißig Mann mindestens eine Koje von mindestens gleicher Größe, Lage und Ausstattung wie die Kojen des Mannschaftslogis, bei größerer Besatzung mindestens zwei solcher Kojen enthalten.

Die nach Bestimmung der Landesregierung zuständige Behörde ist befugt, für Schiffe, deren Bau vor dem 1. Oktober 1905 in Auftrag gegeben worden ist, Ausnahmen oder Erleichterungen von dieser Vorschrift zuzulassen.

Die Belegung des Krankenraums mit Kranken hat nach der vom Reichsgesundheitsamte herausgegebenen „Anleitung zur Gesundheitspflege auf Kauffahrteischiffen" zu erfolgen.

Auf Schiffen, die nicht gemäß § 10 mit einem Schiffsarzt zu besetzen sind, darf der Krankenraum, wenn er nicht belegt ist, anderweit benutzt werden, jedoch nur in einer solchen Form, daß er jederzeit im Bedarfsfall frei gemacht werden kann; er muß vor jeder Belegung mit Kranken gründlich gelüftet und gereinigt werden.

§ 10. Für Reisen in mittlerer oder großer Fahrt sind

Kauffahrteischiffe, welche mehr als fünfzig Reisende oder insgesamt mehr als einhundert Personen während einer Seereise von mindestens sechs aufeinanderfolgenden Tagen beherbergen sollen oder voraussichtlich beherbergen werden, mit einem zur unentgeltlichen Behandlung der Schiffsbesatzung verpflichteten, im Deutschen Reiche approbierten Arzte zu besetzen.

§ 11. Der Schiffsarzt hat sich vor dem Antritt der Reise bei der nach Bestimmung der Landesregierung zuständigen Behörde, im Ausland bei dem Konsul, vorzustellen und seine Verwendbarkeit darzulegen. Die Behörde, im Ausland der Konsul, ist befugt, die Verwendung eines ungeeigneten Schiffsarztes zu untersagen. Nach Beendigung jeder Reise, und zwar vor der Abmusterung, hat sich der Schiffsarzt bei der bezeichneten Behörde, im Ausland bei dem Konsul, wiederum persönlich zu melden.

Während der Reise hat der Schiffsarzt eine Krankenliste (in Buchform) über die von ihm behandelten Kranken sowie ein Tagebuch mit näheren Angaben über die wichtigeren Krankheitsfälle und über hygienisch oder sonst ärztlich wichtige Wahrnehmungen und Maßnahmen an Bord zu führen und dem Kapitän vorzulegen. Die Krankenliste soll über die einzelnen Kranken die nachstehenden Spalten enthalten:

1. Laufende Nummer, 2. Tag der Krankmeldung, 3. Name und Vorname des Kranken, 4. Alter des Kranken, 5. Stellung des Kranken an Bord (bei Besatzung Dienstgrad), 6. Krankheit, 7. Dauer der Unterbringung im Krankenraume, von — bis, 8. (bei Besatzung) Dauer der Dienstunfähigkeit, von — bis, 9. Art der Behandlung und weiterer Verlauf, 10. Tag des Austritts aus der Behandlung und Ausgang der Krankheit (genesen, gebessert, gestorben, ausgeschifft). Nach Beendigung jeder

Reise sind die Krankenliste und das Tagebuch seitens des Reeders oder des Kapitäns der im Abs. 1 bezeichneten amtlichen Stelle tunlichst so zeitig zuzustellen, daß sie ihr vor der gemäß Abs. 1 erfolgenden persönlichen Meldung des Schiffsarztes vorliegen.

§ 12. Bei Neuindienststellung eines Schiffes, sodann mindestens alle zwölf Monate, hat der Reeder die Ausrüstung durch einen von der zuständigen Landesbehörde für diesen Zweck bezeichneten, im Deutschen Reiche approbierten Arzt zu prüfen[1]) und dabei feststellen zu lassen, ob die Ausrüstung den bestehenden Vorschriften genügt; der Prüfung ist dasjenige Verzeichnis zugrunde zu legen, welches gemäß § 1 der nächstbevorstehenden Reise entspricht. Hierbei soll, soweit erforderlich, ein von der zuständigen Landesbehörde für diesen Zweck bezeichneter Apotheker zugezogen werden. Dies hat jedenfalls zu geschehen, wenn es sich um eine Ausrüstung nach Verzeichnis III handelt.

Findet die Prüfung der Ausrüstung an Bord statt, so ist mit ihr eine Besichtigung der Krankenräume zu verbinden.

Über die Prüfung ist, nachdem die etwa vorhandenen Mängel beseitigt sind, eine Bescheinigung auszustellen, in welcher zu vermerken ist, welches Verzeichnis der Prüfung zugrunde gelegen hat.

Die Vorschriften der Absätze 1 und 2 gelten nicht für die nach den Verzeichnissen Ia und Ib ausgerüsteten Schiffe. Für Schiffe von nicht mehr als 400 cbm Bruttoraumgehalt, welche nach Verzeichnis Ic ausgerüstet sind, genügt eine von dem approbierten Leiter einer deutschen Apotheke vor längstens einem Jahre ausgestellte Bescheinigung, daß die Arznei- und anderen Hilfsmittel zur Krankenpflege gut und brauchbar sind.

Die nach Abs. 3, 4 erforderlichen Bescheinigungen sind vom Kapitän aufzubewahren und auf Verlangen der Behörde, im Ausland dem Konsul, vorzulegen.

Reeder und Kapitän haben den Prüfenden jede Erleichterung zu gewähren. Über die erfolgte Prüfung ist ein Vermerk in das Schiffstagebuch aufzunehmen.

Bleibt das Schiff länger als ein Jahr im Ausland, so hat der Kapitän die Prüfung zu geeigneter Zeit im Einvernehmen mit dem Konsul in sinngemäßer Anwendung der Vorschriften dieses Paragraphen vornehmen zu lassen. Die auszustellende Bescheinigung ist vom Konsul mit einem Sichtvermerke zu versehen.

Die für die Prüfung von den Schiffen zu erhebenden Gebühren werden von den Landesregierungen festgestellt, im Ausland von dem Konsul für den Einzelfall bestimmt.

[1]) Hamburgische Verordnung, betreffend die Prüfung der Ausrüstung der Kauffahrteischiffe mit Hilfsmitteln zur Krankenpflege. V. 24. Sept. 1925 (GesBl. S. 204).

§ 13. Unbeschadet dieser amtlichen Prüfung und Besichtigung hat der Kapitän — falls ein Schiffsarzt angemustert ist, dieser — vor dem Antritt einer jeden Reise von voraussichtlich mehr als vierwöchiger Dauer, mindestens aber alle drei Monate zu prüfen, ob die Arznei- und anderen Hilfsmittel sowie die Lebensmittel zur Krankenpflege für die weitere Reise noch in genügender Menge und Beschaffenheit vorhanden sind und ihre Vervollständigung rechtzeitig zu veranlassen. Die Prüfung hat sich insbesondere auch auf den Verschluß der Standgefäße und den Zustand der Instrumente zu erstrecken.

Das Ergebnis der Prüfung ist in das Schiffstagebuch einzutragen.

4. Verordnung über die Versorgung der Kauffahrteischiffe mit Betäubungsmitteln.

Vom 13. November 1925 (RMBl. 1340), vgl. Schaps II, 915.

5. Runderlaß vom 1. August 1898 über die Ausstellung von Gesundheitspässen.

Vgl. Schaps II, 915.

6. Vorschriften über die Beförderung von Leichen auf dem Seewege.

(HMBl. 1907, 3), vgl. Schaps II, 917.

7. Sanitätsabkommen zwischen Deutschland und Lettland.

(RGBl. 1927, II 443), vgl. Schaps II, 918.

8. Bremische Verordnung, betr. gesundheitspolizeiliche Kontrolle der Schiffe.

Vom 21. August 1900, vgl. Schaps II, 920.

9. Oldenburgische Bekanntmachung vom 14. Februar 1901, betr. die gesundheitliche Überwachung der Schiffe.

Vgl. Schaps II, 921.

10. Bekanntmachung, betr. das Preußisch-Oldenburgisch-Bremische Quarantäne-Amt in Bremerhaven.

Vom 17. Mai 1896, vgl. Schaps II, 922.

11. Gesundheits- und veterinärpolizeiliche Bestimmungen für den Kaiser-Wilhelm-Kanal.

Vom 12. November 1928, vgl. Schaps II, 923.

12. Verordnung, betr. die gesundheitliche Überwachung der im Lübecker Hafengebiet verkehrenden Schiffe.

Vom 13. Oktober 1927, vgl. Schaps II, 924.

13. Internationales Sanitätsabkommen.

Vom 21. Juni 1926 (Ges. v. 18. März 1930, RGBl. II S. 589)[1]. Auszug.

Einleitende Bestimmungen.

Für das gegenwärtige Abkommen werden von den Hohen Vertragschließenden Teilen nachstehende Begriffsbestimmungen angenommen:

1. Unter dem Wort „Bezirk" ist ein genau bestimmter Gebietsteil, wie ein Hafen, zu verstehen, wie die Ausdehnung und Bevölkerung dieser Gebietsteile auch immer sein mag.

2. Das Wort „Beobachtung" bedeutet Absonderung der Personen an Bord eines Schiffes oder in einer Gesundheitsstation vor Zulassung zum freien Verkehr;

   das Wort „Überwachung" bedeutet, daß die Personen nicht abgesondert, sondern sofort zum freien Verkehr zugelassen werden, wobei sie jedoch den Gesundheitsbehörden der verschiedenen Ortschaften, in die sie sich begeben, namhaft zu machen und einer ärztlichen Untersuchung zur Feststellung ihres Gesundheitszustandes zu unterwerfen sind.

3. Das Wort „Schiffsbesatzung" umfaßt alle Personen, die sich nicht lediglich zum alleinigen Zwecke der Überreise von einem Land in ein anderes an Bord befinden, sondern welche irgendwie bei der Bedienung des Schiffes, der an Bord befindlichen

Personen oder der Schiffsladung beschäftigt werden.

4. Das Wort „Tag" bedeutet einen Zeitraum von 24 Stunden.

[1]) Vgl. dazu die Erklärungen einzelner Länder v. 31. 12. 30 (RMBl. 31 S. 8).

Abschnitt III.

Maßnahmen in den Häfen und bei der Abfahrt der Schiffe.

Art. 13. Die zuständige Behörde ist gehalten, wirksame Maßnahmen zu treffen:

1. um die Einschiffung von Personen zu verhindern, die Erscheinungen von Pest, Cholera, Gelbfieber, Fleckfieber oder Pocken zeigen, sowie von Personen aus der Umgebung der Kranken, von denen anzunehmen ist, daß sie die Krankheit übertragen können;
2. im Falle von Pest, um das Anbordkommen von Ratten zu verhindern;
3. im Falle von Cholera, um darüber zu wachen, daß das an Bord genommene Trinkwasser und die Lebensmittel einwandfrei sind und daß das aufgenommene Ballastwasser gegebenenfalls desinfiziert wird;
4. im Falle von Gelbfieber, um das Anbordkommen von Stechmücken zu verhindern;
5. im Falle von Fleckfieber, um die Entlausung aller verdächtigen Personen vor ihrer Einschiffung sicherzustellen;
6. im Falle von Pocken, um alte Kleider und Lumpen der Desinfektion zu unterziehen, bevor sie zusammengepreßt werden.

Art. 14. Die Regierungen verpflichten sich, in ihren großen Häfen und in deren Umgebung, ferner nach Möglichkeit in den anderen Häfen und in deren Umgebung einen Gesundheitsdienst einzurichten.

Kapitel II.

Abwehrmaßregeln gegen die in Kapitel I bezeichneten Krankheiten

Art. 15. Die Gesundheitsbehörden können jedes Schiff ohne Rücksicht auf seine Herkunft einer ärztlichen Untersuchung und erforderlichenfalls einer gründlichen Prüfung unterziehen.

Die gesundheitlichen Maßnahmen oder Verfahren, denen ein Schiff bei seiner Ankunft unterworfen werden kann, werden durch Feststellung des tatsächlichen Zustandes an Bord sowie durch die gesundheitlichen Vorkommnisse während der Reise bestimmt. ....

Die in diesem Kapitel vorgesehenen Maßnahmen sind als das Höchstmaß anzusehen, innerhalb dessen Grenzen die Regierungen die Behandlung der Schiffe bei der Ankunft regeln können.

Abschnitt I.

Mitteilung der vorgeschriebenen Maßnahmen.

Abschnitt II.

Waren und Reisegepäck — Einfuhr und Durchfuhr.

Art. 17. Vorbehaltlich der Bestimmungen des Art. 50, letzter Absatz, dürfen die auf dem Land- und Seewege ankommenden Waren oder Gepäckstücke weder von der Einfuhr oder Durchfuhr ausgeschlossen noch an den Grenzen oder in den Häfen zurückgehalten werden. Die einzigen Maßnahmen, die ihnen gegenüber angeordnet werden dürfen, sind nachstehend besonders bezeichnet:

a) Im Falle von Pest können getragene Leibwäsche, Altsachen und kürzlich getragene Kleider (Bekleidungsgegenstände des täglichen Gebrauchs), kürzlich gebrauchtes Bettzeug einem Verfahren zur Befreiung von Ungeziefer und gegebenenfalls einer Desinfektion unterzogen werden.

Waren, die aus einem befallenen Bezirke kommen und Pestratten enthalten könnten, dürfen nur unter der Bedingung ausgeladen werden, daß das Möglichste geschieht, um ein Entweichen der Ratten zu verhindern und um sie zu vernichten.

b) Im Falle von Cholera können getragene Leibwäsche, Altsachen und kürzlich getragene Kleider (Bekleidungsgegenstände des täglichen Gebrauchs) sowie kürzlich gebrauchtes Bettzeug der Desinfektion unterzogen werden.

Abweichend von den vorstehenden Bestimmungen können Fische, Schaltiere und frisches Gemüse von der Einfuhr ausgeschlossen werden, falls sie nicht einer Behandlung unterworfen worden sind, durch welche die Cholerabazillen abgetötet werden.

c) Im Falle von Fleckfieber können getragene Leibwäsche, Altsachen und getragene Kleider (Bekleidungsgegenstände des täglichen Gebrauchs), gebrauchtes Bettzeug sowie Lumpen, die nicht als Großhandelswaren befördert werden, einem Verfahren zur Befreiung von Ungeziefer unterzogen werden.

d) Im Falle von Pocken können getragene Leibwäsche, Altsachen und kürzlich getragene Kleider (Bekleidungsgegenstände des täglichen Gebrauchs), kürzlich gebrauchtes Bettzeug sowie Lumpen, die nicht als Großhandelswaren befördert werden, einer Desinfektion unterzogen werden.

Art. 18. Die Entscheidung darüber, wie und wo die Desinfektion stattzufinden hat, sowie darüber, welches Verfahren zur sicheren Vernichtung der Ratten oder der Insekten (Flöhe, Läuse, Stechmücken usw.) anzuwenden ist, steht der Behörde des Bestimmungslandes zu. Dabei muß derart verfahren werden, daß die Gegenstände so wenig als möglich beschädigt werden. Alte Kleidungsstücke und andere Gegenstände von geringem Werte sowie Lumpen, mit Ausnahme der als Großhandelswaren beförderten, können durch Feuer vernichtet werden.

Die Regelung der Frage des etwaigen Ersatzes des bei der Desinfektion, der Entrattung oder der Befreiung von Ungeziefer sowie bei der Vernichtung der vorerwähnten Gegenstände entstehenden Schadens bleibt jedem Staate überlassen. . . .

Art. 19. Briefe und Schriftwechsel, Drucksachen, Bücher, Zeitungen, Geschäftspapiere usw. unterliegen keinerlei gesundheitlichen Maßnahmen. Für Postpakete gilt eine Einschränkung nur, wenn sie Gegenstände enthalten, die den im Art. 17 des gegenwärtigen Abkommens vorgesehenen Maßnahmen unterworfen werden können.

Art. 20. Sind Waren oder Gepäckstücke dem im Art. 17 vorgeschriebenen Verfahren unterworfen worden, so hat jeder Beteiligte das Recht, von der Gesundheitsbehörde die unentgeltliche Aushändigung einer Bescheinigung über die durchgeführten Maßnahmen zu verlangen.

Abschnitt III.

Bestimmungen, betr. die Auswanderer.

Art. 21. Die Gesundheitsbehörden der Auswanderungsländer haben die Auswanderer vor ihrer Abreise einer gesundheitlichen Untersuchung zu unterziehen.

Es wird empfohlen, zwischen den Auswanderungsländern, den Einwanderungsländern und den Durchgangsländern besondere Abmachungen zu treffen, um die Bedingungen festzusetzen, denen diese Untersuchung zu genügen hat, damit Zurückweisungen aus gesundheitlichen Gründen an der Grenze der Durchgangs- oder Bestimmungsländer nach Möglichkeit vermieden werden.

Es wird außerdem empfohlen, in diesen Abmachungen die vorbeugenden Maßnahmen gegen übertragbare Krankheiten festzusetzen, denen sich die Auswanderer im Lande der Ausreise zu unterziehen haben.

Art. 22. Es wird empfohlen, daß die Städte oder Häfen, in denen die Auswanderer eingeschifft werden, geeignete hygienische und sanitäre Einrichtungen besitzen, und zwar insbesondere: 1. einen Dienst für die ärztliche Überwachung und den ärztlichen Beistand sowie hinreichendes Sanitäts- und Vorbeugungsmaterial; 2. ein vom Staat überwachtes Gebäude, in dem die Auswanderer den gesundheitlichen Maßnahmen unterzogen, zeitweilig untergebracht sowie allen notwendigen ärztlichen Untersuchungen unterworfen und in dem ihre Getränke und Nahrungsmittel geprüft werden können; 3. einen innerhalb des Hafens gelegenen Raum, in dem die ärztlichen Untersuchungen bei der endgültigen Einschiffung stattfinden können.

Art. 23. Es wird empfohlen, die Auswandererschiffe mit einem genügenden Vorrat von Impfstoff (gegen Pokken, Cholera usw.) auszustatten, damit während der Reise im Bedarfsfalle Impfungen vorgenommen werden können.

Abschnitt IV.

Maßnahmen in den Häfen und an den Meeresgrenzen.

A. Pest. B. Cholera. C. Gelbfieber.
D. Fleckfieber. E. Pocken.

F. Gemeinsame Bestimmungen.

Art. 44. Der Kapitän und der Schiffsarzt sind verpflichtet, alle Fragen über den Gesundheitszustand auf dem Schiffe während der Überfahrt zu beantworten, die ihnen von der Gesundheitsbehörde vorgelegt werden.

Wenn der Kapitän und der Schiffsarzt versichern, daß seit der Abfahrt auf dem Schiffe weder ein Fall von Pest, Cholera, Gelbfieber, Fleckfieber oder Pocken noch ein ungewöhnliches Rattensterben vorgekommen ist, so kann die Gesundheitsbehörde von ihnen eine förmliche oder eidliche Erklärung darüber verlangen.

Art. 45. Bei der Anwendung der in den vorstehenden Unterabschnitten A, B, C, D und E erwähnten Maßregeln hat die Gesundheitsbehörde zu berücksichtigen, ob sich ein Arzt an Bord befindet, und welche Maßnahmen während der Überfahrt, insbesondere hinsichtlich der Rattenvertilgung, getroffen worden sind.

Die Gesundheitsbehörden derjenigen Staaten, die sich hierüber etwa zu verständigen wünschen, können den reinen Schiffen, die einen von ihrem Lande besonders beauftragten Arzt an Bord haben, die ärztliche Untersuchung und andere Maßnahmen erlassen.

Art. 46. Den Regierungen wird empohlen, die Herkünfte eines Landes unter Berücksichtigung der Maßnahmen zu behandeln, die dies Land zur Bekämpfung der übertragbaren Krankheiten und zur Verhinderung ihrer Verschleppung nach anderen Ländern ergriffen hat.

Schiffe aus Häfen, die den in Art. 14 und 51 erwähnten Bedingungen entsprechen, haben auf Grund dieser bloßen Tatsache keinen Anspruch auf eine Vorzugsbehandlung im Ankunftshafen; indes verpflichten sich die Regierungen, die in diesen Häfen bereits ergriffenen Maßnahmen in weitestgehendem Maße zu berücksichtigen, so daß solchen

Schiffen gegenüber die Maßnahmen im Ankunftshafen auf ein Mindestmaß beschränkt bleiben. Zu diesem Zwecke, und um Schiffahrt, Handel und Verkehr möglichst wenig zu belästigen, wird empfohlen, in allen Fällen, in denen es vorteilhaft erscheint, Sonderabkommen im Rahmen des Art. 57 des gegenwärtigen Abkommens abzuschließen.

Art. 47. Schiffe aus befallenen Gegenden, die nach Ansicht der Gesundheitsbehörde in ausreichender Weise Gegenstand gesundheitspolizeilicher Maßnahmen gewesen sind, brauchen sich bei ihrer Ankunft in einem neuen Hafen, gleichviel ob dieser demselben Lande angehört oder nicht, diesen Maßnahmen nicht wieder zu unterziehen, vorausgesetzt, daß inzwischen kein die Anwendung der vorerwähnten Sanitätsmaßnahmen bedingender Umstand eingetreten ist und kein befallener Hafen, außer zur Versorgung mit Heizmaterial, angelaufen worden ist.

Ein Schiff, das, ohne mit dem Festland in Verbindung gestanden zu haben, lediglich Reisende und ihr Gepäck sowie die Postsachen ausgeschifft oder nur die Postsachen oder solche Reisende mit oder ohne Gepäck eingeschifft hat, die weder mit diesem Hafen noch mit einem verseuchten Bezirk in Verbindung gestanden haben, wird so angesehen, als ob es den Hafen nicht angelaufen hätte. Hierbei muß, wenn es sich um Gelbfieber handelt, das Schiff sich außerdem soweit als möglich, mindestens jedoch 200 m vom bewohnten Lande und in solcher Entfernung von den Schiffsbrücken gehalten haben, daß nur geringe Wahrscheinlichkeit dafür vorliegt, daß die Stegomyien auf das Schiff gelangen konnten.

Art. 48. Die Hafenbehörde, welche Gesundheitsmaßnahmen ausführt, erteilt dem Kapitän oder jedem sonstigen Beteiligten auf jedesmaliges Ersuchen unentgeltlich eine Bescheinigung über die Art der Maßnahmen, das angewandte Verfahren, die behandelten Teile des Schiffes sowie über die Gründe, die für die Anwendung der Maßnahmen maßgebend waren.

Sie stellt ebenfalls den Reisenden, die auf einem verseuchten Schiffe ankommen, eine Bescheinigung über den Tag ihrer Ankunft und die Maßnahmen, denen sie sich mit ihrem Gepäck unterzogen haben, auf Verlangen unentgeltlich aus.

Abschnitt V.

Allgemeine Bestimmungen.

Art. 49. Es wird empfohlen:

1. daß die Gesundheitspässe in allen Häfen unentgeltlich ausgestellt werden;
2. daß die Konsulatsgebühren für Sichtvermerke nach dem Grundsatz der Gegenseitigkeit so weit ermäßigt werden, daß sie lediglich die Kosten der vollzogenen Dienstleistung darstellen;
3. daß die Gesundheitspässe, außer in der Sprache desjenigen Landes, in dem sie ausgestellt sind, mindedestens in einer der im Seeverkehr üblichen Sprachen abgefaßt werden;
4. daß im Sinne des Art. 57 dieses Abkommens Sonderabkommen geschlossen werden, um nach und nach zu einer Abschaffung der Konsulatssichtvermerke und der Gesundheitspässe zu gelangen.

Art. 52. Die Regierungen enthalten sich jeglicher gesundheitlichen Besichtigung von Schiffen, die ihre Küstengewässer[1]) durchfahren, ohne die Häfen oder Küsten ihres Landes anzulaufen.

Falls jedoch ein Schiff aus irgendeinem Grunde einen Hafen oder die Küste anläuft, so untersteht es den gesundheitlichen Gesetzen und Verordnungen des Landes, zu dem der Hafen oder die Küste gehört, in den Grenzen der Internationalen Übereinkünfte.

[1]) Der Ausdruck „Küstengewässer" ist im streng juristischen Sinne zu verstehen. Er bezieht sich nicht auf die Kanäle von Suez, Panama und Kiel.

Art. 53. Besondere Maßregeln können für jedes Schiff angeordnet werden, das einen so außergewöhnlich schlechten Gesundheitszustand aufweist, daß dadurch die Verbreitung der in diesen Abkommen genannten Krankheiten begünstigt wird. Dies gilt insbesondere für stark besetzte Schiffe.

Art. 54. Jedem Schiffe, das sich den von ihm von der Hafenbehörde auf Grund der Bestimmungen dieses Abkommens auferlegten Verpflichtungen nicht unterziehen will, steht es frei, wieder in See zu gehen.

Es kann ihm jedoch gestattet werden, seine Waren unter der Bedingung zu löschen, daß eine Absonderung erfolgt und daß die Waren den im Abschnitt II des Kapitels II dieses Abkommens vorgesehenen Maßregeln unterworfen werden.

Ebenso kann dem Schiffe gestattet werden, Reisende, die darum ersuchen, zu landen, unter der Bedingung, daß sie sich den von der Gesundheitsbehörde vorgeschriebenen Maßnahmen unterziehen.

Das Schiff kann auch, wenn es abgesondert bleibt, Heizmaterial, Lebensmittel und Wasser an Bord nehmen.

Art. 56. Internationale Küstenfahrzeuge unterliegen besonderen, zwischen den beteiligten Ländern zu vereinbarenden Regeln. Jedoch sind in allen Fällen die Bestimmungen des Art. 28 dieses Abkommens auf sie anwendbar.

H. Nachrichtenwesen auf See.

1. Internationaler Funkentelegraphenvertrag[1][2]).

Vom 5. Juli 1912 (RGBl. 1913 S. 373)[3]). Auszug.

Art. 1. Die Hohen vertragschließenden Teile verpflichten sich, die Bestimmungen des gegenwärtigen Vertrags auf alle Funkentelegraphenstationen[1]) (Küsten- und Bordstationen) anzuwenden, die von den vertragschließenden Teilen errichtet oder betrieben werden und dem öffentlichen Verkehr zwischen dem Lande und den Schiffen in See dienen.

Sie verpflichten sich ferner, die Befolgung dieser Bestimmungen den Privatunternehmern aufzuerlegen, die sie zur Errichtung oder zum Betriebe von Funkentelegraphenstationen ermächtigen, seien dies Küstenstationen für den öffentlichen Verkehr zwischen dem Lande und den Schiffen in See oder Stationen an Bord von Schiffen, die ihre Flagge führen, gleichviel ob die Bordstationen dem öffentlichen Verkehre dienen oder nicht.

[1]) Er beruht auf dem internationalen Funktelegraphenvertrag v. 3. Nov. 1906 (RGBl. 1908, 411). Über die (nicht besonders wesentlichen) Abweichungen vgl. Knitschky-Rudorff S. 980. — Die auf Grund des § 48 RV. ergangene V. zum Schutze des Funkverkehrs v. 8. März 1924 (RGBl. I S. 273) ist durch V. v. 28. Dez. 1927 (RGBl. I S. 513) wieder aufgehoben worden. — Literatur zum Funkrecht vgl. JW. 1927, 142; 1928, 1238; 1929, 482. Vgl. auch Ausführungsübereinkunft zum Internationalen Funkentelegraphenvertrag (RGBl. 1913 S. 391), abgedruckt bei Knitschky-Rudorff 287 u. 987.

[2]) Gültig auch im Verhältnis zu den alliierten und assoziierten

Mächten nach Art. 284 Abs. 1 des Vertrages von Versailles vom 28. Juni u. 16. Juli 1919 (RGBl. S. 687). Das in Art. 284 Abs. 2 FV. erwähnte Übereinkommen ist nicht abgeschlossen worden. Gültig auch im Verhältnis zu Österreich nach Ziffer 26 der Bek. v. 4. Okt. 1924 (RGBl. II S. 381) und im Verhältnis zu Ungarn nach Ziffer 26 der Bek. v. 16. Dez. 1924 (RGBl. II S. 455). Vgl. auch Art. 130 Vers. Vertrag.

[3]) Die Vertragsstaaten sind aufgeführt bei Schaps II 924.

[4]) Über Bordfunkstellen auf Handelsschiffen: VO. v. 4. 6. 31 (RMBl. 367) über Funkempfangsstellen auf Schiffen: Vfg. Nr. 345 (RPBl. 1930, 449).

Art. 3. Die Küstenstationen und die Bordstationen sind ohne Unterschied des von ihnen benutzten funkentelegraphischen Systems zum wechselseitigen Austausch der Funkentelegramme verpflichtet.

Jede Bordstation ist verpflichtet, mit jeder anderen Bordstation ohne Unterschied des von ihnen benutzten funkentelegraphischen Systems Funkentelegramme auszutauschen.

Um jedoch die Fortschritte der Wissenschaft nicht zu hemmen, hindern die Bestimmungen des gegenwärtigen Artikels nicht die etwaige Anwendung eines funkentelegraphischen Systems, mittels dessen ein Verkehr mit anderen Systemen nicht möglich ist, vorausgesetzt, daß dies in der besonderen Natur des Systems begründet und nicht die Folge von Einrichtungen ist, die lediglich zur Verhinderung des Verkehrs mit anderen Systemen getroffen sind.

Art. 4. Die Bestimmungen des Art. 3 stehen Beschränkungen des öffentlichen Verkehrs einer Station nicht entgegen, welche durch den Zweck des Nachrichtenaustausches oder durch andere von dem angewendeten System unabhängige Umstände begründet sind.

Art. 5. Jeder der Hohen vertragschließenden Teile verpflichtet sich, die Küstenstationen durch besondere Leitungen mit dem Telegraphennetze verbinden zu lassen oder zum mindesten solche andere Maßnahmen zu treffen, die einen schleunigen Austausch der Telegramme zwischen den Küstenstationen und dem Telegraphennetze sicherstellen.

Art. 7. Jeder der Hohen vertragschließenden Teile behält sich das Recht vor, anzuordnen oder zuzulassen, daß bei den im Art. 1 bezeichneten Stationen unabhängig von den Einrichtungen, über die entsprechend Art. 6 Angaben veröffentlicht werden, zum Zwecke einer besonderen funkentelegraphischen Nachrichtenübermittelung andere Einrichtungen getroffen und betrieben werden, deren Einzelheiten nicht veröffentlicht zu werden brauchen.

Art. 8. Der Betrieb der Funkentelegraphenstationen ist möglichst so einzurichten, daß er den Dienst anderer derartiger Stationen nicht stört.

Art. 9. Die Funkentelegraphenstationen sind verpflichtet, Notanrufe, woher sie auch kommen mögen, mit unbedingtem Vorrang aufzunehmen, zu beantworten und ihnen gebührend Folge zu geben.

Art. 14. Jeder der Hohen vertragschließenden Teile behält sich das Recht vor, die Bedingungen festzusetzen, unter denen er Funkentelegramme von oder nach einer Bord- oder Küstenstation zuläßt, die den Bestimmungen des gegenwärtigen Vertrags nicht unterliegt.

Wird ein Funkentelegramm zugelassen, so kommen die gewöhnlichen Gebührensätze zur Anwendung.

Jedes von einer Bordstation herrührende Funkentelegramm, das von einer Küstenstation eines vertragschließenden Landes empfangen oder von der Verwaltung eines vertragschließenden Landes im Durchgang aufgenommen worden ist, ist weiterzubefördern.

Ebenso ist jedes für ein Schiff bestimmte Funkentelegramm weiterzubefördern, wenn die Verwaltung eines vertragschliessenden Landes es zur Beförderung angenommen oder von einem dem Vertrage nicht beigetretenen Lande im Durchgang aufgenommen hat, vorbehaltlich des Rechts der Küstenstation, die Weiterbeförderung an eine Bordstation, die einem dem Vertrage nicht beigetretenen Lande untersteht, zu verweigern.

Art. 16. Die Bestimmungen der Art. 8 und 9 dieses Vertrags finden auch auf andere als die im Art. 1 bezeichneten Funkentelegraphenanlagen Anwendung.

Art. 17. Die Bestimmungen der Art. 1, 2, 3, 5, 6, 7, 8, 11, 12 und 17 des Internationalen Telegraphenvertrags von St. Petersburg vom 10./22. Juli 1875 finden auf die internationale Funkentelegraphie Anwendung.

2. Internationale Telegraphen-Konvention (Washington).

Vom 25. November 1927[1]).

Kurze Inhaltsangabe.

Seenot- und andere Sondersignale.

Es gibt in Zukunft das Seenotsignal SOS., das Dringlichkeitssignal X X X (anzuwenden in dringenden Fällen, etwa bei plötzlicher Erkrankung eines Bordangehörigen ohne Möglichkeit eigener Hilfeleistung) und das Warnungssignal T T T (in erster Linie für nautische Warnungen).

Keine Bordfunkstelle darf ein gehörtes Seenotsignal ohne Genehmigung ihres Kapitäns weitergeben. Alle Küstenfunkstellen und Schiffe müssen außerhalb ihrer Verkehrszeiten, in jedem Fall aber von der 15. bis zur 18. und der 45. bis zur 48. Minute jeder Stunde auf der Seenotwelle 600 m empfangsbereit sein.

Der von Marconi herausgebrachte Alarmempfänger, der eine Benachrichtigung auch der nicht besetzten Bordfunkstellen in Seenotfällen ermöglichen soll und auf eine Serie von 4 Sekunden langen Strichen, jeweils unterbrochen durch eine Pause von 1 Sekunde, anspricht, ist als geeignet angenommen worden.

[1]) Dieses Abkommen nebst General- und Zusatzreglement ist noch nicht ratifiziert. Die amtliche Ausgabe (in französischer und englischer Sprache) erschien 1928 durch das Internationale Telegraphenbureau. Vgl. ferner Kuhl bei Borchard-Fulst S. 134; Werner, Hansa 1927; 1356, 1811 u. 2042; HambFrBl. v. 18. Febr. 1928.

Einzelne Sonderbestimmungen.

Telegramme verschiedener Art müssen in folgender Reihenfolge befördert werden: Seenotverkehr, dringender Verkehr X X X (siehe oben), nautische Warnnachrichten, Peilverkehr, übriger Telegrammverkehr.

Wettervorhersagen von allgemeinem Interesse und Zeitsignale sollen stets zu festgesetzten Zeiten abgegeben werden, wobei die Funkwachzeiten und die Hörfähigkeit der Funker kleiner Schiffe zu berücksichtigen sind. Alle Bord- und Küstenfunkstellen, deren Sendungen diese Dienste stören könnten, müssen während dieser Zeiten Funkstille halten.

Die Rufzeichen sind völlig neu geregelt worden. Küstenstationen erhalten dreistellige, Bordfunkstellen vierstellige Rufzeichen. Deutschland hat alle mit D beginnenden Kombinationen erhalten.

Der Ozeanbriefverkehr ist — außer für die Vereinigten Staaten von Amerika — von einer Küsten- zu einer Bordfunkstelle und zwischen Bordfunkstellen untereinander in der bei uns jetzt schon üblichen Weise allgemein zugelassen.

Die Aufgabezeit soll bei Seetelegrammen nicht mehr

nach der dem Empfänger meist unbekannten Ortszeit des Schiffes, sondern nach mittlerer Greenwicher Zeit unter Benutzung der 24-Stunden-Rechnung (0000—2359) angegeben werden. In der Küstenschiffahrt innerhalb des eigenen Landes kann hiervon eine Ausnahme gemacht werden.

Gebührenfreiheit ist allgemein zugebilligt worden für Seenotrufe, Seenotmeldungen und Antworten auf diese von Bordfunkstellen ausgehenden nautischen Warnnachrichten und Telegramme, die die Durchführung des Seefunkdienstes betreffen.

3. Gesetz über das Telegraphenwesen des Deutschen Reichs.

Vom 6. April 1892 (RGBl. S. 467)[1][2]. (Auszug.)

§ 1. Das Recht, Fernmeldeanlagen, nämlich Telegraphenanlagen für die Vermittlung von Nachrichten, Fernsprechanlagen und Funkanlagen zu errichten und zu betreiben, steht ausschließlich dem Reiche zu. Funkanlagen sind elektrische Sendeeinrichtungen sowie elektrische Empfangseinrichtungen, bei denen die Übermittlung oder der Empfang von Nachrichten, Zeichen, Bildern oder Tönen ohne Verbindungsleitungen oder unter Verwendung elektrischer, an einem Leiter entlang geführter Schwingungen stattfinden kann.

Das im Abs. 1 bezeichnete Recht übt der Reichspostminister aus; für Anlagen, die zur Verteidigung des Reichs bestimmt sind, übt es der Reichswehrminister aus.

[1]) In der Fassung der Gesetze v. 7. März 1908 (RGBl. S. 79) u. v. 3. Dez. 1927 (RGBl. I S. 331).

[2]) Vgl. auch Dienstanweisung v. 15. Juni 1913 (ZBl. S. 616). Zuletzt abgeändert durch V. v. 23. Juni 1925 (Amtsbl. RPostmin. S. 328). Vgl. auch ZBl. 1921, 232.

§ 3a. Auf deutschen Fahrzeugen für Seefahrt, Binnenschiffahrt oder Luftfahrt dürfen Telegraphenanlagen, welche nicht ausschließlich zum Verkehr innerhalb des Fahrzeugs bestimmt sind, nicht ohne Verleihung (§ 2) errichtet und betrieben werden[1][2].

[1]) Strafbestimmung in § 9.

[2]) Über genehmigungspflichtige Funkanlagen vgl. RPBl. 1924, 272; 1928, 487.

§ 3b. Der Reichspostminister trifft die Anordnungen über den Betrieb von Fernmeldeanlagen auf fremden Fahrzeugen für Seefahrt, Binnenschiffahrt oder Luftfahrt, die sich im deutschen Hoheitsgebiet aufhalten.

§ 8a. 1. Die im Dienste der Deutschen Reichspost stehenden Personen sind, vorbehaltlich der durch Reichsgesetz festgestellten Ausnahmen, zur Wahrung des Telegraphengeheimnisses und des Fernsprechgeheimnisses verpflichtet. Unter dem Schutze des Telegraphengeheimnisses und des Fernsprechgeheimnisses stehen auch die Mitteilungen, die auf den für den öffentlichen Verkehr bestimmten Funkanlagen der Deutschen Reichspost befördert oder zur Beförderung auf ihnen aufgegeben worden sind. Der Schutz erstreckt sich auch auf die näheren Umstände des Fernmeldeverkehrs, insbesondere darauf, ob und zwischen welchen Personen ein Fernmeldeverkehr stattgefunden hat.

2. Die Bestimmungen des Abs. 1 gelten entsprechend für Personen, die eine für den öffentlichen Verkehr bestimmte, nicht der Deutschen Reichspost gehörende Fernmeldeanlage bedienen oder beaufsichtigen.

3. Befindet sich die Fernmeldeanlage an Bord eines Fahrzeugs für Seefahrt oder Luftfahrt, so besteht die Pflicht zur Wahrung des Geheimnisses nicht gegenüber dem Führer des Fahrzeugs oder seinem Stellvertreter.

§ 8b. Werden durch eine Funkanlage, die von anderen als Behörden betrieben wird, Nachrichten empfangen, die von einer öffentlichen Zwecken dienenden Fernmeldeanlage übermittelt werden und für die Funkanlage nicht bestimmt sind, so dürfen der Inhalt der Nachrichten sowie die Tatsache ihres Empfanges auch von Personen, für die eine Pflicht zur Geheimhaltung nicht schon nach § 8a besteht, anderen nicht mitgeteilt werden. Die Vorschrift des § 8a Abs. 3 gilt entsprechend.

§ 8e. 1. Der Führer eines deutschen Fahrzeugs für Seefahrt oder Luftfahrt kann aus wichtigen Gründen der Führung des Fahrzeugs von den Personen, die eine auf dem Fahrzeug befindliche Funkanlage bedienen oder beaufsichtigen, verlangen, daß Nachrichten aufgenommen und ihm mitgeteilt werden, die nicht für die Funkanlage bestimmt sind. Das gilt auch für seinen Stellvertreter, solange er die Führung des Fahrzeugs hat oder vom Führer mit Ausübung der im Satze 1 bezeichneten Befugnisse betraut ist. Die Aufnahme und Mitteilung kann nicht mit der Begründung verweigert werden, daß ein wichtiger Grund der Führung des Fahrzeugs nicht vorliege.

2. Der Führer des Fahrzeugs und sein Stellvertreter, solange dieser die Führung hat, sind befugt, Nachrichten, die von einer auf dem Fahrzeug befindlichen Funkanlage empfangen oder abgesandt werden, Dritten mitzuteilen, soweit die Nachrichten erkennen lassen, daß einem Fahrzeug oder Menschenleben Gefahr droht, und soweit die Mitteilung geschieht, um die Gefahr abzuwenden.

§ 10b. Wer vorsätzlich ein Notzeichen mißbraucht, das für Funkanlagen bei Not oder Gefahr in der Seefahrt, Binnenschiffahrt, Luftfahrt oder bei Eisenbahnen des öffentlichen Verkehrs vorgesehen ist, wird mit Gefängnis bestraft.

§ 10c. Wer vorsätzlich in anderen als in diesem Gesetze vorgesehenen Fällen entgegen § 8b Mitteilungen macht, wird, soweit nicht andere Vorschriften eine schwerere Strafe androhen, mit Gefängnis oder mit Geldstrafe bestraft.

4. Bekanntmachung, betreffend die Schiffstelegraphie.

Vom 16. Juli 1908 (RGBl. S. 476).

Bis auf weiteres wird allgemein genehmigt, Anlagen zu errichten und zu betreiben

1. für die Vermittlung von Nachrichten
   a) durch Signale mit Flaggen, Fernsignalkörpern, Semaphoren oder Kunstfeuern;
   b) durch Signale mit Lichtblicken oder mit farbigen Laternen, unter der Beschränkung, daß im Bereiche der Befeuerung der deutschen Fahrwasser, Küsten und Inseln die Lichtstärke der Signallichter nicht die für die Positionslaternen vorgeschriebene übersteigen darf;
   c) durch Schallsignale, welche durch die Luft übertragen werden;
2. für den Empfang von Nachrichten durch Unterwassersignale.

5. Bestimmungen über den Betrieb von Telegraphenanlagen auf fremden Schiffen in deutschen Hoheitsgewässern.

Vom 12. Dezember 1909[1]) (RGBl. S. 977, 1913, 784).

[1]) Der Vertrag ist abgeschlossen zwischen folgenden Staaten: Deutschland, Argentinien, Belgien, Brasilien, Kostarika, Dänemark, Österreich, San Domingo, Spanien, Vereinigte Staaten von Amerika, Kolumbien, Frankreich, England (einschließlich der Kolonien), Guatemala, Griechenland, Türkei, Italien, Niederlande, Portugal, Rumänien, Rußland, Salvador, Serbien, Schweden-Norwegen, Uruguay. Nachträglich sind beigetreten: Japan und

Tunis, Tschechoslowakei, Danzig. Der Friedensvertrag von Versailles erhält den vorliegenden internationalen Vertrag in Art. 282 Nr. 1 ausdrücklich aufrecht.

6. Bekanntmachung des Wortlauts des Gesetzes über Fernmeldeanlagen[1]).

Vom 14. Januar 1928 (RGBl. 1928 I S. 8).

[1]) Der Vertrag ist abgeschlossen zwischen folgenden Staaten: Deutschland, Argentinien, Belgien, Brasilien, Kostarika, Dänemark, Österreich, San Domingo, Spanien, Vereinigte Staaten von Amerika, Kolumbien, Frankreich, England (einschließlich der Kolonien), Guatemala, Griechenland, Türkei, Italien, Niederlande, Portugal, Rumänien, Rußland, Salvador, Serbien, Schweden-Norwegen, Uruguay. Nachträglich sind beigetreten: Japan und Tunis, Tschechoslowakei, Danzig. Der Friedensvertrag von Versailles erhält den vorliegenden internationalen Vertrag in Art. 282 Nr. 1 ausdrücklich aufrecht.

7. Anweisung für den Funkentelegraphendienst.

Vom 15. Juni 1913 (ZBl. S. 619).

8. Internationaler Vertrag zum Schutze der unterseeischen Telegraphenkabel.

Vom 14. März 1884[1]) (RGBl. 1888 S. 151).

Art. 1. Der gegenwärtige Vertrag findet, außerhalb der Küstengewässer[2]), auf alle unterseeischen Kabel Anwendung, welche rechtmäßig[3]) gelegt sind und auf den Staatsgebieten, Kolonieen oder Besitzungen eines oder mehrerer der Hohen vertragschließenden Teile landen.

[1]) Der Vertrag ist abgeschlossen zwischen folgenden Staaten: Deutschland, Argentinien, Belgien, Brasilien, Kostarika, Dänemark, Österreich, San Domingo, Spanien, Vereinigte Staaten von Amerika, Kolumbien, Frankreich, England (einschließlich der Kolonien), Guatemala, Griechenland, Türkei, Italien, Niederlande, Portugal, Rumänien, Rußland, Salvador, Serbien, Schweden-Norwegen, Uruguay. Nachträglich sind beigetreten: Japan und Tunis, Tschechoslowakei, Danzig. Der Friedensvertrag von Ver-

sailles erhält den vorliegenden internationalen Vertrag in Art. 282 Nr. 1 ausdrücklich aufrecht.

[2]) Der Begriff des Küstengewässers bestimmt sich in diesem Falle nach den Grundsätzen des Völkerrechts. Die Ausdehnung auf die Küstengewässer ist durch § 1 des Ausführungsgesetzes (s. u.) erfolgt.

[3]) D. h. mit Genehmigung des Staats, sofern dieser eine solche gesetzlich vorschreibt. — Ein nicht rechtmäßig gelegtes Kabel genießt nicht den Schutz dieses Vertrages. Insbesondere bestimmen sich etwaige Schadensersatzansprüche nicht nach Art. 7ff.

Art. 2. Das Zerreißen oder Beschädigen eines unterseeischen Kabels, sofern es vorsätzlich[1]) oder durch schuldbare Fahrlässigkeit geschieht und zur Folge haben kann, daß die telegraphischen Verbindungen ganz oder teilweise unterbrochen oder gestört werden, ist strafbar[2]), unbeschadet der Zivilklage auf Entschädigung.

Diese Vorschrift bezieht sich nicht auf diejenigen Fälle des Zerreißens oder der Beschädigung, in welchen die Täter nur den berechtigten Zweck verfolgt haben, ihr Leben oder die Sicherheit ihrer Fahrzeuge zu schützen, nachdem sie alle Vorkehrungen zur Vermeidung des Zerreißens oder der Beschädigung des Kabels getroffen hatten[3]).

[1]) Vgl. dazu die Erklärung der deutschen Regierung (unten S. 590).

[2]) Die Strafbarkeit tritt ein nach Maßgabe der Landesgesetze, in Deutschland also der §§ 317—319 StGB. Hinsichtlich der Küstengewässer sind die §§ 3 bzw. 4a StGB. maßgebend, je nachdem es sich um deutsche oder ausländische Gewässer handelt.

[3]) Abs. 2 bezieht sich nur auf die strafrechtliche Seite der Handlung. Die Worte „unbeschadet der Zivilklage auf Entschädigung" in Abs. 1 lassen erkennen, daß zivilrechtliche Ersatzansprüche des Kabeleigentümers hier nicht geregelt, sondern nur gewahrt werden. Es gelten also die allgemeinen zivilrechtlichen Vorschriften. Für den Fall des Abs. 2 kommen insbesondere §§ 228, 904 BGB. in Frage

Art. 3. Die Hohen vertragschließenden Teile verpflichten sich, in denjenigen Fällen, in welchen sie die

Ermächtigung zur Landung eines unterseeischen Kabels erteilen, soweit als angänglich, diejenigen Bedingungen aufzuerlegen, welche sowohl hinsichtlich der Lage, als auch hinsichtlich der Dimensionen des Kabels für die Sicherheit geeignet erscheinen.

Art. 4. Der Eigentümer eines Kabels, welcher durch das Legen oder Ausbessern desselben das Zerreißen oder die Beschädigung eines anderen Kabels verursacht, hat die Wiederherstellungskosten, welche infolge dieses Zerreißens oder dieser Beschädigung notwendig werden, zu tragen[1]), unbeschadet, geeigneten Falles[2]), der Anwendung des Art. 2 dieses Vertrages.

[1]) Maßgebend sind, wie in der unten (Nr. 9 auf Seite 590) abgegebenen Erklärung des Deutschen Reichs ausdrücklich hervorgehoben, die Gesetze des Landes. Es tritt also nicht ohne weiteres eine Haftung auf Grund des Art. 4 ein. Nach deutschem Recht würde stets noch Schuldhaftigkeit der Handlungsweise zu erfordern sein.

[2]) D. h. wenn die Voraussetzung der Schuldhaftigkeit gegeben ist. In diesem Falle tritt neben die zivilrechtliche Haftung noch die Strafbarkeit aus Art. 2.

Art. 5. Die mit dem Legen oder mit der Wiederherstellung der unterseeischen Kabel beschäftigten Fahrzeuge müssen die bereits bestehenden oder unter den Hohen vertragschließenden Teilen noch zu vereinbarenden Vorschriften über die zur Verhütung des Zusammenstoßens von Schiffen auf See zu führenden Signale beobachten[1]).

Wenn ein mit dem Legen oder mit der Wiederherstellung eines Kabels beschäftigtes Fahrzeug die besagten Signale trägt, so müssen die anderen Fahrzeuge, welche diese Signale bemerken oder zu bemerken imstande sind[2]), sich mindestens eine Seemeile von diesem Fahrzeuge zurückziehen oder entfernt halten[3]), um dasselbe in seinen Arbeiten nicht zu behindern.

Die Geräte oder Netze der Fischer müssen in derselben Entfernung gehalten werden.

Den Fischerbooten[4]), welche ein Kabelschiff mit den besagten Signalen bemerken oder zu bemerken imstande sind[5]), soll jedoch, um sich der so gegebenen Aufforderung zu fügen, eine Frist von längstens vierundzwanzig Stunden zustehen, während welcher ihren Bewegungen keinerlei Hindernis bereitet werden darf.

Die Arbeiten des Kabelschiffes müssen in tunlichst kurzer Frist vollendet werden.

[1]) Vgl. hierzu SStrO. Art. 4b (Lichtsignale), 15e (Schallsignale).

[2]) Daraus ergibt sich, daß die nach Art. 12 zu erlassenden Strafgesetze auch die fahrlässige Verletzung des Art. 5 und 6 unter Strafe stellen müssen. Dementsprechend wird § 2 des Ausführungsgesetzes vom 21. Nov. 1887 (s. u.) dahin auszulegen sein, daß Vorsatz nicht erfordert wird. Ebenso Knitschky-Rudorff Note 3 zu § 2 (mit anderer Begründung).

[3]) Damit ist den Kabellegern ein Wegerecht eingeräumt, welches in der SStrO. nicht direkt angeordnet ist. Vgl. jedoch Art. 4d, 15e und Schaps Note 1b zu Titel V der SStrO.

[4]) Ohne Unterschied der Größe, Bauart und der Art der Fischereiausübung. Art. 9 SStrO. ist hier nicht maßgebend. Ebenso Knitschky-Rudorff Note 2 zu Art. 5.

Art. 6. Die Fahrzeuge, welche die zur Kenntlichmachung der Lage der Kabel bestimmten Bojen sehen oder zu sehen imstande sind[1]), müssen, wenn es sich um die Legung, um eine eingetretene Betriebsstörung oder um den Bruch der Kabel handelt, sich mindestens eine Viertelseemeile von diesen Bojen entfernt halten.

Die Geräte oder Netze der Fischer müssen in derselben Entfernung gehalten werden.

[1]) Vgl. Note 2 zu Art. 5.

Art. 7. Die Eigentümer von Schiffen oder Fahrzeugen, welche zu beweisen vermögen, daß sie, um einem unterseeischen Kabel keinen Schaden zuzufügen, einen Anker, ein Netz oder ein sonstiges Fischereigerät geopfert haben, sollen von dem Eigentümer des Kabels schadlos gehalten werden.

Um Anspruch auf eine solche Schadloshaltung zu erlangen, muß, soweit möglich, sogleich nach dem Vorfall, um denselben festzustellen, ein auf die Aussagen der Mannschaft des Fahrzeuges gestütztes Protokoll aufgenommen werden, und der Kapitän des Schiffes muß binnen vierundzwanzig Stunden nach seiner Ankunft in dem ersten Hafen, nach welchem er zurückkehrt oder in welchem er Zuflucht sucht, vor der zuständigen Behörden[1]) seine Erklärung abgeben. Die letzteren benachrichtigen hiervon die Konsularbehörden der Nation des Eigentümers des Kabels.

[1]) Fehlt es an einer zuständigen Behörde, so kann die Erklärung in dem nächsten angelaufenen Hafen abgegeben werden, wo sich eine solche befindet. Ebenso Knitschky-Rudorff Note 1 zu Art. 7.

Art. 8. Zur Entscheidung über die Zuwiderhandlung wider den gegenwärtigen Vertrag sind die Gerichte desjenigen Landes zuständig, welchem das Fahrzeug angehört, an dessen Bord[1]) die Zuwiderhandlung begangen worden ist.

In denjenigen Fällen, in welchen die im vorhergehenden Absatze enthaltene Vorschrift nicht sollte zur Ausführung kommen können, werden die Zuwiderhandlungen wider den gegenwärtigen Vertrag in jedem der vertragschließenden Staaten hinsichtlich seiner Staatsangehörigen nach den allgemeinen Regeln der Strafzuständigkeit, sowie sich dieselben aus den besonderen Gesetzen dieser Staaten[2]) oder aus den internationalen Verträgen ergeben, bestraft werden.

[1]) Der Ausdruck ist nicht wörtlich zu nehmen. Geschieht die Zuwiderhandlung z. B. durch ein von einem deutschen Schiff ausgesetztes Boot, so ist gleichfalls das deutsche Gericht zuständig.

[2]) Vgl. § 4 Nr. 3 StGB.

Art. 9. Die Verfolgung der in den Artikeln 2, 5 und 6 dieses Vertrages vorgesehenen Zuwiderhandlungen wird durch den Staat oder in seinem Namen stattfinden.

Art. 10. Die Zuwiderhandlungen wider den gegenwärtigen Vertrag können durch alle Beweismittel festgestellt werden, welche nach der Gesetzgebung desjenigen Landes, in welchem das mit der Angelegenheit befaßte Gericht seinen Sitz hat, zulässig sind.

Wenn die Kommandanten der Kriegsschiffe oder der hierzu besonders bestellten Schiffe eines der Hohen vertragschließenden Teile Grund zu der Annahme haben, daß eine Verletzung der durch diesen Vertrag getroffenen Anordnungen durch ein anderes Fahrzeug, als ein Kriegsschiff, stattgefunden hat, so können sie von dem Kapitän oder von dem Schiffsführer die Vorlegung der urkundlichen Ausweise über die Nationalität des besagten Fahrzeuges verlangen[1]). Über diese Vorlegung wird unmittelbar nachher auf den vorbezeichneten Schriftstücken ein kurzer Vermerk gemacht werden.

Im weiteren können durch die besagten Kommandanten, welches auch die Staatsangehörigkeit des angeschuldigten Schiffes sein möge, Protokolle aufgenommen werden[2]). Diese Protokolle werden nach den Formen und in der Sprache aufgenommen werden, welche in dem Lande, dem der aufnehmende Kommandant angehört, gebräuchlich sind; sie können in dem Lande, in welchem sie angerufen werden, in Gemäßheit der Gesetzgebung dieses Landes als Beweismittel dienen. Die Angeschuldigten und die Zeugen haben das Recht, dem Protokolle in ihrer eigenen Sprache alle Erklärungen hinzuzufügen oder hinzufügen zu lassen, welche sie für dienlich erachten; diese Erklärungen sind ordnungsmäßig zu unterschreiben.

[1]) Ein Recht zur Vernehmung steht ihnen nicht zu. Doch dürfen sie freiwillig gemachte Aussagen zu Protokoll nehmen (vgl. Abs. 2). Die Beweiskraft solcher Protokolle bestimmt sich (gemäß Satz 2) nach Landesrecht. Die in Art. 28—30 des Vertrages v. 6. Mai 1882 (Fischerei) den Kommandanten beigelegten Befugnisse gelten auch nicht analog. (Anders anscheinend Knitschky-Rudorff Note 2 zu Art. 10.)

[2]) Widerstand gegenüber den Kommandanten ist gemäß §§ 3 des Ausführungsgesetzes und 113, 114 StGB. strafbar. Ist die Tat jedoch auf einem ausländischen Schiff begangen, nur nach Maßgabe des § 4 Nr. 3 StGB.

Art. 11. Das gerichtliche Verfahren und die Entscheidung wegen der Zuwiderhandlungen gegen die Bestimmungen dieses Vertrages soll stets so kurz und bündig sein, als es die geltenden Gesetze und Vorschriften gestatten.

Art. 12. Die Hohen vertragschließenden Teile verpflichten sich, diejenigen Maßnahmen zu treffen oder ihren gesetzgebenden Körperschaften vorzuschlagen, welche erforderlich sind, um die Ausführung dieses Vertrages zu sichern und namentlich um diejenigen, welche den Bestimmungen der Art. 2, 5 und 6 zuwiderhandeln sollten, mit Freiheits- oder mit Geldstrafe, oder mit diesen beiden Strafen zugleich, bestrafen zu lassen.

Art. 13. Die Hohen vertragschließenden Teile werden sich die Gesetze mitteilen, welche in ihren Staaten in bezug auf den Gegenstand dieses Vertrages bereits erlassen worden sind oder demnächst erlassen werden möchten.

Art. 14—17 betreffen Beitritt und Ratifikation.

[1]) Vgl. Note 1 zur Überschrift des Vertrages.

9. Erklärung

Vom 1. Dezember 1886
(für Deutschland am 23. März 1887 abgegeben).

Die unterzeichneten Bevollmächtigten der an der Übereinkunft zum Schutze der unterseeischen Telegraphenkabel vom 14. März 1884 beteiligten Regierungen haben es für zweckmäßig erkannt, den Sinn der Bestimmungen in den Art. 2 und 4 der gedachten Übereinkunft näher festzustellen und demzufolge einstimmig nachstehende Deklaration beschlossen:

Da sich Zweifel über den Sinn des Wortes „vorsätzlich" im Art. 2 der Übereinkunft vom 14. März 1884 ergeben haben, so ist man darüber einverstanden, daß die in dem erwähnten Artikel enthaltene Strafbestimmung nicht auf diejenigen Fälle des Zerreißens oder der Beschädigung Anwendung findet, welche zufälliger- und notwendigerweise bei der Wiederherstellung eines Kabels verursacht sind, vorausgesetzt, daß alle Vorkehrungen zur Vermeidung des Zerreißens oder der Beschädigung getroffen waren.

Ebenso wird anerkannt, daß Art. 4 der Übereinkunft keinen anderen Zweck gehabt hat und keine andere Bedeutung haben soll, als die zuständigen Gerichte eines jeden Landes zu verpflichten, in Gemäßheit ihrer Gesetze und unter Berücksichtigung der Tatumstände die Frage zu entscheiden, ob der Eigentümer eines Kabels, welcher durch das Legen oder Wiederherstellen desselben das Zerreißen oder die Beschädigung eines anderen Kabels verursacht, hierfür zivilrechtlich haftbar ist, und im Bejahungsfalle, welches die Folgen dieser Haftbarkeit sind.

Sachregister.

(Die Zahlen verweisen auf die Seiten.)

Achtungssignal 281, 283, 287.
Akustische Signale 286.
Alkoholische Waren (Verfrachtung) 68 ff.
Alkoholschmuggel 64 ff.
Ankern 248, 458, 507.
Anstreicherarbeiten 40.
Anzeigepflicht 374.
Aufgebot in Bergungssachen 397 ff.
Ausguck 288.
Auslieferung geborgener Güter 386.
Auswandererschiff 57, 79.
Auswanderungswesen 77 ff.
Ausweichen 259 ff., 284 ff.; Grundsätze 259; Segler unter einander 263; Dampfer auf gleichen Kursen 265; auf kreuzenden Kursen 266; Dampfer und Segler 268; Kurshalten 269; Kreuzen des Bugs 272; Fahrtminderung, Stoppen, Rückwärtsgehen 273; Überholen 247, 274, 453; im engen Fahrwasser 276; Segler und Fischerfahrzeuge 279; Abweichen von den Vorschriften 280.
Ausweichmanöver 260, 446 ff.

Befähigungszeugnis 184 ff.
Begrüßungssignale 287.
Bergung und Hilfsleistung 374 ff.
Bergungs- und Hilfskosten 382.
Bergungs- und Hilfslohn 392 ff., 402 ff.
Besetzung der Schiffe mit Kapitänen und Schiffsoffizieren 185 ff., 331.
Betäubungsmittel 564.
Betriebsordnung für den Kaiser-Wilhelm-Kanal 430 ff.
Bewachung von Fahrzeugen 512.
Binnenschiff 33, 298.
Brandstiftung 9.
Brunsbüttelkooger Kanalreede 469.

Dampfer unter Segel 251.
Dampfkessel s. Schiffsdampfkessel.
Diebstahl 7.

Elbe, Sicherheitsanforderungen an Schiffe 532.
Entziehung des Patents 303ff.

Fahrwasser 276, 301.
Fernmeldeanlagen 584.
Festsetzung des Bergungs- u. Hilfslohns 392 ff., 402 ff.
Feuerverhütung 61; s. auch Unf.-Verh.-Vorschr.
Feuerzeichen 9.
Fischerfahrzeuge 241.
Flackerfeuer 250, 288.
Flaggen (Deutsche) 33, 332.
Flaggenrecht 17 ff., 33.
Flaggenzeugnis 24.

Flöße 430, 532.
Flugzeuge 227, 304.
Funkanlage 333.
Funkentelegraphendienst 584.
Funkentelegraphenvertrag 575.

Gefährliche Güter 8, 52 ff., 343, 494; s. auch Unfall-verh.-Vorschriften.
Gesundheitliche Behandlung der Seeschiffe 533.
Gesundheitspaß 564.
Gesundheitsvorschriften 10, 496, 533 ff.

Hafen 420 ff.
Hafenordnungen 470 ff.
Hamburgisches Hafengesetz 476 ff.
Hamburgische Hafenordnung 488 ff., 498 ff.
Handel im Hafen 478 ff.
Handelsverträge 50.
Heimschaffung v. Seeleuten 87, 121, 136, 172 ff.
Heuer 8, 106 ff.
Heuerstellen 177 ff.
Hilfsbedürftige Seeleute 176.
Holtenauer Reede 469.

Jachten 32, 304.
Internationales Sanitäts-abkommen 565.
Internationale Telegrafen-konvention 578.

Kabelleger 234, 253, 586.
Kaiser-Wilhelm-Kanal 430 ff., 564.
Kanalböschungen 470.
Kanalsteuerer 470.
Knallsignale 250.
Kollisionsgefahr 262, 271.
Königsberger Seekanal 470.
Konsuln 4 ff., 86, 171, 322 ff., 419.
Krankenfürsorge auf Kauffahrteischiffen 556.
Krieg 15, 80.
Kriegsschiffe 12, 15 ff., 251, 294, 304.
Kurssignale s. Rudersignale.
Küstenfrachtfahrt 51.

Lade- u. Löschplätze am Kaiser-Wilhelm-Kanal 469.
Leichenbeförderung 564.
Lichterführung 228 ff., 286, 331, 519.
Logis-, Wasch- u. Baderäume u. Aborte 165, 336.
Lokale Verordnungen 292.
Lotsenfahrzeuge 239, 502.
Lotsenordnungen 301.
Lotsensignale 296, 333.
Lotsenwesen 424, 434 ff., 469, 502, 537.

Manövrierunfähigkeit 226, 234, 253, 260.
Mindestalter für Schiffsdienst 183 ff.

Naturalleistungen für die bewaffnete Macht 16, 17.
Nebel (Manöver) 255 ff.
Nebelsignale 252, 457, 519.
Navigation 225 ff.
Notsignale 293, 333.

Oberseeamt 303 ff.
Optische Signale 286.

Paßwesen 183.
Patententziehung 303 ff.
Personenschiff 56.
Polizeibehörde 379, 419.

Positionslaternen 295, 296, 331.

Reichsbehörden 3.
Reichskommissar 303 ff.
Reichsverfassung 1.
Rotorschiff 227.
Ruderboote 238, 517.
Ruderkommando 299.
Rudersignale 280 ff.

Sachbeschädigung (Schiff) 8.
Sanitätsabkommen mit Lettland 564, Bremen 564, Oldenburg 564, Lübeck 565; s. auch Internationales Sanitätsabkommen.
Sanitätspolizei s. Gesundheitsvorschriften.
Schallsignale 252, 280, 286.
Schiffbau 38 ff.
Schiffbauzollordnung 39.
Schiffsarzt 331.
Schiffsdampfkessel 40 ff.
Schiffsmeldung (bei d. Konsulat) 6.
Schiffsnamen 29, 334.
Schiffspapiere 383.
Schiffsregister 20 ff.
Schiffssicherheitsvertrag 324.
Schiffstagebuch 141, 212 ff., 329, 383.
Schiffstelegraphie 583.
Schiffstrümmer 389.
Schiffsunfälle und deren Verhütung 303, 463.
Schiffsvermessung 43 ff.
Schiffszertifikat 23.
Schleppbetrieb der Kanalverwaltung 469.
Schleppzug 233, 253, 255, 432, 443, 453, 461, 466, 520.
Schleppzwang 431 ff.
Schutz menschlichen Lebens auf See 324.
Schwojen 254, 507.
Seeamt 303 ff.
Seeauswurf 388.
Seehäfen, Internationale Rechtsordnung 420 ff.
Seemannsordnung 82 ff.
Kapitän 83, 89 ff., 185 ff.
Schiffsoffiziere 83, 101, 185 ff.
Schiffsmann 83.
Seemannsamt 86, 156 ff., 160 ff., 167.
Seefahrtsbuch 86 ff.
An- u. Abmusterung 86 ff.
Musterrolle 90, 91, 93.
Heuervertrag 94 ff.
Kündigung 95, 97.
Heuerzahlung 98, 106 ff., 112, 130 ff.
Dienstantritt 99.
Dienstleistung 100 ff.
Überstunden 101.
Wachdienst 102.
Sonn- u. Festtage 103.
Seegefahr 104.
Schiffbruch 105.
Untauglichkeit 105.
Abrechnungsbuch 110.
Verminderung der Mannschaft 111.
Vermißter Seemann 112ff.
Beköstigung 114 ff., 163.
Logis 114 ff., 163.
Beschwerden 116.
Erkrankung 116 ff., s. auch Heimschaffung.
Tod 124.
Personenstand (Beurkundung durch den Schiffer) 124.
Ende der Dienstpflicht 125ff.

Entlassung 129 ff.
Zurücklassung im Auslande 137.
Disziplinarvorschriften 138 ff.
Strafvorschriften 142 ff.
Straftat auf See 159.
Durchsuchung 159.
Küstenfahrer usw. 163.
Schlepper 164.
Bergungsfahrzeuge 163.
Hochseefischereifahrzeuge 163.
Seemännische Heuerstellev s. Heuerstellen.
Seestraßenordnung 226.
Seetriftige Gegenstände 388.
Seeunfallgesetz 303.
Seewarte 370 ff.
Seewasserstraßenordnung 429.
Seezeichen 2, 9, 415.
Segelfahrzeuge 236, 238, 253, 263, 433 ff.
Seitenlichter 295, 332.
Sicherheitsleistung 378, 418.
Signalapparate 294, 332.
Signale s. Schallsignale, Nebelsignale, optische Signale, Notsignale usw.
Sog 291, 448.
Staatsschiffe 10 ff.
Stationslichter 251.
Statistik des Warenverkehrs 72 ff.
Stellenvermittelung für Seeleute 183.
Steuern 45 ff.
Strafverfahren vor d. Seemannsamt 167; vor den Konsulaten 171.
Strafvorschriften 7, 29 ff., 142, 225, 351, 416, 428, 486, 554.
Strandamt 373 ff., 413.
Strandung 10.
Strandungsordnung 372 ff.
Strandvogt 373 ff.
Strandtriftige Güter 384, 388.

Tankfahrzeuge auf der Elbe 532.
Tanks (Mineralöl-) 38.
Tauglichkeit z. Schiffsdienst 165.
Telegraphenanlagen auf fremden Schiffen 583.
Telegraphenkabel 584 ff.
Telegraphenwesen 580.
Treib- und Heizöle 470.

Überholen 247; s. auch Ausweichen.
Unfallverhütungsvorschriften für Fischereifahrzeuge 369.
Unfallverhütungsvorschriften für Dampfer 324 ff.
Schiffspapiere 324.
Vertretung des Schiffers 326.
Bilgen 327.
Pumpen 327.
Kollisionsschott 327.
Freibord 328, 352.
Decklast 328.
Unfalltagebuch 329.
Deviationstagebuch 330.
Anker, Ketten, Trossen 331.
Boote u. Rettungsgeräte 331.
Lichterführung u. Signalwesen 331.

Vorkehrungen an Deck und Außenbords 334.
Laufplanken, Stege, Brücken 335.
Schanzkleid u. Reeling 336.
Luken 336.
Seekarten 337.
Sprachrohr u. Maschinentelegraph 337.
Ruderlageanzeiger 337.
Dampfleitungen 337.
Ladegeschirr 338.
Löschen u. Laden 339.
Kettenstopper 341.
Masten u. Takelung 341.
Feuerlöscheinrichtung 342, 353.
Bordkino-Anlagen 342.
Vorkehrungen unter Deck 342.
Vorkehrungen im Maschinen- u. Kesselraum 342, 353.
Inventar 342.
Gefährliche Güter und Ballast 343.
Fischereifahrzeuge 343.
Motorboote 343.
Tankschiffe 343.
Schulschiffe 343.
Vorschriften für Versicherte 343.
Ausführungsbestimmungen 348.
Besichtigungen 350.
Strafen 351.
Rettungsprämien 351.
— für Segler 353 ff. (Inhalt entsprechend wie für Dampfer).
— für kleine Segler 363 ff.

Unterstützung s. Hilfsbedürftige Seeleute.
Untersuchung auf Tauglichkeit z. Schiffsdienst 165 ff.
Untersuchung von Seeunfällen 303.
Unterweser, Schiffahrts-Pol. V. 532.

Vereinszollgesetz 47 ff.
Verklarung 105, 218 ff.
Verladeschein 56.
Vermessung s. Schiffsvermessung.
Versicherungsbetrug 8.
Versunkene Güter 388, 525.
Verständigungssignale 283, 287.
Verunreinigung d. Wassers 488.
Verzollung geborgener Güter 385, 417.
Vorsichtsmaßregeln bei der Navigation 284, 289 ff.

Wahlen und Abstimmungen der Seeleute 183.
Wasserdichte Schotte 352.
Wasserstraßen 1, 420 ff.
Werften 39.
Wrackbeseitigung 393 ff., 525.

Zeugenvernehmung der Konsuln 322.
Zoll s. Vereinszollgesetz.
Zollfahrzeuge 522.
Zusammenstoß, Verhalten nach einem — 297.
Zwangslotse 294.
Zwangslotse s. Lotsenwesen.

Nachweis wichtiger Gesetzesausgaben

mit und ohne Erläuterungen, größere und kleinere Kommentare, Lehrbücher, Sammelwerke, Entscheidungssammlungen, Zeitschriften

Verlag Walter de Gruyter & Co., Berlin W 10 Genthiner Str. 38

Herbst 1931

Inhaltsübersicht

Seite

I. **Allgemeines, Sammelwerke** 2

II. **Bürgerliches Recht** . . 5

1. Bürgerliches Gesetzbuch . . 5
   Schuldverhältnisse insbesondere . . . 7
   Sachenrecht insbes. 9
   Familienrecht, Erbrecht 10
   Aufwertung . . . 11
2. Handelsrecht . 11
   Gesellschaften . . 13
   Wechselordnung u. Scheckrecht . . 14
   Schiffahrtsrecht . . 14
   Genossenschaften . 16
   Verschiedenes . . 16
   Bank und Börse . 17

III. **Grenzgebiete des Bürgerlichen Rechts** . 18

1. Privat- u. Sozialversicherung . 18
2. Arbeitsrecht . . 21
3. Gewerberecht . 22
4. Geistig-gewerbl. Rechtsschutz . 23

IV. **Zivilprozeß** 25

Freiw. Gerichtsbarkeit 27
Konkursordnung und Zwangsvollstreckung 28

V. **Strafrecht und Strafprozeß** 29

Strafgesetzbuch . . 29
Nebengesetze . . . 31
Strafprozeßordnung . 32

VI. **Öffentliches Recht** . 33

1. Staats- u. Völkerrecht 33
2. Verwaltungsrecht 37
   Reichsrecht . . . 37
   Landesrecht . . . 40
3. Steuerrecht . . 44

VII. **Entscheidungs-Sammlungen u. Zeitschriften** 46

FSC
www.fsc.org
MIX
Papier | Fördert
gute Waldnutzung
FSC® C083411

Kolibri 360 GmbH
Ferdinand-Jühlke-Straße 7
99095 Erfurt, Deutschland
produktsicherheit@kolibri360.de